环境类系列教材

环境生物学

（第三版）

段昌群 主编

中国教育出版传媒集团

高等教育出版社·北京

内容提要

本书在普通高等教育"十一五"国家级规划教材《环境生物学》(第二版)基础上,按照教育部高等学校环境科学与工程类专业教学指导委员会的课程教学基本要求修订而成,主要探讨生物与受损环境之间的相互作用和调控机理。

全书分为四篇,共十二章。第一篇(第一至二章)为导论,其中第一章介绍环境生物学的研究范畴、研究内容、研究方法和发展动态,第二章探讨生物与受损环境的关系;第二篇(第三至五章)探讨受损环境对生物的影响,包括污染物在生态系统中的行为、污染物对生物的影响和毒害作用、生态退化及其对生物的影响;第三篇(第六至七章)阐述生物对受损环境的响应和适应,将一些前沿领域和热点问题贯穿相关内容中,如全球变化中的生物学问题、污染全球化的长期生物学效应、生物入侵、转基因生物及生物安全问题等;第四篇(第八至十二章)系统介绍生物/生态监测、退化环境的生态修复、污染环境的生物修复、生物多样性保护及环境生物学在环境管理中的应用。

本书主要适用对象是环境科学、环境工程、生态学及环境生态工程等专业本科生和研究生,也可供相关领域的研究人员和管理人员参考。

图书在版编目(CIP)数据

环境生物学 / 段昌群主编. --3 版. -- 北京 : 高等教育出版社, 2023.2
ISBN 978-7-04-058961-0

Ⅰ. ①环… Ⅱ. ①段… Ⅲ. ①环境生物学–高等学校–教材 Ⅳ. ①X17

中国版本图书馆 CIP 数据核字(2022)第 120980 号

Huanjing Shengwuxue

策划编辑 陈正雄	责任编辑 宋明玥 陈正雄		封面设计 张雨微	版式设计 马 云
责任绘图 于 博	责任校对 张 薇		责任印制 赵 振	

出版发行	高等教育出版社	网 址	http://www.hep.edu.cn
社 址	北京市西城区德外大街 4 号		http://www.hep.com.cn
邮政编码	100120	网上订购	http://www.hepmall.com.cn
印 刷	高教社(天津)印务有限公司		http://www.hepmall.com
开 本	787mm×1092mm 1/16		http://www.hepmall.cn
印 张	26		
字 数	600 千字	版 次	2023 年 2 月第 1 版
购书热线	010-58581118	印 次	2023 年 2 月第 1 次印刷
咨询电话	400-810-0598	定 价	52.00 元

本书如有缺页、倒页、脱页等质量问题,请到所购图书销售部门联系调换

环境生物学

（第三版）

段昌群　主编

1　计算机访问http://abook.hep.com.cn/12507826，或手机扫描二维码，下载并安装 Abook 应用。

2　注册并登录，进入"我的课程"。

3　输入封底数字课程账号（20位密码，刮开涂层可见），或通过 Abook 应用扫描封底数字课程账号二维码，完成课程绑定。

4　单击"进入课程"按钮，开始本数字课程的学习。

课程绑定后一年为数字课程使用有效期。受硬件限制，部分内容无法在手机端显示，请按提示通过计算机访问学习。

如有使用问题，请发邮件至 abook@hep.com.cn。

扫描二维码
下载 Abook 应用

http://abook.hep.com.cn/12507826

本书编委会

主　编　段昌群

副主编　付登高　刘嫦娥

修订和编写人员（按姓名拼音排序）

曹晶潇　常军军　陈冬妮　段昌群　方海东　付登高

高　伟　葛　洁　耿宇鹏　郭兆来　何光熊　侯秀丽

雷冬梅　李　博　李　婷　李世玉　刘　杰　刘嫦娥

王　洁　王春雪　王海娟　吴博涵　吴晓妮　严重玲

杨桂英　杨茂云　于雅东　袁端阳　袁鑫奇　张国盛

赵永贵　周　锐

编写单位

云南大学

厦门大学

昆明理工大学

广东工业大学

云南农业大学

四川大学

桂林理工大学

云南财经大学

西南林业大学

北京师范大学

昆明学院

中国科学院生态环境研究中心

中国科学院昆明动物研究所

中南林业科技大学

云南省农业科学院热区生态农业研究所

第三版前言

《环境生物学》第一版出版至今已有17年,第二版出版也有12年。本教材第一、二版由科学出版社出版,第三版由高等教育出版社出版。十几年来,使用本教材的高校有近百所,多所高校将本教材选作研究生考试推荐用书,使其成为国内同类课程教学使用最多的教材之一。广大读者对本教材把环境生物学的知识内涵按照"生物与人为受损环境之间相互关系的科学"的思想进行定位高度认同,并对教材如何守正创新提出了很多建设性意见。本教材修订时,加强了第一篇导论的内容,第七章、第十二章在结构和内容上有较大的调整和补充。本教材更加注重环境生物学规律的总结,补充完善环境生物学领域关键过程的阐述,充分体现包括人类世、全球变化、新污染物研究等学科前沿动态,也尽可能把国家经济社会发展对环境生物学领域的重大科技需求与进展体现在教材中。考虑到本教材服务对象比较多元,不仅包括环境科学与工程类专业,还有自然资源类专业和农、林、水、生物教育(师范类)、生物技术等相关学科及专业,所以本教材一如既往地保持了教材的基础性,与这些专业领域密切相关的知识内容也一并保留,为教师教学、学生学习提供知识平台和素材。本教材强调理论和应用有机结合,贯通前沿热点与解决重点问题,以主动服务国家高等教育"六卓越一拔尖"人才培养计划。

本教材修订时,得到了很多专家的指导和帮助,特别是得到了杨志峰(北京师范大学)、朱彤(北京大学)、胡洪营(清华大学)、鞠美庭(南开大学)、王德利(东北师范大学)、刘敏(四川大学)等多位教育部高等学校环境科学与工程类专业教学指导委员会委员的建设性意见。本教材编写作为云南大学生态学"双一流"学科建设,环境科学与工程、生态学两个国家一流专业建设的工作任务,以及作为高原山地生态与退化环境修复云南省重点实验室、云南省生态文明建设智库的工作内容,得到了云南大学方精云院士、赵琦华教授、胡金明教授、陈利顶教授、张志明教授等的鼎力支持,并且得到了高等教育出版社的大力支持,谨此一并致谢。

本教材由段昌群任主编,付登高、刘嫦娥任副主编,在充分吸纳前两版编写人员和广大读者意见的基础上,充实了一批一线人员参与修订。参加本次修订编写的人员及其分工是:段昌群负责第一章(付登高参与)、第二章,王海娟负责第三章(严重玲、袁端阳、王洁参与),李博负责第四章(郭兆来、王春雪参与),张国盛负责第五章(段昌群、侯秀丽、何光熊参与),付登高负责第六章(李婷、袁鑫奇、段昌群参与),李世玉负责第七章(段昌群、陈冬妮、周锐参与),刘嫦娥负责第八章(曹晶潇、葛洁、于雅东参与),付登高负责第九章(吴晓妮、方海东、何光熊参与),赵永贵负责第十章(刘杰、李婷、杨桂英参与),耿宇鹏负责第十一章(杨茂云、何光熊、段昌群参与),高伟负责第十二章(常军军、雷冬梅、吴博涵参与)。段昌群、刘嫦娥、付登高对本教材进行统稿。李婷、郭兆来、袁鑫奇等参加了文稿的整理和校阅工作。

环境生物学既是一门传统的经典学科,也是一门发展迅速的热门学科,特别是在当今生态文明建设、绿色发展道路、"双碳"目标等国家重大发展定位下,经济社会发展与环境生物学、生态学等宏观生命科学领域高度关联,教材编写时虽心有所想,但力不能达,盼望读者多提出宝贵的意见(电子邮件请发到 cn-ecology@ qq.com),以便再版时进行修订和完善。

编者
2021 年 6 月

第二版前言

　　本教材把环境生物学的学科内涵按照"生物与人为受损环境之间相互关系的科学"这个思想体系进行了梳理和整合，自第一版出版以来得到国内高校广泛认同，并入选为普通高等教育"十一五"国家级规划教材。随着高等教育质量工程的推进，教育部开始组织编写《高等学校环境科学本科专业规范》，《环境生物学》是教育部高等学校环境科学类专业教学指导分委员会讨论确定的、列入环境科学专业规范中的12门核心课程之一。本教材进行再版修订时，正好有机会与规范要求的课程内容、知识点进行无缝对接。鉴于不仅仅是综合性大学的环境科学专业使用本教材，而且很多农、林、水、环保、生物教育(师范类)、生物技术等相关学科门类及其专业也广泛地使用，从而再版修编时注意了适用面，适当补充了一些涉及这些专业领域密切相关的知识内容。同时，尽可能使环境生物学的理论和应用有机地融合为一体，使学科前沿热点与解决具体问题有机贯通，满足本科教育对人才培养的"宽口径、厚基础、重能力、强素质"的定位需求。

　　本教材再版修订时，编写组广泛征求了高校专家和同行的意见，得到了很多专家和同行的积极支持，特别是张远航(北京大学)、盛连喜(东北师范大学)、左玉辉(南京大学)、邓南圣(武汉大学)、杨劼(内蒙古大学)、鞠美庭(南开大学)、夏北成(中山大学)、杨凯(华东师范大学)、王仁卿(山东大学)等多位教育部高等学校环境科学类专业教学指导分委员会委员们的建设性意见，使本书的内容和知识体系更好地服务和满足新一轮教材建设的需要。本书编写作为环境科学国家特色专业建设和云南省生态建设与可持续发展研究基地、云南省高等学校高原山地生态与资源环境效应重点实验室的工作内容，得到了校、院领导的高度重视和环境科学与生态修复研究所、生态学与地植物学研究所、环境科学系、生态学系的大力支持，特别是科学出版社的宝贵支持，谨此一并致谢。

　　本书再版修订由段昌群任主编，和树庄、严重玲、刘嫦娥任副主编，在充分吸纳第一版编写人员意见的基础上，充实了一批教学一线教师参与修订编写。参加第二版修订编写人员及其分工是：段昌群负责第一章、第二章，张汉波、何峰负责第三章，严重玲、王海娟负责第四章，严重玲、于福科负责第五章、第六章，段昌群、李元、何永美负责第七章，周世萍、李俊梅负责第八章，张国盛、雷冬梅负责第九章，刘嫦娥、和树庄、常学秀负责第十章，王崇云、付登高、侯秀丽负责第十一章，和树庄、陆轶峰负责第十二章，全书由段昌群统稿，和树庄、严重玲、刘嫦娥承担部分内容的统稿任务。熊华斌、阎凯、李博、任佳、韩金保等博士和硕士研究生参加了文稿的整理和校阅工作。

　　教材建设是高等学校学科和专业建设中常讲常新的任务，教材编写是一项没有止境的工作，修订再版也只是一个逐步完善的过程。热切盼望使用者对书中存在的问题和错误提出宝贵的意见(电子邮件请发到 cn-ecology@126.com)，以便新一版修订时进行补充和完善。

《环境生物学》教材编写组

2009 年 8 月

第一版前言

　　环境生物学是环境科学领域中最早出现的一个学科方向,也是国内开办环境科学和生态学专业的高校最早普遍开设的一门重要专业课。但是,无论在国内还是国外,针对环境生物学的教学内容如何设定争论颇多。事实上,环境生物学(environmental biology)从诞生之日起,就有不同的理解,这些理解可以归纳为两类:一类认为环境生物学是研究污染条件下生物与环境之间的关系;另一类认为环境生物学是研究胁迫(stress)条件下生物与环境之间的关系。前者将环境生物学的学科内容局限得很小,所强调的环境是污染环境,研究内容与现行的污染生态学、生态毒理学差异不大;而后者将学科内容扩展得太大,因为胁迫环境本身既包含自然界本身的不利环境和极端环境,还涵盖人类干扰破坏产生的特殊生境,这样其涉及的内容几乎涵盖了生态学中的整个学科领域。正因为如此,现行的环境生物学教材内容组织、知识体系差异很大。教育部高等学校环境科学教学指导委员会十分关注这个问题,多次强调应根据国际学科主流公认的思想理论理顺内容,并组织编撰知识体系更为适中合理的高校教材。1998年以来,段昌群教授主持承担了国家基础科学教学与研究人才培养基地(云南大学基地点)的国家教改课程,开始较系统深入地研究和分析这个问题,把环境生物学的学科内涵整合集中到"生物与人为受损环境之间相互关系的科学"这个思想体系内,这里受损环境(damaged environments)指的是人类影响和干扰条件下变化了的环境,突出了研究范畴的独特性,以有别于其他相关学科。经多次讨论,并征求国内外环境生物学、生态学专家的意见,环境生物学的定义得到了广泛的共识。

　　本书贯彻上述理念,由三个单元组成,它们既相关区别,又有机形成一个整体:一是受损环境对生物的影响,二是生物在受损环境中的变化和适应,三是生物监测指示受损环境和提高环境质量。教材主要突出基础性、前沿性和应用性,着眼于环境生物学的主要概念、主要理论体系及其应用途径,同时将当前一些前沿领域和热点问题贯穿其中,如全球变化中的生物学问题、污染全球化的长期生物学效应、生物入侵、转基因生物及生物安全问题等。

　　编写大纲2001年起草,经多次讨论修改,共6稿。在这个过程中,盛连喜教授(东北师范大学)、熊治廷教授(武汉大学)、左玉辉教授(南京大学)、葛剑平教授(北京师范大学)、陶澍教授(北京大学)、姜汉侨教授和王焕校教授(云南大学)、Paul K. Chien教授(美国旧金山大学)、Te-Hsiu Ma教授(美国西伊利诺伊大学)给予了宝贵的支持,提出了很多建设性的意见。本书编写作为生态学国家级重点学科和云南生物资源保护与利用国家重点实验室培育基地的建设内容,得到了校、院领导的高度重视,谨此一并致谢。

　　本书由段昌群教授主编,经多位学者共同执笔完成。初稿分工完成情况为:第一章、第二章由段昌群、姜怡娇编写,第三章由张汉波编写,第四章由何峰、周铭东、李健编写,第五章由侯永平、刘曦、施晓东编写,第六章由刘嫦娥、王海娟编写,第七章由段昌群、李元编写,第八章由周世萍、吴迪编写,第九章由徐晓勇、雷冬梅、吴学灿编写,第十章由常学秀编写,第十一章由张星梓编写,第十二章由吴学灿、李健编写。全书由段昌群统稿,姜怡娇负责文字和图文编排。胡斌、郭晓荣、肖炎波、葛洁、李琴、张莘、卿晓燕、高凯等参与了初稿的校阅工作。

本教材主要面对高等学校环境科学专业,也可供环境工程专业、生态学及生物学相关专业、地球科学相关专业以及农、林、水、医等专业使用。

我们尝试对环境生物学教学内容进行组织归纳,但限于水平、时间,内容涉及面广、参编人员较多、统稿难度大等,教材中错误和疏漏一定不少,希望使用者提出宝贵意见(电子邮件请发给段昌群,邮箱地址为 chqduan@ynu.edu.cn),以便进一步修订和完善。

《环境生物学》编写组

2004 年 2 月

目录

第一篇 导　论

第二篇 受损环境对生物的影响

第三篇　生物对受损环境的响应与适应

第四篇 应用环境生物学

第一篇　导论

　　环境生物学是环境科学的一个重要分支学科,它主要探讨人类干扰和影响条件下生物与其所在环境之间的关系。环境生物学为认识区域及全球环境、生物多样性保护、人群健康、地球生物圈的可持续发展提供理论指导,也是研发环境技术、实施环境工程设计、进行环境管理的重要科学依据。本篇主要阐述环境生物学的定义、学科任务和发展动态,分析环境及环境问题的特点,介绍认识环境生物学现象时应重点注意的一些特点。

第一章
绪论

　　环境问题是人类社会发展对自然界影响达到一定程度后的产物。人类像地球上其他任何生物一样,都需要从自然界中以植物、动物和微生物为对象获取生存和发展必需的物质原料,同时将自己的代谢产物及不能被利用和利用不完全的物质排放到自然界。当技术水平比较低、人口规模比较小、活动范围有限的时候,人类对生物界的影响都将在自然界可以接受的范围之内,即人类从自然界中获取的部分,自然生态系统可以较快地补充和更新,人类向自然界丢弃的废物也可以被分解,从而整个自然界没有受到明显的影响和破坏,人类也只是自然界中的一个普通成员,依托自然界提供的物质条件而获得发展。随着科学技术的发展,人类对自然界的影响不断加强,从自然界中获得物质的速度远远高于自然界能够供给的速度,自然界也不能完全分解和吸收抛弃的废物,这样生态环境便日益恶化,环境污染不断发展,影响了自然界生物的生存和发展,进而也影响着人类自身。这就是环境问题的起源。

　　人类与其生存环境的矛盾自人类诞生之日起就存在,但环境问题是从农耕文明大规模发展以后形成的。当时主要通过毁林垦殖、放牧等手段,使原始的森林和草原变为耕地和牧场,环境问题的主要表现是地表自然植被被人工植被所代替,而这些人工植被持水保土能力较低,从而导致严重的水土流失和自然生产力的下降,这种现象一般称为第一环境问题。工业革命以后,随着采矿、冶炼和制造业的兴起,废水、废气、废渣"三废"问题日益凸现,环境问题又形成了新的格局。环境污染成为继生态破坏之后第二类重大环境问题,一般称为第二环境问题。第二环境问题在 20 世纪 50 年代的发达国家表现得十分严重,经过半个多世纪的发展,发达国家的环境问题改观很快,而发展中国家面临沉重的发展压力,第一环境问题和第二环境问题都比较突出。

　　研究环境问题及其保护的科学体系就是环境科学。环境生物学是环境科学的一个分支学科,它主要探讨人类干扰和影响条件下生物与其所在环境之间的关系。当今世界上,几乎没有不被人类影响和干扰的环境,从而环境生物学的研究将为认识全球变化、生物多样性的保护、人群健康、地球生物圈的可持续发展提供科学支持和技术源头。

第一节　环境生物学的定义和范畴

一、环境生物学的定义

　　环境生物学(environmental biology)从诞生之日起,就有不同的理解。这些不同认识可以归纳为两类:一类认为环境生物学是研究污染条件下生物与环境之间的关系,所强调的环境是污染环境;另一类认为环境生物学是研究胁迫(stress)条件下生物与环境之间的关系,这种胁迫环境既可能是人类导致的,也可能是自然界本身就广泛存在的不利环境和极端环境。前者将环境生物学的研究框定得很小,后者将研究领域扩展得太大。环境生物学作为环境科学的一个重要研究领域,目前已经有了明确的研究范畴。环境生物学是研究生物与人为受损环境之间相互关系的科学。其中受损环境(damaged environment)指的是人类影响和干扰条件下变化了的环境,主要包括两大类型:污染的环境和生态退化的环境。这里所说的关系主要强调三个方面:一是受损环境对生物的影响,二是生物在受损环境中的变化和适应,三是如何利用生物监测指示受损环境和改善环境质量。

二、环境生物学中的环境

任何一个讨论与环境有关的问题,都离不开与之相对应的主体。环境是相对于中心事物(主体)而言的背景,所有与主体相关的外界因素的总和即构成了该主体的环境。

主体不同,环境所包含的对象也不同。当讨论植物时,除了植物以外的其他生物(包括人类)和非生物因素都是植物的环境;而当讨论某一个植物时,除了该植物个体以外的其他植物和其他所有生物,以及非生物因素都是该植物的环境;当讨论一个生态系统时,生态系统内所有的生物和非生物无机环境都是生态系统这个主体的本身,而系统以外的各种因素才构成该生态系统的环境。

任何一种生物的环境都有大小之分。虽然客观上特定生物主体以外的因素都是该生物的环境,但往往根据研究工作的需要,主要关注对生物影响作用较直接、影响程度较大的环境因素,或者根据研究工作的特点,主要讨论其中几个关联程度较高的环境因素。

环境(environment),这里讲的是人类和生物的生存环境,是生态学和环境科学中的重要概念。任何从事相关领域学习和研究的人员都必须对这个概念有一个清晰的认识。

生态学研究的主体是自然界中的生物,相应地,环境指的是与生物相关的各类因素的总和。这时人类往往作为其中的一个因素,成为其研究环境成分的一个内容。

人类是环境科学中的主体,人类以外的各种因素成为其环境。这时,地球表面与人类发生相互作用的自然要素及其总体构成人类环境,它是人类生存和发展的基础,也是人类开发利用的对象。与大多数的环境科学及其领域研究主体不同的是,环境生物学研究的主体对象是包括人类在内的所有生物,相应地,我们这里将其环境定义为影响人及所有生物各种因素的总和,重点关注的是人类干扰及破坏下的受损环境,即环境污染和生态破坏。

第二节　环境生物学的任务

从上面的讨论中已经知道,环境生物学旨在探讨生物与受损环境之间的关系。作为生物,从微观到宏观的结构方面依次可以划分为:分子(基因)、细胞、组织和器官、个体、种群、群落、生态系统、生物圈等;从生物实现和完成的功能来看,可以从生物化学、生理学、遗传学、生态学等角度研究生物;从生物的类别来看,生物可归类为微生物、植物、动物。环境生物学的研究可以从结构、功能、类别这三个方面各自进行,也可以相互交叉融合开展。环境生物学的研究领域既很广阔,也很深入。无论怎样开展研究,环境生物学主要解决以下三个方面的问题。

一、受损环境对生物的影响

受损环境是人类干扰和破坏下发生变化了的环境,这种环境对生物产生怎样的影响是环境生物学研究的基本问题。如同人们对任何事物的认识一样,环境生物学的研究往往也从中观开始,即从生物的个体开始,认识受损环境条件下生物的形态结构、生理功能、新陈代谢发生的变化。在进一步分析这种变化的原因时,就要从组织器官水平上进行分析,进而依次延伸到细胞、分子(基因)水平上;相应地,在生物个体发生变化后,也要认识这种变化对生物群体产生怎样的后果,这样环境生物学的研究又延伸到种群、群落、生态系统等方面,其研究层次见图1-1。环境生物学目前正在沿宏观和微观两个方向发展。在微观方面,进一步认识退化环境对生物在细胞、基因及分子水平上的效应机理,提出预警监测环境变化的原理和方法;在宏观方面,认识退化环境对生物种群、群落和生态系统的影响方式、程度,为合理利用生物资源、科学保护环境、管理生物圈、维持自然生产力寻找可行的途径。

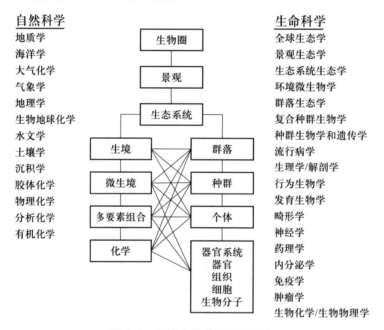

图1-1 环境生物学的研究层次

(资料来源:Newman M C,1998)

二、生物对受损环境的响应

生物在受损环境中的响应包括两大类型:一类是难以适应,或基本不适应,从而在受损环境中逐渐消亡;另一类是可以适应,或基本能适应,在受损环境中通过个体和群体层次的积极调整,最后能够在受损环境中生存和发展。生物长期生活在这种环境中,能否适应,如何适应,适应与否将分别产生怎样的后果,都是需要深入研究的问题。

现在地球上几乎没有不被人类影响的环境,人类干扰和破坏引起的环境退化已经成为一个全球性的问题。这种全新环境对所有生物而言都是一个挑战。相比之下,生物对生态破坏适应的可能性要高一些,而对污染环境适应的可能性要低一些,因为前者形成的环境条件可能是生物在系统进化过程中不同程度上经历过的,所以生物可能具有适应环境的遗传贮备;而后者形成的环境则是生物在进化过程中从来没有经历过的,可能不具备适应污染环境的遗传基础。

能够适应这种环境,并对人类产生积极影响的适应性,就要充分地利用和挖掘,如在污染环境中超量积累植物就是适应污染环境的代表,利用它可以净化环境,将不容易分解和转化的污染物从环境中提取出来,这种优良的适应性在以后的环境生物工程中将大显身手。对于那些能够适应受损环境,但对人类产生不利影响的适应性,则要想方设法地抑制和克服,如由于环境改变导致外来生物的入侵,它的快速繁衍占领了很多其他生物生存的空间,导致生物多样性的丧失和农业生产条件的破坏,急需采取有力的措施予以防治。

三、生物对受损环境的监测预警和改良恢复

受损环境对生物的影响和生物产生的适应,往往也反映了生态环境的退化和受损状况,因此可以利用生物的这种反应来指示和监测环境的变化。经过深入地研究发现,生物受害和适应的程度、方式往往与受损环境退化、破坏的程度、速度有着密切的联系,环境的变化往往具有很强的时滞效应,同时变化的因素很多,直接进行环境监测难度大、周期长、费时费力,而且往往是事后描述和记录,难以达到预警监测的目的,而生物监测则可以有效地克服这一不足。如何发展各种各样的生物监测方法和生物标记技术,实现对环境变化的超前预警,是环境生物学的重要任务之一。

环境退化对人类社会的可持续发展产生了严重的影响,如何对受损的环境进行恢复和重建,是世界各国普遍关注的问题。因此,环境恢复和建设已成为21世纪人类社会最大的产业领域之一。环境恢复和建设涉及的因素很多,但最根本的问题是选择什么样的生物、怎样选择合适的生物、这些生物如何组合才能使一定区域内的生态环境走上良性发展的道路,这是环境生物学的重要研究领域。通过生命科学与环境科学等多个学科门类的有机结合,研究手段的不断拓展,人类可能对各种各样的退化环境进行恢复重建。

第三节　环境生物学的研究内容和我国的优先研究领域

一、环境生物学的研究内容

环境生物学研究涉及范围很广,只要是人类干扰和破坏条件下生物与环境之间的关系均属

于其研究内容,核心研究工作经常围绕以下几方面进行。

（1）污染物在生态系统中的行为及其生物效应。主要研究污染物进入环境后,生物对污染物的吸收,污染物在生物体内的积累,污染物随着食物链的延伸而产生的富集和放大效应;与此同时,研究污染物对生物的生理生化过程、新陈代谢、后代的遗传伤害作用,同时分析各类污染物对人群健康的影响。

（2）生态退化及其对生物的影响。主要研究水土流失、土壤退化等受损环境对生物的影响和主要的生态环境后果,探索生物入侵发生的条件和成因,深入认识转基因生物的环境行为及可能存在的生物安全问题。

（3）生物在受损环境中的响应。主要研究生物对受损环境的抗性和适应机理,如生物对污染物的拒绝吸收、结合和钝化、分解与转化、隔离作用及污染条件下生物代谢方式的变化。对于非污染引起的受损环境,生物也存在适应的问题。鉴于在一般的生态学教科书中,从生物对极端环境的适应方面有系统的分析,本书不再涉及。

（4）全球变化生物学。全球变化是一个普遍关注的环境问题,同时需要从全球的空间尺度上进行长期的比较研究。目前,全球变化生物学研究已经形成两个相互关联但各有侧重的研究领域,即全球气候变化的生物学和全球化污染的生物学效应。环境生物学领域的重点是研究温室效应、臭氧层减薄、酸雨对生物的影响,并从进化的角度深入探讨环境污染的全球化及其长期生物学效应。

（5）生物对受损环境的监测。主要研究生物预警、监测环境受损和环境退化的途径,建立监测指标体系。

（6）生物修复和生态重建。针对退化的自然环境,主要围绕水土流失防治、退化土壤恢复、沙尘暴的防治、湖泊的生态恢复等重大生态问题,探讨生物修复的原理和方法;针对污染环境,主要研究如何利用生物改良污染环境、固定污染物减少毒害及利用生物提取污染物的机理,探索污染环境生态重建的方法。

（7）生物多样性的保护。研究生物多样性维持的原理,分析生物多样性丧失的成因,探讨生物多样性保护的对策和措施。

二、我国环境生物学的优先研究领域

我国是一个发展中的国家,重要资源的绝对量位居世界前列,但与庞大的人口基数相比,资源相对量比较贫乏,生态环境先天比较脆弱,在快速的经济发展过程中面临很大的人口压力。同时,整个社会的环境忧患意识比较淡薄,科学技术基础比较薄弱,环境问题已经成为制约我国经济社会发展的重要限制性因素。我国在面对解决全球共同面临的生态和环境问题的同时,还要着重解决自身发展中存在的比较突出的生态环境问题。研判和破解这些重大的生态环境问题,尽快实现相关科技问题的突破,是我国环境生物学发展面临的重要任务。

这里将围绕我国环境生物学相关的重要问题与优先研究领域作一个简短的归纳和介绍。

（一）我国环境生物学需要关注的重要现实问题

1. 湖泊和水库的富营养化问题

我国湖泊退化十分严重,20世纪80年代初全国大于 $1\ km^2$ 的湖泊有 2 848 个,总面积达到

80 645 km^2;到 20 世纪 90 年代,大于 1 km^2 的湖泊只有 2 305 个,与 80 年代相比减少了 19%,面积减少了 11%。据《全国城市饮用水安全保障规划》编制组调查,取样分析的 200 多个湖泊中 80% 已发生富营养化,藻类大量生长,影响饮用水水质,已成为多种疾病发生的重要诱发因素。水体富营养化不但对野生动物、家畜及人体健康产生严重影响,而且给生态环境及水产养殖业造成了严重危害。从全国范围来看,我国城市湖泊目前都处于富营养化或异常营养状态,绝大部分大中型湖泊均已具备发生富营养化的条件或处于富营养化状态;特别是大城市周边的湖泊,富营养化仍未摆脱逐年加重的趋势。湖泊富营养化的整治是一个世界性的难题。从目前来看,比较长期持续有效的低成本措施是采用生物生态的手段对污染和受损的湖泊环境进行修复,从整个流域和湖泊生态系统的角度进行恢复和管理,其他各种工程措施和社会对策只有围绕这些方面才能取得较好的进展。在水体富营养化防控中,中国环境生物学家任重而道远。

2. 食品、中药、饮品中有害物质的残留及清洁生产

我国仅以世界上 7% 的土地养活了全球 22% 的人口,无疑为人类社会的发展做出了巨大的贡献,但是这种成就的取得也付出了沉重的代价。其中化肥和农药的大量使用在提高了产量的同时,也引起了部分粮食、蔬菜、水果、饮品、中药等植物性产品的农药和重金属残留超过食用标准的问题。在养殖和畜牧业中,由于滥用激素和添加剂等,部分肉食产品中有害物质的含量过高问题也时有发生。中国农业产品因有害残留物质的超标等质量问题,影响食物健康与人群健康。随着全球市场一体化和中国人民群众生活水平和质量的提高,包括食品在内的各种生物制品的质量也需要不断提高。如何提高食用性产品的无公害、绿色化水平成为环境生物学关注的一个重要问题。

3. 环境健康

目前,影响我国人群健康及致死的主要疾病是脑血管疾病、心血管疾病、肺癌、肝癌等,这些疾病除了先天的遗传因素外,环境影响已经成为这些疾病发病及其对人群健康和生命威胁最大的一类贡献因素,环境健康问题已经成为重要的民生问题。环境健康涉及一个人外部的所有物理、化学和生物因素,以及影响行为的所有相关因素,其中环境污染、受损与退化环境对人群疾病的影响越来越突出。这些环境要素,涵盖空气、水、土壤、海洋、生物多样性、气候变化、辐射、噪声多个方面,人群如何减少不良环境因素的暴露,形成绿色健康生活方式和行为,成为环境健康及其环境生物学领域需要研究的重要问题。

4. 严重的水土流失及其生物控制

水土流失是一个世界性的生态问题,据 20 世纪 80 年代的统计数据,全世界水土流失面积达到 2.5×10^7 km^2,占陆地总面积 16.7%,每年损失可利用耕地 500 万~700 万 hm^2。我国水土流失防治工作虽然取得了举世瞩目的成就,但仍然是世界上水土流失最严重的国家之一。根据《中国水土保持公报》(2019 年),我国水土流失面积达 271.08×10^4 km^2,达国土陆地面积的 28.24%。水土流失不仅使水土资源遭到严重破坏,同时也是造成江河湖海面源污染的一个重要原因。据中国水土流失与生态安全科学考察估算,每年水土流失给中国带来的经济损失相当于 GDP 的 2.25% 左右,带来的生态环境损失难以估算。水土流失的因素很多,但很多情况下是人为引起的,其中各种活动对地表下垫面的破坏是最直接的人为因素。保护和恢复植被是水土流失防治中最重要的生物措施。选择综合抗性水平较高的树种和草种,并根据当地生态环境的特点进行良好配置,就成为水土流失防治最基本的科学问题。

5. 干旱和半干旱区的生态恢复和沙漠化防治

我国存在大面积的干旱和半干旱地区,气候和人为活动在内的种种因素造成该地区土壤退化,酿成荒漠化。根据第五次全国荒漠化和沙化监测结果,全国荒漠化土地面积约 261.16 万 km²,沙化土地面积 172.12 万 km²;根据岩溶地区第三次石漠化监测结果,全国岩溶地区现有石漠化土地面积 10.07 万 km²。荒漠化导致大量土地资源丧失,区域生态环境恶化,制约了部分地区经济社会的发展。荒漠化防治同水土流失防治一样,是一个涉及多方面的社会系统工程。其中最基本的问题还是如何合理利用土地、加强对地表植被覆盖。人为因素引起的荒漠化及其防治是环境生物学关注的科学问题之一。

6. 转基因产品、生物入侵

我国已经成为世界上转基因产品的最大消费国之一。转基因生物的生态安全性至今还不十分清楚。近年来我国各地在农业生产发展中引进了大量的外来物种,同时伴随着大量物品的进口,外来的一些昆虫、病原菌等可能鱼目混珠进入我国,这些外来物种的进入有可能造成生物入侵,对我国的生态环境构成影响。这些问题属于环境生物学学科领域的基础问题,有待尽快进行深入研究。

7. 生物多样性的保护

我国是地球上生物多样性最丰富的国家之一。中国仅高等植物就有 3 万多种,脊椎动物有 6 347 种,分别占全球综述的 10% 和 14%,陆生生态系统类型有 599 类,栽培植物和家养动物品种及其野生近缘种超过世界上任何其他国家,如水稻(*Oryza sativa*)有 5 万个品种,大豆有 2 万个品种。此外我国生物特有属、特有种多,动植物区系起源古老,珍稀物种丰富,科研价值高,其承载的遗传基因是人类社会未来赖以发展的战略性资源,关系到国家安全。但我国开发历史悠久,历史上战乱频繁,加之人口众多,对生物多样性破坏十分严重。全面系统地认识生物多样性现状和受威胁的情况,掌握物种濒危的机制,寻找有效保护的手段和方法,是包括环境生物学在内的众多学科共同关注的问题。

8. 基于自然的解决方案

人类社会面临的生态环境问题,要顺应自然规律有序地解决,这就是基于自然的解决方案(nature-based solutions, NbS)。该方案强调的是,人类社会通过保护、可持续管理和恢复自然生态系统,尽可能修复经改变的生态系统,在增强自然为人类提供福祉和生物多样性效益中,可持续地、适应性地应对经济社会发展带来的各个方面环境变化的挑战。

2021 年 6 月中国自然资源部与世界自然保护联盟(IUCN)在北京联合举办发布会,发布了《IUCN 基于自然的解决方案全球标准》《IUCN 基于自然的解决方案全球标准使用指南》中文版,以及《基于自然的解决方案中国实践典型案例》。IUCN 提出了基于自然的解决方案 8 大准则及 28 项指标,倡导依靠自然的力量和基于生态系统的方法,应对气候变化、防灾减灾、粮食安全、水安全、生态系统退化和生物多样性丧失等社会挑战。自然资源部与 IUCN 结合我国生态保护和修复重大工程与实践,在全国范围内选取了 10 个代表性案例,形成了中国实践典型案例。这些案例涉及自然、农业、城市等生态系统类型和国土空间主体功能,对我国乃至全球基于自然的解决方案本地化应用具有示范和借鉴作用,也代表通过生物的、生态的手段解决环境与发展问题的新动向。

（二）我国环境生物学的优先研究领域

根据上述我国重要生态环境问题与环境生物学密切关联的学科内容,结合当前解决生态环境问题的方法动态,提出我国环境生物学在污染的生物效应、污染的生物生态响应、受损环境的生物入侵、受损环境的修复恢复的四个优先研究领域,见表1-1。

表1-1 环境生物学优先研究领域

优先研究领域	重要研究内容	未来研究展望
污染的生物效应	新污染物及环境归趋、生物富集;污染物的分子效应和生物标志物;污染物的细胞、组织和个体效应;污染物的种群效应;污染物对群落和生态系统的影响。	新污染物分析方法的建立及生物生态毒性效应和机制研究;新技术和新方法与生物标记应用将推进环境生物学研究水平更加深入;微观与宏观方法相结合来评价有毒污染物的毒性将是一个重要趋势;复合污染及其生物效应。
污染的生物生态响应	化学污染物的生命体系响应与生态过程;生态系统对污染及其退化环境的响应和适应性;气候变化对污染生态过程的影响;污染的生物监测与生态风险评估;污染的生态控制和生物修复。	新材料和新污染的生态过程与生物响应;典型污染物的生态复杂性及其生物响应模拟;全球气候变化对污染物-生态系统相互作用的影响;环境分子诊断新方法及生态风险早期预警技术;微生物净化机制与污染修复的生物学技术及生物信息学;污染生态系统大数据整合、云计算及模型构建。
受损环境的生物入侵	受损环境的生物入侵与生活史特性研究;入侵生物的种群遗传与进化研究;入侵物种的扩散与生物生态影响;生物入侵与全球变化研究。	入侵种在受损环境和入侵地的快速进化与适应,入侵种在入侵地的繁殖特性和遗传变异及扩散机制的研究;生物入侵的科学预见;物种的入侵与进化的关系;生物入侵与全球变化之间的关系;基因组水平上的外来种入侵性预警。
受损环境的修复恢复	生物多样性与受损环境的生态恢复;生态系统结构恢复与生态系统服务功能恢复;生态系统恢复力-弹性;生态恢复目标规划与评价;恢复生态学的方法创新。	生态恢复的关键理论研究进展;生态恢复实践的质量及其可持续发展;生态恢复实践中社会、政治、文化与生态的耦合;生态恢复作为可持续发展与生态文明建设的基础支撑;全球气候变化与生态恢复的相互作用。

第四节 环境生物学的研究方法

环境生物学学科特点及其研究内容决定了它的研究方法。由于环境生物学的研究对象是生物和受损环境,因此,生物学、环境学、生态学的一般方法均可在该学科中进行应用。同时,环境生物学也形成了许多特有的研究方法。

一、野外调查分析

野外调查是许多学科研究中使用最早，也是最为普遍的方面。不同学科，其调查方法也多种多样。在环境生物学中，一方面需要利用野外调查方法分析环境受损程度，以此评估受损环境对生物各个层次的影响，并采取合适的方法进行场地的修复；另一方面，通过野外调查分析生物对受损环境的响应及其适应特征，如通过种群的数量、出生率、死亡率、迁移、行为、生活史等种群参数的调查，评价生物在面对受损环境的响应及适应策略。同时，也可以通过野外调查方法分析生物系统在生物个体、种群和生态系统层次上的变化，进而指示外界受损环境的变化。

二、实验研究

实验研究是在人工控制条件下，进行可多次重复、具有较好稳定性的一种研究方法。该研究方法为了解受损环境的生物效应及生物修复机制提供了依据。实验研究方法包括了实验室实验和野外实验。

一般而言，通过实验室的实验手段，可以进行环境污染的生物效应及其机理的研究。这种研究在人工控制的条件下，具有较好的稳定性和可重复性。因此，可以从微观上探索环境污染与生物相互作用的因果关系。例如，在实验室内，通过控制介质的 pH 和温度，观察某种化合物在不同浓度下对生物体内的大分子、细胞、器官，以及生物个体、种群和生态系统的结构与功能的影响，就能够确定该化合物在一定环境条件下对生物的生长与繁殖的影响程度，为制定其环境排放标准提供科学依据。实验研究的优点是条件控制比较严格，实验过程可以多次重复，但其最大的弱点是实验室的条件与野外自然状态的区别，因此用实验室的结果去解释自然环境的情况必须十分小心。另外一种实验方法就是野外实验，即在自然条件下进行实验的研究方法。这种方法结合了野外研究和实验室研究的优点，如在划定的野外实验区内，形成一个相对封闭和稳定的实验系统，通过控制或改变一种或几种实验条件，对受干扰环境对生物影响的规律进行系统研究，其结果对特定环境的管理和环境质量的评价具有更大的指导意义，这是一种很有成效的研究方法。

三、模拟研究

该研究方法建立在模型基础上，通过模拟研究，可以预测受损生态系统的发展趋势，同时也可采用最有效的应对对策，对受损生态系统的管理及区域规划、格局优化等具有重要作用。一般而言，模拟研究往往在全面了解生态系统结构及作用过程的基础上，利用计算机和近代数学的方法，在输入有关生物与环境相互关系规律的作用参数后，根据一些经验公式或模型进行运算，得到抽象的结果，研究者根据具体的专业知识，对其发展趋势进行预测，以达到进一步优化和控制的目的，这种研究方法称为模拟研究。

环境生物学研究中常常应用数学模型来预测环境因素与生物相互作用规律或环境变化对生物作用的后果，尤其是在大尺度条件下研究污染物或外界干扰对生态系统的影响，因为在现实过程中不可能对湖泊、江河等这类大型生态系统进行模拟实验,故利用模型方法模拟研究,预测生态系统可能发生的响应,并根据响应特征采取相应措施,防止某些严重污染事故的发生,或者在发生后,也可以采取措施,将损失减小到最低限度。但必须说明的是,模拟研究的基础是野外调查和实验室研究,因为参数的选择和数据的采用,只能来源于现场调查或实验研究的结果。将模型运行所得到的结果与现场调查和实验室结果进行拟合,并根据拟合程度,适当修改模型,再进行模拟实验,使模型逐步逼近现实和实验。用这种方法所获得的模型,对环境质量演变的规律研究具有很重要的价值。

事实上,像所有科学研究一样,环境生物学的三类研究方法——观察、理论、实验是相互交叉、相互补充的,很多研究需要这些方法共同进行(见图 1-2)。

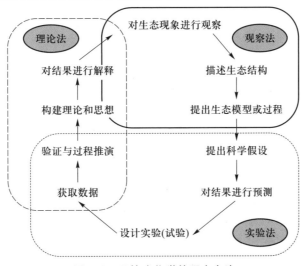

图 1-2　环境生物学的研究方法

(资料来源:段昌群等,2020)

第五节　环境生物学的发展动态

环境生物学伴随着人们逐渐提高对环境问题的认识而不断发展,通过解决具体的环境问题应运而生。自从人类出现以后,环境问题就随着生产规模的扩大、生产方式的改进、对自然的影响和干预能力的提高、人口不断的扩大日益显现出来。环境生物学也在认识和解决问题的过程中得到发展。

一、环境生物学的学科发展

(一)环境生物学的萌芽期

农耕文明的大规模发展是人类社会明显影响和干扰生态环境的第一次破坏行为。这个时期,传统的耕种方式产量相对较低,人口相对较多,大规模的垦殖活动引起了森林和草原的大面积破坏和消失,严重的水土流失使很多地方沦为荒山秃岭或变为荒漠。例如,我国黄河流域在西汉末年垦田 $8×10^4 km^2$,东汉又垦田 $7×10^4 km^2$,使黄河流域可垦之地全部垦殖,这是两汉繁荣的基础,但也是黄河流域衰落的开始。从南北朝以后至唐代中华文明的中心就开始转向黄河流域,曾养育中国文明数千年的沃土现已经成为世界上生态环境最恶劣的区域之一。地中海地区的古希腊文明、两河流域的巴比伦文明、中美洲的玛雅文明和尼罗河流域的古埃及文明、恒河流域的古印度文明的衰落都与当时对自然生态环境的过度利用、导致人类生存发展的基本条件恶化有密切的关系。农耕文明时期的环境问题以对自然资源的过度利用为特点,这时的环境问题一般称为第一环境问题。

古代的先哲们很早就注意到了人类过度地从自然界中获得,导致生态环境退化的现象,并不断警示人们将自己的行为规范在自然界可以恢复更新的范围之内。"春三月,山林不登斧,以成草木之长;夏三月,川泽不入网罟,以成鱼鳖之长",这是我国古人的精辟见解,是富有朴素的环境生物学思想的最早记录之一。对于森林破坏导致水土流失问题,南宋魏岘对其生态过程进行了科学的分析,他在《四明它山水利备览》一书中写道:"昔时巨木高森,沿溪平地竹木亦甚茂密,虽遇暴水湍激,沙土为木根盘固,流下不多,所淤亦少,开淘良易。近年以来木值价高,斧斤相寻,靡山不童,而平地竹木亦为之一空,大水之时既无林木少抑奔湍之势,又无包缆以固沙土之积,致使浮沙随流奔下,淤塞溪流,至高四五丈。"

对于农耕时期环境问题的认识有很多论断,其中恩格斯对此的论述可谓全面深刻。他指出:"美索不达米亚、希腊、小亚细亚以及其他各地的居民,为了想得到耕地,把森林都砍光了,但是他们做梦也想不到,这些地方今天竟因此而成为不毛之地,因为他们使这些地方失去了森林,也失去了水分的积聚中心和贮藏库。""阿尔卑斯山的意大利人在山南坡砍光了被十分细心保护的松林,他们没有预料到这样一来,他们把他们区域里的高山畜牧业的基础给摧毁了;他们更没有预料到,他们这样做,竟使山泉在一年中的大部分时间内枯竭了,而在雨季又使更加凶猛的洪水倾泻到平原上。"

人类历史上,农业文明的持续时间很长,对过度利用森林、草地等生物资源导致生态环境恶化的问题,不同的国家和地区都有相应教训的记载。但这些都是一些朴素的思想,反映了一些环境生物学的基本现象,真正使环境生物学成为一个独立的科学还是工业革命以后,特别是在20世纪60年代以后,伴随着人们对环境问题的深刻认识而孕育和诞生出来。

(二) 环境生物学的诞生

20世纪初,很多国家已经实现了工业化,不少国家也快马扬鞭地走向工业化,农业的机械化使生态环境退化问题更加强化,而且长期以来积累的环境污染问题也大范围地暴露出来。20世纪30年代至70年代,是西方世界环境噩耗不断传出的时期。世界上先后出现了"十大公害事件",促使人们对这个问题进行思考。20世纪初,英国、美国、德国、日本等国开始研究生活污水和工业废水引起河流水生生物的种类变化、群落结构演化及其与水质之间的关系。第二次世界大战以后,科学技术以前所未有的速度发展,极大地改变人类社会的各个方面,工业、农业、交通、城市建设、人口迅猛发展,人类又以前所未有的强度影响和干扰着自然生态环境,使生态恶化和环境污染从以前的工业基地和中心城市向所有的环境蔓延开来,地球上已经没有"自然"环境,污染问题日益严重,生态平衡遭到破坏,很多区域环境退化,生态系统已经不能向人类提供环境支持和资源服务,人类的生存和发展面临极大的挑战。工业革命以后产生的环境问题往往以环境污染为主要特征,这时的环境问题称为第二环境问题。

20世纪60年代是人类社会唤起环境意识的阶段。1962年美国生物学家卡森(Rachel Carson)出版了《寂静的春天》。这部著作通过大量的实地调查和采访,以通俗的语言向人们展示了由于化学农药的使用所引起的生物生态效应。这部划时代的著作,引发了美国和整个国际社会对农药的争论以及对环境污染的关注,标志着人类社会对环境问题的觉醒。

20世纪60年代以后,几乎所有的学科都与环境科学产生了交叉,形成了大量的交叉学科和边缘学科。环境生物学同环境科学的其他学科一样,如雨后春笋在社会不断高涨的环境意识土壤中快速地吸取养分,不断地发展起来。这个时期学科发展的标志首推各类专业学术期刊的创立,如 *Environmental and Experimental Botany*(1961年创刊),*Mutation Research*(1964年创刊),*AMBIO:A Journal of the Human Environment*(1972年创刊),*Environmental and Molecular Mutagensis*(1968年创刊)。一些重要的学术刊物如 *Science*,*Nature*,*Proceedings of the National Academy of Sciences of the United States of America* 也大量刊登环境生物学方面的文章(见资料框1-1:国外环境生物学重要刊物)。

📖 **资料框 1-1**

国外环境生物学重要刊物

Agriculture Ecosystems & Environment

AMBIO:A Journal of the Human Environment

Arid Land Research and Management

Atmospheric Environment

Biodiversity and Conservation

Biological Conservation

Chemosphere

Conservation Biology

Conservation Ecology

Critical Reviews in Environmental Science and Technology

Ecological Applications

Ecosystem Health

Ecotoxicology

Ecotoxicology and Environmental Safety

Environmental Health Perspectives

Environmental Monitoring and Assessment

Environmental Pollution

Environmental Science and Technology

Environmental Toxicology

Global Change Biology

Global Ecology and Biogeography

International Biodeterioration & Biodegradation

International Journal of Environmental Health Research

International Journal of Phytoremediation

Journal of Applied Ecology

Journal of Arid Environments

Journal of Environmental Biology

Mutation Research

Restoration Ecology

Science of the Total Environment

Soil Biology & Biochemistry

Water, Air, & Soil Pollution

Wetlands

从 20 世纪 60 年代至 80 年代,环境生物学大量的研究侧重于污染物在生物体内和生态系统中的迁移、富集,以及生物在污染条件下的毒害、抗性反应等方面,出现了很多相对集中的研究领域,如重金属污染及其在生态系统中的迁移积累和毒害问题,酸雨沉降和臭氧层变薄对生物的影响和毒害问题,环境污染及温室效应对生物的影响问题。同时,为了揭示大尺度条件下的长期影响,学界开展了很多国际合作研究计划,如人与生物圈计划、国际地圈生物圈研究计划等,把生态学、地球科学与相关的环境问题有机结合起来,全面系统地认识人类对生物的影响,见图 1-3。

(三) 环境生物学的发展

进入 20 世纪 90 年代以来,环境生物学获得了更大的发展,在很多研究领域不断深化,主要表现在以下几个方面。

(1) 在重点突出环境污染对生物的影响研究热潮之后,将环境污染和生态破坏这两个导致环境受损和破坏的要素给予了同等的重视,并在生物多样性和可持续生物圈的水平上达到了有机结合,使环境生物学成为一个真正关注人类未来命运的科学体系。

(2) 针对污染条件下的生物学效应,更多转向研究小剂量(非急性污染)条件下在更大的时空尺度上分析环境污染对生物的各种影响,尤其是关注污染的全球化对生物后代的潜在影响,对生物多样性的影响,以及对生物圈稳定性的影响;在生态破坏及其生物学效应方面,更多地从生态系统生态学的角度认识人类干扰和影响的过程和生态系统反应的机理。如从生理学的视野研究生态过程,为最终实现对生态过程的调控提供理论指导,故又称为生态系统生理学。

(3) 大量地采用先进的技术和方法。环境生物学的研究,在微观研究领域有大量的分子生物学研究手段用于揭示受损环境中生物的响应和遗传多样性丧失,在宏观研究领域用大量的空间信息技术如地理信息系统(GIS)、全球卫星导航系统(GNSS)、遥感(RS)(统称"3S"技术),对全局性的环境变化及其生物生态效应进行把握和信息的整合。

(4) 多学科的交叉研究和大量的国际合作研究计划。环境生物学本身就是一个交叉学科,

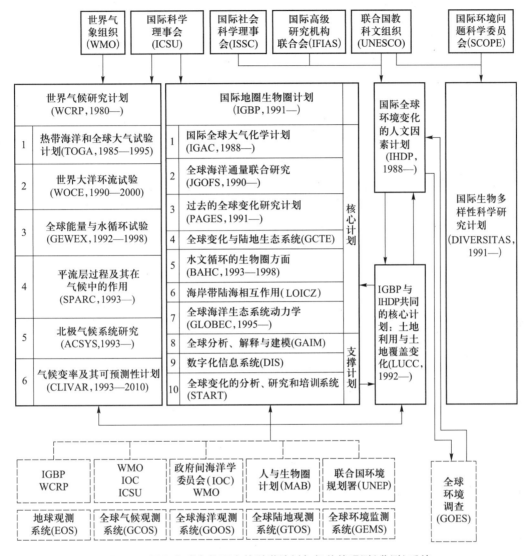

图 1-3 国际全球变化研究的科学计划与相关的观测(监测)系统

涵盖环境科学和生物学两大学科门类,同时需要数学、物理、化学、计算机等基础学科的支持,随着人们对环境生物学认识的深入和解决实际问题的需要,几乎所有的地球科学和生命科学的分支学科都融合到环境生物学的研究中。如分子生物学、基因组学研究污染条件下生物基因表达和相关基因的功能,生物地球化学研究受损环境生物地球化学过程的变化及其后果等。

(5)环境效应的超前预警。人类干扰和破坏导致的环境退化一旦成为现实,进行治理的难度极大,甚至可能无法进行恢复。环境退化是一个具有强滞后效应和累计效应的生态学过程,如何对这种效应进行超前预警成为环境生物学家致力研究的热点问题。

(6)注重对清洁生产、人群健康、环境整治等现实问题的解决。如何在受到不同污染程度的环境中生产出达到"绿色食品"质量要求的农副产品,正成为多个学科领域共同关注的环境生物学问题。环境污染、食品安全和对人群健康的影响正成为一个新的热点。如何利用生物措施对退化环境进行修复和重建,以提高环境质量也成为集理论和应用于一体的重要环境生物学难题。这些研究领域具有很好的应用前景,并孕育着重大的环境产业,从而成为整个国际社会的政府机构、研究单位、企业集团热衷的研发领域。

二、环境生物学的相关学科

环境生物学作为环境科学与生物学的重要新兴交叉学科,同其他相关学科之间有密切的联系,最为密切的有污染生态学、环境毒理学、保护生物学、生态毒理学、恢复生态学等。

污染生态学(pollution ecology)侧重于研究污染条件下生物的生态效应,核心是分析污染物在生态系统中的行为及其对生物的影响,目的是利用生物控制污染和改善环境质量,并对环境质量进行综合评价和预测,提出生态区划与管理对策。它属于应用生态学的范畴。

环境毒理学(environmental toxicology)侧重于研究环境污染物对人体健康的危害机理,目的是探索污染物对人体毒害的早期检测指标,制定卫生标准,并为有毒化学品的管理提供依据。它属于环境医学的范畴。

保护生物学(conservation biology)侧重于研究和评估人类活动对生物多样性的影响,提出防止物种灭绝、生物多样性丧失的具体措施。由于人类干扰和破坏是生物多样性丧失的重要原因,从而深入认识人类影响生物多样性的机理和过程是该学科的核心,它涉及很多基础生物学的内容,如植物学、动物学、微生物学等,需要从形态解剖、生理学、生物化学、遗传学、生态学、分类学等多方面揭示生物濒危的基本原因,从而在具体的应用领域如林学、农学等,融合人类学、社会学、法学、经济学、管理学、民族学的手段进行有效的保护。保护生物学是一个处理当前生物多样性危机的决策科学。

生态毒理学(ecotoxicology)是生态学与毒理学相互渗透的边缘学科,主要研究化学物质对生态系统中的生物及环境的综合影响,尤其是种群和群落的影响,探讨毒物—环境—生物之间的相互关系,进而防止污染物对生态系统中的生物产生毒性和影响,保护人类的生活环境。该学科在宏观上更接近污染生态学。在国际上,针对环境污染对生物、生态系统生态过程影响更多的称为生态毒理学,在国内习惯上称为污染生态学。

恢复生态学(restoration ecology)主要侧重研究退化环境重建和修复的机理与技术途径的一门综合性、应用性的学科。从 20 世纪 80 年代以来,恢复生态学成为生态学领域中的一个重要研究热点。

从环境生物学的学科范畴中可以看出,它同以上各学科之间有很多的交叉,但侧重点各不相同。相比较而言,环境生物学的内容更为广泛一些,同时更倾向于基础性和应用基础。

另外,环境生物学还有一些新兴边缘交叉学科,如下所述:

遗传生态毒理学(genetic ecotoxicology)主要探讨环境污染对生物的遗传损害及其生态后果。该学科从 1997 年首次提出,是一个刚刚诞生的学科。

进化生态毒理学(evolutionary ecotoxicology)站在生物适应进化的角度,研究当今世界上长期持续发展的退化环境对生物的未来进化命运的不利影响。这也是一个刚刚诞生的学科。

环境基因组学(environmental genomics)探讨在不同环境条件下生物基因的表达、转录、翻译的动态,以及基因组的结构功能与环境之间的关系。

生态工程学(ecological engineering)利用生态学的原理,采用工程设计、工程组织、工程运作的方式对受损环境进行修复和重建。

全球变化生物学(global change biology)主要研究全球变化的条件下生物圈的反应,主要揭示具有全球效应的环境污染物,以及在全球范围内出现变化的环境成分对生物的各种影响,同时将各区域生物对全球变化的响应也作为重要的研究内容纳入本领域范畴。

小结

环境生物学是环境科学的一个分支学科,也是环境科学与生物学的交叉学科。长期以来,不同学科背景对环境生物学的学科内涵有不同的诠释。经梳理和综合分析认为,环境生物学是研究生物与人为受损环境之间相互关系的科学。这里的受损环境指的是人类影响和干扰条件下变化了的环境,包括两个不同但相互联系的类型:环境污染和生态退化。环境生物学主要研究:受损环境对生物的影响,生物在受损环境中的变化和适应,利用生物监测指示受损环境和改善环境质量。

我国的环境污染和生态退化这两类环境问题都十分突出,加之资源相对比较有限,生态环境比较脆弱,特别是在过去30多年的经济高速增长中,环境问题长期没有得到较好解决,现在已经进入了持续性生态资源短缺和大范围复合性环境污染的阶段。虽然最近10年生态环境问题在生态文明建设的国家战略布局中得到前所未有的重视,但生态环境中的很多基础性问题还没有得到彻底解决。既要努力解决全球共同面临的生态和环境问题,还要解决自身发展中存在的日益突出的生态环境问题,未来的可持续发展面临前所未有的挑战。目前我国面临的环境问题很多,与环境生物学直接相关的主要问题有:植被破坏加剧,水土资源丧失严重;工业废水和生活污水造成水污染,城市环境问题日益严峻,城镇及人口密集地区地下水和江河湖泊污染严重;燃煤和汽车尾气造成的大气污染十分严重,噪声、辐射等物理性污染日益突出;土地荒漠化,生物多样性受到严重威胁,这些都影响到我国的生态安全、资源安全、环境安全、食品安全、人群健康等诸多方面。环境生物学在解决我国这些问题中具有十分重要的作用。

环境问题在全球范围内的不断延伸和扩展,为环境生物学的发展提供了巨大的科技和社会需求。尤其是全球变化已经成为不争的事实,任何国家和地区在解决自己的生态、资源和环境问题时都需要在这个大背景上度量。作为与环境生物学密切关联的世界突出环境问题主要有:全球气候变暖、臭氧层减薄、酸雨增多、森林面积锐减、荒漠化土地扩大、有害化学品污染、水污染突出、危险废物越境转移、生物多样性急剧减少。这些问题的认识和解决都需要环境生物学的理论和方法的支撑,并为环境生物学及其相关领域的发展创造了条件。污染生态学、环境毒理学、保护生物学、生态毒理学、恢复生态学正在向纵深的方向发展,遗传生态毒理学、进化生态毒理学、环境基因组学、生态工程学、全球变化生物学等一系列新兴学科和边缘交叉学科如雨后春笋般涌现,显著拓展了环境生物学的发展空间,也使之成为最富有活力的学科。

思考题

1. 概念与术语理解:环境生物学,污染生态学,生态毒理学,受损环境,退化环境,环境污染,全球变化,第一环境问题,第二环境问题。

2. 环境生物学研究的"环境"有哪些特点？环境生物学的研究任务主要是针对哪些环境问题的？

3. 环境生物学的研究内容主要包括哪些方面？

4. 环境生物学在不同的发展时期具有什么特点？

5. 如何开展环境生物学的研究？

6. 根据环境生物学的学科特点分析我国在本学科中存在的主要优先领域有哪些方面？

建议读物

1. 王焕校. 污染生态学[M]. 3 版. 北京:高等教育出版社,2012.

2. 段昌群,杨雪清,等. 生态约束与生态支撑——生态环境与经济社会关系互动的案例分析[M]. 北京:科学出版社,2006.

3. 段昌群. 植物生态学[M]. 3 版. 北京:高等教育出版社,2020.

4. 方精云. 全球生态学——气候变化与生态响应[M]. 北京:高等教育出版社,2000.

5. 熊治廷. 环境生物学[M]. 武汉:武汉大学出版社,2000,1-16.

6. 孔繁翔. 环境生物学[M]. 北京:高等教育出版社,2000,1-20.

7. 中国科学院. 中国至 2050 年生态与环境科技发展路线图[M]. 北京:科学出版社,2009.

8. 《环境科学大辞典》编辑委员会. 环境科学大辞典[M]. 北京:中国环境科学出版社,1993,280-315.

第二章
生物与受损环境

环境生物学研究的是生物与受损环境之间的关系,首先就要对受损环境进行全面的认识,进而对生物与受损环境之间的整体关系进行分析,为进一步研究环境生物学问题提供一个基础平台。

第一节　自然环境和受损环境

受损环境与自然环境是相对应的。这里将自然环境和受损环境进行对比分析,以加深对受损环境的认识。

一、自然环境

1. 环境、自然环境的概念

环境是当今世界使用频度最高的词汇之一。所谓环境(environment)是指相对于主体对象而言的背景,即围绕主体对象以外的其他各种因素的综合。长期以来,在环境科学领域人类习惯以自己为中心,如果没有特殊所指,环境这个概念主要指的是以人类为主体的环境。此时,环境这个概念包含的是人类周围的所有生物的、非生物的因素。

所谓自然环境(natural environment),就是指一切可以直接或间接影响人类生活、生产的自然界中物质和能量的总称。在环境生物学中,自然环境往往强调的是较少受到人类的干扰和影响,仍较完整保持先天状况的环境。

自然环境往往根据要素可以分为大气环境、水环境、土壤环境、地质环境、生物环境等,根据人类影响程度的不同可以分为原生环境和次生环境。随着人类社会活动的不断发展,原生环境逐步变化为次生环境。在次生环境中,如城市、工厂、交通建设等人为的环境改变,满足了人类生存的需要并促进了社会的发展,但如处理不当,也会导致工业污染、水土流失等,反过来造成环境退化,破坏了人类发展的环境条件和资源条件,束缚和制约人类的发展。

自然环境是相对而言的,特别是随着全球气候变化和污染物的全球性扩散,完全纯粹的自然环境是没有的。在环境科学不同的研究工作和领域中,自然环境的内涵是不一样的。当研究主体是污染环境时,自然环境主要强调的是没有污染的环境;当研究主体是城市环境时,自然环境就是指城市以外、人类居住密度较低、自然因素受人类影响和控制程度较低的环境;当研究主体是退化环境时,自然环境所强调的是没有或较少受到人类影响、仍然保持自然面貌的环境。

总之,自然环境总是强调与我们研究的受损环境相对应的、较少受到人类影响或干扰的另一种环境。

2. 自然环境的特点

(1) 自然环境是一个综合系统。自然环境主要由大气、水体、土壤、生物、岩石、太阳辐射等自然要素构成,彼此之间通过物质循环和能量流动相互有机地联系在一起。植物通过吸收大气中的二氧化碳,利用水分和土壤中无机盐进行光合作用,将光能转化为储藏在有机物中的化学能,并释放氧气;动物直接或间接利用植物所转化的有机物,吸入氧气,氧化有机物以获取生存所需的能量;植物和动物生命活动过程中所释放的代谢产物、不能利用的碎屑及尸体,最后都将被微生物分解,大量的元素以无机态的形式回归到土壤,可再次被植物利用。在这里各种要素有着相对确定的功能地位和相关作用关系,形成一个统一的整体,这就是生态系统(ecosystem),植物称为生产者,动物称为消费者,微生物称为分解者,它们共同组成了这个有机统一体的生物成分,而大气、水体、土壤、岩石和太阳能称为无机成分。在某种程度上,自然环境存在的形式就是生态系统,有时为了强调自然要素的整体性使环境构成一个系统,也称为环境系统(environmental system)。

(2) 区域性很强。环境中各个要素是有机联系在一起的,但在不同的区域条件下,生态系统中的生物成分和非生物成分组成和比例是不一样的,该区域中生态系统的物质循环和能量流动的速度、规模和途径是有差别的,从而自然环境也具有区域性的特点。

(3) 动态变化。自然界永远都是运动的,人类对自然环境的作用一刻也没有停止,因此自然环境具有变动性的特点。当人类的行为作用于生态系统,而其结构和功能不超过自然可以更新和承受的范围时,环境系统可以自动调节使这些改变逐步恢复,系统的结构和功能可以恢复到原有的面貌;反之,环境系统结构退化,功能丧失,导致环境退化。

这些因素相互作用、相互依赖,形成一个具有特定结构和功能的系统,这就是生态系统。生态系统为人类生存和发展提供了绝对依赖的环境条件和资源支持。

二、受损环境

1. 受损环境的概念

所谓受损环境(damaged environment),就是指在人为或自然干扰下形成的偏离了自然状态的环境,在该环境中,环境要素成分不完整或比例失调,物质循环难以进行,能量流动不畅,系统功能显著降低。

生物在自然条件下各种生态因子也会发生变化,而且这种变化有时也会超越生物生存的正常环境,形成生物生存的胁迫环境(stress environment)。胁迫环境与受损环境的不同主要表现在两个方面:一是成因不同,前者是自然条件下生态因子数量上偏离正常状态时的“自然环境”,后者是人为直接或间接影响和干扰下生态因子在数量和质量上发生重大变化的“人工环境”;二是环境变化的特点不同,即受损环境与胁迫环境相比在环境因子变化的程度、范围、速度、频度等方面要大得多。这些内容将在本章第二节中重点阐述。

受损环境的形成可以是自然的,也可以是人为的,也可能是这两种因素的复合作用,但在环境生物学中主要研究人为引起的受损环境及其生物学效应。因此,我们可以把受损环境理解成人为的胁迫环境。

在受损环境中,环境中的非生物要素成分如大气、土壤、岩石、太阳辐射等发生变化,生物的种类构成及其相对比例变化,群落和生态系统的结构改变,生物多样性减少,生物间的相关关系改变,生物的可持续生产力降低,土壤的形成作用减慢,持水保土作用减小。往往受损环境类型不同,引起环境变化的动力不同,受损环境的特点也是不一致的。

与受损环境相类似的还有退化环境(degraded environment)、退化生态系统(degraded ecosystem)、受损生态系统(damaged ecosystem)等说法,它们在内涵上比较类似,只是在形式强调的侧面有所不同而已。

戴利(Daily)对受损环境的成因进行了分析和排序,发现过度开发(含直接破坏和环境污染等)约占35%,毁林约占30%,农业活动约占28%,过度收获薪材约占7%,生物工业约占1%。在自然干扰中,外来物种入侵(包括人为引种后泛滥成灾的入侵)、火灾和水灾是最重要的因素。受损环境根据其成因归纳起来,主要有两种类型:一类是环境污染,另一类是生态破坏。

2. 环境污染

环境污染(environmental pollution)是指人类活动向自然环境中投入的废物超过自然生态系统的自净能力,并在环境中扩散、迁移、转化,使环境系统的结构和功能发生变化,对人类和其他生物的正常生存和发展产生不利影响的现象,简称为污染。能够产生污染后果的物质称为污染物(pollutants)。

过去污染物主要强调有害物质或因子,但近年来污染物的概念发生了变化。如铅、镉、汞、苯并[a]芘、有机氯农药等这些是生物生长发育从来都不需要的物质,先天就是污染物,这是传统概念上的污染物。但是,有些物质本身不是有害的,但在单位时间和空间中抛弃的量太多也会导致不良的环境后果,这类物质近年来也作为污染物成为重要的研究对象。如氮、磷等元素,是植物生长发育所必需的营养,但土壤中使用过度后随着地表径流进入河流和湖泊,将导致水体的富营养化,引起严重的污染后果;铜、锌、锰等是动植物生长发育中必需的营养元素,过少引起营养缺陷症,但过多也将对生物的生长发育产生严重的毒害。这样,过量的营养物也将变成污染物。

在火山活动过程中释放大量二氧化硫、灰尘,自然界中在某个时候也出现各种病菌的大量繁殖等,同样构成污染。但在通常情况下,环境污染主要强调人类活动引起的不良后果,或由人类诱发引起的污染事件等。在实际工作中,判断环境是否污染及被污染的程度,是以环境质量标准为尺度的。由于不同的国家和地区在社会、经济、技术等方面的差异,不同国家制定的环境质量标准有所不同,因此各国在环境污染的衡量方面有一定程度的差别。

环境污染是工业革命以来的产物。长期以来,因范围小、程度轻、危害不明显等,未能引起人们足够的重视。到20世纪50年代以后工业和城市化发展迅速,重大污染事件不断出现,环境污染引起了人们普遍的关注。现在,环境污染已经发展成为全球化的环境问题,污染防治已成为全世界人们共同的任务。环境污染物在本质上是没有被完全利用的资源(一种工业和生活原料)进入环境中所出现的后果。提高资源的利用效率,本身就是在控制污染。

环境污染的类型很多。按污染物的性质分为化学污染、物理污染和生物污染;按环境要素可分为大气污染、土壤污染和水污染;按污染产生的原因可以分为生产性污染和生活性污染;按污染的范围来分,可分为局部性污染、区域性污染和全球性污染。针对这些不同的污染类型,本书在不同章节都有阐述。

3. 生态破坏

环境系统中的生物成分和非生物成分作为人类经济社会发展的资源受到过度利用或人为破坏引起生态系统结构和功能的改变，并对人类生存和发展的环境条件和资源状况产生不良影响，这种现象称为生态破坏(ecological destruction)。生态破坏的后果是环境恶化和生态退化。

生态破坏是人类过度利用资源的结果。作为自然界的一个生物成分，人类是在适应环境、改造环境中进化而来的，同时自诞生之日起就进一步地在更高的层次上适应环境、改造环境，并利用环境中的物质和能量作为生存和发展的资源，不断提高自己适应和调控环境的能力。在技术手段比较落后，从环境中获取的物质比较有限，对自然的影响力也比较有限时，环境改变并不突出；随着认识水平的不断提高，技术手段的不断进步，从自然界中获取资源的强度、规模、范围不断地扩大，并超过了自然环境可以恢复更新的限度，这时就出现了生态破坏问题。生态破坏的结果是生态系统朝着物种丧失、生物量减少、物质流动规模降低、结构简化的方向变化。环境朝着不利于生物生存的方向变化，而生物多样性丧失，土壤肥力下降，水土流失，沙漠化和石漠化不断严重，这些都将动摇人类社会生存和发展的物质基础。

生态破坏从农耕文明开始起就出现，直到今天愈演愈烈，成为引起全球环境变化的重要因素，以及全人类共同面临的问题。目前，生态破坏已经从局部扩展到区域甚至全球，从地表延伸到高空和地下，呈现立体格局。生态破坏直接影响其他生物的生存，进而对人类社会的可持续发展产生制约。生态破坏的本质是对人类有用部分的环境因素作为资源而过度利用所出现的后果。发生生态破坏可能是局部的，但长期的积累就成了区域性的，产生的后果则是全球性的。减少对这些资源的过度利用和依赖，是防治生态破坏的根本途径。

按照成因，生态破坏可以分为非生物资源的过度利用(包括土地过度利用、水资源过度利用、矿产资源的无序利用)和生物资源的过度利用(包括森林滥砍滥伐和垦殖、草原垦殖和过度放牧、各类生物资源的过度收获)；按照后果，生态破坏可以分为生物多样性丧失和物种灭绝、水土流失、土壤退化(包括石漠化和沙漠化及其与森林消失、草场退化、耕地减少等方面的互动发展)等。

环境污染和生态破坏作为受损环境的两种形式，对生物影响的最终后果是一致的，但影响过程和作用机制是不同的，采取的防治和治理措施也是不一致的。这些方面在本书不同章节中各有分析。

第二节　受损环境的分析

环境生物学主要讨论人类干扰和影响下的环境中，环境对生物产生怎样的影响，生物发生了怎样的变化，生物如何应对和适应这种变化，这就需要对受损环境进行分析。由于环境是诸多相关因素的综合，构成的是一个复合系统，单个因子的变化会引起其他相关因子的变化，这时往往需要抓住变化最大的环境因子，或者对生物的影响呈主导作用的环境因子进行分析。分析中还要认识受影响和干扰的环境因子偏离"正常"状况的程度。环境因子偏离正常状态的程度主要取决于干扰的强度、规模、影响的速度、干扰的频度、干扰持续的时间,对于生物的影响而言,干扰发生的时刻也十分重要。

一、干扰的强度

人类对自然环境的干扰强度对环境恢复能力、生物响应方式的影响很大。

在污染条件下,为了表示这种关系,经常采用剂量-效应来反映这种特点。这里的剂量主要指生物接触污染物的浓度,效应主要指生物特性或属性的改变。根据不同剂量条件下生物效应所做的曲线称为剂量-效应曲线(dose-effect curve),剂量-效应曲线主要有三种类型。

直线关系:见图2-1A,剂量改变与效应强度的改变成正比。这种效应状况较少,一般在体外或离体试验中可能出现该情况。

对数曲线关系:见图2-1B,剂量与引起的效应是按对数关系增长的,类似数学上的对数曲线,又称为抛物线型,比较常见。

S型曲线关系:见图2-1C,剂量与引起的效应呈现非常态速度变化时,就表现出S型曲线。这类曲线比较常见,而且经常出现的是长尾的不对称S型曲线。一般地,随着剂量增大,生物体的改变越复杂,影响的因素越多,而且生物体的自稳态机制对效应的调整越明显,从而使效应曲线更为复杂化。

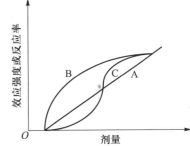

A. 直线关系;B. 对数曲线关系;C. S型曲线关系。

图2-1　剂量-效应曲线三种类型

在环境生物学中,采用一系列的参数来衡量干扰的强度。

1. 污染的等级

环境污染的等级划分主要根据环境中污染物的实测浓度与环境标准比较后进行综合评价得到的指标。经常采用污染指数法,如式(2-1)所示。

$$P_i = \frac{C_i}{C_S} \tag{2-1}$$

式中:P_i为单因子污染指数;C_i为污染的实测值(预测值);C_S为标准值。显然,P_i越小越好。

在单因子的污染指数分析的基础上,要认识所有因子的综合情况时需引入综合指数P。综合指数的计算可以分层次进行,先综合得出大气环境污染指数、水体环境污染指数、土壤环境污染指数等,然后再综合得出总的环境污染指数,如式(2-2)和式(2-3)所示。

$$P = \sum_{i=1}^{n} \sum_{j=1}^{m} P_{ij} \tag{2-2}$$

$$P_{ij} = \frac{C_{ij}}{C_{S_{ij}}} \tag{2-3}$$

式中:i为第i个环境要素;j为第i个环境要素中的第j个环境因子;n为环境要素总数;m为第i个环境要素中的环境因子总数。

以上得到的环境污染指数是等权重综合,即各环境因子的影响因子的作用是完全相等的。如果各影响因子权重(W_{ij})不同时,采用的公式如式(2-4)所示。

$$P = \frac{\sum_{i=1}^{n} C_i \sum_{j=1}^{m} W_{ij} P_{ij}}{\sum_{i=1}^{n} \sum_{j=1}^{m} W_{ij}} \qquad (2-4)$$

2. 毒理学参数

在污染环境中,经常采用毒性来衡量污染物的毒害能力。所谓毒性(toxicity)就是指某物质引起有机体损害的能力。物质的有毒和无毒是相对的,任何一种化学物质进入生物体内,只要达到一定剂量均能对生物的健康产生有害作用。因此,毒性的大小和强弱是以该物质引起生物发生毒害效应所需的剂量或浓度来表示的。

最大耐受剂量或浓度(maximum tolerance dose,通常缩写用 LD_0 或 LC_0):在急性毒性实验中,不引起实验生物死亡的最大剂量。在动物的实验中,往往是由 90 d 毒性实验确定的,此剂量应使动物体重减轻不超过对照组的 10%,并且不引起死亡及不导致缩短寿命的中毒症状或病理损害。

最大无效应浓度(maximum none observed effect concentration, NOEC):在毒性实验中某物质对受试生物无不利影响的最大浓度。在生命周期或部分周期毒性实验中这一浓度就等于最大可接受浓度的低限。

最小致死浓度(minimum lethal concentration, MLC):在急性毒性实验中,引起个别生物死亡的剂量。

最高允许浓度(maximum allowable concentration, MAC):环境中有害物质允许的最高剂量标准。这个标准在地面水、饮用水、食品、土壤、车间空气等一般只制定一种最高允许浓度,而对大气有害物质则制定了两种最高允许浓度,即日平均最高允许浓度和一次最高允许浓度,前者指任何一日平均浓度的最大允许值,主要防止慢性毒害作用;后者指任何一次测定结果的最大允许值,主要防止急性毒害作用的瞬间接触允许浓度。

生物对污染物的忍耐、毒害程度,一方面可以反映污染物作用的强度,另一方面通过大量的研究积累和分析,也是制定环境标准的依据。

3. 生态系统在胁迫下的反应

很多情况下,直接衡量人类对生态环境的影响和干扰程度固然很好,但有时鉴于时间和空间上的不便和困难,有时人们更关注影响和干扰到底产生怎样的后果,这时就需要通过分析受干扰的对象发生变化的程度来了解干扰的强度。对于自然生态环境,经常以生态系统结构和功能的变化来评估干扰的强度。这就是近年来人们普遍关注的生态系统健康问题。

反映生态系统结构和功能的内容有很多指标,如活力、恢复力、组织性、功能的维持等诸多方面,但最重要的是前 3 个方面。

生态系统的活力(vigor)主要指生态系统的能量输入和营养循环容量,具体指标为生态系统的初级生产力和物质循环。在一定范围内,生态系统的能量输入越多,物质循环越快,活力就越高。

生态系统的恢复力(resilience)主要强调当外来干扰消失时,系统克服干扰产生的后果反弹恢复的容量,具体的指标是自然干扰的恢复速率和生态系统对自然干扰的抵抗力。一般地,受损生态系统比原初生态系统的恢复力要小。

生态系统的组织性(organization)主要强调生态系统结构的完整程度、组成系统成分的配置状况。一般地,生态系统受干扰越少,系统的组织水平越高,内在结构的完善性越高。具体的指标有:物种的丰富程度、物种的组成特点、外来物种和乡土种的比例、共生程度。

二、影响的范围和规模

干扰的后果不仅同强度有关,而且还与干扰的范围和规模密切相关。这就是干扰的尺度效应(scale effect)问题。

很小和局部干扰有时可能产生积极的后果,如在森林中,局部小范围的砍伐或森林倒木形成的林窗内,生物多样性反而比森林内更为丰富,这就是中度干扰导致生物多样性增加的现象;在小剂量的污染条件下,很多生物的代谢活力反而加强等。但是,超过了一定范围和规模,干扰对生物的不利影响就显示出来了,生态环境的自我恢复潜力大大下降,达到一定范围,生态系统将发生不可逆转的变化,进而走向灭亡。

干扰的范围和规模,对生物资源而言,主要强调关注对资源的获取量。在一个特定的区域中,如果收获量小于或等于自然恢复更新的补充量(环境容量一半时),则可以长期保持这种收获量;如果收获量大于自然的补充量,资源总量将不断减少,最后的收获量将趋于零。对污染环境而言,如果环境污染只是局部的、小范围的,污染的后果将不会突出,在污染去除以后,自然环境可以较快地得到恢复,而如果污染面很大,对生物及环境的影响就可能变为不可逆转的,即使污染去除后,环境也可能无法恢复。

三、作用速度和干扰频度

干扰的后果与干扰速度和频度有很大的关系。这里所说的速度是指干扰产生的快慢问题,频度是指单位时间内干扰发生的次数。

一般地,干扰的速度越快,对生物的影响也越大,对生态环境的影响程度也越高,产生的后果越难以恢复。比如,大气中二氧化硫污染对某植物的毒害效应浓度是 20 mg/L,在 2 min 内就达到这个浓度与在 2 d 内达到这种浓度,显然对该植物的影响程度是不同的,前者有可能使植物死亡,而后者对植物的毒害效应可能只是轻微的生理性伤害。

干扰的频度越高,对生物及其环境的影响越大,恢复的难度也越大。例如,在我国西南某些少数民族地区仍保持较落后的耕作方式——刀耕火种。在很多年前,人口较少,手段比较原始,经过刀耕火种以后土地能够进行 10 多年的轮歇,在较好的水热条件下,植被能够很快地恢复,再次耕种时土地的生产力也得到了恢复,从而能够保持较高的粮食生产水平。随着人口的不断增多,人类对粮食的需求越来越大,土地轮歇的周期减少到 2~3 年,同时新工具的使用,使树桩、表土保存的程度越来越低。由于土地中自然的种子来源几近丧失,轮歇土地上的植被很难较快地得到恢复,这样轮歇后新辟的土地肥力显著下降,粮食产量大幅度降低。在污染环境中也可以观察到类似的情况,如在烟囱附近由于污染物高频度地影响周围的植物,从而在烟囱主导风向所涉及的一定区域内,很少有植物健康地生长。

四、干扰持续的时间和干扰发生的时刻

干扰的后果不仅与干扰的强度有关,而且和干扰持续的时间有很大的关系。一般地,干扰持续时间越长,干扰的影响作用就越大。应该注意的是,如果干扰是基于生物种群及其以上的生物层次,则由于种群中的个体对干扰的适应性不同,在长期干扰条件下经过自然选择使抗性或适应性水平较高的个体得到了保留,这些个体的后代更容易得到发展,从而后代种群中抗性个体或适应性强的个体比例越来越高,并在外观上表现出更好的适应性,似乎呈现出干扰时间越长,负面影响越小的情况,对这种假象应深入分析。

干扰的影响还同干扰发生的时刻有很大的关系。生物体在其生活周期中不同阶段对外界的敏感性是不同的,从而对外来的干扰效应方式和程度产生了差异。一般地,在生育阶段和幼小个体发育的阶段对干扰最敏感,有时把这个时期称为临界期(critical period)。而种子、孢子等繁殖体形成后尚未进入萌发阶段这个时期,对外在因素的抵抗能力最高。对动物和人类个体而言,成年阶段对外来干扰的抵抗能力强;对植物而言,开花传粉受精阶段最敏感,属于其临界期;对于群落和生态系统而言,演替和发育初期阶段对污染和人为干扰比较敏感,而到成熟期则有较高的抵抗力。

第三节　生物系统与生命体系

前面我们已经讨论了环境生物学中的一个关键词"环境",这里我们将讨论另外一个关键词"生物"。环境生物学研究的对象主体是生物,而生物是具有多元层次的自然实体,不同层次的生物构成一个庞大复杂的生物系统,这个生物系统与其所依托和生存的环境之间又构成了更为复杂的生命体系,这就是生态系统。认识生物,洞察生命,知晓包括人类在内的所有生物的基本特征和其生存发展所依靠的生命支撑系统,是学习和研究环境生物学的重要基础和知识背景。

一、生物系统

地球诞生至今已有 50 多亿年,在漫长的地球地质演变、生物进化的历史进程中,在这个星球上生活过但已经灭绝的物种估计至少有 1 500 万种,目前还生存的已知物种有 200 万~500 万种,人类是其中的一员。

为了方便研究,需要把这些众多的物种进行分门别类处理,这就是生物分类。生物的分类方式很多,生物学上往往根据生物在形态结构、生理功能等方面的相似性及彼此的亲缘关系,把生物划分为不同的类群和等级。分类的基本单位是种,种以上分别按照相似和相近的程度从低到高分别集成为属、科、目、纲、门、界。种(物种)是基本单元,近缘的种归合为属,近缘的属归合为科,科隶于目,目隶于纲,纲隶于门,门隶于界。分类等级越高,所包含的生物共同点越少;

分类等级越低,所包含的生物共同点越多。

地球上的每一种生物都有一个唯一的生物学名称及其分类地位。例如,人的生物学名称就是智人(*Homo sapiens*),其中前面的 *Homo* 为属名,*sapiens* 为种加词。每个物种都有自己的属名及种名。人的分类地位就为动物界、脊索动物门、哺乳纲、灵长目、人科、人属、智人。

界作为最大的分类单元,生物学家在不同的科学研究阶段对界的划分是不一样的。200 多年前,现代生物分类学家林乃把所有的生物分为两大界:植物界和动物界。现在国际上比较通行的是将整个生物分为 5 大类,即 5 界系统:原核生物界(monera)、原生生物界(protista)、植物界(plantae)、真菌界(fungi)和动物界(animalia)。

在生态学及环境科学领域,人们往往按照生物在生态系统中获得营养的方式,习惯性地把生物划分为植物、动物、微生物,分别代表生产者、消费者、分解者等不同的生态功能类型。

生物界十分多样。每一个物种的个体都存在差异性,不同的物种之间差异性更大,他们共同组成了地球纷繁复杂的生命世界。

生物界高度统一。自然界的所有生物都是由细胞构成的,所有生物的细胞都是由相同的组分如蛋白质、核酸、多糖等分子构成的。细胞内代谢过程中每一个化学反应都是由具有催化作用的蛋白质——酶所驱动的。无论是具有酶活力的蛋白质还是组成细胞结构的蛋白质,他们都是由 20 种氨基酸以肽键的方式连接而成的。这些不同蛋白质的功能是由组成蛋白质长链中的氨基酸顺序所决定的。而决定这些氨基酸顺序的是具有遗传功能的物质——脱氧核糖核酸(DNA)或核糖核酸(RNA)。所有的遗传物质 DNA 都是由相同的四种核苷酸以磷酸二酯键的方式连接而成的长链,两条互补的长链形成了 DNA 双螺旋分子。沿着 DNA 长链的核苷酸序列决定蛋白质长链——氨基酸的序列,进而为每一个物种、每一个生物体编制生命蓝图。生物体中的代谢、生长、发育等所有过程都受到来自 DNA 的信息调控。在所有的生物中,遗传密码是一样的,遗传信息的流动都是从 DNA—RNA—蛋白质的方向进行的。这样,地球上的所有生物有一个共同的由来,各种各样的生命彼此之间或远或近都有亲缘关系,整个生物界是一个来自共同的生命体不断发展、不断分支、连续绵延的进化谱系。生物世界从无机大分子到有机物、生物大分子,而后形成核酸蛋白复合体、原始单细胞生命、多细胞生命,进而分化、进化成的各种各样的植物、动物、微生物,是经过几十亿年漫长的地球地质历史时期形成的。这样,我们不难理解,生命的形成就是神迹,每一个生命都是奇迹,每一个生命都是宝贵而值得珍惜的。

地球上的生命个体都不是孤立存在的,不同个体之间因为繁衍、防御、生存等需要,经常是聚集一起相互作用和影响,共同完成生命过程的。在一定时间和一定空间上同种生物的不同个体形成的集合,就构成种群(population)。不同物种及其种群在特定时间和空间中生存发展就形成群落(community),群落中的生物与生物之间、生物与环境之间通过物质交换、能量流动、信息传递形成了一个统一的生命复合体,这就是生态系统(ecosystem)。生态系统是自然界组成和运行的生态单位。一个区域中多样的环境条件、不同的生态系统相互交织,共同存在,相互影响,就形成了不同的生态景观。地球表层的大气、水体、土壤形成的表层空间,由陆地、海洋、湖泊河流组成纷繁复杂的生态空间,一直都没有停息地发生着沧海桑田、乾坤挪移的变化,已经故去的生命经历了这些环境变化的洗礼,现存的数百万种各种各样的生物正在经历着地球环境的各种变化。这个地球表层空间是生命的共同家园,称为生物圈(biosphere)。

地球上的这些生命,从个体出发,从微观深入到分子,从宏观延伸到生物圈,形成了具有复杂组织层次的生物系统。从小到大依次为:无机小分子、生物大分子、细胞器、细胞、组织、器官、个体、种群、群落、生态系统、生物圈。这些不同组织层次的生命,都将接受自然环境变化对它的作用,同时还将经历人类社会造成的污染环境、退化环境对它的影响。

二、生命体系与生态系统

任何生命的存在和发展都需要相应的保障体系,这种保障是建立在相应生物层次的环境条件上的。地球上不同生物及其环境保障体系构成了它的生命体系,不同的生命体系相互联系、相互依存(图 2-2)。

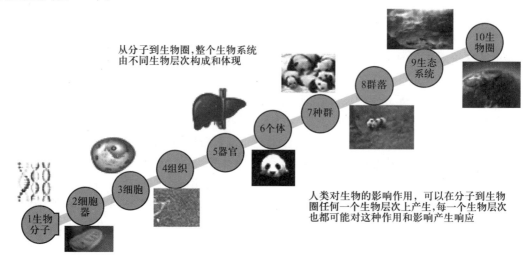

从分子到生物圈,整个生物系统由不同生物层次构成和体现

人类对生物的影响作用,可以在分子到生物圈任何一个生物层次上产生,每一个生物层次也都可能对这种作用和影响产生响应

图 2-2　生物系统和生物层次

1. 生命体系的形成及其保障体系的构建与变化

地球诞生之时,并不适合生命生存,也没有生命存在的条件。地球上原始生命的形成是原始地球环境驱动形成的,而生命一旦形成后,其发展和壮大则依靠生命不断地改变地球环境、自己不断营造和构建生命保障体系而驱动。地球环境(大气圈、水圈、岩石圈和生物圈)变化从地球的形成至今已经历了 46 亿年。在不同阶段,不同地球生命改变了地球环境,使之更适合更高级的生命生存,而这些新生命的发展又进一步改善环境,进而推动整个地球生命及其生命体系向着更加复杂、多样、高级的层次发展。现今适宜于人类生存的环境,是地质史的阶段即第四纪(300 万—250 万年前)以来,特别是全新世 1 万年以来才逐渐形成的。

最初的地球经历着原子演化过程,大气圈中还原性的无机小分子可以合成简单的有机化合物,形成了生命发生的最基本材料。非生物合成的有机小分子在原始海洋汇聚起来,经历了漫长的过程,逐渐形成生物大分子、蛋白核酸复合体及生命前体,最后演化为原始生命。大约 34 亿年前,地球上出现最古老的生物——原始菌藻类。能在光合作用下把水和二氧化碳合成有机质的蓝绿藻在距今约 27 亿年前出现。绿色植物在光合作用中释放出游离氧,逐渐改变了大气的成分。游离氧气、大气氧的形成是地球环境演化史上的重大历史事件,它促进了生命的进化,距今 10 亿~15 亿年前真核细胞出现,生物进化史上出现了有性繁殖和多细胞的生物。生物更为多样化。大气氧浓度的增加，在大气层中形成臭氧层。臭氧层隔离大部分危害生命的高能紫外辐射，使生命可以从水下发展到表层，进而在距今约 4.2 亿年前由水面发展到陆地。陆上植物的出现，推动土壤的形成。随着植物的进化，土壤肥力相应提高，土壤肥力的提高反过来又促进植物的进化。植物的进化为动物界的进化提供了食物和环境保障，同时使植物、动物的进化相互融合、协同关联。例如，随着有花植物的出现，授粉昆虫出现（白垩纪）。随着草本植物的出现，有蹄动物出现（第三纪）。

现代全球环境的形成大概是在新生代开始的。在中生代中期和晚期，世界大部分地区都属于热带和亚热带气候，季节性变化小。到了新生代，随着现代山系如阿尔卑斯山和喜马拉雅山的隆起，气候发生全球性的变化。气候带形成了，季节交替显著了。地球环境向着更多样化方向发展。现代的全球生态系统，包括木本和草本的被子植物、哺乳类、鸟类，以及种类繁多的昆虫大约是在第三纪形成的。这个生态系统经过第四纪的严酷考验基本上稳定下来了。

从环境系统演化历史来看，生命的发展对环境的进化有极重要的作用。生命与环境是共同进化、协同发展的。这包括：一是地球上的各种生物有效地调节着大气的温度和化学构成，二是地球上的生命活动诞生了土壤，极大地拓展了生命生存发展的空间；三是地球上的各种生物影响环境，而环境又反过来影响生物进化过程，生物与环境共同进化；四是大气能保持在稳定状态不仅取决于生物圈，而且在一定意义上为了生物圈；五是土壤作为生命活动的重要介质，推动了地球生物化学循环过程，是生物圈繁荣发展的重要动力源泉；六是各种生物在生存发展中调节和改善物理化学环境，创造出适合各类生物生存和发展的条件。这个思想就是 20 世纪 60 年代英国科学家詹姆斯·洛夫洛克提出的盖亚假说。在这个假说中，洛夫洛克把地球比作一个自我调节的有生命的有机体。但这并不意味着世界是有生命的，而是说明生命体与包括大气、海洋、极地冰盖以及我们脚下的岩石之间存在着复杂连贯的相互作用。

由于人类活动已经对整个地球产生了深刻影响，地质学家认为我们所在的这个星球已经进入"人类世"（the anthropocene）。在过去的 200 多年中，人类已经成为主导地球的重要地质学因素，地球已经不再处于全新世了，已经到了一个与更新世、全新世并列的地质学新纪元——人类世。关于人类世的相关环境生物学问题，我们将在第七章中阐述。

2. 生物多样性与生态系统服务功能

从以上的分析可以看出，地球生命系统在不断进化发展中创造了适合自己生存发展的环境保障体系。下面我们讨论地球现存生命体系如何为人类经济社会发展提供资源和环境保障，通过生物多样性为人类社会提供各种服务，构建人类社会的基本福祉。这就是生态系统服务功能。

生态系统服务（ecosystem service）的概念是随着生物多样性与生态系统结构、功能及生态过程深入研究而逐渐提出并不断发展的。生态系统服务是人类直接或者间接从生态系统中获得的惠益。不同人群对生态系统服务的概念有不同的理解和侧重，但绝大多数学者认为生态系统服务是指生态系统与生态过程所形成及所维持的人类赖以生存的自然效用，它不仅为人类提供食物、医药和其他生产生活原料，还创造与维持了地球的生命支持系统，形成人类生存所必需的环境条件。同时还为人类生活提供了休闲、娱乐与美学享受。

生态系统服务功能（ecosystem service function）是指生态系统与生态过程所形成及所维持的人类赖以生存的自然环境条件与效用。一类是生态系统产品，如食品、原材料、能源等；另一类是对人类生存及生活质量有贡献的生态系统功能,如调节气候及大气中的气体组成、涵养水源及保持土壤、支持生命的自然环境条件等。

（1）有机质的生产与生态系统产品。生态系统为人类提供大量的食物、生产原料和能源。

（2）生物多样性的产生与维持。生态系统不仅为各类生物提供繁衍生息地,更重要的是为生物进化及生物多样性的产生、形成提供了必要条件。同时,生态系统通过各生物群落共同创造了适宜生物生存的环境。

（3）调节气候。生态系统在全球气候的调节中起到了极为重要的作用。生态系统通过光合作用能有效地减缓全球气候变暖的趋势。森林生态系统可以有效减少区域水分的损失,而且还有减弱气温急剧变化的功能。

（4）减轻洪涝与干旱灾害。假如没有生态系统的作用,雨水直接降到地面,不仅大大减少土壤对水分的吸收量,使地面径流剧增,还会造成严重的土壤侵蚀。

（5）土壤的生态服务功能。土壤除在水分循环中起重要作用外,还为植物完成其生命周期提供场所,并为植物提供养分。土壤是具有理化、生物特征的有机与无机耦合的多元复合体,有固、液、气三相结构和水、肥、气、热等功能,是支撑作物生长的平台和农业生产的重要资源,特别是通过增施有机质和多元化肥,可以培肥地力,辅之栽培技术,提高作物产量和质量。其关键机理是通过有机质的矿化作用,既供应作物生长发育所需肥料,又能使对人类有害的微生物无害化,确保农产品安全高效。

（6）传粉与种子的扩散。动物（昆虫等）的传粉对农作物有巨大的意义,并且在为植物传粉的同时,也取得自身生长发育繁殖所需要的食物与营养。

（7）环境净化。陆地生态系统的生物净化作用包括生态系统对大气污染的净化作用和对土壤污染的净化作用。绿色植物能够维持大气环境化学组成的平衡,吸附或吸收转化空气中的有害物质。此外,植物对烟灰、粉尘也有明显的阻挡、过滤和吸附作用。

（8）文化娱乐源泉。生态系统提供文化和欣赏价值,是人类文化娱乐的源泉。

生态系统服务功能是人类社会生存发展的基础,生态系统服务的价值是十分巨大的,美国学者科斯坦萨（Costanza R）等人对生态系统的服务和自然资本用经济法则进行了估计,发现地球生物多样性及其生态服务总价值每年平均至少为 33 万亿美元（按 1994 年价格计算）,超过人类社会当年总 GDP 的 20% 以上。

3. 不同层次的生物与其环境相互关系的时空响应特点

从生命活动过程来看,生命系统的结构层次与环境之间的关系存在很大的尺度效应。从空间尺度上看,越是高层次的生命系统,所需要的空间越大;低层次的生命系统所依托环境尺度就小,发生响应的空间也小。例如,一群兔子（种群层次）生存和繁衍可能需要数百平方米的空间,有时因为特殊的气候变化、灾害性天气的影响,或许还需要达到平方千米级别的空间;而兔子身上一只寄生虫（个体层次）所需要的空间就小得多,可能几平方厘米就足矣。

从时间尺度上来看,越是低层次的生命单元,对环境的反应就越迅速,时间尺度就短;而高层次的生命单元,对环境的反应就越缓慢,出现变化的时间尺度就长（图 2-3）。例如,当环境变化时,一棵树的新陈代谢活动可能在数秒到数分钟内就会出现调整,可以检测到生理指标的变化;而一片森林,当环境出现变化时,如果不是极端的直接损伤,可能需要越过一个季节甚至几年才能见到森林的整体性变化。

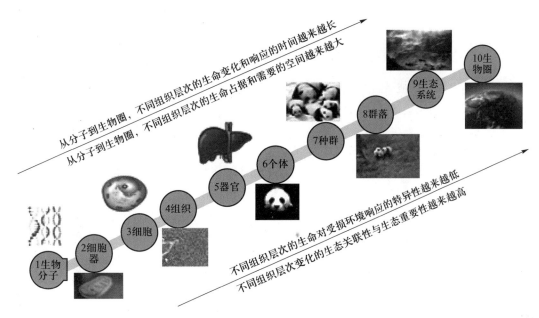

图 2-3 不同组织层次生命的时间和尺度效应

正因为不同生物层次对环境变化的空间反映尺度效应不同,我们往往对快速变化的生物及环境能够产生警觉,从而在小范围、小尺度上往往不会产生严重的忽视行为,反而对大尺度、长时间作用下的变化浑然不觉,察觉时往往为时已晚,难以对受损和污染环境进行保护和修复。

4. 人类社会对地球生命体系及环境系统的影响

随着科学技术不断发展,人类活动对环境演化的影响越来越大。现代生态学及地球环境系统科学的研究表明,影响我们人类所居住的这个星球环境主要的驱动力量包括太阳辐射、地壳运动、全球环流、下垫面的性质这四大要素。现在越来越多的证据表明,这四大因素已经不同程度地出现了变化。工业革命以来,尤其是 20 世纪后期以来,工业发展和城市扩张、矿业水电交通等基础设施建设活动,石油农业发展与旅游活动等显著改变了地球的基本面貌,过去以自然植被为基本的下垫面已演变为人类主导下的新植被、新景观,大型建设活动还诱发地质变化,这些与大气成分变化一起共同影响太阳辐射,进而影响全球环流形势,整个地球环境呈现了不稳定性和新的环境特征,尤其是全球温室效应的延伸与灾变性的天气变化,加上各类化学物质全球范围中的扩散形成了这个地球上所有生物系统进化面临的新环境,这就是全球变化。

全球变化包括两个相互联系而各有特点的方面,一个是温室气体排放引起的全球气候变化,另一个是大量化学物质扩散到全球各个角落形成的环境污染,这两个方面在短短两三百年出现的变化,形成了所有生物在其进化历史上从未经历过的全新环境。面对这种新环境,生物的生态适应和进化发展面临巨大的挑战:不少生物在全球污染条件下在适应上可能存在很大的局限性,故可能导致全球生物多样性的丧失和物种大规模的绝灭;能够适应或部分适应污染环境的生物,在强大的污染选择条件下,适应进化的方向可能被人类引起的环境变化及其污染因素所主导,进化发展的速度可能远高于"自然"条件下的正常速度。正确评估全球变化对整个生命体系的影响,进而形成防止和适应全球变化、维护地球环境稳定性的共同行动,是当今人类面临的重要共同使命。

三、生命的基本特征

生命区别于非生命,或者说生物与非生物的区别看似一个简单的问题,但要准确地回答不是一个容易的问题。一般认为,生命和非生命的区别,或者生命的基本特征至少包括以下四个方面。

1. 新陈代谢

所有生命都具有新陈代谢的基本特征。生命的基本属性决定了它必然要从环境中获取物质和能量,构建自身;同时在生命活动过程中又要消耗物质和能量,满足生命活动内在需求和提升获取能量物质能力的需求,这就形成了新陈代谢。新陈代谢可以分为同化作用和异化作用两种。一方面,生物有机体把从环境中摄取的物质,经一系列的化学反应转变为自身物质,这一过程称为同化作用,即物质从外界到体内,把小分子合成为大分子。同化作用是一个吸收和贮藏能量的过程,如绿色植物利用光合作用,把环境中的水和二氧化碳等物质转化为糖类、淀粉、纤维素等物质。另一方面是异化作用,即生物把体内的物质由大分子转变为小分子,释放能量以满足各种活动的需要,是从体内到外界环境,并把生物体不需要或不能利用的物质排出体外的过程。这两个过程包括的同化作用和异化作用,互相联系、互相制约、互相依赖,彼此都以对方为存在条件。异化作用为同化作用提供能量,同化作用又为异化作用提供了物质基础。

在生物的新陈代谢活动中,生物从外界环境获取营养物质,获得物质和能量,并将外界摄取获得的物质转化为自身的组成部分,将物质的结构元件装配成自身的蛋白质、核酸和脂类等自身的大分子,不断分布到身体的组织和器官中,使生物不断成长;与此同时,生物也要分解身体内的有机营养物质,把大分子变成小分子并释放能量,为生命活动提供一切能量。

新陈代谢时刻都在进行,但不同的环境条件、生命不同阶段的新陈代谢强度、同化作用和异化作用的相对地位不同。如温度过高或过低,生物的呼吸作用都将增强,都要大量地消耗能量,这时异化作用大于同化作用,若持续下去生物将变得瘦弱。如人在不同年龄阶段生长程度是不同的,幼年和青少年时期需要更多的营养物质来促进身体的生长,同化作用在这一阶段占主导地位,新陈代谢旺盛;到了老年阶段,人体机能逐渐衰退,新陈代谢日趋缓慢,此时异化作用和同化作用的主次关系也发生了变化。不仅个体会进行新陈代谢,种群、群落也会进行新陈代谢。一片刚形成的幼林,同化作用大于异化作用,林地变得致密,面积不断地扩大;而一片老化的森林,情况则相反,异化作用大于同化作用,林内植物死亡,森林面积出现萎缩。

2. 生长发育

任何生命都具有生长发育现象。生物从出生开始,同化作用大于异化作用,个体组织结构不断发展和扩展,体积和重量不断增加,出现生长现象;生长积累到一定时期,生物将为繁育后代进行准备,这时具有繁殖作用的组织、器官将不断形成、壮大,这就是发育。大多数生物,只有当营养生长持续到一定阶段,积累了一定物质和能量后,才能从营养生长转化到繁殖生长,进入发育阶段。如果过早地进入发育阶段,没有充分和足够的能量和物质积累,这种发育往往质量差,甚至出现无效发育。有的生物,特别是哺乳类动物,在出生时体内的繁殖组织及其承载的繁殖细胞数量就基本稳定,只有生长到青春期才进入发育阶段,由于有长时间的物质和能量的贮备和准备,往往发育质量高,繁殖成功率高。

生长和发育是不可分割的。生长是指身体各器官、系统的长大和形态变化,主要是量的积累;发育是指细胞、组织和器官在生长的基础上进行分化,新的功能出现和成熟,是质的改变。显然,生长是发育的物质基础,而发育又实现了生长的新变化。以人为例,生长发育是从受精卵到成人的成熟过程。生长是指儿童身体各器官、系统的长大;发育是指细胞、组织、器官的分化与功能成熟,尤其是向繁殖功能进行发展。

3. 繁殖扩散

任何生命都必然要进行繁殖活动,并尽可能把后代个体向更大的空间进行散布。繁殖是指生物为延续种族所进行的产生后代的生理过程,即生物产生新个体的过程。

繁殖是所有生命都有的基本现象之一。每个现存的个体都是上一代繁殖所得来的结果。已知的繁殖方法可分为两大类:无性繁殖和有性繁殖。

无性繁殖的过程只牵涉一个个体,常见的无性繁殖有营养器官繁殖、出芽繁殖、断裂繁殖、(无性)孢子繁殖等。人们通过离体组织培养,也是一种无性繁殖的手段。有的昆虫,如腻虫可进行孤雌繁殖,用无性繁殖的方式繁殖后代。很多低等生物主要是无性繁殖。在无性繁殖过程中,生物没有遗传物质的交换和重组,从而没有遗传变异的产生。

大多数生物都具有有性繁殖。由雌雄两性生殖细胞结合成受精卵而发育成新个体的生殖方式就是有性繁殖,其优点是能产生新的变异。正因为新的遗传变异产生,为生物适应新环境,尤其应对极端不利环境创造了可能。因此,不少生物既可以进行无性繁殖,也可以进行有性繁殖,在环境适宜的情况下,大多采取无性繁殖,可以快速生长繁殖,占据良好的生态空间,在竞争中往往具有优势;而当环境恶化或出现新变化时,通过有性繁殖产生新的遗传变异以适应新环境。

有性繁殖涉及两个不同功能属性的组织、器官,或者不同性别的个体,因此有性繁殖要付出更高的代价。在正常情况下,能够进行无性繁殖的大多采取无性繁殖方式,当环境恶劣时转化为有性繁殖。很多草本植物因为转化为有性繁殖把绝大多数能量和物质都转移到繁殖器官和组织中,从而自身的营养器官和组织因为失去营养而不能维持存活,进而出现死亡。例如,竹类植物往往进入有性繁殖出现开花时,就会出现大面积死亡,就是这个道理。由于有性繁殖有利于生物适应新环境,从而大多数高等生物都是有性繁殖的,而低等生物则多是无性繁殖。

后代个体形成后,生物需要将新形成的个体群(种群)散布到新的空间里,这就是种群的扩散。种群的扩散具有十分重要的意义,包括:种群的扩散可防止近亲繁殖而产生种群衰退,使种群能适应新的不良环境条件,此外,还可以扩大种群分布,寻找合适的生活环境,避免原来环境恶变后种群灭亡,有利于保持种群结构的稳定。对于有的物种,种群的散布可以减少种群内部竞争压力。很多生物为了使后代便于扩散,进化了很多专业的组织和器官。如不少植物具有种翅,可以借助风力传播;有的具有弹射组织,可以将种子散布到较远的地方;有的则具有营养丰富的果实,吸引动物取食进而传播种子。动物的迁徙行为也与后代的散布有关。

4. 适应进化

任何生物必须从环境中摄取各种物质和能量以建造自身,生物离不开环境,而外界环境有其自身的发展规律,并不以生物的需求为转移。面对复杂多样和不断变动的环境,生物必须通过调节内部机能,以维持和扩展自身汇集资源和繁衍后代的能力,这就是适应的本质。

适应作为生物特有的普遍存在的现象,即生命的基本特征,一方面可以在生物各层次的结构(从大分子、细胞、组织、器官,乃至由个体组成的种群等)中体现,并与相应的功能相适应。例如,DNA 分子结构适合于遗传信息的存贮和"半保守"的自我复制;各种细胞器适合于细胞水平上的各种功能(有丝分裂器适合于细胞分裂过程中遗传物质的重新分配,纤毛、鞭毛适合于细胞的运动);高等动植物个体的各种组织和器官分别适合于个体的各种营养和繁殖功能;由许多个体组成的生物群体或社会组织(如蜜蜂、蚂蚁的社会组织)的结构适合于整个群体的取食、繁育、防卫等功能。在生物的各个层次上都显示出结构与功能的对应关系。另一方面,这种结构与相关的功能(包括生化生理、行为习性等)使生物在一定环境条件下得以生存和延续。例如,鱼鳃的结构及其呼吸功能适合于鱼在水环境中的生存,陆地脊椎动物肺的结构及其功能适合于该动物在陆地环境的生存等。

随着时间的推移,生物适应环境的过程中,在形态结构、生理功能、行为特征、遗传变异等各个方面出现了不可逆转的变化,这就形成了进化。进化,又称演化(evolution),在生物学中是指种群内遗传性状在世代之间的变化。鉴于性状是由基因控制的,在繁殖过程中,基因会经复制并传递到子代,基因的突变可使性状改变,进而造成个体之间出现遗传变异。新性状又因种群内具有遗传差异性个体的差异性生存、繁殖,以及个体间基因的水平转移,使基因在种群中传递或招展。当这些遗传变异在种群中变得较为普遍或不再稀有时,就发生了进化。因此,进化的实质就是种群基因频率的改变,这种改变往往导致定向性的适应。

当人类扰动引起生物原来的环境被污染或者退化时,生物也必须应对这种新环境。在人类世条件下,污染环境和退化环境对现有生物而言是一种前所未有的挑战,如果不能快速应对和适应这种环境,生物将面临被淘汰灭亡的厄运。目前地球正在经历的第六次物种大灭绝可能与此有关;能够快速适应这类新环境的生物,往往是个体数量多、遗传变异能力强的微生物、低等生物,这样可能引起全球生物多样性格局出现新变化,人类可能因此面临新的微生物,尤其是病毒等致病微生物的侵袭或困扰。2020 年以来人类社会遭遇新型冠状病毒肺炎的冲击,也许就是人类影响全球环境生物学变化的一个案例,敲响了人类社会需要共同维护全球生命系统的警钟。

第四节　生物与受损环境相互关系的综合分析

生物与受损环境之间的关系十分复杂。在分别研究受损环境各生态因子作用的过程中,应该注意以下几个方面的基本原则。

一、环境因子的综合作用

在自然条件下,环境是由很多环境因子组合起来的复合体,这些因子之间相互作用,互相促进,相互制约,任何一个因子的变化都会引起其他因子发生不同程度的变化;在人类的影响和干扰下,某一个环境因子受损,也将导致其他环境因子发生变化,也就是说任何一个因子的人为改变都将可能引起其他环境因子的改变,而在任何一个受损环境中,多个甚至是所有环境因子都不同程度地发生了变化。

环境污染和生态破坏是两类不同受损环境类型,但在一定条件下二者是相互转化的。环境污染往往在后来也将引起严重的生态破坏后果。如在污染环境中,各种环境因子都发生了变化,生物的更新恢复能力降低,生物多样性显著降低等。同样地,生态破坏也可能引起严重的环境污染,如矿区中的水土流失是生态破坏的一种形式,但流失的水土中可能含有大量的有害物质,从而酿成环境污染。

受损环境中,不仅环境因子之间的作用是综合的,而且受损环境对生物的影响也是综合的。以污染环境为例,污染物一方面本身将导致多个环境因子的改变,这些改变的因子将对生物产生影响;另一方面,污染物也直接对生物产生影响。污染对生物的影响是这两种作用的综合结果。相应地,生物的适应也必须面对这两种不同的成因进行双重适应,即一方面要适应污染引起的正常生态因子带来的变化,另一方面要适应污染物直接对它产生的影响。

二、主导因子

受损环境中,环境因子的变化是互动的,影响是综合的,但在众多的环境因子中,它们的作用程度是有差异的,其中起主导作用的环境因子称为主导因子(dominant factors)。

抓住主导因子进行分析是环境生物学的一个重要原则。如前文所述,受损环境中各类环境因子都可能发生变化,每一种环境因子既可能影响其他环境因子,也对环境中的生物产生影响,在各类环境因子都不同程度地发生作用时就需要遴选其中的主导因子。判识主导因子有两个基本途径:一是从环境因子本身来看,当所有因子在数量和质量相等或相近时,其中某一个因子的变化能引起生物全部生态关系发生变化,这个能对环境起主导作用的因子就是主导因子,如水体富营养化中氮、磷营养物质就是主导因子;二是从生物效应的角度来看,如果某一环境因子存在与否和数量变化使生物的生长发育发生明显变化,那么这类环境因子就是主导因子,如森林植被砍伐引起水土流失,人类毁林就是水土流失的主导因子,这时减少对植被的破坏、植树造林等就成为主要的对策。

在环境污染过程中,虽然最后可能引起严重的生态破坏,但对环境及环境中的生物影响力最强的是污染物,即污染物起主导作用;在生态破坏当中,如过度利用土地和水资源、过度放牧和渔猎、砍伐森林等,这里起主导作用的是人为力量的直接作用。环境污染和生态破坏因主导因子不同,从而采取的治理方式也不同。对于前者,主要是防治污染物进入生态系统;对于后者,主要是减少人类从生态系统中获取过多的生物和环境资源。

在研究受损环境对生物的影响时,更需要抓住主导因子。这时,通过人为控制研究条件,使大多数环境因子处于相同或相近的范围内,并通过改变拟研究的环境因子数量,观察相应的生物效应来达到研究目的。

由于受损环境中环境因子及其影响是综合的,如何使研究结果有可比性是研究设计中首先应该解决的问题,因而在环境生物学的研究中,设置对照实验或参照点十分重要。

三、积累效应

无论是环境污染,还是生态破坏,除了个别情况下突如其来的环境灾难外,更多的环境变化是逐步发展的,一开始并不被人们所察觉或重视,通过初步积累,最后产生不可逆转的后果。这就是积累效应(accumulative effect)。

积累效应可以通过这样一个比喻来类比。一个人满头黑发,拔掉一根是微不足道的,拔掉10根是无足轻重的,拔掉100根也是无伤大雅的,但如果拔掉1 000根、10 000根、100 000根呢? 在这个过程中逐步变成秃头,最后可能成为光头。绝大多数环境污染和生态破坏就是在这种不知不觉中发生的。

积累效应存在一个量的积累到质的变化过程,而这个过程往往在发生中很难确定其中的转折点。为了更有效地管理生态环境,防治不可逆转的生态后果,越来越多的人认为需要分析这个转折点。这就是生态系统在保持其基本结构和功能、维持良性运转条件下能够接受污染物的最大量或承受的最大量,即环境容量和资源、生态承载力问题。也就是说,任何环境污染和生态破坏,最后的积累都应控制在这个限度以内,否则生态系统最后走向崩溃,人类将丧失生存和发展的基本环境条件和资源支持能力。

积累效应包括两个层面:一是人类活动对环境因子的改变程度及其效应程度是不断积累的,二是环境因子的改变范围和效应范围也是不断积累的。前者主要侧重于环境污染,后者主要侧重于生态破坏。量的积累和范围的延伸是受损环境及其效应不断发展的两个方面。

目前,对于突如其来的环境污染和生态破坏已经得到了广泛的关注,而对污染物剂量小、稳定性高、分布广泛、长期持续作用的有机污染物、微量有害元素及其效应的研究还少有系列深入的研究。对于持久发生的、范围较大的、普遍存在的、短期内难以觉察效应的生态破坏行为,往往也是视而不见,研究工作往往也很少涉及。正是这些眼前看来不值得一提的环境受损,经过积累后很容易发展成为不可逆转的生态衰退。这类属性的环境问题,日益成为环境生物学的前沿领域和热点问题。

四、放大效应

在人类的干扰和影响下,环境变化并不是线性增加的,而是以加速度发展的,呈现放大效应(magnification effect)。

对于环境污染而言,这种放大效应主要表现在:① 污染物随着食物链的延伸而不断积累,呈现放大效应,如南极大气中没有检测到的DDT在当地企鹅体内则有检出;② 污染物对生物的影响在个体水平上的毒害效应可能不大,但在种群、群落乃至生态系统层次上产生了很大的影响,如温室气体的排放对个体性的生物而言影响较小,但对全球气候和生物圈的影响则十分巨大。

对生态破坏而言,这种放大效应主要表现在:① 局部的生态破坏产生的后果在全局上表现出来,从而产生更大的危害,如上游地区毁林开荒引起的水土流失,对中下游地区产生洪涝之害,且在下游进行防治的代价远高于源发地区的上游;② 关键地区的生态破坏将对很大范围的生态环境产生重大的影响。如在生物多样性极为丰富的地区过度利用资源、破坏环境,使这里的生物多样性丧失,带来的是整个区域生物多样性显著降低的后果。

人类活动引起的环境受损及生物对受损环境具有的放大效应,是由环境和生物的特点及其关系属性所决定的。任何一个自然环境因子在生态系统中的地位和作用都是不可替代的,任何一个环境因子的变化都可能引起其他环境因子的变化(即级联反应),生物对存在其周边的任何一个环境因子都必须适应,而且某个生物的适应可能引起其他处于每一个食物网中的其他生物发生适应性和适应能力的改变(即连锁效应)。这样,当一个环境因子发生变化时,通过级联反应(cascade response)和连锁效应(chain effect),一方面可能放大了原初的信号,另一方面产生多重后果,导致放大效应的产生。

放大效应一方面提醒人们注意破坏环境后果的严峻性,另一方面也要求在环境分析中,从源头上抓住问题的关键。

五、滞后效应

生态环境破坏和环境污染引起的后果并不是伴随着成因的出现立刻表现出来的,而是要经过一定的时间后才充分展示出来,这就是滞后效应(time-lag effects)。

环境污染和生态破坏的后果往往具有很强的滞后效应,而且这种效应普遍存在。例如,美国在19世纪中期开始为了开发中西部,将大面积的森林开辟为种植园,到20世纪30—40年代,这些生态破坏酿造了大范围的生态危机,在这场危机中美国中西部数百万公顷良田的表土被飓风卷入大西洋。在中国,云南西双版纳是热带雨林比较集中的地区,在20世纪50年代后期为了种植橡胶,毁灭了大量的热带雨林,至70年代雨林气候特征发生了明显的变化:每年雾日减少了32 d,降水量降低了100 mm左右,年空气平均湿度降低。我国富营养化程度最高的湖泊之一滇池,在20世纪60年代曾是山清水秀、湖水碧波荡漾、岸边水草肥美的鱼米之乡;进入70年代后,湖泊流域内发生了"围海造田",湖泊面积丧失了20多 km²;进入80年代后,伴随工业发展和城市规模的不断扩大,大量的工业废水和城市污水进入滇池,湖泊水质从90年代初的Ⅳ类直线下降到90年代后期的Ⅴ类,湖泊内大量水生生物消亡,水体功能丧失。这类状况在国内外环境变迁史上不胜枚举。

滞后效应之所以出现,是由生态系统的反应过程所决定的。生态破坏和环境污染对生态环境的影响具有一定的积累效应,这种积累需要一定的时间;生态系统结构破坏和功能丧失是一个复杂的生态过程,这个过程在生态系统中的环境与生物之间、生物与生物之间发生的恶性循环需要经过多个环节、多个层次的食物链、食物网传递,在整个过程中因果关系转化需要一定的时间跨度;生态系统本身对外来的干扰具有一定的缓冲能力,这种能力也使后果在人类破坏一段时间之后才展现出来。同时,人类的认识有一定的局限性,只有酿成较大规模的不可逆转的后果时,才能确认所引起的破坏和污染。从轻微的、局部的、不为人们所重视的不良后果发展成为严重的、大范围的、得到人们重视的问题,需要一定的时间。

正是由于滞后效应的形成受这些因素所影响,所以,越是小范围、小强度的人类干扰形成的生态后果,滞后效应越突出;生态系统越复杂,滞后效应越突出;产生的后果对人类经济社会发展的直接影响越小,滞后效应越突出。

滞后效应的研究具有重要的现实意义。对滞后效应的研究,可以尽早预警相关的环境后果,及时采取措施,以避免大范围的生态环境恶化;同时,通过研究,人们可以从更长的时间尺度和更广的空间范围认识人类干扰的后果,警惕自然的报复,提高与自然和谐共处的能力和技巧。

六、适应组合

为了应对受损环境,生物在外部形态特征、内部生理技能、遗传基础等诸多方面都将产生一系列的调整,以保证在变化环境中的生存和发展,这就是适应(adaptation)。

生物是一个统一的整体,适应受损环境时往往涉及多个生理过程的综合调整,乃至形态结构和功能协同发生变化,这就是适应组合(adaptive suites)。适应组合是生物适应环境的一种普遍机制,如在沙漠中生活的植物与正常环境中的植物显著不同,如叶片退化,茎绿色并膨大形成储水组织,水、热、光合作用均发生显著变化。同理,在受损环境中植物的适应组合将具有新的特点。

在受损环境中,生物面临这样的问题,由于环境因子恶化及对生物的不利影响,生物可以从环境中获取的资源量减少;同时,为了抵抗不良环境,消除各种影响的不良后果,需要付出更多生存资源和能量储备,从而生物为了维持其生存和发展,就需要综合协调,优化自己的生存方式。

在污染环境中,生物的应对策略有两个方面。

(1)平衡资源获取和减少污染机会的矛盾。以植物为例,光合作用需要尽可能地开张气孔,获取二氧化碳,而与此同时将使更多的气体污染物进入植物体内;根需要大量地从土壤环境中获取营养物质,而与此同时有害污染物也随之进入植物体内。没有光合作用和对营养物质的吸收,植物无法生存。为了完成这些过程,污染物将进入植物体内并对植物产生严重影响,这就需要植物调整生存动态,在最大限度地获取资源与减少污染物进入之间进行选择。

(2)平衡资源的分配。仍以植物为例,污染条件下植物获取资源的能力下降,而污染条件下植物的消耗却大大增加,对有限的生存资源如何分配,如地上部分与地下部分、营养生长与繁殖生长、构件与基株的数量、后代种子产生的数量和质量等,都需要综合协调分配资源。

正因为受损环境中植物的适应策略是整体性的,所以在适应机制上不可能是单一方面的强化或萎缩,而是多个机制、多种过程的有机组合。在分析受损环境中生物的变化时,应该充分考虑生物的适应组合。

七、 转移效应

生态环境破坏和环境污染引起的后果,有时就在破坏地或污染区出现,更多的是在另外一个区域出现,也就是说生态退化和环境污染的成因或结果存在异地呈现的现象,这就是转移效应(translocational effect)。

环境污染和生态破坏的转移效应十分普遍。城门失火,殃及池鱼,这是中国古人对相关现象的生动描述。事实上,近年来广受关注的河流湖泊污染问题,有很大一部分污染物来自农业农村的面源污染。水污染问题在河里,根在岸上。城镇化和农业现代化带来的"副产品"——

污染物的增加并向河沟转移,成为我国开放性水体的主要污染来源。第一次污染源普查结果显示,全国农业源化学需氧量、总氮和总磷排放量分别占全国排放量的43.7%、57.2%和67.3%。第二次污染源普查数据依然显示,全国农业源化学需氧量、总氮和总磷排放量分别占全国排放量的49.8%、41.1%和67.2%。由此可见,农业农村面源污染已成为我国环境污染的重要成因。

往往上游地区的生态退化将给江河下游的地区带来严重的生态环境问题。例如,20世纪中后期,长江上游很多地区依靠森林砍伐发展当地经济,导致区域森林覆盖率下降,林地植被质量降低,引起严重的水土流失,含沙量的增大对中下游产生了一系列影响,如淤塞河道、影响通航,抬高河床、易引起洪涝灾害、影响河水质量、引发饮水问题,河水中的泥沙含量增加在遭遇暴雨时引发特大洪水,对中下游地区造成严重的水涝灾害。

生态环境问题的转移效应,不仅仅出现在上下游之间、上下风向之间,有时甚至在全球范围内出现。有研究报道,南极企鹅粪便中有机污染物含量超标,并且导致企鹅聚居区内的土壤遭到一定程度污染。比利时安特卫普大学的阿德林科维茨分析认为,人类制造的化学品是这些污染物的源头,如含有机氯杀虫剂的农药和溴化的阻燃剂等,这些人造化学物质通常经过空气或洋流到达南极。还有研究表明,迁徙的鸟类也可以把它们体内的有机污染物带到南极。企鹅吃完在食物链中遭到污染的鱼,通过生物累积,导致体内的污染物含量超标,并使企鹅聚居区的土壤受到鸟粪和动物尸体的污染。调查显示,非迁徙的企鹅会在本地范围内重新分布有机污染物,导致周围土壤有机污染物水平超高10倍至100倍。

生态环境的转移效应与放大效应一起,将可能引发“蝴蝶效应”。美国气象学家爱德华·洛伦兹(Edward N. Lorenz)曾经为人类描述过这样一场“蝴蝶效应”:在南美洲亚马孙河流域热带雨林中的一只蝴蝶,无意中扇动了几下翅膀,当时人们都认为,这是再寻常不过的事情,却不曾想到时隔2周后,美国的一场龙卷风,竟然和这只蝴蝶有关。地球生物圈不同的要素和成分之间,存在密切的联系,即使局部微小的一个变化,从长远角度去看,都有可能会引发整条关系链上的一系列连锁反应。

理解转移效应对防控环境问题十分重要。我国西南高原湖泊滇池,从20世纪90年代以来出现严重的富营养化污染,在滇池治理的过程中,曾经走过一段弯路。20世纪90年代出现水体污染时,很多主要治理技术手段和工程措施都围绕滇池水体本身开展,如底泥疏浚,打捞蓝藻,种植水葫芦等,消耗了很多的资源但成效不大。20世纪初,长期从事高原湖泊生态学研究的学者段昌群教授明确指出:问题出在水面上,根子是在陆地;问题出在湖泊中,根子是在流域里;问题出在环境中,根子是在经济里。他提出滇池治理的根本出路在于跳出滇池治理滇池,跳出环境优化发展的思路。也就是说,滇池的治理不仅仅只是湖泊流域水的问题,而是全流域整体生态系统健康的问题,是把全流域所有生态环境资源科学利用和合理配置并维持区域生态系统健康的同时支持经济社会发展的问题;承认和接受高原湖泊的环境约束和资源支撑能力,下定决心走“生态优化、绿色发展”的路子,才是高原湖泊治理的长效之策。该思想得到滇池治理决策者的认同,经过近20年的努力,终于扭转了滇池水环境严重污染的局面,为我国类似湖泊的治理提供了借鉴。

八、反馈调节

生态环境往往是系统性的问题。在一个系统中,系统本身的运行效果反过来又作为信息调节该系统的运行,这种调节方式叫作反馈调节(feedback regulation)。反馈调节是生态系统、环境系统进行内部调节的主要机制,包括正反馈调节机制(positive feedback)和负反馈调节机制(negative feedback),它们是生态(环境)系统形成抵抗力、提高稳定性的重要方式。

正、负反馈调节在生命体系中的作用是不同的。正反馈的表征是,系统中某一成分的变化所引起的其他一系列变化,反过来加速最初发生变化的成分更进一步变化。正反馈调节的作用往往是使系统远离稳态。在生物生长过程中个体越来越大,在种群持续增长过程中,种群数量不断上升,这都属于正反馈。正反馈也是有机体快速生长和存活所必需的。但是,正反馈不能维持稳态,具有俗称的"马太效应"(Matthew effect)。例如,一个湖泊接受大量的营养物质后出现富营养化污染,这些污染将引起蓝藻数量的增加;增加的蓝藻更易于集聚,相对于分散性的藻体更容易繁殖,这样就导致蓝藻加速繁衍,快速地增进了蓝藻暴发及其富营养化进程。在稳定的自然生态系统中出现正反馈的情况不多。

要使系统维持稳态,只有通过负反馈控制,反馈的结果是抑制或减弱最初发生变化的那种成分和要素的变化。负反馈调节在生态系统平衡维持中,具有十分突出的作用。例如,草原上的草食动物增加,植物就会因为受到过度啃食而减少,植物数量减少以后,反过来就会抑制动物的数量;同样,当草原上的食草动物数量增多的时候,植被迅速减少造成食草动物的食物不足,这时食肉动物(如狐、鹰等)有了丰富的食物来源,数量随之增加;由于食物不足和天敌数量增加,食草动物的数量将下降,从而减轻了对草原植物的压力,植物数量得以恢复。由于生态系统具有负反馈的自我调节机制,所以在通常情况下,生态系统会保持自身的生态平衡。

生态系统中不同食物链之间相互交叉,形成一个网状结构的食物网(food web),每种生物都是网状结构的一个结点。食物网中生物之间的相互制约和调控,都属于负反馈,有两种途径。

(1)上行效应(bottom-up effect)。处于较低营养级的生物密度、生物量等决定了较高营养级生物的规模和发展,这种由较低营养级对较高营养级生物在资源上的控制现象,称为上行效应。植物是生态系统中最基础的物质生产者,一个生态系统中植物生产能力的大小、同化光能的规模决定了整个生态系统中其他生物存在和发展的可能性。

(2)下行效应(top-down effect)。较低营养级生物的种群结构依赖于较高营养级捕食能力的大小,这种由较高营养级对较低营养级生物在捕食上的制约现象称为下行效应。

上行效应和下行效应在任何一个完整的生态系统中都存在。简单的或不成熟的生态系统主要受上行效应影响。如北极圈地区,地衣、苔藓的数量决定了驯鹿种群的大小和发展速度;而复杂的或成熟的生态系统,下行效应表现得更为突出。如热带地区中,很多植物在动物的取食过程中依赖动物传粉和散布繁殖体,如果没有动物的这种活动,植物的发展就受到严重影响。

📄 小结

受损环境是环境生物学的研究对象。与自然环境相对应,受损环境主要强调的是人为干扰下形成的偏离了自然状态的环境。在受损环境中,环境要素成分不完整或比例失调,物质循环难以进行,能量流动不畅,系统功能显著降低。与该术语类似或相关联的还有胁迫环境、退化环境、污染环境、退化生态系统、受损生态系统等说法。

对受损环境进行分析需要具有系统性、主导性的视角。环境是诸多相关因素的综合,形成的是一个复合系统,对受损环境进行分析要具有系统的观点;同时,系统中单个因子的变化会引起其他相关因子的变化,这时需要抓住变化最大的环境因子,或者对生物的影响呈主导作用的环境因子进行分析,因此对受损环境进行分析时还要注重层次性和关键性。受损环境分析的核心是认识受影响和干扰的环境因子偏离"正常"状况的程度。环境因子偏离正常状态的程度主要取决于干扰的强度、规模、影响的速度、干扰的频度、干扰持续的时间,对于生物的影响而言,干扰发生的时刻也十分重要。

生物与受损环境之间的关系十分复杂,在进行环境生物学的研究中,除了关注环境因子作用的综合性和主导性外,还要注意积累效应、放大效应、滞后效应、适应组合、转移效应、反馈调节等基本原则。

思考题

1. 概念与术语理解:种群,群落,生态系统,生物圈,扰动,污染,生物系统,生命体系,新陈代谢,食物链,适应,进化,上行效应,下行效应。
2. 对比分析自然环境、胁迫环境、受损环境的区别和联系。
3. 生态破坏和环境污染各有什么特点?
4. 分析受损环境时应该注意哪些方面?
5. 生物系统有什么特点?生命具有什么特点?为什么环境对生命是极端重要的?
6. 为什么保护生命体系需要保护生态系统?
7. 举例说明如何全面系统地分析生物与受损环境的关系。

建议读物

1. 中国科学院. 中国至2050年生态与环境科技发展路线图[M].北京:科学出版社,2009.
2. 段昌群,苏文华,杨树华,等. 植物生态学[M]. 3版. 北京:高等教育出版社,2020.
3. 段昌群,杨雪清,等. 生态约束与生态支撑——生态环境与经济社会关系互动的案例分析[M].北京:科学出版社,2006,3-36.
4. 国家环境保护局自然保护司. 中国生态问题报告[M]. 北京:中国环境科学出版社,1999.
5. 克莱夫·庞廷. 绿色世界史[M]. 王毅,张学广,译.上海:上海人民出版社,2002.
6. 唐纳德·沃斯特. 自然的经济体系——生态思想史[M].侯文蕙,译.北京:商务印书馆,1999.
7. 周晓峰. 中国森林与生态环境[M]. 北京:中国林业出版社,1999.

第二篇　受损环境对生物的影响

在人类经济社会发展对资源的利用过程中,会对自然生态系统产生不同程度的影响,形成了各种各样的受损环境。根据对环境影响的方式和性质不同可以把受损环境分为环境污染和生态退化两大类型,这两种不同的受损环境对生物的影响也是不同的。

本篇针对这两类不同的受损环境,讨论相关的生物效应。环境污染对生物的影响主要包括两方面:一是污染物在生态系统中的行为特点,包括生物对污染物的吸收、转化、排出、积累,以及污染物在生态系统中的放大效应;二是污染物对生物的影响与毒害,包括对生物新陈代谢、生命活动、后代繁育等方面,也包含对人群健康的影响。生态退化环境对生物的影响重点围绕植被退化、水土流失、土壤退化的影响进行分析,同时还对生物多样性的丧失进行了分析和讨论。

第三章
污染物在生态系统中的行为

环境污染(environmental pollution)指人为的或自然发生的事件导致了环境中存在高浓度有害物质的一种状态。导致环境污染的原因有自然因素和人类因素,目前导致全球范围内的环境污染主要是人类因素。人们日常的起居、饮食等活动产生的生活污水,工业生产排放的有毒废水、废气和固体废物,农业上广泛使用的杀虫剂、化学肥料等都会造成环境污染。污染物(pollutant)是指导致了污染的物质。通常是一些有害的化学物质,但也可以是噪声、光、热等物理性污染。近年来,持久性有机污染物、微塑料、二噁英、内分泌干扰素(环境激素)等新污染物也日益受到重视。

污染物进入生态系统中,在生态系统中非生物因素的作用下,如温度、湿度、降雨、光照和风力等因素影响下发生吸附或解吸、固定或释放、稀释或浓缩、挥发或凝结、溶解或结晶、氧化或还原、络合或解络、酸碱反应、降解或合成、扩散或沉淀、水解或水合等物理化学过程,形态、结构和浓度均会发生很大的改变。同时,生活在其中的生物也会主动或被动地对污染物进行吸收(absorption)。吸收进入生物体内的污染物发生改变,部分污染物变成无毒或毒性较小的物质,这种过程称为脱毒或解毒作用(detoxication);但有时通过生物的作用后会使污染物毒性加剧,这就是激活(activation)。解毒和激活作用统称为生物转化(biotransformation)。污染物在生物体内经过运输(transportation)、转移(transfer)进行再分配(redistribution)。一部分污染物经过生物体后排出体外(elimination),而部分污染物将会残留在体内,导致污染物在生物体内的积累(accumulation)。这些关系可用图3-1表示。

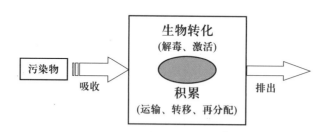

图3-1 生物吸收、转化、排出、积累和放大的关系简图

积累在体内的污染物还可随生态系统中食物链的营养转移而进行迁移(translocation),并在更高营养级的生物体中不断富集,这就是生物放大(biomagnification)。吸收和积累污染物的数量达到生物能够耐受的极限后,将对生物产生严重的毒害作用。

综上所述,污染物在生态系统中的行为是极其复杂的。本章主要介绍污染物在生物系统中的行为,即污染物的吸收、生物转化、运输、积累及随食物链的生物放大等过程。

第一节　吸　　收

一、吸收机制

吸收是指环境中的污染物进入生物有机体的过程。吸收的起始阶段是吸附(adsorption)，指污染物积累在两相物质共同界面的过程。如溶解在水中的金属离子通过离子交换吸附到水生动物的体表上。

污染物要进入生物体内，首先是要同生物体表或细胞表面发生吸附，有两个数学公式来描述有关吸附的过程：Freundlich 和 Langmiur 热平衡等式。Freundlich 热平衡等式如式(3-1)所示。

$$\frac{X}{M} = Kc^{\frac{1}{n}}$$ (3-1)

式中：X 为被吸附物质的量；M 为吸附物质的量；c 为吸附完成后溶液中的溶质浓度；K,n 为常数。

Langmiur 热平衡等式如式(3-2)所示。

$$\frac{X}{M} = \frac{abc}{1+bc}$$ (3-2)

式中：a 为最大吸附量；b 为化学键亲和常数；X,M,c 与 Freundlich 公式的定义相同。

而线性关系分别用式(3-3)和式(3-4)表示：

$$\lg\frac{X}{M} = \lg K + \frac{\lg c}{n}$$ (3-3)

$$\frac{c}{X/M} = \frac{1}{ab} + \frac{1}{a}c$$ (3-4)

Freundlich 热平衡等式是经验性的关系式，而 Langmiur 热平衡等式是一个理论推导的式子。这两个公式都被成功用来描述污染物在多种生物，如单细胞藻类、鱼鳃、水生附生生物和浮游动物等的体表吸附规律。

吸附在动物体表的物质，通过跨膜运输进入细胞内，完成吸收的过程。然而对于植物或大多数的微生物来说，细胞壁是污染物进入细胞的第一道屏障。植物细胞壁中的果胶质成分为结合污染物提供了大量的交换位点。一般情况下，在环境中铅(Pb)浓度较低，在吸收的开始阶段，Pb 首先吸附于细胞壁上带负电荷的基团。当这种结合达到平衡后，才有粗颗粒的 Pb 沿细胞壁的水分自由空间沉积、迁移。微生物的吸附位点多在细胞壁的肽聚糖、纤维素、几丁质、蛋白质和脂类等物质的负电荷基团上。但是，由于细胞壁结构相对疏松，多数外来的小分子物质都可自由通过细胞壁，因此，细胞壁并不是外来物质进入细胞的主要屏障。

细胞壁内侧是细胞膜，主要由磷脂双分子层组成。在磷脂双分子层内外表面镶嵌有蛋白质特异载体,正常情况下是外来物质进入细胞的主要屏障。污染物通过细胞膜进入细胞的过程,目前认为有三种方式,即扩散(diffusion)、主动运输(active transportation),以及胞吞或胞饮作用(endocytosis)。

1. 扩散

扩散是物质顺电化学梯度的移动,可以是带电离子通过通道蛋白或是亲脂分子通过磷脂双分子层。一些分子量小、无电荷的极性分子包括 CO_2、甘油和 H_2O 等以自由扩散的方式通过磷脂双分子层。亲水性大分子污染物的扩散往往需要借助两种形式的膜运输蛋白:通道蛋白(channel protein)和载体蛋白(carrier protein)。有的通道蛋白,如孔蛋白(porin)是非特异的,有的则是特异的。在蛋白载体作用下的扩散又可称为协助扩散(facilitated diffusion)。物质扩散进入细胞膜示意图详见图 3-2。

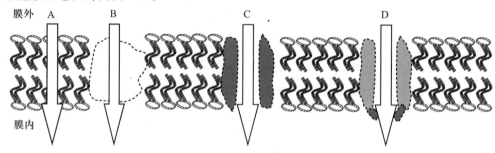

A. 自由扩散;B. 协助扩散;C. 离子通道扩散;D. 门离子通道扩散。

图 3-2 物质扩散进入细胞膜示意图

有关扩散的过程可用 Fick 法则来描述,如式(3-5)所示。

$$\frac{dS}{dt} = -DA\frac{dc}{dX} \tag{3-5}$$

式中:dS/dt 代表污染物穿过膜的速率;D 为扩散系数;A 是扩散发生的表面积;dc/dX 为膜两侧的物质浓度梯度。

重金属的运输大多通过扩散的方式进入细胞,如 $HgCl_2$(氯化汞)。有的重金属则利用生命活动所需的基本金属元素通道蛋白进入细胞。如 Cd(镉)离子通过哺乳动物的垂体细胞、肝细胞的 Ca(钙)通道进入,在软体动物中则通过鳃的 Ca 通道进入。在牡蛎和贻贝(*Mytilus edulis*)中,Hg(汞)、Cd 离子的运输主要也是通过扩散来完成,但因为其 Ca 通道蛋白的功能依赖某些蛋白激酶的作用。因此其 Hg、Cd 离子的吸收能被 2,4-二硝基苯酚(2,4-dinitrophenol)——一个氧化磷酸化作用的解偶联剂抑制。

通过扩散进入细胞的物质,也可通过同样的方式扩散出细胞。但要注意的是,在少数情况下,扩散的物质并不是来回对等的。即有的物质在通过扩散的方式进入细胞后,经过细胞内的生物化学作用后发生了性质的改变,从而阻止了它们以同样的方式从胞内向胞外扩散。如五氯苯酚(pentachlorophenol)在通过膜进入血液后,其分子结构被改变为带电荷的五氯苯酚,后者将不再以扩散的方式输送到膜外。由于扩散不需要消耗能量,物质的运输只能从高浓度到低浓度,直到膜两侧达到电化学平衡。

2. 主动运输

主动运输主要是指物质在蛋白载体的参与下,以腺苷三磷酸(ATP)或质子泵势能为能量,将物质从细胞外转移到细胞内的过程。由于有蛋白载体参与和消耗能量,物质可以从低浓度运输到高浓度。

主动运输方式是生物体吸收外来物质的重要途径。对于化学结构与营养物质相同的污染物,一般都通过和营养物质的竞争来与相应的载体结合,消耗能量进入细胞。如 Co^{2+}(钴离子)、Mg^{2+}(镁离子)利用 Fe^{2+}(亚铁离子)运输系统,而 5-氟尿嘧啶(5-fluorouracil)同嘧啶吸收途径竞争,放射性 Cs(铯)是 K(钾)的类似物,常伴随 K^+ 的运输而进入细胞,而 Cd 作为 Ca 的类似物被吸收等。

3. 胞吞或胞饮作用

这种吸收方式比较独特,主要是对颗粒或液体物质的吞噬作用。吞噬固体颗粒物称为胞吞(endocytosis),而吞噬液体物质称为胞饮(pinocytosis)。吞噬过程可分为以下几个阶段:膜吸附、膜延展、膜泡形成和释放,释放的膜泡在胞内同溶酶体结合,物质被消化吸收。以 Fe 的吸收为例,当 Fe 和 Fe 转运蛋白结合后,形成的复合物首先移动到细胞膜表面的特定区域,膜内化后在胞内形成小泡,该小泡再和胞内的溶酶体结合,依赖各种水解酶的反应后,结合在转运蛋白上的金属得到释放。

胞吞是无脊椎动物吸收物质的重要方式。它们的消化细胞具有很强的胞吞能力,外部器官如鳃也有这个能力。胞吞后,食物颗粒同溶酶体结合,可以将颗粒转移给血细胞,或是直接释放颗粒内容物进入血浆。已知软体动物的鳃通过胞吞作用吸收水中的 Pb(铅)和铁氢氧化物胶质等。在这些动物的消化道内,也可通过胞吞作用吸收同食物残渣结合在一起的金属离子。这些是目前已知的外界污染物进入细胞内部的主要机制。

在实际情况中,生物采取何种方式进行污染物的吸收,同污染物的种类、环境条件有很大的关系。一般情况下,溶解在水中的金属离子的上皮吸收更倾向于扩散或依赖载体的扩散,或是主动运输的方式。对于以颗粒状存在的金属则通过胞吞作用,如通过鼠空肠的外膜吸附,电荷中和的膜内化作用进行非特异的吸收。

生物种类不同,吸收污染物的途径也不同,如植物主要是通过叶和根,而动物可通过消化道、呼吸道、皮肤等途径来吸收污染物。大多数微生物是单细胞生物,它们的吸收则是通过细胞吸附后通过跨膜运输转运到细胞内部来完成。下面介绍不同种类的生物对污染物的吸收途径。

二、植物的吸收

对于陆生植物来说,叶和根是吸收营养元素的主要器官,它们也是植物吸收污染物的主要途径。水生植物的全身组织和器官都可以吸收污染物。

1. 陆生植物的叶片吸收

大多数陆生植物的叶片都伸展在空中,是植物同周围气体进行物质交换最活跃的部分,因此叶片是吸收空气中有害气体如 HF(氟化氢)等的主要途径,同时叶片也能对一些气溶胶和颗粒物进行黏附。如几种针、阔叶树种对空气粉尘的截获率分别是:山毛榉 5.90%,橡树 7.15%,鹅耳枥 7.92%,白蜡 8.68%,花楸 9.99%,白桦 10.59%,杨 12.80%,刺槐 17.58%,松 2.32%,落叶松 4.05%,云杉 5.42%。

叶片同周围空气进行物质交换的主要场所是气孔,植物种类不同,气孔的结构组成有差异。

单子叶植物的气孔由狭长哑铃型保卫细胞组成,两端薄,中间厚,细胞吸水后,保卫细胞的两端膨胀,气孔开放。对于双子叶植物来说,气孔则是由弯月形保卫细胞构成,近气孔一侧壁薄,远的一侧壁厚。在白天,保卫细胞进行光合作用产生的糖分增加了细胞的渗透压,开始向临近细胞吸水。因为细胞外侧壁厚,膨胀不均匀使得细胞向内弯曲,气孔打开。到了晚上,相反的过程发生,气孔又处于关闭状态。

气孔的分布和数量在不同的植物中有差异,有的植物上下表皮都有气孔,但上表皮多于下表皮,有的植物则只有下表皮。一般来说,叶片气孔的平均密度为 100~300 个/mm^2,高的可达 1 000 个/mm^2。除了气孔外,植物的叶尖或叶缘处还有分泌水分的水孔,有时候污染物也会经水孔进入细胞。

喷施在植物叶片上的农药经气孔和角质层吸收受药液在植物叶片的附着性影响。添加表面活性剂能显著降低水溶液的表面张力,可极大地改善药液在植物叶片的附着性,增强吸收作用。比如,在不加任何表面活性剂时,草甘膦药液不能直接经蚕豆叶片的气孔吸收,但在添加 0.5% 的有机硅表面活性剂 Silwet L-77 后,草甘膦的气孔吸收率可达 85.4%。不过,气孔吸收草甘膦的程度与植物种类密切相关,如对于小麦叶片,即使添加 0.5% 的 Silwet L-77,其气孔的吸收率亦不足 20%。

因此,气体通过气孔进入到植物叶片组织是一个复杂的过程,吸收效率受界面阻力、气孔阻力、细胞间隙阻力和细胞内液相阻力等作用。界面阻力是叶表面一层相对静止的空气层,厚度取决于风力和叶表面粗糙度等因素,风力越小、叶片越粗糙,界面阻力就越大,污染物越难进入。表皮层、角质层的厚薄,细胞排列疏密情况,是否有叶表面皮毛,植物的生理状态等则会影响气孔阻力、细胞间隙阻力和细胞内液相阻力等,从而影响污染物进入植物组织。

2. 陆生植物的根吸收

根系被掩埋在土壤介质内,因此,主要吸收溶解在土壤水分中的污染物。尽管根系是植物吸收土壤水分和养分的主要器官,但并不是根的各个部位都具有同等的吸收能力。根系对水分的吸收主要在根尖后几厘米区域,对离子的吸收部位差异很大。在离根顶端 2~4 cm,大麦根对 K 的吸收较 6~8 cm 处大,Ca、Si(硅)吸收以根的分生区和伸长区为主,Fe 的吸收集中在分生区,K、N(氮)、P(磷)元素的吸收则以根毛区为主。但是,因为分生区缺乏输导组织,因此通过分生区吸收的总量不大。

根系从土壤中吸收养分的过程包括溶质在土壤中向根表面运动。溶质通过根表皮(自由空间)进入皮层内部,由皮层、内皮层、中柱鞘(内部空间)进入木质部导管,向茎、叶输送。到达根表面后,污染物有两条途径转移到中柱。一条是通过内皮层以外的质外体,到达内皮层的凯氏带,跨质膜进入细胞内后,进入共质体,再经胞间连丝在胞间移动,最后运送到中柱导管。另一条是经过表皮细胞的质膜进入共质体,然后通过胞间连丝不断移动到中柱导管。

植物对污染物的吸收途径因不同污染物及不同生长期而发生变化。如对 S(硫)元素的吸收主要通过根,而从叶吸收的 SO$_2$ 仅少部分被同化。利用同位素测定水稻叶和根对 S 吸收后的同化率发现,分蘖期分别为 6.8% 和 115.9%,抽穗期分别为 2.5% 和 56.8%。而牧草和作物对环境中氟污染物的吸收,大部分是从大气中吸收 F,从根部仅吸收少部分。

3. 水生植物的吸收

水生植物可以通过叶片、根系等各种组织器官对水体中的污染物进行吸收和富集,也可以通过降解、沉降、吸附和过滤等实现对污染物的去除。水生植物除了根系外,其茎和叶也具有很强的吸收能力。对于富营养化水体,不同类型的水生植物对富营养化水体中 N 和 P 的净化能力存在很大差异。沉水植物能吸收水体和底泥中的 N 和 P;挺水植物根系发达,主要吸收水体底泥中的 N 和 P。

水生植物除了能吸收和降解水体中过高浓度的营养盐(N、P)外,还能浓缩和富集一些重金属元素。挺水植物大多有粗壮的根系,还有许多发达的不定根,其主要通过根系吸收重金属;漂浮植物中水浮莲、凤眼莲、浮萍、紫萍的根系、叶都可以吸收重金属。浮萍对 Cd、Se(硒)、Cu(铜)的吸收能力较强,但对 Pb、Ni(镍)的吸收能力较弱;浮叶植物相对于其他生活型水生植物吸收重金属能力较弱,但是其中一些物种对特定重金属有很好的吸收能力,如菱对 Cd、Pb;睡莲则对 Cu、Zn 具有很强的吸收能力。

三、动物的吸收

动物对污染物的吸收一般是通过呼吸道、消化道、皮肤等途径。消化道在所有动物吸收污染物的途径中都具有很重要的作用,但由于污染物在水环境中比空气中更容易吸收,因此水生和陆生动物吸收污染物的途径有很大区别。

水生动物对溶解和悬浮在水体中的污染物主要通过鳃、胃肠道和皮肤吸收。鳃是水生动物的主要吸收器官,由于水生生物适应了含氧量相对较低的水环境,使鳃进化了逆流交换机制(countercurrent exchange mechanism)以提高氧的交换效率,这种机制同时也增加了污染物的交换;且鳃直接与水接触,通过此线路吸收污染物的阻碍最少。对于软体动物种类,体壁是重要的吸收位点。一些底栖动物通过直接的皮肤接触或消化作用吸收沉积物中的污染物。已知金鱼体内 20% 的十二烷基硫酸钠(SDS)是经皮肤吸收的,虹鳟鱼(Oncorhynchus mykiss)也通过皮肤吸收萘,而 Se 首先被吸收进入鱼的黏液层。这些研究表明了皮肤、鳞和黏液层对水生动物的吸收有重要作用。有数据表明有的海洋生物每天要消耗身体重量 5%~12% 的水,因此水生生物很可能以这种方式从水中浓缩污染物。而底栖动物在取食或消化含大量沉积物的水时,也可能吸收部分污染物。

陆生动物通过呼吸空气来获取 O_2,通过呼吸交换的污染物主要限于那些可挥发性和可悬浮性的物质,通过皮肤吸收污染物也限于那些刺激性强的挥发性污染物。因此,与水生物种的鳃通道和皮肤吸收相比,陆生动物通过呼吸道和皮肤的吸收途径次要一些,它们主要通过消化道吸收污染物。

1. 呼吸道

大部分空气中的污染物及微粒物质都是通过呼吸道进入生物体内的。已知肺泡总面积约 55 m^2,是皮肤的 40 倍,具有很大的交换面积。加上肺泡的上皮细胞膜对脂溶性、非脂溶性分子及离子具有高度的通透性,因此经肺泡吸入的污染物容易进入血液并很快扩散到其他组织和器官。

不同污染物的水溶解性不同,到达呼吸道的位置和停留时间,以及引起的毒性效应都有差异。部分污染物如苯并[a]芘、石棉、Be(铍)等能在肺部长期停留,会使肺部致敏纤维化或致癌;有的污染物可运至深部呼吸道如支气管,刺激气管壁产生反应性咳嗽而吐出或被咽入消化道。例如,直径小于 5 nm 的粉尘颗粒能穿过肺泡被吞噬细胞所吞噬。

含氟空气和微粒进入呼吸道,很容易溶解在呼吸道黏膜内,对呼吸道黏膜发生强烈刺激。氮

氧化物如 NO_2 很难溶于水,较少停留在上呼吸道,因此可到达呼吸道深部细支气管和肺泡,缓慢溶于肺泡表面水分中,形成 HNO_2 和 HNO_3,对非组织成分产生强烈的刺激和腐蚀作用,破坏肺脏中的蛋白质和脂肪及细支气管的纤毛上皮细胞等,引起肺水肿。在正常呼吸率下,人暴露在含 $0.5 \sim 5$ mg/L NO_2 的空气中,有 $81\% \sim 87\%$ 可被肺吸收,呼吸率最大时,90% 以上通过肺来吸收。

低浓度氨进入上呼吸道引起黏膜充血,刺激三叉神经末梢引起呼吸中枢的反射性兴奋,吸入肺部的氨,经肺上皮细胞进入血液,与血红蛋白结合。

H_2S 溶解在黏膜的水中并与其中的钠结合形成 Na_2S,对黏膜产生刺激作用。在肺泡内则很快进入血液,氧化成硫酸盐或硫代硫酸盐。如果游离在血液中,则和细胞色素氧化酶中的三价铁结合,使酶失去活性。吸入的 SO_2 在到达喉部前,90% 被呼吸道黏膜的水分吸收。硫酸盐的阴离子进入肺部细胞后,与肥大细胞中的颗粒物结合,释放组胺,引起支气管收缩。

CO 进入呼吸道,经肺进入血液后,与血红蛋白和肌红蛋白结合,形成碳氧血红蛋白,造成肌体急性缺氧。

动物对 O_3 和 SO_2 的吸收各有其特点。基于狗的实验研究证明,低流量经鼻吸入时,SO_2 摄入率(气管上部)几乎为 100%,而 O_3 仅为 72%。高流量经口吸入时,两者的摄取率都有很大程度的下降,但 O_3 的摄取率更低。这说明在同一呼吸条件下,O_3 到达下呼吸道的程度要比 SO_2 大。这可能和两者对水的溶解度不同有关(35 ℃ 时,100 g 水可溶解 SO_2 6.47 g,对 O_3 仅溶解 $0.000\,77$ g),因此吸入 O_3 可能损伤支气管末梢。

2. 消化道

由于动物都需要捕食其他低营养级的生物,因此通过胃肠道吸收污染物占有很重要的贡献。尽管整个消化道对污染物都有吸收能力,但主要吸收部位在小肠。因为小肠黏膜上有微绒毛,可增加吸收面积约 600 倍;其次颗粒吸附的金属往往和食物共同消化。在脊椎动物中,胃中的低 pH 有利于金属溶解释放,进入小肠后,肠内偏碱性的条件使得这些释放的物质又吸附在肠黏膜上。

肠道吸收量与污染物化学性质特别是亲水或亲脂有关。例如,亲脂性甲基汞和乙基汞被肠道的吸收量远高于离子态汞。因为有机汞是脂溶性,能随脂类物质被消化道吸收,其吸收率达 95% 以上。用鱼、磷虾(euphausiid),以及底栖多毛目环节动物(polychaetes)的研究也表明,大量脂溶性物质的肠道吸收系数超过 50%,而肠道对无机汞离子态和金属汞的吸收率在 20% 以下,人体为 $1.4\% \sim 15.6\%$,平均为 7%。Hg^{2+} 不易被肠壁吸收,主要是易与氨基酸(特别是含硫氨基酸)形成配合物。

此外,肠的部位不同对物质的吸收也不同。在哺乳动物中,主要通过十二指肠(duodenum)和空肠(jejunum)吸收营养物质和药物。有的研究发现直肠(rectum)有吸收药物的能力,而回肠(ileum)可吸收胆酸。研究表明,虹鳟鱼对磺胺二甲氧嘧啶(sulfadimethoxine,SDM)的吸收主要在胃肠的末梢。

肠道吸收可因某种物质的存在而加强或减弱。当投以甲基汞时,若存在足够的半胱氨酸就会促进肠道黏膜上的氨基酸特别是半胱氨酸的主动运输。因此,利用半胱氨酸与甲基汞的结合,能增加肠道对甲基汞的吸收。然而,乙醇对肺泡吸收汞有抑制作用,这是因为组织内金属汞转变为无机离子态汞要经过氧化酶的作用,而乙醇能阻碍氧化酶的氧化。

无脊椎动物和脊椎动物吸收食物中的金属存在差异。因为脊椎动物的胃组织细胞能够分泌酸性物质,产生一个胞外低 pH 环境,加上消化道内有大量的消化酶,使得这些动物同时具有在细胞外和细胞内消化食物的能力。而无脊椎动物仅具有在细胞内消化的能力,因此对于无脊椎动物,胞吞或胞饮在污染物的吸收中有很重要的作用。胞吞或胞饮的食物颗粒和溶酶体融合,其中金属可因溶酶体活性溶解释放。金属将在胞内和相关配体进行结合,发生新的分布。脊椎动物则在肠腔内直接消化食物颗粒,形成更简单的形式,再通过各种膜运输途径来吸收。

3. 皮肤

皮肤由表皮和真皮构成,其中表皮可分为角质层、透明层、颗粒层和生发层;真皮是表皮以下的一层致密结缔组织,分为乳头层和网状层。经皮肤吸收污染物一般有两个阶段:第一阶段污染物以扩散的方式通过表皮,表皮的角质层是最重要的屏障;第二阶段污染物以扩散的方式通过真皮。

除了一些土壤动物如蚯蚓外,陆生生物很少能通过皮肤吸收污染物。对于水生动物来说,皮肤则是主要的吸收途径。溶解在水中的污染物同水生生物体有一个很快的平衡过程。通过皮肤的吸收与机体总的体表面积、生物类型、虹吸管和鳃等结构的流通能力、生物体内水的周转时间等有关。

皮肤对污染物的吸收与污染物的性质有很大的关系。大量的脂溶性农药,很容易通过皮肤进入人体内。经常可以发现,在夏季农田喷洒农药的农民,很容易发生中毒事件。其中进入人体内的农药很大一部分就是通过裸露的皮肤吸收的。

同样的污染物在不同动物体内吸收途径也会不同。比如持久性有机污染物(persistent organic pollutants,POPs)是一类具有持久性、生物蓄积性、远距离迁移性及毒性的污染物,在食物链中较低营养级的较小有机体,如浮游生物、甲壳类和双壳类,主要经被动扩散由身体表面直接从水和底泥中吸收POPs;蚌类积累POPs几乎都是通过鳃的被动扩散来实现;对于鱼类而言,主要通过两种方式吸收POPs:一种是通过鳃膜从水中吸收,另一种是通过摄食从胃肠道吸收。

📖 **资料框 3-1**

个人护理品在生物体内的积累

个人护理品(personal care products,PCPs)是一类广泛添加于肥皂、洗衣液、牙膏、香水和防晒霜等产品中的活性成分,使用以后大部分PCPs随市政污水进入城市污水处理厂(wastewater treatment plants,WWTPs)。PCPs对各级生物具有一定的急-慢性毒性、生物富集性和内分泌干扰效应,持续排入环境中的PCPs可能对水生生态系统甚至人体健康造成危害。姚理(2018)的野外调查分析表明,地表水、沉积物、鱼体肌肉、鱼体肝脏、鱼体胆汁和鱼体血浆中分别检出18种、16种、12种、12种、14种和12种个人护理品污染物。其中,鱼体肌肉和肝脏中检出率和检出浓度较高的污染物为佳乐麝香,鱼体胆汁和血浆中检出率和检出浓度较高的污染物为三氯生。不同个人护理品污染物在相同组织中的生物富集系数(lg BAFs)相差较大,大部分污染物在肝脏中的含量和富集系数比肌肉中高($p<0.05$),说明污染物更容易在肝脏中积聚。

鱼体中六种PCPs检出率较高的化合物(避蚊胺、尼泊金甲酯、尼泊金丙酯、三氯生、吐纳麝香、佳乐麝香)在肌肉、肝脏、胆汁和血浆中的含量占比分别为6.64%~14.69%、9.7%~47.43%、18.16%~59.32%和12.75%~51.12%。其中,避蚊胺、尼泊金甲酯、尼泊金丙酯和三氯生在胆汁、血浆中的含量占比相对较高;吐纳麝香和佳乐麝香在肝脏、肌肉中的含量占比相对较高。风险评价结果表明,居民通过捕食野生鱼类而摄入个人护理品的风险商为 $3.39 \times 10^{-7} \sim 3.32 \times 10^{-3}$,人群通过摄食鱼类暴露个人护理品的健康风险较低。

　　实验室内的代谢动力学研究表明,相同暴露浓度($2~\mu g/L$)下分别暴露 7 d,三氯生比氯咪巴唑更易于被鱼体吸收和富集。氯咪巴唑和三氯生在鱼体鳃、肝、胆汁和血浆中的吸收和清除过程均符合伪一级动力学方程。氯咪巴唑和三氯生在胆汁中的半衰期明显小于其他组织,说明胆汁的肝肠循环对于鱼体排出外源性污染物具有重要作用。随着暴露浓度的增加,三氯生及其代谢产物在各组织中的含量也相应增加。在 $0.2~\mu g/L$、$2~\mu g/L$ 和 $20~\mu g/L$ 三个不同的暴露浓度下:三氯生在罗非鱼各组织中的生物富集系数范围分别为 $1.17 \sim 3.89$、$1.71 \sim 3.92$ 和 $1.89 \sim 3.94$;各组织间的生物富集系数呈现相同的大小顺序:肝脏、肠、胆汁>肾脏、鳃、胃、性腺>肌肉、脑、皮、血浆。三氯生在各组织的吸收和富集主要与其本身的性质及组织特征有关,与环境浓度无关。

四、微生物的吸收

　　微生物是自然界中分布最广、适应能力最强的一大类生物。微生物个体微小,具有非常大的比表面积,很高的代谢活性,因此少量的细胞可以吸附大量的污染物,有些细胞吸附的重金属可达细胞干重的 90%。由于大多数的微生物种类都是单细胞生物,没有组织和器官的分化,它们对污染物的吸收具有不同于高等动植物的特点。一般来说,微生物对重金属的吸收可分为细胞表面吸附和胞内运输两个过程。

　　1. 表面吸附

　　微生物细胞壁的结构复杂多样,表面吸附位点主要在细胞壁上。污染物在细胞壁上的吸附量和吸附方式与细胞壁的化学成分和结构有关。比如,革兰氏阳性(G^+)细菌的细胞壁有一层厚的(一般为 $20 \sim 80$ nm)网状肽聚糖结构,可占到细胞壁的 90%。此外,大部分种类还具有 10% 的磷壁酸。因此,G^+细菌固定重金属的位点主要在肽聚糖、磷壁酸上的羧基和糖醛酸上的磷酸基。革兰氏阴性(G^-)细菌的细胞壁中仅含有 10% 的肽聚糖,没有磷壁酸,但含有较多的类脂质和蛋白质,其积累重金属的主要位点在脂多糖分子中的核心低聚糖、N-乙酰氨基葡萄糖残基、2-酮-3-脱氧辛酸残基上的羧基。肽聚糖也固定,但因为其含量少,积累的贡献也少。枯草芽孢杆菌的细胞壁由 54% 的磷壁酸和 45% 的肽聚糖组成,固定重金属的位点主要在肽聚糖上,而地衣芽孢杆菌(*Bacillus licheniformis*)的壁由 26% 的糖醛磷壁酸,52% 的磷壁酸和 22% 的肽聚糖组成,其吸附作用主要发生在磷壁酸上。微生物的胞外多糖如荚膜吸附的重金属可占细胞总吸附量的 25%,荚膜固定重金属主要在多糖的羧基和羟基上,前者更活跃。微生物可以通过这些物质带电荷基团非特异性地吸附可溶性重金属离子,也可用物理捕捉的方式絮凝不溶于水的金属微粒。

　　金属离子还可通过离子交换、沉淀和配位作用吸附到细胞壁上。G^+细菌的肽聚糖,磷壁酸的羧基使细胞壁带负电,具有离子交换作用。细胞壁成分中含氮、氧的化学官能团对金属起配位作用。如黄孢展齿革菌吸附 Pb 是以 Pb^{2+} 与细胞壁上氮原子、氧原子、硫原子的配位反应为主，同时伴随少量的 H^+、Ca^{2+}、Mg^{2+} 与 Pb^{2+} 的离子交换。一些细菌如硫酸盐还原细菌还原硫酸盐产生的 H_2S，对重金属产生沉淀作用。有研究表明，重金属首先吸附于细菌细胞的表面活性位点形成重金属"核"，重金属不断在"核"周围积累，直到填满周围的空隙。如根霉菌对 U(铀) 的吸附，首先 U 与氮原子发生配位反应，吸附在细胞壁的几丁质成分上；随后 U 被吸附于细胞壁的网状多孔结构中；最后 U-几丁质配合物水解形成微沉淀促进 U 的进一步吸附。而酵母对 Pb 吸附的主要官能团是强负电荷的羧基和几丁质上的胺基，吸附机理为静电吸附和配位反应。

在土壤中，微生物细胞同其他成分竞争吸附重金属。一般来说，细胞壁等有机成分比无机成分的吸附能力大。例如，几种细菌细胞对 Cd^{2+} 的吸附能力比蒙脱石和沙土大。在 5 mmol/L 的 Cu^{2+}、Hg^{2+}、Ni^{2+}、Pb^{2+}、Zn^{2+} 和 Cr^{2+} 的硝酸盐溶液中，几种成分的吸附能力强弱为：细胞壁>细胞外膜>蒙脱石>高岭石。在有 96 mg/kg Cu、234 mg/kg Pb 和 820 mg/kg Zn 的土壤中，用"土袋法"研究不同组分对重金属的吸附作用。70 d 后，晶形氧化铁对上述重金属的吸附量分别达到 10 mg/kg、0.5 mg/kg、20 mg/kg，酵母积累的量为 85 mg/kg、35 mg/kg、320 mg/kg，曲霉吸附量为 38 mg/kg、18 mg/kg、170 mg/kg。

真菌对不同的有害元素吸附机制不同。Th(钍) 直接连接在几丁质的 N-乙酰氨基葡萄糖上，U 沉淀在几丁质的微型晶格结构中。真菌细胞壁各组分对重金属的吸附能力顺序为：几丁质>磷酸纤维素>羟基纤维素>纤维素。此外，葡聚糖、葡萄糖醛酸、多聚糖、蛋白质、油脂、黑色素等壁成分也吸收。

不同种类的微生物对不同的重金属吸附的能力有差异。如根霉(Rhizopus) 对 UO^{2+}(铀酰离子) 和 Cu^{2+} 的最大吸附量分别为 820 mmol/kg 和 210 mmol/kg，对几种重金属的最大吸附顺序为 $UO^{2+}>Pb^{2+}>Zn^{2+}>Cd^{2+}>Cu^{2+}$。蕈状芽孢杆菌(Bacillus mycoides)、小刺青霉菌(Penicillium spinulosum)、朗伍德链霉菌(Streptomyces longwoodensis)、产黄青霉(Penicillium chrysogenum) 等微生物对 Pb 也具有吸附能力。

2. 胞内运输

污染物吸附到细胞表面后，由于细胞的能量转移系统在物质转运过程中不能区分电荷相同的代谢必需物和污染物，所以通过摄取必要的营养元素时会带入一定的重金属离子。如在金黄色葡萄球菌中，Cd^{2+} 是通过 Mn^{2+}(锰离子) 吸收系统进入胞内的，而 Zn^{2+} 通过 Mg^{2+} 吸收系统进入胞内。在真养产碱杆菌中，Co^{2+}、Zn^{2+}、Cd^{2+} 是通过 Mg^{2+} 吸收系统进入细胞内部的。

污染物吸附到细胞表面后，细胞通过亲脂渗透、离子通道、细胞内吞、离子泵、配位后渗透、载体运输等机制把金属由胞外送入胞内。污染物进入细胞后，通过"区域化作用"分布在细胞内的不同部位。在某些真菌中，金属以离子状态或者以无毒的氧化态方式存在，还有些与聚磷酸盐结合积累于空泡中或线粒体内，随后经代谢作用排到胞外。此外，微生物细胞内发现的一种低分子量的细胞蛋白质—金属硫蛋白(metallothionein, MT)，对重金属有富集和抑制毒性的作用，对 Hg、Zn、Cd、Cu 等重金属具有强烈亲合性。

除了微生物自身结构差异外，外界环境如培养液的 pH、培养时间、污染物的浓度、培养温度等都能影响微生物吸收污染物。有研究表明，芽枝状枝孢吸附 Au^{3+}(金离子) 的最适 pH 为 5 以下，该范围内吸附率都在 97% 以上，随 pH 升高，吸附率降低；细胞和含 Au^{3+} 溶液接触 5 分钟，吸附率达到 87.5%，随时间延长，吸附率增加较慢；Au^{3+} 浓度越低，吸附速率越快；温度在 30~50℃

时,对吸附作用无影响,低于 20℃,吸附率略有降低。

第二节　生物转化和排出

一、生物转化

生物转化是指在生物体内一种化合物变成另一种化合物的现象。这个过程涉及酶的催化作用。

污染物经过吸收作用进入机体后,在生物转化作用下,有的污染物与生物体中某些成分结合(配位),不再参加代谢活动,使污染物失去毒性,从而可以在生物体内富集;有的污染物在酶的作用下通过氧化、还原、水解、脱烃、脱卤、苯环羟基化和异构化过程,毒性降低,甚至彻底分解,失去毒性,从而加速生物的吸收,增加生物富集量。

在生物体内,DDT(一种农药)的生物转化过程主要为脱氯作用,生成 DDD 和 DDE(DDT 的代谢产物)。多氯联苯(PCBs)的生物转化主要包括微生物的厌氧脱氯过程和在有氧条件下的氧化代谢过程,以及在高等生物体中的羟基化和甲磺基化代谢过程。微生物的厌氧脱氯过程中,微生物将 PCBs 作为电子受体发生降解作用,该过程主要针对高氯代 PCBs 单体(≥ 5 个氯)。厌氧还原减少了 PCBs 氯取代的数量和位点,使得 PCBs 的毒性降低从而更易发生好氧微生物降解。微生物对 PCBs 的氧化代谢途径为:先是双加氧酶作用于苯环邻(ortho-)和间(meta-)取代位,再经脱氢酶作用脱氢,随后经水解酶对苯环进行断裂。

有的污染物经过生物转化后更容易被吸收,毒性增强。如苯并[a]芘(BaP)进入体内后,第一个生物转化的产物为 BaP-7,8-dihydrodiol,它是一个准致癌物,被吸收后又被一个依赖 P450 酶的反应最终转化为致癌物 BaP-7,8-dihydrodiol-9,10-epoxide,后者将作用于肝、肠和胆的上皮细胞。BaP-7,8-dihydrodiol 比 BaP 更容易被机体吸收,因为增加的羟基提高了其水溶性。具有转化作用的酶类,尽管不和污染物进行结合,但它们的活性和数量间接地影响了污染物在体内的积累。

复杂有机物的积累与生物体内存在的分解酶类的活性有关。酶活性越强,则越不易积累;酶活性越弱,则越易积累。例如,鱼对某些农药的积累能力强是因为鱼体内环氧化物水化酶和艾氏剂环氧化酶的活性小于人类、鸟、昆虫。有机物氧化的第一步通常是加羧基、羟基、氨基或巯基,共同的反应是在单加氧酶(monooxygenase)作用下加一个氧到污染物上。第二步则是同乙酸、半胱氨酸、葡萄糖醛酸、硫酸盐、甘氨酸、谷氨酸和谷胱甘肽等结合,使其丧失活性。进入动物体内的无机砷有一部分在体内被甲基化,不易排出体外,因此,有机砷化合物远比无机砷化合物容易在体内积累。

在植物体内,SO_2 被吸收后,首先被氧化为 SO_4^{2-},后者在量少时基本上无毒,可储存作为硫原使用,但超量时就产生毒害。此外,在转化成硫酸根的过程中,会产生氧自由基、氢氧根自由基、H_2O_2、亚硫酸根等物质,可以对细胞膜、大分子发生氧化作用,破坏蛋白质双硫键。另外,

SO_2 进入植物组织后,溶于组织液形成亚硫酸,该物质同光合作用的初期产物或有机酸代谢产生的醛类物质形成 α-羟基磺酸盐,后者可破坏细胞结构,抑制氧化酶的作用及 ATP 的合成。在强光照下,植物体内的酶系统使吸入的 NO_2 转化为硝酸并迅速转化为氨,为植物所利用。但在弱光照或黑暗下,没有转化作用发生,氮氧化物将积累并产生大的危害作用。Se 进入植物后形成亚硒酸盐(SeO_3^{2-})。

有的化合物在体内的代谢可能是动物机体和肠道微生物共同作用的结果。比如,在大鼠体内,四溴双酚-A(tetrabromobisphenol A,TBBPA)极易被胃肠道吸收,在肝脏中进行代谢,并通过胆脏排泄。约71%的 TBBPA 是通过胆脏进行排泄的,在胆脏中发现了 3 种共轭代谢物:二葡萄糖苷酸、葡萄糖苷酸和葡萄糖苷酸-硫酸盐酯。而粪便中高水平的 TBBPA 母体化合物是 TBBPA 的这 3 种代谢物在肠内微菌群的作用下重新生成母体 TBBPA 的原因。但是,仍然不能确定到底是肝脏的代谢、胆脏的作用还是肠内的微菌群使 TBBPA 脱溴生成三溴双酚-A(TriBBPA)。

腐殖质在污染物的生物转化中发挥重要作用。腐殖质可以作为末端电子受体,支持大量有机化合物的厌氧生物氧化,腐殖质还原最近被确认是一种新型的细菌厌氧呼吸方式。在厌氧条件下,某些微生物可以腐殖质作为唯一电子受体,氧化生态圈中的不同污染物。据报道,腐殖质作为终端电子受体可以厌氧氧化有毒污染物是在有机物极为丰富的河床沉积物中发现的,在还原态腐殖质存在的情况下,氯乙烯和二氯乙烯得到有效的矿化。在腐殖质存在的情况下,被 ^{14}C 标记的卤代化合物降解产物中检测到了 $^{14}CO_2$。在庄稼废水中发现,还原态腐殖质可以较好地降解苯酚和甲酚等重要的污染物;这些污染物被转化为沼气,并在废水中测到了羟基醌的存在。在还原态腐殖质存在的情况下,^{13}C 标记的甲苯被氧化为 $^{13}CO_2$ 的结果说明,腐殖质作为潜在的电子受体,而甲苯作为电子供体被氧化降解。这充分证明腐殖质作为电子受体促进了芳香类污染物的生物降解。

腐殖质由于其结构上的特点,其氧化态的形式可以结合来自电子供体的电子,转化为还原态的羟基醌。又可以将电子转移给金属离子使之还原。还原态的腐殖质即重新转化为氧化态,这样重复循环形成对金属离子持续地还原转化(如图 3-3)。不仅如此,对于环境中的其他重要污染物,例如,多卤取代化合物、硝基取代芳香族化合物和放射性核素等都具有很好的降解和转化促进作用。在众多的重金属离子中有相当一部分极难溶于水,腐殖质作为氧化还原中间体促进了其由难溶的氧化态形式向相对易溶的还原态形式的转化,从而加速了其生物修复的进程。

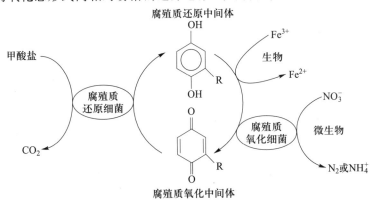

图 3-3 腐殖质中的醌类物质在生物和非生物反应中作为氧化还原中间体的循环反应机制

低浓度的腐殖质同样可以作为氧化还原中间体从起始端的电子供体将电子转移到易被还原转化的污染物。而且,还原态的腐殖质自身同样可以作为电子供体提供电子给大量的氧化态电子受体使其得到微生物还原,例如,硝酸盐、延胡索酸盐、氯酸盐等。

二、排出

排出(elimination)是机体分泌污染物或分解代谢污染物后导致污染物在体内含量降低的过程。

污染物的排出方式因生物种类和污染物不同而存在差异。植物一般通过淋洗作用(leaching)、蒸发(evaporation)、落叶、根分泌及植食动物的啃食等过程来完成;动物则通过呼吸作用排泄各种分泌物(如胆汁分泌、肝胰腺分泌、肠黏膜分泌、肾或类似结构分泌)、脱颗粒物、脱毛,产蛋、蜕皮等过程进行。比如,吸附到鳃黏液的铝由于黏液的脱落迅速丧失。在高等动物体内,还可通过排汗、分泌唾液及生殖分泌物排出。经过肝胆汁、鳃和肾的排出作用是动物排除污染物的基本方式。可用一个简单的一级速率常数模型描述污染物从生物个体排出的过程,如式(3-6)所示。

$$\frac{\mathrm{d}c}{\mathrm{d}t} = -kc \quad 或 \quad \frac{\mathrm{d}X}{\mathrm{d}t} = -kX \tag{3-6}$$

式(3-6)可以变换为式(3-7)和式(3-8),用来预测在任一时刻 t,具有起始污染物浓度为 c_0 或起始污染物的数量为 X_0 的个体排出污染物的情况。

$$c_t = c_0 \mathrm{e}^{-kt} \tag{3-7}$$
$$X_t = X_0 \mathrm{e}^{-kt} \tag{3-8}$$

式中:c 为机体内的污染物浓度;X 为机体内污染物的总量;t 为排出时间;k 为基于浓度或数量的速率常数(h^{-1})。以 $\ln c$ 或 $\ln X$ 为纵坐标,排出时间 t 为横坐标作图(见图3-4),可见,排出过程可描述为截距等于 $\ln c_0$ 或 $\ln X_0$,斜率等于 $-k$ 的线性关系。

以质量平衡模型为基础的生物积累放大模拟研究更侧重于量化生物体对 POPs 的摄入和排出过程,如图3-5所示。对动物和人体来说,POPs 的主要吸收途径是呼吸作用、皮肤接触和饮食,排出途径则包括呼吸作用、皮肤扩散、排泄作用、再生产流失、生长稀释和代谢转化等。

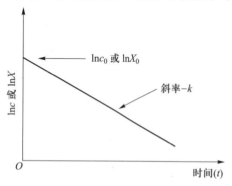

图 3-4　生物排出污染物的模型

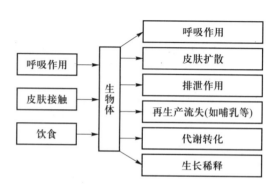

图 3-5　生物体对 POPs 的吸收和消除途径

(资料来源:王雪莉,2016)

一般来说,大的非极性分子及其代谢物主要是通过肝进入胆汁,最后随粪便排出。在人体内,超过 300 D 的分子大多通过此途径排出。许多金属离子如 Cd、Co、Hg、Pb 等污染物进入肝后,在窦状毛细血管被薄壁组织细胞吸附并代谢,然后进入胆汁,随粪便排出。然而,有些随胆汁进入小肠的化合物会再吸附,重新进入肝,称为肝肠循环(enterohepatic circulation)。这种循环作用会增加污染物对肝的损伤。As^{3+} 和甲基汞都有明显的肝肠循环作用。

哺乳动物中,肾是主要的排出器官,如 Co、Sn(锡)、Cd、Ni、Cr、Mg、Zn、Cu 都通过肾脏排出。电子垃圾拆解地家鸡体内卤代有机污染物(HOPs)富集的研究结果表明,脂肪中多溴联苯醚(polybrominated diphenyl ethers,PBDEs)的浓度显著低于肝脏和肌肉,有机磷酸酯(OPEs)在生物体内迅速地代谢降解。对人体尿液中代谢产物的研究在近年来开始增多,并以此作为生物监测的工具来评估人体对 OPEs 的暴露情况。特别是对于低于 300 D 的物质排出,肾分泌有重要作用,这也是哺乳动物分泌金属离子的基本路线,如 Ni、Zn、Cd 和 Co 等。然而有的也以胃肠道分泌为主,如 Cd 和 Hg 可直接通过肠黏膜以主动或被动方式分泌,分泌后可通过肠壁细胞脱落而除去。肾清除涉及肾小球过滤、活性管分泌、被动再吸附三个过程。除了同质膜蛋白结合的污染物外,大部分毒物可通过过滤除去。Be 的清除涉及小管分泌,是一个需要能量的过程。

在无脊椎动物中,甲壳纲动物的触须、上颌腺体,头足类动物的心脏分枝附属物,前鳃亚纲软体动物中腹足动物的心室壁都可能作为超过滤的位点排放重金属。水生无脊椎动物随消化组织残体释放污染物。在软体和甲壳纲动物中,残体是在消化细胞和肝胰细胞中溶酶体作用下形成的具有膜结构的颗粒物。残体内含有各种金属、有机物和磷酸盐等。残体可通过胞吐作用从消化腺细胞释放进入粪便。水生无脊椎的脂褐质颗粒与残体类似,存在于连接组织或插入上皮细胞之间,也可结合各种金属。血球渗出也是一种排出的方式,是指软体动物的血球从内部组织迁移,经过上皮层,进入肠腔或周围水体的过程。因此,这些动物可以通过血球渗出到肠腔或是周围水体中来达到降低身体负荷的目的,结合在血球内的污染物将通过此途径排出。

生物对不同污染物的排出方式有较大的差异,如挥发性有机物通过呼吸作用,亲脂性物质则通过产卵形式排出。节肢动物则可蜕皮,鸟类脱毛,哺乳动物产奶与代际传递过程等排出污染物。长须鲸(*Balaenoptera physalus*)可通过胎盘转移 PCBs 和 DDT 给出生前的幼儿,出生后,污染物经过动物给奶的方式进入幼儿;母鸡将体内累积的含氧杂环化合物(OHCs)转移到鸡蛋中,使母体自身的污染物负荷降低,进而又会影响到后续发育和生产的蛋中污染物含量。除此以外,母体还会通过代谢降解(体内生物转化和肠道微生物降解)和粪便排出等作用不断地将体内累积的 OHCs 排出体外,降低体内污染物的含量。

此外,生物的污染排出具有泵出机制。生物膜在进化中形成的脂质双层结构可将亲水的细胞微环境和周围环境隔开,因此生物膜对环境中的亲水分子形成了一道有效的屏障,这些亲水分子只有通过特殊的转运系统或细菌细胞的胞吞作用才能进入细菌。但某些药物的两性分子很容易通过膜上的亲水区或疏水区进入细菌,细菌则进化出药物排出泵(drug efflux pump)来阻止影响其生命活动的药物入侵,并将已进入体内的药物泵出。细菌、真菌、放线菌及高等真核生物都具有这种对异物的泵出机制。

因为生物体有排出功能,一个积累了污染物的个体,当被放入未污染的环境一段时间后,体内的污染物含量将会降低,达到清除毒素的效果。比如 F 中毒的山羊,在经过转场放牧一段时间后,体内的 F 含量大大降低,中毒的症状可以得到缓解,如表 3-1 所示。

表 3-1　F 中毒的山羊的排毒效果

指标	放牧环境	重污染区(转场前)	非污染区(转场后)
环境 F 浓度/ ($\mu g \cdot g^{-1} \cdot d^{-1}$)	大气①	8.5	0.29
	水	0.38	0.33
	牧草	82.2	9.8
一年后山羊体内的含 F 量/ ($\mu g \cdot g^{-1} \cdot d^{-1}$)	尿	29.0	6.0
	粪	33.5	15.1
	骨	2 872.4	2 138.3

资料来源:引自丁一汇,1995。

① 浓度单位为:$\mu g \cdot m^{-3} \cdot d^{-1}$。

第三节　生物积累

经过生物转化和排出作用后,最终有部分污染物在生物体内得到积累。因此,生物积累(bioaccumulation)可以定义为生物个体从周围的水体、空气和土壤等环境中净吸收污染物的过程。生物浓缩(bioconcentration)也是一个经常用来表示污染物在生物体内积累的概念,但一般仅指水生生物个体从水中净吸收污染物的过程。因此,生物积累的概念要比生物浓缩所涵盖的内容广,前者包含后者。

一、积累的生物过程

污染物在生物体内积累的量,取决于生物体内能与污染物相结合的生物活性物质数量的多少和活性的强弱。那些凡是能与污染物在体内形成稳定结合物的物质,都能增加污染物在生物体内的积累。

污染物在生物体内的积累是吸收、转化及排出过程的综合结果。最简单的速率常数积累模型包含了一级的吸收和一级的排出过程,可简单表示为式(3-9)。

$$\frac{dc}{dt} = k_u c_1 - k_e c \tag{3-9}$$

该公式可进一步变换为式(3-10)。

$$c_t = c_1 \left(\frac{k_u}{k_e} \right) (1 - e^{-k_e t}) \tag{3-10}$$

式中:c_1 为环境中的污染物浓度(比如水体中的浓度);c 为生物体内的浓度;k_u 为吸收常数,h^{-1};k_e 为排出常数,h^{-1}。

根据此公式,生物体内积累的污染物浓度可在任一时间进行预测,生物积累模型曲线见图 3-6 所示。

由生物积累模型曲线图 3-6 可知,在暴露初期机体内的污染物浓度逐渐提高,吸收作用(U)大于排出作用(E),直至达到一个平衡($U=E$),此时机体内积累的污染物达到最大,并且处于一个稳定状态。因此,平衡时机体内的污染物浓度可定义为 c_{ss}。由于平衡时 $(1-e^{-k_e t})$ 近似等于 1,得出式(3-11):

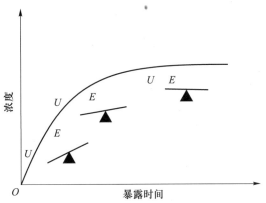

图 3-6 生物积累模型曲线

$$\frac{c_{ss}}{c_1} = \frac{k_u}{k_e} \qquad (3-11)$$

如果外界环境是水体,则 k_u/k_e 称为生物浓缩因子(bioconcentration factor, BCF),如果是其他环境,也称生物积累因子(bioaccumulation factor, BAF)。

研究表明,水生动物在几小时或几天内体内浓缩的污染物是水体浓度的上千倍。当暴露在 1~16 μg/L 的 PCBs 水中 4~21 d,生物浓缩因子是:水蚤 47 000;蚊子幼虫 18 000;草虾 17 000。暴露 21 d,小龙虾的 PCBs 浓缩因子是 5 100。在 Hg 污染环境中暴露 56 d 后,不同种类的羽毛积累量是不同的。野鸭和斑背潜鸭的羽毛含量达到 17.5 μg/g,而蓝苍鹭的羽毛含量仅为 2.7~12.5 μg/g。在静态暴露染毒条件下,近江牡蛎对 Hg、Pb、Cd 的富集作用最为明显,积累阶段其平均 BCF 分别为 2 435.6、11.3、76.5,远高于菲律宾蛤仔 BCF(分别为 53.7、18.5、19.5)和翡翠贻贝 BCF(分别为 121.8、1.1、15.2)。

二、结合污染物的生物大分子

生物积累污染物根源在于生物体内存在大量结合污染物的生物大分子。进入生物体内的污染物,首先同生物大分子结合,减少毒性并积累。如重金属同金属硫蛋白和类金属硫蛋白相结合,往往使重金属的毒性减少,因此在体内能够达到较高的容量。一些小分子库(相对分子质量小于 2 000)也是结合的位点。在重金属污染的牡蛎内,大部分 Cu、Zn 离子与分子库中的牛磺酸、甘氨酸和 ATP 等结合在一起。积累的另一个极端情形是分室化作用(compartmentation)。如在肝脏和肾脏细胞中,可以形成有膜包围的重金属颗粒,这些结构可以把重金属同生物体内的活性反应位点隔离开,减少其毒性,导致积累量增多。

在生物体内,有以下几大类物质能和污染物进行结合。

(1)糖类物质。糖类物质在生物体内占有相当大的比例,是生物体的基本组成部分。由于这些糖类物质的分子结构中都有醛基(如葡萄糖等)、半缩醛羟基(如二糖中的麦芽糖、乳糖,多糖中的纤维素等),在还原性环境中,能使重金属离子还原并结合形成不溶性化合物而沉积在体内。

(2)蛋白质和氨基酸。蛋白质和氨基酸是生物体内同污染物特别是重金属结合的主要物质。由于这些含氮物质往往具有大量的羧基、氨基及一些巯基等基团,这些基团是重金属和某些农药相结合的位点。一般蛋白质所含有的酸性氨基酸比碱性氨基酸多,等电点的 pH 接近于 5。在中性环境中,蛋白质往往呈阴离子状态,易和金属阳离子结合。

能与重金属结合的蛋白质中,最重要的是金属硫蛋白(metallothionein, MT)及类金属硫蛋白(metallothionein-like protein, MP)。金属硫蛋白是生物有机体在某些金属的诱导下合成的一类脱辅基硫蛋白,其特性为:① 是低相对分子质量(6 000~10 000 D)的蛋白质;② 含有高达30%半胱氨酸,对重金属具有很高的结合量和结合力;③ S–S 键不能与芳香族氨基酸结合;④ 镉金属硫蛋白在 250 nm 处吸收最强;⑤ 属热稳定性蛋白质;⑥ 局限于细胞质中;⑦ 作为细胞内蛋白质存在,不存在于一般体液中。

由于这些蛋白质同金属的结合力非常强,体内诱导这些分子的表达会降低重金属的释放,理论上机体对金属的富集量也应当高。但有实验表明,体内金属硫蛋白的表达会减少 Cd 在肝内的积累。这种现象对富含半胱氨酸胞蛋白质和金属硫蛋白共同调节哺乳动物吸收 Zn 的研究工作提供了一些线索。

富含半胱氨酸肠蛋白质(cysteine-rich intestinal protein, CRIP)是哺乳动物肠上皮细胞中 Zn 的运输蛋白。图 3–7 表示了哺乳动物中 CRIP 和金属硫蛋白(MT)分子的共同作用有效地调节了 Zn 吸收的过程。在正常情况下,从细胞顶膜(apical membrane)进入上皮细胞的金属离子(M^{++})被 CRIP 结合后,复合物 M–CRIP 能够将金属离子转移给上皮细胞内侧质膜基底侧膜(basolateral membrane)的质膜蛋白,然后金属离子被交换进入血循环系统。然而,如果细胞内部有大量的金属硫蛋白(MT),由于其和金属离子的结合能力比 CRIP 强,MT 将和 CRIP 竞争结合金属离子,结合的金属离子被滞留在肠细胞内,阻碍金属离子进入血循环系统,减少了在肝中的积累。CRIP 的作用是在生理需要的 Zn 浓度范围内表现的,在产生毒性的剂量范围内是否也是同样的作用不得而知。Cd 尽管也可同 CRIP 结合,但 CRIP 运输 Cd 及其他毒性金属元素的作用尚不清楚。另外,在水生生物中没有发现 CRIP,但猜测应当有类似的蛋白质存在。

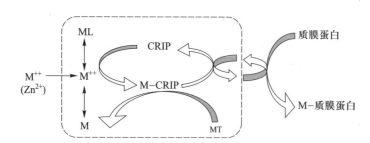

图 3–7　CRIP 和 MT 共同调节吸收 Zn(M 代表金属,这里指的 Zn)

在无脊椎动物中如海洋双贝类,由于血浆中有大量的血浆蛋白,因此血浆相对血球来说具有较高的金属含量,如硬壳蛤(*Mercenaria mercenaria*)的血浆中体内含有 99% 的 Zn、95% 的 Cr 和 Cu、80% 的 Ba(钡)和 77% 的 Fe。在哺乳动物中如 150 kDa 的血浆铜蓝蛋白是 Cu 的特异运输蛋白,它由肝分泌后,能吸附血浆中 90%~95% 的 Cu。另外,还有一个 65 KDa 血清蛋白能吸附Ca、Cu、Zn、Ni 和 Cd 等元素。人的血清蛋白对金属的吸附能力相对较弱,有较低的亲和常数K_a。在昆虫和甲壳类动物中,金属一般结合到血蓝蛋白(hemocyanin)上。

游离的氨基酸含有的羧基、氨基和硫基等,也都能与金属结合形成复杂的金属螯合环。例如,当金属离子与咪唑核的-N基或半胱氨酸的-SH基结合形成多核螯合环时,稳定性增加。在某种庭荠属(Alyssum)的木质部溢泌物中,几乎所有组氨酸都同 Ni 形成了配合物,含量达到 40%。

（3）脂类。脂类物质含有极性酯键,这类酯键能与金属离子结合而形成配合物,从而把重金属贮存在脂肪内。因此,脂肪的含量在很大程度上影响了生物对污染物的积累。例如,相对那些低脂肪含量(13%)的个体来说,高脂肪含量(21%)的虹鳟鱼在体内可积累更多的五氯苯酚,同时又具有较低的排出率。

（4）核酸和有机酸。核酸也是极性化合物,含有磷酸基团和碱性基团,属于两性电解质。在一定的 pH 条件下能解离而带电荷,所以能和金属离子结合。例如,嘌呤碱基中的鸟嘌呤与腺嘌呤因含—N、—OH、—NH$_2$ 等基团,很容易和金属离子结合。因此尽管生物体内核酸含量不多,但仍是生物积累的重要原因之一。如多环芳烃(PAHs)经过微粒体中的氧化酶作用后,形成有致癌作用的环氧化合物,后者可以与 DNA 共价结合,损伤 DNA 加合物(DNA-adducts)。在动物肝中,BaP 形成的 DNA 加合物至少可在体内存在 2 个月,Bap 同肝 RNA 和蛋白质结合影响DNA 的正常合成,导致基因表达错误,引起致癌作用。在某种庭荠属植物叶片中,Ni 也和苹果酸和柠檬酸等有机酸形成配合物。

污染物同生物体内大分子结合而使得毒性降低或减少的方式,也称为污染物的规避(sequestration)。重金属作为一种特殊的污染物,可以通过三种方式在生物体内结合得到规避:一是与金属硫蛋白结合被规避;二是通过生物矿化(biomineralization)得到规避,如 Pb、放射性 Sr(锶)、Ra(镭)等可进入无活性的壳中或钙化的外骨骼;三是形成颗粒物或结石得到规避。这些颗粒通常存在于无脊椎动物的中肠、消化腺、肝胰腺、肾中,也存在于一些脊椎动物的结缔组织中。

二噁英类(TCDD)污染物高度脂溶性的特点使其极易透过细胞膜进入细胞质,在细胞质内作为配体与转录因子芳香烃受体(aryl hydrocarbon receptor,AhR)结合后,以与固醇类激素相似的作用机制发挥毒性作用。AhR 与 TCDD 结合后被激活,分别与先前结合的 4 个配体脱离,即热休克蛋白亚基(HSP$_{90}$)、p23 和 B 型肝炎病毒 X 相关蛋白(XAP2/AIP/Ara9)。随后,TCDD-AhR 复合物在细胞核内与芳香烃受体核转位子蛋白(Ah receptor nuclear translocator protein,ARNT)结合后获得与 DNA 结合的能力。此时 AhR/ARNT 异源二聚体能够识别 TCDD 反应基因上游部位的特异 DNA 序列-异型生物质/二噁英类/芳香烃受体反应元件(xenobiotic/dioxin/aryl hydrocarbon receptor response elements, XRE/DRE/AhRE),与之结合后可启动下游靶基因的转录,诱导产生多种毒性效应。

三、体内运输

1. 污染物在植物体内的运输

在植物中,从根表面吸收的污染物能横穿根的中柱,被送入导管。进入导管后随蒸腾拉力向地上部移动,分配到其他组织和器官。不同的重金属在玉米根内的横向迁移方式不同。Cd 主要以共质体方式在玉米根内横向迁移,在 10 mg/L 和 25 mg/L Cd 处理的玉米幼苗根内,皮层中 Cd 的积累远小于中柱;在中柱内部,导管中 Cd 的积累远大于木质部薄壁组织。

茎叶部的大部分 Cd 通过配位作用被固定在液泡中,少量被截留在细胞壁和细胞质中。在植物结实期,Cd 通过韧皮部进入籽粒中,而籽粒中的 Cd 几乎不能运输到其他部分。Pb 主要以非共质体方式在玉米根内移动。因为从皮层到中柱,浓度存在明显的梯度,即沿表皮到中柱浓度下降,能表明扩散是限制共质体运输的主要因子。根吸收的部位不同,向地上部移动的速率也有差异。如小麦根尖端 1~4 cm 区域吸收的离子最易向地上部转移;由更成熟的部位吸收的离子,移动速度就慢得多。向地上部移动还与植物的发育阶段有关,禾谷类在抽穗前 10 d 左右吸收的离子最易向地上部转移。然而,PAHs 在根内部移动能力有限,较难向其他器官运输。

此外,通过叶片吸收的 Pb(NO₃)₂ 污染物也可从地上部向根部运输。在模拟大气污染 Pb 的实验中,用不同浓度的 Pb(NO₃)₂ 涂在蔬菜(白菜、萝卜、莴苣)叶片上,证明叶片中的 Pb 能向下移动。

2. 污染物在动物体内的运输

污染物在生物组织器官间的运输和在器官间的再分配是循环系统活动的结果。动物吸收的污染物,经过跨膜运输进入血液循环系统后,同血球和血浆蛋白结合,将随血液循环被运送到全身组织和器官,发生新的分配和定位;污染物在植物体内的运输主要在蒸腾拉力和生长中心双重动力作用下,驱动污染物随水分和营养物质的分配而完成再分配。

无脊椎动物中,如软体和节肢动物,循环系统是一个开放系统,其他的脊椎和无脊椎动物,则是闭合系统。在金属运输中,脊椎动物的血浆蛋白有重要作用。金属吸附到血浆蛋白上可以是特异的,例如,Fe 通过铁转运蛋白运输,Cu 通过铜蓝蛋白(ceruloplasmin)运输。一些非特异的运输方式也存在,如 Ca、Ni、Zn 等被血清蛋白吸附并运输等。

哺乳动物是研究血液运输金属的模式动物,红细胞可吸收大量的 Pb、Zn、Cd。在水生动物中,血浆也可结合大量的蛋白质。如美洲拟鲽(*Pseudopleuronectes americanus*)的血浆蛋白可吸附大量的 Cu 和 Zn。在无脊椎动物中如海洋双贝类,其血浆中结合的金属量相对血球高。哺乳动物的血浆铜蓝蛋白可吸附大量血浆中的 Cu。血清蛋白也能吸附 Ca、Cu、Zn、Ni 和 Cd。昆虫和甲壳类动物由血蓝蛋白结合。

土壤中 Cu²⁺ 进入土壤动物蚯蚓体内的主要途径是取食通道。然而,随着土壤中 Cu 浓度的增加,蚯蚓自身可能有一套应激的机理,将重金属运输到表皮脂肪系统中,提高适应性,减少重金属对消化系统和神经系统的毒害。因此,利用"分配指数"来研究重金属在蚯蚓体内的分配状况和富集特征,即以蚯蚓肠道内的 Cu、Zn 浓度与表皮的 Cu、Zn 含量的比值来表示分配指数。结果表明(表 3-2),在重金属浓度增加的情况下,重金属离子在蚯蚓体内的分配指数总体是下降趋势,说明在高浓度的重金属污染下蚯蚓通过自身机理调节而降低重金属对蚯蚓消化系统及神经系统的毒害作用。表皮中 Cu、Zn 含量的增加可能有两个方面:一方面是蚯蚓机体内的二次分配效应,重金属离子通过血液循环转移至蚯蚓表皮,随后位于表皮上的脂肪细胞或组织将重金属离子吸附、钝化,从而降解重金属的毒害作用;另一方面是蚯蚓接触污染土壤通过背孔交换、表皮呼吸,使得重金属以离子态进入其体内。实验中在不同浓度的 Cu、Zn 处理下蚯蚓的表皮富集量随着 Cu 的增加而不断增加,因为在未受污染的土壤中蚯蚓对 Cu、Zn 积累量稳定在低水平。在相同处理间比较表皮 Cu、Zn 的积累量及富集系数都要小于肠道的富集量。因此推断食道是 Cu 进入蚯蚓体内的主要路径。

表 3-2 不同 Cu、Zn 污染处理下蚯蚓体的分配指数

项目	污染培养天数/d	Cu²⁺浓度/(mg·kg⁻¹)					Zn²⁺浓度/(mg·kg⁻¹)				
		0	20	60	100	200	0	25	80	130	260
分配指数	14	2.77	1.4	0.97	1.46	1.36	3.78	1.75	1.35	1.13	1.38
	21	3.49	2.94	2.23	1.67	1.63	1.94	1.92	0.99	1.46	1.29
	28	2.64	3.63	2.17	2.01	2.42	3.20	1.88	1.19	1.64	1.37

资料来源:引自周明亮,2014。

四、污染物在生物体内的分布

1. 污染物在植物体内的分布

对于植物来说,根和叶是主要的污染物积累器官。吸收的污染物,也可通过导管等组织被输送到其他组织和器官积累。根吸收的重金属大多留在根部,流动性大的元素可向上运输到茎、叶和果实中。

在根的横切面不同组织中,Pb 的分布有差别。根的皮层组织中 Pb 的积累最高,中柱最低。在中柱内,木质部薄壁组织的积累量较多,而导管中较少。在玉米根的中柱内部,Cd 的积累分布不同于 Pb,在导管中较多而木质部薄壁组织中较少。有研究发现,在较低浓度(100 mg/L)Pb 处理玉米 5 d,玉米叶肉细胞内只沉积少量 Pb;而经高浓度(1 000 mg/L)Pb 处理时,在叶片维管束内的导管中有大量 Pb 沉积。叶肉细胞壁的部分 Pb 进入细胞后,沿叶绿体外膜沉积,少数进入叶绿体,沉积在类囊体上。

不同重金属在植物体内的分配规律存在差异。Cd 在几种蔬菜中的分配规律:小白菜是根>地上部分;萝卜是地上部分(叶)>直根;莴苣是根>叶>茎,辣椒和豇豆的食用部分(果实)Cd 含量较其他营养器官低;萝卜和莴苣的食用部分分别为肉质根和肉质茎,在植株中含 Cd 量相对较低,较少受到污染的影响。作物中各部位的 Cr 含量一般是根>茎叶>籽粒;水稻根部吸收的 Pb 分布于根部的占 90%~98%,分布于糙米的仅占 0.05%~0.5%。豆科植物根吸收的 Zn 经根导管输送到成熟叶片,经沉淀后,一部分进入筛管运到可食部分。而水稻的 Zn 经根导管上升似乎是通过茎节直接转移到筛管,再转移到幼嫩器官。

此外,通过研究 Cd、Cu 在三叶鬼针草细胞内的分布和化学形态,发现根部的 Cd 主要分布在细胞可溶部分,大部分 Cu 则主要分布在细胞壁,地上部的 Cd、Cu 主要分布在细胞壁,且 Cd 有向细胞可溶部分转移,而 Cu 则分布在重要细胞器中,说明地上部的 Cd 大部分在细胞壁结合进而转移到细胞可溶部分中进行区隔化,而 Cu 则对重要细胞器造成损害。因此细胞壁钝化和细胞区隔化可能是三叶鬼针草应对 Cd 胁迫的耐性机制。

2. 污染物在动物体内的分布

重金属在动物体内的分布情况。在动物中,肠道吸收的 Cd,首先输送到肝脏,促进肝中金属硫蛋白的合成;同时,与金属硫蛋白结合的 Zn 被置换。长期喂 Cd 的动物,其肝中的大部分 Cd 与金属硫蛋白结合。在红细胞中,与血红蛋白及金属硫蛋白结合的 Cd 因不易通过红细胞膜,难以完成从肝脏输送到其他器官的作用而被肾小球过滤。

类金属在动物体内的分布规律。低级烷基汞对膜的渗透性高,容易通过红细胞膜。进入红细胞中的甲基汞可能和谷胱甘肽这类低相对分子质量的物质结合。无机离子态汞(Hg^{2+})在肾内的积累最多,其次是肝、脾、甲状腺。接触 Hg 蒸气后,吸入体内的金属 Hg 都被氧化成 Hg^{2+},因而分布几乎遍及脏器。金属 Hg 极易通过血脑屏障而到达脑中枢,进入后很快被氧化为 Hg^{2+},很难从脑中排出。

添加型阻燃物质多溴联苯醚(PBDEs)是一类具有生态风险的新型环境有机污染物,普遍存在于肝脏和脂肪组织中,其含量分别为 $5 \sim 8$ mg/kg 和 $4 \sim 8$ mg/kg,并且发现四溴二苯醚(BDE-47)在脂肪中含量稍高于乳汁中含量。而氯烃污染物为神经及内脏器官毒性,在人等高营养级生物体内,主要蓄积于人体中枢神经系统与脂肪组织中,大剂量可造成中枢神经及某些内脏器官特别是肝脏和肾脏的严重损害。由于这类物质对脂肪有特殊的亲和力,因而在体内的分布和蓄积常与器官组织的脂肪含量成正比。

短链氯化石蜡(short-chain chlorinated paraffins,SCCPs)是组成复杂、应用广泛的一类有机氯代混合物。作为一种新型持久性有机污染物,SCCPs 在环境中难降解,能够发生长距离传输,易于生物富集,已被列入《斯德哥尔摩公约》受控名单。研究表明,南极地区 SCCPs 与动植物样品脂肪含量呈现显著的正相关。SCCPs 在具有捕食关系的南极骨螺和南极帽贝样品中有生物放大效应,短碳链同类物生物放大因子高于长链同类物。

内分泌干扰物(endocrine-disrupting chemicals,EDCs)是能够模拟生物体对内源性激素的分子效应,干扰或阻止激素正常合成、释放、结合、代谢等过程的一些天然和人工合成化合物,广泛存在于世界各地的多种环境介质中。有研究表明,EDCs 在珠江水系野生淡水鱼类中的富集水平存在明显的组织差异。对羟基苯甲酸甲酯(MP)、三氯生(TCS)和双酚 A(BPA)在鱼类组织器官中的浓度和生物富集系数基本上表现为肝脏>鳃>脊肉,说明肝脏的富集能力最强,鳃次之,脊肉最弱。EDCs 有一定的生物放大潜力和子代传递效应。如 TCS 的营养级放大因子(trophic magnification factors,TMF)为 1.62,可能沿生态食物链放大,BPA 的 TMF 为 0.92,而 MP 的 TMF 为 0.33,表明可能随着食物链产生生物稀释作用。MP、TCS 和 BPA 均可能发生子代传递效应。

五、超量积累植物

能超出一般植物的平均水平而大量吸收和积累重金属的植物被称为超量积累植物(hyperaccumulator)。超量积累植物有三个主要特征:① 体内某一元素浓度大于一定的临界值;② 植物吸收的重金属大部分分布在地上部,即有较高的地上部/根浓度比率;③ 在重金属污染的土壤上这类植物能良好地生长,一般不会发生重金属毒害现象(王焕校,2000)。

截至 2017 年 9 月,国内外已经报道的超量积累植物有 721 种之多。其中以超量积累 Ni 的植物最多,约有 523 种。另外有 53 种 Cu、42 种 Co、1 种 Cr、42 种 Mn、20 种 Zn、2 种稀土元素、41 种 Se、2 种 Tl(铊)、7 种 Cd、5 种 As(砷)和 8 种 Pb 的超量积累植物。有些物种表现出对一种以上的元素具备超量积累能力。721 种超量积累植物隶属于 52 科 130 属;最具代表性的科是芸苔科(83 种)和叶兰科(59 种)。根据世界各地收集的植物分析结果表明,超量积累植物茎叶中的重金属浓度可达干重的 1%,对 Cd 为 0.1% 以上,见表 3-3。

超量积累植物是生物积累污染物的极端例子,可以利用它们来对污染地区进行生物提取以治理重金属污染。经过多年的研究和实践,已取得了一些进展。如在土壤 Zn 离子浓度达 444 ug/g时,超量积累植物天蓝遏蓝菜(*Tcaerulescens*)的地上部分积累的 Zn 是土壤含量的 16 倍,是非超量积累植物的 150 倍。种植这样的超量积累植物,每公顷可积累 30.1 kg Zn,而尖刺联苞菊属植物(*Berkheya coddii*)对 Ni 的积累量可达到 168 kg/hm²。但是,利用超量积累植物治理重金属污染目前还存在很大的科学难题。生物对重金属污染治理最核心的技术是生物提取,生物提取的效能取决于植物对污染物的积累量和植物的生长量。目前已发现的超量积累植物均无较大的生物量,制约了超量积累植物的实际应用。

表 3-3　超量积累植物及在全球记录报告中的最高富集浓度

元素	阈值/(μg·g⁻¹)	科	属	种	全球记录
As	>1 000	1	2	5	蜈蚣草(*Pteris vittata*[1])(2.3%)
Cd	>100	6	7	7	圆叶拟南芥(*Arabidopsis halleri*[2])(0.36%)
Cu	>300	20	43	53	异叶柔花(*Aeolanthus biformifolius*[3])(1.4%)
Co	>300	18	34	42	星香草(*Haumaniastrum robertii*[4])(1%)
Mn	>10 000	16	24	42	山龙眼科植物(*Virotia neurophylla*[5])(5.5%)
Ni	>1 000	52	130	532	尖刺联苞菊属植物(*Berkheya coddii*[6])(7.6%)
Pb	>1 000	6	8	8	菥蓂属植物(*Noccaea rotundifolia* subsp. *cepaeifolia*[7])(0.8%)
稀土元素 [La(镧),Ce(铈)]	>1 000	2	2	2	铁芒萁(*Dicranopteris linearis*[8])(0.7%)
Se	>100	7	15	41	双钩黄芪(*Astragalus bisulcatus*[9])(1.5%)
Tl	>100	1	2	2	李果荠(*Biscutella laevigata*[10])(1.9%)
Zn	>3 000	9	12	20	天蓝遏蓝菜(*T. caerulescens*[11])(5.4%)

资料来源:数据截至 2017 年 9 月,引自 Roger D. Reeves,2017。

① Ma 等,2001;② Stein 等,2017;③ Malaisse 等,1978;④⑤ Brooks,1977;⑥ Mesjasz-Przybyłowicz 等,2004;⑦ Reeves 和 Brooks,1983;⑧ Shan 等,2003;⑨ Galeas 等,2006;⑩ LaCoste 等,1999;⑪ Reeves 等,2001。

第四节　污染物在生态系统中行为的影响因素

污染物在生态系统中的行为受多种因素的影响,涉及生态系统中生物本身的因素,还涉及污染物及所处的环境因素,甚至部分农业耕作措施也会影响污染物在植物体内的迁移和积累。

一、生物因素

1. 生物种类

生物的种类不同,生活方式不同,在污染环境中的行为就有很大的差异。对于动物来说,有水生或陆生,生活于地上或地下,恒温还是变温,营冬眠或是夏眠,食性是泛食、草食、肉食还是碎食性的,生命周期长短,性成熟时间及生殖的频率等。这些生理生态方式的不同,使得它们对污染物的吸收、分解、积累的质量和数量发生很大变化。另外,由于动物是可移动的,可以主动逃避或进入污染环境,它们的移动或迁移行为也影响污染物的积累。体表面积的大小对水生动物的吸收和积累有极大的影响。

研究表明,不同水生生物对 As 的富集能力不同,底栖生物>淡水鱼类。不同食性水生生物中的 As 含量表现为:滤食性>植食性>肉食性。对淡水鱼类而言,鱼皮中的 As 含量高于肌肉组织中的 As 含量。在肌肉组织中,生物体的体重、体长越大,其体内 As 含量呈现降低趋势。利用同位素标记研究表明,水生生物中的 $\delta^{13}C$ 值变化范围为 $-30.59‰ \sim 15.07‰$,且同种生物在不同区域的 $\delta^{13}C$ 差异较大,反映矿区水生生物食物来源有较大的区域差异性。水生生物的 $\delta^{15}N$ 值变化范围为 $4.31‰ \sim 12.98‰$,表现为滤食性<植食性<杂食性<肉食性,与食物链生物营养级一致。此外,云南哀牢山山地森林生态系统总 Hg 与甲基汞富集顺序为:植物<植食性动物<杂食性动物<肉食性动物。

Hg 对鸟类产生的毒性与鸟类的身体状况、年龄、性别、暴露途径等有关。鸟类组织以羽毛中的 Hg 含量最高,鸟蛋中 50% 的 Hg 累积在蛋白中,而蛋黄、蛋壳相对较少,且鸟类羽毛和鸟蛋中 Hg 含量低于目前所报道的毒性阈值。此外,绿脚山鹧鸪(*Arborophila chloropus*)幼鸟组织中的总 Hg 和甲基汞在羽毛中的含量最高,且不同种类鸟类羽毛 Hg 含量具有一定的差异性。研究表明,鸟类羽毛总 Hg 含量为 $167 \sim 729$ ng/g,甲基汞含量为 $106 \sim 239$ ng/g,甲基汞占总 Hg 的比例为 $36.2\% \sim 78.3\%$。

不同物种、不同生活方式积累特征差异性很大。在发生了污染的森林中,山雀的肝中 Pb 含量可达 21.16 μg/g(干重),未污染森林中的同种类含量为 5.3 μg/g。在表层土壤含 150 μg/g Pb 的地方,不同动物体内积累 Pb 的量也不同。生活于土壤中的蚯蚓积累量最高,达到 310 μg/g,共同生活于地表的马陆、蟾蜍和白脚老鼠的积累量分别为 27 μg/g、13 μg/g 和 17 μg/g,而飞鸟类动物如画眉的积累量为 49 μg/g。在含 2 μg/g Cd 土壤中,蚯蚓体内的积累量可达到 100 μg/g。一种海洋鱼暴露在 1μg/mL 的 PCBs 水中 58 d,体内浓度在 $14 \sim 28$ d 达到一个平台,积累量是水中含量的 $37\ 000$ 倍。Cd 主要积累在肝中,其次是鳃、心脏、脑、肌肉。

生活在松花江中同一江段的不同鱼类,积累 Hg 与甲基汞的数量各不相同,表现为(按含 Hg 量由高到低顺序):雷氏七鳃鳗>鲶鱼>花鳅>青鱼>黄鱼>鲤鱼>银鲫>犬首鮈>银鲴。雷氏七鳃鳗总 Hg 与甲基汞平均含量最高,主要是因为其营寄生生活,而且体表无鳞,头部有 7 个鳃孔,可通过皮肤和鳃孔直接吸收环境中的 Hg。海洋生物比淡水生物所积累的 As 要多得多。各种淡水鱼的 As 积累系数为 $3 \sim 30$ 和 $10 \sim 40$,而海洋生物 As 的积累系数则是这些淡水鱼及甲壳动物的 $10 \sim 100$ 倍。

对于营固定生活的植物来说,尽管影响积累的因素相对简单,但不同种类如草本与木本,常绿与落叶、陆生与水生等特性也导致对污染物的积累和反应不同。例如,蕨类植物比较容易吸收 Cd,体内含量可高达 1 200 mg/kg;双子叶植物也积累较多的 Cd,如向日葵、菊花的体内含量可高达 400 mg/kg 和 180 mg/kg;相对来说,单子叶植物积累 Cd 的量比双子叶植物少。在酸性土壤中,石松科植物中的铺地蜈蚣($Lycopodium\ cernum$)、石松($Lycopodium\ clavatum$)、地刷子($Lycopodium\ complanatum$)、野牡丹科的野牡丹($Melastoma\ candidum$ D. Don)、铺地锦($Hydrocotyle\ sibthorpioides$ Lam)能积累大量的 Al,有的竟高达组织干重的 1% 以上,而在同样土壤上生长的其他植物只有 0.05%。生长在 Hg 矿山上的纸皮桦($Betula\ papyrifera$)含有 1 150 mg/kg 的 Hg;几种杨树积累 Hg 的强弱顺序为加拿大杨>晚花杨>旱杨>辽杨。蛇纹岩土壤上的十字花科植物($Alyssum\ bertolonii$)灰分中含有高达 5%~10% 的 Ni;在含 Co 的土壤上生长的野百合($Lilium\ brownii$ F. E. Brown ex Miellez)灰分中含有 1.8% 的 Co,是目前发现的含 Co 量最高的植物。8 种水生植物对 Cu 的吸收和沉降规律为:苦草>黑藻>水龙>喜旱莲子草>大藻>心叶水车前>水车前。

同一环境中不同植物对 F 的积累量有差异,如红松为 12 μg/g,大叶黄杨为 8 μg/g,柏树为 6 μg/g,桑树为 24 μg/g,杉树为 14 μg/g,茶树对 F 的积累量较高,新芽积累量达到 60 μg/g。生长在含 Se 土壤上的黄芪($Astragalus$ sp.)灰分中 Se 的含量可高达 15 000 mg/kg,而伴生的牧草却小于 0.01 mg/kg,两者相差高达 100 万倍;对美国华盛顿州塔科马冶炼厂下风向林地土壤植物中 Hg 的含量和分布进行了研究,发现菌耳和地衣因为具有很强的吸收痕量元素的能力,比同一区域内的树木可吸收累积更多的 Hg。相同树种的不同植株之间对土壤中 Cd 的吸收量也不尽一致。

2. 组织和器官

不同的组织、器官具有不同的生理功能,构成它们的细胞也具有不同的生理特性,对污染物的吸收、分解和积累的特征也有很大的差异。

肝细胞含有大量的氧化酶和蛋白质,它们是吸收和积累有机污染物的主要场所。肠、胃因为 pH、表皮细胞结构的差异,吸收和积累污染物的情况也不一样,它们都是无机金属污染物进入陆生动物体的主要渠道。在 F 污染区,耕牛的不同组织含 F 量差异大,血中含量为 0.36 μg/g,尿中为 5.4 μg/g,毛发中为 18.1 μg/g,骨骼中为 3 636 μg/g。

不同的组织、器官同污染物接触时间的长短、接触面积的大小等也存在很大差异。对于水生动物,皮肤、鳃长期和污染物接触。对于空气污染物,陆生动物的主要接触部位在呼吸道。而来自食物的污染物,主要接触部位在消化道。有的组织含有大量的脂肪,它们倾向于积累亲脂性污染物,相反对亲水性污染物的积累量就低。如肠和消化腺含有大量重金属的配体,倾向于积累金属离子。头发附物等蛋白质含量高,是 Pb 等金属元素积累的地方。表 3-4 给出了部分生活在空中的生物种类在蛋和脑组织中积累 DDT 和 PCBs 的变化情况。

表 3-4 加拿大一些飞禽脑组织和蛋中的 DDT 和 PCBs 残留量　　　　单位:μg/g

生物种类	DDT		PCBs		发现区域
	脑组织	蛋	脑组织	蛋	
普通潜鸟	1.54	7.53	1.38	5.43	艾伯塔
北极潜鸟	1.99	4.8	1.44	6.49	加拿大西北地区

生物种类	DDT		PCBs		发现区域
	脑组织	蛋	脑组织	蛋	
红喉潜鸟	2.95	2.76	4.16	3.14	加拿大西北地区
有耳䴙䴘	3.96	8.58	0.54	2.92	艾伯塔
西部䴙䴘	4.11	—	6.45	—	不列颠哥伦比亚
白鹈鹕	21.2	—	11.2	—	马尼托巴
双冠鸬鹚	22.2	86.0	63.9	140	休伦湖
红尾鹰	0.61	29.0	0.20	2.29	不列颠哥伦比亚
秃鹰	5.32	164.0	1.82	140	萨斯喀彻温
鱼鹰	0.87	22.0	2.40	19.4	安大略
	5.42	22.0	1.96	36.1	加拿大西北地区
隼	16.7	84.8	3.82	25.6	不列颠哥伦比亚
	0.84	—	0.63	—	新不伦瑞克
灰背隼	45.5	42.1	0.003	8.64	不列颠哥伦比亚
银鸥	22.8	131.0	91	565	安大略
加州鸥	4.76	20.5	0.74	1.65	安大略
环鸥	206.0	60.5	1 055	379	安大略
燕鸥	29.2	57.9	43.8	174	安大略
大角猫头鹰	0.285	23.8	0.09	3.08	萨斯喀彻温

资料来源：Peterle,1991。

蔬菜的不同组织部位对重金属的富集量也存在显著差异。研究发现土豆不同组织中 Cd 含量存在显著差异,与禾本科植物类似,即根>茎>叶>籽实;辣椒中不同部位的 Cd 含量为根>茎叶>果实,其中果实中的 Cd 含量仅为茎叶的 42%~51%;潮土和水稻土的盆栽实验发现,空心菜根和茎中 Pb 的平均含量分别是叶中的 3.86 倍和 2.02 倍,Cd 的平均含量分别是叶中的 3.58 倍和 4.73 倍。不同组织部位对重金属转运和区隔能力的差异是导致其富集能力不同的主要原因。植物对 Pb、Cd、As 等的富集能力一般为地下部位>地上部位,这是由于这些重金属在植物体内的转运能力相对较弱。重金属离子被根吸收后,一般通过必需元素的运输途径或者离子通道转运至其他部位,因而转运能力差的离子地上部积累就少。也有研究表明,Cd 平均含量为叶菜类>根茎类>茄果类,Pb、As 和 Hg 平均含量为根茎类>叶菜类>茄果类。可见,叶菜类和根茎类蔬菜污染相对较重,而茄果类蔬菜污染较小。叶菜类蔬菜对 Cu、Pb 和 Cd 三种元素的富集能力较强,而根茎类蔬菜易于富集 Cr、As 和 Hg。

对鲢鱼、草鱼、鲤鱼三种鱼的研究证明,在相同 Pb 浓度下,三种鱼各部位的积累规律一致,即鳃>内脏>骨骼>头>肌肉,如表 3-5。这是由于鳃是呼吸器官,始终与水接触,使大量 Pb 吸附在鳃耙、鳃丝上,因此含 Pb 量高。

F 作为一种生理所需的元素吸收进入人体后,可取代羟基磷酸钙中的羟基基团,转化为氟磷酸钙,对牙齿和骨骼钙化有很重要的作用。但当大量 F 进入细胞后,75%同血液中的血浆白蛋白结合,其余的 F 离子还可通过毛细血管进入其他各组织和器官。它们同 Ca 形成的大部分 CaF_2 积累在骨、牙齿的硬组织里,使骨质硬化,形成氟斑牙。有少量在软组织沉积,使骨膜,肌腱和韧带钙化。正常人体组织中的含 F 量见表3-6。

表 3-5 三种鱼不同器官富集差异 单位:mg·kg^{-1}

投放浓度/(mg·L^{-1})	鱼种	肌	头	骨	脏	鳃	卵
0	鲢	7.51	15.23	16.30	20.90	25.69	—
	草	6.57	16.46	15.99	19.19	27.28	—
	鲤	7.21	14.34	14.40	16.34	28.19	6.50
3	鲢	23.57	37.05	40.37	64.41	87.99	—
	草	21.35	33.07	47.12	54.64	72.50	—
	鲤	19.01	37.80	38.84	69.84	89.22	9.06

资料来源:引自王焕校,2000。

表 3-6 正常人体组织中的含 F 量 单位:mg·kg^{-1}

组织	含 F 量	组织	含 F 量
脑	1.8~4.3	骨肌	2.0~3.7
心	1.3~6.6	皮肤	5.0
肝	2.5~19	骨	100~1 600
脾	2.6~10.2	牙齿	240~560
肺	0.7~4.5	脂肪	3~4
肾	2.1~94	毛发	14~30
胰	2.8~8.2	指甲	52
甲状腺	0.6~5.4	血液	0.18~0.4
主动脉	165		

资料来源:引自丁一汇,1995。

植物吸收和积累污染物也表现类似的组织器官特异性。植物叶片的结构和性质,如叶的硬度、着生位置、角度、是否有分泌物、表面积大小、粗糙程度、单层或多层细胞等影响污染物的吸收。云杉、侧柏、油松、马尾松等枝叶能分泌油脂、黏液;杨梅、榆、朴、木槿、草莓等叶表面粗糙、表面积大;女贞、大叶黄杨等叶面硬挺,风吹不易抖动。这些叶片的特性都赋予了植物较强的吸附污染物和黏附尘埃的能力。而加拿大杨因为叶面较光滑、叶片下倾、叶柄细长、风吹易抖动,吸收和黏附污染物和尘埃的能力较弱。附生的苔藓植物因为叶片多为单层细胞,污染物就很容易进入植物体内。

气孔的结构和性质影响污染物进入植物的数量。如开闭状态、数量多少、着生位置等。数量少,气孔下陷的,污染物不易进入。气孔的开闭是很复杂的过程,不但与植物的特性有关,还与环境温度、湿度和光照等有关。污染物浓度也影响气孔的开闭状态。有研究表明,低浓度的

SO_2 就可伤害菜豆和蚕豆气孔附近的表皮细胞,结果使气孔张大。但当浓度升高到一定水平时,气孔边缘的细胞彻底瓦解,又导致气孔的关闭。

叶片具备上述特征越多的植物,对污染物的吸收就越少,抗性也强。例如夹竹桃,由于其叶厚、呈革质、表皮细胞壁、角质层也比较厚,栅栏组织多层,海绵组织不发达。气孔又深陷在气孔窝内,加上有表皮毛覆盖等,使其极耐大气污染。农田土壤中蔬菜根中 PAHs 的浓度显著高于茎叶组织中的浓度。与高环 PAHs(HMW-PAHs)相比,低环 PAHs(LMW-PAHs)更易被蔬菜根部吸收,表现出较高的生物有效性。值得注意的是,约有 70% 的蔬菜茎叶组织样品中所检测到的 PAHs 化合物(包括 BkF、BaP、DBA、BghiP 和 InP 中的几种或全部)在其根部组织中并未检测到,说明茎叶组织中这几种 PAHs 可能不是来源于其根部的吸收,很可能来源于土壤中 PAHs 的挥发或者悬浮在大气与茎叶表面的颗粒物质。

Pb 污染模拟实验的结果表明,水稻各器官 Pb 的积累量差别很大,含 Pb 量的大小次序为:根>叶>茎>谷壳>米。污灌时几种植物体内的含 F 量比较见表 3-7。但相对来说,水生维管束植物各器官积累污染物的差异没有陆生植物明显。特别是沉水植物狐尾藻,它的所有器官(根、茎、叶)都能吸收水中的污染物,都可称为吸收器官。以 0.005 mg/L 的 Cd 液培养后测定其含 Cd 量,以根含 Cd 量为 100%,则茎为 10.9%、叶是 41%。在桃树中,F 积累在桃的腹缝线两侧。

表 3-7　污灌时植物体内的含 F 量比较　　　　　　　　　　单位:mg·kg^{-1}

作物	根	叶	壳[1]	籽粒
水稻	133.3	16.3	6.5	4.0
大豆	68.6	19.0	16.9	13.4
玉米	38.3	17.1	14.3	6.5

资料来源:引自丁一汇,1995。

[1] 玉米特指玉米穗。

木本植物从根部吸收的 Cd 在各器官的分配不是按一般所谓的金字塔形分配(根>叶>干),而是根据各树种的生物学特性不同而有差异。如杀虫剂很少在种子积累,大豆中含有 10% 的土壤水平,大麦仅含有 1% 的土壤水平,但一些含油高的种子如花生却可浓缩土壤污染水平的 4~7 倍。通常情况下,根内 Zn、Cd、Ni 的浓度往往是茎叶中的 10 倍以上,但在超量积累植物中,因后者具有大的向上运输能力,茎叶中的浓度可以超过根。

即使是同一个器官,在不同的部位对污染物的积累量也有明显的差异。如用相同剂量的 HF 处理唐菖蒲,不同部位的叶含 F 量有差异。下位的叶含 F 量最高,达到 170 mg/kg,上位的最低,为 80.9 mg/kg。用 HF 同位素对水稻和黄瓜的熏气实验表明,F 在根部最低,其次是茎部,叶片最高。叶片中又以叶尖最高。桑叶积累也表现出类似的规律。第一叶位桑叶表面吸 F 变化幅度(9.13 μg/dm^2)明显大于第五叶位桑叶(4.24 μg/dm^2),这可能与它处于桑树顶端,较易受环境因素影响有关,而第五叶位桑叶由于上面叶片的阻挡作用,其吸附 F 变化量明显减少。而第二、三、四叶位的吸附 F 积累情况不存在显著性差异。

3. 生长期和年龄

生物在不同生长期接触污染物,体内积累量有明显差异。对水稻的研究表明,在水稻的不同生长期施 Pb,根对 Pb 的积累顺序为:拔节期>分蘖期>苗期>抽穗期>结实期。叶片和茎对 Pb 的积累量也以拔节期最高。谷壳和糙米的积累量则不同,都是以结实期积累量最高,其积累顺序为:结实期>苗期>拔节期>抽穗期>分蘖期。不同的生长期,禾本科植物叶片对 F 的吸收一般为:抽穗期>苗期>成熟期>灌浆期>开花期。禾谷类作物在抽穗扬花期最敏感。

小麦在不同发育阶段施投六六六(一种杀虫剂)的结果也证明这一点。以扬花期为界,在扬花期前施药,原粮残毒量未超标(0.5 mg/kg),扬花期后,特别是灌浆期施药,麦粒中六六六含量最高。这是因为该时期是代谢物质向穗部运转最旺盛的时期。上述例子说明,结实期接触污染物,禾谷类可食性部分积累污染物量最高。

不同生长期水稻植株体内的含 Sb(锑)量也是变化的,水稻同一器官在不同生长期含 Sb 量不同,随着生长天数增加和水稻生长期的变化,吸收累积的 Sb 量逐渐增加,其吸收累积系数随着生长期的变化逐渐增大。累积系数不同的原因,可能是不同生长期水稻的生理特性和生长特性不同,土壤理化性状的改变及环境气候条件的变化。

因为脂肪/身体重量的比值随年龄变化而变化,小的个体往往含有较多的脂肪,它们对污染物的积累也较多,对污染物的敏感性也比老的个体强。比如,幼小的蝙蝠对 DDT 的敏感度是老年的 1.5 倍。在整个生命周期来说,长寿物种往往积累高浓度的污染物。同株植物,不同叶龄的叶片反应也不同。对于 SO_2,尚未展开的幼叶抗性最强,刚展开的嫩叶最敏感,老叶不敏感。HF、PAN(过氧乙酰硝酸酯)则对尚未展开的嫩叶伤害较重。NO_2 主要伤害嫩的功能叶,O_3 对正在展开的叶不影响,但对嫩的功能叶和老叶片都有影响。

桑叶对 HF 有很强的抗性,它们吸收和积累 F 的能力也很强。因为发现老桑叶积累 F 的数量一般比嫩叶多,因此可以推测 F 在桑叶中的积累是一个逐渐增加的过程。在茶树中,茶叶嫩叶的 F 含量是 60 mg/kg,而老叶达到 800 mg/kg。山茶老叶的 F 含量可到 1 600 mg/kg,对 F 有惊人的积累。

4. 性别

对于动物来说,性别对积累的影响主要是因为与生殖、分泌等一系列生理、行为反应有关。如雌性可通过产蛋、产奶和生产幼儿等方式将体内的污染物排出体外,减少在体内的积累。

例如,喂养 40 mg/L 的 DDE 给母野鸭,经过 96 d 后,停止喂食 DDE,野鸭开始产蛋。在头一段时期,身体脂肪中的 DDE 积累量为 311~362 mg/kg,在蛋中是 714 mg/kg。11 个月后,身体负荷下降到 79 mg/kg,蛋中的含量也仅有 107 mg/kg。雌性在产蛋前提高进食量,往往增加了污染物的吸收和积累。但是产幼儿或产蛋的行为又可将部分污染物一同排出。雌长须鲸在生育下一代时,可将体内的有机氯传递给幼鲸,而雄鲸却没有这样的排毒机制。这样,老的雌鲸体内往往具有比老的雄鲸低的污染物浓度。在 Hg 污染环境中暴露一段时间后,雌性野鸭翼骨中的 Hg 浓度是雄性的近 10 倍。

雌雄体内与污染物结合物质的差异也影响了积累,如美洲拟鲽血浆蛋白对 Cu 和 Zn 的吸附。尽管雌雄个体都含有 170 kDa 的蛋白来吸附 Cu^{2+},但对于 Zn^{2+} 的吸附有差异。雌雄个体中有 95% 的 Zn^{2+} 被 76 kDa 的蛋白质吸附。在雄性个体中,余下 5% 的 Zn^{2+} 主要由一个 186 kDa 的蛋白质来吸附;而雌性个体中,可以吸附余下 5% 的 Zn^{2+} 的有 186 kDa、340~370 kDa 的蛋白质。

在鱼类及哺乳动物体内,有机氯化物含量存在着明显的季节波动,这与动物性别及繁殖活动有密切关系。如鳕鱼、鳗鱼、鲦鱼体内 DDT 含量,在产卵期间迅速下降,产卵结束后又有增加;在海豹分娩和哺乳期间,体内有机氯化物的积累较少。

5. 对污染物的吸收途径

吸收途径与接下来的运输、代谢转化和排出有很大的关系。因此吸收的途径不同,导致在体内积累的量和积累部位有差异。

植物中,当氟化物通过根部吸收时,在根部积累的量就多。有少量通过茎部运输后积累在叶组织内,特别是叶的尖端和边缘部分。植物体内含 F 量大小依次是根、叶、壳、果。如果通过叶片的气孔吸收 F,则其首先溶解在叶片组织的水溶液内,再被叶肉吸收,随叶的蒸腾作用运送并主要积累在叶的尖端和边缘,少量转移到其他组织和器官。因此,大气污染物 F 首先使叶中的含量增加几倍到几十倍。

对动物来说,由于口腔吸收污染物是动物特别是陆生动物的主要吸收途径,因此,动物的饮食习惯在某种程度上也影响了对污染物的积累。例如,经口腔摄入的含 F 微粒,或含 F 超标饲料和牧草,经放牧动物消化道吸收,进入血液循环,75%与血浆蛋白结合,积累在牙和骨骼中,也可分布于心脏、肺、脾和肾内。然而水生动物有不一样的现象,例如,黑头呆鱼经过食物吸收积累的 DDT 经过 60 d 后仅有少部分在体内残留,而从水中浓缩的 DDT 全部残留。在一定时间内,其从食物中积累 DDT 的浓度只是食物中 DDT 浓度的 1.2 倍,但从水中通过皮肤直接积累的 DDT 浓度达到 100 000 倍。

肉食动物与植食动物有很大差异。肉食动物中有的捕食活的个体,有的吃腐尸。植食动物中有的取食植物组织,有的吃碎屑。水生动物吃沉积物,淤泥等。比如摇蚊幼虫从沉积物,蚯蚓从土壤,毛虫、兔子从植物叶,老鼠从种子中获取食物,狼以捕获其他动物为食物等。由于污染物在不同的种类和器官中积累的量是有差异的,食性的不同也影响后一营养级生物对污染物的积累。研究不同种类的蝙蝠体内残留 DDT 的量与食性的关系发现,食虫种类的体内积累有较高的量,达到 46 mg/kg,而食草类则低得多,仅有 0.51 mg/kg,二者相差 100 倍。由于动物受污染物作用后,中毒效应导致它们逃避捕食者的能力降低,从捕食者角度来看,它们也将更容易捕食那些中毒的个体。这种关系增加了污染物随食物转移的机会。此外,污染物的气味也有影响,味道难闻影响了食物的味道,动物不取食,因此不容易被个体吸收和积累。

那些和食物伴随在一起的污染物的吸收与个体消化食物的速率有关。一方面,快速消化食物的个体将使得污染物从食物中快速释放出来。因此消化速率快,吸收速率也高。反过来,生物个体对污染物的吸收速率极低,污染物的吸收也低。但是在另一方面,如果污染物作用时间很长,机体有可能对污染物产生相应的抗性,使得污染物的毒性相对减弱,最终又会导致机体内积累高浓度的污染物。

二、污染物因素

1. 污染物种类和理化性质

污染物的种类不同,其相应的理化性质亦有很大差别,如污染物的价态、形态、结构形式、相对分子质量、溶解度、物理稳定性、化学稳定性、生物稳定性,以及在溶液中的扩散能力和在生物体内的迁移能力等。这些差异都影响污染物在生物体内的结合和转化效率,进而影响吸收和积累的量。污染物不同,积累分布的组织器官有差异,如 Hg、四氯化碳、Pb、二硝基苯酚、丙酮、氟化物、氰化物、三氯乙烯和 V(钒)在肾脏中积累,引起坏死性肾炎和阻塞性肾炎,而 P、As、Se、芳香烃和卤代烃等污染物在肝脏积累。不同污染物在同种生物体中同一器官的积累也不同。对于拟鳄龟(Chelydra serpentina),其脂肪中的 PCBs 残留量为 7 990 mg/kg,DDE 为 57.5 mg/kg,但狄氏剂(dieldrin)仅为 26.5 mg/kg。在天鹅的肝中,PCBs 积累量为 0.029 mg/kg,DDT-R 为 0.015 mg/kg。

化学稳定性高,脂溶性强,不容易被生物降解的污染物,生物吸收和积累的量就高。例如,氯化碳氢化合物特别是 DDT,在水中有很低的溶解度,仅为 0.02 mg/kg,而其脂溶性浓度可达 1.0×10^5 mg/kg,是前者的 500 万倍。因此,这类污染物与生物接触时,能迅速地被吸收,并贮存在脂肪中。加上这些物质能在环境及生物体内长时间保持稳定,很难被分解,也不易排出体外,极易在体内大量累积。又如 PCBs 具有很高的化学稳定性和热稳定性,极难溶于水,不易分解,但易溶于有机溶剂和脂肪,具有高的辛醇-水分配系数,能强烈地分配到沉积物的有机质和生物的脂肪中,因而极易被生物有机体所积累。相比较,高氯取代的 PCBs 异构体更不易被生物降解转化。但氯原子数<5 的 PCBs 可以被几种微生物氧化降解成无机物。PCBs 的生物降解过程开始也是最重要的一步是厌氧还原脱氯,氯的三种取代形式在一定条件下均可脱去。还原性脱氯反应主要取决于氯的取代形式而不是取代位置。

此外,氯代芳香化合物与芳烃类化合物相比,其生物降解性大大降低的主要原因是氯原子的引入引起本身结构改变。因为氯代芳香化合物的苯环上是一束电子环,微生物很难从环上取得电子。它的降解至关重要的一步在于脱氯,一般发生氧化脱氯和还原脱氯。因此,随着苯环上氯原子数的增加,其生物富集速率逐渐增加,富集量也因此而增大。

污染物的脂溶性、亲水性、酸碱基团的存在、pK_a 和分子大小都影响通过肠道的吸收。容易溶于水和部分溶于脂的是最好吸收的。因为水溶性使得污染物完全暴露在肠细胞表面,脂溶性又确保其经过被动扩散进入血液。既不溶于水也不溶于脂肪的很少被吸收,除非这些物质具有一些酸性或碱性基团,形成可溶性盐或离子对。酸性污染物(pK_a 在 3~6)一般在酸性的胃吸收。不溶或少溶于水但高度溶于脂的污染物吸收,在个体和种之间的差异大,也受到生物个体生理特性等的影响。

PAHs 苯环数与其生物可降解性明显呈负相关关系。高相对分子质量 PAHs 的生物降解一般均以共代谢方式开始。多氯代二苯并二噁英/多氯代二苯并呋喃(PCDDs/PCDFs)具有相对稳定的芳香环,在环境中具有稳定性、亲脂性、热稳定性,同时耐酸、碱、氧化剂和还原剂,且抵抗能力随分子中卤素含量增加而增强。因而,不管是在有氧条件还是在缺氧条件下,土壤和城市污泥中的 PCDDs/PCDFs 几乎不发生化学降解,生物代谢也很缓慢,主要是光解。它们可以在土壤中保留 15 个月以上,仅有 5% 的微生物菌种能降解 PCDDs/PCDFs。

由于 HF 易溶于水,F 易同细胞成分结合,积累在叶组织,除去很慢,植物恢复也慢。NO 和 SO_2 在水中溶解度小,溶解度符合亨利定律,即与其在环境中的分压有关。烟雾消失后,这些物质又会再释放到空气中,植物恢复快。NO_2 在细胞中形成亚硝酸盐或硝酸盐,可在细胞中积累,也可以还原态进入有机化合物中,或重新氧化形成磷酸键。

重金属或一些微量金属元素由于易和 N、S 等元素结合,形成一些生物大分子的活性中心,因而具有重要的生理学意义。但如果进入机体的数量太大,将对机体产生毒害作用。由于重金属在环境中不会被降解,只会发生形态和价态变化。在土壤环境中,其迁移能力也很差,可在环境中长期存在。此外,环境中的某些重金属可在微生物的作用下转化为毒性更强的重金属化合物,如 Hg 的甲基化作用。鉴于以上这些特性的影响,重金属的吸收和积累受影响因素不同。环境条件导致重金属一种形态向另一种形态的变化,影响了其生物有效性,也影响吸收途径。溶解在水环境中的重金属离子态是主要的生物有效态形式。比如溶解的 Cu、Cd 和 Zn,其离子态或可挥发态与生物积累和毒性有很高的相关性。对于其他化学形式的金属,特别是有机螯合形式,其生物有效性并不是很好理解。如果周围有有机配体存在,可提高 Cd 对贻贝的生物有效性。在鱼中,Cd 与各种非亲水基团如黄原酸盐,二乙基二硫代氨基甲酸酯和二硫代磷酸盐结合增加了金属的疏水性和穿透脂膜的能力,从而提高了 Cd 的生物有效性。来自哺乳动物的研究表明,自然界中结合金属的有机物,如 L-氨基酸、柠檬酸、葡萄糖酸盐、草酸盐,人工合成的金属螯合物,如 EDTA 或硝基乙酸盐的存在都可增加肠对 Cu、Zn 的吸收。在溶液中,污染物可给态(可溶性)数量的多少直接影响植物的吸收和积累。在施 Pb 后,土壤中可溶性 Pb 的含量与施 Pb 量呈正相关,盆栽水稻根吸收和积累的 Pb 量与可溶性 Pb 量显著相关,相关系数 r 基本在 0.9 以上。

2. 污染物的存在状态

存在于气溶胶、食物、沉积物或其他固相物质中的污染物的吸收和积累有差异。有数据表明,在气溶胶中的金属和类金属的生物有效性不仅与其化学形式有关,也受颗粒大小和颗粒内其他元素的影响。比如,As 倾向浓缩在煤灰的外层,因此有效性高。机动车排出的 Pb 卤化物被吸入肺中溶解后将比灰尘中的 $PbSO_4$ 更容易吸收。小颗粒物可进入肺深部,比存在于大颗粒中的更有效。对人类来说,大颗粒物可被鼻毛等清除,$5\sim10~\mu m$ 的颗粒仅能到达咽部,而 $1~\mu m$ 或更小的颗粒物可进入支气管末端和肺泡,具有更大的有效性。

大气的污染物种类繁多,其中危害植物最常见的种类有硫氧化物、氟化物、臭氧、PAN、氯气、乙烯、氮氧化物、硫化氢、氨、磷化氢、三氯化磷及粉尘等二十余种物质。对一般植物,这些毒物可根据其毒性强弱差异分为三个级别:一级是那些毒性极强,可以在很低浓度(10^{-9})下就对植物有危害作用的物质,如氟化物、氯气、乙烯、PAN 等。二级则是指那些毒性中等,在 $10^{-9}\sim10^{-6}$ 级产生危害的种类,如硫氧化物、氮氧化物等。三级是毒性相对较弱的物质,要在很高浓度下或经长时间的暴露才造成毒害,如甲醛、氨、CO 等。植物对这些污染物的吸收有不同的特点。如氟化物是一种积累性的大气污染物,主要通过叶片气孔或茎部皮孔进入植物体。而 SO_2 首先通过气孔进入叶片后,被叶肉吸收,高浓度的 SO_2 可导致植物气孔张开和关闭的机能瘫痪。光化学烟雾的主要成分之一 O_3,进入气孔损害叶片的栅栏组织。

在食物中,污染物的有效性是许多因素的综合作用。食物颗粒的大小和污染物的化学形式影响较大。双壳类软体动物的鳃、触须、肠道和消化支囊上具有复杂的食物颗粒分类机制,因此颗粒大小影响了接下来食物参与的消化过程,进而影响吸收。小颗粒物如铁氧化物和糖酸铁在牡蛎的鳃中可吸收进入吞噬细胞中。而大颗粒物要在胃肠道内经过复杂的消化过程后才能吸收。食物中存在的甘油三酸酯可增强脂溶性污染物的吸收,因此那些具有甘油三酸酯溶解性,相对分子质量相对小(<600),氯代程度低,分子体积小于 $0.25~nm^3$ 的物质更倾向于被吸收。

脂溶性污染物和其他胃消化的物质,在肠内以食糜存在。经过胰脂肪酶和胆汁的进一步消化、乳化等作用,形成更小的微团,这些微团通常由甘油三酸酯和脂肪酸等组成。微粒的组成影响污染物的水溶性。微粒中有长链单一不饱和脂肪酸及其乙酰甘油化合物可增加 PAHs 如 7,12-二甲基苯并蒽(7,12-dimethylbenzanthracene)和 3-甲基胆蒽(3-methylcholanthrene)的溶解,而多不饱和化合物增加了 PCBs 的溶解性,一般来说长链有利于增加污染物的水溶性。

亲脂性污染物吸收进入细胞内与脂肪代谢物输送有关。亲脂性污染物一旦进入哺乳动物和鱼类细胞,可在光滑型内质网形成甘油三酸酯,经粗糙型内质网进一步处理和高尔基体包装,释放进入血液。显微荧光和放射示踪技术研究表明,Bap 在鳟鱼中污染物和食物中的脂肪代谢物进行这样的细胞内液泡共处理(Malins DC,1994)。

3. 污染物浓度和暴露时间

污染物的浓度越高,作用时间越长,生物体内污染物积累量也越多。有研究表明,在距离砖瓦厂 100 m 的地方,大气中的 HF 浓度和叶片中的浓度为 147 μg/L 和 91.9 mg/L。距离 1 000 m 处,分别为 35.5 μg/L 和 50.4 mg/L。人工熏气实验表明,叶片中的含 F 量与浓度和暴露时间有关。暴露浓度为 260 μg/L,熏气 2 h,桑叶含 F 量就超过 200 mg/L,浓缩系数为 823。如果用 30 μg/L 处理 72 h,叶含 F 量达到 376 mg/L,浓缩系数达到 12 533,即使用 1.5 μg/L 处理 213 h,含量也能达 273 mg/L。在污染源不同距离,污染物浓度不同,达乌尔黄鼠(*Spermophilus dauricus*)腿骨中的 F 积累递减(表 3-8)。

表 3-8　F 污染同达乌尔黄鼠的关系

离污染源距离/km	F 积累量/(mg·kg⁻¹)		
	土壤	牧草	腿骨
5	9.4±0.6	105.8±14.1	2 108±176
11	4.1±0.2	92.0±12.7	1 711±226
18	3.9±0.1	77.4±9.1	1 122±176

资料来源:引自丁一汇,1995。

暴露时间同植物受危害的程度可由剂量 D 来描述。$D = kct$, k 为系数, c 为污染物浓度 (10^{-6}), t 为时间(h)。可见,在其他条件不变的情况下,暴露时间越长,毒害作用越明显。

4. 污染物的相互作用

在现实环境中常常是多种污染物共同作用于生物体,因此生物吸收和积累量的增加或减少与污染物间的相互作用方式有关。这些方式一般可分为 4 种类型:相加作用,指多种化学物质的联合作用所产生的毒性为各单个物质产生毒性的总和;协同作用,指联合作用的毒性,大于各单个物质毒性的总和;颉颃作用,指当两种或以上的化学物质同时作用于生物体,每一种化学物质对生物体作用的毒性反而减弱,联合作用的毒性小于单个化学物质毒性的总和;独立作用,指各单一化学物质对机体作用的途径、方式及其机理均不相同,联合作用于某机体时,在机体内的作用互不影响。但常出现在一种有毒物质作用后机体的抵抗力下降,而使另一种毒物再作用时毒性明显增强的现象。

在野鸭的前胃放置 Pb 颗粒和 Pb/Fe 颗粒进行的毒性实验表明,单独放置 Pb 颗粒的个体,其血、肾和肝中的 Pb 水平都比混合放置 Pb/Fe 颗粒提高了 2 倍。在雌性个体的肾、肝中的水平更高,差异也更高。说明 Fe 对 Pb 的积累有颉颃作用。又有实验表明,用 12 mg/kg 的 DDT 和 0.3 mg/kg 的艾氏剂(aldrin)复合或单独处理狗,体内积累的量是不同的。用 DDT 单独处理时,雄狗中的 DDT 含量是 204~210 mg/kg;如果用两个污染物同时处理,DDT 含量是 288~1 019 mg/kg。同等处理条件下,雌狗是 260~277 mg/kg,两个都处理时是 247~642 mg·kg⁻¹。

如用相同剂量 HF 处理唐菖蒲,不同部位的叶含 F 量有差异,且含 F 量与叶片内的 Ca 含量有明显的相关性,表 3-9 表明 Ca 的积累与植物 F 有较好的正相关,两者作用是相加的。茶树吸收 F、Fe、Mn 呈显著正相关。

表 3-9 Ca 的积累同植物 F 的相关性

叶位	F 含量/(mg·kg^{-1})	钙含量/%
1 下	170	1.08
2	153.4	0.70
3	121.4	0.42
4 上	80.9	0.35

资料来源:引自丁一汇,1995。

此外,在土壤中添加硫肥和氮肥,也能造成不同植物茎叶中重金属水平的不同(表 3-10)。

表 3-10 硫肥和氮肥形态对不同植物茎叶中重金属水平的影响 单位:mg·kg^{-1}

处理		土壤 pH	遏蓝菜(*Thlaspi arvense* L.)			莴苣(*Lactuca sativa* L.)		
S	N		Cd	Zn	Pb	Cd	Zn	Pb
0	NH$_4^+$	7.4	9.6	1 360	0.5	5.3	58	0.8
0	NO$_3^-$	7.5	9.4	1 260	4.6	4.5	64	0.8
+S	NH$_4^+$	6.7	11.7	3 100	1.9	7.8	86	2.1
+S	NO$_3^-$	6.8	8.0	2 060	1.5	7.5	77	1.7

资料来源:引自王庆仁,2001。

Zn 能颉颃风眼莲对 Cd 的吸收。未加 Zn 时,1.0 和 5.0 mg/L Cd 处理 30 d,风眼莲含 Cd 量分别为 459.5 mg/kg 和 1 760.5 mg/kg;当加入 1.0 mg/L Zn 后,风眼莲的含 Cd 量分别下降为 209.1 mg/kg 和 191.1 mg/kg。但是,当 Cd 浓度超过 5 mg/L 后再加 Zn,Zn 又能促进植物对 Cd 的吸收。例如,10 mg/L Cd 单独处理 30 d,风眼莲的含 Cd 量为 2 070.1 mg/kg,当加入 1.0 mg/L Zn 后,Cd 的含量上升至 5 540.5 mg/kg。反过来 Cd 也能抑制植物对 Zn 的吸收。对蚕豆的研究表明,单独 Cd 处理,蚕豆根中含 Zn 量明显下降,二者呈明显的负相关($r=-0.97$),颉颃作用明显。在 Zn 的任何组合中,只要再加入 Cd,都能降低根中含 Zn 量。对水稻的研究结果表明,在 Zn、Cd 共存时,植株中的 Zn 减少而 Cd 含量明显增加;缺 Zn 时 Cd 的吸收量增加,但缺 Zn 加施 Cd 则使植株中的 Zn 含量提高。

烟草对 Pb 和 Cd 的吸收也受其他元素的影响。在相同 Pb 浓度处理下,随土壤中含 Zn 量增加,烟草吸收 Pb 总量降低,具体表现在烟草根中 Pb 的积累量及所占比率明显降低,而茎叶中 Pb 含量的比率增加。

此外,人工螯合剂如 EDTA、DTPA、CDTA、EGTA 和柠檬酸等能促进印度芥菜(*Brassica juncea*)对 Cd 和 Pb 的吸收。10 mmol/kg 的 EDTA 处理使植株地上部分 Cd 含量提高 10 倍,达到 2 800 mg/kg,Pb 含量达到 15 000 mg/kg。但在水培实验,EDTA、DTPA 抑制了天蓝遏蓝菜(*Thlaspi caerulescens*)对 Zn 的吸收。添加 EDTA 促进玉米、豌豆对 Pb 的吸收,地上部分的含量从小于 500 mg/kg 增加到 10 000 mg/kg。EDTA 促进玉米的蒸腾作用,促进运输。铵盐可以提高土壤^{137}Cs 对植物反枝苋（*Amaranthus retroflexus* L.）的有效性。

 资料框 3-2

食物中的矿质元素与 Cd 相互作用进而影响其吸收

Cd：作为人体非必需元素是毒性最强的重金属元素之一。土壤中的 Cd 通过植物根系吸收和体内转运最终在植物可食部分积累。由于 Cd 在人体内的半衰期通常可达 20~40 年，人若长期摄入含 Cd 食物，会使 Cd 在体内积累进而造成健康危害。评估土壤 Cd 通过食物链最终对人体产生的健康危害是一个极为复杂的课题。人们发现食物中的 Cd 能否在人体内积累除了与食物中 Cd 的生物可给性（bioaccessibility）有关外，饮食的矿物质构成可能是决定食物 Cd 对人类毒性危险的重要因素。在 Cd 摄入量相同的情况下，以 Fe、Zn、Ca 含量较低的稻米为主食的人群比膳食营养丰富的人对 Cd 毒性更加易感。许多动物实验表明，被喂食高矿物质食物的动物对 Cd 的吸收减少，反之则增多。

Zn：只要作物中的 Cd/Zn < 0.01，食用该种作物的大多数家畜和野生动物组织中的 Cd 含量就不会增高，即使实际上该作物的 Cd 含量已经增高。作物中的 Zn 对 Cd 在动物体内甚至于肝、肾组织的吸收和积累具有抑制作用。许多进食实验证明，膳食中的 Zn 会抑制 Cd 的吸收。

Fe：人与动物的缺 Fe 状态会增加 Cd 的吸收，即使是中等程度的缺 Fe 也足以影响 Cd 的吸收。有人以 25 μg 放射性同位素 Cd 对人体进行示踪研究发现，血清储铁蛋白<29 μg/L 的个体对 Cd 的吸收比 Fe 储存量充足的个体高 4 倍。通常来说，妇女体内贮存的 Fe 较低进而增加了对 Cd 的吸收性。Cd 浓度随着储铁蛋白的降低而升高，很可能与 Cd、Fe 之间存在着一种共同的吸收机制有关。

Ca：摄入 Ca 含量低下的饮食会增加胃肠道对 Cd 的吸收和积累，进而使 Cd 的毒性作用增强。Ca 和 Cd 的交互作用可发生在不同的代谢阶段（包括吸收、分布与排泄）。一些研究表明，Ca 从小肠内膜吸收由低相对分子质量的 Ca 结合蛋白（CaBP）完成。这种 Ca 结合蛋白不仅对 Ca 的吸收起着极为重要的作用，还能与 Cd 结合对 Cd 的吸收发挥重要作用。Cd 对 CaBP 的亲和力与 Ca 相同，当 Ca 的摄入减少时，CaBP 的合成加强，使 Cd 的吸收增多；而且由于 Ca 和 Cd 的竞争性抑制使 Cd 在 Ca 减少的情况下更易于与 CaBP 结合而吸收入血。低浓度的 Cd（0.025~0.05 mmol/L CdCl$_2$）可通过竞争性抑制而取代 Ca 在小肠中的转运位点，而高浓度的 Cd（0.5~1 mmol/L CdCl$_2$）则可通过非竞争性机制抑制 Ca 的吸收。

进一步的研究结果表明饮食中 Ca、Zn、Fe 的临界营养状态对 Cd 的吸收及其在组织内的积累具有重要意义。Ca 和 Fe 的临界缺乏对提高 Cd 的吸收积累有协同作用。如果再伴有 Ca 的临界缺乏，情况会变得更加严重。因而，在摄入含 Cd 量相同的饮食情况下，摄入临界矿物质的人群要比膳食营养丰富的人群更易受到 Cd 的危害。

三、环境因素

环境因素包括温度、湿度、光照及污染物存在的环境介质等，前者往往通过影响生物的生长发育直接影响生物的积累，而环境介质主要通过影响污染物的化学性质产生间接的影响。

1. 温度、湿度和光照

温度影响生物的重要生理代谢活动,进而影响毒物在体内的转化、吸收、排出、积累。一般来说,在一定范围内,温度高则导致污染物的积累量高,但水生生物种类在低温时,组织可积累更多的污染物,滞留的时间也长。低营养级的个体暴露在低温下,污染物毒害更大。也有的污染物积累并不受温度的影响,如淡水蛤对甲基汞的吸收和排出都不受温度的明显影响。因此温度的效应较复杂。例如,当水温从 10℃ 提高到 25℃ 时,海洋软体动物贻贝体内的 Zn^{2+} 积累量确实也随温度的增加而增加。但水温在 15～25℃ 之间多次变换时,Zn 的积累量比一直维持在 25℃ 的处理高。这种结果的原因与机体内不同 Zn 之间的分配有关系。在体内,自由 Zn^{2+} 同配体 L 间有一平衡: $Zn^{2+} + L^{2-} \rightleftharpoons ZnL$。当水温提高时,平衡使得 Zn 以自由态存在,更容易被细胞内的颗粒物(granule)吸收进入。由于这些颗粒物具有和 Zn 结合的物质如蛋白质,这种结合能力强,较难再释放 Zn^{2+} 出来。因此,当温度降低时,从体外进入的 Zn 又重新和配体(L)建立平衡。随着温度提高和循环降低,Zn 不断从体外进入体内,而积累在颗粒物内。

由于溶解于水中的污染物比在大气中的扩散速率快,加上很多物质都要溶解在水中才能被吸收。因此当湿度大时,植物对污染物的吸收往往也增加,积累的量也大。

气态污染物主要通过气孔进入植物体,凡是能影响光合作用的因素均能影响气态污染物在植物体内的积累。光照因为影响了气孔的关闭状态,因此也影响植物对污染物的吸收,一般来说,夜晚比白天难吸收。季节不同,上述几个因素都发生相应的变化,影响到生物积累。EDCs 的生物富集表现出一定的季节特征,如对羟基苯甲酸甲酯、三氯生和双酚 A 在广东鲂脊肉中浓度表现为雨季高于旱季。

2. 环境介质

水是大多数物质的溶剂,水化学修饰了化合物的种类,影响生物有效性。水的性质如硬度、pH 等都能显著影响污染物的吸收和积累。

环境条件,如 pH、盐度、温度、溶解有机质等因素的变化可以调节微塑料与污染物间的相互作用,使微塑料的吸附作用也存在很大差异。较低的 pH 和较高的温度可提高污染物从微塑料表面的脱附作用。此外,盐度影响微塑料的凝聚或聚集状态,从而改变总体尺寸和表面积等性质。以腐殖酸溶解有机质,其含量的增加减少了聚乙烯碎片对 4-甲基苄亚基樟脑、17α-乙炔雌二醇和三氯生的吸附。这些因素可能会导致在淡水和海水中污染物吸附在微塑料上存在差异,并且也导致有机体内吸附和解吸的差异。

水的硬度升高,降低了金属的生物有效性,因为阳离子与金属竞争细胞表面的结合位点。生物表面水膜因为细胞分泌一些物质如 NH_4^+、NH_3、HCO_3^-、CO_2 等而发生改变,这种改变也可影响金属的生物有效性。水体含盐量增加,促使沉积物中的重金属部分地释放出来,尤其是结合在颗粒表面离子交换位点上的重金属。其中 Hg、Cd、Ni、Pb、Zn 的释放较显著;Cr、Fe、Mn 基本不被释放;Cd 的释放量高达 90% 以上。在缺乏磷酸盐的水体里,砷酸盐会通过正常的磷酸盐同化途径进入虫黄藻(Zooxanthella),进一步通过这些共生藻的生物化学作用进入蛤体内。

金属阳离子和其他阳离子竞争可溶态的配体,阴离子能与金属形成复合物质的分子。配体包括有机和无机种类。自然有机配体有大量的官能团,主要是羧基和羟基基团。无机种类如 Cl^-、CO_3^{2-}、HCO_3^-、F^-、OH^-、$Si(OH)_4$、SO_4^{2-}、$B(OH)_4^-$ 等。在无氧水体中,HS^-、S^{2-} 等也是重要的配体。H_2O 本身也是重要的配体,能在阳离子周围形成水化层,影响其通过膜上蛋白孔道。由于自由金属离子浓度与生物有效性和毒性相关。因此自由离子是溶解态金属的最有效形式。然而并不总是这样,如ⅡB族的金属化合物$HgCl_2$相对Hg^{2+}极其亲水,加上海水系统中有大量的氯化合物存在,使得前者的生物有效性更高。鱼体内积累的甲基汞多少和湖底有机质含量有关,湖底有机质含量越高,则湖底甲基汞占总Hg量越高,而鱼体含Hg量越低。例如,含有机质50%的底泥中Hg含量很高,水中甲基汞含量低,因此鱼体中含Hg量很低。

大部分情况下,可溶性有机物(dissolved organic matter,DOM)会降低有机污染物生物有效性,但在低浓度情况下(低于10 mg/L),DOM可能增强了有机污染物的生物有效性。比如,在水培玉米幼苗的暴露实验中,低浓度DOM(小于2 mg/L)有助于芴与菲在根表的吸附,但DOM浓度继续增大时则抑制这一过程。此外,低浓度DOM也能明显促进小麦对菲的吸收和富集,使得其根部浓缩系数高达37.63,并能促进根部吸收的菲向地上部转运。由于DOM含有大量的配体,通过配位作用,一定浓度的DOM能够促进重金属、农药、PAHs在土壤中的溶解和移动。

pH影响较大。水的pH影响$NH_3+H^+\rightleftharpoons NH_4^+$, $H^++CN^-\rightleftharpoons HCN$平衡。而$NH_3$或HCN较容易通过细胞膜。因此pH影响了生物对这些物质的吸收和积累。在低pH下,虹鳟暴露在Al环境中,由于呼出CO_2和NH_3,导致支气管中的pH升高时,Al的溶解性减少,沉积在鳃表面。随水体pH升高,Cd、Zn趋于稳定;在低pH时,沉积物中生物可给态的水溶液和可交换态Cd、Zn的浓度有明显增加。不同的是还原态Cd含量相对减少,且不受pH变化的影响。在酸性氧化条件下,Cd的释放量远高于其他重金属的释放量。研究还指出,天然水体中胶体水合氧化物的吸附、共沉淀是控制沉积物中Pb、Zn释放的主要机制;而硫化物、有机物和碳酸盐结合态则是控制Hg、Cd释放的重要机制。在低pH氧化性水体中,这些组分结合的金属都易被释放,因此也直接影响植物对金属的吸收。

此外,水的pH和盐对污染物吸收过程的综合效应可以通过以下例子来说明。对于Hg和Cd,中性的$HgCl_2$和$CdCl_2$穿过人工脂双层膜的扩散超过离子态的Hg^{2+}和Cd^{2+}。但是一些经验性的观察表明活体吸收Cd^{2+}比$CdCl_2$多,这种结果有生态暗示。Hg在pH为6的海水和淡水中都是氯化物占优势,但Cd在海水中多,进入淡水后,盐浓度减少,氯化物的形式也减少了。因此,Cl^-的差异对Hg的化合物种类影响少于Cd。金属吸收位点的微环境也有重要的影响。

土壤环境对植物的积累作用大多是通过水分及pH的影响来实现的。土壤水分过多,污染物以还原态为主,活性受到抑制,积累量减少。土壤水分过少,污染物的可给态数量少,积累量亦因此而减少。土壤pH低,有利于污染物的活化,积累量增加。土壤中绝大多数重金属都以难溶态存在,因此它的可溶性受pH控制。pH降低可导致碳酸盐和氢氧化物结合态的重金属溶解、释放;同时也趋于增加吸附态重金属的释放。在土水系统中,随pH的升高,土壤对Cd的吸附率增大;在较低的pH下,土壤对Cd^{2+}的吸附率均较小,也就是说溶液中存在较多的游离态Cd,易被生物吸收。将不同pH下土壤吸附的Cd^{2+}用0.1 mol/L $CaCl_2$进行解吸,结果表明pH<6时,吸附态Cd的解吸率随pH升高而增大;当pH>6时,解吸速率则迅速减小,即生物有效态Cd含量减少。土壤pH也能影响植物对农药的吸收。如除草剂2,4-二氯苯氧乙酸(2,4-D)在pH为3~4的条件下,能分解为有机阳离子,而在pH为6~7的条件下分解为有机阴离子。前者为带负电荷的土壤胶体所吸附,后者仅为带正电荷的土壤胶体所吸附。

土壤中其他物质如有机质和矿质元素的大量存在,会极大地降低植物积累重金属的数量。土壤中有机质含量越多,提供了更多的能沉淀、络合污染物的基团,从而对污染物吸附能力越强,根系吸毒量就越少。腐殖质与 Pb 等重金属结合,主要是因为腐殖酸含有活性基团(如羟基、羧基、甲氧基、醌基)。这些活性基团具有亲水性、阳离子交换性,并具有较强的配位能力和较高的吸附性能,能与重金属形成重金属-腐殖酸螯合物。此外,腐殖质氧化态的形式可以结合来自电子供体的电子,转化为还原态的羟醌,又可以将电子转移给金属离子使之还原,还原态的腐殖质即重新转化为氧化态。这样重复循环形成对金属离子持续的还原转化。不仅如此,对于环境中的其他重要污染物,如多卤取代化合物、硝基取代芳香族化合物、放射性核素等都具有很好的降解和转化促进作用。在众多的重金属离子中有相当一部分极难溶于水,腐殖质作为氧化还原中间体促进了其由难溶的氧化态形式向相对易溶的还原态形式的转化,从而加速了其生物修复的进程。低浓度的腐殖质同样可以作为氧化还原中间体从起始端的电子供体将电子转移到易被还原转化的污染物。而且,还原态的腐殖质自身同样可以作为电子供体提供电子给氧化态的电子受体,使其得到微生物还原,如硝酸盐、延胡索酸盐、氯酸盐等。

不同类型的土壤,对不同种类的有机和无机污染物具有不同的降解、吸附和淋溶作用,并因此而影响土壤生物对污染物的生物积累。不同类型的金属离子,被土壤吸附的数量、强弱是不同的。黏土矿物、蒙脱石和高岭石对金属离子吸附都有差异。金属离子被土壤胶体吸附是它们从液相转入固相的重要途径之一。金属元素若被吸附在黏土矿物表面交换点上,则较易被交换,如被吸附在晶格中,则很难被释放。例如,增加土壤有机质含量,提高土壤对阳离子的固定率,就能减少植物对 Cd 等重金属的吸收。如加马粪的土壤固定率为 92.2%,不加的仅为 86.2%。在含 Cd 量 50 mg/kg 的土壤中加入约为土重 5% 的马粪,头茬种小米,第二茬种冬小麦。加马粪的小米含 Cd 量为 0.16 mg/kg,冬小麦籽粒为 5.1 mg/kg;不加马粪的小米为 0.75 mg/kg,冬小麦籽粒为 5.3 mg/kg。

底栖动物重金属积累主要取决于重金属的生物可利用性,而不是其总量。1990 年首次报道酸挥发性硫化物(acid volatile sulfide,AVS)对 Cd 的生物有效性具有强烈影响。此后 AVS 逐渐成为沉积物重金属生物有效性的研究热点。AVS 及同步提取金属(simultaneous extracted metals,SEM)的相对值(SEM-AVS 或 SEM/AVS)可作为表征沉积物重金属生物有效性的重要判据。美国环境保护局也将其作为制定沉积物质量标准的依据之一。大部分实验结果显示,当 SEM/AVS<1 时,底栖动物体内重金属积累浓度较低。当然,其他结合相(如有机碳、铁锰氧化物等)的作用仍旧不能忽视。比如,对珠江三角洲一条典型城市污染河流中 11 个采样站位沉积物、上覆水和底栖动物样本进行了分析,结果表明,当 SEM 大于 AVS 时,大部分站位水丝蚓体内重金属较高,但当 SEM 小于 AVS 时,水丝蚓体内重金属含量也不低,实验发现有机碳(OC)也是重金属生物积累的重要影响因子,将其作为 SEM/AVS 判据的一部分,有利于提高预测效果。

氧条件极大地影响微生物对氯酚类化合物的分解。好氧条件下,一些氯代程度较低的氯酚较易生物降解,而氯代程度较高的氯酚如五氯酚往往难以生物降解。只有当苯环断裂成代谢中间产物、有机氯矿化为无机氯离子时,氯酚生物降解才可被认为是完全的。一般认为分子内相邻两个碳原子间的直接脱 HCl 或 Cl—Cl 而形成双键的反应只能发生在链烃类化合物上而不可能发生在芳香环上,因芳香环上的 C—Cl 键是化学惰性的,对亲核取代反应具有极强抗性。其脱氯作用通常只有在伴随其他系列反应,削弱了 C—Cl 键以后才能进行。氯酚好氧生物降解中的脱氯作用分为芳香环断裂前的脱氯和芳香环断裂后的脱氯两类(图 3-8)。

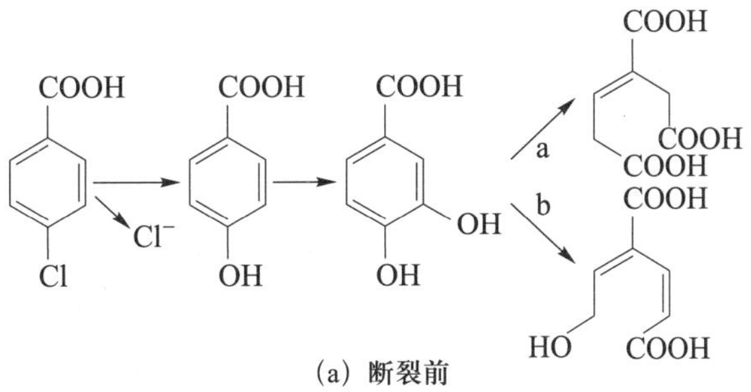

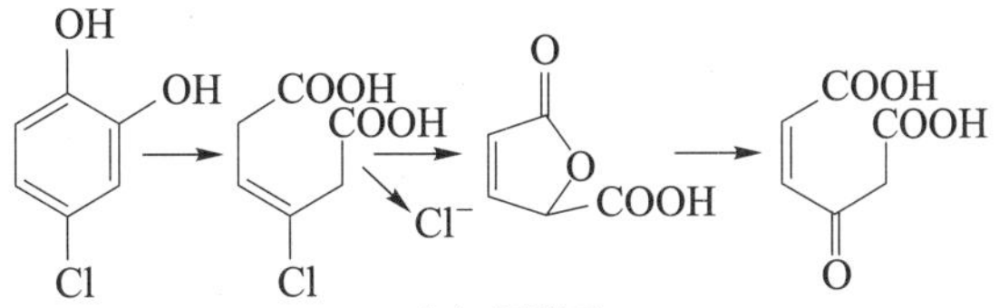

（a）断裂前

（b）断裂后

图 3-8　氯酚好氧生物降解

（资料来源：刘兴平，2008）

然而，在厌氧或缺氧条件下，氯酚的脱氯是一个还原过程。化合物得到电子的同时去掉一个氯取代基并且释放出一个 Cl^-。由于氯取代基阻止了氯酚的苯环断裂和环断裂后的脱氯，许多氯酚特别是多氯酚在环境中几乎是不可降解的，而许多氯酚在厌氧环境中则易于还原脱氯，形成氯代程度较低、毒性较小、更易被好氧微生物氧化代谢的部分脱氯产物；在一些特定的环境中，多氯酚也可以直接矿化为 CO_2 或 CH_4 及 HCl。在厌氧颗粒污泥膨胀床（EGSB）中，五氯酚主要通过邻位脱氯产生 2,3,4,5-四氯酚，再脱氯产生 2,3,5-三氯酚，部分五氯酚首先间位脱氯产生 2,3,4,6-四氯酚。还原脱氯几乎是所有氯酚化合物厌氧生物降解的第一步，各种氯酚均可被相应的微生物菌群还原脱氯。但厌氧条件下的脱氯反应时间一般都比较长。完全厌氧过程尽管能有效降解低初始浓度的五氯酚（PCP），但在高初始浓度下由于厌氧微生物本身缺乏吸收、同化代谢产物单氯酚（MCP）和二氯酚（DCP）的能力，而导致了有毒代谢产物的积累，阻碍了其完全降解；在有限供氧条件下，通过厌氧颗粒中的厌氧菌群与好氧或兼性菌的协同作用，借助于好氧或兼性菌消除五氯酚厌氧过程中产生的抑制性低氯酚等中间产物，从而使氯酚较完全降解。

3. 根际环境

根际环境对植物吸收和积累污染物有重要的影响。主要与 3 个因素有关：一是植物生长过程中根系产生的分泌物导致的根际微环境的改变；二是根际环境中大量的微生物生理活性导致的根际微环境改变；三是同植物根形成共生关系的菌根微生物也影响了吸收。

根分泌物中大量的有机酸和酚类等物质可以与重金属形成配合物，有利于植物吸收。当介质中的柠檬酸浓度从 1.2 mg/kg 增加到 240 mg/kg 时，南方油白菜对 U 的吸收从低于 5 mg/kg 增加到 5 000 mg/kg。

在中性或碱性土壤中，重金属倾向于沉淀被固定在矿物表面，但由于微生物的代谢活性，产酸使 pH 下降，产生重金属螯合物，导致重金属溶解，被微生物细胞吸附或吸收。微生物代谢作用产生低分子量的有机酸，如甲酸、乙酸、丙酸、丁酸，真菌产生不挥发酸如柠檬酸、苹果酸、延胡索酸、琥珀酸和乳酸，还分泌氨基酸等其他代谢产物溶解重金属。微生物对重金属的氧化还原改变价态,影响植物的吸收。根际微生物可促进印度芥菜根系对 Se 的积累和挥发,因为添加氨苄青霉素可以使其积累和挥发 Se 减少 70% 和 35%。

在使用污泥的土壤中,菌根促进植物的生长,增加根瘤数和重量,提高植物体内 Zn、Mn、Cu、Ni、Cd、Pb、Co 的含量。接种摩西球囊霉(Glomus spp.)的燕麦,根中 Zn、Cd、Ni 浓度增加。当在土壤中加 1 mg/kg、10 mg/kg、100 mg/kg 的 Cd 时,菌根化苗吸收 Cd 的量比非菌根化苗多90%、127%、131%。

四、农艺耕作措施

调控植物积累富集能力的农艺耕作措施包括:施肥、育种(苗)、土壤管理、水分管理、去顶处理、育种育苗、翻耕、刈割、间套作等栽培措施及其他一些现代化技术。农艺耕作措施如灌水、去顶等往往通过影响生物的生长发育量和吸收率,而间接影响生物的污染物积累量。

植物对污染物的吸收累积易受到土壤类型、pH、湿度、温度、营养、污染程度、病虫害等因素的影响,还由于与当地植物可能存在竞争及修复后期资源化处理有隐患等问题,限制了其应用范围。然而,通过不同农艺耕作措施以提高植物体内重金属含量(不致植物死亡)和增加植物生物量这 2 种方法可以适当改善上述问题,这为重金属污染土壤植物修复技术提供了进一步的技术支持。农艺耕作措施是针对生产人类有用的动植物和在不同程度上配制供人类使用的产品及其处置的科学技艺而采取的处理办法,就是利用栽培技术进行的农艺生产研究的一种形式。

蔬菜作物对重金属的积累能力因种类、品种、部位而异,受基因型、土壤理化性质和外界环境条件的制约,因此调整种植布局、选用重金属低积累品种、合理轮间套作、施用土壤改良剂和钝化剂、优化水肥管理技术等农艺调控措施是目前中轻度重金属污染蔬菜地安全利用的重要技术途径。

在现代植物修复中,一方面施肥可以增加土壤肥力,促进重金属积累植物生长,提高生物量;另一方面,施肥可以改变土壤的某些理化性质,提高或降低土壤 pH 进而改变土壤溶液中重金属的生物有效性,降低污染物的流动性,从而影响植物根系和地上部分的生理代谢过程,或重金属在植物体内的运转等而间接影响重金属元素的吸收。肥料受到土壤类型、植物自身特性的影响也可变成改良剂,强化植物修复。在施肥强化植物修复研究中常用的肥料有氮、磷、钾肥和有机肥,以及二氧化碳气肥和生物肥料等。

> 📑 **资料框 3-3**
>
> **耕地重金属 Cd 污染的"VIP+n"修复措施**
>
> 土壤中的 Cd 通过植物根系吸收和体内转运最终在植物可食部分积累。Cd 在土壤中的存在形态有水溶态、金属可交换态、碳酸盐态、有机结合态、铁锰氧化态和硅酸态等 6 种形态。水溶态和可交换态为植物有效态,可以被植物所吸收利用;其他形态均为难溶态,不能被植物吸收利用。目前,农业土壤(耕地)Cd 污染的修复基本原理分为两大类型:一是减量,将污染物从土壤中提取出来,减少其在土壤中的总量;二是钝化,钝化土壤里的活性 Cd,改变 Cd 在

土壤中的存在形态,从而减少其有效性。从农业种植、食品安全和土地利用的角度思考,还可以通过减少植物对 Cd 的吸收和富集,达到减少 Cd 污染危害的目的。

"VIP+n"治理修复措施中 V 即 Variety(品种),选用 Cd 低积累品种进行种植;I 即 Irrigation(灌溉),田间水分控制及管理;P 即 pH,土壤酸碱度调节;n_1 代表施用土壤调理剂(调节土壤 pH 和硅肥);n_2 代表施用有机肥;n_3 代表施用叶面水溶硅肥(叶面阻控剂)。"VIP+n"修复治理措施,是利用改变土壤中重金属形态的原理,将土壤中有效态 Cd 转化为难溶态 Cd,减少水稻对 Cd 的吸收,从而降低稻米中的 Cd 含量。针对植物生理特性,与农艺耕作措施相结合,使稻米中的 Cd 含量得到了有效控制。"VIP+n"修复措施通过品种选用、钝化土壤中的活性 Cd、改变 Cd 的存在形态、降低 Cd 的生物有效性等减少水稻对 Cd 的吸收,但保留在土壤中的 Cd 遇到合适环境依然会被活化。将钝化修复技术与植物修复技术(如稻草离田)结合使用,既能达到农耕要求的时效性,又能达到永久修复的效果。

第五节 生物放大

生物放大是指在生态系统中,由于高营养级生物以低营养级生物为食物,某种物质在生物机体中的浓度随着营养级的提高而逐步增大的现象。生物放大的结果使食物链上高营养级生物机体中这种物质的浓度显著地高于环境浓度。生物放大是针对食物链关系而言的,如不存在这种关系,机体中物质浓度高于环境的现象,则可用生物浓缩和生物积累的概念来解释。

生物放大的程度,与生物浓缩和生物积累一样,也用浓缩系数来表示。生物放大的程度可以用生物放大系数(biomagnification factors, BMFs)来表示,即某种污染物在高营养级与低营养级生物体内的浓度之比。有机污染物从被捕食者到捕食者的生物累积可用自然发生的 $\delta^{15}N$、$\delta^{13}C$ 稳定同位素的相对丰度来表征,每增加一个营养级,$\delta^{15}N$ 增加 3‰~5‰,$\delta^{13}C$ 仅升高 1‰。外源性物质的生物放大系数是多变的,已知的一些全氟和多氟烷基物质 BMFs 如表 3-11 所示。

表 3-11　全氟和多氟烷基物质 BMFs 的可变性

化合物	最低 BMF	最高 BMF	最高 BMF/最低 BMF
全氟辛酸 PFOA	0.04	125	3 125
全氟壬酸 PFNA	0.3	111	370
全氟癸酸 PFDA	0.1	200	2 000
全氟十一酸 PFUnDA	0.3	353	1 177
全氟十二酸 PFDoDA	0.1	156	1 560
全氟十三酸 PFTrDA	0.8	47	59
全氟十四酸 PFTeDA	1.4	110	79
全氟十五酸 PFPeDA	1.7	10	5.9

续表

化合物	最低 BMF	最高 BMF	最高 BMF/最低 BMF
全氟己烷磺酸 PFHxS	1.8	373	207
全氟辛烷磺酸 PFOS	0.01	302	30 200
全氟辛基磺酰胺 FOSA	0.1	116	1 160
N-乙基全氟辛基磺酰胺 EtFOSA	0.04	238	5 950

食物链中不同层次的生物可以逐级浓缩外源性物质的作用,结果使在级别越高的生物中浓度越高。这些可以被生物放大的外源性物质必须具备两个条件:难以生物降解和具有亲脂性。在生物体内容易被降解的物质,如酚类,不易在体内积累,也没有生物放大;而有些物质(如有机氯化合物、金属元素)在生物体内不易被降解,可在生物体内以原来的形态或其他形态长时间存在,导致在生物体内积累,进一步经过食物链的营养转移得到放大。美国某湖湖水的 DDT 浓度是 0.006 mg/L,第一级营养级的藻类浓缩系数为 167~500,大型水生植物为 3 500,第二营养级的无脊椎动物浓缩系数为 10 000,经鱼类到达第四营养级的水鸟浓缩系数高达 120 000。

由于生物浓缩、生物积累和生物放大作用,进入环境中的污染物,即使是微量的,也会使生物尤其是处于高营养级的生物受到严重毒害,这对人类的健康也构成了极大的威胁。我们必须严格控制污染物的排放,杜绝高残留、难降解农药的生产和使用,从源头上预防和控制这类污染物对生物和人类的危害。

一、食物网和生物放大

在陆地生态系统,不同的生物组成食物链,如草本植物可以积累土壤和空气中的污染物,经食草动物啃食后,污染物被转移到食草动物体内得到进一步积累。后者被高一级的捕食者捕获后,污染物又可在这些高营养级的生物体内积累。在海洋生态系统中,污染物的积累首先从表层漂浮生物如微生物的藻类等生物启动,小型无脊椎动物吃食藻类后,污染物被转移进入动物体内。小型无脊椎动物被鱼吃后,污染物在鱼体内积累,海鸟捕食鱼后又进入鸟体内。鱼、海鸟等如果被高等动物如人等捕食,可进一步转移。可见污染物经过层层捕食/被捕食的关系,在高营养级生物体内积累。人类处于食物链顶端,污染物最易在我们体内得到积累和放大,对身心健康造成极大危害。

在有的生态系统内污染物沿食物链流动过程中,含量逐级增加,其富集系数在各营养级中均可达到极其惊人的程度。浮游植物、浮游动物及其主要猎物构成了巴西东南海岸的热带营养链。整个营养链的所有环节都呈现出 Hg 的生物放大,BMFs 高于 1。在一种贪婪的食肉鱼类(海豚的猎物之一)大头带鱼中,Hg 浓度约为海豚组织中 Hg 浓度的 1 110 倍。针对太平洋沿岸食物网(food web)中 Hg 的生物放大研究发现,浮游动物的总 Hg 浓度约为0.000 9 mg/kg,带鱼总 Hg 浓度约为 0.24 mg/kg,食物网放大系数为 6.38,明显大于 1。

此外,微塑料(0.05~0.5mm)内的有毒化学物质和吸附在其上的化学物质有可能在食物网中发生生物放大现象。在美国加利福尼亚州开阔海岸的偏远海洋保护区开展的研究表明,海水中的微塑料颗粒浓度为 36.59 个/L,沉积物中的浓度约为 0.227 个/g,两种形态不同的大型藻类表面的微塑料密度分别约为 2.34 个/g 和 8.65 个/g,草食蜗牛的密度最高,约为 9.91 个/g。

近年来,多溴联苯醚(PBDEs)在食物链的转移和放大引起了人们广泛的重视。已发现 PBDEs 同系物 BDEs-47、BDEs-100、BDEs-154 和 BDEs-153 在鱼类和海洋哺乳动物中具有生物放大作用。PBDEs 在陆地草原生态系统的食物网中也存在生物放大现象。锡林郭勒草原的 PBDEs 背景值很低,空气样本中 $\sum_{10}$BDEs 平均值为 0.246 ng/g,土壤样品中综合 $\sum_{10}$BDEs 平均值为 0.115 ng/g,不同类型植物中 $\sum_{10}$BDEs 浓度为 1.11~3.46 ng/g。东方飞蝗体内 $\sum_{10}$BDEs 的平均浓度为 4.19 ng/g,鸟类、小鼠和黄鼠狼样本中的 $\sum_{10}$BDEs 浓度为 1.65~23.27 ng/g,锦蛇内脏中 $\sum_{10}$BDEs 的平均浓度为 5.57 ng/g。牲畜毛发样本中 $\sum_{10}$BDEs 浓度为 5.89×10^{-1} ~ 3.70 ng/g,人类毛发中 $\sum_{10}$BDEs 浓度为 11.7~22.2 ng/g。$\sum_{10}$BDEs 浓度随着营养级的增加而增加,人类毛发中的 PBDEs 浓度明显高于动物毛发,肥肉可能是锡林郭勒草原人类 PBDEs 的主要来源。

这些例子表明,尽管周围环境中的某些污染物含量很低,当时没有显示出较为明显的生态学效应,但随着食物链的逐级放大,最终有可能达到一个相当高的浓度,导致高营养级的生物特别是人类中毒。因此,对于那些在环境中残留时间相当长的污染物,在评价其生态学效应时需要特别注意它们随食物链的转移和放大效应,研究时还要注意食物链交叉的情况。因为在一个生态系统中往往不只存在一条食物链,经常是多条食物链并存,相互交叉形成食物网,污染物在食物网中的转移和放大将变得极其复杂(如图 3-9)。

二、影响生物放大的因素

在环境中存在的污染物能否进入食物链并得到逐级放大,受很多因素的影响。就比较容易在机体内发生积累放大的持久性污染物来说,主要包括了营养级和生物个体大小、生物所处生境、食物链长度及结构等因素。

1. 营养级与生物个体大小

生物在食物链中的营养级越高,则体内积累的污染物越多。在水生生态系统中,有机氯化合物从水到顶级捕食者的生物放大会从 10^5 数量级到 10^9 数量级。但是,有研究表明 POPs 在小的河鲈(体长<20 cm)中虽然 δ^{15}N 有所增加,即有营养级的增加,可没有明显的生物放大发生;而在大的河鲈(体长>20 cm)中随着营养级的增加有生物放大发生。所以,营养级并非是 POPs 在食物链中发生生物积累与生物放大的最关键因素,生物放大与生物个体的大小也密切相关。食物网中生物组成的不同与所处环境的差异也会对 As 的食物链传递产生影响。底栖无脊椎动物和鱼类往往比游泳生物含有更高浓度的 As。除了物种差异的原因外,还包括不同生物类群的食性不同,食物中 As 浓度和形态的差异也会对 As 的累积产生差异,因此,当食物网中生物组成偏向于底栖食性时,可能会导致更大的生物放大潜力。

2. 食物链长度及结构

随着食物链的增长,生物放大系数增大。比如,苏必利尔湖、安大略湖、休伦湖、伊利湖中的

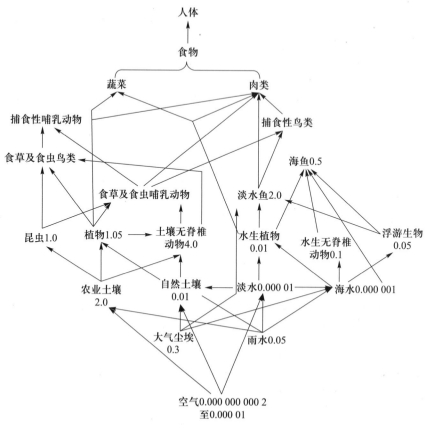

图 3-9　污染物在生态系统中的放大

（资料来源：王焕校，2016）

生物放大系数分别为 32.03、30.43、24.33 和 10.08，此生物放大系数顺序与食物链长短顺序完全一致。

　　食物链的结构同样会影响 POPs 在食物链中的放大。比如伊利湖中的鲱鸥（*Larus argentatus*）蛋中 PCBs 的含量变化受其食物链结构变化的影响。

　　3. 生物所处生境

　　辛醇-空气分配系数 K_{OA}（octanol-air partition）和辛醇-水分配系数 K_{OW}（octanol-water partition）影响着 POPs 在食物链中的积累与放大，但二者在水生和陆生环境中的权重不同。对于水生生物而言，K_{OW} 参数更重要；而对于陆生生物而言，K_{OA} 更重要。在水生食物链中，当 lg K_{OW} 小于 5 时，POPs 将在食物链中发生生物积累但不会发生生物放大；在陆上食物链中，当 lg K_{OW} 大于 2 和 lg K_{OA} 大于 5 时，都有生物放大现象发生。水生哺乳动物相对于陆生哺乳类动物有较大的油脂储备器，易于导致 POPs 的积累。

　　PAHs 及其生物放大作用将随季节变化，对气候变化做出不同的反应。随着全球变暖，从浮游植物到浮游动物大多数 PAHs 的生物放大作用将会增加，冬季和春季的增速会更快。通过模型预测了 2020—2100 年 9 种 PAHs 物质随气候变化 BMFs 的变化率，如表 3-12 所示。

表 3-12　模型推测 9 种 PAHs 物质随气候变暖生物放大系数的变化率

BMFs	1月	2月	3月	4月	5月	6月	7月	8月	9月	10月	11月	12月
萘(Nap)	0.14	0.09	0.045	0.029	0.011	0.009	0.029	0.006	0.011	0.019	0.042	0.12
菲(Phe)	-0.99	-0.47	-0.14	-0.064	-0.016	-0.010	-0.018	-0.005	-0.015	-0.037	-0.13	-0.69
蒽(Ant)	0.12	0.087	0.057	0.052	0.028	0.025	0.052	0.023	0.028	0.036	0.055	0.11
芘(Pyr)	0.15	0.11	0.082	0.082	0.046	0.043	0.082	0.041	0.047	0.057	0.080	0.14
荧蒽(Fla)	0.15	0.11	0.082	0.082	0.046	0.043	0.082	0.041	0.047	0.057	0.080	0.14
苯并[a]蒽(BaA)	0.061	0.040	0.019	0.012	0.004	0.003	0.012	0.002	0.004	0.007	0.018	0.052
稠二萘(Chr)	0.056	0.035	0.015	0.007	0.001	0.002	0.007	-0.001	0.001	0.004	0.014	0.046
苯并[b]荧蒽(BbF)	0.020	0.007	-0.005	-0.012	-0.009	-0.009	-0.012	-0.010	-0.010	-0.009	-0.006	0.013
苯并[k]荧蒽(BkF)	0.079	0.056	0.034	0.028	0.014	0.012	0.028	0.011	0.014	0.019	0.032	0.070

资料来源:引自 Tao Y,2017。

4. 污染物种类和形态的影响

有机汞(以甲基汞为主)具有很强的亲脂性,可以直接通过细胞膜结构进入细胞并与生物分子结合,因此具有比无机汞更高的生物可利用性。而甲基汞的生物放大作用也远超无机汞,是痕量元素生物放大的最典型案例。

As 排在 2017 年"优先污染物列表"的首位,通常认为是不具有生物放大作用的污染物,过去的研究发现 As 在淡水和陆地食物链/网中确实常被生物减小(biodiminution)。然而,As 在某些海洋食物链/网中出现了生物放大的现象,并造成高营养级生物中的 As 富集,可对生物与人类健康产生潜在危害;这与 As 在淡水食物链/网中普遍被生物减小的现象形成鲜明对比。海洋鱼类和贝类等生物可将吸收的无机砷通过生物转化合成砷甜菜碱等有机砷形态,而有机砷比无机砷具有更高的食物链传递能力,可导致海洋鱼类富集更高浓度的 As。因此,As 在海洋生物中的有机形态可能有助于 As 沿着海洋食物链/网富集,在某些情况下被生物放大。

野外调查显示,通常海水中 As 浓度较低(μg/L 级),但海洋生物普遍具有高 As 水平,在未受污染的区域为 1~100 μg/g,在一些污染区域可超过 1 000 μg/g。表 3-13 总结了世界范围内海洋生物整体或肌肉组织中总 As 浓度范围和已检出的 As 化合物形态。由于海洋生物组织中总 As 浓度差异很大,这里用几何平均值表征其典型浓度。

表 3-13　海洋生物体内总 As 的浓度和所检出的 As 化合物形态

生物类别	As 浓度范围/ [μg·g^{-1}(干重)]	As 浓度平均值/ [μg·g^{-1}(干重)]	As 形态
藻类(algae)	0.1~35	4.32	As(Ⅲ)、As(Ⅴ)、MMA、DMA、AsS
海草(seagrass)	0.16~0.59	0.28	As(Ⅲ)、As(Ⅴ)
浮游动物(zooplankton)	0.2~24.4	2.10	As(Ⅲ)、As(Ⅴ)
多毛类(polychaetes)	5.0~2 739	29.19	As(Ⅲ)、As(Ⅴ)、MMA、DMA、AsB
甲壳类(crustacean)	0.1~270.5	14.86	As(Ⅲ)、As(Ⅴ)、MMA、DMA、AsC、AsB

续表

生物类别	As 浓度范围/ [μg·g⁻¹(干重)]	As 浓度平均值/ [μg·g⁻¹(干重)]	As 形态
双壳类(bivalve)	0.6~214	10.44	As(Ⅲ)、As(Ⅴ)、MMA、DMA、AsC、AsB、AsS
腹足类(gastropods)	8.0~533	51.97	As(Ⅲ)、As(Ⅴ)、MMA、DMA、AsB
头足类(cephalopoda)	4.0~49.5	16.11	As(Ⅲ)、As(Ⅴ)、MMA、DMA、AsB
浮游鱼类(planktonic fish)	0.5~7.8	3.28	As(Ⅲ)、As(Ⅴ)、MMA、DMA、AsC、AsB
底栖鱼类(benthic fish)	5.6~449.5	19.48	As(Ⅲ)、As(Ⅴ)、MMA、DMA、AsC、AsB

资料来源:引自杜森,2019。

　　海洋鱼类和贝类普遍具有将从环境中吸收的无机砷通过生物转化合成砷甜菜碱的能力(如图 3-10),这种生物转化过程包括 As(Ⅴ)还原为 As(Ⅲ),As(Ⅲ)甲基化至一甲基砷和二甲基砷,以及经过后续未知的过程合成砷甜菜碱。砷甜菜碱的合成,有助于海洋鱼类将 As 累积在体内,从而达到较高富集的结果。在这种生理作用下,当鱼类长期暴露在高无机砷环境中时,导致的结果是较高砷甜菜碱的富集,这也是鱼类的一项重要解毒机制。在温带海洋盐沼系统中,植物体内 As 主要为无机砷,但摄食这些植物的动物体内 As 的主要形态为砷甜菜碱和砷糖为主的有机砷,说明动物将吸收的无机砷生物转化成了有机砷。通过 2 条底栖食物链沉积物—沙蚕(*Nereis succinea*)—诸氏鲻虾虎鱼(*Mugilogobius chulae*)和沉积物—凸加夫蛤(*Gafrarium tumidum*)—鲅虎鱼(*Ctenogobius giurinus*)研究 As 沿底栖食物链的传递和生物转化作用,发现凸加夫蛤对 As 的吸收效率为 35%~65%,沙蚕对 As 的吸收效率为 52%~73%,从而造成沙蚕比凸加夫蛤具备更高的 As 累积能力;同时,在沉积物中 As 的形态以无机砷为主,到初级消费者体内砷甜菜碱成为主要形态,再到鱼类体内砷甜菜碱可以占到 95% 以上,说明无机砷在底栖食物链中被高效转化,并主要发生在初级消费者环节,该结果也印证了 As 在底栖食物链中存在更大生物放大潜能。

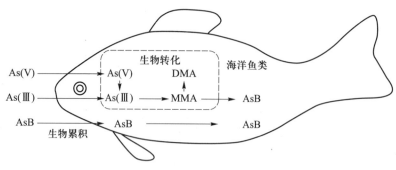

图 3-10　海洋鱼类对 As 的生物转化

(资料来源:杜森,2019)

　　当 As 从不同的饵料生物传递到海洋鱼类时,饵料中的有机砷比例与总 As 的营养级放大因子(TMF)呈现显著的正相关,表明海洋生物中有机砷比无机砷具有更高的食物链传递能力,可以导致海洋鱼类富集更高浓度的 As。

鸟类作为环境污染指示生物已成为共识。猛禽由于其处于食物链的顶端,是进行陆地生态系统污染物生物放大效应研究的良好对象。通过选用我国北方两类典型猛禽红隼和鸮为研究对象,构建以其为核心的两条代表性食物链(红隼-麻雀,鸮-鼠),探讨多种卤代有机污染物(HOPs)在陆地生态系统的生物富集及生物放大机制。研究表明,在所关注的几类卤代有机污染物中,DDT 仍是猛禽中的主要污染物,并可能对鸟类生殖健康产生负面影响。其次是 PCBs 和 PBDEs,六溴环十二烷(HBCDs)和得克隆(DCRP)的污染相对较轻。从生物放大的角度,鸮类比红隼更容易通过食物链传递富集高浓度的污染物,部分污染物(如 BDEs-47、BDEs-99 和 BDEs-100,α-HBCD 以及 DCRP)在两条猛禽食物链中的传递表现出食物链依赖性,表明陆生系统的食物链传递机制比水生系统更为复杂。

5. 其他影响因素

除了生物体中的 As 形态(内因)可能直接作用于 As 的食物链传递以外,海洋生态系统中的生物和环境因素(外因)也可能对其造成影响。环境因素如温度、浊度、营养盐和光照等可影响生物中的 As 形态,间接作用于 As 的食物链传递;也可能通过影响生物的生长速率和代谢率(特别是小个体生物),间接影响 As 的摄入、代谢和排泄,这些作用可综合体现在 As 生物累积的季节变化上。

盐度能够影响大亚湾几种常见鱼类和甲壳类体内 As 的累积,尤其是砷甜菜碱的浓度;同时沉积物中高 As 的浓度对海洋鱼类体内 As 的累积也有重要影响。室内实验也证明高盐度会导致贻贝对砷甜菜碱的高累积。有研究认为海藻通过细胞磷酸盐转运系统累积海水中的砷酸盐,但是其体内的砷糖水平更主要是受到海水中氮盐的影响。食物网中生物组成的不同与所处环境的差异也会对 As 的食物链传递产生影响。底栖无脊椎动物和鱼类往往比游泳生物含有更高浓度的 As,除了物种差异的原因外,还包括不同生物类群的食性不同,食物中 As 浓度和形态的差异也会对 As 的累积产生差异。因此,当食物网中生物组成偏向于底栖食性时,可能会导致更大的生物放大潜力。

有时候,影响生物放大的因素涉及更复杂的生物与生物之间的关系。比如,亚马孙河流域四个物种组成的不同食物链中,营养放大斜率(trophic magnification slope,TMS)存在显著的差异。与由四种鱼组成的食物链相比,在由食虫鱼和食鱼鱼组成的生物链中观察到较低的 TMS,表明食物链会影响生物放大的结果。此外,生物放大作用有可能被减弱。评估内分泌干扰物在底栖鱼类中的生物放大潜力时发现,内分泌干扰物在排泄到胆汁中之前会被葡萄糖全酸化,导致原本会发生的生物放大减弱,BMFs 值小于 1。

食物网中动物类型也是影响生物放大的一个因素。例如,通过研究受电子废物污染的池塘中及周围的水生、两栖和陆生生物,分析这些物种的 HOPs 发现,昆虫-鸟类食物链中的生物放大系数显著高于昆虫-蟾蜍和昆虫-蜥蜴食物链,说明 HOPs 在恒温动物中比在变温动物中更容易积累。

📄 小结

污染物在生态系统中的行为十分复杂,除了在环境中的物理化学因素对它产生影响外,生物对它的吸收、转化、分解、排出将对污染物的数量和形态产生重要影响,污染物在这个过程中可能在生物体内不断积累,在生态系统中产生生物放大作用。

　　污染物的吸收是指环境中的污染物进入生物有机体的过程,包括吸附和跨膜运输两个过程。污染物通过细胞膜进入细胞的过程,目前认为有三种方式,即扩散、主动运输,以及胞吞或胞饮作用。不同种类的生物对污染物的吸收途径不同。对于陆生植物来说,叶和根是植物吸收污染物的主要途径。水生植物的全身组织和器官都可以吸收污染物;动物对污染物的吸收一般是通过呼吸道、消化道、皮肤等途径。消化道在所有动物吸收污染物的途径中都具有很重要的位置,但水生动物对溶解和悬浮在水体中的污染物主要通过鳃、胃肠道和皮肤吸收。陆生动物通过呼吸道和皮肤的吸收途径次要一些,它们主要通过消化道吸收污染物;由于大多数的微生物种类都是单细胞生物,没有组织和器官的分化,它们对污染物的吸收可分为细胞表面吸附和胞内运输两个过程。

　　对于众多新污染物,如持久性有机物、环境激素、二噁英、微塑料等,因污染物种类不同、化学特性不同而对生物表现出不同的影响与毒害作用,其中微塑料除直接被动物取食外,还可以吸附其他污染物,造成二者的协同或者颉颃作用,改变生物吸收累积的特点。

思考题

　　1. 概念与术语理解:吸附,吸收,转化,规避,排出,转运,运输,超量积累植物,生物放大,生物浓缩,环境激素。

　　2. 污染物在生态系统中的行为主要包括哪些主要环节? 各个环节之间是怎样有机联系在一起的?

　　3. 影响污染物在生态系统中行为的主要因素有哪些? 各举例说明这些因素的影响方式和影响程度。

　　4. 超量积累植物具有什么特征? 研究超量积累植物对于当今经济社会发展有什么现实意义?

　　5. 生物放大对生态系统和人群健康可能具有什么影响? 如何减轻这种影响?

　　6. 微塑料对于土壤重金属或者有机污染物的联合作用有哪些?

　　7. 新污染物越来越多,当它们混合共同作用将对生物产生怎样的损伤?

建议读物

　　1. 王焕校.污染生态学[M],3 版.北京:高等教育出版社,2012.

　　2. 周启星,孔繁翔,朱琳. 生态毒理学[M]. 北京:科学出版社,2004.

　　3. 段昌群. 无公害蔬菜生产理论与调控技术[M]. 北京:科学出版社,2006.

　　4. Newman M C. Fundamentals of ecotoxicology:The science of pollution[M]. Boca Raton:CRC Press,1998.

　　5. 孟紫强.生态毒理学[M].北京:中国环境出版集团,2019.

　　6. 李兆君,成登苗,冯瑶. 典型兽用抗生素自然环境行为及生态毒理效应[M].北京:科学出版社,2020.

　　7. 王亚韡,曾力希,杨瑞强,等.新型有机污染物的环境行为[M].北京:科学出版社,2018.

第四章
污染物对生物的影响和毒害作用

生态系统对人类释放的污染物有一个容纳的阈限,当输入生态系统中的污染物超过系统中生物和环境的净化能力时,污染物就不断在生物体内和环境中积累。生物吸收积累污染物到一定量后,就开始出现受害症状。机体内生物大分子结构发生改变,生理生化过程受阻,生长和生殖受限,甚至导致死亡。此外,由于在生理生化、组织器官及个体上的影响又可能导致种群数量的增减,从而使群落组成异常及生态系统的结构和功能发生变化(参见图4-1)。

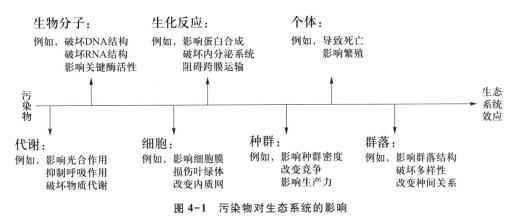

图4-1　污染物对生态系统的影响

污染物对生物生命活动的影响,最直接的表现是对新陈代谢的影响,进而影响到正常生命活动过程,且已成为影响人群健康的大敌。不仅如此,环境污染物对包括人类在内的生物的影响具有远期效应,这集中体现在污染的致癌、致畸、致突变作用上(简称"三致作用")。污染的遗传毒害作用还将对生物种质基因库构成严重威胁。目前,具有长远效应的环境激素也成为人们普遍关注的环境生物学问题。

第一节　污染物对生物新陈代谢的影响

生物体是一个复杂而严密的完整系统,机体内部进行生理生化反应是新陈代谢(metabolism)活动的基本单元,也是生命存在并得以维持的基础。当新陈代谢受影响时,生物体的生命活动也将受到很大的影响;新陈代谢一旦停止,生物的生命活动也将结束。

环境中污染物的日益增多严重威胁生物的生命活动。污染物进入生物体内,无论是植物、动物还是微生物,多种多样的污染物会对它们的新陈代谢活动产生不同程度的影响。污染物不同,毒害的机理也不同;生物种类不同,毒害的程度也有所区别。

一、 污染物对细胞膜结构和功能的影响

细胞是组成生物结构和功能的基本单位,而膜是细胞生理生化反应和功能发挥作用的结构基础。细胞膜是细胞的界膜,把具有生命力的活细胞与非生命的环境分隔开来;细胞膜和细胞内的所有细胞器(如叶绿体、线粒体、内质网等)组成的膜系统具有选择通透性,构成了生命体系物质交换、转运、物质和能量产生与消耗的具体场所。不同种类的细胞,具有不同的形态结构和功能,对污染物的敏感性也不一样。环境污染对细胞膜结构和功能的影响是污染物对生物新陈代谢毒害作用最重要的环节之一。

1. 对生物膜成分和结构的影响

生物膜主要由磷脂和蛋白质构成。根据流动镶嵌模型,生物的膜系统是由磷脂双分子层构成的致密结构,各类蛋白质镶嵌其中,组成有序功能体。生物膜具有特定的成分和结构,由于污染物的作用和影响,使生物膜的这种特定成分和结构发生改变。

酚类及其衍生物可以使膜的组成成分磷脂的构象发生改变,硫磷化合物可以使动物膜的脂肪酸组成发生变化。结构决定功能,膜的成分和结构(或构象)发生改变,膜的功能即发生改变,从而影响和破坏细胞的生命代谢活动。

在污染条件下,极性污染物易于与磷脂双分子层中的亲水集团结合,非极性的污染物易于与磷脂分子的疏水集团结合,从而使磷脂双分子层结构受到影响。

膜的结构状况也可以通过膜的功能状态进行分析。膜的功能很多,如选择通透性,物质的跨膜运输,电子传递,信号传导,能量交换和转换等,在污染条件下其功能的变化在一个侧面也反映了膜的受损情况。如在氯气污染条件下,叶片浸提液的电导度显著上升,这说明污染破坏了细胞膜的结构引起了细胞内的物质大量渗漏。

污染往往导致膜脂过氧化。很多污染物携带有大量的自由基,或与膜结合后产生自由基,这些自由基具有很强的氧化作用,破坏膜的结构。绝大多数的有机农药都能很快与细胞膜结合,穿透细胞膜,破坏膜的结构。某些二价重金属离子,如 Cd^{2+} 等,能与膜组分中的酸性磷脂的亲水极性头部结合,中和或屏蔽膜表面的负电荷,降低膜表面的电荷密度和膜脂的流动性,使膜的选择性降低,通透性增加,影响其功能。甲基汞能降低红细胞膜和肝细胞膜中膜脂的流动性。SiO_2 表面的硅醇基在一定条件下可以电离并与膜脂中带正电荷的季胺离子结合,使膜结构发生改变而损伤膜的完整性。CCl_4 等污染物可以使构成生物膜的多不饱和脂肪酸转化为自由基,从而引发膜脂过氧化。当不饱和膜脂被氧化或其中膜蛋白质的巯基被氧化,则膜失去选择通透性,细胞内含物外渗。

膜脂的过氧化对线粒体的氧化磷酸化过程产生抑制,线粒体发生部分析出、肿胀和溶解,酶的活性降低甚至失活。饮酒过度而发生酒精中毒,其原因就是过量乙醇在人的肝脏中可引起膜的过氧化,使线粒体肿胀和膜的破裂,最后导致肝脏组织受损。膜脂的过氧化还能使动物细胞内质网上的 RNA 酶失活,核糖体脱落而干扰和破坏蛋白质的合成。

2. 对生物膜功能的影响

生物膜具有流动性和选择通透性,而且维持着一个内负外正的膜电位。当膜的结构发生改

变时,细胞的功能也将发生改变。

（1）膜的结合酶活性降低。生物膜结构中镶嵌的多种蛋白酶,在细胞内外的物质迁移和转化及能量转化过程中起关键作用。污染物可以直接作用和影响这些酶,从而引起酶活性改变,进而影响整个细胞活动。如污染物对膜上蛋白质的作用会改变蛋白质构象,使其活性发生变化而改变整个细胞机能。关于甲基汞毒性的动物实验表明,甲基汞易与巯基结合,降低了小鼠红细胞膜、脑微粒体膜和肝微粒体膜的巯基含量,使膜蛋白构象发生变化,膜上酶的活性降低,影响了细胞膜的功能。有机磷农药能与红细胞膜上乙酰胆碱酯酶活性位点色氨酸分子结合而抑制了乙酰胆碱酯酶活性。

构成生物膜的多不饱和脂肪酸在污染物作用下转化成自由基而使膜脂过氧化。形成的自由基之间存在着一定的结合力,这种结合力破坏了相连在膜脂上膜蛋白所处的正常疏水环境,改变了膜结合酶的结构和性质,使酶活性降低或失活。这就使得依赖于这些酶的细胞生物功能受到影响,致使依赖于这些酶的细胞生物功能发生改变,导致生物细胞内质网上核糖核酸酶失活,核糖体脱落而干扰蛋白质合成,还对线粒体的氧化磷酸化过程产生抑制,导致生物的发育受阻。

（2）膜的选择通透性。在污染物作用下,由于膜的成分和结构（或构象）发生变化,膜的表面电荷特性和膜的选择通透性都发生改变。细胞的功能及能量转换与膜的选择通透性、膜的表面电荷密度和性质、膜电位等密切相关。因此,它们的改变导致细胞功能也发生改变。例如,DDT 作用于神经轴索膜而改变了膜对 K^+、Na^+ 的选择通透性（一般是增大）,引起细胞功能异常。

（3）膜电位发生改变。膜电位在细胞能量转换中起至关重要的作用,部分污染物可以使膜电位发生改变,如粉尘颗粒导致的溶血性即与膜电位密切相关。

膜电位除了膜脂的半透性起作用外,更主要的是由生物膜上的 Na^+,K^+-ATP 酶调节膜内外浓度而实现。不同剂量甲基汞小鼠实验结果表明,其红细胞膜及脑、肝、肾微粒体膜的总 ATP 酶、Mg^{2+}-ATP 酶和 Na^+,K^+-ATP 酶活性都随甲基汞剂量增高而下降,从而影响了膜电位的维持,使细胞处于去极化状态,选择通透性增加。

二、 污染物对植物新陈代谢的影响

土壤、大气和水体中污染物的广泛存在,使植物生存环境发生变化,直接或间接地影响植物新陈代谢。污染物对植物新陈代谢的影响很多,这里主要以光合作用、水分代谢、营养吸收和作物的品质为例,说明这一问题。

1. 对光合作用的影响

光合作用（photosynthesis）是植物叶绿体内部光合色素和一系列酶共同作用下把光能转化为化学能贮存在合成糖类中的过程,这也是把水分解产生氧气的过程。光合作用产物（$C_6H_{12}O_6$）中的能量是植物其他新陈代谢活动所需要能量的源泉。污染物影响植物光合作用,使植物转换太阳能的能力降低,高能化合物的合成减少,影响其他很多的生理代谢。所以污染物对光合作用的影响是植物受害的主要根源。

从 20 世纪 80 年代开始,人们开始深入研究污染物对植物光合作用的影响。各种各样的污染物对光合作用的影响作用和程度各不相同。这里以 SO_2、重金属、农药为例,阐述污染物对光合作用的影响机理。

(1) SO_2 对植物光合作用的影响。SO_2 对植物的影响原因在于当通过气孔进入植物体内后,SO_2 便以 SO_3^{2-} 的形式存在,其对植物体产生较大的毒性作用。研究结果表明,一方面 SO_3^{2-} 能抑制二磷酸核酮糖羧化酶活性,阻止 CO_2 的固定;另一方面使光系统 II 和非环式光合磷酸化受阻,影响 ATP 合成,使光合速率降低。此外,SO_3^{2-} 能改变细胞液 pH,使叶绿素失去 Mg^{2+} 而抑制光合作用。也有研究表明,SO_3^{2-} 在低浓度时,就能抑制光呼吸中的乙醇酸氧化酶的活性。SO_3^{2-} 进入叶肉细胞以后,能与植物同化作用过程中有机酸分解所产生的 A-醛结合,生成羟基磺酸。羟基磺酸是一种抑制剂,能抑制乙醇酸代谢中的乙醇酸氧化酶,阻止气孔开放,影响 CO_2 固定和光合磷酸化,也会抑制光合作用和呼吸作用中 ATP 的形成、H^+ 和 Cl^- 的跨膜运输。此外,SO_2 及其衍生物能影响光合色素的含量(见表 4-1)。

表 4-1 SO_2 衍生物对油菜叶片叶绿素含量的影响

SO_2 衍生物浓度/($mmol \cdot L^{-1}$)	叶绿素含量/[$mg \cdot g^{-1}$(鲜重)]	
	总叶绿素	叶绿素 a/b
0	1.589±0.01	3.16
0.5	1.566±0.02	3.19
1	1.527±0.002	3.25
5	1.462±0.01	3.57
10	1.128±0.05[①]	3.33
20	0.531±0.01[①]	2.83
50	0.326±0.02[②]	3.11
100	0.125±0.01	2.91

资料来源:桑楠等,2001。

① $p < 0.05$。

② $p < 0.01$。

资料框 4-1

其他有害气体对植物光合作用的影响

大气中的有害气体污染物众多,除 SO_2 外,HF、Cl_2、NH_3、NO_x 和 CO 等比较常见的气体会在植物叶片进行光合作用的同时随 CO_2 进入气孔,而引起植物受害。不同气体会引起不同形式的叶片受害症状,如坏死斑、水渍状斑、失绿斑、白斑、褐色斑等。其中 HF 在氟化物中最为普遍,同时也是对植物危害最为严重的大气污染物之一。在空气中只需很低含量就能对植物造成严重危害,其危害比间接通过土壤吸收更明显。HF 对植物的毒性比 SO_2 大,仅在 SO_2 有害浓度的 1% 时,就可使植物受害。HF 主要通过气孔进入叶片,并在叶中积累,叶片中 F 的含量随熏气时间的延长和剂量的增大而增加。其对于叶片的伤害,主要表现为导致光合强度降低和呼吸强度增高。光合强度降低与叶绿素破坏和叶绿体光还原能力受抑制是一致的。

Cl₂ 的毒性是 SO₂ 的 2~4 倍。Cl_2 进入植物叶肉细胞后能形成酸性物质,使叶片液汁中的 pH 降低,破坏叶绿素,从而抑制光合作用。乙烯浓度达 0.1 μL/L 以上时,黄瓜、番茄、豌豆等作物就会受害,顶端生长优势消失,侧枝生长优势强,造成植株矮化,叶片下垂,皱缩失绿转黄变白而脱落,花畸形。十字花科、葫芦科蔬菜对甲酸异丁酯敏感。这些气体通过侵入植株内部,破坏细胞组织,最初在叶脉间出现白色或浅褐色、不规则的点状或块状斑,严重时该叶片变白甚至脱落,降低光合作用,影响产品的产量和质量。

NH₃ 从叶片气孔侵入细胞,破坏叶绿素,初期叶片正面出现大小不一、不规则形失绿斑块或水渍状斑,随后叶尖叶缘变黄下垂,重者全株叶片迅速干枯,病斑呈褐色。多由植株下部向上发展,上部受害较重。在大棚内部常常由于施肥不当引起棚室内的有害气体含量急剧增加,表现为 NH₃ 和亚硝酸含量升高。当 NH₃ 浓度上升到 0.1 μL/L 时,对其敏感的黄瓜、番茄、白菜、萝卜等会受害。当亚硝酸浓度达到 2 μL/L 时,多数作物即出现中毒症状。靠近地面的叶片最初呈水烫状,而后由于亚硝酸的酸化作用,叶绿体褪色产生白斑,叶脉间逐渐变白,严重时只留下叶脉。

（2）重金属对光合作用的影响。重金属对光合作用的影响主要有四方面：

① 破坏叶绿体的超微结构,进而影响光合作用。叶绿体具有完整的外膜,基粒片层清晰,垛叠有序,层次多,贯穿其间的基质片层密布,与基粒片层形成连续的膜系统。但经过 Cd、Pb 污染后,叶绿体结构发生明显变化。经低浓度 Cd 处理时,叶绿体首先表现出基粒片层稀疏,层次减少,分布不均。经 25 mg/kg 的 Cd 处理后,基粒片层大多消失,类囊体空泡,基粒垛叠混乱,也不见基质片层;经 1 000 mg/kg 的 Cd 处理后,电镜下已经看不见清楚的类囊体膜系统排列,膜系统已经开始溃解,叶绿体呈球形皱缩,出现大而多的脂类小球,叶绿体由于结构破坏而光合功能丧失。

② 重金属进入叶内,与蛋白质上的巯基等活性基团结合或取代其中的 Fe、Zn、Cu、Mg 离子,直接破坏叶绿体的结构和功能。

③ 重金属通过颉颃作用干扰植物对 Fe、Zn、Cu、Mg 等生命元素的吸收、转移,阻断营养元素向叶部的输送,阻碍叶绿素的合成。

④ 重金属使叶绿素酶活力增加,加速叶绿素分解。如有研究发现 Cu、Zn 和 Pb 使两种苔藓植物(*Cladonia convoluta* 和 *C. rangiformis*)叶绿素含量降低,并降低了叶绿素 a/b 的比值。

（3）农药对光合作用的影响。农药主要包括除草剂、杀虫剂、除螨剂、灭菌剂等。目前市场上出售的除草剂中 40%~45% 是光合作用抑制剂。气孔阻力、光合作用是影响作物蒸腾作用的生理性原因。气孔导度对环境因子的变化十分敏感,各种影响植物光合作用和叶片水分状况的因素都有可能影响气孔导度,而气孔导度越大,蒸腾速率越快。草甘膦是一种内吸传导型灭生性除草剂,对于不同植物,其用量也不尽相同。草甘膦对抗草甘膦大豆并非绝对安全,在超过一定剂量时,也会对抗草甘膦大豆造成伤害,如随着草甘膦用量的增加,抗草甘膦大豆叶片蒸腾速率和气孔导度呈先增加后降低的趋势。表 4-2 是目前主要的光合作用抑制型除草剂。

表 4-2　主要的光合作用抑制型除草剂

作用靶标	药剂类型	中文通用名
光合系统 I	联吡啶类	敌草快、百草枯
光合系统 II	苯基氨基甲酸盐	甜菜宁、甜菜安
	哒嗪酮类	氯草敏、特丁津、莠灭净、氰草津、扑灭津、西玛津、特丁通、特丁净、特丁津
	三唑酮类	嗪草酮、环嗪酮、苯嗪草酮
	酰胺类	敌稗
	嘧啶类	除草定、环草定、特草定
	腈类	溴苯腈、碘苯腈
	苯基噻二唑类	灭草松、灭草松+莠去津
	苯基哒嗪类	哒草特
	脲类	绿麦隆、噻唑隆、敌草隆、伏草隆、异丙隆、利谷隆+绿谷隆、噁唑隆、溴谷隆、甲氧隆、草不隆、丁噻隆

资料来源:张宏军,2004,有修订。

2. 对呼吸作用的影响

呼吸作用(respiration)是植物新陈代谢的中心环节,它不仅为植物大部分生命活动提供能量,同时其很多中间产物是合成多种重要有机物的原料。污染物通过植物新陈代谢过程,参与并影响其生化作用过程,从而对呼吸作用产生促进或者抑制效应。线粒体是植物体内呼吸作用的场所,其呼吸作用可为有机体提供 90% 的 ATP 能量。有研究显示,低浓度的重金属(如 Cd、Pb 等)能刺激植物呼吸酶和三羧酸循环过程,随着重金属浓度提高,酶活性受到抑制,呼吸作用下降。

3. 对水分代谢的影响

水是活的植物细胞中含量最大的组成成分,是制约陆生植物分布和生长情况的主要环境因子之一。植物的水分代谢是指植物从土壤中吸收水分,在植物体内运转,最后散失到大气中的过程,也就是植物与环境不断进行水分交换并加以利用的过程。

植物吸收的水分,大部分作为植物吸收和运输物质的溶剂。各种无机营养物质只有溶解在水中后才能被根部主动和被动的吸收,并运输到植株各处。一部分水进入细胞液泡并储存,能创造和调节适宜的内环境(如 pH、温度、离子的生理浓度等),而且可在干旱时作为应急水分而加以利用,同时大量的水以蒸发的形式释放出来,从而能防止植物因干旱或阳光灼伤而伤害幼嫩的分生组织及植物体的其他组织;一部分作为植物体组织的组成成分;还有一部分是合成及水解等生理生化反应的参与物(如光合作用等)。环境污染对植物水分代谢的影响与根系的伤害程度密切相关。影响机制包括降低植物根系对水分的吸收和传输,以及植物细胞的持水能力。污染物对植物的水分代谢主要表现在三方面:

(1)降低土壤水分的有效性,减少植物对水分的有效吸收。在很多污染环境中,土壤环境中溶质离子浓度远远大于植物体内离子浓度,使植物根部的水分外渗。高离子浓度时能够使细胞大量失水,发生质壁分离,甚至能使细胞膜破裂。另外,pH 升高或降低也能影响根部对水分的吸收。

(2)影响植物的呼吸作用,使植物水分吸收能力下降,引起生理性干旱。有研究表明,植物对水分的吸收需要能量的参与,很多污染物能显著抑制植物呼吸作用,从而降低能量的产生,使植物根系不能有效地吸收土壤中的水分。如氰化物,重金属离子都能通过抑制呼吸作用而引起植物对水分吸收能力的下降。

(3)损害叶片,降低蒸腾作用。植物主要靠根压和蒸腾拉力来吸收水分,但当空气中 SO_2 等气体过多时,将灼伤叶片或使保卫细胞失水而关闭,减少甚至停止蒸腾作用。

4. 对植物营养吸收的影响

植物是地球上唯一能够利用和同化光能,吸收无机养分并进而转变为有机物的自养生物,而根系是植物吸收无机养分的主要器官。环境污染影响植物对营养的吸收,其中一个重要的方面就是影响植物对无机养分的吸收。污染对植物吸收营养的影响主要表现在四方面:

(1)污染物改变土壤环境的 pH,降低植物对营养吸收的平衡性和有效性。通常在土壤环境中的 pH 低于 4 或高于 9 的条件下,植物的正常代谢过程受到破坏,影响根系对矿质的吸收。一方面,pH 的改变影响根表面所带电荷而使离子吸收受到影响。pH 较低时,土壤溶液中 H^+ 浓度增加,影响根表面羧基的解离,而使正电荷加强,阴离子吸收量增多;土壤溶液 pH 较高时,则根表面的负电荷加强,阳离子吸收量增多,阴离子吸收量减少。另一方面,pH 的改变对植物吸收养分存在间接影响,土壤 pH 影响溶液中养分的有效性。N、P、K、S、Ca、Mg 等在土壤 pH 为中性时有效性较高,而 Mn、B(硼)、Cu、Zn 等在微酸性反应时有效性较高,Fe 在酸性反应时有效性较高。因此,一般作物生育最适 pH 是 6~7。大部分污染物能影响土壤溶液 pH,如 SO_2、NO_x、HF 等酸性物质,能显著地降低土壤溶液 pH,部分有机污染物则显著地提高土壤溶液 pH。

(2)污染物改变土壤微生物和酶的活性,从而影响无机养分的可利用性。有研究表明,土壤酶活性与添加 Pb 浓度呈显著的负相关,如蛋白酶、蔗糖酶、β-葡萄糖苷酶、淀粉酶等。土壤微生物和酶活性的变化影响土壤中部分元素的释放态含量。

(3)污染物抑制植物根系的呼吸作用。部分营养元素的吸收是靠主动运输获得的,这是一个需能的过程,而能量靠根部细胞呼吸作用获得。污染物可通过影响根系的呼吸作用,间接影响养分的吸收。

(4)重金属通过元素之间的颉颃作用影响植物对某些元素的吸收。大量研究表明,Zn、Ni、Co、Pb 等元素能严重妨碍植物对 P 的吸收;Al 能使土壤中 P 形成不溶性的磷酸铝盐,影响植物对 P 的吸收;As 能影响植物对 K 的吸收。

5. 对作物品质的影响

进入植物体的污染物,如农药、重金属硝酸盐等对人畜有害的物质,能沉积在作物的可食部分,降低农产品的内在质量。此外,污染物还影响植物体内各种维生素、蛋白质的合成及淀粉等糖的合成。如小麦、玉米等受 SO_2 污染后,总 N 和蛋白质含 N 量均下降。

Cd 的累积影响植物蛋白质的含量。如在低于 5 mg/kg 浓度的 Cd 处理下,Cd 能刺激植物体内必需氨基酸含量的增加,但是当 Cd 处理浓度大于 5 mg/kg 之后,必需氨基酸含量随处理浓度的增加呈现负相关变化,而且含量低于对照。这是因为 Cd 既可能与氨基酸、蛋白质相结合而对其合成产生直接作用;也可能通过干扰蛋白质合成系统的 Mg 和 K 而对其合成产生间接的作用;还可能直接以 DNA 为靶,限制其复制、转录和表达,从而影响蛋白质的合成。Cd 的累积也影响植物淀粉的含量。Cd 阻碍了蔗糖转化为腺苷二磷酸葡萄糖(adenosine diphosphate glucose, ADPG)或尿苷二磷酸葡萄糖(uridine diphosphate glucose,UDPG)的淀粉合成途径,从而使植物果实、根部的淀粉含量减少。如在 Cd 污染下,蚕豆淀粉含量下降,使叶片部分可溶性蔗糖的含量增加,不仅如此,Cd 也阻碍了叶片部分可溶性糖的运输,阻止了多糖淀粉的合成。这在高等水生植物中尤为明显。

三、 污染物对动物新陈代谢的影响

存在于水体、大气、土壤中的污染物能通过食物链、呼吸作用及动物体表面等途径进入动物体。污染物进入动物体内后,会使动物的生理生化受阻,影响其健康甚至致死。这里以呼吸作用、物质吸收为例说明污染对动物新陈代谢的影响。

1. 对呼吸作用的影响

呼吸作用是一个把能量从高能化合物里释放出来的过程,是生命活动的能量来源。污染物能抑制呼吸作用,主要体现在对 O_2 的运输、糖酵解过程、三羧酸循环及电子呼吸链的能量传递转化几个方面。

(1)影响 O_2 运输。在一般高等动物中,向组织细胞运输 O_2 的是红细胞。红细胞的血红蛋白是能与 O_2 结合的含铁蛋白。而污染物能与一些高等动物的红细胞结合,改变其结构,或与 O_2 竞争,降低血液的输氧能力,导致细胞和组织缺氧。例如,当鱼类受到 Pb、Hg、Zn 的毒害时,能抑制鱼类血红蛋白的合成,影响鱼类的输氧能力。用亚致死剂量的 Cd 处理鲽鱼,鲽鱼有明显的贫血反应。硝酸铅能使血浆中 Na^+ 和 Cl^- 明显增加,血糖降低;甲基汞使红细胞、血浆中的 Na^+ 和 Cl^- 明显增加;硝酸盐进入人体后,能转变为 NO_2^-,NO_2^- 能和血红蛋白中的 Fe^{2+} 结合,使 Fe^{2+} 变成 Fe^{3+},血红蛋白失去携带 O_2 的能力,使机体缺氧。Pb 等重金属能干扰亚铁螯合酶,使细胞和线粒体对 Fe 的摄取量和利用率下降,这将干扰卟啉对 Fe 的螯合,抑制血红素的合成,使血液向机体输 O_2 的能力降低,呈缺 O_2 的趋势。

(2)干扰糖酵解过程。有的污染物能干扰糖酵解过程中的酶,使糖酵解受阻。糖酵解是生物进行糖类代谢从而获得能量的初始起点,不需要 O_2 的参与,但是需要很多酶的催化才能进行。重金属和类金属能抑制糖酵解过程中一些酶的活性,使糖酵解过程受到抑制。Cd 能使小鼠肝脏内葡萄糖-6-磷酸酶的活性受到抑制,阻断了后边的反应。而 As^{3+} 作用于小鼠的实验显示,糖酵解过程各个反应步骤的产物中,丙酮酸的含量比正常时明显低得多,表明 As^{3+} 能明显抑制丙酮酸氧化酶的活性。污染物对糖酵解的抑制,能间接地影响后边的无氧呼吸及有氧呼吸的三羧酸循环(tricarboxylic acid cycle,TCA cycle)等过程。

(3)干扰三羧酸循环中的底物和酶。三羧酸循环是有氧呼吸中的主要部分,是糖类彻底释放能量并存贮在烟酰胺腺嘌呤二核苷酸(nicotinamide adenine dinucleotide,NAD)、黄素腺嘌呤二核苷酸递氢体(flavine adenine dinucleotide,$FADH_2$)、鸟苷三磷酸(guanosine triphosphate,GTP)中的过程,其中很多反应都是酶促反应过程。污染物能对三羧酸循环中的底物和酶产生干扰,影响烟酰胺腺嘌呤二核苷酸、黄素腺嘌呤二核苷酸递氢体、鸟苷三磷酸这些高能化合物的产出。而且,由于三羧酸循环是糖类、脂肪和蛋白质等多种重要生命物质代谢的中心环节,所以

对三羧酸循环的影响也间接地影响了这些重要的代谢过程。Cr^{6+}作用于小鼠的实验中,该重金属能导致小鼠肝脏内琥珀酸脱氢酶活力显著下降,影响三羧酸循环的进一步进行。As^{3+}也能影响三羧酸循环中琥珀酸脱氢酶的活性,使黄素腺嘌呤二核苷酸递氢体的产出量大大减少,从而影响最终 ATP 的生成。

(4)阻断电子呼吸链。有的污染物如叠氮化合物、氰化物等能阻断电子呼吸链,影响烟酰胺腺嘌呤二核苷酸、黄素腺嘌呤二核苷酸递氢体等产生 ATP 的过程,使机体中各种代谢反应缺少能量支持而受影响。

2. 对营养物质代谢的影响

动物生命活动需要很多元素的参与,污染物影响动物对营养元素的吸收、转运和分配,从而影响动物的生理生化机能。

这里以 Ca 为例。有机氯农药能使许多鸟类蛋壳变薄,例如,DDE 能抑制输卵管内的碳酸酐酶与 ATP 酶的活性,阻碍 $CaCO_3$ 在卵壳上的积累。原因是输卵管内 Ca 的贮量有限,要靠 ATP 酶的作用,使 Ca 能从血液中得到补充;同时输卵管内壳腺放出的 CO_2 与水结合,经过碳酸酐酶的作用变为 H_2CO_3,再与 Ca^{2+} 作用合成 $CaCO_3$。如果 ATP 酶和碳酸酐酶被抑制,$CaCO_3$ 的形成将受到阻碍。此外,Cd^{2+} 等二价重金属离子能破坏 Ca 泵,影响 Ca 的沉积,或取代 Ca,部分沉积在动物体骨骼等部位,导致骨痛病。以骨质软化症为主的骨痛病是主要病例,还有骨质疏松症。Ca 影响成骨代谢,也可能影响骨芽细胞形成障碍。

3. 对神经活动的影响

神经系统是动物区别于植物、能够灵敏感应外界环境的功能体系,构成这个功能体系最重要的物质基础就是神经递质。长期的污染将引起神经系统严重受损。

乙酰胆碱是神经突触传递信息的一种神经递质,在动物体内维持着一定的水平。环境中污染物进入动物体,抑制胆碱酯酶的作用,从而影响神经系统的功能。例如,有机磷农药对胆碱酯酶产生抑制作用,是因为有机磷农药分子中具有亲电子性磷原子和带有正电荷的部分,其正电荷部分与胆碱酯酶氨基酸残基的侧链结合,亲电子性磷原子与活性中心酯解部分(丝氨酸残基的羧基)结合,形成磷酰化胆碱酯酶,从而使酶失去分解乙酰胆碱的作用,引起一系列的神经系统中毒。

化工废物中的 Hg 或农药中的 Hg,如果以有机汞的形式被人体吸收,则能随血液循环进入脑部,并在脑部积累。进入脑部的甲基汞衰减缓慢,能引起神经系统的损伤及运动的失调等,严重时能疯狂痉挛致死。主要原因是甲基汞能抑制神经细胞膜表面的 Na^+,K^+-ATP 酶活性,这种酶受到抑制后将导致膜去极化,从而影响神经细胞之间的神经传递。另外,甲基汞也能使有髓神经纤维出现鞘层脱节和分离,影响神经电信息传递的进程和速度。此类中毒的事件中典型的有日本的水俣病事件。

DDT 等有机氯污染物可以作用于神经轴索膜,使膜对 Na^+ 和 K^+ 的通透性发生改变,因此 DDT 的毒性作用与神经膜的离子通透性改变有关。

四、污染物对微生物新陈代谢的影响

微生物广泛存在于环境中,其中以土壤中分布较多,是大自然中数量和种类庞大的分解者。

微生物因代间短,繁殖快,代谢活跃等特性,是土壤生态系统物质循环和能量转换的重要参与者,是土壤有机组分和生态系统中最活跃的部分,几乎参与土壤生态系统内所有的物质循环和能量流动等过程,具有维持土壤生态系统的正常有序运转,净化缓冲土壤重金属污染等多方面的功能。

污染物对微生物新陈代谢的影响,主要表现在土壤生物性质的变化上,这种变化多体现在土壤酶活性、硝化和反硝化作用及土壤呼吸作用等几个方面。

1. 对土壤酶活性的影响

土壤酶是存在于土壤中、具有生物酶催化功能的蛋白质体系。土壤酶部分来源于植物根系的分泌物和土壤中的有机残体,但主要来源于微生物的生命活动。土壤酶根据功能可归为氧化还原酶类、转移酶类、水解酶类和裂合酶类等几种,是土壤物质转化中起关键性作用的酶库,所以污染物对微生物的影响能使土壤酶的活性发生变化。土壤酶对抑制作用更为敏感,且活性变化影响土壤肥力,直接影响作物的生长。

研究发现大多数污染物能使土壤酶活性水平下降。莠去津对土壤酶具有抑制作用,如使用莠去津的果园土壤磷酸酶、β-葡萄糖苷酶、蔗糖酶和脲酶活性下降50%以上。重金属对土壤酶活性的影响多表现为抑制作用,其抑制机理可能是重金属与酶分子中的活性位点结合,使酶失活,或产生了与底物竞争性的抑制作用,或通过抑制土壤微生物的生长和繁殖,减少体内酶的合成和分泌,从而导致了酶活性的下降。研究表明与土壤 C 循环有关的酶(脲酶、芳基硫酸酯酶)受重金属胁迫较小,与土壤 N、P 和 S 等循环有关的酶,如碱性磷酸酶等受重金属胁迫影响十分显著。Cu、Pb、Zn、Cd 复合重金属污染可降低土壤脱氢酶、酸性磷酸酶和脲酶的活性。重金属对土壤酶的影响与重金属种类也有关。如 Cu 对蔗糖酶和酸性磷酸酶具有明显的抑制作用,Zn 抑制蔗糖酶和脲酶活性,Cd 对上述三种酶均有明显抑制作用,而 Pb 只抑制蔗糖酶活性,对其他两种酶的作用不明显。但低浓度的重金属对酶活性有促进作用,如 Hg 浓度小于 2 mg/kg 时,土壤中脲酶、酸性磷酸酶和脱氢酶活性升高,而在浓度高于 2 mg/kg 时则下降。

有些污染物能刺激某些土壤酶的活性水平。如土壤中石油烃类存在的量与土壤蔗糖酶的活性密切相关,石油烃类残留量增加,则土壤蔗糖酶的活性增加;残留量降低,则土壤蔗糖酶的活性降低。

2. 对硝化作用和反硝化作用的影响

微生物把土壤中有机残体分解后,释放出 NH_4^+,在硝化作用下能转化为 NO_2^- 和 NO_3^-,这个过程是硝化过程。另外,土壤中无机离子 NO_2^- 和 NO_3^- 也能通过反硝化作用和氨化作用而转化成 NH_4^+。土壤中污染物的存在能影响微生物的这些活动,对土壤硝化和反硝化作用的生态效应依赖于微生物种类、污染物种类,同时还受土壤环境因素的制约。

土壤中具有硝化作用的微生物有土壤杆菌、芽孢杆菌、曲霉和青霉等,它们硝化和反硝化作用的活动受环境 pH 的影响。而有些污染物的影响也与环境 pH 有关。一方面,一些污染物能直接改变土壤环境的 pH,从而直接影响其活动。另一方面,环境 pH 能影响一些污染物对微生物活动的影响效应。例如,杀虫剂对硝化作用的抑制一般发生在偏酸性(pH<7)的土壤中,原因是杀虫剂对生长于酸性环境中起硝化作用的微生物有选择性抑制。西马津和4-羟基-3,5-二碘苯甲腈,在碱性土壤中阻碍硝化作用,在酸性土壤中却能促进硝化作用过程,一方面证明土壤环境条件对硝化过程的影响,另一方面也提示人们在不同的酸碱条件下,在土壤硝化作用中起

主导作用的可能是不同的微生物种类。

大多数杀虫剂和除草剂在正常施用情况下对微生物的硝化作用影响较小,但是有些杀真菌剂和熏蒸剂能强烈地抑制这个过程。大多数农药在推荐田间施用量范围内对 N 的矿化和硝化作用没有影响,高于推荐施用剂量时有时能产生低于 25% 的抑制;而溴甲烷和三氯硝基甲烷等土壤熏蒸剂对硝化作用有显著影响。部分有机污染物(如五氯酚)对土壤硝化作用的抑制非常明显,在浓度高于 40 mg/kg 时就能产生显著的抑制作用。

污染物对土壤反硝化作用的影响与对其硝化作用的影响相类似。大多数杀虫剂对反硝化过程无持久的抑制作用。只有在高剂量时才产生抑制,但是西维因(carbaryl)在低浓度下就能产生显著的抑制。

重金属等无机污染物对土壤硝化和反硝化过程有显著的影响。当 Cd 浓度达 54.1 ~ 61.7 mg/kg 时,土壤中 NO_2^- 明显积累,因此从 NO_2^- 转化为 NO 的过程比 NO_3^- 的减少更为敏感。在 Cd、Cu、Zn 和 Pb 中,Cd 对反硝化作用的抑制最为明显,而 Pb 几乎没有影响。

3. 对土壤呼吸作用的影响

土壤中各种物质的生物转化是以呼吸作用提供能量作为保证的。污染物对土壤微生物呼吸作用的影响因污染物和微生物种类而异。杀虫剂对呼吸作用几乎没有抑制作用,在一定条件下甚至起促进作用。如有研究表明土壤微生物的氧气消耗速率随有机磷浓度的增加而增加。对除草剂 2-甲基-4-氯苯氧乙酸(MCPA)进行研究表明,在连续使用 7 年后土壤呼吸作用无影响。广谱杀菌剂能在短时间内强烈抑制呼吸作用,但是经过一定时期后,随土壤中污染物浓度的降低,土壤呼吸作用可以较快地恢复。

第二节　污染对生物正常生命活动的影响

污染影响了生物的生理生化过程,干扰了生物的新陈代谢活动,自然也就影响了生物的正常生命活动。生命活动改变是污染影响新陈代谢的后果,生物新陈代谢改变是生命活动受损的原因。

一、 污染对植物正常生命活动的影响

环境污染影响和干扰植物的正常新陈代谢活动,引起生理上的病变,致使植物的组织受损,生长发育变缓甚至停滞,生命周期缩短或导致植物死亡。

1. 污染对植物生长发育的影响

植物是地球上广泛存在的生物类型,因其相较于动物不能自由移动,因此更容易受到污染物的侵害。

(1) 污染对植物激素的影响。植物激素(phytohormone)是影响植物生长方式的重要物质,是由植物自身产生的化学信使。目前,主要有五种或五组植物激素。赤霉素(gibberellins)促进生长,特别是茎的延长和果实及叶子的形成。生长素(auxins)通过刺激细胞伸长来促进生长,它们控制植物向光的弯曲。实践中,人们用它们来刺激植物插枝形成根。生长素是由植物生长

尖端产生的,并通过植物向下扩散。修剪植物去除植物生长激素形成的尖端,有利于侧芽的形成。发育中的种子产生生长素,刺激果实的形成。只有一种天然存在的生长素吲哚-3-乙酸,它的化学性质与色氨酸相似。然而,许多合成的类似物已经被开发出来,包括除草剂2,4-二氯苯氧乙酸(2,4-D)和2,4,5-三氯苯氧乙酸(2,4,5-T)。细胞分裂素(cytokinins)通过刺激细胞分裂来促进生长。它们对植物细胞的分化有影响。采摘后变黄的叶子可以通过细胞分裂素的处理保持更长时间的绿色。化学上,它们是腺嘌呤的衍生物。脱落酸(abscisic acid)的作用与其他一些激素相反,它抑制生长和发育。它是在水分胁迫期间产生的,导致气孔关闭,从而抑制光合作用。它引起种子胚胎休眠,使其不过早发芽。它还刺激一些过程,如使蛋白质储存在种子中。乙烯(ethylene)是简单的碳氢化合物($H_2C=CH_2$),它能促进果实的成熟和果实、叶子及花朵的掉落。作为一种气体,它被植物和成熟的水果释放到空气中。此外,植物受伤时也会释放它。

环境中滥用的除草剂影响植物生长或光合作用。其中,苯酚模拟天然植物生长激素。尿素除草剂抑制光系统 II,阻止 ATP 和还原型烟酰胺腺嘌呤二核苷酸磷酸(nicotinamide adenine dinucleotide phosphate,NADPH)的形成。精喹禾灵和百草枯抑制光合作用。二硝基酚用于杂草控制,它们在呼吸中解除氧化磷酸化,导致代谢活动失控。有些则选择性地针对单子叶或双子叶植物。

(2)污染对植物光周期的影响。污染物影响植物光周期,从而影响植物正常的生命活动。植物的光周期现象,即黑暗的时长控制着植物开花的时间。植物表现出以下三种光周期行为之一:① 短日照植物只有在夜间时间超过一个关键时期才会开花,不同植物的这种情况有所不同,例如菊花和草莓。短日照植物在早春或秋天开花。② 长日照植物需要的黑暗时间少于某些临界值,往往在夏季开花。菠菜、莴苣和一些品种的土豆和小麦是长日照植物。③ 日中性植物,如黄瓜、向日葵、水稻和玉米,它们不受光周期的控制。光周期是由一种叫作光敏色素的膜结合蛋白复合物控制的,光敏色素是光的探测器。植物也使用光敏色素来检测光线是否完全消失,比如植物是否被其他植物或倒下的原木遮蔽。

植物的叶也显示出 24 h 的运动周期,即使白天的光线消失了,叶的运动仍然能够持续。有些植物在早晨开花,还有一些在晚上折叶。在没有光照的情况下,时间是不精确的。时间从 21 h 到 27 h 不等,这些周期被称为昼夜节律,也被称为生物钟。目前已知昼夜节律存在于所有真核生物中,包括动物。然而,它们在原核生物中是不存在的。

有研究发现短日照的牵牛在低营养逆境中,营养生长停止并在长日照条件下开花结实,且产生可育后代,作为特殊的非生物胁迫因子,重金属胁迫阻碍植物水分运输,导致植株失水,C、N 等基本代谢紊乱,植物激素合成受到抑制,通过颉颃或协同作用造成植物体内营养元素失调从而影响植物成花。非生物逆境胁迫会导致作物生长迟缓或停滞,植物生殖发育的转变异常,花期不遇等现象,引起作物严重减产。如 Cu 处理推迟凤仙花和天竺葵的开花期,影响植物花器官的分化。Cr 胁迫会推迟水稻抽穗期,减少每穗的颖花数等。

2. 污染对植物繁殖扩散的影响

繁殖扩散是植物保持种群数量和质量的重要生命活动,污染对繁殖扩散的影响直接影响了植物种群、群落,乃至生态系统的稳定。

植物开花时间的调节是适应逆境胁迫的重要机制,在正确的时间开花能使植物达到最强的适应性和繁殖能力。植物受外源(光周期和温度等)和内源(年龄和激素水平等)信号刺激,通过复杂的遗传网络控制诱导或抑制植物开花。目前确定存在光周期途径、春化途径、环境温度途径、自主途径、赤霉素途径和年龄途径等至少6条调控开花的信号途径。当遭遇如干旱、高盐、低温和高光强等非生物胁迫时,生理过程会发生改变来适应逆境环境引起的细胞损害,同时有些植物提前从营养生长转向生殖生长,使植物早花或晚花,这种开花现象被称为"逆境诱导开花"。植物在遭遇逆境胁迫时会产生应激反应,通过调节自身的生长和发育进程来响应外界环境变化尽快开花结实,且可产生可育种子。"逆境诱导开花"与已发现的开花调控途径不一样,有其自己的特点。开花由极其复杂的网络信号传导途径调控,这些信号途径彼此独立又相互连接,形成一个复杂的正反馈与负反馈调控网络。有研究表明,低浓度的Pb、Zn胁迫可促进蓖麻雌性花的分化,始花期提前;而高浓度的Pb、Zn单一和复合胁迫抑制植物生殖生长,推迟开花。此外,大量研究证明,重金属影响植物有性繁殖和延迟植物开花。当植物种子中的重金属含量达到一定浓度时,它的萌发可能会受到抑制。

芦苇是典型的多年生克隆植物,主要通过母株茎基部芽生成根茎并延伸形成地下根茎网和芽库,茎基部芽和地下芽输出成子株来维持种群稳定和繁衍。芦苇的根茎节芽几乎不向上生长形成子株,主要进行水平生长产生次级根茎。水层条件下,Pb胁迫导致芦苇的分蘖节子株数增加,形成了集群生长模式;胁迫后期,芦苇的根茎节芽、顶芽、根茎顶子株数和根茎伸长的增加比例均大于胁迫中期,说明芽、子株和根茎生长出现了补偿生长现象。这两种策略(集群和补偿生长)维持了芦苇种群稳定。

📖 资料框 4-2

除草剂和空气污染对植物的影响

除草剂2,4-D和2,4,5-T是二噁英污染的除草剂"橙剂"(agent orange)中的有效成分,美军用于越南战争中对森林的破坏。现在,2,4-D仍然用于家庭阔叶除草,因为双子叶杂草(如蒲公英)对它更敏感。它们的作用是使植物生长失控,堵塞韧皮部。还有一种重要的除草剂是草甘膦,它虽然对动物无毒,但能有效杀死所有植物。它的作用是阻断一种参与芳香族氨基酸生产的单一酶的作用。空气污染物包括直接排放到大气中的物质(如CO、SO_2和NO_x)和其他污染物在大气中反应形成的物质(O_3和NO_2)。S和N的某些种类对酸雨和干沉降有促进作用。

植物对NO_2的吸收和反应类似于SO_2。植物可以利用大气中的NO_2,并通过以下途径吸收它们:

$$NO_x \longrightarrow NO_3^- \longrightarrow NO_2^- \longrightarrow NH_3 \longrightarrow 氨基酸 \longrightarrow 蛋白质$$

该途径可以与碳同化竞争NADPH。有毒作用可由氨的积累及其他机制引起,如不饱和脂肪酸的氧化。

SO_2通过气孔分子扩散进入植物叶片。光合作用和蒸腾作用因短期低浓度暴露而增加,但因长期或高浓度暴露而减少。由此产生的亚硫酸盐和亚硫酸氢盐对植物有毒。不管有没有酶,它们都可以被氧化成毒性较小的硫酸盐,但会形成具有破坏性的自由基。影响包括褪绿(叶绿素损失)和坏死,以及磷代谢和光合作用的变化。这种影响是高度依赖物种的。大气硫酸盐也是酸性沉积的一个贡献者。

二、污染对动物正常生命活动的影响

动物以其独特的生命形式生活在地球上，各种生境中都能见到其身影。污染物对动物的影响主要通过觅食、呼吸等产生，并通过食物链完成污染物在体内积累的过程。例如，重金属污染物因其难降解、半衰期长等特性，能在环境中长期滞留，重金属进入动物体后，不易排出，逐渐富集，当超过动物体的身体负荷时，就会引起生理功能病变，导致疾病。污染物可在生物层次的多个层次上产生影响，从生理生化、细胞到种群，乃至生态系统。

1. 污染对动物生长发育的影响

污染物的毒性作用模式会导致许多后果，这就是所观察到的毒性效应。有毒物质对动物的影响可以是直接的、诱导的或间接的。间接效应（indirect effects）指对生物体的损害是由中间影响造成的，例如，对环境的物理或化学变化，或由于食物、住所的损失。诱导效应（induced effects）是指有毒物质使生物体易受其他环境力量的影响，如传染病或捕食。直接效应（direct effects）是那些不需要中间影响的影响，例如对组织和器官造成损害并可能导致其死亡的有毒物质。还有一种区分毒性作用的方法是将其分为急性或慢性、致死或亚致死。急性效应（acute effects）是指那些在短时间内迅速发展的效应，通常在几小时到几天内，而且是由一次或几次暴露引起的。急性影响通常与死亡率有关，但不一定如此。慢性效应（chronic effects）是指潜伏期长（从接触到效应发生之间的一段时间）的效应。它们往往是由于多次暴露于较低剂量而不会产生急性效应的结果。由于潜伏期较长，在实验室研究慢性效应天生就比较困难。致死效应（lethal effects）是指那些导致生物灭绝的效应。致死率通常意味着死亡，但也可以表示繁殖停止。亚致死效应（sublethal effects）包括生物化学、生理学、组织学（细胞结构）、繁殖或行为的变化。

重金属是分布广泛的污染类型。在研究中，人们发现 Cd 对动物体的肝脏、肾脏、脾、骨骼、胃肠道和生殖系统等均具有损害作用，并能产生免疫抑制，有强致癌性。Pb 对动物体的消化系统、泌尿系统、神经系统、免疫系统、造血系统、生殖系统和内分泌系统等均具有毒性作用，其中肝脏、肾脏和脑是 Pb 发挥毒性作用的靶器官。已有越来越多的研究集中于环境重金属污染对动物体的生态毒理效应，研究表明环境重金属污染会诱导动物体 DNA 损伤、酶活性变化、生长发育迟缓、畸形率升高、存活率下降、个体捕食和逃避天敌的行为迟钝、物种丰富度和种群数量下降等。

（1）污染对胚胎期发育及生殖的影响。污染的影响根据动物的生命阶段而有很大的不同。例如，在环境中发现的 DDT 对成年脊椎动物几乎没有毒性，然而它会导致鸟类的蛋壳非常薄，以至于蛋不太可能存活足够长的时间来孵化。污染的浓度效应和复合污染也是研究其毒性效应的关键。例如，毒死蜱、乙草胺和 Pb 的单剂及混剂均对热带爪蟾胚胎产生致畸作用，且随着浓度的升高，死亡率和致畸率均显著升高。首先，典型的胚胎致畸表型为：① 头部畸形，头部变小，眼睛变大或变小，黏液腺转移；② 腹部畸形，腹部水肿，躯干扩大或拉长；③ 泄殖腔畸形，泄殖腔水肿或拉长；④ 尾部及体轴畸形，尾巴短小、弯曲及体轴弯曲。其次，毒死蜱-乙草胺-Pb复合污染处理组的存活率显著低于单剂和二元复合污染处理组；毒死蜱、乙草胺及 Pb 单剂处理组的致畸分数分别高于其复合污染组；毒死蜱、乙草胺和 Pb 的二元及三元复合污染处理组降低了单剂处理组的毒性。

能引起突变的物质被称为诱变剂。突变会导致遗传性疾病、出生缺陷或癌症。除了突变外,还可能发生其他类型的遗传损伤,包括染色体改变,如染色体破裂或染色体数目的改变,或在正常细胞复制过程中 DNA 的不精确复制。所有这些都可能是由有毒物质引起的,其结果通常比突变更为严重。出生缺陷是胚胎的异常发育,表现在结构或功能上。诱变剂的作用剂量范围很窄,此外,当暴露时间在妊娠期较短的时间跨度内与器官形成的时间相对应时,它们会优先诱发。

（2）污染对成体生长的影响。污染对于动物的影响有着复杂的条件和机制,即使暴露在相同的毒素下,个体的反应也不尽相同。形成这种差异的原因包括遗传、营养、年龄、性别、代谢活动水平、生命阶段或暴露史导致的损伤、致敏和酶诱导等。例如,幼龄动物对毒素的敏感性通常是成年动物的 1.5～10 倍,可能是免疫或解毒机制不完善所致。马拉硫磷对新生鼠的毒性大约是成年鼠的 28 倍。动物的性别也会有很大的影响。例如,雄鼠比雌鼠对氯仿更敏感,可能是因为雄鼠的细胞色素 P450 浓度高得多。雌性大鼠比雄性大鼠对某些有机磷农药更敏感。然而,阉割和激素处理可以使雄性更加敏感。

许多非生物因素影响污染物的毒性。例如,在水生环境中,值得注意的因素包括 pH、温度、溶解氧含量、盐度、碱度和水的硬度。事实上,所有这些因素可能同时产生影响,这使得毒性数据在实际应用中变得非常复杂。在大多数情况下,研究都是针对急性毒性,关于这些因素对慢性毒性的影响,我们知之甚少。研究表明,pH 在 6.5 到 9.0 之间被认为是对鱼类无害的。pH 与弱酸和弱碱(如氰化物、硫化氢或氨)的毒性强度相互作用,通过改变电离和非电离形式之间的平衡来影响污染物的毒性。例如,总硫化物在 pH 为 6.5 时,LC_{50} 为 64 mg/L;在 pH 为 8.7 时,LC_{50} 为 800 mg/L。因此,这种未游离形式的毒性大约是离子的 15 倍。

水的硬度(H)主要是由于溶解的 Ca 和 Mg 形成的。软水是用 $CaCO_3$ 浓度表示的小于 75 mg/L 的水,超过 300 mg/L 的 $CaCO_3$ 浓度被认为是非常硬的水。地表水趋于柔软,而世界上河流的中等硬度为 50 mg/L。来自石灰岩地区的地下水硬度为 350～380 mg/L。金属盐在硬水中比在软水中毒性小。例如,对鲑鱼而言,Cu 的 LC_{50} 与硬度(mg/L)之间发现了很好的相关性如式(4-1)所示:

$$LC_{50} = 0.003\ 4H^{0.91} \tag{4-1}$$

基于这些简单的相关性,我们认为膜渗透性受到 Ca 的影响。然而,如果测试是在 pH 和碱度的组合不同于通常在自然界中的条件下,那么这种简单的相关关系就消失了。观察到这种关系,似乎是因为在天然水中硬度和碱度同时变化。现在认为是碱度与 pH 相互作用,这是由于金属离子、氢氧根离子、碳酸盐离子之间的平衡形成了各种配合离子。例如,Cu 在溶液中至少会形成 7 种形态,每一种都可能有自己的毒性。

在自然界中,激素是动物行为的促进剂。如今发现许多人造化合物与雌激素的作用相似:异雌激素、内分泌干扰物或环境雌激素。其中包括氯化农药阿特拉津、氯丹、滴滴涕、硫丹、雌酮和甲草胺,以及二噁英和一些 PCBs 同族物。

组织学效应(histological effects)是指在显微镜下观察到的,细胞和组织水平上的结构和功能变化。这些影响比死亡率或行为变化更能反映毒性。特定毒素倾向于以特定器官或器官系统为目标。肝脏和肾脏是毒性活动的常见目标,因为它们具有解毒作用和大的血流。皮肤、眼睛、肺和消化道容易受到反应性毒物的伤害,因为它们是有机体最先进入的部位。神经系统既具有独特的保护作用,又具有脆弱性。

2. 污染对动物繁殖扩散的影响

污染对动物的影响,除了个体的影响外,还会在种群层面产生效应,这种影响涉及种群的数量、性别、年龄结构等方面。在群落构成和生态系统的平衡方面,污染也起着不容忽视的作用。

(1) 污染对动物种群的影响

在污染对陆生脊椎动物的影响中,鸟类对杀虫剂特别敏感,其 LD_{50} 值通常小于100 mg/kg。然而亚致死效应是最令人担忧的,特别是鸟类繁殖对有机氯杀虫剂非常敏感。最著名的影响是由于 DDT、其代谢物 DDE 和狄氏剂等造成蛋壳变薄。这些影响会阻止鸟类的胚胎存活和孵化。还有许多其他的生殖影响,包括直接胚胎毒性和异常的亲本行为,如成鸟破坏卵。受这些影响最为突出的是猛禽,由于有机氯杀虫剂的生物放大,白头海雕(Haliaeetus leucocephalus)和鹗(Pandion haliaetus)经历了严重的数量下降。一方面,由于动物在 PCBs 中典型的低暴露,亚致死效应在哺乳动物中比致死效应更重要,其影响包括肝肿大和损害、生长减少、免疫抑制和肝酶诱导增加氯化程度。PCBs 会引起大鼠肝脏肿瘤,但在哺乳动物中不会致突变或致畸。另一方面,鸟类表现出 PCBs 致畸、蛋壳变薄和胚胎毒性。PCBs 的致癌效力也因氯的数量而异。含有五个氯的分子效力最高,而那些含有六个氯的分子只有一半的效力。中国学者在甘肃白银重金属污染区对花背蟾蜍的研究发现,在环境重金属污染胁迫下,花背蟾蜍体内重金属发生显著富集,体况下降、抗氧化水平降低、波动性不对称水平升高;花背蟾蜍种群生活史性状发生显著改变,主要表现在性成熟个体大小减小、窝卵数增加、卵体积减小、性成熟年龄减小;花背蟾蜍种群繁殖对策发生了较大变化,表现为在生存与繁殖的权衡中选择繁殖优先于生存,而在后代数量与质量的权衡中选择数量优先于质量。

污染在水环境中的作用也不容忽视。PAHs 是含有两个或两个以上苯环的芳烃,它们被环境中的土壤和沉积物颗粒强烈吸收,甚至可以通过风运输到很远的地方。在水生环境中,PAHs 在沉积物中最集中,在水体中最少,在生物体中居中。一些细菌和真菌可以矿化一些 PAHs,真菌和一些动物利用细胞色素 P450 体系羟基化 PAHs 生成二醇。但哺乳动物中这种转化的某些中间产物有致癌作用。研究表明,在鱼体内注射 PAHs 可在数天内诱导细胞色素 P450 活性增加数倍。PCBs 在极低的浓度下对某些物种显示慢性毒性,这可能造成重大的种群影响。当PCBs 浓度低于 4.4 μg/L 时,三文鱼的孵化率、存活率和生长均下降;19 μg/L 的 PCBs 可使水蚤细胞数量增长减少 50%。此外,多氯联苯(Aroclor 1242)在10~25 μg/L的环境下降低浮游植物净产量,这对自然水生生态系统生产力的核心产生了冲击。浮游植物种类的分布也发生了变化,小的种类更受青睐。这导致浮游动物种类分布的变化,进而可能影响较高营养水平的群落结构。

污染还会对土壤生物造成影响。许多农药,如杀虫剂、杀菌剂和熏蒸剂,都以土壤生物为目标,并对土壤中的非目标生物产生极大的环境影响。易感染的无脊椎动物包括昆虫、蚯蚓、蛞蝓和腹足动物。这些生物中的一些有助于表土的形成。用于控制森林害虫等自然系统的杀虫剂可减少无脊椎动物内部的物种多样性。

此外,研究发现,污染对生态系统的影响中,寿命短的生物往往繁殖迅速,并急于填补其他物种空出的环境空缺,这就延长了受影响生态系统恢复的时间。这些快速生长物种包括各种类型的杂草植物和动物,如挪威鼠。

（2）污染对食物链的影响

食物链影响着动物种群的繁殖和扩散,动物通过食物链对污染物进行富集和转化,使得食物链上的动物都受到不同程度的影响。

水生生态系统受到杀虫剂(例如控制蚊子)和农业、森林喷洒等产生径流的影响。一方面,甲壳类等节肢动物对杀虫剂非常敏感,在喷洒有机氯的沼泽里,螃蟹和虾大量死亡;微甲壳类动物是食物链的重要组成部分,也受到了严重的影响。另一方面,软体动物和环节动物则相对具有耐受性。鱼往往对有机氯非常敏感,在美国密西西比州大量喷洒农药的地区,一些温水中迅速繁殖的鱼类已经对某些有机氯有了抗性,这些有机氯的含量是普通有毒计量的 100 倍。

许多碳氢化合物是由细胞色素 P450 酶进行生物转化的。因此,它们可以通过增加细胞色素活性与其他毒素相互作用,或通过争夺酶与其他毒素相互作用。溶剂是含有 5~6 个碳的碳氢化合物,它们具有可观的蒸气压,可能导致大量吸入暴露。在职业环境中,溶剂也会被皮肤吸收。较大的化合物更容易被颗粒吸附,吸入或摄入这些颗粒可导致暴露。其中一些进入食物链,在那里它们可以生物积累和被摄入。

在土壤生态系统中,土壤动物是重要的组成部分,直接参与陆地生态系统的能量和物质循环,并对环境污染物降解起着重要作用。化学除草技术在提高作物产量的同时,也带来了一系列的环境问题,土壤动物能够间接反映土壤的污染情况。除草剂的污染可以使土壤动物数量和种类发生改变,从而反映土壤质量的变化。除草剂乙草胺对土壤动物群落的污染研究表明,线虫类的数量随着乙草胺浓度的增加而下降,而对于大型土壤动物蚯蚓的研究表明,乙草胺对其有明显的致死作用,其半致死浓度 LC_{50},24 h 为 4.330 2 mL/L,48 h 为 1.839 5 mL/L,72 h 为 1.412 1 mL/L。而这些动物都是土壤食物链中重要的环节。

三、污染对环境微生物的影响

微生物在环境中扮演着分解者的角色,关于污染对其的影响,现今的研究主要集中在微生物的数量和种类的变化上。

1. 污染对微生物生物量的影响

细菌是对有毒物质最不敏感的有机体之一,主要是因为:① 它们的代谢过程比高等生物简单得多,减少了毒物干扰的途径。例如,有机磷农药攻击乙酰胆碱酯酶,而这种酶细菌是不能产生的。但能影响各种生物的毒素,如氰化物也能影响细菌。② 细菌可以产生耐药性或减缓新陈代谢以在不利条件下生存,因此许多有毒物质可能会阻止细胞生长,但不会杀死细菌。③ 细菌的细胞膜在其转运机制上有更多的选择性,这与动物相反,而动物有专门的运输器官,如消化道和肾脏。因此,如果一种物质对细菌有毒,很有可能它对高等生物的毒性更大。这使得细菌在毒物学筛选方面很有用。当然,抗生素是一个例外,它只用来抑制细菌的特殊代谢过程。

在现实中,即使一种有毒物质确实杀死或抑制了一种细菌,但由于以下几个原因可能很难衡量其效果:① 细菌具有快速生长的能力,如果只有一部分细菌被杀死,其余的细菌会迅速繁殖以取代它们。② 细菌的代谢机制是专门的,相关的属可能有相关的能力,因此,如果一个物种受到抑制,其较小的近亲可能会迅速生长,占据生态位。然而,硝化细菌是个例外,这些细菌通常生长缓慢,利用起来也很慢。③ 在任何非无菌环境中,细菌都是无处不在且多样的,有许多不同的菌株具有重叠的代谢能力,也有许多菌株具有不同的代谢能力。因此,通常会有一种或多种菌株对污染物具有抗性,并能够利用现有营养物质生长。因此,在环境中污染物很难大幅降低微生物的生物量。

2. 污染对微生物种类的影响

微生物的种类主要与环境中的 pH 有关,污染物通过改变环境 pH 来影响微生物种类。例如,研究发现酸性矿山废水污染最严重的拦泥坝(pH<3.0)中的微生物群落丰富度和多样性最低,主要优势菌为嗜酸菌和耐酸菌。而经过污水处理厂运行后的河道水中,河水由酸性变为碱性,嗜酸菌和耐酸菌的丰度明显下降。另有研究表明,PAHs 污染可以减少土壤中微生物的多样性,同时它们也能够被某些特殊的微生物当作碳源,刺激微生物生长,从而形成新的微生物群落结构,从中可发掘降解 PAHs 的优势微生物,贡献于微生物修复技术。

对细菌的毒性作用可以通过测定对特定功能的影响来研究。如腐生活性、产甲烷作用、硝化作用或其他生物地球化学循环活动。观察到抑制量随培养时间的变化而变化。例如,甲基对硫磷的抑制作用在 9 d 内减弱,然后再次增强,这可能是由于农药的降解,然后是一种毒性更大的副产品氨基酚的积累。测定无氮条件下乙炔向乙烯的转化,可以研究固氮问题,这是因为固氮酶催化这两种反应。农药往往能起到刺激作用,也能起到抑制作用,例如,马拉硫磷会导致最初的抑制期,8 d 后活性提高一倍以上。

第三节　污染对人群健康的影响

环境质量的好坏直接关系到人群的健康。未受污染的环境对人体的功能是合适的,人们能正常吸收环境中的物质而进行新陈代谢的生命活动。一旦外界环境发生异常变化,必然会影响人体正常的生理功能。虽然人类可以通过调节自己的生理功能来适应不断变化着的环境,但是这种调节是有一定限度的。如果环境的异常变化超过了人类正常生理调节的限度,环境污染物就会以各种方式进入人体,引起人体某些功能和结构发生异常,甚至造成病理性变化,引起疾病。使人体发生病理性变化的环境因素称为环境致病因素,它们可以分为三大类:一是物理性因素,如噪声、放射性物质的辐射作用、恶臭、电磁波、热污染等;二是化学性因素,如有毒气体、重金属、农药、化肥及对人体有害的有机和无机化合物;三是生物性因素,如细菌、病毒等。

本节主要从物理污染、化学污染、生物污染三类不同类型的污染对人群健康的影响进行介绍和分析。

一、 物理污染对人群健康的影响

物理污染(physical contamination)是由于物理性因素(声、光、电、热、振动、放射性等)的强度超过了人的耐受限度,从而危害人群健康的污染。这种危害有长期的遗留性,能引起慢性疾病、器质性病变和神经系统的损害。物理污染一般是局部性的,在环境中不残留,一旦污染源消失,物理污染即消失。物理污染主要包括噪声污染、放射性污染、电磁辐射污染、光污染(包括紫外线污染和可见光污染)及人为的空气离子化等。

1. 噪声污染

噪声污染(noise pollution)是严重的环境污染之一,随着现代工业化程度的不断提高,环境噪声污染也日益加剧,严重影响广大人民群众的身心健康。

从物理学角度看,噪声是由许多不同频率和强度的声波杂乱无章地组合而成。《中华人民共和国噪声污染防治法》中对噪声做如下定义:噪声,是指在工业生产、建筑施工、交通运输和社会生活中产生的干扰周围生活环境的声音。噪声污染,是指超过噪声排放的标准或者未依法采取防控措施产生噪声,并干扰他人正常生活、工作和学习的现象。

噪声对人体健康的影响主要有以下三个方面。

(1)影响休息和睡眠。30~40 dB(A)的噪声是比较安静的正常环境,超过50 dB(A)就会影响睡眠和休息。连续噪声可以影响睡眠的生理过程,使入睡时间延长、睡眠深度变浅、缩短觉醒时间、多梦;突然的噪声可使人惊醒。一般情况下,40 dB(A)的连续噪声已能使睡眠受到影响,70 dB(A)可使50%的人受影响。然而,突然噪声的危害更大,如40 dB(A)的突然噪声可使10%的人惊醒,60 dB(A)的突然噪声可使70%的人惊醒。

(2)影响生活质量和工作效率。40 dB(A)的噪声环境一般对生活和工作影响并不大。70 dB(A)的噪声干扰谈话,造成精神不集中,心烦意乱,影响学习和工作效率,生活质量下降,容易出现差错或发生事故。

(3)引起疾病和体质下降。① 特异性危害:对听觉器官的影响。按其影响程度可分为听觉适应、听觉疲劳和听觉损伤三个阶段。短期接触80 dB(A)以上的强烈噪声使人感到刺耳、不适、耳鸣、听力下降、听阈提高15~20 dB(A),离开噪声环境数分钟后可完全恢复。这是一种保护性生理功能,称为听觉适应。长时间接触90 dB(A)以上的强烈噪声,使听力明显下降,听阈提高15~30 dB(A),离开噪声环境数小时至二十多小时后听力才能恢复,称为听觉疲劳,仍属功能性改变,但它是噪声性耳聋的前驱信号。继续接触强噪声,内耳感音器官(螺旋器)由功能性改变发展为器质性病变,听力损失不能完全恢复,可发展为听力损伤和噪声性耳聋。一般情况下小于80 dB(A)不会引起神经性听力损伤,当高达85 dB(A)时可以引起听觉的损伤。② 非特异性危害:对机体的其他影响,即听觉外效应。听觉外效应可以包括广泛的心理或生理状况的变化,如情绪、情感、有意识的活动及躯体觉醒程度都可因噪声刺激而发生改变。噪声对机体各系统的影响,首先表现为中枢神经和心血管的损害。大脑皮质抑制和兴奋的平衡失调,导致条件反射异常,长期接触噪声者常出现神经衰弱综合征,甚至精神异常。噪声导致交感神经紧张度增加,表现为心跳加快,血压波动,心肌呈缺血性改变,并出现脑血管功能紊乱,血管紧张度增加,弹性降低。噪声影响消化系统使胃功能紊乱,胃液分泌减少、蠕动减慢,以致食欲不振、消瘦。内分泌系统则表现为甲状腺功能亢进、肾上腺皮质功能紊乱、性功能失调等。

2. 放射性污染

放射性污染(radioactive contamination)是指因人类生产、生活活动排放的放射性物质所产生的电离辐射超过放射环境标准时,产生放射性污染而危害人体健康的一种现象。放射性污染主要指各种放射性核素,其放射性与化学状态无关。每一种放射性核素都能发射出一定能量的射线,如宇宙射线、α射线、β射线、γ射线、中子辐射、X射线、氡等可引起物质的电离辐射,由此放射性污染也称为电离辐射污染。

放射性物质包括天然放射性物质和人工放射性物质。前者包括宇宙射线、地壳的 γ 射线等；后者包括核爆炸、核反应堆、工业核废料、放射性矿产，以及实验室和医疗单位用放射性同位素。另外，建筑材料所含的放射性物质氡也不容忽视。

（1）放射性污染的急性效应。急性效应是短期暴露于大剂量的电离辐射所引起的，常见于核爆炸及核工业的意外事故中。主要症状有呕吐、腹泻、血细胞减少、脱发等，严重者可出现昏迷、谵妄甚至全身衰竭而亡。

（2）放射性污染的滞后效应。肿瘤是放射性污染常见的滞后效应。对 1945 年原子弹在日本广岛和长崎爆炸后幸存者的研究表明，白血病和甲状腺癌的发病率增高。在爆炸 6 年后（即1951 年），白血病发病率达到峰值，为对照区的 11 倍。此外，死亡率比对照人群明显增高，寿命显著缩短。不仅如此，放射性污染引起的遗传效应也十分突出。大剂量电离辐射会引起染色体畸变明显增加，小剂量引起基因点突变，多为隐性突变。电离辐射的致畸性非常明确，日本广岛和长崎原子弹爆炸的幸存者后代中，有 22.5% 发生各种结构畸形，并且后代的智力发育也严重受损。

（3）低剂量长期作用的生物学效应。对于免疫系统而言，在低剂量长期作用下，免疫系统产生抑制或兴奋效应，尤以后者为主，即呈现毒物兴奋效应模式。

3. 电磁辐射污染

无线电通信、微波加热、高频淬火、超高压输电网等的广泛使用，给人类物质文化生活带来极大的便利，但也会产生大量的电磁波，当电磁辐射过量时，就会对人们的生活、工作环境及人体健康产生不利影响，称为电磁辐射污染（electromagnetic radiation pollution）。电磁辐射已成为当今危害人体健康的致病源之一。近 20 年来，公众对自身的健康状况越来越关注，而电磁场（electromagnetic field，EMF）的生物学效应就是其中的一个焦点。

通常，按频率不同，把 EMF 分为：极低频电磁场（extremely low frequency，ELF，< 300 Hz），研究主要集中在 50~60 Hz 输电电缆及家用电器所释放的电磁场；射频电磁场（radio frequency，RF，10 MHz ~ 300 GHz），包括微波（microwave），目前的研究集中在手机发射的 900 MHz 和1 800 MHz 两个频段上；以及中频电磁场（intermediate frequency，IF，300 Hz ~ 10 MHz）。

（1）极低频电磁场的生物学效应。部分实验室的体外实验表明，极低频电磁场能对鸟氨酸脱羧酶的活性产生作用，并在高强度场下能够影响动物的神经系统功能，但没有足够的证据表明极低频电磁场能引起实验动物的癌症。对于人体的心血管、内分泌及免疫系统，没有观察到明显的急性或长期损伤效应。虽然进行了大量的流行病学调查，但由于暴露剂量的不确定性，以及各种混杂因素的影响，目前得出的初步结论仅为"极低频电磁场"是人类可能致癌剂。研究较多的是儿童白血病与极低频电磁场的关系，许多研究提示儿童极低频电磁场暴露能够增加1.5~2 倍患白血病的概率。而对成人的致癌效应，有研究提示极低频电磁场可能与白血病、神经系统肿瘤及乳腺癌有关，但都因证据不足而未引起重视。到目前为止，对极低频电磁场的健康效应还没有一个明确的定论，还需要进一步地深入研究。

（2）射频电磁场的生物学效应。体外实验表明，低水平的射频电磁场暴露能改变生物膜的结构和功能，但是却没有发现染色体畸变和基因突变效应。大多数动物致癌实验表明，射频电磁场能增加自发性癌症的发生率，并有促癌作用。尽管如此，仍不足以支持射频电磁场的致癌性、促癌性和致突变性。对实验动物神经系统的观察，特别是神经行为的改变效应结果不尽一致,可能是由于暴露剂量不同。一些人群流行病学的调查表明射频电磁场可能会增加癌症(如白血病和脑癌)发病的概率,但总的说来,证据不足以支持射频电磁场导致癌症的假设。此外,一些国家的研究表明,射频电磁场暴露可引起头痛、不适感、短时记忆丧失、恶心、睡眠障碍等症状,但这些均是主观感受,不排除心理暗示的可能。

(3)中频电磁场的生物学效应。对中频电磁场的研究相对较少,对中频电磁场的健康效应较为一致的看法是:在低于推荐暴露值的前提下,目前已有的证据没有显示出中频电磁场的健康危害效应。

4. 紫外线污染

紫外线(ultraviolet,UV)按其生物学作用可分为:UV-A(320~400 nm),生物学作用较弱,具有色素沉着作用;UV-B(275~320 nm),具有红斑作用(晒伤),抗佝偻作用;UV-C(200~275 nm),对细胞有强烈作用,具有明显的杀菌能力。阳光中的几乎全部 UV-C 和大部分 UV-B 被大气圈中的臭氧层所吸收,故到达地面的 UV 主要是 UV-A 和小部分 UV-B(> 290 nm)。近几十年来,由于人类大量使用含氯氟烃的化合物,臭氧层受到严重破坏并形成空洞,导致到达地球的短波 UV 大幅增加。

(1)紫外线对皮肤的效应。光红斑是紫外线照射皮肤引起的炎症反应。在光红斑消退后,皮肤可出现光色素沉着。此外,紫外线引起的光毒性皮炎和光变应性皮炎也很常见:前者表现为皮肤的烧灼感、痛感,出现红斑、水肿或疱疹;后者主要表现为疱疹和湿疹样病变。国内外众多的动物实验和流行病学调查都证实:紫外线具有致皮肤癌的作用。皮肤癌常发生在户外职业人员,如农民、水手和军人,并多见于无覆盖的皮肤部位,如面部。蛋白质和核酸是紫外线最重要的生物吸收剂,能够引起蛋白质的变性和核酸的突变,这是紫外线生物学效应的基础。

(2)紫外线对其他身体部位的效应。UV-B 作用于眼睛,可引起急性角膜结膜炎;UV-A 会诱发白内障。而在低剂量长时间的 UV 作用,可提高机体对传染病的抵抗力和降低死亡率。

5. 可见光污染

可见光(visible light)是一种电磁波,其波长范围为 380~770 nm。自然界中的可见光主要来自太阳和月亮,物质燃烧、闪电、火山喷发等也伴随光的产生。人工光源有多种,如电灯等。高层建筑使用大面积反光玻璃作为外墙,可以反射太阳光,使人出现晃眼、眩晕等不良感觉,称为光污染。

环境中光照度过低容易造成视觉疲劳,长期在低照度环境中看书或用眼,可能引起近视眼;如在高强度人工光源下可引起眼损伤,通常是热效应所致(暴露数微秒至数秒)。蓝光可引起视网膜光化学反应,暴露数秒钟可引起损伤。照明不足或眩光可引起疲劳和视觉不适,表现为头痛、眼累、刺激感等眼疲劳症状。

环境中的光还可以对人体产生间接的影响。如光作用于眼,使垂体前叶分泌促性腺激素,使卵巢成熟;或作用于交感神经,使松果体的褪黑激素合成减少;光对人体生物节律的影响可造成睡眠紊乱。

6. 空气离子化

空气离子化(air ionization)指大气中空气分子或原子形成带电荷的正、负离子过程。每个正离子或负离子均能将周围 10~15 个中性分子吸附在一起,形成小离子(n^+,n^-)。这类小离子再与空气中的悬浮颗粒物、水滴等相结合,即形成直径更大的离子(N^+,N^-)。

一般认为,当空气离子浓度在一定范围时,正离子主要作用于交感神经,负离子则作用于副交感神经。适当的正、负离子联合作用于机体,对维持机体正常生理功能起着良好作用。如空气离子浓度在 $2 \times 10^4 \sim 3 \times 10^5$ 个/cm³ 时,负离子对健康呈良好作用,正离子则有不良作用;如空气离子浓度超过 10^6 个/cm³ 时,则不论正、负离子均可对健康产生不良影响。低剂量的空气离子对健康的良好作用包括:空气离子可提高脑啡肽水平,增强其作用功能,从而调节中枢神经的兴奋—抑制过程,改善大脑皮质功能,缩短感觉时值与运动时值,对精神起镇静作用并可消除疲劳。空气离子能刺激造血功能,并改善心脏泵功能,从而提高血液输氧能力;负离子还能减慢心率,降低血压。肺是空气离子的主要作用部位,负离子可使上呼吸道纤毛运动增强,腺体分泌增加,提高平滑肌张力,改善肺通气功能,降低呼吸道对创伤的易感性。并且,空气负离子能提高机体细胞免疫和体液免疫的功能,增强巨噬细胞的吞噬能力。

二、 化学污染对人群健康的影响

化学污染(chemical contamination)是指人为活动或人工制造的化学物质,进入环境中造成的污染作用,这种污染往往会危害人体健康。据美国《化学文摘》(*Chemical Abstracts*,CA)记载,目前登记在册的化学物质已逾 700 万种,全球投入生产和使用的常用化学物质约有 7 万种。在已评价的 834 种化学物中(包括生物毒素),确定为人类致癌物的有 75 种,可疑致癌物有 758种。已发现的人类致畸物约有 30 种,神经毒素则多达 1 000 种以上。本部分从人们常见的空气污染物、农用化学物质污染和重金属污染对人群健康的影响分别讨论。

1. 空气污染物对人群健康的影响

空气污染物(air pollution)包括物理性、化学性和生物性三类,其中以化学性污染物种类最多、污染范围最广、对人体健康影响最大。空气污染物主要通过呼吸道进入人体,小部分污染物也可以降落至食物、水体或土壤,通过进食或饮水,经消化道进入体内。儿童还可能经直接食入尘土而由消化道摄入大气污染物,有的污染物可通过直接接触黏膜、皮肤进入机体,脂溶性的物质更易经过完整的皮肤而进入体内。

(1)急性危害。空气污染物的浓度在短期内急剧升高,可使当地人群因吸入大量的污染物而引起急性中毒,按其形成的原因可以分为烟雾事件和生产事故。

(2)慢性影响

① 影响呼吸系统:空气中的 SO_2、NO_x、硫酸雾、硝酸雾及颗粒物不仅能产生急性刺激作用,还会长期反复刺激机体引起咽炎、喉炎、眼结膜炎和气管炎等。呼吸道炎症反复发作,会造成气管狭窄,气管阻力增加,肺功能不同程度地下降,最终形成慢性阻塞性肺病。

长期居住在颗粒物污染严重地区的居民,会出现肺活量降低,呼气时间延长的症状,呼吸道疾病的患病率增高。

② 影响心血管系统:美国国家空气污染与死亡率和发病率关系研究计划对美国 20 个城市近 5 000 万人的资料分析显示,人群死亡率与死亡前日颗粒物浓度相关。PM_{10} 每升高10 μg/m可引起总死亡率和心肺疾病死亡率分别上升 0.21% 和 0.31%。欧洲环境污染与健康研究计划对欧洲 29 个城市 4 300 万人的资料分析后发现,PM_{10} 每升高 10 μg/m,每日总死亡率和心肺疾病死亡率分别上升 0.6%和 0.69%。其他研究也表明,空气污染与心肺疾病死亡率、住院率、急

诊率和疾病恶化率等增加有关。

哈佛大学对美国六个城市进行的研究首次提出,空气污染的长期暴露与心血管疾病死亡率增加有关。对美国 50 个州暴露空气污染 16 年近 50 万成年人的死亡数据分析后发现,在控制饮食、污染物联合作用等混杂因素后,$PM_{2.5}$ 年平均浓度每增加 10 $\mu g/m^3$,心血管疾病患者死亡率增加 6%,且未观察到其健康效应的阈值。还有研究发现,大气 O_3 浓度增高与心血管疾病的多发有关。此外,空气污染长期暴露还与心律失常、心衰、心搏骤停的危险度升高有关。

③ 引起癌症:欧洲九国研究数据汇总了 9 个欧洲国家的 17 个矩阵研究,涉及 30 万人。研究分析显示,肺癌风险与 PM_{10} 和 $PM_{2.5}$ 均相关。2013 年 10 月 17 日,世界卫生组织(WHO)下属的国际癌症研究机构发布报告,首次明确将空气污染确定为人类致癌物,其致癌风险归为第一类,即明确的人类致癌物。报告指出,有充足证据显示,空气污染与肺癌之间有因果关系。此外空气污染还会增加患膀胱癌的风险。

④ 降低机体免疫力:在空气污染严重的地区,居民唾液溶菌酶和分泌性免疫球蛋白的含量均明显下降,血清中的其他免疫指标也有下降,表明大气污染可使机体的免疫功能降低。近些年的流行病学研究表明,空气污染与婴幼儿急性呼吸道感染的死亡率和发病率增高有关。空气污染物可削弱肺部的免疫功能,增加儿童呼吸道对细菌感染的易感性,据估算,大气中 $PM_{2.5}$ 的日平均浓度每升高 20 $\mu g/m^3$,急性下呼吸道感染的危险将增加 8%。

⑤ 引起变态反应:除花粉等反应原外,大气污染物可通过直接或间接的作用机制引起机体的变态反应。大量研究证据表明,空气污染可加剧哮喘患者的症状,空气中的 SO_2、O_3、NO_x 等污染物会引起支气管收缩、气管反应性增强及加剧过敏反应。在荷兰进行的研究发现,交通污染与出生后 2 年内幼儿发生哮喘的相对危险度增加有关。实验结果表明,柴油车尾气颗粒物可作为卵蛋白的佐剂引起实验动物免疫球蛋白 E(lg E)分泌增加、过敏性炎症反应加剧及支气管高反应性。

⑥ 其他:大气颗粒物中含有多种有毒元素如 Pb、Cd、Zn、Cr、F、As、Hg 等。有研究发现,大气中 Cd、Zn、Pb 及 Cr 浓度的分布与这些地区的心脏病、动脉硬化、高血压、中枢神经系统疾病、慢性肾炎等疾病的分布趋势一致。一些工厂,如铝厂、磷肥厂和冶炼厂排出的废气中含有高浓度的 F,可能引起当地居民的慢性 F 中毒。含 Pb 汽油的使用可污染公路两旁大气及土壤,对儿童的中枢神经系统等功能产生危害。

2. 农用化学物质污染对人群健康的影响

农用化学物质(agrochemical)指农业生产中投入的化肥、农药、兽药和生长调节剂等,它们的使用可促进食用农产品的生产,在农业持续高速发展中起着重要作用。但是,随着化肥、农药、兽药和生长调节剂等使用的迅速增加,它们对环境的污染问题也越来越突出,成为危害人类健康的一个重要问题。

(1)化肥污染(chemical fertilizer pollution)。化肥施用中残留的硝态氮可直接影响人体健康,硝态氮可以通过饮用水、蔬菜等进入人体,并在消化系统中被还原成亚硝酸,亚硝酸能与人体内的血红素结合,影响血液中氧的运输。更严重的是亚硝酸能进一步变成亚硝胺。亚硝胺是致癌物质,尤其与胃癌的形成有关。

(2)农药污染(pesticide pollution)。农药施于环境后,可经受一系列变化而使其化学结构与性质发生改变,这种作用称为转化;由复杂化合物逐步转变为简单化合物的过程称为降解。

农药的转化与降解关系到农药是否残留,即其在环境中持久性和稳定性的问题。对农业生产而言,农药滞留时间越长,控制病虫害及杂草等的效果越好,但对环境的污染可能越重,对人体的危害也越大。另外,环境中的农药残留被生物取食或其他方式吸入后造成高浓度的储存,即生物浓缩效应。农药在体内的积存量可为环境中含量的几倍、几十倍甚至十万、百万倍,这就可能导致处于食物链顶端的高营养级生物(顶端捕食者)诸如猛禽、凶兽及人类发生中毒甚至死亡的后果。尤其是那些难于被生物代谢降解的农药(如有机氯农药)更易产生生物浓缩现象。

(3)兽药污染(veterinary drugs pollution)。兽药残留(residue of veterinary drug)是动物性食品重要的污染源之一。根据联合国粮食及农业组织(FAO)和世界卫生组织兽药残留联合立法委员会的定义,兽药残留是指食品动物在应用兽药(包括药物添加剂)后在所分泌的乳汁或产蛋家禽所产生蛋中的药物原型、代谢物或药物杂质。由于兽药在畜牧水产中被广泛用于防治动物疾病、促进动物生长、改善畜禽产品品质,不可避免地造成了包括肉制品、奶类、蛋类、水产品等动物性产品中的药物残留。养殖环节的用药不当是产生兽药残留的最主要原因。

3. 重金属污染对人群健康的影响

重金属主要通过与机体内的巯基及其他配体形成稳定复合物而发挥生物学作用,很多重金属具有靶器官性,即在有选择性的器官或组织中蓄积和发挥生物学效应,并因此引起慢性毒性作用。急性重金属中毒多由食入含重金属化合物、吸入高浓度重金属烟雾或重金属气化物所致,但目前这种情况已十分罕见。低剂量长时间接触重金属的烟、雾、尘等引起的慢性毒性作用,是当前重金属中毒的重点。重金属种类多,这里以 Pb、Hg、Cd、As 为例,说明不同性质的重金属对人群健康的影响。

(1)铅(lead,Pb)。Pb 是在生物体对不易于吸收、不容易转移排出的重金属代表。环境中的 Pb 污染主要来源于大气,其中以汽车污染最为严重,其次是土壤和水体的 Pb 污染。铅化合物可通过呼吸道和消化道吸收。无机铅化合物不能通过完整皮肤,四乙基铅可通过皮肤和黏膜吸收。在正常情况下,摄入的 Pb 仅有 5%~10% 被吸收,90% 以上从粪便排出。

进入血液的 Pb 大部分与红细胞结合,其次在血浆中。血浆中的 Pb 主要与血浆蛋白结合,少量形成磷酸氢铅。血循环中的 Pb 早期主要分布于肝、肾、脑、皮肤和骨骼肌中;数周后,Pb 由软组织转移到骨,并以难溶的磷酸铅形式沉积下来。人体内 90%~95% 的 Pb 储存于骨骼内,比较稳定。Pb 在体内的代谢与 Ca 相似,当缺 Ca 或因感染、饮酒、外伤、服用酸性药物等改变体内酸碱平衡时,以及骨疾病(如骨质疏松、骨折),可导致骨内储存的磷酸铅转化为溶解度增大 100 倍的磷酸氢铅而进入血液,引起 Pb 中毒症状发生。体内的 Pb 排出缓慢,半衰期估计为 5~10 年,主要通过肾脏排出,尿中排出状况可代表 Pb 吸收状况。小部分 Pb 可随粪便、唾液、汗液、脱落的皮屑等排出。血 Pb 可通过胎盘进入胎儿,乳汁内的 Pb 也可影响婴儿。

Pb 中毒机制尚不完全清楚。Pb 作用于全身各系统和器官,主要涉及血液和造血系统、神经系统、消化系统、血管及肾脏等。Pb 对红细胞,特别是骨髓中幼稚细胞具有较强的毒性,形成点彩红细胞增加。Pb 在细胞内可与蛋白质的巯基结合,干扰多种细胞酶类活性,如 Pb 可抑制细胞膜腺苷三磷酸酶,导致细胞内大量钾离子丧失,使红细胞表面物理特性发生改变,寿命缩短,脆性增加,导致溶血。Pb 可使大脑皮质兴奋与抑制的正常功能发生紊乱,皮质—内脏调节紊乱,使末梢神经传导速度降低。此外,Pb 可使血管痉挛和肾脏受损。

到目前为止,在 Pb 中毒机制的研究中,对 Pb 所致卟啉代谢紊乱和影响血红素合成的研究最为深入,并认为出现卟啉代谢紊乱是 Pb 中毒重要和较早的变化之一。卟啉代谢和血红素合成是在一系列酶促作用下发生的。目前较为肯定的是 Pb 抑制了 δ-氨基-γ-酮戊酸脱水酶(ALAD)和血红素合成酶。ALAD 受抑制后,δ-氨基-γ-酮戊酸(ALA)形成胆色素原受阻,使血 ALA 增加,并由尿排出。血红素合成酶受抑制后,二价铁离子不能与原卟啉结合,使血红素合成发生障碍,同时红细胞游离原卟啉(FEP)增加,使体内的锌离子被络合于原卟啉(IX),形成锌原卟啉(ZPP)。由于 ALA 合成酶受血红素反馈调节,Pb 对血红素合成酶的抑制又间接促进 ALA 合成酶的生成。

(2) 汞(mercury,Hg)。Hg 是一类特殊的重金属,易于被吸收和排出。人体对 Hg 的吸收主要通过消化道、呼吸道和皮肤吸收等三种途径。由于 Hg 蒸气具有脂溶性,可迅速弥散,透过肺泡壁被吸收,吸收率可达 70% 以上。金属 Hg 很难经消化道吸收,但汞盐及有机汞容易被消化道吸收。Hg 及其化合物可分布到全身很多组织,最初集中在肝脏,随后转移至肾脏,以近曲小管上皮组织内含量最多。Hg 在体内可诱发生成金属硫蛋白,这是一种低分子富含巯基的蛋白质,主要蓄积在肾脏,可能对 Hg 在体内的解毒和蓄积及保护肾脏起一定作用。

Hg 易透过血-脑屏障和胎盘屏障,并可经乳汁分泌。Hg 主要经尿和粪排出,少量随唾液、汗液、毛发等排出。Hg 在人体的半衰期约 60 d。巯基具有特殊亲和力,是细胞代谢过程中许多重要酶的活性部分。当 Hg 与这些酶的巯基结合后,可干扰其活性,如 Hg 离子与还原型谷胱甘肽(GSH)结合后形成不可逆复合物而干扰其抗氧化功能;与细胞膜表面酶的巯基结合,可改变其结构和功能。但 Hg 与巯基结合不能完全解释 Hg 毒性作用的特点,其确切机制仍有待进一步研究。

急性 Hg 中毒是指短时间吸入高浓度 Hg 蒸气或摄入可溶性汞盐而致急性中毒,多由于在密闭空间内工作或意外事故造成。一般起病急、有咳嗽、呼吸困难、口腔炎和胃肠道等症状,继之可发生化学性肺炎伴有紫绀、气促、肺水肿等。肾损伤表现为开始多尿,继之出现蛋白尿、少尿及肾功能衰竭。急性期恢复后可出现类似慢性中毒的神经系统症状。口服汞盐可引起胃肠道症状,恶心、呕吐、腹泻和腹痛,并可引起肾脏和神经损害。

慢性 Hg 中毒比较常见,主要表现为神经系统症状,震惊世界的日本水俣病就是有机汞环境污染造成的灾害事件。最早表现为类神经症,如易兴奋、激动、焦虑、记忆力减退和情绪波动等。震颤是神经毒性的早期症状,开始为细微震颤,多在休息时发生,进一步可发展成为意向性粗大震颤,也可伴有头部震颤和运动失调。震颤、步态失调、动作迟缓等症状,类似帕金森综合征。后期可出现幻觉和痴呆。口腔炎不及急性中毒时明显和多见,少数患者可能会导致肾脏损害。

(3) 镉(cadmium,Cd)。Cd 是在生物体内相对易于被吸收转移的重金属代表。Cd 可经呼吸道和消化道进入人体。经呼吸道吸入的 Cd 尘和 Cd 烟,因粒子大小和化学组成不同,一般有 10%~40% 经肺吸收。消化道吸收一般不超过 10%,但当 Fe、蛋白质、Ca 或 Zn 缺乏时,Cd 吸收增加。吸收进入血循环的 Cd 大部分与红细胞结合,主要与血红蛋白及金属硫蛋白结合;血浆中的 Cd 与血浆蛋白结合。

Cd 主要蓄积于肾脏和肝脏,肾 Cd 含量约占体内总含量的 1/3,而肾皮质 Cd 含量约占全肾的 1/3。Cd 主要经肾脏缓慢排出,Cd 在体内半减期为 8~30 年。长期慢性接触 Cd,可引起肾近曲小管重吸收障碍,使 Cd 排出增加,是 Cd 产生肾毒性的一种表现。Cd 可诱导肝脏合成金属硫蛋白,Cd 摄入量增加时,金属硫蛋白合成也增加,并经血液转移至肾脏,被肾小管吸收蓄积于肾。Cd 金属硫蛋白的形成可能与解毒和保护细胞免受损伤有关。

Cd 中毒机制目前尚不十分清楚,研究表明 Cd 与巯基、羟基等配体的结合能力大于 Zn,因此可干扰以 Zn 为辅基的酶类,主要是置换酶中的 Zn 而使酶失活或发生改变,导致机体功能障碍。动物实验发现,Cd 中毒时含 Zn 的亮氨酸氨基肽酶活性受抑制,该酶在肾脏中起处理蛋白质的作用,由于其活性受抑制,蛋白质分解和重吸收减少,因而出现肾小管性低分子蛋白尿,故 Zn 可防止或抑制 Cd 的某些毒害作用。

急性 Cd 中毒指急性吸入高浓度 Cd 烟数小时后,出现咽喉痛、头痛、肌肉酸痛、恶心、口内有金属味,继而发热、咳嗽、呼吸困难、胸部压迫感,严重者可发展为突发性化学性肺炎,伴有肺水肿、肝、肾损害,可因呼吸衰竭死亡。

慢性 Cd 中毒是指低浓度长期接触而发生的慢性中毒,最常见的是肾脏损害。肾小球滤过功能多为正常,而肾小管重吸收功能下降,以尿中低分子蛋白(相对分子质量 30 000 以下)增加为特征。慢性吸入 Cd 尘和 Cd 烟也可引起呼吸系统损伤和肺水肿。有报道,慢性接触 Cd 者可出现嗅觉减退及贫血。部分流行病学调查表明,接触 Cd 工人中肺癌及前列腺癌发病率增高。Cd 慢性中毒引起的典型疾病为痛痛病,其潜伏期为 10~30 年,患者多为 40 岁以上多胎生育的妇女。起初有腰背痛、膝关节痛、以后遍及全身的刺痛,止痛药无效。患者易在轻微外伤下发生多发性病理骨折,甚至在咳嗽、喷嚏时也能引起骨折。患者被迫长期卧床,但没有褥疮。身高缩短,重症时可比健康时缩短 20~30 cm,有骨软化、骨质疏松、骨骼变形等症状。

(4)砷(arsenic,As)。As 广泛存在于自然界中,广泛应用于工农业生产的含砷化合物(如硫酸、磷肥、农药、玻璃、颜料等)导致 As 污染。此外,自然界中岩石的风化也是水体 As 污染的来源之一。

砷化合物可经呼吸道、消化道或皮肤进入体内。吸收入血的砷化合物主要与血红蛋白结合,随血液分布到全身各组织和器官,并沉积于肝、肾、肌肉、骨、皮肤、指甲和毛发。As^{5+} 和砷化氢在体内转变成 As^{3+},经代谢后大部分从尿中排出,少量 As 可经过粪便、皮肤、毛发、指甲、汗腺、乳腺及肺排出。As 在体内的半衰期约为 10 h。

As 是一种细胞原生质毒物。在体内,As 是亲硫元素,As^{3+} 极易与巯基结合,从而引起含巯基的酶、辅酶和蛋白质生物活性及功能改变,这是重要的 As 中毒机制。As 与酶作用可分为单巯基反应和双巯基反应两种方式,前者主要形成 As-S 复合物,使酶中活性巯基消失而抑制酶的活性;后者是 As 与酶或蛋白中的两个巯基反应,形成更稳定的环状化合物。此外,As 进入血循环后,可直接损害毛细血管,引起通透性改变。

急性 As 中毒可因事故大量吸入砷化合物所致,但非常少见。慢性中毒是指经呼吸道所致的 As 中毒,除一般类神经症外,主要表现皮肤黏膜病变和多发性神经炎。皮肤改变主要表现为脱色素和色素沉着加深、掌跖部出现点状或疣状角化。饮水型 As 中毒患者(多呈地方性特点)皮肤改变更为明显,表现为扩大的角化斑块或溃疡,可发展为原位鳞癌、基底细胞癌和鳞状细胞癌。As 诱导的末梢神经改变主要表现为感觉异常和麻木,严重病例可累及运动神经,伴有运动和反射减弱症状。因此,呼吸道黏膜受砷化合物刺激可引起鼻衄、嗅觉减退、喉痛、咳嗽、咳痰、喉炎和支气管炎等。

As 为确认的人类致癌物,主要引起肺癌和皮肤癌,也有报道与白血病、淋巴瘤及肝血管肉瘤有关。As可通过胎盘屏障并引起胎儿中毒、胎儿体重下降或先天畸形。

三、 食品生物污染对人群健康的影响

食品的生物污染（biological pollution）是指生物（尤其是微生物）自身及其代谢过程、代谢产物（如毒素）对食物原料、加工过程和产品污染引起的食品安全质量问题，这些生物性污染源包括细菌、真菌及其毒素和病毒、昆虫、寄生虫及其虫卵等。

1. 微生物污染对人群健康的影响

细菌、真菌、病毒均属于微生物，其中病毒离开宿主系统在食物及环境中不能增殖，引起食品污染的微生物主要是细菌和真菌，尤其以细菌最为常见。因此，微生物污染（microbial pollution）常特指细菌、真菌及其毒素的污染，尤其是细菌及其毒素的污染。常见的污染食品的细菌有假单胞菌、微球菌、葡萄球菌、芽孢杆菌、芽孢梭菌、肠杆菌、弧菌、黄杆菌、乳杆菌等，常引起人类感染性或毒属性中毒及肠道疾病。真菌污染多见于南方多雨地区，污染食品的真菌菌株在适宜条件下，能产生有毒代谢产物，即真菌毒素，引起急性中毒和慢性危害，如致癌、致突变和致畸效应。

微生物污染是影响我国食品质量安全最主要的因素，污染食品的微生物主要是病原微生物和非致病的腐败微生物。病原微生物既包括致病力或传染力强，可直接引起人类病害的致病性微生物，也包括正常条件下不致病，只有在一定内外环境条件下才致病的条件致病性微生物。病原微生物及其毒素通过食物链进入人体消化道，作用于肠黏膜及其他靶器官，引起食物中毒、食源性传染病及慢性危害等。腐败微生物污染食物后主要引起食物的腐败变质，虽不直接使人致病，但使食物变色、变味、产生恶臭，导致感官性恶化从而失去食用价值。

2. 病毒污染对人群健康的影响

病毒没有实现新陈代谢所必需的基本系统，是只能生活在易感细胞内借助宿主细胞的复制系统才能进行增殖的非细胞型微生物，不能在食物甚至人工培养基中增殖，但并不妨碍其在食物甚至土壤、空气、水中存在相当长的时间而传播食源性病毒类疾病。例如，脊髓灰质炎病毒可在污泥和水中存留10 d以上，可通过污染的蔬菜导致小儿患小儿麻痹症。以食物为传播载体和经消化道传染的致病性病毒主要是轮状病毒、星状病毒、腺病毒、杯状病毒、甲型肝炎病毒和戊型肝炎病毒等，乙型肝炎病毒、丙型肝炎病毒和丁型肝炎病毒主要通过血液等非肠道途径传播，但也有通过人体排泄物和食物传播的报道。

3. 寄生虫及虫卵污染

除微生物污染外，因寄生虫及虫卵污染食品而导致的食源性寄生虫病也引起了特别关注，食源性寄生虫病主要是食品生产加工、流通消费过程中污染了寄生虫及虫卵，人们食用了这种生或半生的食品所致。在我国，常见的食源性寄生虫主要包括植物性寄生虫（姜片虫、肝吸虫）、鱼源性寄生虫（华支睾吸虫、棘颚口线虫、异线双吸虫、棘口吸虫、肾膨结线虫）、肉源性寄生虫（旋毛虫、绦虫、弓形虫、裂头蚴）和螺源性寄生虫（圆线虫）等。

4. 仓储害虫污染

粮食和各种食品的储藏条件不良，容易滋生各种仓储害虫而影响其感官和卫生质量。例如，粮食中的甲虫类、蛾类和螨类；鱼、肉、酱或咸菜中的蝇蛆及咸鱼中食物干枯蝇幼虫等。枣、

栗、饼干、点心等含糖较多的食品特别容易受到侵害。昆虫污染可使大量食品遭到破坏,但尚未发现受昆虫污染的食品对人体健康造成显著的危害。

> ### 资料框 4-3
> #### 食品安全事件
>
> 1. **疯牛病事件**　1986—1990 年英国有 2 万头牛患疯牛病,进行了全部销毁。2001 年日本出现首例疯牛病,在全社会引起了强烈反响,因为疯牛病可通过消化道在不同的动物间传播,为此牛肉及牛奶的消费者产生巨大的心理恐慌。
>
> 2. **禽流感事件**　禽流感是人畜共患病。1968—1969 年香港曾发生禽流感,波及全球。1997 年香港再次发生禽流感,并波及人,造成 18 人感染,6 人死亡。
>
> 3. **瘦肉精事件**　瘦肉精主要有促进动物生长、降低脂肪含量的作用,但残留在动物体内对人有毒害作用。1989 年 5 月 5 日香港发生食用含瘦肉精猪肉内脏造成 17 人中毒事件。2001 年浙江、北京、广东、河南等地发生了数十到数百人的瘦肉精食物中毒事件,造成极坏的影响和巨大的经济损失。2006 年 9 月,上海 336 人因食用含瘦肉精的猪肉导致中毒。
>
> 4. **二噁英事件**　1999 年比利时某鸡场饲料受到二噁英污染,鸡脂肪与鸡蛋中二噁英超标 100~1 000 倍,同时导致鸡、猪、牛被二噁英污染,造成损失 25 亿欧元,并波及德国、法国、荷兰等国,引发了社会动荡。
>
> 5. **口蹄疫事件**　口蹄疫是人畜共患病,2001 年英国爆发口蹄疫后,荷兰、法国销毁从英国进口的牲畜,德国也严格控制从英国进口牲畜。英国的畜牧业、食品加工业等都受到影响,为此造成了上百亿英镑的损失。
>
> 6. **牛奶污染**　2000 年 6 月,日本“雪印”牌牛奶被金黄色葡萄球菌污染,使 14 500 多人腹泻、呕吐等。2000 年在江苏、安徽等地因肠出血性大肠埃希菌病流行感染人数超过 2 万,导致 177 人死亡。
>
> 7. **苏丹红问题**　苏丹红是一种人工合成的红色染料,主要包括 I、II、III 和 IV 4 种类型。经科学研究表明,苏丹红具有致突变性和致癌性,在我国被禁止使用于食品中。2005 年 4 月 5 日国家质量监督检验检疫总局宣布,在全国 18 个省、市、区 30 家生产企业的 88 种食品及添加剂中检测出苏丹红。2007 年 1 月中旬,国家质量监督检验检疫总局公布苏丹红再次来袭,25% 的辣椒制品抽检不合格,不合格产品中全部含有苏丹红,而农贸市场的散装辣椒制品合格率仅为 40%。这些含有苏丹红的食品以辣椒油最为突出,添加的苏丹红以苏丹红 I、IV 最为广泛。
>
> 8. **毒奶粉事件**　2008 年河北发生三鹿奶粉添加三聚氰胺事件,之后很多品牌奶粉、鲜奶抽样检测出三聚氰胺。在检出三聚氰胺的产品中,三鹿牌婴幼儿配方奶粉三聚氰胺含量很高,其中最高的达 2 563 mg/kg,其他在 0.09~619 mg/kg。问题奶粉造成全国数千名婴幼儿患泌尿系统结石病,其中 158 名引发肾衰竭,3 名死亡。

第四节 环境污染对生物后代的远期影响

在众多的环境污染中,有的对生物的影响主要限于对当代个体的新陈代谢和生命活动产生影响,这种作用大多不会对后代生物产生不良影响,而有的污染物不仅影响当代生物,而且还影响下一代。这类污染物往往具有很强的致癌、致畸、致突变作用;另外,还有一类污染物起着激素类似物的作用,对生物的生育产生严重的影响,这就是环境激素。污染物的"三致作用"与激素效应越来越引起高度关注,被列入环境优先污染物,或称为环境危险物质。下面,就该问题进行讨论。

一、污染物的"三致作用"

遗传毒理学的研究表明,"三致作用"的本质是污染物的遗传毒害。最早使人明确地认为有遗传学毒性的物质是射线。1927 年马勒(Maller H J)用 X 射线照射果蝇精子,首先发现它可以人工诱发基因突变,这既是遗传毒理学的开端,也是近代诱变育种的开端。1943 年奥尔巴赫(Auerbach C)和罗布森(Robson J M)发现芥子气也可诱发果蝇发生基因突变,与 X 射线具有相同的效应。1966 年卡塔纳克(Cattanach B M)和罗素(Russel W L)在哺乳动物上发现了射线和化学品的诱变效应,这不仅证实了前面的发现,也使人类认识到包括人类在内的一些动物的遗传疾病可能来自环境物质的诱发。在 1972 年联合国人类环境会议于瑞典斯德哥尔摩发表《人类环境宣言》的次年,国际环境诱变剂学会协会在霍兰德(Hollaender A)等的倡导下宣告成立,自此,人们对环境危害物质的遗传损害进行了广泛深入的研究。

1. 致畸作用

致畸作用是指外源性环境因素对人(或动物)母体内的胎儿产生毒性,影响其胚胎的发育和器官的分化,以致出现新生儿(子代)体形或器官方面先天性畸变的作用。由此产生的畸形包括结构畸形和功能异常。胎儿在出生之前需经历一系列形态结构的形成、变化及发育过程。在此过程中,孕卵转为胎儿(妊娠第 2—8 周内)的胚胎阶段,对外来致畸物最为敏感,如果这个时期受到致畸性毒物的影响,就可能造成胎儿各种类型的畸形,如小头、无脑、耳聋、先天性心脏病、肢体残缺等。

研究结果证实,甲基汞是一种具有明确致畸作用的环境污染物。动物实验发现具有致畸作用的化学毒物还有:硫酸镉、四氯代二苯并二噁英、五氯酚钠、二噁英、艾氏剂、有机农药等。另外,一些药物(如安眠药类)也会通过怀孕的母体传至胎儿而产生致畸作用。1961 年,在日本曾发生一则"怪胎"事件,新生儿罹患了脚趾畸形的海豹肢症。调查结果表明,在妊娠初期的 5—7 周内,母亲曾服用作为肇事物的安眠药"反应停"(thalidomide)。这种看似无任何毒副作用的药物,早在 1957 年就开始在德国的医院和家庭中使用,以致无须处方就可在药房购得。德国一名儿科医师 1961 年发现并提出警告说,妊娠初期服用这种镇痛催眠剂,很有可能产生畸形儿。此后的两年内,虽然德国和日本等十多个国家都先后采取了停止市场供应和收回此类药品的措施,但仍有相当数量的畸形儿产生。在全世界 10 000 多名患海豹肢症的婴儿中,日本婴儿就有 1 000 多名。这类畸形儿除发生海豹肢肢畸形外,还有无外耳、外耳畸形、双眼融合性缺陷、上唇毛细血管瘤、胃肠道无正常开口等病例。

能引起人(或动物)致畸的另一种重要的外源性污染因素是放射性作用。第二次世界大战中(1945 年),美国向日本广岛投掷了原子弹。由于受原子弹爆炸后强烈的放射性作用,日后发生了严重的致畸性事件,其中有 7 名孕妇,在爆炸时距爆炸中心 1 200 m,都因受核辐射而产下了畸形儿。1999 年,北大西洋公约组织(北约)以 3 000 枚炸弹和 1 000 枚导弹连续 78 天轰炸南斯拉夫联盟共和国(南联盟)。结果不但造成区域性化学污染,而且由导弹头中的 23 t 贫铀产生出非常强烈的放射性污染,这一污染严重威胁南联盟及其邻国 50 万人的健康和生命。据统计,近几年中,由上述原因引起的自然流产孕妇、患癌症者、先天性残缺婴幼儿等的数量明显增加。

2. 致突变作用

致突变作用是指外源性低剂量(或是慢性中毒水平)的化学毒物影响人(或动物)体中细胞的遗传性物质和遗传信息,使其受到损伤,导致原正常的不连续跳跃形式发生突然变异。如果致突变作用发生在一般体细胞中,使细胞发生不正常的分裂和增生,则不具有遗传性能,其结果表现为癌细胞的形成。如果致突变作用影响生殖细胞而产生突变时,可能会产生遗传特性的改变而影响下一代,即将这种变化传递给子代细胞,使之具有新的遗传特性。因此,一般所说的致突变性(或作用)是指上述的后一种情况,而前一种为致癌性(或作用)。

能导致人(或动物)发生突变的物质称为遗传毒物,能直接或间接影响机体的遗传物质或遗传信息,从而引起基因结构的永久性变化。具有致突变性的遗传毒物与其他环境污染物一样,广泛地分布在人们的生活环境之中,严重地影响着人们的身体健康。环境中致突变物的种类繁多,致突变作用的潜伏期长,由于人群和环境之间的关系非常复杂,目前大多数的研究结果是通过实验动物而得出的。

3. 致癌作用

致癌作用是指环境毒物作用在一般细胞上,诱发人(或动物)体内滋生恶性肿瘤(癌)或良性肿瘤的一种远期性作用。在引起肿瘤的复杂原因中,多数与不良生活环境因素有关,即环境中的污染物有不少是致癌物质。

致癌物质中大部分是化学性毒物,其作用机理十分复杂。简单地说,化学性毒物经机体吸收并活化后,与细胞内大分子作用。例如,与 DNA 作用引起基因突变,或与蛋白质作用改变细胞的基因控制,此后可使细胞恶变而产生最初的癌细胞。反常癌细胞摆脱体细胞的免疫能力,从而加速其增殖、分裂、浸润、转移而产生肿瘤。由于致癌作用的不同,致癌物质可分为会引发癌的“诱发剂”(或称为“致癌原”)和能促进癌化的“促癌剂”两大类。

人们对环境中致癌物质具有意识已有 200 多年的历史。1775 年,英国医生波特(Pott)发现扫烟囱工人易患阴囊皮肤癌,其原因是烟灰中含有强烈致癌性的多环芳烃类化合物苯并[a]芘,从此人们对此类化学致癌物引起了警觉和重视。19 世纪 60 年代,国外的煤焦油化工开始发展,以煤焦油作为原料的染料行业更是兴旺发达,在生产各种苯胺类染料时,染料厂的工人患膀胱癌的事件却不断发生。直到 20 世纪初才找出其致癌根源是由于合成染料的原料中含有多种芳香胺类,其具有强烈的致癌作用。科学家们通过研究陆续发现了许多其他类型的(化学或非化学性)致癌性物质,例如,幽门螺旋杆菌是引发人体胃癌和大肠癌的致癌性物质。

据美国癌症协会发表的《2018 年全球癌症统计数据》报告统计,2018 年全球有大约 1 810 万癌症新发病例和 960 万癌症死亡病例。癌症新发病例中,环境污染较严重的亚洲占据近一半,癌症死亡病例中,亚洲占据七成。有专家告诫,如果当前环境污染得不到有效遏制,越来越多的人都将患上癌症,并因此而死亡。

4. 对生物后代遗传毒害的主要污染物及其防范措施

环境污染物中对生物后代遗传有毒害作用的污染物多种多样,除了射线等物理因素外,大部分是化学物质(见表 4-3)。在这些众多的化学物质中,常被忽视而最常接触到的一类"三致"物质是多环芳烃。

表 4-3 常见的环境与生物(人或动物)体中的"三致"物质

致癌物	致畸物	致突变物
艾氏剂、苯、苯并[a]芘	有机汞	DDT、2,4 -D
双(2-氯乙基)醚	邻苯二甲酸酯	苯
氯乙烯单体、氯仿	砷酸钠	砷酸钠
四氯化碳、氯乙烯	硫酸镉	硫酸镉
二噁英	二噁英	二噁英
狄氏剂、异狄氏剂	2,4,5-T	2,4,5-T
亚硝胺	乙酸苯汞	亚硝酸盐
石棉		铅盐
铬酸盐、砷化物		
放射性核素、霉素、病毒		

多环芳烃是含有 200 多种化合物的一大类有机化合物。此类化合物分子中都含有两个或两个以上的苯环,因而不少的化合物都有"三致作用",苯并[a]芘就是最典型的一种。多环芳烃来源于天然和人为两种。天然来源主要包括:① 由长期地质年代的化石燃料、木质素、河流底泥中生物降解合成的产物;② 森林、草原发生自燃野火的残留物及火山喷发时的喷发物;③ 某些细菌、藻类和植物的生物合成产物。人为来源主要有:① 由工厂尤其是造纸、炼油、炼焦、煤气厂排放出的废物;② 化石燃料不完全燃烧的烟气及废物焚烧等;③ 流入自然水体中的被污染土壤渗滤液、各类废水、大气降落物、道路上的沥青等。

在日常生活中,人们食入被污染的食品和主动(或被动)地吸入香烟烟雾,是多环芳烃进入人体最直接的途径。在香烟烟雾中含有 100 多种多环芳烃化合物,最典型的致癌物苯并[a]芘也在其中,这就是抽烟人群为多发性肺癌的主要病源。通过对多种食品分析测定,发现几乎所有的食品中(如蔬菜、水果、面粉、植物油、禽蛋肉类、乳制品等)都或多或少含有多环芳烃类化合物,特别是烟熏食品中含量最高,其主要是在加工食品过程中产生的。有关部门抽样检测发现,烤羊肉串每千克含苯并[a]芘的量大大超过了国际卫生组织规定的食品标准(1 μg/kg)。人体皮肤经常接触多环芳烃容易引起皮肤癌,大量进入呼吸道易起胃癌。特别是有些地区居民喜食烟熏食物,胃癌发生率要比一般地区高出两倍。由上述实例可以看出,食品中多环芳烃的主要来源是被污染的土壤、水体、空气。

在环境中往往是多种类的多环芳烃同时并存,除有致癌作用的成分外,还有促癌作用和抑癌作用的成分。对苯并[a]芘来说,促癌物质有芘和荧蒽,而苯并[a]蒽则起抑制作用。对许多动物(大鼠、小鼠、土拨鼠、兔、猴)实验均表明,苯并[a]芘对它们的子代有致畸作用。此外这种致癌物还有致突变作用,即可使实验动物染色体发生异常、遗传信息发生突变等。

防范大量多环芳烃进入人体的一些措施:① 对于职业性接触(如熔化沥青时产生的烟气)实行防护或尽量避免;② 少食熏制食品(熏鱼、腊肉、火腿等)、烘烤食品(饼干、面包等)和煎炸食品(油条、煎饼、方便面等);③ 公共场所禁止吸烟,吸烟者应尽早戒烟。此外,加强有关工厂"三废"排放处理及饮水的净化处理,改进汽车燃油过程,控制汽车的尾气排放等,如将加热燃煤改换为石油天然气等措施,都可能降低城市环境中苯并[a]芘的含量水平。

二、 环境激素及其毒害效应

环境激素(environmental hormone)是由于人类的生产和生活活动而释放到周围环境中的,对人体内和动物体内原本营造的正常激素功能施加影响,从而干扰内分泌系统的物质,统称为"环境内分泌干扰物"(environmental endocrine disruptors)。这些化学物质都有很弱的激素样作用,可能导致包括人类在内各种生物的性激素分泌量和活性下降、精子数量减少、生殖器官异常、癌症等发病率增加,并使生殖能力降低、后代的健康及其生殖能力下降等,也可能影响各种生物的免疫系统和神经系统。

环境激素的提出也就是近年来的事,但其结果却已令世界震惊,它可能是 21 世纪人类健康所面临的巨大挑战。

1. 环境激素的种类

据当前的研究,约有 70 种(类)可能干扰内分泌的化学物质,其中约有 40 种是农药的组分。按其一般用途来分,可分为 8 类(见表 4-4)。

表 4-4　可能干扰内分泌的化学物质

种类	环境内分泌干扰物
除草剂	2,4,5-T、2,4-D、杀草强、莠去津、甲草胺(草不绿)、除草醚、草克尽
杀虫剂	六六六、对硫磷、西维因、氯丹、羟基氯丹、超九氯、滴滴滴、滴滴涕、滴滴伊、三氯杀螨醇、狄氏剂、硫丹、七氯、环氧七氯、马拉硫磷、甲氧滴涕、毒杀芬、灭多威(万灵)
杀菌剂	六氯苯、代森锰锌、代森锰、代森联、代森锌、乙烯菌核利、福美锌、苯菌灵
防腐剂	五氯酚、三丁基锡、三苯基锡

种类	环境内分泌干扰物
塑料增塑剂	邻苯二甲酸二(2-乙基己基)酯(DEHP)、邻苯二甲酸丁基苄酯(BBP)、邻苯二甲酸二正丁酯(DBP)、邻苯二甲酸二环己酯(DCHP)、邻苯二甲酸二乙酯(DEP)、己二酸二(2-乙基己基)酯、邻苯二甲酸二丙酯
洗涤剂	C5~C9烷基苯酚、壬基苯酚、4-辛基苯酚
副产物	二噁英类、呋喃类、苯并[a]芘、八氯苯乙烯、对硝基甲苯、苯乙烯二(或三)聚体
其他化合物	双酚A、多氯联苯类(PCBs)、多溴联苯类(PBBs)、甲基汞、镉及其配合物、铅及其配合物

2. 环境激素的作用机制

环境激素与生物体内的激素发生作用,影响内分泌系统的正常生理功能。其作用方式主要包括三个方面:与生物体内的激素竞争靶细胞的受体、产生阻碍作用、影响内分泌系统与其他系统的互动作用。

(1) 环境激素与生物体内的激素竞争靶细胞的受体。生物体内的蛋白质、肽类激素随血液循环到达靶细胞,首先作用于细胞膜上,与膜上特异性受体结合,刺激腺苷酸环化酶。该酶可使细胞内的ATP转变为环磷酸腺苷(cyclic adenosine monophosphate,cAMP),后者起到第二信使的作用,促进细胞内酶系统的活性,从而促进组织器官的代谢反应与生理效应。在结构上与此类激素相似的环境激素进入生物体后,与体内激素竞争靶细胞膜上的受体,影响生物体的正常生理活动。

类固醇激素到达靶细胞后,被大量摄入细胞,与细胞液中的细胞内受体结合。大多数类固醇激素与生殖有关。环境激素与类固醇激素竞争受体,一旦与受体(特别是雌激素受体和孕激素受体)结合,影响相关内分泌系统的调节作用,可能导致生殖能力的异常。

(2) 环境激素产生阻碍作用。环境激素的阻碍对象是类固醇类物质,它可能抑制类固醇合成过程中某些酶的活性,使酶的功能丧失,致使类固醇不能合成。雄激素睾丸素是一种类固醇,其不足或缺乏能使男性精液的质和量都下降,并影响精子的成熟。

(3) 影响内分泌系统与其他系统的互动作用。内分泌系统与神经系统、免疫系统、生殖系统等各个系统相互影响、相互制约。内分泌调节和神经调节共同构成了机体统一的调控机制。环境激素扰乱了内分泌平衡,随之可使免疫系统和中枢神经系统受到损害。甲状腺功能低下会影响神经系统的正常生长和发育,同时也影响生殖活动。在神经系统的发育阶段,雄激素受化学物质影响后,生殖行为出现异常。在神经系统和免疫系统受到影响时,内分泌系统发育也会发生障碍,特别是在妊娠初期,影响内分泌的物质会影响免疫系统和神经系统的发育,由此影响器官的分化。

3. 环境激素的作用特点

(1) 环境激素作用持久。环境激素主要存在于人工合成的化合物中,这些化合物有较强的稳定性,由于生物浓缩作用,通过生物链的传递,处于顶端的人类是环境激素的最终集结地。

(2) 环境激素的剧毒作用。一般的环境污染要累积到一定程度才会产生毒害作用,但环境激素则是"一锤定音"。特别是在孕期和哺乳期,只需要超微量的剂量,对于婴幼儿的危害就可能是毁灭性的和无可挽回的。

（3）环境激素的漫长潜伏期。环境激素的污染爆发可能有一个漫长的潜伏过程,因而使人们意识不到威胁的临近,结果造成更多的悲剧。

4. 环境激素的危害

（1）生物生殖机能低下。许多研究报道环境激素能导致雄性生物雌性化、性功能障碍、精子数量减少、不孕不育、新生儿异常、性别比失调等。据调查,由于环境激素的影响,全球男性精子数目在过去的 50 年内下降超过 1/3;在发达国家,平均每 5 对夫妇就有 1 对不育。调查数据显示,我国男性的平均精子数仅为 2 000 多万个,比 50 年前少了 4 000 多万个;目前我国每 8 对夫妇就有 1 对不育。

（2）降低生物体的免疫力并诱发肿瘤。有研究表明,因 PCBs 中毒后引起免疫机能下降。婴儿的免疫力特别容易受到杀虫剂的影响,免疫反应受到抑制,对传染病和癌症的抵抗力被削弱。另外许多的流行病学调查显示睾丸癌、前列腺癌、乳腺癌等都与环境激素有关。

（3）神经系统损伤。出生前和出生早期接触环境激素有可能对日后的神经行为功能产生损害,因为正在发育中的神经系统对外来毒物极为敏感。国外的研究揭示妊娠期摄入被 PCBs 污染的鱼类,出生的儿童智力发育受损,学习能力比其他儿童明显滞后。

三、 污染对生物种质基因库的潜在影响

生物的基因库是指生物种群生殖细胞中能遗传到下一代有效基因的总和。当代生物的基因全部取自上一代的基因库。作为人类而言,我们遗传给子女的基因将形成下一代的基因库。

在一个生物群体的全部基因之中,存在着有用的基因和暂时无用的基因,以及有利基因和有害基因。其中,有害基因的总体估计水平或效率就构成了一个种群的遗传负荷,这种负荷是代代有害基因的沉积物。突变和自然选择对此有重要作用。突变是否增加了遗传负荷,在于这个基因的产生是否有利于生物在特定环境中的生存。在自然界中,有害基因往往导致生物个体生存力和发展力低下,从而通过自然选择就淘汰了这种基因,降低了遗传负荷。

污染环境增加了生物基因库的遗传负荷。地球上的所有生物均生活在一个充满危险物质的环境中,无疑增加了包括人类在内的基因受损程度,相应也就增加了遗传负荷。特别是现代医学和社会机制使得有害基因在人类基因库内日益积累,使包括人类在内的不少生物面临种质基因库质量潜在变劣的危险。

污染使生物种质基因库不断萎缩。环境污染和生态破坏,导致大量物种灭绝,幸存的物种中也有很多敏感性的个体死亡,伴随它们的死亡其中承载的特有基因也将消失,从而很多物种和生物圈中的基因库可能是向不断萎缩趋势发展的。

污染还可能影响生物种质基因库的结构。污染使基因库中的遗传负荷增加,部分基因不断消失,从而整个生物圈基因库的结构将发生变化。不仅如此,有些在污染环境中适应性较强的生物繁殖能力相对增强,该类生物在整个种质基因库的份额不断增大,在一定程度上也导致种质基因库结构的变化。

种质基因库是生物遗传变异、进化发展的遗传基础,基因库的变化对生物未来的适应和进化产生重要影响。如何揭示污染产生这种影响及影响的程度,是环境生物学领域的重要科学难题,有待人们持续不断地努力。

小结

生态系统受到污染后,其中的植物、动物、微生物会因吸入积累污染物而产生不同的受害症状。污染物对生物生命活动的影响,最直接的表现是对新陈代谢的影响,进而影响正常生命活动过程。剧毒物质和大量污染物对于生态系统的影响和危害往往比较容易注意到,然而对于低剂量、长期存在的污染物来讲,其对生态系统的影响往往不明显,当人类发觉时已经产生了严重的滞后效应,在大范围内已经很难恢复。

对于环境中的污染物,生态系统受害最先反映在分子、细胞水平上,表现在体内生理生化反应的变化,接着是个体水平的受害,个体应对污染会加大对能量、物质的消耗,从而用于投入繁殖后代的精力降低,逐渐导致种群中敏感个体死亡,抗性个体存留,最终发生种群分化和种质基因库的变化。随着持续接触污染物,生物群落和生态系统会发生组成结构上的变化,生物多样性减少,最终影响生态系统的稳定性、功能发挥乃至生态系统多样性。

污染已经成为影响人群健康的大敌。环境污染物对包括人类在内的生物的影响具有远期效应,这集中体现在污染的致癌、致畸、致突变作用上(简称"三致作用")。污染的遗传毒害作用还将对生物种质基因库构成严重威胁。目前,具有长远效应的环境激素也成为人们普遍关注的环境生物学问题。这就是生态系统受损的污染滞后效应,因此对于污染物的危害要及时发现、及时预防。

思考题

1. 概念与术语理解:新陈代谢,光合作用,呼吸作用,毒害,物理污染,化学污染,生物污染,致死效应,亚致死效应,三致作用,种质基因库。

2. 膜在生命活动中具有什么作用? 污染是如何影响膜的结构和功能的?

3. 环境污染是如何影响植物光合作用和水分代谢的?

4. 污染物对作物品质有什么影响? 如何采取措施减免这种影响?

5. 举例说明环境污染对动物新陈代谢的影响。

6. 以框图表示有机污染物的体内代谢过程,说明关键步骤和反应。

7. 污染对微生物新陈代谢的作用如何影响土壤的生物属性?

8. 污染物使生物的生命活动出现异常的根本原因是什么?

9. 分析不同污染物对人群健康影响的特点。

10. 讨论环境激素对生物影响的特点和机制。

11. 环境污染将对生物种质基因库产生怎样的潜在影响?

建议读物

1. 王焕校.污染生态学[M].3 版.北京:高等教育出版社,2012.

2. 孔繁翔.环境生物学[M]. 北京:高等教育出版社,2000.

3. 祖元刚,孙梅,康乐.生态适应与生态进化的分子机理[M].北京:高等教育出版社,2000.

4. 李云.食品安全与毒理学基础[M].成都:四川大学出版社,2008.

5. 孟紫强.环境毒理学基础[M].北京:高等教育出版社,2003.

6. 郭新彪,杨旭.空气污染与健康[M].武汉:湖北科学技术出版社,2015.

7. 刘烈刚.食品污染与健康[M].武汉:湖北科学技术出版社,2015.

8. 江桂斌,王春霞,张爱茜.大气细颗粒物的毒理与健康效应[M].北京:科学出版社,2020.

第五章
生态退化及其对生物的影响

生态退化(ecological degradation)是指由于自然环境发生变迁或人类行为而造成生态系统功能发生衰退的现象。其主要表现是环境因子数量和质量的配置劣变不适于生物的生存,生态系统的结构恶化和功能降低使其处于一种不稳定或失衡状态。退化生态系统对自然或人为干扰的抵抗力较低、缓冲能力较弱,并有较强的敏感性和脆弱性,生态系统朝着低产力、不稳定的方向演变。生态退化是生态系统的一种逆向演替过程。对退化生态系统进行恢复是极其困难的,成本高且时间长。因此,减少人类不必要的扰动和破坏,是防控生态退化的重要策略。

生态退化的类型有很多,常见的类型有植被退化、水土流失、土壤退化和生物多样性丧失等。本章主要介绍生态退化及其对生物造成的影响。主要内容包括:① 植被退化及其生态效应;② 水土流失及其生态效应;③ 土壤退化及其生态效应;④ 生物多样性丧失及其生态效应。

第一节　植被退化及其生态效应

植被是地表各种植物组合的统称,它具有一定生态结构和功能。不同地域因自然因素和人为因素,植被的类型存在差异。植被作为地表最有建设性的组成部分,对气候的调节、土壤形成与质量维持、生物多样性维护、水文水资源过程都具有基础性的影响。因此,植被退化也将影响区域乃至全球生态环境的质量、自然供给能力和生态系统的稳定性。分析植被退化及其生态效应是环境生物学的重要内容,并且由于植被变化对地表重要元素生物地球化学过程的影响而成为面源污染防治的关键科学问题,当代环境科学越来越充实植被在环境治理、生态修复中的作用。

一、 植被的生态功能

植物是生态系统的核心成分和生产者,在地球生命系统的建构、维持和发展中具有基础性作用,通过植物的组合形成的植被。植被的生态功能可以概括为资源保障和环境支持作用两方面。

1. 资源保障

(1)生物产品生产。生态系统为各种生物提供了生存和发展所依托的食物、水分、营养等物质支撑条件。以人为例,已知约有 80 000 种植物可食用,人类仅用了约 7 000 种,其中最重要的是小麦(*Triticum aestivum* L.)、玉米(*Zea mays* L.)和水稻(*Oryza sativa* L.)等 20 种栽培植物。

(2)生物多样性的产生和维持。在微观时空尺度上,植物群落形成的微环境为动物、微生物的生存和发展提供了生态条件。在宏观时空尺度上,地球上现存丰富的生物多样性是经历了

35 亿年进化发展的产物,在这个过程中植物为各种动物提供了生存所必需的资源支持,并不断推动生态系统形成更为完善的物种,推动着生态系统的结构更为完善,功能更为健全,而良好的生态系统又为新物种的形成提供了机会。

2. 环境支持

植物不仅是其他生物直接或间接的食物来源,而且也是生态系统中的生产者和其他生物生存环境的缔造者。

(1)氧气制造与碳汇服务。所有生命活动中呼吸作用是基本的新陈代谢活动,植物在氧气的生产与生物圈氧含量稳定性维持、地球整个物理和化学环境的稳定性维持中都具有不可替代的作用。生物圈最基本的环境功能就是能够保证地球环境的相对稳定性,在这种环境功能当中,植物的作用是基础性的和决定性的。增加植树造林与保护森林增加碳汇,已被国际社会公认为应对气候变化的一种有效方式,也对"碳中和"有着无法超越的作用,例如,一亩①林地一年可以吸收净化 67 kg CO_2,释放出 48 kg O_2。

(2)土壤的形成和改良。土壤的形成和发育是生物与环境相互作用、共同发展的产物,并主要由生态系统中植物与微生物的协同作用维持更新。

(3)生态水文作用(eco-hydrological effects)。陆地植被及其生态系统对水分的吸收、驻留、缓释等作用,是生物圈中水分循环的重要环节。植被在生态系统的水分循环中处于核心地位。

(4)保护和改善环境质量。大面积的植被在温度、水分时空调节上的作用十分突出。恢复和维持自然原始的植被,不仅是保护生态环境的需要,更是人类生存和发展的基础条件。植被及其生态系统对进入其中的废物,特别是人类投入其中的污染物具有分解、同化、解毒作用,可以有效地减少污染物的积累、富集和毒害作用。这就是生态系统不断改善环境质量的过程。

二、 植被退化

由于自然因素或人类社会对植被的影响超过一定程度,植被及其生态系统的结构和功能出现退行性变化,并影响包括人类在内的各种生命系统的生存和发展,这就是植被退化。引起植被退化的因素很多,主要有自然因素和人为因素。

1. 自然因素

自然因素包括地球环境的阶段性变化,尤其是气候变化、地质变迁导致地球表面水陆环境、温度水分等重要生态因素的变化,引起植被出现全面的变化和全新的演替格局。地球形成 46 亿年以来,这些环境的变化引起不同植物的诞生和进化,这些植物及其植被与岩石作用形成不同的土壤条件,又为新的植物及其植被发展创造条件。特别是造山运动和大陆漂移,使地球环境发生的重大改变完全改变了植被时空格局。现在全球植被格局的形成大约是从新生代开始的,随着现代地质环境趋于稳定,全球气候的分带特征基本形成,地形、地貌等地理格局大势已定,全球植被分布格局在第三纪形成,经过第四纪的演化发展形成了今天全球基本的植被景观。在全球大的植被格局形成以后,小的区域性改变依然持续在发生,改变的主要力量依然是气候变化、地质作用、新的生物入侵及突发性的病虫害灾害等,但这种改变有时候导致严重的植被退

---

① 一亩 = 666.67m²。

化,不过更多时候成为驱动新的植被形成和演替,以及植被建设的重要力量。

2. 人为因素

当今地球表面的植被格局主要是人类的力量引起的。在一定程度上,人类文明的发展史就是改变地球植被的历史。240 万年以前地球进入第四纪,人类出现。此后,人类对地球上生物与环境产生的影响日益增大。现在人类已是地球环境最大的改变力量,对于植物的影响已经到了无处不在的地步,未经人类影响过的自然植被实际上几乎不存在。远古时期,人是自然的一个组分,人类与自然的发展保持在平衡当中。但从人掌握了对火的使用后,就从自然中相对独立出来,能够能动地、有目的地、较大规模地影响植被、改造自然。其中,首先就是以植物为食,以后随着狩猎、耕作、放牧及征战等为生存而开展的生产实践中,对自然植被反复地利用、摧毁和改造,以至于资源匮乏,环境恶化,自然灾害频繁。所以,当前地球上植物分布格局可以看成是人类参与"创造"的生态景观。早期主要是农耕文明的影响,主要是影响植被的数量、分布;进入工业革命以后,尤其是城市化发展导致大规模开垦使自然陆地和近海区域的植被丧失,农业大规模集约化经营,化肥大规模使用后引起农业植被快速覆盖地表,基本改变了区域植被的结构和外貌特征。不仅如此,工业、城镇污染,农业生产过程中农药化肥的流失,不仅导致人类居住区域出现污染,还引起径流区及相关水域污染和富营养化,进而导致大量的水生植被衰退。在城市化、工矿企业地区全面改变了土地利用格局,革除自然植被的同时,深度的农林经济活动及各种农药和化学产品的使用,也在改变各区域的植被类型。除草剂根除了土著物种,引进了外来物种,各个区域的物种结构、植被景观也完全改变。在 20 世纪 50 年代,这种情况主要出现在发达国家,而进入 21 世纪,整个地球表面都出现了类似的变化。这些变化在很多区域已经成为不可逆的变化,并影响整个地球生物圈的稳定性和可持续性,成为诱发全球变化的重要力量。

三、 植被退化的生态效应

正如前文所述,植被具有精致的生态结构,拥有十分重要的生态功能,是生态系统的主要稳定性力量,植被退化后将对这些生态作用产生重要的影响。

1. 对生态系统结构的影响

植被退化对生态系统结构的影响主要包括对生物多样性、生态系统形态结构和营养结构方面的作用。

(1)对生态系统组分及生物多样性的影响。植被退化将直接影响生态系统中非生物组分的物质和能量特征。在植被退化过程中,生态系统内水分、营养物质的存赋总量下降,对生物的可获得性将显著下降,从而其中的植物吸收二氧化碳、同化光能进行光合作用的能力将显著降低,使物质和能量有效进入生态系统中的强度和质量普遍降低。当植物作为生产者受到影响时,依赖植物提供资源环境的消费者、分解者自然将受到影响。为此,在植被退化后,区域生物多样性将显著下降。

(2)对生态系统形态结构的影响。生态系统的形态结构是由其中的生物种类、种群数量、种群的空间配置(水平分布、垂直分布)、种群的时间变化(发育)等决定的。在植被退化过程中,伴随生物多样性降低,各种物种及种群间的关系将出现全新的调整和变化,相应地这些形态结构的要素及其相互关联自然受到冲击。有研究表明,在云南半湿润常绿阔叶林退化为暖温性针阔混交林,反映植物物种多样性水平的香农指数降低 30% ~ 60%,体现该类地带性植被的特征物种结构中,壳斗科、山茶科、樟科、木兰科的植物种类降低 50% ~ 70% 。

（3）对生态系统营养结构的影响。生态系统各组成成分之间建立起来的营养关系,就构成了生态系统的营养结构,它是生态系统中能量和物质流动的基础。一般地,在退化植被中,最典型的特征就是其中植物群落建群种的种群数量减少,优势度降低,甚至由其他物种替代。在这种情况下,整个植被及其生态系统的生产力水平将显著下降,群落内环境出现显著性改变,生存其中的代表性动物、优势微生物将从其中退出或迁移,食物链成分的改变,必将使整个生态系统的营养结构发生衰退。这种情形过去主要集中在森林生态系统、草原生态系统、海洋生态系统。近 10 年来发现,植被退化还将引起临近或相关区域的淡水生态系统(含湖泊生态系统、池塘生态系统、河流生态系统等)、农田生态系统、湿地生态系统、城市生态系统的营养结构变化。

2. 对生态系统功能和稳定性的影响

生态系统功能指的是生态系统所体现的各种功效或作用,主要表现在生物生产、能量流动、物质循环和信息传递等方面,它们是通过生态系统的核心——生物群落来实现的,其中植物群落及其植被是核心力量。植被退化既是生态系统衰退的成因,也将成为影响生态系统功能的主导因素。

在分析植被退化的生态功能效应相关研究中,比较成熟的工作主要集中在森林植被变化的生态水文过程的定位实验。森林水文过程主要通过林冠、地被物、土壤三个方面实现,在结构良好的温带针叶林林冠截留率为 20% ~ 40% ,变异系数为 6. 68% ~ 55. 05 % ,但森林受到人工砍伐、林下种植等扰动时,截留率将降低到 5% ~ 15% ,变异系数达到 32% ~ 95% 。与此同时,枯落物持水量、土壤的入渗和产流过程都出现显著性变化,其中林下土壤的物理性质、化学性质、生物性质都出现显著性恶化。

已有研究表明,对任何一个生态系统,植物群落的变化,尤其是物种结构和时空配置对稳定土壤、培植肥力、改善结构、促进土壤形成、截留和蓄积水分、减少冲刷等作用都十分突出,在吸收和贮藏营养元素、降低溅蚀、面蚀和沟蚀效应达到水土保持、减少营养元素流失等功能方面的影响显著。不仅如此,大多数生态系统在结构和功能上普遍存在很大的时间变异性和空间异质性,动态变化是不可避免的,但这种变化的幅度是否能够使该系统仍然维持其基本特征的水平,有赖于植被这个关键性的稳定力量。一个世纪以来,无论是地理信息系统(geographic information system ,GIS)在较大尺度上的研究,还是中小尺度上(具体到立地条件下植被群落)的相关研究,都清楚地揭示植被对所在区域生态系统稳定性及其进展性演替的贡献。

3. 植被退化与生物入侵

植被及其生态系统是经过长期进化形成的,系统中的物种经过上百年至上千年的竞争、排斥、适应和互利互助,才形成了现在相互依赖又互相制约的密切关系。当植被退化后,这种关系被打破,为其他物种进入和扩散创造了机会。特别是当这个外来物种进入后,有可能因群落中没有相抗衡或制约它的生物,使其成为入侵者,占据、改变或破坏群落内的生态环境,影响群落内原有生物的生存和发展,进而改变整个群落及生态系统的结构和功能,这就形成了生物入侵。生物入侵可替代、排挤本土群落中的优势种,改变群落的自然性和完整性。在我国,因人工扰动和破坏导致自然植被退化引起外来物种入侵的现象十分突出,如凤眼莲在长江以南的许多湖泊中大面积覆盖水面,南方退化森林的入侵种繁多,一些恶性杂草,如紫茎泽兰(*Ageratina adeno-phora*)、飞机草(*Eupatorium odoratum* L.)、薇甘菊(*Mikania micrantha* Kunth)、豚草属(*Ambrosia* L.)、小蓬草(*Erigeron canadensis* L.)排挤本土植物并阻碍植被的自然恢复。

导致生物入侵的因素有很多。生物入侵带来的生态和生物安全问题十分严重,包括改变和破坏自然生态系统和景观的原初特征和完整性,制约本地生物的生存和发展。在热带和亚热带地区,植被退化引起的生境片段化,残存的次生植被常被入侵种分割、包围和渗透,使本土植物种群进一步破碎化,还可以造成一些物种的近亲繁殖和遗传漂变。有些入侵种可与同属近缘种,甚至不同属的种杂交,可能导致后者的遗传多样性降低。特别需要注意的是,我国在许多植被恢复中引入外来物种,对其生态效应估计不足,在很多地方产生了生物入侵后,当地丰富而特有的生物多样性丧失,而且很难恢复。

第二节　水土流失及其生态效应

目前全球有65%的土地面积因土地侵蚀存在不同程度的退化。在欧洲,水蚀面积占土地面积的12%,风蚀面积占土地面积的4%;北美土壤侵蚀面积达 9 500 万 hm^2;非洲土壤退化约 5 亿 hm^2;南亚由于水蚀造成的经济损失达 54 亿美元,风蚀造成的经济损失达 18 亿美元,盐渍化造成的经济损失约 15 亿美元。

水土流失是我国乃至全球最大的环境问题。我国是个多山的国家,由于特殊的地理环境和气候条件,水土流失相当严重,已成为世界上水土流失最严重的国家之一。土壤侵蚀遍布全国,有些地区规模大,强度高,成因复杂,危害严重。黄土高原历来就是水土流失最严重的区域之一,南方的红壤、东北的黑土流失也较严重。从分布看,我国水土流失呈现"西高东低"格局,东、中、西部水土流失面积均有所减少。20 世纪 90 年代末,除冻融造成的水土流失外,全国各地各类水土流失总面积为 356 万 km^2,其中由水蚀而造成的水土流失面积为 165 万 km^2,占总侵蚀面积的46.35%,风蚀造成的水土流失为 191 万 km^2,占总侵蚀面积的 53.65%。根据 2009 年中国水土流失与生态安全综合科学考察结果,我国现有水土流失总面积为 356.92 万 km^2,其中水蚀面积为 161.22 万 km^2,风蚀面积为 195.70 万 km^2。截至 2020 年,我国水土流失总面积(271.08 万 km^2)大幅下降(表 5-1)。

表 5-1　我国水土流失状况对比表格

时间	总侵蚀面积 /(10^4 km^2)	水蚀面积		风蚀面积	
		面积/(10^4 km^2)	比例/%	面积/(10^4 km^2)	比例/%
20 世纪 90 年代	356	165	46.35	191	53.65
2009 年	356.92	161.22	45.17	195.70	54.83
2019 年	271.08	113.47	41.86	157.61	58.14

一、水土流失的概念

(一)水土流失与土壤侵蚀

土壤侵蚀是指在陆地表面,在水力、风力、冻融和重力等外力作用下,土壤、土壤母质和其他地面组成物质被破坏、剥蚀、转运和沉积的全过程。土壤侵蚀的类型包括水力侵蚀、风力侵蚀、重力侵蚀、冻融侵蚀和冰川侵蚀。广泛使用的水土流失(soil and water loss)这个名词,主要强调的是在水力、风力、重力等外营力作用下,山丘区及风沙区水土资源和土地生产力的破坏和损失。它包括土地表层侵蚀及水的损失,也称水土损失。其中,土地表层侵蚀指在水力、风力、冻融、重力及其他地质营力作用下,土壤、土壤母质及其他地面组成物质如岩屑损坏、剥蚀、转运和沉积的全部过程。据2009年、1995年和1985年所开展的普查成果,我国水土流失面积有所下降。尽管如此,我国西部地区水土流失仍较为严重,水土流失面积继续扩大。水利部以长江、黄河上中游、东北黑土区、西南石漠化地区为重点,系统施策、多措并举,加快实施小流域综合治理、坡耕地整治、侵蚀沟治理等重点工程建设,成效显著,至2020年水土流失面积显著下降。根据国家统计局数据显示,截至2019年我国水土流失治理面积为137 325 000 hm²(图5-1)。从各省市来看,我国水土流失治理面积排前三的地区为内蒙古自治区、四川省、云南省,分别为14 625 030 hm²、10 463 590 hm²、10 047 680 hm²。

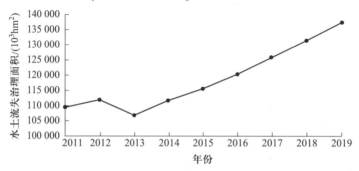

图5-1　2011—2019年我国水土流失治理面积情况

　　综上所述,水土流失是土壤侵蚀中的一类,其本质是大气降水及其所形成的径流引起的侵蚀过程和一系列土壤侵蚀形式,同时也是一种对陆地表面削平的过程,它使土壤、岩石颗粒和一些地表碎小物在重力的作用下发生分解、转运、滚动或流失。土壤随着水流而去,并且带走大量的营养元素和有机质,留下粗沙、沙砾和石头,改变原有地段土壤的物理、化学等性质。土壤侵蚀一词旨在强调土壤在不同的外力作用下土壤性质发生的改变,是造成土壤退化的主要原因之一;而水土流失强调的是主要在水力等外力的作用下,水和土壤的流失,直接造成土壤表层及其母质被剥蚀、冲刷。土壤流失后出现土地沙化、盐渍化等生态退化的现象,在很大程度上会造成土壤沙化等土壤退化问题。此类水土流失主要发生在气候干旱、植被破坏的地方。例如,我国的黄河流域水土流失量大而面广,是我国生态环境脆弱的区域。在未考虑沟道侵蚀的情况下,黄河流域2019年水土流失面积占全国(不含港、澳、台地区)水土流失总面积(271.08万 km²)的9.75%,中度以上土壤侵蚀面积占全国中度以上土壤侵蚀面积(100.52万 km²)的9.82%。以水为主要营力的水土流失一般是水和土一起流失,这类水土流失在雨量充足、植被被破坏的地方较常见。黄河流域水土流失主要集中分布在黄土高原地区,该地区面积为64.06万 km²,占流域水土流失面积的89.21%。黄土高原地区自北向南依次包含风力侵蚀区、水力风力交错侵蚀区、水力侵蚀区,所引起水土流失的作用营力不同,但总体表现结果为水和土壤的流失。

（二）水土流失形式

被誉为美国水土保持之父的本内特（Hugh Hammond Bennett）在 20 世纪中叶将水土流失划分为水蚀和风蚀。由于环境和地理区域不同，水土流失在不同地区有不同的分类。在我国，根据营力作用下水土流失发生的侵蚀形式分为面蚀、沟蚀等（如图 5-2）。除传统对水土流失类型的划分外，新生水土流失也逐渐引起人们的注意。新生水土流失主要是指地震引起的次地质灾害而诱发产生的诸如滑坡、泥石流、崩塌及坡面侵蚀等形态的水土流失问题。其类型包括：① 滑坡，这是由地震诱发的大量滑坡，重灾区滑坡面密度大于 50%，最大可达 70%。由于河道山坡坡度陡，切割深，斜坡岩石破碎后，形成大量的沿主河及其支流河谷发育和分布滑坡，多处沿河发育的大规模滑坡造成了堵江，形成地震堰塞湖；② 泥石流，由于剧烈的山体震动，大量崩塌、落石、滑坡活动使沟道内松散碎屑物质剧增，为泥石流发育提供了固体物质条件；③ 崩塌，受地震影响，坡体平衡被破坏，地震灾区尤其是高陡边坡上的岩、土体在重力作用下脱离山体，堆积在坡脚或沟谷，形成崩塌；④ 坡面侵蚀，是受地质灾害强烈活动影响，地表土层及植被遭受极大破坏，使山坡荒芜，形成荒山秃岭，遇暴雨时对山坡裸露风化层片蚀作用加强。

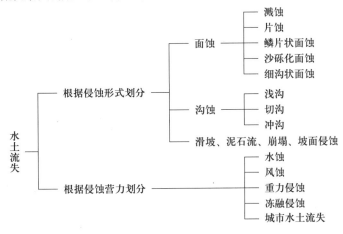

图 5-2　水土流失的分类

1. 根据侵蚀的形式划分

根据侵蚀的形式可以分为：面蚀、沟蚀、滑坡、泥石流和崩塌等。

（1）面蚀（surface erosion）。是一种广泛存在的侵蚀类型，是指由于分散的地表径流冲走地面表层物的一种侵蚀现象，是土壤侵蚀中最常见的一种形式，主要发生在没有植被或植被稀少的坡地上。根据发生的地质条件、土地利用现状的不同及其表现特征，面蚀又可分为溅蚀、片蚀、鳞片状面蚀、沙砾化面蚀、细沟状面蚀等。

① 溅蚀（splash erosion）：是指雨滴打击土壤表面，使土粒发生分散、分离、跃迁位移的过程，是土壤侵蚀发生的最初过程。溅蚀会破坏土壤团聚体，堵塞土壤孔隙，降低土壤入渗能力，增加径流紊动性和径流输沙能力。雨滴打击引起土壤颗粒溅蚀的作用程度主要受到降雨特性、地表粗糙度、土壤特性、地面坡度等影响。坡表面如果发生溅蚀，再经过阳光的暴晒，常常使土壤变得板结，更难吸收降雨，最终很快导致土壤贫瘠化。

② 片蚀（sheet erosion）：是坡面经过溅蚀后降雨超过土壤入渗和地面注蓄能力时产生的、一

种很薄且没有形成股流的层流。水流动力的作用表现为搬运雨滴分离的土壤,以及直接对土壤进行分离和搬运。这种水土流失能把土壤中的可溶解物质和比较小的土粒带走,使土壤的层面变薄,质地变得粗糙,造成土壤肥力下降。

③ 鳞片状面蚀:主要发生在次生的稀疏林、稀疏的灌丛林和稀疏的草丛中。森林经过不合理的砍伐和过度放牧,植被覆盖稀疏、恶化,造成林地有不同形式的斑块存在,这样有植被和没有植被的斑块经过侵蚀就出现不同的侵蚀外观,从而形成鳞片状面蚀。

④ 沙砾化面蚀:主要是在花岗岩形成的坡面上,岩石上土层的分布很薄,细粒物和有黏性的物质经过水土流失后就会越来越少,露出的石砾就会增多,造成沙砾化。这种侵蚀形式经常发生在由花岗岩形成的低山丘陵,也发生在北部片麻岩和其他岩石分布的区域。

⑤ 细沟状面蚀:是发生在较陡坡耕地上的一种侵蚀,尤其是西北黄土高原地区,较大暴雨发生时,闲置的坡耕地受分散的小股径流冲刷后出现很多条纹状小沟,其发生面积较广。

（2）沟蚀（gully erosion）。也称为线状侵蚀,是指汇集在一起的地表径流冲刷、破坏土壤及母质,形成切入地表及以下的一种水土流失形式。面蚀产生的细沟,继续加深和加宽,当沟壑发展到不能为耕作所平复时,即变成沟蚀。沟蚀可以分为浅沟、切沟和冲沟。

浅沟是各种面蚀发展的结果,地面径流由小变大,并且有规律地集中,其冲刷力增加,向下切入的深度也增加,形成横切面较宽的沟状。切沟是浅沟进一步发展的结果,较小的浅沟径流集中到较大的浅沟中,使其下切力增加,从而深入土壤母质或风化基岩。切沟的深度可以由原先的 1 m 增加到 10~20 m,甚至更深。冲沟是大型切沟的进一步发展,水流更加集中,切入深度也越来越深,宽度进一步向两侧发展,经过一定时间后能够定型,沟蚀一旦形成冲沟后,横断面呈"U"形。冲沟宽度从几十米到几百米不等。

（3）滑坡、泥石流和崩塌。滑坡（slide）、泥石流（mud-rock flow）和崩塌（collapse）是在水土流失和流失物的重力因素共同作用下形成的破坏更大的一种水土流失,其爆发突然,来势汹涌,历时短暂,破坏力极强。

2. 根据侵蚀营力划分

根据侵蚀营力可分为水蚀、风蚀、重力侵蚀、冻融侵蚀、城市水土流失等。

（1）水蚀（water erosion）。是指由于大气降水尤其是降雨所导致的侵蚀过程及一系列土壤侵蚀形式。水蚀不仅涉及在水力作用下坡地表面被刻画成的侵蚀形式,如细沟、浅沟、冲沟等,而且还涉及在搬运过程中的一些形式如山洪,同时也涉及在搬运终结时的堆积形式,如沙坝,石海。这些形式并不是单独孤立发生的,而是相互联系的,交错重叠发生。

（2）风蚀（wind erosion）。是指空气受力而冲击地下土粒、沙粒使其脱离地表及被搬运和堆积的过程。风对地表所产生的冲击力引起细小的土粒与较大的团粒或土块分离,甚至从岩石表面剥离碎屑,使岩石表面出现擦痕和蜂窝,随后土粒或沙粒被风挟带形成风沙流。风蚀经常在广大的土地面积上发生,在比较干旱,缺乏地表植被的条件下,风速大于 4 m/s 时就会发生土壤的风蚀。在一些特殊的条件下,如表土干燥,土粒疏松过细,风速小于 4 m/s 也会发生风蚀。土地沙漠化和沙尘暴都是由于风蚀所形成的。

（3）重力侵蚀（gravity erosion）。是一种以重力作用为主引起的土壤侵蚀形式。重力侵蚀与其他外营力,特别是在水力侵蚀及下渗水分的共同作用下,以重力为直接原因所导致的地表物质移动。自然坡面土体的稳定性由土体内摩擦阻力和植被决定。当有雨水时,土体的含水量增加,其摩擦阻力减小,就会因重力作用而下滑,形成破坏极其严重的崩塌、滑坡等自然灾害。

(4)冻融侵蚀(ice erosion)。其主要作用力有冻融剥离作用、寒冻风化、雪蚀等。冻融侵蚀主要有热融滑塌、融冻泥流、风沙融蚀坍塌三种类型。在我国由于几大高原的存在,尤其是青藏高原,使得我国存在大面积的冻融侵蚀,我国大约90%以上的冻融侵蚀发生在青藏高原。

(5)城市水土流失(urban water and soil loss)。是指在城市化进程中,人为活动引发的新的水土流失。人为作用的直接影响占主导,生产建设项目水土流失与背景水土流失叠加、交织,流失方式更加复杂多样,物质来源更加复杂多样、污染物更多,而危害更具有隐蔽性。人们在进行城市建设和一些生产活动过程中发现,城市也出现水土流失,并且水土流失问题也已经成为城市建设和管理中的突出问题。1995年8月8—10日,由水利部主持在深圳市召开了部分沿海城市水土流失工作座谈会,首次提出了城市水土流失的问题。随着我国城市化建设的快速发展,城市水土流失日益加剧。

城市水土流失是城市化建设过程中,建设用地开发、采石、筑路、架桥、引水和排水设施及城市垃圾处理等基本建设过程中,因不注意水土保持造成水和土的损失。城市水土流失不同于一般意义的水土流失,具有人为性、流失强度大、高度复杂性、明显的地域性和极强的隐蔽性等特点。城市水土流失破坏城市生态环境、加重环境污染、影响城市排水防洪、阻碍和制约经济的发展和影响人民生活。

二、 水土流失的成因

水土流失产生的原因主要有自然原因和人为原因两类,其中气候、土壤、地形和植被等自然因素是产生土壤侵蚀的基础和潜在因素,而人类的活动是造成水土流失的主要因素。水土流失问题越来越突出,这不仅是自然因素单独作用的结果,更主要的是人为的不合理活动。

(一)自然原因

自然侵蚀过程指的是在不受人类影响的情况下,土地在自然环境中的侵蚀,主要是由水、风、温度变化、重力和冰川等作用引起的,自然侵蚀一般都很缓慢,其结果也不显著。

1. 气候因子

对水土流失产生影响的主要气候因子是降水和风。降水和风对土壤的破坏力最大,尤其是暴风雨最容易引起破坏力极强的水土流失。

(1)降水。降水是影响水土流失的一个关键因素,是水土流失过程中地下渗透水和地表径流的来源。我国境内大部分省、自治区、直辖市干旱季十分明显,降水年内分配不均匀,而且大都集中在5—10月。充分的降水超过土壤接纳水分的能力,因此容易造成水土流失。暴雨是造成水土流失的主要气候因子,降水强度一般与侵蚀量呈正相关,暴雨的降水强度大,雨滴的侵蚀作用强,径流量大,常常造成水土流失,也会导致滑坡、泥石流的产生。

在寒冷的地区和高山地区冬季积雪较多的地方,冬天经过雪的作用,土壤将会改变其物理性质和机械组成,在春季来临时,由雪融化成的雨水产生径流,不能随土壤下渗,造成大量的水土流失。

(2)风。风是土壤风蚀产生的主要动力,风速是决定风蚀最主要的因素,风速的大小决定侵蚀的程度,风速大的时候,就有可能产生沙尘暴等一些恶劣天气现象。

2. 土壤因素

土壤是水土流失侵蚀的主要对象,土壤本身性质对水土流失产生很大的影响。在其他条件相同的情况下,水土流失就取决于土壤的性质,如土壤的抗蚀性、抗冲性及透水性、土壤结构、土壤容重、土壤有机质等。

(1) 土壤结构。指土壤颗粒(包括团聚体)的排列和组合形式,通过孔隙结构影响土壤水力传导度和水势梯度,进而影响土壤的入渗能力。如果土粒与水的结合能力越强,土壤越容易分散悬浮,团粒结构就越容易解体,那么水流就更容易带走土壤。反之,如果土壤颗粒间的胶结力很强,结构体较大,相互之间不容易分离,则土壤的抗蚀性较强,土地不容易发生水土流失。

(2) 土壤有机质。通过对土壤孔隙尺寸和分布的影响,改变土壤水力传导度,影响土壤水入渗能力。有机质含量往往与土壤团粒结构呈正相关,一方面,团粒结构多的土壤,毛管孔隙多,可储存大量水分;另一方面,土壤孔隙稳定性随有机质含量的升高而增大,过水面积增加,入渗能力提高。水稳性团聚体的含量越高,土壤的持水性能越强,入渗能力相应降低。

(3) 土壤质地。即土壤机械组成,指土壤中各级土粒含量的相对比例及其所表现的土壤沙黏性质。改变土粒表面能影响土壤孔隙尺度和分布,对土壤水分运动的驱动力和水力传导度产生影响,进而影响土壤入渗能力,减少水土流失。

(4) 土壤抗冲性。是指土壤抵抗各种侵蚀营力的机械破坏和推移的能力。当土体吸水后,水分进入空隙,很快变成细小的碎土,易被径流带走而产生流失。土壤的抗冲性随着土壤膨胀系数的增加、土壤中植物根的含量和土壤硬度的减小而降低。土壤抗冲性还与土地利用方式有关,其中林地最强,草地次之,农用地最弱。

(5) 土壤透水性。土壤透水性的大小影响径流量的大小。影响透水性的主要因素有土壤空隙、质地、结构等。这些因素因土壤类型不同而不同,如黄土高原的土壤由黄土母质发育形成,以黄绵土、灰钙土和黑钙土为主,其土壤孔隙度大、呈垂直发育、结构松散、腐殖质含量低、石灰质含量高、遇水易失散,容易被降水侵蚀和搬运,极易发生水土流失。

3. 地形影响

水土流失大部分在坡面上发生,所以地面的坡度、坡长和坡形对水土流失有很大的影响。

坡度能直接影响径流的冲刷能力。一般来讲,在土地坡度较缓的低平原地区,每当降水天气出现时,地表发生径流的流量小,甚至不发生径流,因此水土流失程度较小,甚至发生淤积。径流越大,越容易发生水土流失,坡度对水力侵蚀作用的影响并不是单一的正比关系,而存在一个侵蚀临界坡度,超过这一临界坡度,侵蚀反而减少。但临界坡度与土壤类型、内在性质、结构、降水特性、入渗等因素有关。对这一问题的研究,由于上述原因,其结果不一。

一般来讲,当其他条件相同时,坡面越长,径流速度就越大,汇集的流量就越多,其侵蚀就越强。近来有研究表明,降水强度较小时,径流量不能用坡长与降水强度的乘积代替,侵蚀量随坡长增加较慢;降水强度较大时,径流量可用坡长与降水强度的乘积代替。

坡度和坡长两个因素的综合作用形成坡形因子。坡形有直线坡、凹形坡、凸形坡、台阶坡等。直线坡坡度一致,上部的径流会汇集到下部,流量会增加,侵蚀将会增强;凹形坡上坡陡,下坡缓,中部侵蚀严重;凸形坡上坡缓,下坡陡且长,土壤侵蚀更加厉害。

4. 植被作用

植被可以阻止水土流失,很多水土流失都是在没有植被的地面或坡面上发生。植被对水土流失的影响是对水的作用、对风的作用及对土壤的作用。

（1）植被对雨水截留、吸收的作用。良好的植被能够拦蓄雨滴,减轻雨滴对土壤的溅击能力,削减降水对土壤的破坏作用。降水经过森林后,首先接触的是乔木层,经过乔木层后再到灌木层、草本、凋落物,最后才到达地表。经过四层的截留,拦截的雨水顺着树枝到树干,再顺树干下流,或者直接从树的枝叶下落,这样直接到达地表的雨滴就已经很少了,而且被拦蓄雨滴的动量很小,对地表的侵蚀能力也很小。地表上的草丛、凋落物和枯枝能够增加地面的粗糙度和减缓径流,同时植物体内也能够吸收一定的水分。

灌木的覆盖面积大,而且低矮,降水过程中受风的影响较小,雨水可以很好地保持在叶面上。所以灌木截留降水的能力比乔木强。在不同植被条件下,水土流失的情况不一样,阔叶林、灌木林防止水土流失的作用大于针叶林,混交林的作用大于纯林。

（2）植被对风的抵抗作用。植被对风的侵蚀有一定的抵抗效应。一般来讲植被的抗风范围是植被高度的 20~25 倍。一般的防护林能够把风速、风力减少 40%~60%。植被的防风效应对周边农业生产起着屏障保护作用。

（3）植被对土壤的保持效应。主要是根的作用。植物的根系有缠绕、穿插和固结土体的作用,可以丰富土壤的有机质,植物的枯枝落叶及根系死亡腐烂后,可以增加土壤的有机质并能给土壤增加根孔。土壤有机质有利于土壤团聚体的形成,并可增加土壤的孔隙度。由腐烂的根所形成的通道,在水的渗透、贮存、保持方面起着重要的作用。根在近土表分布最密,下层分布较少,可以增加土壤的渗透能力和土壤的抗蚀能力。另外,土壤表层的枯枝落叶及形成的腐殖层,可改良土壤增加其通透能力和吸收水分的能力。森林中的众多根能够吸收大量的水分,减少水的流失量。植被对土壤的固定作用使得风蚀的效应减小。

（二）人为原因

人类在地球上出现以来,就不断地通过各种活动对自然界施加影响,正常水土流失过程受到人为活动越来越剧烈地干扰和影响,已由自然侵蚀状态转化为加速侵蚀状态。人口的急剧膨胀、工农业的高速发展加剧了人类对自然资源的掠夺式开发,不顾自然规律地滥砍乱伐、毁林开荒、过度放牧等通过改变某些自然因素来改变侵蚀力与土壤抗蚀力的大小,是造成水土流失的最主要原因。人类的这些不合理行为增加了水土流失的爆发频率和强度,加速了水土流失的形成和发展。这些不合理活动对水土流失影响的根源是比较复杂的,既有社会历史发展原因,又有现代不合理生产经营活动等方面的影响。

1. 植被破坏

植被破坏使得土壤失去天然保护屏障,成为加速土壤流失的先导因子,土壤地表植被的破坏很容易导致水土流失的发生,一般认为土壤流失与植被覆盖率呈高度负相关。乱砍滥伐、放火烧山及过度挖掘等破坏性行为,都能使森林遭到破坏和使地表裸露而直接遭受雨滴的击溅、地面径流的冲刷和风力的侵蚀,从而失去蓄水保土的作用,最终会加速土壤侵蚀的发生和发展。

森林、草原植被被破坏后,地表裸露,失去水土涵养能力,土壤截流能力、蓄水能力和下渗能力大幅度下降。降水时,雨水在没有植被拦截的情况下直接侵蚀土壤,雨滴溅击侵蚀毁坏土壤结构,使土粒处于悬浮状态,水和土混在一起产生泥浆。当泥浆渗入土壤时,悬浮的土粒会把土壤孔隙堵塞,从而妨碍土壤吸水,造成水土流失。例如组成黄土高原的黄土疏松多孔,黏结力弱,在雨水长期冲刷下,黄土高原被切割得支离破碎,到处沟壑纵横。如果植被以草本为主,则其层次简单,涵水固沙力差,地层松散,植被被破坏后,不论风蚀和水蚀,其水土流失的效应都很严重。

森林内凋落物(litter)有阻止水土流失的效应。在一些地区,林内凋落物被农民取走作为燃料、肥料或垫圈,使森林成为空心林,造成水土流失,形成"山清水不秀"的现象。森林内凋落物由于多年积累,能使地面长期覆盖,枯枝落叶的腐烂,能提高土壤的胶结作用,林木根系的扩展,可达到水土保持的效应。据对桉树林的研究表明,如果桉树林每年叶子的凋落率为50%,那么每株树年落叶量为1.35 kg,6年间每株落叶8.1 kg,每亩落叶810 kg,在没有人为的影响下,可将林地铺厚5~7 cm的枯枝落叶层。凋落物被耙光,地表覆盖层被破坏,土壤性质和土壤肥力将发生改变,水土流失在茂密的森林内也能发生。

森林内长有很多的名贵药材,如人参、甘草、黄连、麻黄等。每到药材收取季节,常有人到森林中挖取,致使森林、草原千疮百孔,小土坑、小土丘星罗棋布,破坏了森林、草场植被,减少其利用面积。挖掘后土壤的结构和性质发生改变,土壤团粒松散、黏性下降、容易发生水土流失。特别是坡面的土壤被挖掘出来后更容易发生水土流失。

2. 不合理的土地利用及耕作方式

(1)陡坡开荒。我国农业生产力水平低下,许多生态条件较差的地区只能进行广种薄收的生产,随着人口增加,为了维持基本生活,人们大肆开荒种粮,毁林造田,使大批的森林变为农田,导致区域生态平衡失调,生态环境恶化,水土流失加剧。山区农民在田边砍烧灌木林后开荒种植等,都会造成不同程度的水土流失。陡坡开荒不仅破坏了地面植被,而且翻松了土壤,为水土流失提供了条件。所以对大于25°的坡耕地进行退耕还林政策是治理水土流失的一项重要的措施。

(2)不合理的耕作方式。在坡耕地进行农业生产时,顺坡耕作使降水产生的坡面径流顺坡集中下流,容易造成沟蚀。坡耕地垦殖使土壤暴露于水力冲刷,是土壤流失的推动因子,土壤流失量与坡度呈指数关系。而且坡耕地农业是我国南方地区丘陵和黄土高原的特色。尤其是纵沟耕作,径流随垄沟产生,水土流失极易发生。统计表明,长江等河流60%~70%的泥沙来源于坡耕地。另外,我国农田的耕作排水渠道体系不完善,当降水量大于土壤的渗透率时,多余的水分不能从地表渗透下去,降水很容易从地面流走,造成地面径流,产生水土流失。同时,还带走农田中的营养成分,造成土地的贫瘠化。基于此,很多国家提出保护性耕作(conservation tillage)的概念,它是相对于传统耕作方式的一种新型高效的耕作技术。20世纪30年代,大规模的"黑风暴"袭击了美国西部和苏联,使当时的两国农业生产损失巨大。尤其是在1935年5月,特大"黑风暴"袭击了美国,持续3天的"黑风暴"使美国农业生产遭受了巨大损失,惨重的损失震惊了全世界。这次"黑风暴"几乎影响了2/3的美国国土面积,约有3亿t土壤被卷入大西洋,这一年美国被毁掉的耕地就有300万km²。在粮食生产中,仅冬小麦就减产510万t。我国学者把保护性耕作定义为"以保持水土为结构等综合配套设施,并用作物秸秆覆盖裸露地表,进而减少风力和水力对农田耕作土壤的侵蚀,提高土壤肥力和保水能力,改善土壤结构的一种新型农业耕作方式。"对地表少耕、免耕、保留作物秸秆残茬覆盖度,进行合理的种植。例如,近20多年来,受全球气候变化的影响,黄土高原地区的生态环境遭到严重破坏,干旱面积逐年增加,各地干旱地区采取少耕、免耕、作物留茬覆盖等耕作方式来保持耕地水土,结合各地自然条件的特殊性,逐步形成了各种形式的干旱、半干旱地区保护性耕作技术模式,主要有秸秆覆盖还田耕作法、免耕整秸秆覆盖法等。这些耕作方式对减少地表土壤水分蒸发和水土流失、降低农业生产成本、提高农作物产量起到了非常重要的作用,对保护性耕作技术的应用在很大程度上解决了干旱地区农田缺少的严峻形势。

3. 过度放牧

目前,我国有大部分的草地正在退化。全国草原有 2.27 亿 hm^2 可以利用,其中有近 1/3 的面积出现退化、沙化、盐渍化现象。草地退化,很容易受到水和风的侵蚀作用,造成水土流失和草地的沙漠化。近几年,我国北方沙尘暴的产生,都是草原退化的结果,且都发生在半干旱地区。过度放牧是造成草原水土流失和草地沙漠化的主要原因。美国林业局对爱达荷州天然草地实施实验,结果表明土壤侵蚀越来越严重。当放牧强度达到 4 头/hm^2 时,地表的径流量为 11.0 mm/hm^2,造成土壤损失量为 160.84 kg/hm^2;与轻牧相比(1 头/hm^2),径流量和土壤损失量分别是其 2.4 倍和 11.2 倍。

过度放牧使山坡和草原植被遭到破坏。家畜过度采食植物的枝、叶,使植物的叶面积不断减少,光合作用的能力降低,提供的养分和物质不足,从而影响植物的生长发育和繁殖。长时间后,优良的牧草便从草群中衰退和消失,草群的盖度则下降,只有一些适应性差的杂草和毒草存在。在有草原植被的情况下,土壤渗透率高,放牧可改变渗透与径流关系,因为放牧减少了植物对土壤的保护,减少了枯枝落叶及通过践踏而使土壤紧实,从而改变了土壤结构。研究得出,在内蒙古锡林郭勒盟的羊草草原,正常的草场与重度退化的草场相比,草群盖度由 37% 下降为 12.2%,植物株丛数由 245 株(丛)/m^2 下降到为 118 株(丛)/m^2;羊草等一些优良牧草的重量由 185.5 g/m^2 下降为 29 g/m^2,而毒、害、杂草的重量由 4 g/m^2 增加到 79 g/m^2。

过度放牧能够改变土壤的物理性状。家畜践踏土壤,造成土壤紧实,同时能穿透和分裂土壤表面,从而使水分渗入减少,加速土壤侵蚀。另外,由于家畜采食植物,植被数量减少而影响土壤的特性和结构,如有机质含量、孔隙度等。在草地生态系统,牧草—土壤—家畜是一个整体,它们互相影响,互相制约,过度放牧是导致草地生态系统瓦解并最终使草地沙漠化的一个主要原因。经过 10 年的研究发现,适当管理的流域平均每年的径流量为 4.3 cm,沉积量为 0.3 t/hm^2;而放牧过度的流域分别为 9.8 cm 和 8.1 t/hm^2。

4. 重大建设工程的影响

世界上各国都进行工业交通、水电工程等大项目的建设,如果在建设过程中,不注意生态环境问题,很可能会出现水土流失现象。一方面,在开采矿山、建厂、修筑道路、伐木、挖渠、建库过程中对原始土壤产生破坏;另一方面,如对大量煤渣、弃土、剩沙不做妥善处理,则为水土流失提供条件,往往会随着降水产生径流而导致水土流失。

在建设过程中,对土、沙、石和水等建设原材料的需求,将不可避免要占据地面,从地面挖掘所需要的材料,挖掘过程中不需要的废物随便堆积,破坏原来的土壤结构和性质;同时,又必将破坏地表的植被,周围的林草被破坏得面目全非,两者结合的结果必然导致水土流失。在工程建设过程中产生了各种废物,且在开采过程中缺乏合理的规划和水土保持工程、植被措施,乱采、滥挖、随意滥倒弃土弃渣是水土流失的物质来源,在降水凶猛的地区极有可能发展成崩塌、滑坡、泥石流。

5. 现代城市的发展

城市建设产生的水土流失是城市生态系统管理不到位而形成的一种新型的水土流失类型。目前,城市水土流失现象也越来越普遍,它是一个新的环境灾害问题。城市基础建设项目、房地产项目及旅游开发项目等施工建设过程中产生的弃土、沙石能够阻碍地下排水系统,而造成地表水土流失。城市地下给排水工程建设不当,也会造成水土流失。

三、 水土流失的生态效应

水土流失对我国和世界上其他国家造成的危害已达到十分严重的程度,其危害范围相当广泛,不仅造成土地资源的破坏,导致农业生产环境恶化,生态平衡失调,水灾旱灾频繁,而且影响水域、森林等各种生态系统及其产业的发展。水土流失的生态效应主要体现在农业生态系统、水域生态系统、森林生态系统、城市生态系统、各种自然灾害和自然—社会—经济复合生态系统等方面。

(一) 对农业生态系统的影响

1. 对土地资源的影响

水土流失对农业生态系统的影响最大,它不仅破坏人类赖以生存的土地资源,也破坏土地生态系统中土壤的组成、结构、性质等,还影响农田中各种作物的生长、发育、开花、结果和繁殖等。土地是环境的基本组成要素之一,是人类赖以生存的物质基础,也是农业生产的最基本资源。全世界每年从农耕地上平均流失肥沃土壤 $2.64×10^{10}$ t。我国的耕地资源较少,仅占世界耕地面积的 7%,而我国的水土流失面积达 $3.67×10^6$ km^2,占国土面积的 38.2%,每年全国流失的土壤达 $5×10^9$ t 以上,相当于从全国耕地上刮去了 3 mm 厚的表土。据早期调查,黄土高原区的陕西省年均向黄河输运泥沙 $4×10^8$ t 以上;长江流域及南方丘陵地区的 12 个省,水土流失面积达到 69 万 km^2,占其土地总面积的 28%。水土流失使有限的土地资源遭受严重的破坏、地形破碎、土层变薄,"沙化""石化"导致耕地减少、土地贫瘠、干旱频繁。有些山区山地土层被冲光,成为裸石地,使有生产能力的山地变成毫无生产力的不毛之地,威胁水土流失区群众的生存。

2. 对土壤性质的影响

由于水土流失,土壤的结构和理化性质发生巨大的改变,各种营养元素流失,土壤透水性、持水力下降,土壤变得贫瘠,对农业生产造成极大的威胁。

坡耕地的水土流失最严重,它不仅失水、失土、失肥,致使土地日益瘠薄,而且使受侵蚀的土壤在一定的条件下出现更大的水土流失灾害。全国每年随水土流失的 N、P、K 养分相当于 $4.0×10^7$ t 化肥,超过我国每年化肥的使用总量。黄土高原平均每年流失的 16 亿 t 泥沙中含有 N、P、K 约为 4 000 万 t,接近于全国一年化肥生产总量;东北因水土流失带走的 N、P、K 总量约为 317 万 t,成灾率达 35%。

水土流失造成土壤理化性状恶化,加剧了干旱的发展,致使完整的地块破碎,使农业生产水平低,甚至绝产。一些有效土层薄的山坡地及土石丘陵坡地,由于有效土层被蚀,呈现出沉积层和母岩层的景象,农、林、牧业都无法利用,几乎丧失了土地使用价值。土壤中多种元素的流失造成土壤瘠薄,基础肥力低,有效养分缺乏,产量低,加上农民对耕地只用不养,农田投入少,投入结构不合理。水土流失严重的旱地土壤有机质含量与腐殖化程度较灌溉土壤低,水分循环的环节简单,最终使土壤丧失生产潜力。

3. 对农业生态系统生产潜力的影响

土壤中的元素流失,使其生产潜力受到影响进而影响农作物的生长、发育和繁殖。土壤流失而贫瘠,没有足够的营养元素供给作物吸收,其生长发育将会受到影响,水土流失的地区灾害频繁,作物生长的气候条件受影响,最终影响粮食的产量。

我国中部高原带(包括西北、西南高原区),由于水土流失及其他影响因素,粮食单产、总产均增长缓慢,在全国粮食丰收的 1996 年,该区粮食总产量只比 1990 年增加 36%~46%,显著低于全国粮食平均增长率的 57.39%,更低于西北区 97.57%的水平。

(二)对水域生态系统的影响

1. 造成水域污染

对水体产生环境污染。经过耕地流失的水土,不仅对土地资源造成破坏,而且携带大量养分、重金属、化肥和农药的泥沙随水土流失进入江河湖库,为水体富营养化提供物质,减少水体透明度,污染水体。据统计,水土流失已成为我国水源 N、P、K 等富营养化污染的主要途径。如长江中上游宜昌站年均输沙量 $53×10^8$ t,估算其中含 N、P、K 500 万 t。水土流失严重的地方,往往土壤更为贫瘠,农民对化肥、农药的使用量更大,随水土流失进入水体的各种化学污染物也更多,造成的水体污染也更为严重。

水土流失产生大量的有毒污染物进入水域生态系统时能影响水生生态系统的稳定性。水质受到污染后,水中大量生物由于不适应新的环境而死亡,导致生物结构受到破坏,如滇池每年有来自周围地区大量的 N、P、K 等营养物质进入,使水体富营养化,藻类大量繁殖,鱼类死亡,水体气味难闻,常常出现水华现象。由于生物结构和营养结构不合理,水生生物的多样性减少,导致生态系统功能衰退和稳定性下降,并且加速了湖泊、水库的演替速度,使其更早演替到顶级阶段。

水土流失带走的泥沙、土体等物质流入河流、湖泊中同样能影响水生生物。尤其是山洪、泥石流等灾害性的水土流失对河流生物的生态效应更明显。

2. 降低水域及其水利设施的效益

水土流失不仅造成各种河流、河道的航运能力下降,同时还影响各种河流、湖泊和水库的水利设施建设。

大量的泥沙随水土流失下泻,使水库、池塘、湖泊、河床严重淤积,降低了蓄洪、行洪能力,减少了灌溉面积,增大了洪涝灾害威胁。水土流失造成河道、港口的淤积,致使航运里程和泊船吨位急剧降低,而且每年汛期由于水土流失形成的山体塌方、泥石流等造成的交通中断,在全国各地时有发生。据统计,1949 年全国内河航运里程为 1 577 万 km,到 1985 年,减少到 1 093 万 km,1990 年又减少了 7 万 km,已经严重影响着内河航运事业的发展。中华人民共和国成立以来,黄河下游河床平均每年抬高 6~10 cm,目前已经高出两岸 10 cm,成为地上"悬河"。长江、珠江等河流都有类似的情况。这已经严重威胁下游人民生命财产安全,成为国家的心腹大患。

水土流失产生的泥沙大量淤积水库、湖泊,严重威胁水利设施的建设和效益的发挥。严重的水土流失,使大量泥沙输入湖库,造成水库严重淤积,使库容不断缩小,降低了防洪能力和水库效益。据估计,20 世纪 90 年代全国各地由于水土流失而损失的水库、池塘库容量累积达 $200×10^8$ m³以上,折合经济损失约 $100×10^8$ 元,而由于水量减少造成的灌溉面积、发电量的损失及库周生态环境的恶化,其经济损失难以估算。据调查,长江上游地区现有大中型水库平均年拦沙淤泥重 $1.5×10^8$ t,折合 $1.2×10^8$ m³,塘堰 7 767 万 t,折合 5 979.97 万 m³。有"千湖之省"美誉的湖北省湖泊面积在 20 世纪 80 年代比 50 年代减少 61%,50 年代初期湖北有 332 个面积在 333 hm²以上的湖泊,现在仅剩 125 个,总面积为 2 520 km²,不足中华人民共和国成立初期的 1/3。

湿地(wetland)被称为"地球之肾",是地球上重要的自然生态系统,大多数湖泊、水塘等水域周围都是沼泽湿地,它具有拦截洪水、储蓄水源、调节气候、保持水土、保护生物多样性等重要功能。近几十年来我国湿地的面积正在急剧减少。近 30 年来,自然湖泊减少 450 多个,三江平原失去 172 万 hm^2 湿地。湿地减少,造成更严重的水土流失等多种生态效应。

(三) 对森林生态系统的影响

水土流失不仅发生在没有植被的坡面或地面上,而且发生在森林茂密的地方,主要是地表的覆盖物被取走,森林结构被破坏的结果。这种水土流失对森林生态系统也有影响,主要表现在三个方面。

1. 对森林中树木的影响

水土流失对森林中的树木有直接的影响,水土流失产生的泥石流、滑坡和崩塌经常能够把树木连根拔起,导致树木死亡。水土流失对树木的间接影响是使土壤的营养元素流失,进而影响树木的生长。

2. 对森林中种子库的影响

水土流失对森林中种子库(seed bank)的影响很大。地表的凋落物被取走,雨水容易携带土壤流走,流失的水土中含有大量的营养物质,种子萌芽后需要的养分供应不足,很难发育成为成熟的树木。而且,凋落物中含有许多树种的种子库,这些种子是补充森林植被的重要来源,同时也可能是植被演替(vegetation succession)的一个重要条件。种子库被取走,群落的补充和演替将受到影响,整个生态系统的结构和功能都将受到影响。

3. 对森林生物多样性的影响

对树木的破坏将直接影响森林中的生物多样性(biodiversity)。地表层的物质被取走后,腐殖层和地面层的微生物、小动物失去了生存的环境而死亡或者直接被水流带走,造成森林生物多样性下降。水土流失造成的灾害使森林遭受严重影响。据近 10 年统计,全国森林面积减少23%,森林蓄积量下降 22%;草地已有 90% 退化;黄河、淮河、长江水土流失量每年以 200 万 hm^2 的速度递增,生物多样性濒危。

(四) 对城市生态系统的影响

城市化建设带来的水土流失问题已成为城市现代化建设的一个重要问题,给城市生态系统带来了负面影响。城市生态系统的结构和功能被破坏,导致城市生态系统不稳定。

如建在风沙区的榆林城,曾因风沙三迁城址;建在长江峡谷的湖北三峡某县城,因滑坡也三迁城址。江西省新余市由于土地的开发、开矿、采石和公路、铁路的兴建、扩建及工业化、城市化进程等造成人为水土流失面积达 784 km^2,占全市水土流失面积的 83%。1983—1989 年城北区的兴建,致使 6 km^2 山地植被、地貌遭受破坏,晴天尘沙飞扬,雨天黄水乱流,城区周围 133 hm^2优良农田被黄泥淤积而板结,33 hm^2 农田被黄泥污水侵蚀,严重影响交通和人民生活。深圳市自建市以来,由于城市建设过快,一些地方盲目开发,造成大面积地貌植被破坏,自然水系改变,出现严重的水土流失。1994 年全市水土流失的面积达 1 677 km^2,是原来的 47 倍,其中人为水土流失面积 1 552 km^2,占水土流失面积的 93%。

(五) 各种灾害的产生

我国是一个自然灾害最为严重的国家之一,其特点是自然灾害种类多、频率高、强度大、影响面广。在我国各类自然灾害中,因水土流失而引起的洪灾为最主要的自然灾害。

中华人民共和国成立以来,国家因自然灾害造成的直接经济损失约为 25 000 亿元,年均灾害损失约占年均 GDP 的 3%～6%,占财政收入的 33% 左右,是发达国家的几十倍。近 10 年来,长江、黄河、淮河、珠江、嫩江、松花江等干流和大小支流连续发生了罕见的特大洪涝灾害,严重地影响国民经济的发展和人民生命财产的安全,经济损失达 629 亿～2 642 亿元,损失十分惨重。1998 年洪灾发生的原因,除了环流背景异常,全流域降水量超常,暴雨强度大、面积广、过程频繁、雨带稳定外,水土流失严重则是一个不可忽视的重要因素。1999 年夏季,浙江、安徽、湖北、福建等 11 个省局部连降大暴雨,太湖水位创历史最高水位,杭嘉湖河网地区出现有记录以来的最高水位,长江一些支流先后发生较大洪水,局部地方发生较为严重的洪灾。

(六) 对自然-经济-社会复合生态系统的影响

因受水土流失的影响,水土流失流域内的自然-经济-社会复合生态系统呈不平衡发展。表现为经济条件不好,不能维持正常的生存问题。为了解决这一问题,就要采用广种,造成的后果是到处开荒,破坏植被,形成水土流失,并且逐渐形成了“越垦越穷,越穷越垦”的恶性循环,最终将影响本区域的社会状况。水土流失导致耕地减少,土地贫瘠,干旱频繁,粮食产量低,严重地制约着区域可持续发展。

水土流失与经济发展因果互动。严重的水土流失地区大都是经济发展落后地区,要致力于自然-经济-社会的可持续发展,解决水土流失的问题将势在必行。综上所述,水土流失的成因与生态影响可概括为图 5-3。

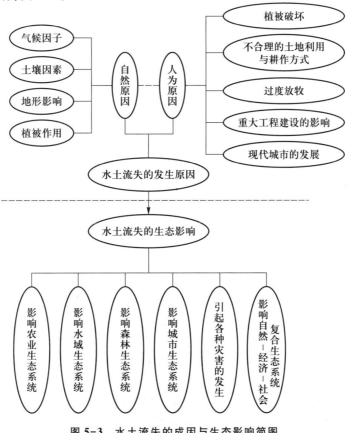

图 5-3　水土流失的成因与生态影响简图

第三节 土壤退化及其生态效应

土壤是陆地生态系统的基础。自 1970 年联合国粮食及农业组织提出土壤退化(soil degradation),并出版《土壤退化》专著以来,土壤退化问题日益受到关注。土壤退化泛指土壤健康状况的劣变。退化土壤会导致生态系统提供特定产品和服务的能力下降。

目前土壤退化已经是一个全球性问题,约 65% 的陆地表面受到不同程度土壤退化的影响,并且有逐年增长的趋势。土壤退化主要表现为荒漠化、侵蚀、养分亏缺、盐渍(碱)化及酸化、沼泽化和污染等方面。全球土壤退化现状如表 5-2 所示。

表 5-2 全球土壤退化现状一览表 单位:$10^6 hm^2$

地区	土壤总面积	总退化面积	总退化占比/%	水蚀	风蚀	物理退化	化学退化
非洲	2 964	494	17	227	186	19	62
亚洲	3 085	749	24	441	222	12	74
北美	1 753	243	14	123	42	8	70
中美洲	108	63	58	46	5	5	7
南美洲	2 029	96	5	60	35	1	—
欧洲	2 260	218	10	114	42	36	26
大洋洲	849	102	12	83	16	2	1
全球	13 048	1 965	15	1 094	548	83	240

资料来源:Zdruli 等,2017。

一、土壤退化及其类型

(一)土壤退化的定义

土壤本身是一个复杂、开放的生态系统,需要通过不断与外界进行物质、能量和信息交换来维持自身的结构和功能,这些动态过程又影响着土壤质量的演变。联合国环境规划署(UNEP,1993)把土壤退化定义为由于人类活动所导致的土壤肥力或未来生产能力下降的过程。目前,土壤退化仍是一个模糊的术语,它主要指因数量减少或性质恶化,土壤生产力、调节能力及可持续利用性等特定服务能力下降的过程。虽然这一概念似乎相当简单,但量化土壤退化却十分具有挑战性,且为防止土壤退化所采取的相关措施仍存在较大的不确定性。

(二)土壤退化的类型

土壤退化按其退化机制可分为物理退化、化学退化和生物退化;按其退化后果又可分为荒漠化、水土流失、盐渍(碱)化、酸化、潜育化、土壤污染等。在实际情况中,土壤退化的机制往往是复合的,其形成后果也表现出综合性。

1. 根据不同退化机制的划分

造成土壤退化的物理因素会改变土壤结构和自然组成,通常造成土壤数量减少或质量降低而引起退化,例如,水蚀或风蚀使土壤失去肥沃的表土,耕作导致土壤结构稳定性降低,机械压力使土壤出现压板问题等。

因酸化、盐渍(碱)化、潜育化、污染等因素导致的土壤化学性质恶化都归于土壤化学退化。一般来说土壤化学退化主要反映土壤质量的降低,包括土壤 pH 的过高或过低,养分耗竭或过量累积,土壤中有毒有害物质的累积等。

土壤退化的生物因素主要是指陆生植被退化和土壤生物多样性减少,以及土壤微生物活性降低等。陆生植物不仅是土壤有机质的最主要来源,而且还促进营养物质在土壤中的积聚。土壤微生物对营养物质的释放、转运和贮存有十分重要的作用。另外,土壤微生物还会影响土壤缓冲环境变化的能力。土壤生物退化通常会降低土壤养分的有效性及供应能力,破坏土壤生态系统的功能。

2. 根据不同退化后果的划分

(1) 荒漠化(desertification)。荒漠化也称为沙漠化(desertization),泛指由自然和人类活动等因素造成的干旱、半干旱和半湿润地区的土壤退化过程。肯尼亚内罗毕举行的联合国防止荒漠化问题会议(1977 年)首次正式使用了"荒漠化",并定义为"因土地生物潜力的降低或破坏而最终导致沙漠状景观的形成过程"。由于干旱和半干旱地区降水少且变幅大,因而不可持续的人类活动将会造成旱地生态系统的永久变化,并加剧荒漠化进程。一般而言,荒漠化并不是仅指现有沙漠的扩张,还包括所有正在威胁旱地生态系统的各种过程。

地球上大约 5 200 万 km² 的陆地属于干旱和半干旱生态系统。联合国环境规划署于 1996 年指出荒漠化已影响世界上 3 600 万 km² 的土地。目前全世界约 2/3 的国家和地区及 30 亿人口受到荒漠化的影响,而对非洲发展中国家的影响尤甚。根据《联合国防治荒漠化公约》,到 2045 年,25 亿人的生活将受到荒漠化的影响,而多达 1.35 亿人可能因荒漠化而流离失所,这已成为人类面临的最严峻的生态环境挑战之一。

尽管"荒漠化"一词直到 20 世纪 70 年代才被正式使用,但在历史上因荒漠化而造成的后果不时发生。由于干旱和不当耕作导致美国大平原的部分地区发生的"黑风暴"使"荒漠化"在 20 世纪 30 年代起就广为人知。然而,虽然荒漠化受到政府和公众的极大关注,但对荒漠化的成因和进程依然没有明确的界定。荒漠化实际上是一个复杂且微妙的土地生产力恶化过程,而且不会以线性和规则的模式发生,其后果也经常是可逆的。例如,在干旱和半干旱地区经常发生干旱现象,但干旱导致荒漠化往往是一种误解。通常的情况是当干旱结束而降水恢复后,干旱和半干旱地区管理良好土地的生产力就可以迅速复原。然而,也有很多事例表明当干扰因素如干旱或放牧解除后,土地的生产力无法得到复原。因此,干旱和半干旱地区的土地生产力会发生季节性、年际甚至数十年的暂时性损失,但也常常发生在人类时间尺度意义上的永久性损失,而后者带来的社会及环境问题显然要严重很多。目前,人们对荒漠化的具体原因、过程或程度仍没有达成共识。科学家仍在质疑的是:作为一个全球性生态环境问题,荒漠化进程是否是永久性的? 或者如何以及何时能够停止或扭转?

防风固沙措施是控制荒漠化的重要途径之一。在沙漠中或边缘的绿洲地区,通过间隔种植防风林带或草带可以明显减少风沙对农田的侵袭,进而稳定农田的生产力。在沙丘区域,用砾石或石油覆盖沙丘表面会阻止细小沙粒随风移动。另外,在沙丘向风的一侧通过埋置"草方格"会降低地表风速,也能有效阻止沙粒的移动;同时,"草方格"还能保护其内部种植的灌丛生长,形成连片的"草方格"网络,进一步稳定沙丘。高效利用现有水资源、控制盐渍(碱)化和采用保护性耕作技术也是改善干旱地区土壤荒漠化趋势的有效途径。如开发更高效的灌溉技术、寻求新方法来利用地表和地下水资源及适宜的保护性耕作、轮作和轮牧技术等。

如果人类要制止和扭转土壤的荒漠化进程,就必须利用和完善现代遥感系统、全球土壤监测网络和数据库,深入地了解气候变化、人口增长和粮食安全之间的关系,明智地分析人类对地球表生环境的影响。

(2)水土流失(water and soil loss)。水土流失不仅使肥沃的表土丧失,导致土壤性质长期恶化,还会引起河湖的污染,并威胁河湖生态系统。根据其形成特征,可以把水土流失划分为5种主要类型。相关内容已在上一节做过介绍。

(3)盐渍(碱)化(salinization)。土壤盐渍(碱)化过程是指自然或人为因素引起的表层土壤水溶性盐的累积水平达到使大多数植物受害的现象。当土壤中累积的钠离子含量达到一定水平后,就会发生碱化现象。在大多数情况下,土壤盐渍(碱)化是由进入土壤的水中含有大量的溶解性盐引起的。如滨海地区海水倒灌或渗透会导致土壤表层发生明显的积盐现象,海风也会将一定数量的盐分吹到内陆土壤中。在干旱和半干旱地区,强烈蒸发、过度灌溉、咸水灌溉及地下水位升高等是造成土壤盐渍(碱)化的重要原因。

土壤盐渍(碱)化主要集中发生在世界上的干旱和半干旱地区,这也是一个全球性的环境问题。在土壤盐渍(碱)化初期阶段,盐渍(碱)化程度会影响植物及土壤生物的新陈代谢过程,并减低土壤生产力;一旦到达后期,土壤盐渍(碱)化程度就会严重危害土壤中的所有生物,从而使土地荒漠化。随着气候变化的加剧,海平面上升和极端天气事件的频发将有可能进一步加速全球土壤的盐渍(碱)化进程。

水力洗盐是常用的盐渍(碱)化土壤改良措施。然而,这种措施不仅会引起河流或地下水中盐分的升高,还会造成土壤严重板结。此外,在土壤盐壳太厚等极端情况下,水力洗盐措施也无法将盐分从盐壳上冲洗下来。控制土壤盐渍(碱)化的措施主要有改善排水、减少咸水灌溉及采用良好的农艺管理措施,如滴灌、秸秆覆盖、耐盐(碱)品种选育等。

(4)酸化(acidification)。土壤酸化是指土壤中 H^+ 和活性 Al^{3+} 的累积速率大于其被中和的速率,导致土壤 pH 逐渐降低的过程。虽然土壤酸化是一种自然过程,但由于土壤矿物的风化,自然生态系统中土壤酸化过程发生得非常缓慢。然而,农业生产和人类其他活动则可以大大加速土壤酸化的进程。

在农田生态系统中,酸化主要是由土壤碳、氮和硫元素的转化及循环过程中质子(H^+)的释放和盐基离子被作物移出而引起的。这些因素会不断降低土壤的缓冲能力,从而加速土壤酸化。例如,长期连续种植豆科牧草和大量使用铵态氮肥引起了澳大利亚的一些地方严重的土壤酸化;同时排水措施也会导致一些含硫较高土壤的 pH 迅速降低。另外,工业和采矿活动引起的酸沉降也是导致土壤酸化加速的重要原因。在北美洲和欧洲的部分地区,由酸沉降引起的土壤酸化曾导致了严重的森林退化现象。土壤严重酸化不仅会改变养分的有效性,而且还会产生铝毒和锰毒效应,或使土壤中重金属元素的活性升高,最终导致农田作物和草场产量急剧下降。

施用石灰是调节土壤酸度的最常见管理方法。一般而言,施用石灰的目标是把酸化土壤pH调节到 5.5~6.5 以改善土壤的物理、化学和生物性质,从而保证大多数植物良好生长。需要指出的是,施用石灰对改良表层土壤酸化的效果较好,当酸化扩散到深层土壤时,不仅会导致严重减产,而且控制难度极大,成本高昂。

（5）潜育化（gleization）。土壤潜育化主要指积水使表层土壤长期处于厌氧条件下,进而导致土壤质量发生退化的现象。潜育化土壤面临的主要问题就是因过分潮湿抑制了土壤与大气的气态交换所导致的土壤缺氧,以及随之而来的还原性物质的大量累积。由于氧气在水中的扩散速率非常低,因此潜育化土壤基本上都会表现出严重缺氧的状态。

潜育化土壤的通气性极度不良,会严重阻碍植物（湿生植物除外）根系的生长发育,进而导致植物死亡;同时其较低的土温也会导致植物发育迟缓。潜育化还会破坏土壤结构,导致土壤出现压实现象;改变土壤的 pH,即升高酸性土的 pH 或降低碱性土的 pH;增加了土壤硝态氮的淋洗损失和 Fe、Mn 元素的活性,影响植物吸收养分及对植物产生毒害作用;同时,还可能导致土壤出现侵蚀或盐渍（碱）化现象。

自然及人为因素均会引起土壤的潜育化过程。当降水量超出土壤渗透能力或蒸散能力时,就会导致暂时性或长期的内涝情况,从而引起土壤潜育化过程的发生。质地黏重的土壤或底土透水性差的土壤也容易发生潜育化过程。由于靠近湖泊、河流和浅表地下水的平坦地区及凹陷地区容易积水,其土壤潜育化现象也比较明显。过度灌溉常常会造成田面积水,从而引起土壤潜育化。因排水系统连通性差或修筑道路等导致的排水不畅也会引起土壤潜育化。另外,水库、运河及沟渠的渗漏也是常见的导致土壤潜育化的因素。

很多时候,在土壤表面出现积水之前,土壤的表下层可能已经发生了长时间的潜育化过程。因此,在容易发生土壤潜育化过程的地区或时期必须经常观测土壤表层积水的变化情况并及时采取排水措施。排水是停滞和扭转土壤潜育化过程的重要手段,同时通过种植速生乔木降低地下水位或打破底土黏盘加强土壤渗透能力也是防止土壤潜育化的措施。在常年受潜育化影响的农田中,采用垄沟种植或垛田种植等种植模式也能减轻潜育化土壤对作物的不利影响。

（6）土壤污染（soil pollution）。土壤作为人类产生废物的最重要的汇之一,贮存了大量的污染物。同时,土壤也会通过其物理、化学及生物化学过程钝化、降解和消除污染物,土壤的这种能力被称作自净能力。然而,当土壤中累积的污染物数量超过其自净能力时,就会导致土壤质量下降,这种现象就叫作土壤污染。目前造成全球主要土壤污染的污染物有重金属、农药、放射性物质及石油等,这些污染物不易观察,是隐性退化。目前污染物中比较严重的有 Pb、Hg 和 Cd 等重金属和农药,污染已成为生物生存和发展的限制因子。

二、 土壤退化的成因

成土过程受母质、气候、地形、生物和时间因素的共同作用。一般而言,成土因素的改变是导致土壤质量发生演进和退化的主导因素。在一定的时间内,当其他成土因素单独或共同发生改变时,土壤的形成过程也会发生相应的变化,并引起土壤性质的改善或恶化,这是个正常的自然现象。然而,工业革命以来,人类干扰自然过程的能力不断增强,大大加速了土壤退化的速度。在历史时期,由于人类活动而导致土壤退化仅仅发生在个别生态脆弱地区。而目前,土壤退化特别是耕地土壤退化,已成为一个关乎人类未来前途和命运的全球化问题。

1. 气候变化

气候主要影响土壤形成过程中的水、热因素,不同气候带之间土壤的性质差异很大。早期的土壤学家认识到气候对土壤形成的重要性,特别是俄罗斯土壤学家道库恰耶夫(V. Dokuchayev)在 19 世纪就已经提出了土壤的"地带性"(zonality)概念。高温、高湿地区的土壤风化强烈、土层深厚、养分含量低,而干旱气候下土壤的质地较粗且有机质含量极低,土壤中易溶盐分(如碳酸钙或石膏)表聚现象明显,容易形成盐化或碱化土壤。

气候变化会破坏地表原有的水热分布状态,从而引起土壤的性质发生改变。如在 20 000 年前左右,北半球的西伯利亚、北美的苔原带及温带广大地区被冰川覆盖,这些区域原有的土壤被冰川清除殆尽;当 10 000 年前冰川消退后,新的土壤才开始形成,导致这些地区土壤的发育程度较低而相对年轻。同时,5 000 年前的非洲撒哈拉地区还分布着广大面积的草原和沼泽,但在副热带高压和东北信风共同作用下,该地区气候逐渐干旱并引起严重的风蚀,逐渐变成了现在的沙漠。同时,随着热带辐合带在 6 000 多年前开始逐渐向南移动,印度洋夏季季风对阿拉伯半岛大部分地区的影响逐渐减弱,加剧了这些地区的土壤盐碱化和风蚀,进而导致阿曼沿海红树林生态系统的崩溃。

2. 地形因素

地形因素通过影响水、热再分配对土壤形成过程产生直接作用。在大多数地区,尽管气候条件相同、成土母质相似,但由于土壤处于景观的不同部位而导致它们在性质上存在很大的差异,这种差异就是地形造成水、热再分配的不同所致。通常情况下,山谷或低地土壤因接纳更多的细质沉积物和水分而变得土层深厚、富含有机质、排水不畅,而处于山坡或高地的土壤则剖面较浅,也更干燥。

地形随着地震、火山、冰川和侵蚀等过程而变化,从而影响土壤形成过程。火山喷发可以明显改变地形,而且岩浆及火山灰还会改变土壤的发育阶段。坡面上的土壤容易受到水蚀,侵蚀后的残积物因结构差、缺少养分而导致土壤贫瘠;坡底土壤因滑坡和泥石流而堆积的坡积物,容易造成土壤性质的急剧退化。同时,盐渍化过程的发生多与平坦的地形有关,由于排水不畅,可溶性盐分容易到土壤表层累积。

3. 植被破坏

生物在土壤形成过程中发挥着非常重要的作用,对土壤有机质累积、养分循环和结构稳定性有深刻影响。植物是影响土壤形成最重要的生物因素。在生物小循环过程中,植物根系从土壤中吸收营养元素,再输送到地上部用以合成各种有机物,同时又通过新陈代谢过程将营养元素以代谢产物或有机残体的形式归还土壤。这些富含营养元素的有机物进入土壤后被土壤胶体吸附固定,再在微生物作用下释放,供后续植物吸收利用。这个过程促进了营养物质不断在土壤表层的累积,成为土壤及其肥力形成的核心环节。另外,不同植被在促进土壤肥力形成的同时还改变了土壤的其他理化性质,如森林土壤的 pH 往往比草原土壤的 pH 低。

植被能调节土壤温度和水分,保护土壤免受风和水的侵蚀作用。植物根系通过穿透作用,改善土壤结构,使水分和空气更容易渗透到深层土壤。寒区植被也能保护土壤受热并缓解其在夏季的解冻程度,进而促进永冻层的持久性。长期干旱、火灾、病虫害及生物入侵导致的植被破坏会造成大面积的土壤裸露,并导致严重的土壤侵蚀和肥力降低。同时,植被破坏使生境丧失,降低了生物多样性,放大了自然灾害的后果,并扰乱了区域的水循环。

4. 人为因素

在可追溯的人类历史上,土壤退化大多是人类活动的产物。在远古时代,人类对环境的改造能力极其有限,人为导致的土壤退化几乎很少发生;在农业文明时代,虽然两河流域(幼发拉底河与底格里斯河)等较早发展农业的区域曾经发生过一定面积的土壤盐渍化问题,但总的来说,这些早期农业活动导致的土壤退化只限于局部地区。进入工业文明后,人类逐渐具备了大规模改造自然的能力,可以大规模地改变土壤肥力和土壤质量的发展方向,但土壤退化也迅速地成为世界性的环境问题。

人类活动对土壤的作用一般会产生两种结果,即改善和保持土壤质量或加速土壤质量退化。就当前的情况来看,人类活动对土壤的改良作用比较有限,而更多的是导致了土壤退化。土壤退化与人类的各种社会经济活动密切关联,这些活动主要包括:土地开垦、矿产开发、工业生产和城市建设等。

(1)土地开垦。进入农业社会以来,开辟新的农田和牧场就成为近万年来持续不断的人类活动。砍伐森林成为农业扩张的主要对象。目前,全世界每天有2万多公顷的森林被砍伐,仅亚马孙盆地每天就毁坏了相当于1万多座足球场面积的热带雨林。这种极端的土地清理,不仅导致生境丧失、温室气体排放增加,还会加剧土壤侵蚀、扰乱水循环。世界资源研究所的研究表明,大规模砍伐包括亚马孙和非洲刚果盆地在内的任何主要热带森林都可能会影响水循环,并严重扰动全球的农业生产。砍伐森林会使土壤更容易受到侵蚀。森林被清除后,土面裸露并使表土容易被冲走或吹走,导致土壤质量下降和山体滑坡增加,从而造成土壤退化。

一旦开垦,土壤质量最显著的变化就是有机质含量的降低。长期耕种还会导致土壤中养分平衡的破坏;不适当的施肥和灌溉会造成土壤酸化和污染的发生;农药施用还会破坏土壤生态系统的多样性和完整性;过度放牧会引起土壤结构破坏、通透性变差等问题,使草原土壤的生产能力和可持续利用性下降,很容易导致土壤荒漠化。

(2)矿产开发。大规模地露天开采矿资源会使大片的地表植被遭到破坏,表土被移走,土壤也随之退化。此外,采矿、洗矿和冶炼过程中产生大量的固体废物堆置到地面,不仅导致堆积地土壤的退化,还会引起周围土壤的污染问题。坑采形成的矿井还容易引起地面塌陷等问题。

(3)工业生产和城市建设。酸雨是随着工业化的发展而大量发生的,工业生产排放的 SO_2 和 NO_2 等,会在大气中形成酸雨,并加剧土壤酸化。同时,土壤也是工业粉尘沉降的主要接受者,每年工业生产造成的粉尘沉降,给土壤带来大量的重金属和其他污染物,造成土壤污染。

目前,因城市建设形成的土壤退化问题日趋严重。城市中,绝大部分的土地被覆盖连续的不透水层,形成地表封闭,丧失了生产功能。修建道路不仅破坏地表植被和表土,还改变了局部的地形,缺乏植被保护的地方,容易发生滑坡、塌方等地质灾害。在干旱和半干旱地区地下水超采会严重降低地下水位,导致土壤干旱和荒漠化;在沿海地区,超采地下水还会引起海水渗透,造成土壤盐渍(碱)化。在平原地区构筑水坝会引起地下水位升高并引起土壤盐渍(碱)化的发生。

三、 土壤退化的生态效应

土壤作为陆地生态系统的重要环境要素,具有相当的自稳性和缓冲能力。一旦土壤退化,其结构和功能已经受到严重破坏,必然引起其他生态因子的改变。退化土壤的恢复非常困难且历时很长,其生态影响是长期的。

大多数的农业生产方式都造成表土损失和土壤性质的改变。目前,由于侵蚀、施用化肥和农药、过度放牧及不适当耕作等作用,已经引起世界上约有40%耕地和牧场土壤的质量降低,并进一步导致了严重的水污染和土壤污染。在干旱和半干旱地区,土地开垦是造成土壤荒漠化的主要原因。同时,土壤退化会降低土壤的入渗及持水能力,从而造成洪水的频繁发生。另外,土壤退化还会导致生物多样性的丧失。

1. 土壤生产力降低

土壤是农业生产的基础,因此,土壤退化对农业产生直接且重大的影响。虽然土壤退化对全球农业生产的影响尚缺乏完整的资料,但已有的数据表明,全球每年损失约750亿t表层土壤,相当于全世界每年损失约4 000亿美元。一些研究发现,由于土壤侵蚀和荒漠化,非洲一些土地的生产力下降了50%(Dregne,1990)。在南亚,每年因水蚀而损失的谷物等估价约54亿美元,因风蚀而损失约18亿美元(UNEP,1994)。

土壤养分耗竭、酸化、盐渍(碱)化和土壤压实等问题导致土壤生产力降低。养分耗竭是农田土壤退化的一种主要方式,在全球范围造成了严重的农业损失。我国过量施用氮肥导致水稻、小麦和玉米的氮肥农学效率远低于国际水平,还在某些地区造成土壤剖面硝态氮的大量累积,从而对水体环境构成了威胁。土壤酸化是严重危害农业和林业生产的一种土壤退化问题。土壤酸化过程会引起大量盐基离子流失,造成土壤中养分失衡,进而影响土壤生产力,同时还在土壤中累积大量的活化铝离子,并对植物根系产生毒害。另外,酸化过程还会加重土壤重金属污染的程度。盐渍(碱)化是一个世界性的土壤退化问题。由于盐渍(碱)土中存在着大量盐类和碱类物质,盐分与植物细胞接触时,会引起原生质收缩;碱性盐类对作物嫩的器官有很强的腐蚀作用,因而会导致作物减产或绝产。因大量采用农业机械所造成的土壤压实问题也非常普遍,被压实的土壤通气不良,会破坏根系的呼吸作用,对植物产生毒害并导致其死亡。另外,土壤压实还会抑制好氧微生物的活动,减缓有机质的分解,使植物可利用的营养物质减少。土壤污染物,如重金属、放射性物质、有机污染物等,会阻碍生物正常的生长发育,而且其危害还随食物链而产生放大作用。由于土壤污染往往伴随着养分供应能力的降低,因而也降低了土壤生产力。

2. 土壤缓冲环境变化能力降低

土壤具有贮存、过滤和转化物质的能力,并调节着大气、水文和养分的循环。土壤中不仅贮存水和养分,还可以固定或分解多种污染物。同时,土壤为大量和多种生物体提供了栖息地,因此土壤也是一个多样化的基因库。然而,土壤的这种过滤、缓冲和转化能力是有限的,并且因特定的土壤条件而异。当土壤的性质发生改变时,其缓冲环境变化能力也随之发生改变。例如,放牧的草场及林地土壤表层的渗透性是未干扰的林地土壤的1/100～1/10,这会明显增加降水径流的产生。土壤pH下降减小了土壤对重金属的专性吸附能力,导致重金属活性增强。

3. 土壤生态系统结构和功能的改变

土壤生物对维持土壤生态系统功能和土壤肥力是至关重要的。土壤生物群落极其复杂,包括从微小的细菌、真菌到更大的生物体,如蚯蚓和蚂蚁等。温带草原土壤生物的总重量可以超过 5 t/hm²。几克土壤就含有数十亿个细菌,数百千米长真菌菌丝,数万只原生动物,数千种线虫,数百种昆虫、蜘蛛和蠕虫及数百米长的根毛。然而,由于研究手段的缺乏,在过去很长一段时间里对土壤生态系统的关注十分不足。尽管目前利用现代最先进的分子生物学技术对土壤生物多样性的研究取得了一定的进展,但在如何维护和保持土壤生态系统结构和功能方面仍需要深入研究。

土壤生态系统的结构和功能是与土壤理化性质相适应的,土壤质量退化会造成某些敏感物种的衰退和消失。土壤退化一般会表现出数量减少和理化性质恶化等现象,也就是说对土壤生物形成了一种胁迫或极端环境,使其活动受到抑制并降低多样性,进而影响土壤生态系统的稳定性。风蚀和水蚀会导致土壤中富含养分的较细土粒损失,降低了土壤的持水性和肥力,使土壤生物遭受水分和养分胁迫;酸化、盐渍(碱)化和污染改变土壤的化学性质,并对土壤生物产生直接的毒害作用。土地开垦降低了土壤真菌和古菌的相对丰度,但会增加细菌的相对丰度。同时,家畜粪肥施用还会在土壤中引起某些抗生素耐药细菌的繁殖。欧洲的研究表明,污染改变了为树根提供矿物质养分的真菌,并影响树木和真菌的共生关系,从而导致了树木的营养不良。总之,土壤退化对土壤生态系统结构和功能的改变可能会影响全球陆地生态系统。

4. 土壤质量复原能力下降

土壤是一个具有复杂动态变化,在一定程度上可调节的开放生态系统。土壤质量能否从退化中得到恢复不仅取决于引起土壤退化外部因素消退的速率,而且土壤自身的复原能力也是决定能否恢复的关键因素。由于不同土壤的复原能力各不相同,当引起土壤退化的外部因素消失或停止后,土壤质量的恢复程度也存在很大的差异。

土壤质地是影响土壤质量复原能力的重要因素之一。通常情况下,质地较细土壤的质量复原能力比质地较粗土壤的质量复原能力要高。当土壤遭受风蚀或水蚀时,土壤黏粒很容易损失,这会降低土壤的持水能力、保肥能力、结构稳定性等理化性质,进一步导致土壤质量复原能力的下降。然而,当土壤发生酸化或遭受污染时,黏粒含量高的土壤由于其吸附性能较强,大量的致酸离子或污染物会被土壤胶体吸附固定,从而不利于酸化或污染的修复。

土壤的深厚程度也是影响其质量复原能力的关键因素。侵蚀作用造成的土壤薄层化现象一直是削弱土壤修复的障碍因子。严重的水土流失在中国西南石灰岩地区造成的土壤薄层化是导致该地区出现石漠化现象的主要原因,虽然采取了成本高昂的水保措施,但土壤质量恢复的效果并不尽如人意,这与在黄土高原上采用水保措施后土壤质量恢复效果的对比十分明显。

土壤恢复实际上是改善土壤结构、养分累积和生物多样性的过程。在土壤退化威胁全球经济和生态环境的背景下,土壤质量恢复或修复对于扭转因人类开发而造成土壤退化及与之关联的生态系统恢复就显得十分必要。由于土壤资源基本上是不可再生的,因此有必要采取积极的办法以利于可持续地管理这些宝贵的有限资源。

第四节 生物多样性丧失及其生态效应

生物多样性是地球生命系统的基本特征之一,是自然进化的产物,同时也是对自然进化的反映。从 35 亿年前生命在地球上产生以来,生物的"母体"——自然环境,在对其塑造和生物界对自然环境的改造中就不断有新物种的产生和灭绝。因此,生物多样性是一个动态发展过程,生物物种的灭绝是自然过程。综观生命进化历程,除了五次自然大灾变导致的物种大灭绝外(如冰川活动、地震、火山喷发、小行星与地球碰撞等),在生命进化的大部分时间里,物种的灭绝率是很低的。但从 1600 年以来,人类活动强度的增加和范围的扩大,深刻影响了地球表层系统各圈层、各要素中物质代谢和能量交换的过程,导致生物多样性的丧失明显加速。物种的灭绝量大约是以往地质年代"自然"灭绝的 100~1 000 倍,被古生物学家称之为地质史上的第六次物种大灭绝。

近代生物多样性的丧失可分为自然和人为的原因,本节主要讨论人类活动所引起的生物多样性的丧失。

一、 生物多样性及其变化

1. 生物多样性的概念

生物多样性(biodiversity),是指某一区域内生命形态的丰富程度,以及生物与周围环境有规律地结合构成的生态综合体及其生态过程的丰富性及复杂性。一般说来,它指的是地球上生命的所有变异。生物和其"母体"——自然环境,是一个统一的有机体,它是一个由若干等级或层次的子系统构成的大系统。从纵的方面可分为生物大分子、细胞、组织、器官、系统、个体、种群、群落、生态系统、生物圈等;从横的方面可分为形态、结构、生理、功能、分类等。上述每一个等级或层次上都存在着多样性。比较重要的有遗传多样性,物种多样性和生态系统多样性三个层次。

(1)遗传多样性。遗传多样性是指物种内的遗传变异度,即基因多样性。基因是决定生物性状的基本单位。一个物种由许多具有非常丰富的遗传变异的种群组成,从而使其具有大量的基因型。基因多样性不仅是对生物种族进化史的"文字"记录,同时也是生物种族形成未来多样性的出发点和源泉,是生物种族面对未来环境变化的资本。因而遗传多样性就是物种未来生存机会的多样性,对人类来说就是未来服务的多样性。

人类活动对物种遗传多样性的丰富度有较大影响。例如,在南美的马铃薯、玉米、西红柿等野生亲缘种中存在着非常丰富的遗传多样性;在经过多年的选择而高度特化的农田中则存在着相对较低的遗传多样性。中国是世界上遗传资源最丰富的国家之一,全国现栽培的农作物有6 000 种,其中有 237 种起源于中国。现存在国家作物品种资源长期库和资源圃的 33 万份种质材料中有 85% 是从国内收集的。

(2)物种多样性。物种多样性是指动物、植物及微生物种类的丰富性。丰富而均匀分布的种群就具有高的物种多样性。物种多样性是基因多样性的现实表现和载体,生物种群中的每一个个体都是"一条运载基因的小船"。丰富遗传多样性,必须要求一定数量的种群个体承载,并且个体之间要有最大的变异度。当一个物种的个体数量大幅度减少以后,其遗传多样性就会大量地丧失。一个小的残存种群比具有丰富遗传多样性的种群更易于濒危或灭绝。生物多样性还是一个非常脆弱的资源。当一个物种被发现已经濒危的时候,其遗传多样性已大量地丧失了,从而物种存活的机会已经减少,拯救它使之免于灭绝可能为时已晚。

(3)生态系统多样性与复杂性。生态系统多样性是指生物圈内生境、生物群落和生态过程的多样性。生境的多样性主要指无机环境,如地形、地貌、气候、水文等的多样性,生境多样性是生物群落多样性的基础。生物群落的多样性主要是群落的组成、结构和功能的多样性,它们的生态过程是指生态系统组成、结构和功能在时间、空间上的变化(蔡晓明,2002)。

我国生态系统主要包括森林、草原、荒漠、农田、湿地和海洋生态系统,此外还有竹林和灌丛生态系统等。森林生态系统主要有寒温性针叶林、温带针阔混交林、暖温带阔叶林和针叶林、亚热带常绿阔叶林和针叶林、热带雨林及季雨林等生态系统。草原生态系统包括温带草原、高寒草原和荒漠区山地草原。荒漠生态系统主要分布在西北部,约占中国国土面积的1/5,主要包括小乔木荒漠、灌木荒漠、半灌木与小灌木荒漠和垫状小半灌木荒漠。我国是个农业大国,农业历史悠久,农田生态系统类型复杂,有稻田生态系统、茶园生态系统等。湿地生态系统主要有浅水湖泊生态系统、河流生态系统和沼泽生态系统。此外还有海岸与海洋生态系统。

> **📖 资料框 5-1**
>
> **中国的生态系统多样性**
>
> 　　中国有森林212类、竹林36类、灌丛113类、草原55类、草甸77类、荒漠52类、沼泽37类、高山冻土和流石滩植被17类,总共599类。海洋生态系统总计有6个大类、30个类型。还有多种多样的农田生态系统(中国有7 000多年的农业历史)。我国湿地资源十分丰富,有沼泽、湖泊、滩涂、盐沼地等天然湿地2 500万 hm^2 ,以稻田和池塘为主的人工湿地3 800万 hm^2 。我国湿地面积共6 300万 hm^2 ,约占国土面积的2.7%,占世界湿地面积的10%以上,列世界第四位。其中天然湿地2 600多万 hm^2 ,包括沼泽1 100万 hm^2 ,湖泊1 200万 hm^2 ,滩涂和盐沼地210万 hm^2 。根据湿地公约定义的标准,在亚洲947块国际重要湿地中,中国占有192块,占这一地区国际重要湿地面积的20%以上。

(4)不同生物层次多样性之间的相互关系。在不同生物层次上,基因多样性、物种多样性及生态系统多样性具有尺度上的明显差异,同时不同层次间通过物质、能量和信息传递有机地结合在一起。物种是人类认识生物多样性的最先切入点,是生态系统中的生物成分,也是连接基因多样性和生态系统多样性的纽带。生态系统是生物及其生存环境所构成的综合体。所有物种都是各种生态系统的组成部分,每一物种都在维持着其所在的生态系统,同时又依赖着这一生态系统以延续其生存。生态系统的类型极其多样,但是所有生态系统都保持着各自的生态过程,这包括生命必需化学元素的循环和生态系统各组成部分之间能量流动的维持。不论是对一个小的生态系统而言或是从全球范围来看,这些生态过程对于所有生物的生存、进化和持续发展都是至关重要的,因此维持生态系统多样性也就是维持物种和基因多样性。

物种多样性是生物多样性的核心,它既体现了生物与环境之间的复杂关系,又体现了生物资源的丰富性。遗传多样性为物种多样性的形成奠定了基础,并通过丰富的物种多样性形成不同类型的生态系统,它们为人类生存与发展提供了至关重要的生态功能和服务。

2. 生物多样性的变化

(1) 生物多样性的基本格局。全世界生物多样性最丰富的是热带,仅占全球陆地面积7%的热带森林容纳了全世界半数以上的物种。位于或部分位于热带的少数国家拥有全世界最高比例的生物多样性(包括海洋、淡水和陆地中的生物多样性),包括巴西、哥伦比亚、厄瓜多尔、秘鲁、墨西哥、刚果(布)、马达加斯加、澳大利亚、中国、印度、印度尼西亚、马来西亚等12个生物多样性特别丰富的国家。这些国家拥有全世界60%~70%的生物多样性。世界生物多样性概况如表5-3所示。

表5-3　世界生物多样性概况

类群	已描述的物种数	类群	已描述的物种数
细菌和蓝绿藻	4 760	其他节肢动物和小型无脊椎动物	132 461
藻类	26 900	昆虫	751 000
真菌	46 983	软体动物	50 000
苔藓植物(藓类和地钱)	17 000	海星	6 100
裸子植物(针叶植物)	750	鱼类(真骨鱼)	19 056
被子植物(有花植物)	250 000	两栖动物	4 184
原生动物	30 800	爬行动物	6 300
海绵动物	5 000	鸟类	9 198
珊瑚和水母	9 000	哺乳动物	4 170
线虫和节肢动物	24 000	总计	1 435 662
甲壳动物	38 000		

资料来源:McNeely J A 等,1990。

我国的生物多样性在世界上占有十分独特的地位。我国辽阔的国土和复杂多样的自然条件孕育了丰富的动植物资源,根据《中国生物多样性国情研究报告》,我国拥有30 000多种种子植物,占世界总种数的10%,居世界第三位,其中裸子植物250种,占世界29.4%,居世界首位;脊椎动物6 347种,占世界总种数的13.9%,其中鸟类1 244种,占全球总数的13.7%,中国是世界上鸟类种数最多的国家;鱼类3 862种,占世界总数的20.0%;兽类约500种,占全球总数的11.8%;爬行类376种,两栖类284种(中国环境状况公报,2001)。此外,我国还拥有海洋生物约2万种,占世界25%。

我国生物多样性最丰富的地区首推云南省,有"植物王国"和"动物王国"的美誉,各种动植物种数均接近或超过全国动植物种数的一半,其中哺乳动物296种,占全国49.92%;鸟类792种,占全国66.48%;两栖类102种,占全国44.12%;爬行类151种,占全国39.22%;淡水鱼类399种,占全国50.0%;全省有高等植物426科、2 592属、17 000多种,科、属、种分别占全国的88.4%、68.7%、62.6%。

(2) 全球生物多样性丧失的基本现状。据科学家估计,1600年以来,人类活动已经导致

75%的物种灭绝(余超然,2002)。根据法国《科学与未来》杂志转载的数据,目前全世界濒危动、植物已经达到 10 954 种,其中动物达 5 423 种,植物达 5 531 种。在今后的几十年里,世界上植物种类的 1/4 将面临绝迹的危险。

我国的物种受威胁或灭绝现象较严重。高等植物中有 4 000~5 000 种受到威胁,占总数的15%~20%,高于世界 10%~15% 的水平;约 20% 野生动物的生存受到严重威胁(马福,2001)。中国被子植物有珍稀濒危种 1 000 种,极危种 28 种,已灭绝或可能灭绝 7 种;裸子植物濒危和受威胁 63 种,极危种 14 种,灭绝 1 种;脊椎动物受威胁 433 种,灭绝和可能灭绝 10 种。

二、 人类活动与生物多样性的丧失

一般认为,导致生物多样性丧失的主要原因包括四大类:① 栖息地损失及栖息地的破碎化(fragmentation)造成的隔离(isolation);② 栖息地环境质量恶化;③ 干扰(disturbance);④ 外来种生态入侵(ecological invasion)。因而,涉及这四个过程的自然的或人为的因素,均会对生物多样性造成影响。长期以来,人类只注意到具体的食物、药物、燃料和工业原料的直接价值,而忽视生物多样性在稳定环境,保持发展能力等方面的重要性。一方面,伴随世界人口的大量增长,工业化进程不断地加速,人类为了更快地发展经济和迅速提高生活水平,对自然资源开发时,存在着掠夺式的过度利用、造成破碎化等导致其他生物生境丧失的行为,工农业生产和生活造成的环境污染、外来物种的引入等过程直接影响生态系统;另一方面,人类发展过程中农业、牧业和林业品种的单一化、燃烧等大量碳排放造成全球气候变化等过程,亦深刻影响了周围生物及其生境,直接或间接造成全球范围内的生物多样性丧失。

1. 人类活动的直接作用

(1) 过度利用。长期以来,滥捕乱猎、过度捕捞、过度采挖、大量砍伐等掠夺式利用生态资源的方式普遍存在,这种过度利用导致的生物量急剧减少是近代生物多样性丧失的直接原因。

滥捕乱猎是造成动物物种多样性下降的重要原因之一。从 20 世纪 50 年代开始对猕猴进行大量捕捉,加之其栖息地的丧失,使我国猕猴的种群大量地减少,至今仍未得到恢复。此外,如羚羊、野生鹿及用作裘皮的动物、各种鱼类等资源,由于进行过量的狩猎、捕捞,物种种群数量大幅减少甚至绝灭。中国海域主要经济鱼类资源在 20 世纪 60 年代初已出现衰退现象,从70 年代开始捕捞过度,引起各海区沿岸与近海的底层传统经济鱼类资源出现全面衰退,如大黄鱼、小黄鱼、带鱼、鲥鱼、马鲛鱼、黄姑鱼及其他某些经济鱼类资源出现全面衰退,淡水湖泊中这种现象更为严重。

过度采挖野生经济植物也是造成植物生物多样性受威胁的重要原因之一。由于过度采挖,人参、天麻、砂仁、甘草的分布面积大量减少。云南有动植物王国的称号,近几年很多野生药用植物采挖一空,一些有很好观赏价值的野生兰花几乎绝迹。内蒙古黄芪是驰名中外的特产,目前在草原上已很难见到。1994 年底至 1995 年初发生在云龙县分水岭国家级自然保护区的红豆杉被盗伐 9.2 万株,盗伐木材 1 000 多 m^3。从红豆杉树上割下的树皮 130 t,红豆杉被剥皮后成为枯木的约 2 万 m^3。若不是及时保护,野生红豆杉可能已经绝迹。

有许多珍贵的食用和药用真菌,如冬虫夏草、灵芝、竹荪、蒙古口蘑,庐山石耳等由于长期的人工采摘已有濒临灭绝的危险。另外,过度利用生物资源还引起相应的生态系统退化甚至崩溃,如大量砍伐树木是森林生态系统减少的首要原因。

（2）土地资源的不合理开发。土地资源的不合理开发利用导致的栖息地减少和破碎化是物种多样性降低的又一主要原因。对粮食需求的增长,导致大量的森林、湿地被开发成为农业生产基地。草原开垦、过度放牧、不合理的围湖造田、过度利用水资源,导致生物生境破坏,影响物种的正常生存。

有专家学者认为,栖息地的丧失是动物灭绝的最大原因。在濒临灭绝的脊椎动物中,有67%的物种遭受生境丧失、退化与破碎的威胁。在夏威夷,2/3 的原始森林已经被毁,当地特有的 140 种鸟类有一半已经绝迹,另外还有 30 多种正濒临灭绝。灵长目动物赖以生存的热带雨林和生态系统每况愈下,陷入十分危险的境地,估计在未来的 20 年里,20%的灵长目动物,即大约 120 种各类猿、猴将有可能遭到灭顶之灾。

据估计,在世界范围内,热带雨林已有 40%被砍掉,致使大约 67%的濒危、渐危和稀有种形成。据统计,全世界共有湿地 $8.558 \times 10^9 \text{ km}^2$,占陆地总面积的 6.4%（不包括滨海湿地）,由于人类的开发利用,近 10 年来,湿地面积已经消失了一半。我国湿地也日益减少,使许多物种尤其是稀有物种生存受严重威胁。不仅改变了区域的植被结构,使植物多样性下降,而且也严重破坏了栖息于此的鸟类和哺乳动物的多样性。在我国暖温带落叶阔叶林区有分布记录的兽类为77 种（不包括分布北界秦岭的种类）,已绝迹或近年无记录的（可能绝迹）种类有 11 种,占总数的 1/7。其中,绝大多数是对环境压力敏感的一些大型种类,如虎（*Panthera tigris*）、棕熊（*Ursus arctos*）和梅花鹿（*Cervus nippon*）,全球 11 500 种鸟类中已有 20%因栖息地的减少和破碎化而灭绝。

兴修大型水利工程造成江湖阻隔,破坏了水生生物栖息的生境,阻塞某些鱼类的洄游通道,致使大量物种濒危。长江葛洲坝至南津关段是"四大家鱼"的产卵场,大坝截流后流速、水温等水文条件发生变化。据统计,长江中段"四大家鱼"鱼苗数量有减少趋势,1980 年为 1960 年的15.7%,1991 年是 1980 年的 59%。大坝截流阻挡了中华鲟溯江而上至金沙江产卵的通道,许多中华鲟滞留于坝下江段,有的甚至撞死于坝下,这对中华鲟的生存造成严重威胁。

微生物的个体微小,对生境的依赖性大,对生境的变化反应敏感,因此,人类活动造成的生境破坏,使很多微生物在尚不为人所知的情况下就已经灭绝了。同时森林景观破碎对土壤微生物的群落组成和物种多样性也有很大的影响。基于对哀牢山原始森林土壤微生物的研究显示,森林砍伐的直接后果是土壤放线菌种类的减少,并且随着森林砍伐的加剧,土壤放线菌的种类按次生林、荒地、旱地依次减少。原始环境破坏后的直接后果必然是大量的未知菌死亡,微生物群落单一化,即使原始森林砍伐后种上人工林,也很难阻止放线菌的单一化。

（3）环境污染。环境污染会导致物种灭绝是一个不争的事实。例如,滇池受污染后生物种类明显减少,20 世纪 50 年代滇池有水生维管植物 28 科 44 种,70 年代减少到 22 科 30 种,80 年代仅有 12 科 20 种。很多科学家发现,环境污染使对环境质量敏感的两栖爬行动物大范围地消失。随着工业的发展,环境污染已经成为生物多样性丧失的主要因素之一。

酸雨是环境污染的重要代表之一,其特点是分布广、危害大且令人难以察觉。酸雨对植物的毒害,首先是造成植物生理机能的丧失。如对苹果、梨、桃、荔枝、龙眼等的危害,主要影响其花粉及种子的发育,使花粉萌发和花粉管的伸长受阻,最终使其遗传多样性遭到破坏。美国安大略地区,湖泊因受酸雨的影响,绿藻的种类由 26 种减少为 5 种,蓝藻由 22 种减少为 10 种。

我国重庆郊区马尾松的成片死亡也同酸雨有关,使该地区的植物多样性遭到破坏。

酸雨对动物物种多样性的破坏也是十分严重的。如瑞典、挪威数千个湖泊因为酸雨,其 pH 已经下降到 5 以下,使鲑、鳟鱼数量严重下降,许多幼鱼和小型鱼类大量死亡,甲壳类相继消失。在污染较轻的湖泊,酸雨对鱼有慢性毒害作用,表现为鱼类繁殖能力丧失、鱼体发生畸形。目前已证实青蛙、蟾蜍、蝾螈和其他两栖动物近十几年数量严重衰减的原因是环境酸化。

（4）农林牧资源的规模化生产。生物多样性为农业、林业、牧业和其他部门提供发展的基础,但集约化、规模化、专门化地人类生产却减少了生物多样性,成为全世界生物多样性损失的重要原因之一。在农业生产过程中,自然生长的丰富植物物种被少量的引进物种所取代（这些引进物种一般是非本地独有的）,野生动物被迫迁徙,大量昆虫和微生物被农药毒死。因此,农业用地与自然生态系统相比其生物物种大大减少。

工业化种植和全球化使得植物种类日渐萎缩,特别是现代农业技术的使用使农作物的物种多样性急剧下降,尤其是集约化过程中大面积、大范围的单种种植。例如,菲律宾 1970 年前种植水稻 3 500 个品种,现在仅存 5 个占优势的品种,品种丧失达 99% 以上;欧洲小麦品种丧失达 90%;美国玉米品种丧失超过 85%。往后的 30 年里,随着人口的增长,保持生物多样性是食品安全必不可少的内容。科学家并不看好发达国家向发展中国家出口牲畜,因为这可能导致"跨国喂养"甚至逐渐取代本土畜牧业。目前,不论是在发达国家,还是在发展中国家,很多本地的家畜、家禽被高产家畜、禽取代。如原产德国的荷斯坦种乳牛现在遍布北欧和北美,中国也已经引进并正在积极推广。

总之,由于农业越来越专业化并依赖于为数不多的改良农作物品种,农业用地内的生物多样性会减少;而由于越来越多地使用化肥和农药,它对农业用地之外生物多样性的损害将会增加。

我国的栽培植物遗传资源正面临严重威胁。在经济飞速发展、沿海开放区不断增多的情况下,各农业区的生态环境正遭到严重破坏。由于推广优良品种,许多古老的名贵品种正在绝迹。如云南省景谷县,1994 年发现有两种野生稻 24 处,由于开垦农田和种植橡胶,至 20 世纪 90 年代末只剩 1 处了;山东省的黄河三角洲和黑龙江省的三江平原,过去遍地长满野生大豆,现在只在少数地区有零星分布;又如,上海市郊区 1959 年有蔬菜品种 318 个,到 1991 年只剩 178 个了,丢失了 44.8%。其他城市的情况也类似。对我国宝贵的栽培植物遗传资源如不立即抢救,就有大量丧失的危险。动物遗传资源受威胁的现状也是很严重的。如我国优良的九斤黄鸡、定县猪已经绝灭,北京油鸡数量剧减,特有的海南高峰牛、上海荡脚牛也很难找到。遗传基因的丧失,其后果是无法估量的。

2. 人类活动的间接作用

（1）全球环境变化。全球变暖给世界生物多样性带来巨大而深刻的威胁。气温升高,必然引起全球水热分配格局的变化,并由此导致植被分布的变化,许多植物和动物的栖息地将发生变化,它们已经适应了的家园和生境将消失。例如,北极熊将由于海洋生物减少而受到影响。许多物种迁移的速度跟不上环境变化的速度。结果是物种灭绝、生态系统受损。科学家估计,北半球 60% 的栖息地将受到全球气候变化的影响。可以预见在 21 世纪,这种过程将随着全球变暖速度的提高而加剧。

（2）生物入侵。引入新的外来物种可能会增加当地物种的数量,但它并未增加总体上的生物多样性。相反,外来物种会毁坏生态系统内的原生物种,它们往往与原生物种竞争资源,占据有利生境或破坏原生物种的生境。特别是引入外来物种破坏自然栖息地,或引进不良的物种可能会损害那些可能比较稀少、已受到威胁的本地物种(特有物种),它将会造成总体生物多样性的净损失。人类任意引入物种以满足某种需求,已造成局部地区物种灭绝,农业、林业品种单一化等问题。

2001 年 5 月 22 日,联合国确定国际生物多样性日的主题是"防止外来物种的破坏"。联合国环境规划署为此呼吁,控制外来物种以保护生物多样性。联合国前秘书长安南在国际生物多样性日发表致辞——生物多样性是人类最珍贵的资源,每一代人都肩负保护世界上的物种和生态系统的重任。联合国环境规划署披露,由于土地改造、过度耕种、环境污染和具有扩张性外来物种的入侵,世界上许多不可替代的生物资源正面临日益减少和濒临灭绝的危机。世界各国正在为这一普遍存在的问题付出巨大的环境及经济代价。

目前,外来物种入侵正成为威胁我国生物多样性与生态环境的重要因素之一,一些地区的外来物种已经到了难以控制的局面。20 世纪 50 年代,紫茎泽兰从越南和缅甸入侵我国云南,现已侵入四川和西南各省区,并以很快的速度向东、北方向扩展,该植物对入侵地森林、草地、农田等生态系统和生物多样性具有极强的破坏作用,严重威胁着地区甚至全球的生态安全,因此被视为世界性的外来恶性杂草。作为园艺植物引入的马缨丹(*Lantana camara* L.)、作为饲料引入的"水花生"[喜旱莲子草,*Alternanthera philoxeroides*(Mart.)Griseb]、作为海滩护堤和牧草植物引入的互花米草(*Spartina alterniflora* L.)等都因适应性强,繁殖快,而成为恶性杂草。

(3)动植物疫病。动植物疫病主要指动植物病原体、病原微生物等的传播造成的危害。近年来,随着经济全球化进程的加快,全球动植物品种及相应产品的流通越来越频繁。病原体、病原微生物等进入新的区域快速增殖,而全球气候的变化可能进一步加剧动植物疫病的发病和传播,造成重大损失的同时对区域动植物多样性造成威胁,使得动植物疫病成为新的生物多样性丧失因子。

📖 资料框 5-2

灭绝物种升至 785 种,16 306 种生物列入"红名单"

　　根据世界自然保护联盟发布的 2007 年《濒危物种红色名录》,全球目前有 16 306 种动植物面临灭绝危机,比 2006 年又增加了 188 种,占全部评估物种的近 40%。

　　灭绝物种升至 785 种　据英国《泰晤士报》2007 年 10 月 12 日报道,世界自然保护联盟的科学家在世界范围内调查了 4 万种动植物,占全球已知物种的 12%。根据统计,1/3 的两栖动物、1/4 的哺乳动物、1/8 的鸟类和 70% 的植物被列入"极危""濒危""易危"三个级别,都属于生存"受威胁"的物种。

　　除了这些面临灭绝危机的物种,还有 785 种动植物被正式归入"灭绝"类别,其中包括 2007 年新增的一种曾生长在马来西亚的药草,这种植物最后一次被发现是在 1898 年。

　　大猩猩被"埃博拉"频夺命　《濒危物种红色名录》中指出,由于受"埃博拉"病毒的攻击,过去在非洲常见的大猩猩,尤其是西部低地大猩猩,现在离全球大灭绝"仅一步之遥"。在过去的 15 年间,这种病毒已经令 1/3 的大猩猩消亡。

　　世界自然保护联盟的类人猿专家卢斯·米特勒尔表示："大猩猩是我们最近的近亲,可现在,我们就算把全世界的大猩猩都找来,只用两三个足球场就能装下了。"此外,生活在印度尼西亚苏门答腊岛和马来群岛婆罗洲的猩猩也因为商业性狩猎、当地的内战、人类居住地的扩张、森林的减少而生活领地不断缩小,生存受到严重威胁。

　　白鳍豚挣扎在"灭绝线"上　　在《濒危物种红色名录》上,中国长江独有的白鳍豚仍被列在"极危"类别中,而且被注明"可能已灭绝"。2006年11月6日到12月13日的一次以失败告终的国际搜寻白鳍豚行动,令科学界对白鳍豚是否仍然存在的问题尤为悲观,媒体甚至断言,这种世界上最古老的、最大的淡水哺乳动物已经灭绝。

　　中外科学家认为,最乐观的估计,现存的白鳍豚也不会超过100头,属于"功能性灭绝"状态。科学界公认说法是,如果白鳍豚灭绝,将是历史上第一个因人类活动而灭绝的鲸豚类物种。

　　珊瑚虫登陆"红名单"　　珊瑚虫是2007年第一次出现在"红名单"上,其中在厄瓜多尔加拉帕戈斯群岛发现的两种珊瑚虫被列入"极危"类。海洋学家认为,"厄尔尼诺"现象造成的海洋温度升高及全球气候变化是它们面临的主要威胁。水温升高同样给海藻带来了厄运,10种海藻被认为处于"极危"状态,其中6种可能已经灭绝。

三、 生物多样性丧失的生态效应

　　生态系统中,生物与生境存在着正反馈机制,生态系统中的生物利用生境中的各种物质条件,加强系统中的生物小循环,减弱地质大循环,积极地改造生境条件,使之越来越适合生物的生存和发展。系统中生物多样性越丰富,上述作用就越强,即进入良性循环的轨道。反之,随着生物多样性的下降,生态系统结构就将受到损伤,功能逐步丧失。系统中的生物小循环不断减弱,地质大循环不断加强,如水土流失、沙漠化等加强进入恶性循环的轨道,生态系统逐步简化,最终崩溃,生态系统的服务功能也随之降低或丧失。

　　1. 生态系统结构受损

　　生态系统的结构由生物(生产者、消费者、分解者)和生境构成。它是一个开放的有机整体,是以环境的物质供给为基础、以太阳的辐射能为能源、以生物之间通过食物链的关系相互联系而成的一个巨大的网络结构。系统内生物多样性越丰富,网络就越完整,越有利于环境资源的循环利用,也就有利于生态过程的良性运行和生态功能持续地实现。当生物多样性逐步丧失,如网络中的线被一根一根地抽去,生态系统就越来越简化,最终导致系统的生态功能逐步丧失。生态系统中一些关键种类的丧失,对生态系统的影响更大。例如,海獭(*Enhydra lutris*)是海岸生态系统的一员,为了获得海獭的皮张,人们曾几乎猎杀了所有的海獭,结果导致了加利福尼亚海岸生态系统的巨大变化。原来,海獭主要捕食海星,海星采食海藻。海獭消失后,海星将海藻彻底破坏了。

　　很多时候人们往往等到一个物种从生态系统中绝灭了很长时间以后才对这个物种在自然生态系统中的作用恍然大悟。以北美旅鸽(*Ectopistes migratorius*)为例,欧洲人刚到达美洲时,旅鸽可能是当时北美数量最多的鸟类。但是,由于猎杀和生境破坏,旅鸽在1914年绝灭了。人们似乎未能料到一个曾经如此常见的物种会突然消失,人们更没有料到旅鸽绝灭会导致生态系统结构的变化。直到 1998 年，有科学家在《科学》(*Science*) 上著文，推测由于旅鸽的绝灭，可能导致了莱姆 (Lyme) 病的爆发。原来，莱姆病的爆发可能与大家鼠的种群爆发有关，大家鼠的种群爆发又与橡子的丰年有关。旅鸽专门采食那些数量多的植物籽实。以前，旅鸽数量又是如此之多，但人们只注意到每当旅鸽在一个地点停留采食后，其他野生动物再难在该地找到足够的食物。实际上，旅鸽能够有效地控制橡子的数量，当旅鸽绝灭后，一个制约大家鼠种群爆发的生态因子消失了，于是当橡子丰年出现后，大家鼠的种群数量爆发了，最终导致了莱姆病的大爆发。

2. 生态系统功能降低

生态系统的功能是由生态过程中的物流、能流、信息流、价值流和物种流来体现的，主要可分为：CO_2 吸收和固定；能量的固定、分配与消耗；养分的获得、保持、归还和流失；水分的获得、分配和平衡，生产力和生物量及生态系统抵御逆境和抗干扰能力等。

生态系统的功能受到物种多样性的影响或控制。很多学者围绕生物多样性与生态系统的功能开展了长期研究，并提出了一系列的假说和理论，从不同角度验证了多样性物种对维持生态功能的重要性。在大量的研究基础上就生物多样性与生态系统功能提出了很多假说（见资料框 5-3）。生物多样性丧失直接影响生态系统的物质生产、物质循环、能量流动，从而整个系统的功能水平将显著降低。

资料框 5-3

生物多样性与生态系统的功能理论

生产力假说 丰富度高的种群，生产力更高，土壤中矿质资源利用得更充分，淋溶损失更少，即营养保持力更强。

多样性-稳定性假说 (diversity-stability hypothesis) 认为生态系统的稳定性随物种丰富度的上升而增加。

铆钉假说 (rivet hypothesis) Ehrlich & Ehrlich (1981) 提出该假说，认为系统中所有物种对系统功能维持都具有虽然小但重要的作用，就像一架飞机上的一个个铆钉。物种灭绝可以比拟为飞机失去铆钉，随着物种灭绝数量的增加，生态系统受损害程度将逐渐加速地上升。

冗余说 一些生态学家认为生态系统中会存在一些对系统功能表现为冗余作用的物种。他们认为对于一个生态系统，存在一个物种多样性下限，这个下限是维持生态系统正常功能所必需的。当系统的多样性高于此下限时，物种数的增加或减少对系统功能没有多少影响，但少于此下限，生态系统就难以维持正常运转。

投资组合效应 在股票投资中有句名言，"不要把蛋放在一个篮子里"。在经济学中，人们熟知多样化的投资组合更加稳定，该思想同样适用于生态系统的稳定性。对于多变的环境胁迫，不同的物种有不同的响应。在丰富度更高的群落中，这些不同的响应加起来，会使群落动态表现为更加稳定。生物多样性的丧失（物种数量减少）将会使生态系统稳定性受损。

生态位互补假说 (niche complementarity hypothesis) 同一群落中，物种间存在着生态位的差异，因而物种数多的群落中生物所占据的"功能空间"(functional space) 范围更广，因此有更高的生产力,而且系统工程中物种之间的生态位差异越大,物种丰富度对系统功能的作用越强(张全国等,2002)。

"保险"假说(insurance hypothesis)　物种间存在对环境条件响应的不同步性,或者说时间生态位分化。当生态系统经受激烈的环境变化时,物种间生态位差异可以使不同物种"风险分摊"(spreading of risk),丰富度高的系统对外界条件变化有更高的"弹性"(resilience),而丰富度低的系统对于干扰的抵抗能力比较弱。说明外界条件变化较强烈的系统较之稳定环境中的系统,其功能的维持需要更高的物种多样性。

3. 生态系统服务能力削弱

生态系统的服务功能是指生态系统与生态过程所形成的维持人类赖以生存的自然环境条件与效用。概括起来包括 13 个方面,见表 5-4。

表 5-4　生态系统的服务功能

编号	生态系统的服务功能	编号	生态系统的服务功能
1	对空气和水的净化	8	保护人类免受紫外线的危害
2	减轻洪水和干旱灾害	9	对气候有部分的稳定作用
3	废物的分解和去毒	10	缓和风、浪和极端的温度变化
4	土壤及其肥力的产生和更新	11	支持各种人类文化
5	对作物和天然植物的传粉	12	提高人类美、乐的精神生活
6	控制农作物的潜在病虫害	13	提供食物、药品及工业原材料
7	种子的扩散、营养物质的搬运		

我们的祖先很早就已经认识到生态系统对人类社会发展的支持作用。在古希腊,柏拉图就认识到雅典人对森林的破坏导致了水土流失和水井的干涸。在中国,传统建筑活动也反映了人们对森林保护村庄与居住环境作用的认识。

1997 年,美国马里兰大学生态经济研究所所长科斯坦萨(Costanza R)等人在《自然》(*Nature*)杂志上发表了"世界生态系统服务和自然资本的价值"一文,提出全球生态系统提供的服务,按最低估计为每年 16 万亿至 54 万亿美元,平均为 33 万亿美元,与之相比,全球国民生产总值(GNP)的年总量为 18 万亿美元。随后,劳什(Roush W)在《科学》(*Science*)杂志上发表了关于全球生态系统服务价值的研究论文(表 5-5),他指出,单位面积价值最高的是湿地(14 785 美元·hm^{-2}·a^{-1}),远高于热带森林(2 007 美元·hm^{-2}·a^{-1})。

表 5-5　全球生态系统服务的价值

生态系统	面积/(10^6 hm^2)	价值/(美元·hm^{-2}·a^{-1})	全球价值/(10^{12}美元·a^{-1})
海洋	33 200	252	8.4
近海水域	3 102	4 052	12.6
热带森林	1 900	2 007	3.8

生态系统	面积/(10^6 hm^2)	价值/(美元·hm^{-2}·a^{-1})	全球价值/(10^{12}美元·a^{-1})
其他森林	2 955	302	0.9
草地	3 898	232	0.9
湿地	330	14 785	4.9
湖泊河流	200	8 498	1.7
农田	1 400	92	0.1
全球	—	—	33.3

资料来源:孙儒泳,2000。

根据《中国生物多样性国情研究报告》的研究成果,中国生物多样性的价值为 39.33 万亿元 (表5-6)。

表5-6　中国生物多样性经济价值初步评估　　　　　　单位:万亿元

价值类型		价值
直接使用价值	产品及加工品年净价值	1.02
	直接服务价值	0.78
	小计	1.80
间接使用价值	有机质生产价值	23.3
	CO_2固定价值	3.27
	O_2释放价值	3.11
	营养物质循环与贮存价值	0.32
	土壤保护价值	6.64
	涵养水源价值	0.27
	净化污染物价值	0.40
	小计	37.31
潜在使用价值	选择使用价值	0.09
	保留使用价值	0.13
	小计	0.22

资料来源:《中国生物多样性国情研究报告》编写组,1998。

生物多样性的丧失将极大地阻碍生态系统的循环,整个系统将变得不稳定,这种不稳定性将减弱系统对极端环境和灾害事件(如洪灾、旱灾)的抵抗能力,并降低区域生产力,降低生态系统服务的能力。随着生态系统服务价值的减小,人类的生存将受到影响。历史上很多曾经是文明的发源地(如中国西北的楼兰文明、两河流域的美索不达米亚文明、南美洲的玛雅文明),由于植被被砍光,如今已经成为不毛之地。综上所述,生物多样性丧失的成因与生态影响可简要归纳为图 5-4。

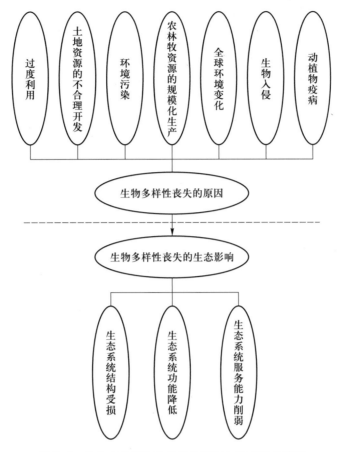

图 5-4　生物多样性丧失的发生原因与生态影响简图

小结

生态退化是指由于人类干扰和自然灾害而导致的生态系统退化现象。生态退化类型多样、后果严重,其主要类型包括植被退化、水土流失、土壤退化、生物多样性丧失等。生态退化会严重威胁人类和其他生物的生存和发展。目前,人类活动是造成全球主要生态系统发生退化的重要原因。因此,为了社会经济和生态环境的和谐及可持续发展,人类必须科学认识生态退化及其成因和影响,并采取明智的政策和技术措施来保护和恢复生态系统,寻找和开发生态友好型产品来减少人类对全球生态系统的危害。

思考题

1. 概念与术语理解:植被,碳汇服务,生态水文作用,植被退化,土壤侵蚀,水土流失,土壤退化,荒漠化,盐渍(碱)化,石漠化,物种多样性,遗传多样性,生态系统多样性。

2. 水土流失有哪些类型?简述水土流失的成因。

3. 水土流失引起的生态效应有哪些?

4. 土壤退化主要有哪几种类型? 土壤退化分布有什么特点?

5. 造成土壤退化的原因有哪些? 土壤退化具有哪些生态后果?

6. 生物多样性丧失的主要原因有哪些? 人类活动对生物多样性丧失的作用主要包括哪些方面?

7. 生物多样性丧失将产生什么生态影响?

 建议读物

1. 王礼先.水土保持学[M].北京:中国林业出版社,1995.

2. 南方红壤退化机制与防治措施研究专题组.中国红壤退化机制与防治[M].北京:中国农业出版社,1999.

3. 段昌群,杨雪清.生态约束与生态支撑——生态环境与经济社会关系互动的案例分析[M].北京:科学出版社,2006.

4. 关连珠.普通土壤学[M].2 版.北京:中国农业大学出版社,2016.

5. 袁正科.退化山地的生态恢复[M].长沙:湖南师范大学出版社,2015.

6. 任海,刘庆,李凌浩,等.恢复生态学导论[M].3 版.北京:科学出版社,2019.

7. 甄霖,胡云锋,闫慧敏,等.全球和区域生态退化分析与治理技术需求评估[M].北京:科学出版社,2020.

第三篇 生物对受损环境的响应与适应

生物对受损环境的响应主要指某些生物能够积极应对受损环境,产生适应性调整,甚至这种环境变化为这些生物的生存和发展创造了新的机会。这些效应,有的是局部的,有的是全球性的;有的是短期的,有的是长期的,甚至有些时候能够影响生物的进化发展和未来命运。

生物对污染环境的积极响应主要体现在对污染物的抗性方面,包括拒绝吸收、结合钝化、分解转化、污染隔离和代谢调整等多种机制;在退化的生态环境中,有的生物获得了新的资源和生存条件,能够大举扩散和繁衍,并对其他生物产生不利影响,这就是生物入侵问题。转基因生物进入环境后也可能对其他生物产生不利影响。全球变化是当今世界不可忽视的重大环境问题,其对生物的影响已成为环境生物学领域的研究前沿。本篇将围绕以上问题,从生态机理和生物学过程进行讨论分析。

第六章
生物在受损环境中的响应

生物经常面临的受损环境(damaged environment)主要是污染环境和生态退化环境。在污染环境中,生物正常生命活动势必要同外界环境进行物质和能量交换,这样污染物就会不同程度地进入生物体内。进入生物体内的污染物,部分被分解、转化、解毒并排出体外,部分残留在生物体内,并随食物链(food chain)的延伸在其他生物体内不断积累,形成了生物富集或生物浓缩现象(见第三章)。在污染物对生物的生命活动过程产生影响的同时,生物对污染物也有一定的抗性(resistance)和适应性(adaptation),对污染物产生的毒害作用有积极的抵抗作用,生物对污染物的这种响应(responses)主要表现为拒绝吸收、结合钝化、隔离、改变代谢方式和途径及生物转运(bio-transportation)和生物转化(bio-transformation)等。在生态退化的环境中,自然界的生物为了能够在退化环境中生存,就必须随着环境生态因子变化而改变自身形态、结构和生理生化特性,不断提高自己适应和调控环境的能力。生态适应作为生物界普遍存在的现象,通常在应对受损环境时,往往在多个不同层次水平上协同发生一系列的变化,进而对生物起到调节作用。在生态退化环境中,除本土生物的积极响应外,还可能因为生境的变化引起外来生物的入侵。在当今社会,转基因生物被人类有意或无意地投放到自然界中,在对受损生态系统适应的同时,对自然生态系统中的生物也将产生潜在的影响。本章将就上述几个问题进行分析和讨论。

第一节　生物对污染物的抗性与适应性

世界上所有的污染地区,即使是特别严重的污染地区,都有一定的生物可以生存下来,有的生物依然能够完成生长发育过程,这说明生物对污染物有一定的抗性和适应性。

当然,生物在污染环境中仍保留了生长繁衍的性能,但此时的生物群落已经历了一个被选择和重建的过程,也就是说即使外表看起来没有差别的生物种群,但种群中的个体已经不再是原来的个体群,而是被原种群中具有较高抗性和适应性的个体后代所更替。相应地,新建立起来的种群在生理生化特性和遗传特征等方面已经同原来种群发生了很大的改变,产生了渐变群和新的生态型。鉴于生物对污染物的抗性不是正常生物所必备的性状特征,抗性性状和抗性基因可能只为某些物种、某些种群中的少数个体所具有,因此污染环境中能够存活的生物并不多。

生物对污染物的适应性在很多情况下有种质特异性。生物对污染物的适应性,往往在形态解剖特征、生理生化功能、遗传变异特性上有直接和间接的表现。在污染环境中选择培养抗污染的生物对污染环境的生物治理具有重要意义。

一、生物对污染物的拒绝吸收

不吸收或少吸收污染物是生物抵抗污染胁迫的一条重要途径,这就是生物对污染物的避性(avoidance)。但是目前有关这一抗性途径的生理生化机制,尤其是分子生物学机理仍知之甚少。

对生物来说,细胞的膜系统是抵御外来污染物进入的屏障,将污染物排斥于体外,使其不能进入生物体内是一种非常有效的方法,这样无须消耗大量物质能量和生物活性位点来结合、分解及隔离污染物。下面以不同的污染物类型为例,分别介绍生物对胁迫环境中污染物的避性。

由于污染物种类不同和污染物传递介质的差异,生物有多种途径和方法阻止污染物进入生物体内。这些途径主要包括:限制污染物的跨膜吸收;关闭气孔阻止气态污染物进入体内;分泌有机物,如糖类、氨基酸类、维生素类、有机酸类等到达根际,通过改变根际环境(pH 和 Eh)来改变污染物的理化环境和形态,使污染物由游离态转变到络合态或螯合态,使污染物的可移动性降低;根际周围微观环境的改变,加强土壤中污染物的固定;有的生物通过运动来远离污染源;增厚植物的外表皮或在根周围形成根套等。

生物拒绝吸收污染物与污染物的理化性质、生物种类、土壤性质、耕作措施及环境条件等有关。如对油菜来说,芴和芘是相对较难被吸收和积累的化合物,而荧蒽、蒽和苯并[a]芘是相对易被吸收和积累的化合物。研究发现,一些植物可降低土壤中 Pb 的生物有效性,从而可以缓解 Pb 对生物的毒害作用。X 射线衍射吸收光谱研究发现,印度芥菜的根能使对生物毒害作用较大的 Cr(Ⅵ)还原为低毒的、生物有效性低的 Cr(Ⅲ)。

1. 生物拒绝吸收有机污染物

植物根系吸收是有机污染物进入植物体最重要的途径之一。有机污染物在植物体内主要经导管运输,以叶片蒸腾作用为主要动力从而到达植物体不同组织。但是迁移至根系表皮的有机污染物并不能全部进入植物体,它们首先要面对的是根系表皮的选择性吸收作用,有机污染物的理化性质将决定其能否通过表皮进入根系内部。有机污染物的溶解性越强,辛醇-水分配系数($\lg K_{ow}$)越低,通过根系内皮(endodermis)浸满木脂(suberin)的不透水凯氏带(Casparian band)的能力越弱;反之,有机污染物通过凯氏带进入植物体的能力越强。

有机污染物通过叶片进入植物体一般有三种途径:通过吸附渗透作用进入,如农药喷施导致有机污染物的进入;随大气颗粒沉降累积于叶片表面然后进入植物体;通过气孔从周围大气介质吸收有机污染物。气态有机污染物进入植物体内的主要通道是叶的气孔,其次可以通过角质层进入。气孔是植物叶片表面物质(营养物质和有机污染物)传输的主要通道。因此,进入植物体内有机污染物的量与气孔的特征、外表皮的结构有关。

植物整个地上部分最重要的防御机构是表皮和皮层,其中表皮细胞角质化以后,形成的角质层、木栓层及其他附属层,可以减少有机污染物进入植物体内。角质层在减少水分蒸发量的同时,也可以减少有机污染物的数量,这是由于角质层包含蜡质,而蜡质对非极性有机污染物具有较高的亲合性,在经过角质层时,极性较强的有机污染物可以通过角质层进入植物体,而非极性有机污染物则大多积累于角质层,被生物降解或光解。角质层的组成和结构决定其疏水强度,目前已经发现角质层蜡质含量影响甘蓝和康乃馨吸收有机污染物的能力;另外,角质层厚度对拒绝吸收有机污染物是一个很重要的因素,对于角质层较厚的物种,即使角质层组成有利于一些有机污染物的吸收,但有机污染物的传输时间较长也会阻止有机污染物的侵入。然而,不同植物、植物不同器官的角质层厚度并不是有机污染物透过的决定性因素,角质层组成结构上的差异能掩盖厚度的影响,有些植物薄的角质层比厚的角质层更难以通透。

此外,多种有机污染物复合污染会影响角质层阻止有机污染物进入植物体内。如表面活性剂的存在会减弱角质层抵御有机污染物的能力,这是因为表面活性剂不仅能增大沉积物表面,对有机污染物的溶解有较强的促进作用,还可以溶解或破坏角质层,大大降低植物对外来有机污染物的抵抗力。生态环境条件也影响植物角质层拒绝吸收有机污染物的能力,但目前对于不同植物抵抗有机污染物的机制与生态环境条件对吸收过程的影响还不十分清楚。

2. 生物对无机气体污染物的避性

动物因活动能力强从而在气体污染条件下可以通过行为而回避无机气体污染物的影响,而植物则不行。植物通过蒸腾拉力将无机气体污染物扩散到身体的各个部分,也可以通过分泌作用、呼吸作用将进入植物体内的无机气体污染物排出体外。但是,往往吸收进入体内的无机气体污染物是很难全部排出体外的,从而如何减少无机气体污染物进入体内就更显重要。

气孔是无机气体污染物进入植物体的重要途径。植物气孔的行为及其密度与该植物对无机气体污染物的避性有很大的关系。有些植物在空气污染严重时关闭气孔以减少无机气体污染物进入体内,植物在夜间关闭气孔,使 SO_2 的影响大大减少。例如,花生、番茄等植物在接触 SO_2 后,能将气孔关闭,从而获得对 SO_2 的抗性,而另一些植物如蚕豆等,接触 SO_2 后气孔仍开放,使 SO_2 更多地进入体内,因此易受毒害。向日葵叶片在胁迫环境(局部滴以脱落酸)下,叶的不同部位气孔开度不同。另外,气孔密度的降低在一定程度上减少了蒸腾作用,有助于在胁迫环境中存活、生长。孙仲序等在转基因杨树与对照植株气孔密度的比较(见表6-1)中发现,转基因杨树因气孔密度降低而对污染和胁迫环境的抵抗能力显著提高。

表 6-1 转基因杨树与对照植株气孔密度的比较

植株	平均值	5%	1%
转基因杨树	16.535	A	A
对照植株	13.927	B	B

资料来源:引自孙仲序等,2002。

3. 生物对重金属的避性

重金属是过渡元素,都有 d 电子,在催化、磁性等方面具有特殊的性质与效能,而且当这些重金属有机化后,毒性相当大。例如,甲基汞的毒性是无机汞离子的 100 倍,这是因为甲基汞脂溶性高,易与蛋白质中的巯基结合,又是潜在的神经毒素。但是许多生物过程需要金属离子的参与,金属离子经常与生物大分子上的活性点位结合,也可和一些电子基团结合。贝克(Baker)认为生物对重金属抗性的获得可通过两条途径:避性(avoidance)和耐性(tolerance)。避性是指一些生物可通过某种外部机制保护自己,使其不吸收环境中高含量的重金属从而免受毒害。耐性是指一些生物可以通过自身特殊的遗传特性,对重金属进行积累和转移。

(1)限制重金属跨膜吸收。生物可通过限制重金属离子跨膜吸收降低体内的重金属离子浓度。

（2）与体外分泌物配位。作为固着生物,植物无法逃脱环境的任何变化。重金属在环境中暴露必定会引发植物生理生化变化,采取一系列策略来应对重金属带来的负面后果,通过多种机制对包括重金属毒害在内的外界刺激做出反应。这些反应包括:① 感知外部的应激刺激;② 通过信号转导将刺激传输到细胞内;③ 通过调节细胞的生理、生化和分子状态触发适当的措施来抵消应激刺激的负面影响。但在整个植物水平上,很难测定植物在受到重金属胁迫后的感知和信号转导的变化。

重金属主要通过四种方式对植物产生毒害作用。包括:① 与营养阳离子相似,导致根表面的吸收竞争,例如,As 和 Cd 分别与 P 和 Zn 竞争吸收;② 重金属与功能蛋白的巯基直接相互作用,破坏其结构和功能,从而使其失去活性;③ 必需阳离子从特定结合位点移位,导致功能衰减或崩溃;④ 产生活性氧物种(ROS),从而破坏生物大分子。在重金属胁迫条件下,生物可反馈分泌一些物质,通过这些物质与重金属离子发生配位反应,降低生物生存环境中有效态重金属离子含量,避免植物受害。

微生物具有避开污染物的能力,可以从形态学、生理生态学等角度来拒绝吸收污染物。从形态学看,荚膜是某些细菌表面具有的特殊结构,由葡萄糖、葡萄糖醛酸、多肽与脂质组成,对维持细菌的主要生命活动无直接的作用,但具有一定程度的保护作用,是阻碍污染物进入细胞内重要的屏障,而且具有耐污性的微生物荚膜在污染环境中具有增厚的趋势,这就是它们在形态学上拒绝吸收对其生存和繁殖不利的污染物。微生物在生长过程与环境因素相互作用时会释放出许多能与重金属反应从而固定重金属的代谢产物(如硫化氢及有机物等),利用脱硫弧菌(*Desulfovibrio*)和脱硫肠状菌(*Desulfotomaculcum*)等细菌产生的硫化氢固定重金属,另外生枝动胶菌(*Zoogloea ramigera*)产生的胞外多糖具有很高的金属键合活性。

（3）生物的运动。对于可以自由活动的动物而言,行为是它们适应环境的重要方式。从行动上主动避开污染环境也许是一种更为有效的措施。许多动物对污染环境较为敏感,具有逃避毒害的本能,如冬眠、滞育、迁移、地下生活和夜间活动等都属其例。有的学者甚至认为这是对付环境挑战的第一性手段。

土壤动物对污染物有一定的避性。基于重金属污染土壤的动物群落研究表明,接近污染源和污染物富集的土地,土壤动物的种类和数量减少,土壤动物密度与重金属 Hg、Cd、Zn、As、Pb 等浓度密切相关。一般说来,在没有受污染的自然土壤和耕作土壤中,土壤动物的垂直递减率非常明显,表层的土壤动物多。但是污染区的土壤,特别是受污染影响严重的土壤则完全不同,垂直变化异常,出现逆分布现象,这是由于污染物进入土壤后大多在表层滞留富集,土壤动物为避开污染环境而移到污染物浓度较低的下层土壤。

二、 生物对污染物的结合与钝化

拒绝吸收并不能完全保护生物不受污染物侵袭,污染物在冲破生物外部保护(如生物的表皮、叶片的气孔等)的情况下进入生物体内时,还有使进入体内的污染物变成低毒、安全的结合态的机制,最大限度地使污染物达不到敏感分子或器官。

生物体内具有生物活性的基团和物质,即生物活性位点,能与进入生物体内的污染物结合,其结果是:钝化外来物,降低污染物的毒性;保护生物体内重要生物大分子,使其免受污染物的影响。

1. 生物体内能与污染物结合的物质

生物结合污染物的能力决定于生物本身的特性,特别是生物体内存在的、能与污染物相结合的生物活性位点的活性强弱和数量。生物体内有很多组分都能与污染物特别是重金属相结合而形成稳定的结合物,从而钝化、消除或缓解污染物的毒害。

糖类物质中的单糖如葡萄糖和果糖等,其分子结构中都有醛基;双糖中麦芽糖和乳糖,多糖中的纤维素等都是由半羧醛羟基与醇羟基缩合而成,其分子结构中都具有 1,4-苷键,并因此保留一个半羧醛羟基,使其中一个单糖有可能转变为醛式而具有还原性。在还原环境中,重金属离子易被还原,导致活性下降,并和糖类结合形成不溶性化合物。

大多蛋白质所含有的酸性氨基酸比碱性氨基酸多,其等电点 pH 接近 5,如果在中性环境中,蛋白质往往呈阴离子状态,易与金属阳离子结合:

$$P \overset{NH_4^+}{\underset{COO^-}{\big|}} \xrightarrow[OH^-]{pH>等电点} P \overset{NH_4^+}{\underset{COOMe}{\big|}}$$

酸性氨基酸和碱性氨基酸的比例基本上决定了蛋白质所带的电荷,组氨酸(histidine,His)的咪唑基 pK 接近于中性,在生理条件下,His 常处于可逆的解离状态,往往能与 Fe^{2+} 等金属离子结合形成配位化合物。

从氨基酸的结构来看,α—C 原子的一端连接着羧基,另一端连接着氨基,属于两性电解质,还含有—N、—SH 等基团,这些均能与金属及某些农药结合形成复杂的金属配合物。脂类含有极性脂键,这类脂键能与金属离子结合形成配合物,从而把金属贮存在脂肪内。

核酸是极性化合物,是重要的生物大分子之一,在生命活动中起着极其关键的作用,由含氮碱基、戊糖环(或脱氧戊糖环)、磷酸基团组成,属两性电解质,在一定的 pH 条件下能解离而带电荷,因此能与金属离子结合。例如,含氧碱基的胸腺嘧啶含有—N、—NH、—OH 等基团均能与金属离子或其他物质结合。

2. 生物细胞壁对污染物的结合和钝化

细胞壁是结合和固定污染物的重要部位。植物细胞壁果胶质、木质素、纤维素和半纤维素分子的—COOH、—CHO 等基团都能与重金属等毒物结合而失去活性;微生物中细菌的细胞壁中肽聚糖由 N-乙酰氨基葡萄糖、N-乙酰胞壁酸和氨基酸短肽组成,其官能团能与农药和重金属等污染物形成配合物。杨居荣等研究了植物体内 Pb 的含量与细胞各部位的关系,结果表明细胞壁吸收 Pb 的浓度最高。分析了蹄盖蕨属植物(Athyrium)的根细胞壁在重金属抗性中的作用,发现进入该植物的 Cu、Zn、Cd 总量中有 70%~90% 位于细胞壁,其中大部分以离子形式存在或结合到细胞壁结构物质如纤维素、木质素上。

进入植物体内的农药和其他大分子有机物也能够与细胞壁上的纤维素、木质素、淀粉等物质发生配位作用,这种农药配合物在植物体内被固定下来,不转移到其他地方,也不参加代谢,因此失去毒害植物的机会。例如,除草剂百草枯难以进入对它有抗性的杂草细胞质,大部分被结合在细胞壁上,因此不能被传导到作用部位——叶绿体。十字花科植物天蓝遏蓝菜(*Thlaspi caerulescens*)是 Zn、Cd 超量积累植物(hyperaccumulator),是一种生长在富含 Zn、Cd、Pb、Ni 土壤的野生草本植物,利用植物积累重金属可修复土壤。调查发现,生长在污染土壤中的野生天蓝遏蓝菜地上部分 Zn 含量为 13~21 g/kg,盆栽实验也证明该植物有很强的吸收、转运和积累 Zn、Cd 能力,并预知连续种植该植物 14 茬,污染土壤中 Zn 含量可从440 mg/kg降低到 300 mg/kg(欧盟规定的标准),而种植萝卜需 2 000 茬。研究发现,野生天蓝遏蓝菜地上部分 Zn、Cd 含量分别可达 33 600 mg/kg 和 1 140 mg/kg(干重),植物尚未表现中毒症状,是由于植物通过结合钝化改变重金属的形态使其不造成毒害。利用植物钝化积累重金属的特性来修复污染土壤,科学家寻找新的生物量大的超量积累植物,如南非尖刺联苞菊属植物(*Berkheya coddii*)、印度芥菜(*Brassica juncea*)、芸苔(*B. campestris* L.)、芜菁(*B. rapa* L.)、长喙田菁(*Sesbania rostrata*)等。

大多数的微生物细胞壁都具有结合污染物的能力,而这种能力与细胞壁的化学成分和结构有关。由于微生物细胞壁表面有羧基、疏基等基团,细胞壁具有各类型吸附专性蛋白,重金属可在细胞壁、膜表面富集而形成晶体,例如,革兰氏(+)菌的主要成员芽孢杆菌都具有固定大量金属的能力,因为其细胞壁有一层很厚的网状肽聚结构,在细胞壁表面存在的磷壁酸质和糖醛酸磷壁酸连接到网状的肽聚糖上。磷壁酸的羧基使细胞壁带负电荷,能够与重金属离子结合,这是细胞壁固定重金属的主要机制。除此之外,微生物在重金属胁迫的环境中,微生物改变细胞酶系及抑制物质合成位点,从而使原生质膜和通透性发生改变来促进微生物对重金属的结合和钝化,进一步增强抗性。

在重金属胁迫的环境中,生物体内普遍存在金属硫蛋白、类金属硫蛋白和重金属螯合多肽等,并且均能螯合体内重金属,以减少破坏性较大的活性游离态重金属的存在,也是生物解毒(biodetoxification)的重要方面。因此,可利用某些微生物对贵重金属螯合而产生的抗性和富集效应进行生物矿选(bioleaching processes of ores)。

三、 生物对污染物的分解与转化

虽然生物拒绝吸收、结合钝化外来污染物,但是当环境污染物浓度很高,生物体内的有"结合座"作用位点已达饱和的情况下,生物抵抗污染还可借助于分解和代谢转化作用,改变污染物原有的化学结构,降低污染物的生理活性;或将亲脂的外源性污染物转变为亲水物质,以加速排出。

(一) 分解与转化的类型

当前已知的环境污染物数量多、种类多样,尤其是人工合成的自然界本来没有的高分子有机物和重金属。不少环境有毒污染物通过生物体内酶促反应,可以转化为低毒或无毒物质,或转化为水溶性物质而便于排出体外。污染物在生物体内酶的作用下,通过氧化、还原、水解、脱烃、脱卤、羟基化、异构化、环裂解、缩合、共轭等作用,逐步将污染物代谢成毒性较低或完全无毒的物质。

1. 氧化反应

细胞微粒体是污染物氧化反应的主要场所,通过混合功能酶催化系统(mixed function oxidase system,MFOS)完成。MFOS 能够催化脂类、类固醇和其他化学物质,使其转化为极性较强、脂溶性较低的代谢产物。除了在微粒体外,氧化反应也可在线粒体、动物肝组织胞液、血浆中进行,主要通过醇脱氢酶、醛脱氢酶、过氧化酶等实现。主要的氧化反应类型包括以下几种。

（1）羟基化反应

$$脂肪族：RCH_3 \xrightarrow{[O]} RCH_2OH$$

$$芳香族：C_6H_5R \xrightarrow{[O]} RC_6H_4OH$$

（2）环氧化反应

$$R_1-CH_2-CH_2-R_2 \xrightarrow{[O]} R_1-\overset{\overset{\displaystyle O}{\diagup\diagdown}}{CH}-CH-R_2$$

（3）脱氨基反应

$$RCN \xrightarrow{H_2O} RC(OH)NH \longrightarrow RCONH_2 \xrightarrow{H_2O} RCOOH+NH_3$$
$$\downarrow [O]$$
$$CO_2+H_2O$$

（4）脱烷基反应

$$氟乐灵 \xrightarrow{微生物} 硝基苯胺+苯二胺+苯三胺类化合物$$

（5）脱磺基反应

脱磺基反应是在脱磺基酶和亚硫酸盐-细胞色素 C 氧化还原酶的作用下进行的,生成中间产物亚硫酸盐,进一步氧化为硫酸盐,反应的方程式可能有 3 种:

羟基取代脱磺基:$RSO_3H+H_2O \longrightarrow ROH+2H^++SO_3^{2-}$

氧化反应:$RSO_3H+O_2+2NADH \longrightarrow ROH+H_2O+SO_3^{2-}+2NAD^+$

非羟基取代脱磺基:$RSO_3H+NADH+H^+ \longrightarrow RH+H_2SO_3+NAD^+$

2. 还原反应

从植物的解毒角度来说,这种作用不是一个重要的解毒机制;而动物肝脏中的还原反应主要在微粒体中进行,含有硝基的污染物硝基苯由硝基还原酶、偶氮还原酶和辅酶等催化完成,可发生如下反应:

$$C_6H_5NO_2 \xrightarrow{[2H]} C_6H_5NHOH \xrightarrow{[2H]} C_6H_5NH_2$$

许多 Fe^{3+} 和 Mn^{4+} 还原微生物也可将极易溶解的 U^{4+} 还原成难溶性 U^{6+},并可导致厌氧土壤和沉积物中产生还原性 U 沉淀,所以,U^{4+} 的微生物还原可能是 U 污染环境中进行生物整治的有效方法。产琥珀酸沃廉氏菌(*Wolinella succinogenes*)在硒酸盐或亚硒酸盐共同存在时可进行适应性生长,而且硒酸盐和亚硒酸盐均被还原为单质 Se,还原生成的部分单质 Se 可在细胞内沉积起来,硒酸盐还原是酶促催化反应。有些微生物可以酶促还原其他金属如 Cr、Hg、V、Mo、Cu 和 Tc 等,这种代谢机制可能会影响这些金属的富集和迁移。

3. 水解反应

生物体内含有大量非特异性的酯酶和酰胺酶,能够水解酯类、酰胺类、酰肼类、氨基甲酸酯类等污染物。而许多有害昆虫对农药具有抗性,是因为体内产生了特异性的降解酯酶。例如,2,4-D 形成的酯类很容易水解;青草净可以水解成酰胺类和酸类化合物;敌百虫或敌敌畏等进入动物体后,尿中常有二甲基磷酸排出。

$$R_1CONHR_2R_3+H_2O \xrightarrow{酰胺酶} R_1COOH+R_3R_2NH_2$$

4. 烷基化反应

在土壤介质中,一些微生物参与重金属的烷基化过程,包括重金属无机态转变为有机态,这是一个非常有害的污染生态过程。目前引人注目的是 Hg、As、Sn、Pb 等的生物甲基化作用(biological methylation)及在生物体内与有机物充分结合。

这里以 Hg 为例说明。Hg 的生物甲基化作用可分为 Hg 的非酶促甲基化作用和酶促甲基化作用,前者仅需要活性代谢产物(甲基供给体),是间接的生物反应;后者需要有能进行 Hg 的甲基化生物参与,是直接的生物反应。实验表明,细菌在厌氧、好氧或兼性条件下均能将无机汞转化为甲基汞,在中性和酸性条件下形成的主要是单甲基汞,而在碱性条件下的主要产物是二甲基汞。在 Hg 的甲基化过程中,需要有一种甲基传递体存在,甲基钴胺素是一种活泼的、能够使 Hg^{2+} 等金属离子甲基化的物质,起着重要作用。Hg^{2+} 甲基化的过程如下:

$$CH_3CoB_{12}+HgCl_2+H_2O \longrightarrow CH_3HgCl+H_2OCoB_{12}Cl$$
$$CH_3CoB_{12}+CH_3HgCl+H_2O \longrightarrow (CH_3)_2Hg+H_2OCoB_{12}Cl$$

影响 Hg 甲基化的因素较多,包括生物物种的种类、有机物的负荷、Hg 的浓度和化学形态、温度、湿度、pH 等。在水生环境中,Hg 的甲基化还包括生物和非生物的混合过程。如假单胞菌(*Pseudomonas adaceae*)在海湾沉积物中,由 Sn^{4+} 和 Hg^{2+} 形成甲基汞,这可能是通过甲基锡的化学烷基化,再将甲基转移到 Hg 的结果。

5. 其他反应

结合反应是污染物及含有羟基、氨基、羰基和环氧基的衍生物在生物体内容易与机体内源性化合物发生的合成反应。反应的结果是使官能团失去活性,污染物的毒性大大降低并且更易排出体外;可供用于结合反应的内源性化合物有葡萄糖醛酸、乙酰辅酶、硫酸、氨基酸、蛋白质和核酸,在内源性化合物上的多种选择使机体对大多数污染物有解毒作用。除此之外,还有脱烃、脱卤、羟基化、异构化、环裂解、缩合、共轭等反应,多见于农药的代谢,如环裂解反应分解转化芳香族类农药。

（二）不同生物对污染物的分解转化作用

1. 微生物的分解转化作用

从理论上看,自然界所有的化合物都能被微生物分解和转化,因为微生物具有对基质高度的化学专一性,例如,分解蛋白质的是腐败细菌,分解纤维的是纤维素分解菌。微生物对基质有特定的趋向性,因此在筛选细菌时,要考虑合成物质的化学结构和了解哪一部分分子进入微生物反应中,这样能缩小细菌的范围,预知物质降解的途径,能最快且最有效地降解污染物。中国科学院水生生物研究所的科研人员在 1972—1979 年对含有对硫磷、六六六、乐果、马拉硫磷等的化工废水进行调查研究,并从氧化塘分离出能分解对硫磷和对硝基酚(PNP)的菌株。

甲烷杆菌(*Methanobacteriaceae*)能够将无机的砷酸盐转化为二甲基砷酸盐,青霉素菌(*Penicillium*)能将甲基砷化合物和双甲基砷化合物转变为三甲基砷化合物。

微生物可以降解 $C_1 \sim C_4$ 的链烃。基于甲烷假单胞菌(*Pseudomonas methanica*)进行甲烷分解实验时发现,这种细菌能利用甲烷作为碳源,但在乙烷、丙烷等为唯一碳源时却不能生长,而当同时加入甲烷时,乙烷、丙烷等能不同程度地被氧化。后来一些学者也证实了微生物在对石油烃、农药等进行代谢时也有类似现象,这里出现了辅氧化作用,有的是靠降解别的有机物提供碳源,有的是两种细菌协同作用,有的是经过别的物质诱导。

　　很多水生生物都能够降解石油烃,如藻类、水生植物、水生动物等,但主要的降解生物是细菌、真菌等微生物。微生物对石油烃的降解是在一系列酶的作用下完成的,微生物在条件合适的情况下几乎能降解所有的石油烃。但是温度、pH、营养物质、供氧量、含水率、盐度和水势等影响石油生物降解。顾传辉等报道了石油产品的生物降解可描述为:

$$石油产品 + 微生物 + O_2 + 营养物质 \longrightarrow CO_2 + H_2O + 副产品 + 生物量$$

　　而对于烷烃石油产品来说,生物降解途径为:

$$烷烃 \longrightarrow 醇 \longrightarrow 醛 \longrightarrow 脂肪烃 \longrightarrow \beta\text{-}氧化醋酸盐 \longrightarrow CO_2 + H_2O + 生物量$$

　　生物(尤其是土壤生物)的分解与转化作用对土壤性质有重大影响。土壤表层和植物根际(rhizosphere)的土壤微生物在土壤中进行氨化、硝化、反硝化、固氮、硫化等反应,分解土壤有机污染物,如可将酚最终分解成 CO_2 和 H_2O,是土壤净化作用的重要因素之一。

　　2. 植物的分解转化作用

　　植物对农药等有机物的分解转化能力很强,可以把进入体内的许多有机物如酚、氰等分解为无毒的化合物,也可进一步降解为 CO_2 和 H_2O。研究表明,植物的存在明显提高了蒽和芘在土壤环境中的去除效率;水稻根系吸收土壤中苯并[a]芘后,很难将苯并[a]芘转移到地上部分,其中大量能够在转移过程中被代谢为其他产物。

　　3. 动物的分解转化作用

　　污染物进入动物体后,机体的代谢机制可将其降解为相应的衍生物。转化过程中大多数情况下污染物可以转化为毒性较低的衍生物,也可能使其急性或"三致"毒性增强,这是代谢活化的作用。动物把六六六代谢成毒性较低的 2,4-二氯苯谷胱甘肽,首先形成五氯环己基谷胱甘肽,然后去氯化氢形成 2,4-二氯苯谷胱甘肽,并进一步水解。鱼类能够代谢 DDT,将 $[^{14}C]p,p'\text{-}DDT$ 注射到蝶鱼体内,结果测出 $p,p'\text{-}DDD$,$p,p'\text{-}DDE$,$p,p'\text{-}DDMU$ 和 $p,p'\text{-}DDA$。对鲑鱼进行实验,将标记的 DDT 注入鱼体内,5 个星期后大约有 10% 变成 $p,p'\text{-}DDE$,1% 变成 $p,p'\text{-}DDD$。水生无脊椎动物蠕虫能将 DDT 分解。鱼类、贝类和其他一些无脊椎动物能氧化分解石油烃。

　　实际上,生物对污染物的分解转化作用涉及许多代谢作用,是许多步反应的综合结果。

四、 生物对污染物的隔离作用

　　生物的隔离(compartmentalization)是生物将污染物运输到体内特定部位,以多种方式被结合、固定下来,使污染物不能达到生物体内的敏感位点(靶细胞、靶组织或活性靶分子),以至污染物对生物体的毒性很小或没有毒性影响的作用,这是生物产生抗性和适应性的又一途径,也可称为生物的屏蔽作用(sequestration)。一些实验表明,软体动物的贝壳、甲壳类、棘皮动物的外骨骼及鱼的表皮均能吸附相当数量的重金属、有机污染物和人工放射性核素;研究重金属在双壳类浅海底栖动物牡蛎中的生物积累特性,发现重金属在贝壳中的积累量很高,这在一定程度上缓解了重金属对牡蛎软体的毒害。有些污染物进入动物体内后被固定在骨骼中,从而实现隔离。年代电泳图谱显示,鱼的脑组织中脂族酯酶可作为有机磷的替代靶标,可保护真正的靶标乙酰胆碱酯酶(AchE)。

　　植物细胞中的液泡是脂蛋白膜包围而成的封闭系统,具有盐类、糖类等许多能够与污染物结合的"结合座",因此液泡在植物抗性中承担着隔离有毒污染物及其代谢产物的重要作用。有些污染物及其轭合物被输送到液泡,在一定程度上不能扩散出来,也不能主动输送回细胞质中。香丝草(*Conyza bonariensis*)的液泡对百草枯及其代谢产物的隔离作用是这种植物对百草枯的主要抗性之一。Fuerst 也指出,植物对百草枯的隔离作用与其抗性相关性很大。植物细胞内一种未知成分与百草枯形成结合态,并将结合物输送至液泡内储存,使其与叶绿体中的生物活性位点隔离,使百草枯的毒性不能发挥出来。研究了抗金属的天蓝遏蓝菜体内 Zn^{2+} 的分布,结果显示根内的 Zn^{2+} 大部分分布在液泡中;叶片组织中,在低浓度 Zn^{2+} 处理时,液泡与质外体中的 Zn^{2+} 浓度几乎相等,但用高浓度 Zn^{2+} 处理时,液泡内的 Zn^{2+} 浓度明显高于质外体。这些都表明:液泡是植物贮藏污染物的主要场所,也就是说液泡中的—COOH、酚基、—NH_2、—SH 等官能团与部分污染物(包括重金属、农药、无机污染物等)及其代谢产物结合,形成稳定的轭合物并将其隔离起来,不参加代谢。那么污染物是怎样输送到液泡中的呢? 目前还没有统一的说法,有待进一步研究。有研究发现 Ni-柠檬酸盐可能是 Ni 运输的主要形式,也有研究认为 Ni 的运输与组氨酸有关。

海洋生物中华哲水蚤(*Calanus sinicus*)在 $[^{14}C]p, p'$-DDT 海水中培育 8 个星期后,在其体内没有测出 DDT 的代谢物,也没有出现受害症状,这说明 DDT 被隔离在外表皮,没有与活性酶接触。

菌根植物能存活在重金属污染严重的环境中,许多生态和生理学家认为菌根对菌根植物在重金属污染环境中的生长和代谢反应起保护作用,是由于菌根可能通过调节根际中重金属的形态来影响重金属有效性,阻隔过量重金属进入根系,又因菌根细胞壁或菌丝黏液中有机化合物可螯合重金属离子,从而提高植物对过量重金属污染的抗性。黄艺等报道菌根有减少植物吸收过量重金属的趋势,从菌根和非菌根玉米生物量的差异(见表 6-2)可知,由于菌根对土壤中 Cu、Zn、Pb 的这种隔离作用减轻了重金属对玉米生长的胁迫,有效地保证了植物的正常生长。

表 6-2 金属在菌根和非菌根植物中的积累和分布

项目		重金属含量/$(mg \cdot kg^{-1})$				生物量/g(干重)
		Cu	Zn	Pb	Cd	
非菌根	根部	91.58±8.6	216.49±20.3	18.38±1.1	1.77±0.2	4.24±0.2
	地上	17.05±1.36	183.00±16.2	3.52±0.3	1.11±0.2	
菌根	根部	82.46±4.95	159.70±12.5	11.91±0.7	2.38±0.2	6.43±0.3
	地上	16.49±1.07	181.22±15.8	5.06±0.3	0.63±0.1	

资料来源:引自黄艺,2002。

五、 污染条件下生物代谢方式的变化

在污染条件下,改变代谢方式是生物抵抗环境污染物毒害的有效措施之一。一些生物抗性的产生是由于生物体内与污染物作用的靶标分子发生遗传突变,突变结果是降低了生物靶标分子与污染物的亲和力,从而降低了生物对污染物的敏感性,使生物产生对污染物的抗性。

这方面最典型的例子是一些草本植物对三氮苯类和脲类等除草剂产生抗性。D-1 蛋白是三氮苯类和脲类靶分子,这两类除草剂与 D-1 蛋白结合以后,抑制植物的光合作用,从而使植物死亡。D-1 蛋白相对分子质量为 3.2×10^4 kDa,属于母性遗传。在绿穗苋(*Amaranthus hybridus* L.)对除草剂的抗性突变体中发现,由于在 D-1 蛋白肽链第 264 位的丝氨酸突变成为甘氨酸,三氮苯类和脲类这两类除草剂失去作用位点,从而产生了对除草剂的抗药性。

六、 生物的他感作用

某些生物可以分泌一些有害的化学物质,阻止其他生物在其周围生长,称为他感作用(allelopathy),也称为化感作用。化感作用广泛存在于自然植物群落和农业植物群落中,它影响着群落的结构、群落的演替和农作物的产量。在人工复合群落(如作物的间、混、套作和人工复合林)的设计、杂草等有害生物的防治、抗草育种、新型除草剂和植物生长调节剂的筛选等方面都有着广泛的应用前景。因此,能够选择很多类型的植物化合物来预防有害动物的取食,比如生物碱、某些酯类、脂肪酸、生氰糖苷、生氰脂肪、丹宁、某些游离氨基酸、香精油、皂角苷和几种酚类化合物。

美国的惠特克(Whittaker)和芬妮(Fenny)将生物分泌的化学物质进行分类(表 6-3),虽存在缺点但被大多数学者所接受。

表 6-3 生物分泌物的分类表

化学作用类型	生物分泌化学物质名称		
	利己素(allomones)	利他素(kairomones)	
种间化学作用	拒避物 逃遁物 压制物 毒液诱导物 反抗物 引诱物	化学引诱物 刺激产生适应性的诱导物 警戒信号物 刺激物	抑制物
种内化学作用	外激素 性外激素 社会性外激素 报警和防御外激素 标记外激素	适应性自抑素	自毒素

　　生物在污染环境中,通过大量分泌化学他感物质,抑制其他生物对资源和环境的占用,而使自己获得更大的发展机会和适应性。萜烯(1,8-桉树脑)是几种针叶树甲虫的忌避剂;丹宁酸能抑制固氮细菌和硝化细菌,对麦二叉蚜有剧毒,也可阻止蝶类和蛾类取食,并且抑制鸡、大鼠和小鼠的生长,以及使昆虫幼虫生长缓慢、蛹重减轻,另外浓缩丹宁能抵抗一些植物病毒和真菌病害;原酸能显著减少麦二叉蚜的生长和存活量;对羟基苯甲酸(p-hydroxybenzoic acid)对二斑叶螨的取食有抑制作用等。在污染和不利环境条件下,生物分泌他感化学作用物质的量显著增加。

　　应该注意的是,任何对生物生存和发展产生不利影响的人类成因物质,对相应的生物而言都是污染物。生物对污染的抗性对生物而言是其保持生存和发展的基本能力,生物对污染的抗性越高,对自己的发展越有利。但对人类而言,生物对污染环境的抗性有利也有弊。一方面,生物对污染环境的适应性和抗性,有利于生物多样性的保存,利用生物的抗性,修复土壤等环境,净化环境;另一方面,害虫或病原菌等有害生物对农药、抗生素等的抗性,则需要增加农药的使用量,最终严重污染环境。

　　白背飞虱(*Sogatella furcifera*)、褐飞虱(*Nilaparvata lugens*)、灰飞虱(*Laodelphax striatellus*)和黑尾叶蝉(*Nephotettix cincticeps*)等对多种化学杀虫剂产生抗性,它们产生抗性与体内非特异性酯酶、羧酸酯酶和乙酰胆碱酯酶等活性改变有关,这些害虫被称为抗药性害虫(insecticide-resistant pest)(表6-4)。在长期使用一种或几种农药后,因适应性的增强而导致害虫对该药抗性增加,虫越治越多,危害越来越严重,用药越来越浓,施药成本越来越高。克服的办法是交替或混合用药,也可采用超低微量喷雾,既提高防效,又可减轻环境污染。还可采用化防与生防协调进行的方法,一旦虫口密度下降,就坚持生物防治。如分离出拮抗性强、抑菌谱广的链霉菌属(*Streptomyces*),它们能产生高度选择和特异性的抗生素物质,不利于病原菌的生存。

表6-4　白背飞虱不同种群的药剂敏感性

种群	马拉硫磷			甲胺磷			叶蝉散			扑虱灵		
	LD_{50} /($\mu g \cdot ♀^{-1}$)	b	RI	LD_{50} /($\mu g \cdot ♀^{-1}$)	b	RI	LD_{50} /($\mu g \cdot ♀^{-1}$)	b	RI	LD_{50} /($\mu g \cdot ♀^{-1}$)	b	RI
浙江	0.101 0	2.5	40.4	0.012 0	4.0	—	0.013 4	3.8	11.2	0.016 8	1.8	—
广西	0.040 5	1.4	16.2	0.012 8	5.4	—	0.012 3	2.8	10.3	0.015 9	0.3	—
云南	0.213 5	2.8	85.4	0.014 1	2.3	—	0.018 7	3.1	15.6	0.028 5	1.1	—
海南	0.343 1	2.5	137.2	0.011 7	3.6	—	0.017 7	3.5	14.8	0.339 8	0.5	—

资料来源:引自姚洪渭,2002。

注:b 为剂量–死亡率回归直线斜率;RI 为抗性指数。

第二节　生物对退化环境的适应

　　任何生物,无论是一个个体还是群体,都需要随时随地应对所在的环境并做出积极的响应,这是生命维持其存在和发展的必由之路。适应是维持生物不断发展的一个手段,某种生物一旦不能对环境的变化及时做出积极有效的反应,它就会被淘汰。现存生物无论其内部结构和功能差异有多大,都可以认为它拥有一个成功的适应和进化历史。任何适应性都有一定限度。生态幅宽的植物对多种环境都有较好的适应性,但对极端环境的适应性可能就不及特化了的专一性生物;同样地,适应极端环境的植物,进入优越的环境中时,它的生长、繁育能力也不能与"正常"的植物相比。任何生物的适应性都是适应幅度专一性的综合统一。生态适应作为生物界普遍存在的现象,通常在应对受损环境时,往往在多个不同层次水平上协同发生一系列的变化,进而对生物起到调节作用。因此,在开展受损环境修复中研究生物的适应性规律已成为广大研究者的共识。在生物适应性特征与机制研究的基础上,筛选适应性强的物种进行生物群落结构配置,形成适生的生物群落类型成为退化环境生物修复的发展趋势之一。

环境污染和生态退化已成为全球环境变化的重要因素。随着环境变化的全球性发展,生态退化和环境污染已经成为很多生物生存和发育难以逃离的环境,只有积极适应才是生存的唯一选择。应对这些环境是极大的挑战,相当多的生物因难以适应而灭亡,这也是全球生物多样性丧失的一个重要因素。当然,即使在世界上退化和污染十分严重的地方,依然还有生命的活动,说明部分生物能够积极应对,甚至适应这种受损环境。

在应对生态退化与环境污染的过程中,自然界的生物为了能够在快速变化的环境中生存,就必须随着环境生态因子的变化而改变自身形态、结构和生理生化特性,不断提高自己的适应和调控环境的能力。这种生命系统与环境系统之间的信息传递和交换所表现出的自我调节特征称为生态适应(ecological adaptation);相应的信息积累则表现出以有序度和组织程度提高为特点的生态进化(ecological evolution)。因此,适应是指生物在生长发育和系统进化过程中为了应对所面临的环境条件,在形态结构、生理机制、遗传特性等生物学特征上出现的能动响应和积极调整。

鉴于适应环境污染是全球性的生态现象,也是生态学研究全球变化的重要内容,涉及该部分的知识将在第七章第五节中介绍。

一、生物个体对退化环境的适应

正如达尔文所阐述的那样"还没有一个地方,在那里一切生物可以说已达到彼此完全适应或与生活的物理条件完全适应的地步。"正是如此,生物个体将从各个方面不断地做出反应,以求适应随时可能变化的环境,也包括人类引起的退化环境,这必然会形成不同的适应方式,一般包括:形态、生理、行为上的适应性反应。

1. 形态适应

生物在面对胁迫或极端环境时,生物往往在形态结构上演化出一系列的变化以适应这种生存环境。以植物为例,目前对植物适应性的评价主要围绕叶片和根系展开,如叶片解剖结构、根系构型等。这是由于叶片和根系是植物与环境进行物质和能量交换的主要器官,其特征反映了植物对资源的利用效率和对环境的适应水平,并且这种性状能够长期遗传下去。叶片大小、厚度、绒毛分布、栅栏组织及海绵组织结构、根系空间分布及密度、根系表面积等均属于生物对外界不良生境的形态适应。一般而言,干旱环境中的植物往往叶片面积小,甚至极度退化,栅栏组织发达、叶革质;根系构型倾向于叉状分支,根系生物量高等特征。除水分外,其他生态因子的长期胁迫也会导致生物形态上产生变异。如蓍草是菊科的一种植物,分布范围广,从海平面直到海拔 3 000 多米的高山。从不同海拔高度收集的蓍草种子,种在同一个花园相同条件下,生长出来的植株有明显的差异,高海拔的种子长出的植株比低海拔的矮小,这种生态差异则来自对各自环境气候的一种适应。

2. 生理适应

新陈代谢是生物最基本的特性之一。因此,在适应外界不良环境过程中,生物必须通过调整一系列生理生化过程,进而保证新陈代谢的正常进行。一般而言,生理适应主要体现在三个方面:

(1) 细胞代谢。维持细胞内离子平衡的稳定是保障各种代谢过程正常进行的必要条件,植物细胞在碱胁迫下会发生离子区域化分布、吸收、运转等代谢过程,从而维持离子平衡,减小胁迫带来的危害。例如,在碱胁迫条件下,Na^+ 在植物不同组织器官中的分布表现为新叶中 Na^+ 含量较低,老叶或老茎中含量较高。在植物体内,除了离子区域化外,离子代谢还包括离子外排、离子转运等。在拟南芥的 SOS 信号系统中,盐超敏感蛋白(SOS1)负责将 Na^+ 通过根系外排到根际,植物根系中 Na^+ 含量显著降低,促进水分从根部向地上部运输,从而改善地上部的水分状况。

(2) 化学物质变化。生物在适应外界胁迫或极端环境中,可通过合成积累相容性物质、抗氧化酶、还原性物质等化学物质来适应胁迫,减少胁迫对生物的危害。例如,脯氨酸作为细胞质中的一种渗透调节物质,通常是由鸟氨酸和谷氨酸途径合成积累的,脯氨酸的合成可以起到保护生物大分子和清除自由基的作用。盐生植物如沙棘、大麦、虎尾草和星星草等,在胁迫条件下会积累大量的有机酸,并将其贮存在液泡中,构成主要的细胞渗透剂。

(3) 活性氧的清除。在环境胁迫过程中,生物体内会发生氧化胁迫反应,H_2O_2 和 O_2^{2-} 等活性氧(ROS)增加。生物体内往往通过抗氧化酶系统来清除 ROS,从而减少环境胁迫对生物的伤害。一般而言,在外界胁迫因子的刺激下,不同植物的不同抗氧化酶活性变化不同,有的抗氧化酶系统活性会表现出不同程度的增加,但同时也有部分酶活性降低。例如,在 50 mmol/L $NaHCO_3$ 胁迫下,番茄根中的过氧化物酶(POD)丰度增加,而在木本盐生植物猪笼草根系和野生大豆根系中由于几个编码 POD 的基因表达下降,导致了 POD 活性的降低。在 $NaHCO_3$ 胁迫下,柽柳细胞中的抗坏血酸过氧化物酶(APX)活性下降,50 mmol/L $NaHCO_3$ 胁迫下野生大豆根系中的过氧化物还原酶(PrxRs)活性增加,而谷胱甘肽 S-转移酶(GSTs)的活性在该浓度碱胁迫 3~6 h 后增加,在胁迫 12 h 后下降。

3. 行为适应

生物,尤其是动物,在面对极端环境胁迫过程中,可通过行为方式的改变来适应外界环境。例如沙漠中的啮齿动物比较丰富,其行为适应是重要的适应对策,它们采用"夜出加穴居式的适应方式",避开沙漠白天炎热而干燥的气候。但北美沙漠地区的白尾黄鼠(*Citellus leucurus*)是白天活动的,它们依靠体内贮热和行为调节。当地面活动体温升高到 43 ℃时,鼠躲回洞中,伸展躯体紧贴在凉的洞壁上,待体温降低后再出洞活动。除此之外,动物的夏眠或夏季滞育也是动物度过干热季节的一种行为适应。对于退化环境中的动物来说,这种行为适应方式依然有效,但与自然胁迫环境相比,人类引起的退化环境将对这种行为产生怎样的影响,是加深了还是削弱了,原来的适应能否完全适应新的环境变化,目前还在不断发现和研究中。

二、 生物种群对退化环境的适应

在生态退化环境中,生物个体需要调动整体生理机能,付出特殊的生存成本才能应对这种生存环境。只有在能够保持基础性的新陈代谢水平、维持生存、保持繁衍的生物,才能成为退化环境中的胜利者。因此,经常处在人类扰动导致的胁迫或极端环境内的生物种群,主要通过降低生活力、提高生存力进行适应。并且对绝大多数生物种群而言,不仅要具备正常环境下的竞争性,还须具有退化环境中的抗逆性,因此,竞争性与抗逆性是生物种群生命活动过程中不可缺少的两种能力。不同生物种群要经常面对正常环境和胁迫环境的交替变化,且这种变化的程度、各自持续的时间、变化的范围可谓千差万别。

生物种群经过漫长的适应和进化,已经形成了与此相对应的多种适应策略,如繁殖对策、r-对策和 K-对策、植物多维选择理论、C-S-R 对策、机遇-平衡-周期性生活史对策、进化稳定对策等。其中影响较广的有 r-对策、K-对策和 C-S-R 对策。虽然当前针对生物适应退化环境有什么新方式还缺乏系统研究,但生态学这些以往的理论研究成果对认识生物应对人类引起的退化环境的适应性也具有十分重要的指导意义。

1. r-对策与 K-对策

1967 年,麦克阿瑟(MacArthur)和威尔逊(Wilson)发展了拉克(Lack)关于鸟类生殖率进化的思想,按栖息地和生命参数的特点,把生物分成两类:r-对策者和 K-对策者。他们认为,地球表面环境是连续变化的,一个极端是气候稳定、天灾稀少的栖息地(如热带雨林),多生态上饱和的系统,动物密度很高,竞争激烈;另一个极端是气候稳定、天灾频繁的栖息地(如寒带或干旱地区),多生态上不饱和的系统,密度影响小,竞争弱。在前一类环境中,动物种群数量达到或接近环境负载量,属于 K-对策者;在后一类环境中,种群密度多处于 K 值以下的增长段,常出现扩展增大过程,属于 r-对策者。这样,r-选择种类具有所有使种群在增长率最大化的特征:快速发育、小型成体,数量多而个体小的后代,高的繁殖能量分配和短的世代周期。相反,K-选择种类具有使种群竞争能力最大化的特征:慢速发育,大型成体,数量少但体型大的后代,低繁殖能量分配和长的世代周期。目前 r-对策、K-对策的概念也被广泛应用于说明杂草、害虫和寄生物的进化对策。在农业生态系统中,人类对作物精心管理,杂草和害虫多有较高的生殖和扩散能力,例如,狗尾草、马唐、飞蓬以及蚜虫、黏虫和褐飞虱等都是 r-对策者。飞蝗可被看作两种对策交替的特殊类型,群居相是 r-对策的,散居相是 K-对策的。蚜虫有翅和无翅的世代交替也是这样。在选择拟寄生物作为害虫的防治手段时,就必须考虑 r-对策者和 K-对策者不同的反应。

r-对策者和 K-对策者在进化过程中各有其利弊。K-对策者的种群接近 K 值但不超过,超过有导致生境退化的可能。低生育力要求有高存活率,这样才能保证种族的延续,因此 K-对策者的防御和保护幼体的能力较强。由于有亲代关怀,K-对策者通常存活率较高,个体较大,寿命较长,这些特征保证了 K-对策者在激烈的生存斗争中取得胜利。但是,当 K-对策者过度死亡后,其恢复到原有平衡的能力低下,还有可能灭绝。大熊猫、虎、豹等珍稀和濒危动物就是 K-对策者,所以对其保护更为重要,更加困难。相反,r-对策者的防御和竞争能力不强,死亡率很高,种群很不稳定。但种群不稳定并不意味着进化中必然不利。r-对策者不像 K-对策者那样易于灭绝。在低数量时通过迅速增长就能恢复到较高水平;在密度很高时,它们可能消耗大量资源,使生境破坏,但它们通过扩散而离开被破坏的地方,并且迅速地在别的地方建立起新的种群。这就是说,r-对策者的个别种群虽然易于灭绝,但物种整体却是富有恢复力的。如果说,K-对策者在生存斗争中是以智取胜,则 r-对策者就是以量取胜。r-对策者一遇好机会就会大发生,所以有的学者将它们叫作"机会主义者"。r-对策者的广运动性和连续地面临新局面,使其成为物种形成的丰富源泉。

2. C-S-R 对策

虽然 r-对策、K-对策能说明许多生态学问题,但也有许多事例并不符合 r-对策和 K-对策,英国生态学家格莱姆(Grime J P)在 r-对策和 K-对策的基础上对生活史的式样分类做了有益的扩充。他的对策式样分类包括在资源丰富的临时生境中的选择,称干扰型(R);在资源丰富的可预测生境中的选择,称竞争型(C);在资源胁迫生境中的选择,称胁迫耐受型(S)。这 3 种生活史式样与 3 种可能的资源分配方式相一致,R-对策主要分配给生殖,C-对策主要分配给生长,S-对策主要分配给维持。他提出的 C-S-R 三角形是对植物生活史的三途径划分,比 r/K 二分法应用更广一些。这种划分有两个轴,一个代表生境干扰(或稳定性),另一个代表生境的严峻度。三类生境是:① 低严峻度、低干扰水平;② 低严峻度、高干扰水平;③ 高严峻度、低干扰(高严峻度、高干扰的生境是不能栖息的,例如活跃的火山和高移动性的沙丘)。每一类生境都支持特定的生活史对策。低严峻度、低干扰的生境有利于发展高竞争能力的生活史,即 C-对策;低严峻度、高干扰的生境有利于具有高生殖力的,这是杂草类具有的特征,可以称为杂草对策(ruderal strategy),即 R-对策;高严峻度、低干扰生境,例如荒漠,有利于发展胁迫耐受对策(stress-tolerant strategy),即 S-对策,它们多将资源分配于贮存而降低竞争和生殖能力。与 r-K 连续体相比,Grime 认为 R 型位于 r 端,S 型位于 K 端,二者数量皆向中间减少,C 型则居连续体中部,三类中间还有过渡类型。

根据 C-S-R 对策理论可以看出:C 型竞争者,能大量吸收生产用资源,营养物质较快用于营养结构的生长,个体高大,具强竞争力;S 型耐胁迫者能适应高胁迫+低干扰的生境,如干旱生境中,其植物往往具有明显的耐旱或避旱适应;而荫蔽生境中的植物则在形态和生理上具有适应弱光的特征;在贫瘠生境中的植物则可以忍耐强酸性及缺乏有效氮和矿质元素的土壤,忍受有毒害物质。耐胁迫者总的特点是生长慢,常有防御和减轻恶劣环境胁迫的各种适应特征,共生现象较普遍,在优越有利环境中竞争力差,并没有一致的共同生活型。R 型杂草型适合生存于气候、土壤、水文等生态因子经常变化不稳定的条件下。当本来对植物生长有利的环境常受到能毁坏有机体生活的甚至致死的干扰时,自然选择有利于那些具快速生长能力的杂草型短命植物,而竞争者和耐胁迫者在此却不能获益,如海滨和湖边断续淹水地、沙地、动物和人践踏地及荒漠中洼地的植物。农田杂草则更为典型,它们快速完成生活史,有高的种子生产率,花期早,成熟快,能适应所在生境强烈干扰并具有利用有限生境资源的能力。植物体内(养分)资源分配与前两型相反,即大部分分配给种子。

三、 生物群落及生态系统对退化环境的适应

生物群落及生态系统应对退化环境的适应性着重体现在他们的稳定性和恢复力方面。研究表明,生物群落及生态系统在面临环境胁迫过程中,其生物多样性及组织,生态系统活力、恢复力等参数的变化均可以衡量群落及生态系统的响应过程,并以此评估外界干扰的强度及生态系统的抗干扰能力。

恢复力作为生态系统的一个重要属性,与系统自组织行为相关,而自组织是一种系统结构和过程相互作用的行为,进而促进系统发育。恢复力和生态系统适应性循环过程是相关的。生态系统的适应性循环动态过程包括4个阶段(见图6-1):在生物生长阶段(r阶段),生态恢复力较高;在资源保护阶段(K阶段),系统比较脆弱,生态恢复力低,系统所贮存的物质随时有可能释放,进而引起系统结构的改变,虽然该阶段比较稳定,但这种稳定只是局部的;当干扰超过系统的恢复力阈值,干扰可随时引起这种脆弱生态系统的崩溃,使系统进入短暂的干扰状态,在这种状态下,系统所积累的物质被快速释放,直至被耗散。这个过程称为资源释放阶段(Ω阶段),该阶段生态恢复力较高;在资源重组阶段(α阶段),系统边界和内部的联结性较弱,系统恢复力较高,系统很容易失去或者得到资源及生物体,因此该阶段系统很容易从一种状态转变成另一种状态。系统有可能回到原始状态,也有可能通过重组构建新的生态系统结构。

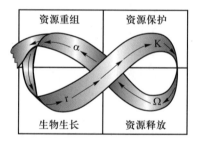

图6-1 生态系统的适应性循环动态过程

一般而言,生态系统稳定性及恢复力与生物多样性密切相关。在一个特定生态系统中,不同种群受到扰动后恢复力的大小,很大程度上取决于种群表型多样性,如个体多样性、器官多态性及种群繁殖对策的多样性等。种群表型多样性水平越高,种群的恢复力也越强。扰动后群落的恢复主要是通过群落的种群构件组合对生态位的再分配来完成的。物种多样性丰富的群落中,具有不同生物学特性和生态学特性的种群对某一特定扰动的反应、受扰动影响的程度及扰动后的恢复情况各不相同,扰动后的群落可能留下足以占有现有生态位的构件。生物多样性与生态系统稳定性虽至今还没有一个明确的结论,但已普遍认为生物多样性的增加有利于生态系统功能的稳定性。除物种多样性外,功能多样性在生态系统服务及恢复力方面也是相当重要的。

当外界干扰压力很大,使生态系统的变化超出其自我调节能力限度即生态阈值时,系统的自我调节能力(即恢复力与抵抗力)随之丧失。此时,系统结构遭到破坏,功能受阻,整个系统受到严重伤害乃至崩溃,此即生态平衡失调。生态平衡严重失调,进而威胁人类的生存时,称为

生态危机,即由于人类盲目地生产和生活活动而导致的局部甚至整个生物圈结构和功能的失调。因此,评估不同生态系统对外界干扰的适应潜力及动态变化对生态适应性管理具有重要的指导意义。

第三节　生物入侵及其危害控制

由于人类的干扰和破坏,生物群落及生态系统的结构受损,功能不健全,为外来有害生物的进入创造了机会,目前全球外来生物影响和破坏作用日益加剧,已经酿成的生物入侵成为一个全球性的环境问题。

一、生物入侵的概念

关于生物入侵,人们也许会感到陌生,然而,一提起口蹄疫、疯牛病,甚至艾滋病,人们却并不陌生,其实这些都是生物入侵的一种。正如人们常常提到的一些动植物,对某些地方来说,也都是入侵生物,如牵牛(*Pharbitis nil*)、水葫芦(*Eichhornia crassipes*)、紫茎泽兰(*Ageratina adenophora*)、地中海实蝇(*Ceratitis capitata*)、飞机草(*Eupatorium odorata* L.)、马缨丹(*Lantana camara* L.)、银鱼(*Hemisalanx prognathus* R.)等。某种物种从它的原产地,通过非自然途径迁移到新的生态环境里,由于失去了天敌的制衡而获得了广阔的生存空间,生长迅速,占据了大量的生境,使当地生物生存受到严重影响,这种现象就是生物入侵。生物入侵不仅威胁本地的生物多样性,引起物种的消失与灭绝,而且会瓦解生态系统功能,损害基本生命支持系统的健康。

千万年来,海洋、山脉、河流和沙漠为物种和生态系统的演变提供了隔离性天然屏障。在近几百年间,这些屏障受到全球变化的影响已变得无效,外来入侵物种远涉重洋到达新的生境和栖息地,并成为外来入侵种(alien invasive species,AIS)。外来入侵种就是对生态系统、栖境、物种、人类健康带来威胁的外来种,可能威胁当地动植物的生存,导致庄稼减产,使海水和淡水生态系统退化。

澳大利亚原本没有兔子,1859年,英国人托马斯·奥斯汀引进了24只兔子,为打猎而放养了13只。在这没有天敌的国度里,它们至今已繁衍6亿多只后代,这些兔子常常把数万平方千米的植物啃吃精光,导致其他种类野生动物面临饥饿的危机,许多野生植物也存在绝种的可能。

20世纪80年代以来,中国经济的高速发展促进了外来物种的引入。从森林到水域,从湿地到草地,从农村到城市,都可以见到这些生物"入侵者"。2001年5月7日,国际自然及自然资源保护联盟在一份报告中警告说,黑褐蚁、褐树蛇等物种入侵其他的生态系统造成了巨大的环境和经济损失。报告列出了100种入侵性最强的外来物种(见表6-5),包括水生和陆生生物、无脊椎动物、两栖动物、鱼类、鸟类、爬行动物和哺乳动物。这些入侵者包括家猫、北美灰松鼠、尼罗河鲈(Nile perch)、水培风信子和黑褐蚁,世界危害最大的引入异域物种还包括灰鼠、印度鹩哥、亚洲虎蚊、黄色悬钩子和直立仙人果。

表 6-5 100 种入侵性最强的外来物种

外来入侵种	数量	外来入侵种	数量
微生物	8 种	两栖动物	3 种
水生植物	4 种	鱼类	8 种
陆生植物	32 种	鸟类	3 种
水生无脊椎动物	8 种	爬行动物	2 种
陆生无脊椎动物	18 种	哺乳动物	14 种

资料来源:引自《世界环境》,2001。

应该注意的是,并非任何外来迁入者最后都能成为入侵者。事实上,从迁入者到入侵者的转化与多个方面的因素有关。在生物入侵过程中,外来种原产地种群中的少数个体越过地理屏障传播到新的生长区域,然后通过自身生物潜力的发挥建立新的种群,因此从迁入者到入侵者的过渡通常有一个延迟或滞后时期。这滞后时间长短与外来种本身的生物学特性、外来种与土著种的种间关系及外来种与土著生物群落总体的关系、新生长区群落多样性对入侵的抵抗性、新生长区环境变化对入侵的影响等几个因素相关。一般地,生态环境破坏越严重,外来入侵问题就可能越突出。

二、 生物入侵的途径

生物入侵分为有意和无意两种:一种情况是请来的"客人"变成了"入侵者";另一种生物入侵则是以"偷渡"方式完成扩散的。

1. 人类的有意引进

人们出于农林牧渔业生产、生态环境建设、生态保护等目的,会有意引进某一物种,到最后却无法加以控制,导致外来物种泛滥成灾。物种引进成为生物入侵的"主渠道"之一。在物种引进上,有的人认为"外来的就一定比本地的好",不加分析地盲目引种。专家警告,目前草坪引种,退耕还林还草工作中,大量引入外来物种,不注意分析利用本地种,很可能导致入侵物种种类增加,危害加剧。

有意引种的目的多种多样,主要有以下方面。

(1)作为饲料、观赏植物。中国曾将植物凤眼莲从美洲引入,广为种植,结果成了令人头痛的恶性杂草。一些外地引进的花草免不了从花园中逃逸,在自然条件下生长而成为危险的外来入侵种,如剑叶金鸡菊(*Coreopsis lanceolata* L.)、万寿菊(*Tagetes erecta* L.)、含羞草(*Mimosa pudica* L.)等。互花米草是一种滩涂草本植物,原产于美国东海岸,原本作为一种改善环境的植物而引入。1979 年被引入我国进行研究和开发。由于它具有耐碱、耐潮汐淹没、繁殖力强、根系发达等特点,互花米草曾被认为是保滩护堤、促淤造陆的最佳植物。但如今看来,除了严重影响沿海滩涂的生物多样性之外,互花米草的疯长还使水产养殖业遭受重大损失。又如有一种多年生的豆科藤本植物葛(又叫葛藤),原产中国,是贫瘠山区的绿化先锋。日本早年从中国引种,既绿化了环境又有经济效益。1930 年美国再从日本引种,栽培在南方的沙荒地带。这种葛藤的叶子又大又薄,而且繁殖力、耐旱、耐瘠薄的能力都很强,因此它们不仅覆盖了裸露的荒地,而且牲畜有了饲料,水土得到了保持,为美国立了大功。但 20 世纪 50 年代以后,葛藤像脱缰野马般地疯长,将当地的植物挤死。20 世纪 70 年代,葛藤占领了佐治亚、密西西比、亚拉巴马等州的 283 万 hm² 的土地,最终演变成了一场公害。

（2）作为食物。20 世纪 50 年代中期引进的麝鼠半放养活动,尽管有很大的经济效益,但放养选址不当造成了当地生态环境严重的危害,对局部地区水坝水田和水生农作物造成了很大的破坏。除此之外,人类还引进外来生物作为药用植物、麻类作物、宠物、水产养殖品种等。

需要强调的是,人类千万不要盲目地破坏经过长期自然选择和相互作用后形成的生态平衡,因为一个物种无论是灭绝或过量繁殖,都会危及与它相关物种的生存,进而造成生态平衡的破坏。

2. 人类的无意引入

工业革命以来,世界不同地区之间的联系不断增强,为动物、植物和微生物的全球"旅行"提供了极大的方便,许多生物随交通工具漂洋过海,到其他地方落地生根,其中一些物种泛滥成灾,成为"入侵者"。伴随着外来种有意无意地引进和传播,高山大海等自然屏障的作用已变得越来越小。

交通的发达、人类交际的频繁及国际贸易的繁荣,给生物入侵提供了便利条件。而且建设开发、军队转移、快件服务、信函邮寄等也会无意引入外来物件,表 6-6 列出了无意引种的主要途径和入侵种代表。现在至少有 4 000 种非本土植物和 2 300 种非本土动物通过飞机、船舶等到美国"定居"。20 世纪 70 年代末,首先在辽宁丹东发现随交通工具传入的美国白蛾,目前已经扩散至山东、河北、陕西、天津、上海等省市,爆发时几乎能够食光所有绿色植物叶片,给农林业生产带来巨大的损失。

表 6-6　无意引种的主要途径和入侵种代表

无意引种的主要途径	入侵种代表
随人类交通工具带入	三裂叶豚草、褐家鼠、黄胸鼠
船只携带	海龟、鲸、海鸟、匙叶伽蓝菜、芦荟
海洋垃圾	椰子
随进口农产品和货物带入	毒麦
野化的家养动物	家猫、山羊
旅游者带入	北美车前
通过周边地区自然传入	紫茎泽兰、飞机草、薇甘菊、稻水象甲
随人类的建设过程传入	湿地松粉蚧

资料来源:李振宇,2002。

据统计,目前全世界有 3 亿以上的人在处于旅游的过程当中,每天有 200 万人在越过国际边界,每年有 50 亿 t 以上的船运货物越过大洋和其他水道,每天有 3 000~10 000 个水生生物种随全世界船舶压舱水在移行,并被排放到异地,这些都为世界大部分地方生物的混合创造了条件。

许多生物学家和生态学家将"生物入侵者"的增多归咎于日益繁荣的国际贸易,因为许多

"生物入侵者"正是搭乘跨国贸易的"便车"达到"偷渡"目的的。以目前全球新鲜水果和蔬菜贸易为例,许多昆虫和昆虫的卵附着在这些货物上,其中包括危害性极大的害虫,如地中海果蝇等。20世纪80年代初随木材贸易从美国侵入的红脂大小蠹,1999年在山西省大面积爆发,使大片油松林在数月之间毁灭,严重危及其他野生动植物赖以生存的生态环境。而且由于适合该地区的生态环境,目前红脂大小蠹已经蔓延到河北、河南两省。由于这种动物的生态适应性很强,因此其蔓延扩散的危险将长期存在。尽管各国海关动植物检疫中心对这些害虫严加防范,但由于进出口货物数量极大,很难保证没有漏网之"虫"。与人类关系密切的流浪蚁常随货物被带到世界各地,藏在植物货物、成包货物、建筑材料、重型机械(如测量或军用品)中周游世界。通常,流浪蚁只进入已经被破坏的环境中,而不涉足原封未动的自然栖息地,然而一旦这些蚂蚁进入新地区后,整个生物群落就变成了这样:原有的无脊椎动物完全被能和蚂蚁共生的物种所取代,导致了自然食物链的混乱,直至更多的原有生物走向灭亡。此外,跨国宠物贸易也为"生物入侵者"提供了方便。近年来,由于引进五彩斑斓的观赏鱼而给某些地区带来霍乱病源的消息时有报道。一些产自他乡的宠物,如蛇、蜥蜴、山猫等,往往会因主人的疏忽或被遗弃而逃出藩篱,啸聚山林,为害一方。

"生物入侵者"在新的环境中站稳脚跟并大规模繁衍,其数量将很难控制。即使在科学技术高度发达的今天,面对那些适应能力和繁殖能力极强的动植物,人们仍束手无策。生物学和生态学界的一些学者主张人类不应该过多地干预生物物种的迁移过程,因为失衡是暂时的,一个物种在新的环境中必然遵循物竞天择的法则。"生物入侵者"并不都能够生存下来,能够生存下来的就是强者,即使生态系统中的强者也同样受到该系统中各种因素的制约,不可能为所欲为,因此,自然界的平衡最终会得以实现。然而更多的学者则持反对意见,他们认为自然调节的过程是非常漫长的,如果听任"生物入侵者"自由发展,许多本土物种将难逃绝种厄运,自然界的物种多样性将受到严重破坏。

三、　生物入侵的危害

人类引起的生物入侵已经引起了地球生物大规模的变化,改变了群落中自然种群的作用,破坏进化过程,造成物种数量上的快速变化,已经成为导致物种灭绝的重要因素;外来入侵物种会造成严重的生态破坏和生物污染;外来入侵物种通过压制或排挤本地物种,形成单优势种群,危及本地物种的生态,最终导致生物多样性的丧失;生物入侵导致生态灾害频繁爆发,对农林业造成严重损害;外来生物入侵不仅对生态环境和国民经济带来巨大损失,还直接威胁到人类的健康。

1. 物种水平上的影响

"生物入侵者"对被入侵地的其他物种及物种的多样性构成极大威胁。第二次世界大战期间,褐林蛇(*Boiga irregularis*)随一艘军用货船落户关岛,这种栖息在树上的爬行动物专门捕食鸟类,偷袭鸟巢,吞食鸟蛋。第二次世界大战至今,关岛本地的11种鸟类中已有9种被棕树蛇赶尽杀绝,仅存的两种鸟类数量也在与日俱减,随时有绝种的危险。一些生物学家在乘坐由关岛飞往夏威夷的飞机上曾先后6次看到棕树蛇的身影。他们警告说,夏威夷岛上没有任何可以扼制棕树蛇繁衍的天敌,一旦棕树蛇在夏威夷安家落户,该岛的鸟类将在劫难逃。

南海中的内伶仃岛原来生物繁茂,物种丰富,生物多样性十分典型。20 世纪 90 年代初,薇甘菊(*Mikania micrantha* Kunth)进入该岛,它的枝蔓能缠死高大的乔木,遮住整个树冠和树下的灌木、草丛,使其他生物因无法进行光合作用而枯死。如今这个岛上 80% 的植物都被薇甘菊的阴影所笼罩,昔日茂密的香蕉树、荔枝树、龙眼和杧果都岌岌可危,猕猴、蟒蛇、穿山甲等珍稀动物也濒临灭绝。云南大理洱海原产鱼类 17 种,不知何时,人们在无意间引入的 13 个外来鱼种,竟然使原有的 17 种土著鱼类中的 5 种陷入濒危状态,而它们大多恰恰是有重要经济价值的洱海特产。滇池水面曾一度被水葫芦无情地侵占,水中生物锐减,湖中 68 种土著鱼种已有 38 种面临绝迹,16 种水生植物已经难觅踪影,滇池周围日益干旱,气候调节功能大减。

据联合国粮食及农业组织统计,生物入侵已使数以千计的当地物种灭绝。外来入侵物种会造成严重的生态破坏和生物污染。大部分外来物种成功入侵后大爆发,生长难以控制,造成严重的生物污染,对生态系统造成不可逆转的破坏。例如,原产中美洲的紫茎泽兰已遍布我国西南大部分地区,原有植物群落迅速衰退、消失;又如,原产南美洲的水葫芦现已遍布华北、华东、华中、华南的河湖水塘,疯长成灾,严重破坏水生生态系统的结构和功能,导致大量水生动植物的死亡。生物入侵导致生态害灾频繁爆发,对农林业造成严重损害。

生物入侵引发了生态安全(ecological safety)的思考。生物多样性是人类赖以生存和发展的物质基础,地球上的生物多样性每年为人类创造约 33 兆亿美元的价值。然而,近年来,生物多样性受到了严重威胁,物种灭绝速度不断加快,遗传多样性急剧贫乏,生态系统严重退化,这些都加剧了人类面临的资源、环境、粮食和能源危机,而外来物种对生态环境的入侵已经成为生物多样性丧失的主要原因之一。

我国深受外来物种入侵的影响。近年来,松材线虫(*Bursaphelenchus xylophilus*)、湿地松粉蚧(*Oracella acuta*)、美国白蛾(*Hyphantria cunea*)等森林入侵害虫危害的面积每年达 150 万 hm^2;稻水象甲(*Lissorhoptrus oryzophilus*)、非洲大蜗牛(*Achatina fulica*)、松突圆蚧(*Hemiberlesia pitysophila* Takagi)、美洲斑潜蝇(*Liriomyza sativae* Blanchard)等农业入侵害虫的危害面积每年超过 140 万 hm^2;紫茎泽兰、豚草(*Ambrosia artemisiifolia* L.)、飞机草(*Eupatorium odoratum* L.)、薇甘菊、水葫芦(*Eichhornia crassipes*)、大米草(*Spartina anglica* Hubb)等肆意蔓延,已到难以控制的局面。

2. 经济上的影响

生物入侵引起的主要经济影响:第一是潜在的经济损失,也就是说,庄稼产量的损失及家畜和渔业存活、产量的减少;第二是入侵的直接损失,包括检疫、控制和根除的所有形式;第三是强调威胁人类健康的入侵者造成的损失,如导致疾病的直接因素或致病寄生虫的载体或携带者。

生物入侵最直接的危害是经济上的巨大损失,据统计,美国每年因外来物种入侵造成的经济损失高达 1 500 亿美元,印度每年的损失为 1 300 亿美元,南非为 800 亿美元。我国外来物种入侵相关的经济损失和防治费用也相当惊人(表 6-7),每年 8 种主要外来入侵物种造成的经济损失达 574 亿元,于 1994 年进入我国的美洲斑潜蝇(*Liriomyza sativae*),已蔓延了 100 多万 hm^2,仅每年对其的防治费用就需 4.5 亿元。据林业专家测算,仅森林公害一项造成的我国每年损失就有 50 亿元。有统计资料表明,水葫芦所造成的损失就达 80 亿~100 亿元。据报道,广东为了治一种外来的害虫松材线虫,一年投了 6000 万元,仅减少受灾面积 0.4 万 hm^2。闽东一些地区的农民原来养一亩地收入 2 万元,现在到处肆虐的互花米草让农民的发财梦都泡了汤,仅在闽东 6 个县农民每年减收数亿元。生物入侵导致生态灾害频繁爆发,对农林业造成严重损害。

表 6-7 我国外来物种入侵相关的经济损失和防治费用

物种	经济变量	时间	经济影响	地点
紫茎泽兰	畜牧业经济损失	每年	数千万元	四川凉山州
紫茎泽兰	控制	20 世纪 90 年代	数百万元	四川
紫茎泽兰	控制	20 世纪 90 年代	数百万元	云南
凤眼莲	人工打捞	1999 年	500 万元	福建莆田市
凤眼莲	人工打捞	1999 年	1 000 万元	浙江温州市
凤眼莲	人工打捞	1999 年	>1 亿元	全国
豚草	感染花粉病	每年	>100 万人受害	全国
空心莲子草	经济损失	每年	6 亿元	全国
美洲斑潜蝇	经济损失	1995 年	2 400 万元	四川
美洲斑潜蝇	经济损失	1995 年	11 000 万元	山东
美洲斑潜蝇	防治	每年	4.5 亿元	全国
松材线虫	经济损失	—	5 亿元	安徽、浙江
松材线虫	仅减少受灾面积 0.4万 hm^2	1 年	6 000 万元	广东
互花米草	水产业 1 年损失	1990 年	>1 000 万元	福建宁德市东吾洋一带
互花米草	水产业 1 年损失	每年	农民减收数亿元	福建 6 个县
禽流感病毒	销毁活鸡,赔偿鸡农鸡贩损失	1997 年	1.4 亿港币	香港
8 种主要外来入侵种	经济损失	每年	574 亿元	全国
外来入侵种	经济损失	每年	数千亿元	全国

资料来源:李振宇,2002。

3. 对人体健康的影响

外来生物入侵不仅对生态环境和国民经济带来巨大损失,还直接威胁到人类的健康。外来入侵种带来许多新的医学问题,而且全球化会使那些对人类有害病毒(如传染性疾病)的影响进一步扩大。

豚草、三裂叶豚草(Ambrosia trifida L.)现已分布在我国的东北、华北、华东和华中的 15 个省市;它的花粉就是引起人类花粉过敏的主要病原物。据调查,1983 年沈阳市人群发病率达1.52%,每到豚草开花散粉季节,过敏体质者便发生哮喘、打喷嚏、流清水样鼻涕等症状,体质弱者甚至可发生并发症。南美的红蚂蚁是困扰美国人的"生物入侵者",专门叮咬人畜,传播疾病。古今中外由于有害生物危害人类健康和农业生物的安全而给人类带来的灾难是十分沉痛的。公元 5 世纪下半叶,鼠疫从非洲侵入中东,进而到达欧洲,造成约 1 亿人死亡;1933 年猪瘟在我国传播流行造成 920 万头猪死亡;1997 年,香港发生禽流感事件,不得不销毁 140 万只鸡,仅赔偿鸡农鸡贩的损失即达 1.4 亿港币;为了改良蜂种,巴西从非洲引进塞内加尔蜂王 35 只,不慎逃出 26 只,与欧洲蜂交配产生繁殖力强、毒性大的杀人蜂,已有 150~200 人遭蜂群袭击而死亡。

四、 生物入侵的控制

1. 生物入侵的控制方法

外来入侵种的控制不是简单的事情,需要制定控制计划,其中包括确定主要的目标物种、控制区域、控制方法和时间,生物入侵的常见控制和清除方法主要有:化学控制、机械或物理控制和生物控制三种。

(1)化学控制。化学控制(chemical control)可能仍然是在农业上控制生物入侵的主要方法。虽然化学农药具有效果迅速、使用方便、易于大面积推广应用等优点,但不幸的是,使用化学农药存在一些弊端。首先,往往会杀灭许多本地物种,对人类和非靶物的健康造成危险,例如 DDT 产生的问题。其次,费用较高,在大面积山林及一些自身经济价值相对较低的生态环境(如草原)使用往往不经济、不现实。再次,害虫抗性的频繁进化,高的费用及重复应用的必要性通常使化学控制不可行。若是在大型自然区把控制入侵种为目标,那么化学方法的使用是被禁止的。最后,对于许多种多年生外来杂草,大多数除草剂通常只能杀灭其地上部分,难以清除地下部分。

(2)机械或物理控制。利用一些机械设备或其他物理方法来防除有害生物对环境安全的影响,短时间内也可迅速杀灭一定范围内的外来生物,称为机械控制(mechanical control)。其控制方法主要有如下几种:① 依靠人力,捕捉外来害虫或拔除外来植物,利用机械设备来防治外来植物,利用黑光灯诱捕有害昆虫等。例如,利用机械打捞船在非洲的维多利亚湖等地控制水葫芦等水生杂草取得了一定的效果。② 通过物理学的各种途径防治也可控制外来有害生物,如用火烧和放牧方法控制有害植物。③ 种树和覆盖地表也是控制外来杂草的好方法。

机械控制适宜于那些刚刚引入、建立或处于停滞阶段,还没有大面积扩散的入侵种。这种方法的好处是能够在短时间内迅速清除有害生物,良好的生态环境可以长期控制入侵生物,不必彻底清除外来入侵种。但是除技术问题外,机械防除后,如不妥善处理有害植物的残体、残株,他们可能依靠无性繁殖成为新的传播来源,客观上加速了外来生物的扩散;对于已沉入水里和土壤的植物种子及一些有害动物则无能为力;火烧和放牧后,如果没有及时恢复当地植物,可能会促进外来物种的滋生;另外,高繁殖力的有害植物容易再次生长蔓延,需要年年防治。

(3)生物控制。生物控制(biological control)即引进入侵物种的天敌。某种意义上,这是一个有计划的入侵。生物控制是指从外来有害生物的原产地引进食性专一的天敌将有害生物的种群密度控制在生态和经济危害水平之下,基本原理是依据有害生物-天敌的生态平衡理论,在有害生物的传入地通过引入原产地的天敌因子重新建立有害生物-天敌之间的相互调节、相互制约机制,恢复和保持这种生态平衡。因此生物控制可以取得利用和保护生物多样性的结果。

生物控制的一般工作程序包括:在原产地考察、采集天敌;天敌的安全性评价;引入与检疫;天敌的生物生态学特性研究;天敌的释放与效果评价。

当然,生物控制也有它的优缺点:首先,因为天敌一旦在新的生境下建立种群,就可能依靠自我繁殖、自我扩散,长期控制有害生物,所以生物控制具有控效持久、防治成本相对低廉的优点。

但是,通常从释放天敌到获得明显的控制效果一般需要几年甚至更长的时间,因此对于那些要求在短时期内彻底清除的入侵,生物控制难以发挥良好的效果。由于从不同的利益角度对杂草的认识不同,生物控制杂草容易引起利益冲突。其次,引进天敌防治外来有害生物也具有一定的生态风险性,释放天敌前如不经过谨慎地、科学地风险分析,引进的天敌很可能成为新的外来入侵生物,从而带来不良甚至有害生态系统的恶果。国际上杂草生物控制已有 100 多年的历史,引进天敌控制杂草在取得成就的同时,也面临着天敌安全性等新的挑战。天敌昆虫仙人掌螟蛾(Cactoblastis cactorum)曾成功地控制了澳大利亚、南非、夏威夷等地的仙人掌(Opuntia stricta),但在 1989 年,美国的佛罗里达州发现该虫威胁当地的一种花卉植物仙人掌,成为一种严重的害虫。

1993 年 FAO 颁布了《国际生防天敌引种管理公约》,对天敌的引种进行了规范。目前国际上在进行有害植物生物防治释放天敌前,均进行天敌的安全性测定,主要方法有选择性测定和非选择性测定两种,进行风险分析的供试植物种类包括以下几类:分类上与目标植物同属同科或近缘科的代表种;本地重要的经济、观赏作物的代表种;本地濒危物种;形态学、物候学上与目标种相似的物种。

在某一情况下,在自然保护区,至少是生物控制靶标生物实验的区域建立新的背景,一些生物控制方案在可接受和低费用的情况下已经在广泛的、有害侵扰的地区取得成效。用阿根廷的蛀虫(Cactoblastis cactorum)控制澳大利亚入侵种仙人掌果(Pear cactus)是众所周知的事例,佛罗里达州和佐治亚州的蚤、甲虫控制美国南部短吻鳄(Osteolaemus tetraspis);用美国南部跳小蜂(Encytidae)控制美国南部木薯甲虫;中国引用豚草卷蛾防治豚草,豚草花季患花粉病下降 50%。在这些事例中,天敌能永久地、不需人为干扰地控制害虫,当害虫在数量上增加,天敌也相应地增加,引起害虫减少,这会导致天敌的减少。对于水葫芦,有专家就将其天敌——象甲,从南美千里迢迢邀请来沪"作客"。象甲很小,成虫会吃水葫芦的叶子。专家在实验室中发现:被放置了象甲的水葫芦,植株明显变小、叶子变小、茎干变细、分支减少,水葫芦的整个生长过程受到抑制。但象甲吃完水葫芦后,是否还会去吃其他的植物,是否会造成再次"引狼入室"? 国内有关机构正在想尽办法考验象甲的"忠诚度"。

除了以上介绍的三种主要方法之外,综合治理是一种有发展前景的方法,就是将化学、机械、生物控制等单项技术有机融合起来,发挥各自优势、弥补各自不足,达到综合控制生物入侵的目的,因此具有速效性、持续性、安全性和经济性等特点。

2. 防止物种的进入

大部分入侵开始于少量个体的到达,与种群已经长大并定居后控制的费用和努力相比,防止生物进入的费用少得多。无论多难,潜在未来入侵者的证实可能允许调整资源来阻止进入、扩散或进入后检测、破坏建立者种群(founder population)。在全球上,社会不可能禁止植物和动物的商业自由买卖,因此,科学家和政府的挑战是在日益增长的无害入侵者中证实少数潜在的有害迁移者。

3. 生物入侵控制的长期对策

生物入侵正以前所未有的速度改变着世界的自然群落和生态性状。在全社会建立系统的防范对策是必要的,控制生物入侵的长期对策主要包括以下几个方面:

(1) 管理能力。加强对无意引进和有意引进外来入侵物种的安全管理;

(2) 监管能力。建立相应的监测系统,查明我国外来物种的种类、数量、分布和作用;

(3) 教育宣传能力。加强对生物入侵危害性的宣传教育,提高社会的防范意识;

（4）阻击能力。积极寻找针对外来入侵物种的识别、防治技术，以对当前生物入侵的蔓延趋势有效遏制；

（5）预警和信息处理能力。应对潜在入侵种进行风险评价（risk assessment），还应在掌握外来种包括潜在的外来种信息的基础上，建立外来种信息库与预警系统，完善世界、国家、区域生物安全体系。将外来物种对环境影响评估（environment influence assessment）纳入成本-收益分析体系（cost-benefit analysis system），会更加科学地指导引种实践。

4. 我国警惕与防范外来生物入侵

目前进入我国的外来杂草共有 107 种、75 属，其中有 62 种是作为牧草、饲料、蔬菜、观赏植物、绿化植物等有意引进的，占杂草总数的 58%；主要外来害虫 32 种，如美国白蛾、松突圆蚧；外来病原菌 23 种，如棉花枯萎病病原菌。从已入侵我国的几大害虫和杂草来看，很大程度是人为因素引起的，这些因素包括：缺乏"有效的"科学知识与信息、缺乏综合性的利益与风险评估体系、决策失误与盲目引进、淡薄的生态意识与不顾生态后果的个人或团体经济利益驱使、缺乏严格的科学监管体系或监管不力、有法不依与执法不严、缺乏全面检疫的体系与机制。

我国警惕与防范生物入侵已刻不容缓。专家学者指出：① 随着全球一体化的发展，我国生物入侵问题日趋严重，应规范管理，加强立法，深化科研、扩大宣传教育；② 及时制定外来入侵物种管理的专项法规，对管理的对象、内容、权利、责任等作出明确规定，协调各有关部门贯彻落实与我国相关的国际和地区协议（机构）及我国涉及外来入侵种的法规（条例）（见表 6-8），有效地防范生物入侵；③ 需要有意引进外来物种的农业、林业、养殖业等行业应制订规章，科学控制已引进的外来物种数量等；④ 建立外来物种风险评价制度、跟踪监测和信息交流系统，对已入侵的外来物种，要采用生物防治、低污染化学防治、机械根除等综合防治措施进行防治，以恢复和重建生态系统；⑤ 建立外来入侵种早期预警体系；⑥ 建立经济制约机制；⑦ 建立广泛的合作关系；⑧ 加强公众宣传教育工作，提高公众防范生物入侵的意识，减少他们在旅游、贸易、运输等活动中对外来物种有意或无意的引进；⑨ 对相关工作的管理人员应进行教育和培训，提高他们对外来入侵物种的鉴定、鉴别能力。

表 6-8　与我国相关的国际和地区协议（机构）及我国涉及外来入侵种的法规（条例）

与我国有关的国际和地区协议（机构）	我国涉及外来入侵种的法规（条例）
《生物多样性公约》	《中华人民共和国国境卫生检疫法》
《联合国海洋法公约》	《中华人民共和国国境卫生检疫法实施细则》
《关于特别是作为水禽栖息地的国际重要湿地公约》	《中华人民共和国植物检疫条例》
《保护迁徙野生动物物种公约》	《中华人民共和国动物防疫法》
《国际水道非航行利用法公约》	《中华人民共和国进出境动植物检疫法实施条例》
《国际植物保护公约》	《中华人民共和国家畜家禽防疫条例》
《亚洲和太平洋地区植物保护协议》	《中华人民共和国海洋环境保护法》
《实施动植物卫生检疫措施的协议》	《家畜家禽防疫条例实施细则》
《负责任渔业行为守则》	《农业转基因生物安全管理条例》
《预防引入外来入侵种》	《陆生野生动物保护实施条例》
《21 世纪议程》	《植物检疫条例实施细则》

资料来源：李振宇，2002。

目前,我国已进入一个国际贸易和旅游发展的新时期,也是外来物种进入我国通道最多和最畅通的时期,为了我国的生态安全,科研部门应积极开展对外来物种的生物学特性、入侵生态学、防治、控制等方面的研究。

第四节 转基因生物的环境行为及生物安全

近20年来,生物技术(biotechnology)以前所未有的速度迅猛发展,一批新兴的生物技术产业逐渐形成,在解决人类面临的食物、健康、资源、环境等重大问题上形成强大的后发优势,体现出巨大的经济、社会和环境效益。

在当前蓬勃发展的众多生物技术中,转基因技术、基因组学技术和生物信息学技术成为三大新兴技术领域。其中,转基因技术将是当前和今后生物技术领域的核心技术。由于它可以突破物种间的界限,转移有用的基因,使远缘类群的物种之间发生基因交换,并且可以将有特定性状的基因转移到受体生物,使生物发生定向变异,成为具有人们所需要性状的新品种。例如,转基因技术将在提高农作物的产量与品质、改善作物对各种生物和非生物胁迫的抵抗力等方面做出巨大贡献。但是,转基因生物进入环境中可能产生的副作用也是不可低估的,这就是转基因生物的环境安全问题。

在转基因生物中,以转基因植物的应用和推广最为突出。目前全球已经有十几个国家种植转基因作物,如大豆、棉花、玉米、马铃薯、油菜等;在众多作物的转基因性状中以抗除草剂为多,约占77%,抗杀虫剂占22%,其他仅占1%。美国是种植转基因作物最多的国家,其中以大豆为最,其转基因大豆占大豆总产量的一半以上。我国正在研究近百项转基因项目,包括水稻、玉米、小麦、番茄、花生、白菜、甜椒等。目前已经批准棉花、番茄和甜椒等五种转基因产品进行大田释放。目前,人们对于转基因作物的安全问题主要关注三个方面:① 实施转基因技术操作人员的安全;② 转基因作物的食品安全;③ 转基因作物进入环境后的生态安全。本节就第2、3方面的内容进行讨论。

一、转基因生物的概念

转基因生物也叫遗传改性生物(genetically modified organisms, GMOs)或遗传工程生物(genetically engineered organisms, GEOs),指人类按照自己的意愿有目的、有计划、有根据、有预见地运用重组DNA技术将外源基因整合于受体生物基因组,改变其遗传组成后产生的生物及其后代。转入基因的生物个体成为受体生物,而提供目标基因的生物成为供体生物。GMOs是通过转基因技术来实现的,利用现代生物技术将特定的外源目标基因转移到受体生物中。将人们期望的目标基因,经过人工分离、重组后,导入并整合到生物体的基因组中,从而改善生物原有的性状或赋予其新的优良性状。转基因技术在农业、医药和环境保护与污染治理方面都具有广阔的应用前景。

按照所转移目标基因的受体类型可以把转基因生物分为转基因植物、转基因动物、转基因微生物和转基因水生生物四类。按照转移目标基因用途可以分为抗除草剂转基因植物、抗虫转基因植物、抗病性转基因植物(包括抗病毒、细菌、真菌、线虫等)、抗盐害转基因植物、抗病毒转基因家畜或禽类、生长激素转基因家畜等。

1983 年世界上诞生了第一株转基因植物,1986 年世界上只有 5 项转基因植物获准进入田间试验,1992 年增加到 675 项。1994 年首例转基因植物产品开始商品化生产,1996 年以来转基因植物开始大面积种植,仅 1998 年一年内,美国就批准了 1077 项转基因农作物进入大田试验。1994—1997 年短短的三年间,国外就有了包括抗虫棉花和玉米,抗除草剂大豆、棉花、玉米和油菜,耐贮番茄,抗病毒黄瓜等十多种植物的 46 项转基因植物获准上市销售,种植国家已达 45 个。截至 2000 年底,全球转基因植物田间试验数量超过 1 万例,转基因作物品种达 100 多个,用转基因作物生产加工的转基因食品和食品成分达 4 000 多种。

1996 年全球转基因作物的种植面积为 170 万 hm^2,到 2000 年猛增至 4 420 万 hm^2。1998 年转基因作物销售额为 12 亿~15 亿美元,2000 年达到 30 亿美元。我国生物技术起步较晚,但是发展迅速,尤其是 1986 年启动的“863”计划中所包括的生物技术领域的 12 项重大研究项目和 100 多项研究课题,都带动了我国生物技术的迅速发展,逐步在农业、医药、化工、环境和海洋等领域形成开发体系,也取得了一定的成就。1996 年我国正式公布实施《农业生物基因工程安全管理实施办法》以来,已批准 6 种栽培植物共 26 项转基因品系通过商品化生产的安全性审查,其中 23 项为我国自行开发,包括抗鳞翅目害虫的抗虫棉、耐贮藏番茄等,转基因水稻、玉米仍未商业化种植。截至 2016 年,全球转基因作物种植面积达到 1.85 亿 hm^2,是 1996 年(170 万 hm^2)的 110 倍,而我国种植面积排全球第 8 位,为 $2.8 \times 10^6 \ hm^2$。此外,截至 2016 年,共有 26 个国家与地区种植转基因植物,其中发达国家 7 个、发展中国家 17 个,而在 1996 年实现商业化种植的国家仅有美国与加拿大。转基因植物品种为消费者提供了更多的选择,如表 6-9 所示,四大传统转基因植物大豆、玉米、棉花、油菜的种植面积占全球总种植面积的一半,复合性状转基因作物发展迅速,占全球转基因种植面积的 41%。

表 6-9　转基因植物商业化与研发情况

分类	品种
四大传统转基因品种	大豆、玉米、棉花、油菜
已上市品种	甜菜、木瓜、茄子、马铃薯、苹果
进入评估末期品种	水稻、香蕉、小麦、鹰嘴豆、木豆、芥菜、甘蔗

资料来源:国际农业生物技术应用服务组织,2017。

除了转基因植物广泛应用外,转基因动物也在人类社会日益发挥重要作用。转基因动物的应用一方面是从育种角度出发,用于改造畜、禽的品质;另一方面是作为生物“反应器”来生产人们所需要的活性物质,如动物生长激素、抗体等。例如,朱作言 1985 年在国际上第一次将小鼠金属硫蛋白基因(MT)的启动子和人的生长激素基因(hGH)的融合基因用显微注射技术注入金鱼受精卵中,获得转基因鱼。转基因鱼的生长速度明显加快,经放射免疫检测,人生长激素基因不仅在转基因鱼体内正常表达,而且能够稳定地传给后代。此后,人们分别将 MT/hGH 融合基因、MT/bGH(bGH 为牛的生长激素)融合基因注入猪受精卵的雄原核内,再将这些受精卵移植入假孕母猪,获得转基因猪,育成了生长发育快、肉质好的瘦肉型新猪种。此外,还可以利用转基因动物作为生产一些特殊药物的生物"反应器"。近年来,在绵羊等大型哺乳动物的乳汁中产生药用蛋白质的研究已取得显著进展。20世纪90年代初,赖特(Wright G)等人成功地培育出一种能在其乳腺中分泌 $\alpha 1$-抗胰蛋白酶($\alpha 1$-antitrypsin,ATT)的转基因羊。应用转基因羊(或牛)的乳汁制备这种药用蛋白,能够十分经济地提供治疗慢性肺气肿的药物。

转基因微生物技术在替代传统工艺、生产更有效而安全的新型疫苗中发挥重要作用。例如,用酵母菌生产的人乙型肝炎病毒(hepatitis B virus,HBV)疫苗就是第一个真核细胞基因工程的商业化产品。用于治疗糖尿病药物——胰岛素的工业化大生产,也是转基因微生物技术的重要应用。据估计,用2 000 L细菌培养液,就能提取100 g胰岛素,相当于从1 t猪胰脏中提取的产量,而前者比后者便宜50%,这项技术的应用为全世界数千万糖尿病患者带来了福音。基因工程生产的人生长激素已于20世纪80年代投放市场,其225 kg细菌的发酵液相当于从6万个人体的脑垂体中提取到生长激素的产量。这些都给人类健康卫生带来了巨大的便利和福祉。

二、 转基因生物的环境行为

任何生物一经投放到环境中,必然会与其他生物或物质环境发生相互作用,包括繁殖、捕食、共生等生物间的相互作用,也包括物质循环、能量流动和信息传递过程中的生物与环境之间的相互影响,转基因生物是人为研制出来的特殊生命形式,势必存在一些与普通生物不同的环境行为。这里对转基因生物自身的变化、转基因生物的适应性对物种进化的影响、转基因生物生态系统的影响分别进行论述。

1. 转基因生物自身的变化

转入基因的表达会对生物自身产生一定的影响,包括新陈代谢、组成成分、遗传、进化等方面。

(1)转基因植物自身的变化。转移目标基因使得植物自身蛋白质组成和含量发生了一定的变化,而且如果基因插入后发生了基因共抑制,还会导致原有基因发生表达上的变化——表达量减少或不表达,这些都影响了植物原有物质的组成,进而影响其新陈代谢和生长发育。例如,崔海瑞等研究抗虫转基因水稻发现,其农艺性状与对照相比发生了很大的变化,在大田生长情况下,抗虫转基因水稻的株高、穗长、育性、单株产量和千粒重明显降低,而单株分蘖数增多,落粒性增强,花期推迟3~5 d。

转入基因并非一定能够表达,常常由于启动子区域的甲基化、共抑制、反式失活及重复序列(多拷贝)诱发等原因导致基因沉默,使其不能表达,甚至在共沉默时,还会导致植物原有的部分基因不能表达,当这些基因对于植物体起关键作用时,这种沉默会使植物体组成成分发生变化以至于不能正常生长发育。共抑制是一种基因间相互作用引起沉默的现象。当引入一个与植物基因有部分同源性的高效基因表达结构时,不但外源基因不能高效表达,而且抑制了内源基因的表达,这种现象在植物基因工程应用中是比较常见的。例如雅各布斯(Jacobs)等将烟草的 β-1,3-葡聚糖酶(β-1,3-glucanase,Gnl)转入烟草后发现,不但外源Gnl基因没有进行表达,而且抑制烟草本身的Gnl基因的表达。并且启动子越强,共抑制的程度越强。

(2)转基因动物自身的变化。由于转入目标基因在宿主基因是随机整合的,其整合位点数和拷贝数也是随机出现的,因此有可能出现转入基因整合到具有重要功能的基因之中,从而干扰该基因的正常表达,影响其代谢和发育,有时甚至可能引起原有基因突变或不正常表达,也影响转基因动物的生理活动。有的外源基因表达具有时间性,使得转基因动物只在一段时间内表达外源基因,有些个体可能因插入位点不合适而无法表达外源基因。还有些个体可能基因拷贝数过多导致表达过量,干扰自身的生理活动。

对转基因水生生物方面的研究主要集中于鱼类,而且由于水体的流动性和鱼的活动性,使之在水体中的活动不易追踪,其环境行为有其自身特点。一般而言,转基因鱼都具有一定的抗逆性或快速生长的特性,这样的目标基因表达可能会和鱼内源基因发生颉颃或者协同作用,从而改变自身组成。

不同的转基因方法,外源 DNA 导入宿主细胞整合的机制不同,对宿主的作用和影响也不一致,见表 6-10。外源 DNA 的不正常重组能够导致宿主染色体与 DNA 的一系列变化,包括缺失、重复、无关序列的插入;中断宿主细胞一些必需基因的转录过程;激活有害基因等导致宿主畸变或死亡。

表 6-10 外源 DNA 导入动物细胞机制的效果

	不正常重组	同源重组	逆转录病毒整合
发生概率	约 10^{-4}	约 10^{-7}	约 1
特异性	从无到有	很高	低到很高
整合位要求序列 bp 重复	无	序列同源	进入逆转录病毒载体
对靶细胞染色体的影响	随机缺失、重排	无到很小	整合位点 4~6 bp
对插入序列的影响	随机缺失、重复和重排	无到很小	两侧各约 2 bp 的丢失

数据来源:Zhou T Q 等,1994。

2. 转基因生物的适应性和对物种进化的影响

导入外源基因可能使转基因生物在环境中的适应性改变,进而改变物种的进化方向。以抗除草剂植物为例,一般而言,抗除草剂转基因作物除了能抗除草剂这一特性外,其他特性与普通作物相近。因此,在有除草剂选择的条件下,具有相应抗性基因的植物适应性要比没有转移此目标基因的植物强,从而能够较好地生长,淘汰非转基因植物,降低了物种的遗传多样性水平,这就在一方面影响了植物进化的方向和速度。但是在另一方面,在没有施用除草剂的大田中,抗除草剂转基因作物不会比普通作物显示出任何适应性上的优势,甚至有可能因为数量相对较少而被淘汰。若管理不当,大量施用除草剂,依赖除草剂的选择来体现抗除草剂转基因植物的优势并保留转基因作物,则会加剧环境污染。另外,转基因作物在大田试验中,目前各国都要求做好隔离带,使之与非转基因作物有一个很好的隔离缓冲作用,从而防止通过花粉散布或与周围近缘物种杂交造成所转移的基因漂移到其他个体或物种上,改变其他物种的进化方向和速度。

以鱼为例,鱼一次能够排出众多遗传组成相似的卵作为受体材料,而且鱼是体外受精,易于导入外源基因,孵化时间短,方便及早地检测外源基因整合程度,表明鱼具有很大的转基因应用潜力;但是由于鱼是冷血动物,受环境条件影响较大,具有较高的表型变异和较低的遗传力,并且天然杂交能力非常强,因此与其他近缘种杂交很难控制,其潜在影响也很难预测。

现在已经有报道,外源基因不仅可以通过重组、复制、转导、转化和转位等途径在微生物之间相互转移,而且在植物与微生物之间也会自然发生。例如,根瘤菌与豆科植物结合可以形成肿瘤,并且可以固氮供豆科植物生长发育之用,土壤根瘤农杆菌能引起植物产生肿瘤,这种肿瘤基因可以转移到植物基因组中稳定遗传;目前发现了转基因油菜、黑芥菜等中的抗生素基因可以通过转基因植株的根系转移到一种能与植物共生的黑曲霉微生物中。

3. 转基因生物对生态系统的影响

鉴于转基因生物主体的生活环境和自身生物属性不同,这里对转基因植物、转基因动物、转基因微生物分别进行论述。

(1)转基因植物对生态系统的影响。转基因植物释放出去后对临近植物物种产生影响。例如,转基因植物投放到大田试验时,会改变自身的生存竞争力。如果通过种子的散布或花粉的传播而扩散到非控制区,一些转移抗虫基因的作物会产生毒蛋白,不但抑制了害虫的生长,也可能对天敌昆虫产生毒杀作用,从而影响野生动植物的正常繁育,改变物种多样性并扰乱自然的生态平衡。而且如前所述,若转基因作物与野生生物杂交,发生了基因扩散则进一步影响了种质基因库,降低了遗传多样性,在一定程度上降低了物种进化方向。转基因作物还可能由于抗性增加而自身杂草化,这样就降低了植物原有的竞争优势,破坏了生态平衡。

不仅如此,转基因植物对土壤微生物及动物区系组成及数量的影响也不容忽视。转基因植物蛋白质组成的变化影响了植株体内碳、氮元素的含量比例,其长期种植就会影响土壤的营养平衡,进而影响微生物的新陈代谢作用(如矿化作用、氨化作用、硝化作用及反硝化作用等),也就影响了微生物对枯枝落叶的分解速率,而枯枝落叶分解及植物根系分泌物都会导致根系周围微生物种类和数量组成的变化。例如,格兰多夫(Glandorf)等研究发现抗真菌和细菌转基因烟草的抗性蛋白会残留于根际土壤较长一段时间,从而影响腐生型土壤细菌的数量。钱迎倩等报道带有几丁质酶的抗真菌转基因作物通过枯枝落叶的分解和根系分泌物来减少土壤中菌根种群。

转基因植物还通过根系分泌物改变根际细菌来影响原生动物的种类与数量。转凝集素基因马铃薯的盆栽试验及大田试验中期都表明了根际土壤鞭毛虫与对照相比有所降低,变形虫的数量也明显降低。线虫以细菌或真菌为食,通过调节分解作用和营养的释放而影响生态系统的功能。但是转移不同目标基因的植物在大田试验时,对线虫数量的影响不同。例如转苏云金芽孢杆菌基因烟草的土壤中线虫数量明显增加;转凝集素基因马铃薯土壤线虫在生长期没有差异,残茬分解对线虫也没有影响。

(2)转基因动物对生态系统的影响。因为转基因动物在外源DNA的不正常重组时导致宿主畸变或死亡的概率远高于转基因植物,转基因禽畜规模远小于转基因植物,所以,其对生态系统的影响也相对较小,目前相关研究也很少。而转基因鱼由于水体的流动性和鱼的活动性,其对生态系统的影响有其自身特点。外源基因随机或定点整合到受体转基因鱼后,一般都以孟德尔方式遗传给后代,少部分基因以嵌合形式存在或以附加体形式存在于染色体之外,因此不能把具有优良性状的外源基因稳定地遗传给后代,而且在投放试验阶段,即使其他鱼类被隔离开,一些藻类、贝类仍存在于水体中,它们会受到转基因鱼觅食范围及排泄物的影响。另外转基因鱼的生长速率加快,食物转化效率提高都不可避免地影响其排泄物的量与组成,从而影响到底泥的组成和水体中微生物、动物区系的组成。

（3）转基因微生物对生态系统的影响。转基因微生物实质就是重组微生物。目前常用于进行转基因操作的微生物集中于发酵工业和环境污染治理的生物修复方面，例如，将固氮基因引入豆科作物以提高作物的养分利用，同时减少化肥使用，保护环境。美国、日本等国家还分离出能够降解碳氢化合物和多氯联苯的菌株。

由于微生物广泛分布于土壤、大气和水体中，其个体微小、形态多样、繁殖迅速、易于发生突变，因而转基因操作对于微生物而言就显得更为重要。转入基因的稳定表达及扩散都远比植物、动物更快、更明显。因此，转基因微生物与其他生物接触时，很容易发生基因转移，从而使得其他生物引入了外源目标基因。例如，上面已经提到植物与微生物之间也能够发生基因转移，根瘤菌与豆科植物结合可以形成肿瘤，这种肿瘤基因可以转化到植物基因组中并稳定遗传。

目前还有部分目的基因的导入是利用质粒进行的，这些质粒 DNA 更容易发生扩散，改变其他物种的遗传组成。有些转基因所利用的标记基因为抗生素基因，它们常常会提高微生物对抗生素的抗性，并进而转移到其他生物体中，这样就改变了自然界微生物的生态位及竞争优势，干扰了生态平衡。

三、 转基因生物的生物安全

由于基因工程可以使远缘类群间发生基因交换，使生物发生定向变异，大大超越了常规的有性杂交范围，其产品是历史上用任何技术都未曾产生过的，因此人们不禁会问：转基因食品是否安全？抗性目标基因会不会水平扩展？抗生素抗性基因会不会造成抗生素医治无效而对人及动物健康造成威胁？转基因生物会不会给生态环境带来潜在的不良影响？转基因生物的长期效应如何？特别是在斑蝶事件和普兹泰（Pusztai）事件发生之后，在全世界范围内又引发了新一轮对转基因食品安全性的激烈争论（见资料框 6-1）。

国内外对于转基因生物的安全性分析主要有两类：一类是以靶基因核酸为基础的聚合酶链反应（PCR）监测方法，如监测特异插入功能基因 DNA 的 PCR 方法、巢式 PCR 方法、核酸杂交法等，监测基因的作用和行为；另一类是监测外源基因表达产物蛋白质的方法，如酶联免疫吸附测定（ELISA）、免疫层析试纸条方法等。

目前，相关国际组织和部分国家政府尝试建立了针对转基因生物的安全评价法规制度（见表 6-11），来科学规范转基因生物及其产品的生产和发展，使人类健康风险降到最低，确保转基因生物及其产品的安全性，让转基因生物技术更好地造福于人类。

1. 转基因生物受体的潜在风险

（1）转基因沉默的潜在风险性。人为地向动物、植物、微生物中转入目的基因，以期改善这些生物的性质，但是由于生物技术的手段还相当有限，常常不能达到预期的目标。插入突变或基因沉默等众多现象的发生，不但使转入的目标基因不能正常表达，还影响了内源基因的正常表达。例如，前边所述的诱发基因沉默的众多因素：启动子区域甲基化、外源基因多拷贝形式插入的重复序列诱发、反式失活及共抑制等。其中，共抑制在植物中发生比较普遍，主要是由于转入基因与内源基因的编码区具有同源序列，所引发的基因不能正常表达的现象，这时不但目标基因不能表达，而且生物的内源基因表达也受到抑制，这样当受到抑制的基因具有重要功能时，生物就失去了这些功能,甚至不能正常生长发育。

表 6-11　针对转基因生物的安全评价法规制度

	国际食品法典委员会（CAC）	经济合作与发展组织（OECD）	联合国环境规划署-全球环境基金（UNEP-GEF）	欧盟	美国	日本
针对转基因生物的主要治理内容	联合国粮食及农业组织和世界卫生组织共同建立 设立国际食品标准的政府间组织 成立"拍样鉴定委员会",主要关注转基因生物的检测方法;制定转基因技术食品的标准、指南;应用风险分析原则进行食品安全管理;关注转基因标签	明确生物安全的概念 根据分阶段原则和个案原则对转基因生物进行管理 创建"实质等同"原则,是转基因生物安全评估的重点 风险评估信息共享,已出版超过 70 个生物安全共识文件	是最早关注转基因生物安全问题并立法的区域之一 联合国环境规划署-全球环境基金的生物安全组 执行《卡塔赫纳生物安全议定书》 制定国家生物多样性框架 维护生物安全信息交换所	是最早关注转基因生物安全问题并立法的区域之一 对于转基因立法条例必须通过所有成员国同意 基本遵循 CAC 程序 重要机构:欧洲食品安全局（EFSA） 对转基因成分含量高于 0.9% 的食品和饲料进行标识	以转基因产品的特性和用途为基础,单独立法 三个主要管理机构分工协作:美国农业部（USDA）、美国环境保护局（USEPA）、美国食品药品监督管理局（FDA） 转基因产品标识:2016 年起由自愿标识改为强制披露	按转基因生物利用模式和用途制定相应的管理条例 主要监管机构及职责:日本文部科学省（MEXT）—研究与开发;日本农林水产省（MAFF）—环境风险 对转基因食品实行"垂直监管为主、地方监管为辅"
相关立法条例	有机食品生产、加工、标签和销售准则（1999 年） 现代生物技术食品风险分析原则（2003 年） 动物源性 DNA 基因重组食品安全评估指南（2008 年）	制定大西洋鲑鱼共识文件	改性活生物体越境转移的全球性政府间协定——《卡塔赫纳生物安全议定书》	《向环境蓄意释放转基因生物》 《转基因食品和饲料的条例》 《转基因食品和饲料的可追溯性和标签条例》	《生物技术法规协调框架》 《联邦食品、药物和化妆品法案》 《病毒-血清-毒素法案》	《限制转基因生物保护生物多样性法案》 《农业转基因环境安全评价指南》

📖 **资料框 6-1**

目前引起对转基因生物较大争议的两大事件

① 普兹泰事件:1998 年 8 月,英国罗威特研究所普兹泰教授发现老鼠食用转基因马铃薯之后免疫系统受到破坏,由此普兹泰推论消费者食用未经过严格验证的转基因食品也可能会出现类似的问题。

② 斑蝶事件:1999 年,美国约翰·罗西教授在《自然》(Nature)上刊登了一篇论文,指出黑脉金斑蝶幼虫吃了撒有转抗虫基因的玉米花粉菜叶后发育不良,死亡率提高。

(2) 插入突变的潜在风险性。转移目标基因是随机插入的,位点及拷贝数也都是不确定的,因此可能出现插入突变,使原有基因表达改变甚至失活。另外,多拷贝形式的重复序列插入也会造成 DNA 及染色体高级结构的变异。例如,当果蝇同一条染色体上携带有三四个外源基因的重复拷贝时,它们易发生同源配对,使此区域发生异染色质化,从而抑制了基因转录,甚至可以使附近区域失活。当抗除草剂转基因作物在田间试验发生基因沉默而不能稳定表达时,则抗性基因不能正常充分表达,使作物失去或降低了对除草剂的抗性,这样在喷施除草剂时,便会使作物同时受害造成损失。另外沃尔特(Walter)等人也曾报道高温可以诱导抗草甘膦苜蓿的细胞抗性丧失,转移了抗多种除草剂目标基因的作物在大田生长收获后,基因可以发生垂直扩散,即通过残留在土壤中繁殖体的萌发,变成下一季作物的杂草,这种"自身杂草化"则更难以治理,会引发更严重的农业危害。因此在向同一种受体中引入多种同类型外源基因时必须谨慎。

(3) 转基因扩散的潜在风险性。转基因作物在大田种植时,作物会通过花粉散布及与周围可杂交的物种发生杂交,使基因发生漂移,改变其他植物体的遗传组成,近缘植物遗传组成的改变会影响其自身的适应性,从而使它可能替代当地的某些物种进而改变群落结构。例如,在大田中,抗除草剂转基因作物可能与目标基因的靶生物杂草进行杂交,从而把目标基因转入杂草而提高杂草的抗药性,形成超级杂草,进一步加重了农业上的危害性。

病虫草害的抗药性可能导致难以预测的农业生态灾害。例如,我国 1992—1993 年由于棉铃虫对常规农药产生抗药性所引起的 1992—1993 年大爆发,仅在北方棉区就造成损失达 100 亿元。而据我国棉花育种界透露,抗虫棉对第三代棉铃虫抗性开始下降,对第四代棉铃虫抗性下降更明显,高代抗性表现受环境影响较大。因此有专家进行了研究并预测:棉铃虫对转基因抗虫棉的抗性在首次大面积种植后 3~5 年内就可能爆发,一旦这种现象发生,则同样带来巨大的经济损失和严重的生态后果。

2. 转基因生物供体的潜在风险

转基因作物在大田种植时,会发生基因的水平扩散。转入生物体的目标基因可能因为与内源基因发生交换或突变而变化,当再与原来的供体接触时难免发生杂交等水平扩散方式改变供体的遗传组成。基因的水平扩散主要靠花粉和种子来实现,因此扩散要受花粉传粉方式、种子扩散模式、与相关野生种亲缘关系、发生杂交的适合性等限制。在一定的选择压力作用下,转基因生物显现出一定的优越性,从而淘汰其他近缘物种甚至供体生物。

3. 转基因生物对人体健康的风险

目前转基因技术的重要功能是生产食品、人用药物及器官等,无一不与人的健康密切相关。

其中食品安全是最基本的,影响范围也最广。

(1)食品的安全性评价。经济合作与发展组织(OECD)提出的"实质等同性原则"(substantial equivalence)为目前普遍公认的对转基因食品的安全性进行分析的原则,即通过生物技术产生的食品及食品成分与目前市场上销售的食品是否具有等同性。通常包括营养成分比较、毒性分析、过敏性分析与标记及报告基因的安全性研究四个方面的评价。因此要保证转入基因本身及其表达产物、插入基因后作物的全部组成尤其是可食部位的组成与未转基因作物体具有实质等同性,才能够保证安全食用。有关插入突变、基因沉默等现象在前边已经谈到,而当这些现象发生时就会影响原有基因及转入基因的稳定表达,进而影响生物体的组成。另外,外来基因还会以不甚了解的方式破坏食物中的营养成分。有关研究说明,耐除草剂转基因大豆比一般大豆的抗癌成分"异黄酮"含量要少。一些转基因作物或鱼类在转基因后组成的变化可能会通过食物链影响人的健康,尤其当某些转基因食品中基因表达产生一些有过敏性或毒性的蛋白后则可能直接影响人体健康。转基因动物可能作为食用动物,也可能被用于生产特殊的生物产品,特定基因及其产物可能直接影响人体健康,也可能通过影响人体共生微生物破坏代谢而影响人体健康。

针对重组转基因微生物安全性,联合国粮食及农业组织和世界卫生组织的第一届生物技术与食品开发专家咨询明确要求:第一,转基因克隆载体需要修饰,以减少转入其他微生物的可能性;第二,重组微生物食品中不能有活菌,不应该使用目前在治疗中比较有效的抗生素标记。

(2)基因药物的安全性评价。一般来说,基因工程药物在正式上市之前要经过基础研究、应用研究、临床前动物实验、临床Ⅰ、Ⅱ期的人体观察实验、试生产Ⅲ期临床、正式生产7个阶段。即检测目标基因表达稳定与否、产品的生物学活性及药理实验,以确保基因药物的可靠性。尤其在营养保健品和治疗性药品有很大的利润之时,更要避免它携带宿主的某些不良性状,如病菌等对使用者造成负面影响。目前要完善理论与技术上的不足,例如转基因表达产物的分离和纯化就是一个重要的环节,确保去除引起人类变态反应的非人类蛋白。另外转基因表达产物的结构及生物活性还必须与人体固有的蛋白相似,以避免人体的免疫反应。

4. 转基因生物对生态环境的风险

(1)转基因对生物多样性的风险。一些转入抗性基因的生物在有相应选择压力时会表现出一定的优越性,并且替代所在群落乃至当地的原有物种成为优势种,从而在自然选择中占据优势,淘汰了其他原有物种,造成遗传多样性的减少。例如,转入抗虫基因的作物,在大田中则会表现出一定的优越性,杀死部分昆虫,并且影响了昆虫天敌的生存,从而减少了昆虫的多样性。而且当转基因作物在栽种过程中发生基因漂移时,即作物之间发生相互杂交,这种杂交的可能性改变了临近其他物种甚至包括杂草的一些基因,影响整个基因库的组成,使基因型频率发生变化,遗传多样性减少,进而会影响整个农田群落的生物多样性,包括作物、昆虫及其他物种的遗传组成、种群和个体数量减少。

转基因水生生物也存在着类似的问题,尤其是水体流动性极强,其内藻类、贝类、鱼类等的类群间捕食、种内甚至种间杂交等经常出现,更容易造成基因漂移,降低遗传多样性。

(2)转基因对生态系统功能的风险。前面已经提到过转基因作物接受转入基因后会发生组成上的变化,从而影响其制成品及以其为食的其他生物的取食过程。例如,抗病毒转基因作物在大田种植时,作物体内的抗病毒基因表达虽然能使它减少病毒的侵染,但却不能保证它在食物链中的安全性，包括对其他昆虫、动物及人食用的影响。

目前人们利用交叉保护的原理，即指预先感染了温和株系的病毒侵染后，使植物在一定的程度上对与温和株系病毒亲缘关系相近的强毒株系病毒侵染产生了抗性。将可引起交叉保护病毒的某些组分转入植物，从而使植物获得对强毒株系病毒的抗性。转入目标基因的外壳蛋白可能会包装其他病毒或致病因子的编码序列，从而形成新的病毒或致病因子，即异源包装作用。而且外壳蛋白基因插入植物基因组，还可能随种子把病毒传播给后代。这种抗性的转移如果发生在作物与病毒之间，则会产生新型强病毒，可能通过食物链的物质传递使更多的生物受到侵染。而当这种抗性的转移发生在作物与捕食者之间时，抗病毒基因在捕食者体内可能发生变异，会使捕食者受害，影响更高营养级的捕食者。进而可能改变食物链的物质循环并影响能量及信息传递的途径。

农作物是在特定环境下生长的，而转基因农作物在生产中，虽然暂时利用基因表达减少了化肥、农药和激素等的使用量，但是随着植物适应性的增强，出现新的生理小种又需要开发新的化肥、农药等，最终加剧了环境污染，甚至影响其他生物生长和绿色产品的生产。

（3）转基因生物对土壤生态系统的风险。不论是地质大循环还是生物小循环都与土壤密切相关，微生物等分解者则起了无法替代的作用。而且所有生物的生存都直接或间接地依赖于土壤，对于高等陆生植物而言，土壤更是它的生存条件。土壤养分的有效供给取决于土壤微生物的活性，而凋落物经分解归还到土壤中也要靠土壤动物及微生物区系来完成。植物转基因后自身组成的变化会改变作物根系分泌物的组成，从而影响土壤微生物乃至原生动物的组成与数量。例如，前面已经提到过 Glandorf 等研究发现抗真菌和细菌转基因烟草的抗性蛋白会残留于根际土壤较长一段时间，从而影响腐生型土壤细菌的数量，这也就毫无疑问地影响了养分循环速度及方向。

任何一种转基因生物在上市之前都要经过这些严格的评估才能够投入生产，目前常用的转基因生物环境释放风险评估一般都由危险识别、风险估算和风险评价 3 个连续过程组成，常常把转基因生物划分为高度危险性、中度危险性、低度危险性和几乎不可能 4 个等级，并且这个体系还要依据具体案例具体应用，要逐步完善。

　资料框 6-2

转基因生物发展历程

1. 19 世纪生物学的三大成就：19 世纪 30 年代，施莱登和施旺发现细胞；1859 年，达尔文进化论——《物种起源》的出版；1857—1865 年，孟德尔遗传定律的提出。

2. 1953 年，沃森（Watson）和克里克（Crick）通过 X 射线衍射实验创立 DNA 双螺旋模型。

3. 1958 年，克里克证明了 DNA 半保留复制和中心法则。

4. 1961 年，克里克和尼伦伯格（Nirenberg）发现 DNA 三联体的遗传密码子。

5. 1970 年，史密斯（Smith），威尔科克斯（Wilcox）和凯利（Kelly）分离了第一个核酸限制性内切酶，使得有目的地切割 DNA 成为可能。

6. 1972 年，杰克逊（Jachsen）和伯格（Berg）得到了第一个体外重组 DNA 分子，从而建立了重组 DNA 技术。

7. 1975 年,淋巴细胞杂交瘤生产单克隆抗体技术问世。

8. 1976 年,世界上第一家生物技术制药公司成立。

9. 1982 年,诞生的第一个转基因动物是美国科学家帕尔米特(Palmiter)将人的生长激素基因导入小鼠受精卵后所获得的生长速度加倍的"超级鼠"。

10. 1983 年,世界上诞生了第一株转基因植物。

11. 1985 年,中科院水生生物所的朱作言等人培育出世界上第一批转基因鱼。

12. 1993 年,世界第一例转基因食品——番茄投放美国市场。

13. 1994 年,首例转基因植物产品开始商品化生产。

14. 1997 年,世界上第一只体细胞克隆羊多莉(Dolly)诞生于英国罗斯林研究所。

15. 利用转基因技术改良菌种而生产的第一种食品酶制剂是凝乳酶。

16. 1998 年,据英国罗威特研究所普兹泰教授的研究报道,幼鼠食用转基因土豆后,会使内脏和免疫系统受损,这是对转基因食品提出的最早的、所谓科学证据的质疑。

17. 2000 年,联合国制定了转基因产品贸易协定,已经由 62 个国家签署通过。

18. 2001 年,出席蒙特利尔生物安全国际会议的 130 多个国家的代表通过了《生物安全议定书》。

19. 2001 年 5 月 23 日中华人民共和国国务院令第 304 号,2017 年 10 月 7 日修订,《农业转基因生物安全管理条例》,明确规定"在中华人民共和国境内销售列入农业转基因生物目录的农业转基因生物,应当有明显的标识"。

20. 2002 年 1 月 5 日农业部令第 8 号公布,2004 年 7 月 1 日农业部令第 38 号、2016 年 7 月 25 日农业部令 2016 年第 7 号、2017 年 11 月 30 日农业部令 2017 年第 8 号、2022 年 1 月 21 日农业农村部令 2022 年第 2 号修订,《农业转基因生物安全评价管理办法》。

21. 2002 年 1 月 5 日农业部令第 9 号公布,2004 年 7 月 1 日农业部令第 38 号、2017 年 11 月 30 日农业部令 2017 年第 8 号修订,《农业转基因生物进口安全管理办法》。

22. 2002 年 1 月 5 日农业部令第 10 号公布,2004 年 7 月 1 日农业部令第 38 号、2017 年 11 月 30 日农业部令 2017 年第 8 号修订,《农业转基因生物标识管理办法》。

23. 2006 年 1 月 27 日农业部令第 59 号公布,2019 年 4 月 25 日农业农村部令第 2 号修订,《农业转基因生物加工审批办法》。

24. 2004 年 5 月 24 日国家质量监督检验检疫总局令第 62 号公布,《进出境转基因产品检验检疫管理办法》。

25. 《中华人民共和国种子法》(2015 年修订)、《中华人民共和国农产品质量安全法》(2018 年修订)和《中华人民共和国食品安全法》(2018 年修订)等法律对农业转基因生物管理均做出了相应规定。

📄 小结

　　现今地球上的所有生物都不同程度地面临受损环境,即可能受到人类环境污染和生态退化的侵扰。生物在应对这种环境时,有的生物将出现积极的响应和适应。生物对污染物的抗性和适应性主要机理包括:拒绝吸收、结合钝化、隔离、改变代谢方式和途径及生物转运和生物转化等,有的生物在污染环境中,通过大量分泌化学他感物质,抑制其他生物对资源和环境的占用,而使自己获得更大的发展机会和适应性。

在生态退化的环境中,人为打破了生态系统的平衡,为外来生物的进入创造了条件,有些外来生物大量繁衍并对本地生物产生不利的影响,形成生物入侵。人类引起的生物入侵已经引起了地球生物大规模的变化,改变了群落中自然种群的作用,破坏进化过程,造成物种数量上的快速变化,已经成为导致物种灭绝的重要因素。生物入侵是人类经济社会全球化的副产品。外来入侵物种会造成严重的生态破坏和生物污染;外来入侵物种通过压制或排挤本地物种,形成单优势种群,危及本地物种的生态,最终导致生物多样性的丧失;生物入侵导致生态害灾频繁暴发,对农林业造成严重损害;外来生物入侵不仅对生态环境和国民经济带来巨大损失,还直接威胁到人类的健康。

以基因工程为代表的生物技术迅猛发展,在解决人类面临的食物、健康、资源、环境等重大问题上具有重要的作用,但任何技术手段都具有负面效应。转基因生物被人类有意或无意地投放到自然界中,可能对自然生态系统及生物产生不利的影响。分析转基因生物进入环境后的环境行为,评估它的生态安全以及食品安全,是环境生物学领域近年来关注的重要热点。

✎ 思考题

1. 概念与术语理解:抗性,适应性,生物甲基化,生物转化,生物分解,外来物种,入侵物种,生物入侵,转基因生物,生态安全。

2. 试述生物在胁迫环境中抗性和适应性的可能途径。

3. 如何利用生物对胁迫环境的响应解决环境污染问题? 试以植物为例从抗性和适应性来阐述。

4. 简述生物富集和放大、生物转化、生物分解、生物解毒及生物抗性之间的联系。

5. 阐述生物的他感作用及对生态系统的利和弊,以及在胁迫环境中的应用。

6. 从生物入侵的途径、危害及全球效应着手,分析如何有效地防止生物入侵。

7. 试述引种应注意的问题。

8. 从控制生物入侵的优与劣出发,阐述用何种方法较为合适。

9. 从中国的国情出发,制定阻止生物入侵的政策应考虑哪些因素?

10. 什么叫转基因生物? 转基因生物可分为哪几种类型?

11. 试述转基因生物的环境行为及其环境影响。

12. 你如何看待转基因生物的安全性问题?

📖 建议读物

1. 段昌群.植物对环境污染的适应与植物的微进化[J].生态学杂志,1995,(5):43-50.

2. 王焕校.污染生态学[M].2版.北京:高等教育出版社,2002.

3. 孙铁珩,李培军,周启星. 污染生态学[M]. 北京:科学出版社,2001.

4. 刘谦,朱鑫泉. 生物安全[M]. 北京:科学出版社,2001.

5. 朱守一. 生物安全与防止污染[M]. 北京:化学工业出版社,1999.

6. 王永飞,马三梅. 转基因植物及其应用[M]. 武汉:华中科技大学出版社,2007.

7. 谭龙飞,黄壮霞. 食品安全与生物污染防治[M]. 北京:化学工业出版社,2007.

第七章
全球变化及其生物响应

　　地球已经进入"人类全球王国时代",人类已经成为影响全球生态环境最重要的"生物"力量。因此,很多科学家都认为,人类活动与太阳、地核一并成为能引发地球系统变化的驱动力——第三驱动因素。

　　人类驱动地球陆地、海洋、海岸和大气的变化及生物多样性的变化,无法从简单的因果关系模型来理解全球变化。美国国家航空航天局(NASA)用布雷瑟顿图(图7-1)展示了地球系统的动力学过程,通过一系列复杂的影响和反馈将物理气候系统和生物地球化学循环耦合在一起。人类活动长期积累的后果集中体现在全球变化(global change)上。全球变化是指由大气圈、水圈、生物圈和岩石圈组成的地球环境系统发生了异常变化,对人类和生物的生存产生不良影响的环境变迁。全球变化的主要表征是大量人类生存的自然环境要素出现了异常变化,而且这种变化由开始局部的变化发展成为全球性的环境异常。如温室气体的增多使全球气候变暖,环境污染和森林锐减引起物种多样性丧失、水土流失和土地过度利用,导致土壤退化和水资源短缺,并且由于某一要素的变化,导致其他相关要素的变化,进而发生全球尺度的环境恶化。

　　本章主要针对涉及全球变化的几个主要问题如温室效应、臭氧层变薄、酸雨作为个案进行分析,同时针对全球污染条件下生物的适应性和进化前途进行讨论。

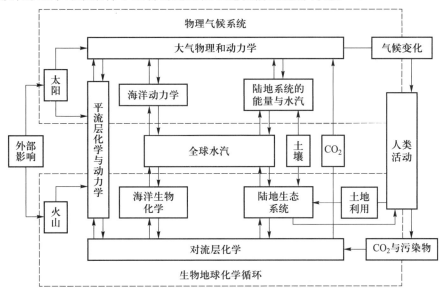

图 7-1　美国国家航空航天局的布雷瑟顿地球系统图

(资料来源:Steffen 等,2020)

第一节 人类世与全球变化

自从人类在地球上出现,人类活动就不断影响和改造着地球的自然生态系统,无论是原始社会的刀耕火种,还是高度文明的现代社会。这种影响和改造地球自然生态系统的能力逐渐加强,尤其是近几百年来,人类活动的影响使地球表面和大气成分发生了明显变化,导致地球上已经没有纯粹的自然状态,美国环境思想家比尔·麦克基本(Mckibben B)将其称为"自然的终结"。

一、人类世的概念

由于人类活动对地球生态系统带来的变化是如此巨大,一些科学家认为我们已经跨越了始于约一万两千年前的"全新世"(holocene),而进入了一个新的地质时代——"人类世"(anthropocene)。在"全新世"时期,随着地球冰期的结束,地球生态系统变得温暖湿润,人类在这一环境中开始繁衍发展。但现在我们所处的时代,已经与"全新世"时期发生了重大变化。在千禧年来临之时,马克斯·普朗克化学所的诺贝尔化学奖得主保罗·克鲁岑(Crutzen P)在一次学术会议上提出:"我们已经不在'全新世'了,我们现在处于'人类世'。"随后保罗·克鲁岑和密歇根大学的尤金·斯托尔默在国际地圈生物圈计划(IGBP)出版的《全球变化简报》上再次写道:"自一万多年前的'全新世'以来,随着人口数量的增加,人类活动所产生的影响已经成为改变地球资源和生态系统的重要因素,改变了地球大气的构成及资源的存量。鉴于这些变化及现在和未来的巨大影响,我们认为人类已经进入新的地质时代——'人类世'。""人类世"这一新的理念随后得到越来越多的科学家和决策者的重视,"人类世"这一术语逐渐进入科学界和公众视野中,国际科学界甚至成立了"人类世"工作组,并初步确定"人类世"的起点为20世纪中期。近20年来,越来越多的人接受了"人类世"这个概念,对其的定义也日趋完善,已经成为包括地理学、历史学、社会学、政治学、大气学、环境学等多学科交叉的一个领域。

综合多方面,这里我们将"人类世"定义为:由于人类对全球环境的影响巨大,对地球系统功能上的改变与大自然的力量相当,甚至在某些方面,人类活动是全球环境变化的主要驱动因素,因此地球进入了一个新的地质年代,称为人类世。人类世不是简单地通过人类对地球的影响来定义的,它不应该区别于其他地质年代,而是像定义其他地质年代一样,能够在地质材料中找到明显的标志。

二、全球污染扩散及其效应

全球性的环境污染及其扩散是人类世的重要标志之一。虽然当前针对全球污染及其生态效应的关注没有全球气候变化那样广而深,但它对地球生物圈的影响可能丝毫不亚于气候变化的作用。相比而言,该方面的研究远没有全球气候变化研究深入和全面,开展的时间也较晚。

过去的研究主要集中在臭氧层变薄及短波紫外辐射(UV-B)的生物学效应,直到 1993 年,由美国劳伦斯伯克利国家实验室的苏珊·安德森(Anderson S)和橡树岭国家实验室的李·舒加特(Lee S)等学者,大力呼吁学术界对全球污染物的扩散及其对生物长期影响进行关注。1995 年联合国环境规划署在组织全球生物多样性评估计划中,首次站在污染全球化对生物圈安全影响的高度,把在全球性的环境污染条件下,尤其是在众多痕量化学污染物共同作用下生物的适应前途和未来命运纳入工作框架,并把全球性扩散的污染物对生物多样性丧失的"贡献"问题提升到基础研究的战略前沿。当前,从不同的学科领域运用各类研究手段研究环境污染的全球生态及生物学效应成为全球变化研究的重要热点之一,全球环境监测系统(GEMS)、国际长期生态学研究网络(ILTER)等重要国际监测研究网络也把污染的进化生物学效应纳入研究范畴,一些新兴交叉学科如进化生态毒理学(evolutionary ecotoxicology)、污染进化生态学(evolutionary ecology of pollution)、遗传生态毒理学(genetic ecotoxicology)等近年来相继被提出,推动着本研究领域的快速发展。

在传统的研究中,把环境污染当作一种特殊的胁迫环境(逆境)来处理,而越来越多的资料表明,环境污染对生物的生存和进化选择不同于一般的环境胁迫。在自然条件下,以植物为例,它主要是对光、水、气、热、营养等生态因子的适应,这些生态因子只是数量和相互配置上的差异,不存在某个生态因子有无的问题,植物的长期进化发展程度不同对这些胁迫条件都有一定的适应能力。而环境污染,尤其是化学污染,对绝大多数生物而言则是一个全新的选择因子,污染的全球化已经使这种选择因子成为所有植物程度不同,但都必须应对的一个系统进化环境。绝大多数植物几乎没有什么遗传储备来适应这种环境,从而很多植物难以生存,生物多样性的丧失势成必然,特别是提高了珍稀濒危植物灭绝的速度。据估计,污染作为物种多样性丧失的因素,并不亚于直接的生态破坏对生物多样性的影响。

除了评价全球环境污染对生物多样性损失的影响程度以外,科学家还特别关注全球污染条件对生物的适应性和进化前途问题。全球污染及其效应研究开始时间较晚,所有国家的科学家大多处于一个起跑线上。我国科学家尽早介入,将有望在相关前沿领域取得一席之地。

三、 全球变化研究的重要科学问题

全球变化科学通常是研究整体地球系统运行机制、变化规律和控制变化的机理(自然的和人为的),并预测其未来变化的科学。它的研究首先是一个行星尺度的问题。从行星地球整体角度出发,将地球的大气圈、水圈(含冰雪圈)、岩石圈和生物圈看成是有机联系的全球系统,把太阳和地球内部作为两个主要的自然驱动器,人类活动作为第三种驱动机制,发生在该系统中的全球变化是在上述力的驱动下,通过物理、化学和生物学过程相互作用的结果。

从根本上来说,全球变化是地球系统内在的动力和热力作用,以及这种作用对外部作用力响应所决定的。对于几十年到百年尺度变化来说,地球系统可以看作由慢变化和快变化两个系统组成,快变化系统由大气、陆面和上层海洋组成,慢变化系统由下层海洋及深海环流、冰川和冰盖等组成。快系统是驱动地球系统其他部分的热机,供给动量、水和能量。如云控制着行星反射率和可到达地面的辐射能量,驱动大气运动,同时也是供给生物生长的主要能源。蒸发和降水控制着地球水循环,也控制着地球上生物和需要的淡水,淡水供应控制植物的分布;植被和土地利用是控制阳光吸收、蒸腾和涡动水热输送的主要因子。同时,水体和土地利用影响生物地球化学循环,这本身又受人类活动的支配。因此,一方面能量过程是地球系统变化的动力。另一方面这种动力又要依靠两个物质循环过程,水循环和生物地球化学循环把大气、海洋、陆地和生物圈联结起来。

这里我们从驱动地球系统的太阳能量开始来讨论全球变化的主要科学问题。全球变化研究中的重要科学问题主要包括:

(1)全球大气化学组成的控制和调节;

(2)海洋生物地球化学过程与气候变化的相互影响;

(3)海洋热力过程对气候的影响;

(4)海洋过程和陆地过程之间的联系;

(5)地球系统能量和水的循环;

(6)平流层过程对气候的影响;

(7)地球环境过去的演变及其变化的原因;

(8)全球变化对陆地生态系统结构和功能的影响;

(9)对地球系统的各个部分和各种基本过程的综合分析和模拟研究;

(10)人类活动在全球环境变化中的作用。

通过对这些科学问题的研究,希望更进一步地认识以下问题,为人类全球王国时代条件下更好地维护和管理地球及生物圈提供科技支持:

(1)辨识和确定全球变化的自然成因和人为成因的贡献,辨认和确定全球变化的起源、速率、规模和未来的发展趋势;

(2)提高对生态系统在多重压力的综合作用下演变前途的超长预警;

(3)辨识当今生物灭绝的驱动因素、主要机制和对生物圈的影响,确立有效保护生物多样性和维护可持续生物圈的行动方案;

(4)认识全球污染条件下生物的应对方式、适应能力、进化潜力、未来的发展命运;

(5)模拟和解释全球环境变化及其过程;

(6)评估全球环境变化的可能性及其影响的可能性。

我国是一个人口大国,经济高速发展及其产生的环境效应既受全球变化的影响,也是全球变化重要驱动力量。加强我国的全球变化及区域响应的基础性、战略性和前瞻性科学研究,解释我国对全球变化的响应和影响,认清环境变化的自然和人为因素,为我国经济社会发展在全球变化背景下制定合理的发展目标、方式提供对策和决策依据。

第二节　全球气候变化及其生物响应

全球气候变化主要强调人类活动对气候的影响及其效应。在最近 20 多年的研究中,范围最广、影响最大而引起人们广泛关注的首推温室效应的证据、成因和动态研究,它主要包括全球气候变化与大气成分的变化关系研究、土地利用和土地覆盖变化的全球效应研究、全球气候变化对植物生产能力的影响研究、生物入侵与全球气候变化关联分析、海洋生态系统与陆地生态系统的互动研究、气候变化的对策研究等。全球气候变化的主要因素及其相关因素见图 7-2。

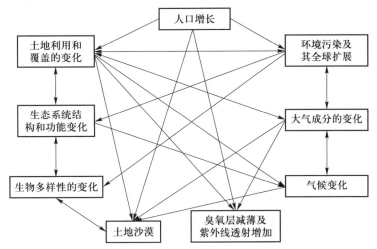

图 7-2　全球气候变化的主要因素及其相关因素

温室效应是造成全球气候变暖的主要因素,也是全球主要环境问题。温室效应是一场全球性的环境灾难,它将加速极地和高山的冰川和冻土融化,导致海水变暖和膨胀、海平面上升,影响地表水分配、降水量、气候带、农业生产及生态系统的结构和功能。本节主要阐述温室效应的概念、形成原因、环境后果及生物响应。

一、温室效应及其形成原因

地球表面的温度及气候由太阳辐射决定,地球从太阳吸收的能量必须与地球和大气层向外释放的辐射能量相平衡,地球的温度才能稳定在一定范围内。为了维持这种平衡,地球外释能量的一部分由辐射性的大气层气体(即温室气体)吸收并反射回地球,进而减少向外层空间的能量净排放。当大气层中的二氧化碳等气体物质大量聚集,通过吸收近地表的太阳长波辐射,并将其发射回地表,从而使地表增温现象显著增强,这种作用类似于栽培植物的温室,为此称为温室效应(greenhouse effect)。

温室效应的形成,是空气中大量的温室气体积累的结果。大气层中的有些微量气体,可以让太阳短波辐射自由通过,同时吸收地面发出的长波辐射。因此,当它们在大气中的浓度增加时,就会加剧"温室效应",引起地球表面和大气层下沿温度升高。这些气体叫作温室气体(greenhouse gases)。温室气体主要有二氧化碳(CO_2)、甲烷(CH_4)、一氧化二氮(N_2O)、氯氟烃(氟利昂,CFCs)和臭氧(O_3)等。据科学家计算,CO_2浓度增加一倍,将会使全球平均温度增加 1.5~7 ℃,高纬度地区增加 4~10 ℃,这样迅速升高的温度将会引起地球上的冰川融化,导致海洋平面上升,使许多沿海城市遭受灭顶之灾。

温室效应的增强,主要是由于人类经济社会活动排放过多的温室气体,超过了自然界吸收、同化、转化的能力,从而使大气中该类气体的含量上升,引起的增温效应及其生态响应超过了地球生物圈和人类社会可以接受的程度。

二、温室效应的环境后果

温室效应的环境后果包括对温度、地表水分配和降水量的影响。温室效应对生物环境的影响已引起人们极大的关注。

1. 温度升高

随着大气中 CO_2 浓度增加,全球气温将上升,导致全球气候变暖。联合国环境规划署成立了联合国政府间气候变化专门委员会(IPCC),在 2021 年发布的第六次评估报告中指出,1850年以来,全球地表平均温度已上升约 1 ℃,并指出从过去 20 年的平均温度变化来看,全球温升预计将达到或超过 1.5 ℃。2012 年之后,全球平均气温急剧升高。数据显示,2016—2020 年这五年至少是自 1850 年有仪器观测记录以来最热的五年。IPCC 第六次评估报告指出人类活动是促成这一变化的重要因素之一,更多的证据和资料均支持了人类活动是工业化以来大气、海洋和陆地变化的主要影响因子,这让我们对人类活动导致气候变化有了更清晰的认识,对我们把握未来方向、采取行动和选择应对方式都起着至关重要的作用。

2. 海平面上升

由于气温升高,冰雪融化,海水膨胀,进而使海平面上升。据记录,在过去的 100 年中,海平面已升高了 10~25 cm。到 2100 年,海平面有可能增加 15~90 cm,而到 2075 年,海平面可能上升 30~213 cm。海平面上升,将淹没地势低的地区,如"水城"威尼斯,"低地之国"荷兰等。当然中国海平面上升速率高于全球平均水平,根据《2020 年中国海平面公报》,1980—2020 年,中国沿海海平面上升速率为 3.4 mm/a,2020 年中国沿海海平面较常年高 73 mm,其中,河北、天津、上海和浙江沿海海平面偏高明显,较常年分别高 88 mm、98 mm、85 mm 和 88 mm。

3. 降水量变化及灾变性气候的增多

气候变化带来的最基本效应是干扰水循环,受气候变化影响的地区最关心的是干旱和洪水、水质和水量。气候变化在一些地方将引起更大的干旱,而在另一些地方却造成洪灾,由此造成的经济损失是很大的。受害最大的是目前水质和水量已成问题的地区,比如一些干旱和半干旱地区。气候变化有可能加重中东地区和非洲地区的缺水,从而可能造成跨国界取水的国家关系紧张(Enger 和 Smith,1994)。全球降水量变化在不同地区差别较大。中高纬度地区降水量将增加(约增加 10%)。但由于环流特点,暴雨型降水增加,非降水期延长,干旱将扩大。欧亚大陆和北美大陆夏季土壤水分将减少。美国中西部到地中海,西澳大利亚等世界粮食主产区由于夏季降水量减少而减产 15%~20%。温度上升还会导致热区面积的扩大。

随着全球变暖,近年来,极端天气事件也呈现多发频发的态势。IPCC 第六次评估报告指出,全球和大多数大陆极端冷事件和极端暖事件变化很可能是人类活动引起的温室气体所致。近几十年全球陆地强降水加剧也可能是受人类活动的影响。

4. 生物气候带变化

生物气候带是指生物与气候相适应而形成的与纬度平行的带状地域。生物气候带在山地海拔高度上的表现,则为垂直生物气候带。全球气候变化导致全球性温度升高,热区面积扩大,从而对全球生物气候带生物的分布和生存产生影响。

（1）气温上升使植被带北移。原来居住地温度升高，使冷型温带森林或温带草原代替北方森林，而亚热带森林将由热带森林所代替。北美洲东部植物的平均北移速率为 100～400 m/a。蝴蝶是全球变暖最敏感的指示物种之一，生活在北美洲和欧洲的斑蝶（*Euphydryas editha*）其分布区已经向北迁移，最多的达 200 km。

（2）温度升高导致生物物候提前。在过去的 20 世纪里，生物春季的物候（开花、产卵等的时间）显著提前。在 32°N—49°N 之间物种物候平均每 10 年提前 4.2 天，50°N—72°N 之间提前 5.5 天。说明全球变暖对北半球尤其是极地生物的影响更明显。

（3）山低部生物的分布向山顶推移。温度升高，低海拔生长的生物不得不向高海拔温度较低的环境迁移。欧洲阿尔卑斯山脉维管植物分布平均每 10 年升高了 23.9 m，维管植物数量增加最多的海拔为 2800～3100 m，这正是过去 50 年冻土融化向高海拔退缩的距离。

（4）全球变暖使许多生物种类面临灭绝危险。气温上升幅度超过 1.5 ℃，全球 20%～30%的动植物物种面临灭绝；气温上升 3.5 ℃ 以上，40%～70% 的物种将面临灭绝；全球气温上升 2 ℃，欧洲将有 38%的鸟类灭绝。除温度升高的直接作用和温度增加后疾病增多的间接原因导致死亡或者灭绝外，生物响应温度变化的差异，使原有生态系统中生物与生物、生物与环境之间在长期进化过程中形成的相互关系被打破，从而引起食物链和传粉媒介的中断，最终也会导致物种的灭绝。比如，不同生物类群生物物候在春季提前的时间不同（表 7-1），这种不同步性会导致生态系统中协同进化的物种出现诸如动物的庇护所、营巢地和食物来源、植物的传粉媒介等消失的障碍，从而威胁该物种的生存。

表 7-1　不同物种每 10 年春季物候期提前的天数　　　　单位：d·(10a)$^{-1}$

分类群	平均提前的天数
所有物种	2.8
两栖类	7.6
鸟类	3.7
蝶类	3.7
草本植物	1.1
灌木	1.1
乔木	3.3
鱼类	1.3
蝇类	5.0
哺乳类	9.6

资料来源：Parmesan，2007。

三、温室效应的生物响应

1. 植物对温度升高的响应

（1）植物光合作用对温度升高的响应。光合作用是一系列的生物化学反应，需要由酶来催化。温度过高或过低都不利于酶的催化作用，影响光合作用效率的提高。光合作用的最适温度是指光合速率达到最大值时的温度,它受植物的遗传性、生长发育阶段和栽培管理条件,以及所处的生态环境等多种因素影响,因此,不同植物有不同的光合作用最适温度范围。一般而言,随着温度升高,植物叶片的净光合作用、气孔导度、蒸腾速率升高,达到植物最适宜温度之后,净光合作用开始下降,气孔导度和蒸腾速率仍然继续提高。

对于 C_3 植物来说,随着温度的上升,暗呼吸和光呼吸也随之加剧,使光合作用吸收 CO_2 和呼吸作用释放 CO_2 之间迅速达到动态平衡,决定了 C_3 植物不可能有很高的热限温度。而 C_4 植物起源于高温、干旱的环境,因此比 C_3 植物有较高的最适温度范围。

(2)植物呼吸作用对温度升高的响应。植物光合作用产物的大约50%用于自主呼吸,以获得维持生长发育和生殖的能量。当温度较低时,温度是植物能量代谢的限制因子;但在较高温度下,底物和代谢产物通过自由扩散过程的能量成为呼吸的限制因子;然而在极端高温下,植物地上和地下根系的呼吸作用增强,碳损失增加,原生质体开始崩溃,植物的呼吸器官受到破坏。因此,与光合作用一样,植物的呼吸作用存在一个温度响应曲线,植物呼吸作用的最佳温度高于光合作用过程。在达到最佳温度之前,呼吸强度随着温度升高呈指数式上升,此时的 Q_{10} 为 2,即温度每升高 10 ℃,呼吸强度加倍。超过适宜温度后,高温抑制呼吸作用。

(3)植物生长和繁殖对温度升高的响应。温度升高促进植物的光合作用能力,加速糖类的积累,提前或延长植物的生长发育周期,从而提高了植物的生物量和株高。

温度不但影响植物的光合作用、呼吸作用和生长,同时对植物的繁殖器官也会产生影响。首先,高温会阻碍花粉成熟与花药开裂,一方面,散发到柱头上的花粉数不足;另一方面,花粉活力和萌发率下降,引起不受精,导致不育。温度对花粉活力和萌发率负面的影响随开花时间的后移而逐渐减小。其次,高温导致植物授粉成功率下降,结实率降低,空粒率和秕粒率提高。

(4)种间关系对温度升高的响应。植物对温度升高的反应存在种间、功能群间、物种特性之间及持续增温时间的差异性。由于 C_4 植物比 C_3 植物适宜较高的温度和干旱环境,因此,升温有利于 C_4 植物的生长发育。在温带草地生态系统中,升温对 C_4 植物有促进生长的作用,而 C_3 植物的生长速率在前两年升高,后两年下降。沼泽和泥炭环境中的升温实验表明,升温对灌木的促进作用大于草本,对禾本科草类的促进作用大于非禾草科草类植物。因此,功能群和种间的响应存在温度升高的差异,导致生态系统中物种多样性、种类的均一性改变,最终影响生态系统的净生产力和物质循环。

2. 动物对温度升高的响应

(1)动物地理分布对温度升高的响应。全球气候变暖改变了物种的地理分布范围,增加了某些物种潜在的分布区域。全球气候变化改变了区域的温度和降水格局,使动物的栖息生境发生改变,某些鸟类和两栖类,甚至丧失了栖息生境。当温度和降水格局发生变化时,物种的分布会随之发生变化,物种总是倾向于分布在气候条件最适宜的区域。

温度是影响物种分布的关键因子之一。特定的物种分布在特定的温度带内。全球气候变暖后,由于不同地区温度升高的不均衡,加上这些地区本身环境的差异,温度升高对这些地区的野生动物生境产生了影响。气候变化对野生动物分布的影响,除了温度升高而使其受到直接胁迫外,温度升高还引起其他环境因子改变,而使其重新分布。扩散能力不同的动物,全球气候变化对其分布的影响结果不同。扩散能力较强的动物,随气温的升高,其分布区北移或出现在更高海拔地区,当温度变化在其忍受范围之外时,其分布范围因分布边界的移动而扩大。

（2）动物物候对温度升高的响应。物候是指生物长期生活于特定生境,经过适应后,其发育节律与自然周期相协调的现象。物候的时间与气温、降水、土壤温湿度、光照等因子有关。但不同的物种对这些因子的敏感程度不同,这些因子的长期改变会引起其物候的变化,最终影响到物种繁殖力、竞争力及物种间的相互作用。物候变化是动物对气候变化最简单的反应。温度升高使野生动物的物候发生改变,通常表现为物候期提前。

（3）动物行为和生理对温度升高的响应。动物的繁殖期是动物生活史中对气候最敏感的时期,微小的气候变化都有可能影响动物的繁殖成功率。动物的繁殖会进一步受限制,繁殖后代的成功率减小。

气候变暖还可以影响动物的冬眠行为。旱獭在阿拉斯加冬眠时间缩短,美洲许多鸟类的繁殖期提前。全球变暖还影响雀形目动物和啮齿类动物的身体大小等生理机制。

（4）动物种群动态对温度升高的响应。种群的数量变动由出生与迁入和死亡与迁出两组数据决定。影响出生、死亡和迁移率的因素都影响种群的数量动态。气候变暖主要通过影响动物的生境及其繁殖率,最后导致动物种群数量波动。

温室效应导致动物生境的改变。栖息地的退化也是导致生物多样性减少的主要原因。栖息地的破碎化是导致物种灭绝的重要原因。物种灭绝的另一个重要原因是极端天气灾害导致大量物种的死亡。

3. 微生物对温度升高的响应

土壤生态系统中,增温效应促进或者抑制植物的生长发育,从而对地下土壤微生物的群落结构和组成产生影响(图 7-3),进而导致土壤碳、氮循环发生改变。

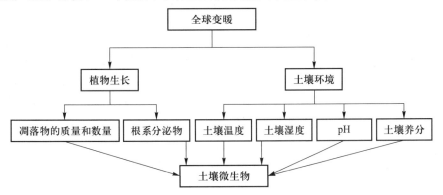

图 7-3　温度升高对土壤微生物群落的影响

（1）影响微生物的生长。在不同的温度下,不同的微生物其生长速率不同。细菌和真菌的最适宜生长温度是 25~30 ℃,超过最佳温度,两类微生物的生长速率开始下降,其中真菌比细菌对高温较敏感,因此,较高温度下,细菌的生长速率超过真菌。相反,在较低温度下,真菌的生长占优势(图 7-4)。

（2）改变微生物群落结构。土壤升温导致土壤中真菌/细菌比率升高。土壤升温诱导植物生长加速,植物群落中 C_3/C_4 比例改变,土壤 C∶N 提高,土壤可用性氮素减少,这种消长变化更有利于以氮素代谢为主的真菌生长。因此,尽管微生物生物量不受温度的影响,但全球变暖可能会增加土壤中真菌的比率,减少细菌的种群数量,从而改变土壤原有的微生物群落

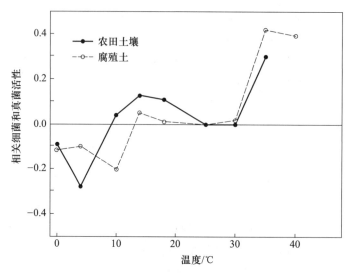

图 7-4　不同温度下农田土壤和森林腐殖质土壤中细菌和真菌活性的变化曲线

（资料来源：Pietikǎinen 等，2005）

结构。

（3）微生物活性和土壤呼吸改变。土壤呼吸作用是指未受扰动的土壤中产生 CO_2 的所有代谢过程，它包括 3 个生物学过程（植物根呼吸、土壤微生物呼吸和土壤动物呼吸）和 1 个非生物过程（含碳物质化学氧化过程）。在升温 0.3~6.0 ℃范围内，土壤呼吸速率增高 20%。在时间尺度上，升温处理后的前 3 年，土壤呼吸的响应更加强烈，森林生态系统土壤呼吸对气候变暖的响应比冻土地带和草地生态系统更大。较高的温度通过提高土壤微生物的代谢活性，加速有机碳的分解来促进土壤碳的释放，并将导致森林生态系统生产力改变。

4. 生态系统对温室效应的响应

气候变化极大地改变着植被类型的地理分布。CO_2 浓度增加到 700 μL/L 时，所带来的气候变化将使地球上 1/3 的森林组成发生巨大变化。在未来的 100 年内，一些北美森林中的物种将向北移动 500 km，远远超过自然移动的速度；美国东北部一些有重要经济价值的物种（如糖槭等）将消失。植被分布的变化将对全世界国家公园和生物避难所产生严重影响，从而使多样性减少，生态系统效益下降。湿地所受的风险更大，支持着北美一半水鸟种群的北美大草原低凹地区湿地，在气候变化下将发生面积减少和特征改变。

全球温度升高，植被带将有很大变动。亚寒带森林可能由目前的 23% 减少到 1% 以下，泰加林几乎消失。当 CO_2 浓度增加一倍时，森林生物量将由现在的 58.4% 下降到 47.4%；草地生物量将由现在的 17.7% 增加到 28.9%。

全球升温，植物种将会向北（北半球）推移。根据地层埋藏的花粉分析，冰期后到现在的 2 万年期间，移动最快的是赤杨、桤木，每年平均移动 2 000 m，移动较慢的有枫树、冷杉，每年移动约 40 m。如果短期内 CO_2 浓度增加一倍，温度上升得较快、较高，植物需每年移动数十千米才能适应，而这远远超过植物每年迁移的能力，结果将导致森林生态系统崩溃，后果极其严重。

5. 温室效应对人类健康的影响

气候作为人类赖以生存的自然环境的一个重要组成部分，气候变暖对人类的影响是全方位的、多层次的。世界卫生组织指出,每年因气候变暖而死亡的人数超过 10 万人,如果世界各国不能采取有力措施确保气候正常,到 2030 年,全世界每年将有 30 万人死于气候变暖。

（1）极端天气。气候变暖对人类健康的最直接影响是使热浪冲击频繁或严重程度增加。热浪、高温使病菌、病毒、寄生虫更加活跃,会损害人体免疫力和疾病抵抗力,导致与热浪相关的心脏、呼吸道系统等疾病的发病率和死亡率增加。这种影响对老人、儿童和发展中国家贫穷的群体尤为显著。城市热浪对人类健康的影响大于郊区、农村。由于热岛效应,城市市区的高温不但高,而且持续时间长,对人体健康危害大。

（2）光化学影响。气候变暖会提高大气中化学污染物之间的光化学反应速率,造成光化气雾等有害氧化剂增加并诱发一些疾病。如眼睛炎症、急性上呼吸道疾病、慢性支气管炎、肺气肿、支气管哮喘等疾病。气候变暖,大气中的氟氯烃等温室气体增加,使臭氧层变薄,导致地面的紫外线（UV）增加,特别是中波紫外（UV-B）辐射增加,对人类健康危害很大,会引发白内障、皮肤癌等疾病。过量紫外辐射损害 DNA（基因中毒）,使子细胞突变,诱发皮肤癌。过量的 UV-B 辐射会破坏人体的免疫系统,从而降低人体抵抗疾病的能力。

（3）气候变暖助长病原性媒介疾病的传播。病原性媒介疾病多属于温度敏感型疾病,气候变暖助长了某些媒介传染病的传播。伴随气候变暖,疟疾、血吸虫病、登革热等虫媒病将殃及 40%~50% 世界人口的健康。气候变暖可能使水质恶化或引起洪水泛滥而助长一些水媒疾病的传播。例如,1991 年霍乱袭击了秘鲁,并迅速沿着秘鲁 2 000 km 的海岸线蔓延至厄瓜多尔、哥伦比亚、智利、巴西等 19 个拉美国家,导致 50 多万人患霍乱病,死亡近 5 000 人。科学家警告,气候持续变暖,一些未知病毒可能会复苏并四处传播,有可能给人类健康带来更巨大的灾难。近 10 年来,SARS、禽流感、新型冠状病毒感染等严重流行疾病的爆发可能都与气候变化存在一定的关系。

第三节　臭氧层衰减及其生物响应

臭氧层减薄是人类面临的全球性环境问题之一。大气臭氧层能吸收强烈的太阳紫外辐射,臭氧在吸收紫外线方面起着举足轻重的作用。通常情况下,大气平流层中的臭氧几乎吸收了全部的 UV-C 和 90% 的 UV-B,使地球生物得以正常生长,从而成为地球生命的有效保护层,是地球的"保护伞"。人类活动排放大量消耗臭氧层的气体,如氯氟烃类化合物、氯烃及有机溴化物等导致大气平流层臭氧减少。平流层臭氧的减少,使得更多的 UV-B 辐射到达地表,并导致许多严重的生态学后果,因此平流层臭氧的减少引起了国际社会的广泛关注。本节主要阐述臭氧层减薄与地表紫外辐射增强、紫外辐射增强对生物的影响。

一、臭氧层变化的趋势

臭氧（O_3）是大气平流层（一般为 16~25 km 高度之间）中的一种活泼气体（图 7-5）。20 世纪 30 年代,Chapman 揭示了太阳光如何与大气层的氧分子作用形成臭氧。

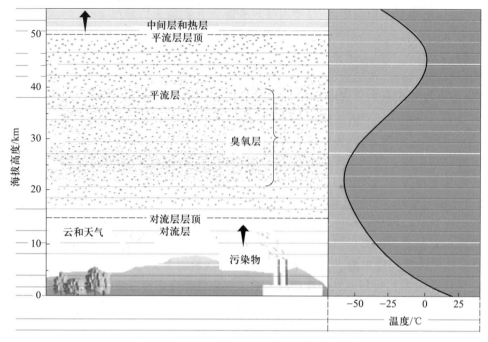

图 7-5　地球表面大气层的组成及其温度变化

　　从 1957 年开始,在南极洲的四个科研站开始定期测量臭氧,并且将平流层臭氧的减少与地表紫外辐射增强联系在一起。长期的研究发现,自 1979 年以来,从南纬 60° 向极地方向,每年大约有 5% 的臭氧减少。在北极也观察到了臭氧减少,1989 年初,英国、美国和瑞典三国科学家联合在北极展开了大规模的研究工作,证明北极上空臭氧破坏相当严重,但是还没有形成空洞。目前尽管消耗臭氧层物质的排放大幅减少,但北半球平流层臭氧减少趋势仍在加剧,1970—2012 年,平流层臭氧浓度春季和夏季在南半球降低 11%,北半球降低 2.7%(Agustí,2014)。

　　世界卫生组织臭氧趋势小组(ozone trends panel)已对全球臭氧数据重新进行了分析。在北纬 30°—60° 之间的地面测量结果表明,在对太阳周期和其他循环的影响修正之后,臭氧在 1969—1986 年之间的平均通量减少为 1.7%~3%。在这些纬度中,北纬 53°—64° 之间冬季的减弱最为严重,月达 7%。臭氧趋势小组分析的结果还表明,平流层臭氧的破坏已在全球范围内发生,在 1979—1986 年间,在高度为 34~44 km 之间的臭氧减少达 6%~9%。

　　臭氧层的最高消耗常常发生在春季(1—4 月)。在加拿大的北极地区,1997 年春季的臭氧损失达到 45%。由于 1996 年春季的低温,该时北极地区的损失更大。在 1996 年 1 月 20 日—4 月 9 日计算同温层中一层的损失约达 64%。北极的臭氧损失可能比南极损失要大,但是由于存在与南极不同的动力因子,其损失得到部分补偿。

　　世界气象组织近年来的评估公报显示,在 1990 年,全球臭氧损耗达到最大,比 1964—1980 年全球平均臭氧减少 5%。臭氧层快速减薄已经通过卫星得到证实,最明显的减薄发生在南极大陆上空,形成了臭氧空洞。在春季,衰减率高达 71%。据最新预测,北半球中纬度地区臭氧减少的极大值在冬春季为 12%~13%,夏秋季为 6%~7%。从 1993 年的 TOVS 卫星资料看到,臭氧总量在我国上空异常低,过去 10 年我国北京香河和昆明两个监测站的监测结果表明,臭氧总量呈降低趋势,分别降低了 5% 和 3%。据估计,如不加任何控制,发展到 2075 年臭氧层将减少 40%。

臭氧层变薄的成因和机理在环境学及其相关课程中有详细的阐述,这里不再赘述。

二、 臭氧层减薄与地表紫外辐射增强

1. 臭氧层的作用

臭氧层有两个重要作用,一是臭氧层可以吸收太阳紫外辐射中对生物最有害的波长。波长小于 280 nm 的短波紫外(UV-C)辐射可被极少量的臭氧完全吸收,即使臭氧层减少 90%,也不会有 UV-C 到达地表;而臭氧对长波紫外(UV-A)辐射的吸收很少,但 UV-A 的危害很小,因此平流层臭氧减少将主要导致中波紫外(UV-B)辐射的增加。另一个作用是臭氧层吸收太阳辐射,可以加热大气层,其原因是臭氧分子吸收紫外线后将分解为氧分子和氧原子,当两个氧原子重新结合为氧分子时要放出热能,这实际上也就是臭氧把太阳辐射里的紫外线转化为热能的过程。

臭氧对紫外辐射的吸收是由臭氧通量决定的,即由单位大气层厚度臭氧分子数目所决定。臭氧通量通常以多布森(Dobson)单位(DU)来度量,大气层平均臭氧通量大约为 300 DU,相当于地面上 3 mm 厚度的纯臭氧层。

2. 臭氧层减薄引起地表紫外辐射增强

地表紫外辐射能量占太阳总辐射能的 3%~5%。紫外辐射的波长范围为 200~400 nm,根据其生物效应分为 UV-C 辐射、UV-B 辐射、UV-A 辐射。UV-C 辐射对生物有强烈影响,但它在平流层中基本上被臭氧分子全部吸收而不能到达地面。UV-A 辐射可促进植物生长,一般情况下无杀伤作用,它很少被臭氧吸收。从生态学角度分析,UV-B 辐射是非常重要的。臭氧能部分吸收 UV-B 辐射,其吸收程度随波长不同而异,波长越短,吸收量越大。

平流层臭氧衰减导致更强的具有生物学效应的 UV-B 辐射到达地表已被证实。在 300 nm 处,臭氧层减薄将导致光谱辐射倍增。卫星资料表明,在 1979—1993 年,南北半球的中高纬度地区都有显著的 UV-B 辐射增加。根据 1981—1989 年在瑞士阿尔卑斯山的测量,UV-B 辐射每年增加 1%。20 世纪 80 年代后期与 1980 年相比,东京的 UV-B 辐射增加了 30%。在多伦多 1989—1993 年间,300 nm 附近的辐射在冬季每年增加 35%,而夏季每年增加 7%。我国北京 1980—1989 年及昆明 1980—1990 年的观察也表明 UV-B 辐射与臭氧含量有相反的变化趋势,总体上是臭氧含量降低,UV-B 辐射增加。Madronich 等(1995)报道了辐射放大因子(RAF),定义为式(7-1):

$$\frac{\triangle E}{E} = -\text{RAF}\left(\frac{\triangle O_3}{O_3}\right) \quad (\%) \tag{7-1}$$

式中:$\triangle O_3 / O_3$ 为臭氧柱量变化的百分率,$\triangle E/E$ 为加权 UV-B 辐射相应增加的百分率。RAF 给出了与臭氧减少对应的有效辐射增加。通常,这两者之间的关系是十分复杂的,受诸多因素的影响,并不成线性关系。上述百分率公式适用于臭氧变化小的情况,在臭氧变化大时,更精确的关系式为式(7-2):

$$\frac{E_2}{E_1} = \left[\frac{(\triangle O_3)_1}{(O_3)_2}\right]^{\text{RAF}} \tag{7-2}$$

式中:E_1 和 E_2 分别是对应臭氧柱量 $(\triangle O_3)_1$ 和 $(O_3)_2$ 的加权 UV-B 辐射。研究表明,RAF 值通常

为 1~3。不少学者用生物作用光谱来评价紫外生物辐射效应的权重因子,确定紫外生物有效辐射(UV-B$_{BE}$)。

由于臭氧层衰减而引起的 UV-B 辐射增强具有重要的生态学后果,对人、动物、植物、微生物、生物地球化学循环、生态系统、大气质量和材料都有重大影响。过去 20 多年的研究取得了一些成果,其中对生物的影响研究得最多。

三、 紫外辐射增强对生物的影响

1. 紫外辐射增强对植物的影响

紫外辐射影响植物的形态、物候和次生代谢,主要体现在两个方面:一是在臭氧层衰减紫外辐射增强条件下对植物的影响;二是在紫外辐射长期作用下,其对植物的胁迫和调控作用。

（1）紫外辐射增强对植物生长的影响。叶片是对环境胁迫,尤其是光胁迫最敏感的植物器官,在表征生态系统功能方面具有一定的生态指示作用,逆境条件对植物的伤害,往往首先在叶片上表现出来。植物叶片对增强的 UV-B 辐射的响应是多方面的:一是对植物叶片的损伤作用,在 UV-B 辐射增强作用下,植物出现了叶缘退率、萎蔫、死斑、卷曲、枯萎的现象,且随着辐照梯度增大,叶片损伤程度加剧;二是 UV-B 辐射降低叶面积,在许多物种中观察到了 UV-B 对植物的茎伸长和叶面积扩张有抑制作用(见图 7-6),在温室研究的 70 多种作物品种中,发现 60%以上的作物在 UV-B 辐射下叶面积减少,叶面积减少是由细胞减小和叶结构改变而引起的。UV-B 辐射可以使叶片变厚。

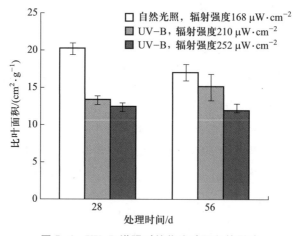

图 7-6　UV-B 增强对植物比叶面积的影响

植物总生物量积累是权衡 UV-B 辐射对植物生长影响的一个较好指标。总生物量代表所有生理、生化和生长因子长期响应的完整性。而且,即使 UV-B 辐射对形态过程中很微妙的影响也会积累起来,并造成对生物量的显著影响。UV-B 辐射导致植物生物量降低,其原因可能是增强的 UV-B 辐射会使植物光系统 II 受损,进而引起净光合速率的降低,导致植物生物量的降低。还可能是 UV-B 辐射引起植物激素代谢改变,影响细胞分裂和细胞伸长,导致生长速率降低。同时,UV-B 辐射还改变植物的干物质分配。在双子叶植物中,较多的干物质分配到叶

（尽管在 UV-B 辐射的影响下，叶面积绝对降低），而较少进入茎和根中。

（2）紫外辐射增强对植物生理生化的影响。UV-B 辐射对植物生理生化产生明显的影响。UV-B 辐射能破坏敏感植物的叶绿体结构和它们的前体，或者使叶绿素的合成受阻，从而降低叶绿素含量。UV-B 辐射降低叶片的叶绿素含量，降低希尔（Hill）反应活力，抑制光系统 II 的电子传递，降低核酮糖二磷酸羧化酶（RuBPcase）活性，增加暗呼吸，直接损害了植物的净光合作用，降低生物量。UV-B 辐射对光合效率的长期影响可能还与光合蛋白的基因调控和群体中作物的形态变化有关。UV-B 辐射还降低作物的气孔导度和蒸腾速率，影响植物对 CO_2 的吸收和水分代谢。此外，UV-B 辐射对类黄酮含量有明显的影响，UV-B 辐射增加类黄酮含量是植物自身的适应和保护措施，可以使进入叶片的 UV-B 辐射大大衰减。高的类黄酮含量可以保持 DNA 的完整性和较高的生物量，并确定类黄酮为 DNA 损伤程度的尺度。

（3）UV-B 辐射增强对植物大分子物质的影响。UV-B 辐射增强对植物蛋白质的影响十分突出。蛋白质的 20 种氨基酸中少数种类含有芳香环或杂环的氨基酸对蛋白质（包括酶）的生物学功能来说都是不可缺少的。芳香环和杂环中的共轭双键对 UV-B 辐射有强烈的吸收，在 UV-B 辐射的作用下，转变为活性很强的激发态，随后易发生开环或与其他物质直接结合，而使本身所在的蛋白质分子的空间结构发生改变，从而失去原有的生物活性，植物中的可溶性蛋白质和核酸含量均降低，总游离氨基酸含量增高。

UV-B 辐射增强还对植物 DNA 产生影响。DNA 分子中碱基都含有杂环（嘧啶环和嘌呤环），这些结构（特别是嘧啶环）吸收 UV-B 辐射后，转变为具有很强氧化活性的激发态，这种激发态很容易引起一系列反应。一是相邻嘧啶环之间会发生结合形成二聚体，而导致移码突变。二是激发态的碱基与其他物质结合而脱落，也引起移码突变。三是将激发产生的高能电子传递给 O_2、OH^- 和 H_2O 等基团或分子，产生破坏力很强的 $O\cdot$ 和 $\cdot OH$ 等自由基。这些自由基反过来又可能导致 DNA 链的断裂，进而引起基因突变甚至影响 DNA 的复制。

2. 紫外辐射增强对动物的影响

（1）紫外辐射增强对昆虫的影响。紫外辐射可被昆虫识别、接收，紫外辐射增强可以影响昆虫的定位、飞行、取食及两性间的交互作用。某些昆虫具有一些特殊的 UV 识别器，如海洋中的甲壳类昆虫具 4 个独立的 UV 感受通道。UV 光谱可控制这些昆虫的行为，UV 强度的变化会刺激昆虫体内的识别器，支配其日常的觅食行为及地理分布和活动范围。可以预见，UV-B 辐射增强将不可避免地影响这类昆虫的行为。UV-B 辐射增强会使植物内的营养物质含量发生变化，从而影响植食性昆虫的生长、发育和繁殖。蛋白质和氨基酸是昆虫生长发育和生殖所必需的营养物质，而 UV-B 辐射增强可改变植物内的蛋白质和氨基酸含量。植食性昆虫的必需氨基酸一般需从寄主植物中摄取，若寄主植物中必需氨基酸缺乏，则会延长昆虫的幼虫期，并影响雌成虫的卵巢发育，降低其产卵量。UV-B 辐射下植物的次生代谢产物会发生变化，如类黄酮含量上升、单宁积累增加，木质素合成下降等，这是植物响应 UV-B 辐射的一种适应性反应，有利于提高植物抵御辐射的能力。然而，这些次生代谢产物的消长变化恰恰影响了植食性昆虫取食的行为和程度，从而影响昆虫的生长、发育和繁殖。UV-B 辐射诱导病理相关基因的表达可以增强植物抗病虫害的能力。另外，在 UV-B 辐射下，植物物候期的改变和种间竞争性平衡的变化会直接或间接影响昆虫的行为、活动和分布。

（2）紫外辐射增强对水生动物的影响。水体消费者包括幼小鱼类、海胆、软体动物、甲壳动物和海绵动物等浮游动物(zooplankton)、两栖动物和鱼类。在淡水湖泊中,UV-B 辐射是调节物种分布和种群组成的重要因素(Tucker 等,2010)。Fisher 等(2006)通过对淡水水蚤(*Daphnia cafawba*)采用不同强度的 UV-B 辐射,发现暴露在紫外辐射下的个体存活率下降。在UV-B 辐射下,海洋桡足类的成活率显著下降,尤其是卵和幼虫,因为卵和幼虫身体多数是透明的,UV-B 辐射更容易穿透到达组织内部。

3. 紫外辐射增强对微生物的影响

微生物是生态系统中的分解者,或称还原者,在生态系统结构及物质循环和能量流动中发挥着不可缺少的重要作用,尤其在土壤中矿质养分的循环、转化、利用及叶片分解方面的作用十分突出。李元等(1999)报道了 UV-B 辐射对春小麦分蘖期、拔节期、扬花期和成熟期根际土壤微生物种群数量动态的影响。UV-B 辐射显著降低细菌总数,放线菌和真菌数量也随 UV-B 辐射增加而降低,其中细菌比放线菌及真菌对 UV-B 辐射更敏感(表 7-2)。

研究 UV-B 辐射对真菌移殖的影响,对于阐述植物枯落叶分解的变化,以及生态系统中枯落叶周转、生物地球化学循环和土壤营养动态是极其重要的,也是生态系统对 UV-B 辐射响应研究中不可缺少的部分。UV-B 辐射对分解真菌移殖的影响包括直接影响和间接影响两个方面。直接影响指真菌直接接受 UV-B 辐射,其生长、繁殖、种类、数量及分解能力受到影响;而间接影响指 UV-B 辐射改变了植物叶片的化学组成及次生代谢,从而影响了分解真菌的移殖。

表 7-2 UV-B 辐射对春小麦根际土壤微生物种群数量动态的影响

微生物	UV-B/(kJ·m^{-2})	分蘖期	拔节期	扬花期	成熟期
细菌	0	843.3	702.4	334.2	351.1
	2.54	703.7	611.1	282.1	204.5
	4.25	624.0	590.2	108.1	101.9
	5.31	567.3	519.0	84.1	122.3
放线菌	0	122.8	3.359	13.17	4.893
	2.54	84.33	3.460	9.580	4.078
	4.25	88.72	2.241	8.791	3.407
	5.31	95.14	2.849	9.480	3.465
真菌	0	0.738	7.123	3.456	1.528
	2.54	0.575	7.123	2.498	1.403
	4.25	0.338	3.359	2.651	0.611
	5.31	0.337	3.360	2.657	0.408

资料来源:李元等,1999。

4. 紫外辐射增强对生态系统的影响

UV-B 辐射对生态系统结构和功能有明显的影响,这为 UV-B 辐射增强条件下对生态系统的评估、预测及调控提供了科学依据。

(1)UV-B 辐射对生态系统结构的影响。生态系统结构主要包括生产者、消费者、分解者和非生物环境。这里主要讨论 UV-B 辐射对植物群体结构和生态系统物种结构的影响。

① UV-B 辐射对植物群体结构有明显的影响:UV-B 辐射对植物的很多影响都联系着植物形态改变,即光形态形成,这些形态参数包括分枝、株高、叶面积、叶厚、衰老和物候等。由于光形态形成与植物的竞争性平衡有密切的联系,它在生态系统水平上可能具有重要的意义。根据研究表明,增强的 UV-B 辐射可减少植物群体苗数、降低群体高度、推迟物候、改变叶形态、减少植物群体叶面积、加速叶衰老、导致群体结构趋于简单化,这对于植物生态系统结构变化起着决定性的作用。

② UV-B 辐射还影响生态系统中生物种类和数量结构:有研究表明,UV-B 辐射导致非优势杂草消失,杂草种类减少,各种杂草种群数量发生变化,杂草个体总数呈降低趋势。物种多样性指数分析表明,UV-B 辐射降低物种多度、物种种群丰度和物种多样性,而增加物种优势度。总体上,在低 UV-B 辐射下,物种均匀度较高。杂草种类和数量变化主要决定于两个因素,即与作物的竞争和 UV-B 辐射的直接胁迫。在 UV-B 辐射下,作物(春小麦)可能通过根系向土壤中释放较多的类黄酮等次生代谢产物,从而降低杂草种子的萌发率,并抑制杂草生长发育。随 UV-B 辐射增强,麦田杂草受到的伤害加重,这对春小麦生长可能是有利的。紫外辐射改变不仅会影响植物生长和次生物质代谢的变化,还通过作物生长和次生代谢的改变,影响食物链中消费者和分解者的种类和数量,进而影响种内、种间的竞争与共生关系。在实验中已观察到,以麦二叉蚜(*Schizaphis graminum*)为主、包括麦长管蚜(*Sitobion avenae*)和禾谷缢管蚜(*Rhopalosiphum padi*)的麦蚜种群,在其增长期,种群数量受到 UV-B 辐射的显著抑制(图 7-7)。UV-B 辐射还导致麦田大型土壤动物种群数量发生显著的变化,其中,蚯蚓的数量变化最明显,在拔节期、孕穗期和扬花期,种群数量都明显降低。

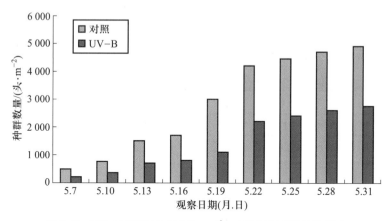

图 7-7 UV-B 辐射(5.31 kJ · m^{-2})对麦蚜种群数量的影响

(2) UV-B 辐射对营养循环的影响。UV-B 辐射对营养循环的影响是十分显著的。UV-B 辐射显著影响春小麦成熟期叶、茎、根和穗的营养含量,显著增加各部分中 N、K、Zn 含量。在叶和茎中,P 含量显著降低,Mg 含量显著增加;而在根和穗中则相反。这表明了营养含量的变化,以及不同营养元素之间、不同部位之间的明显差异,说明植物营养含量对 UV-B 辐射的响应是复杂的,是各种生理和营养代谢过程变化的结果。UV-B 辐射导致的物种组分改变可能会影响陆地生态系统的氮循环。高 UV-B 辐射导致副极地石南灌丛落叶层氮含量增高,可能对植物的氮化作用产生影响。UV-B 辐射还引起植物根向土壤中释放类黄酮等次生代谢产物,从而影响植物与根际微生物之间的共生联合,进而影响营养有效性,尤其是 N、P 营养。已经观察到 UV-B 辐射降低稻田中蓝菌和根瘤菌的固氮作用。UV-B 辐射增强引起群落组分的任何变化,特别是优势种的变化,都必然会引起储存在植物中碳含量的变化。如当优势种从对 UV-B 辐射敏感的常绿种过渡到落叶种时,会通过减少总生长率而降低冬季的碳储存,因此增加大气中的 CO_2 水平。

（3）UV-B 辐射对能量流动的影响。能量流动是生态系统的另一个主要功能,也是生态系统存在和发展的能量动力。UV-B 辐射影响植物生长、光合作用、呼吸作用等生理过程,而植物热值与这些生理过程有关,并受环境因素的影响。热值变化与植物物质合成、积累、运输和转化有关,是植物碳含量、氮含量和灰分共同变化的结果,尤其是与碳含量有较好的正相关性。同时,UV-B 辐射还降低春小麦群体生物量,导致春小麦群体能量累积降低(祖艳群等,2000)。可以认为,在 UV-B 辐射下,麦田生态系统的能量输出减少,人工辅助能产投比和太阳光能利用率降低,能量流动功能下降。

生态系统对 UV-B 辐射增强的响应是复杂的,尽管已有研究(如图 7-8 所示),但这些研究对于阐述 UV-B 辐射影响植物的机理和预测植物乃至生态系统对 UV-B 辐射的响应是远远不够的。进一步的研究仍需在两个方面予以加强,一方面是分子水平的研究,这能深刻地解释 UV-B 影响植物的机理,并能为抗性植物的筛选和抗性品种的培育提供理论依据。另一方面是野外条件下生态系统对 UV-B 响应的长期研究,这是正确评估 UV-B 辐射增强条件下,生态系统和生物多样性变化的前提基础和理论依据。

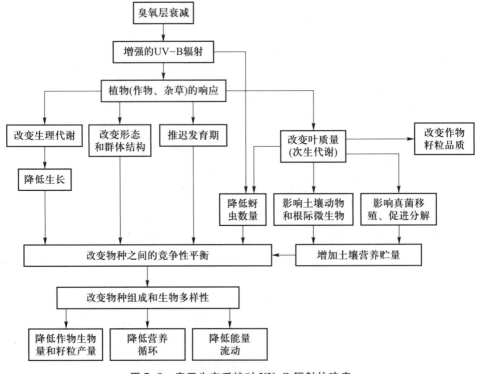

图 7-8 麦田生态系统对 UV-B 辐射的响应

(资料来源:李元等,2000)

第四节　酸雨及其生物响应

　　20 世纪 50 年代后,随着工业的迅速发展,北欧的瑞典、挪威、丹麦等国相继出现酸雨的危害,北美在相当大的范围内出现 pH<5 的酸雨,引起了世界各国的极大关注。近 10 多年来,美国、加拿大与几个欧洲国家已经建立了测定酸雨组分的监测站。到 1986 年底,已有 95 个国家参加世界气象组织的本底空气污染监测网(BAPMON)。20 世纪 90 年代中国国家环保局在全国范围内百余城市建立了酸雨监测网,并在每年的环境情况公报中发布酸雨变化趋势的专项内容。中国酸雨区域大致稳定在中国长江以南,属于东南亚酸雨区域的一部分。目前,酸雨已发展成为全球面临的主要环境问题之一。

一、酸雨及其形成机制

1. 酸雨的概念

　　酸雨(acid rain)是指 pH 小于 5.6 的降水,包括酸性雨、酸性雪、酸性雾、酸性露和酸性霜。目前,酸雨还包括"干沉降",即在不降水时,从空中降下来酸性物质及落尘,包括各种酸性气体、酸性气溶胶和酸性颗粒物。因此,酸雨也叫作酸性沉降。

　　酸雨区的划分,共为五级标准。年均降水 pH 大于 5.6,酸雨率是 0~20%,为非酸雨区;pH 为 5.30~5.60,酸雨率是 10%~40%,为轻酸雨区;pH 为 5.00~5.30,酸雨率是 30%~60%,为中度酸雨区;pH 为 4.70~5.00,酸雨率是 50%~80%,为较重酸雨区;pH 小于 4.70,酸雨率是 70%~100%,为重酸雨区。

　　酸雨类型分为硝酸型酸雨和硫酸型酸雨。降水中的主要致酸物质是 SO_4^{2-}、NO_3^-(罗璇,2013)。通常根据酸雨样品中两种离子的浓度比值判断降水致酸的主要因素。近年来,我国酸雨类型正由硫酸型向硫酸-硝酸混合型转变。

　　此外,酸雨不仅取决于酸量,更主要的是取决于对酸起中和作用的碱量,即降水的 pH 取决于雨水中酸性离子与碱性离子之间的平衡。大气中的 Ca^{2+}、NH_4^+、Mg^{2+} 在一定程度上有中和酸雨的作用。

2. 酸雨的来源

　　造成雨水带酸的原因主要有两个方面:自然源(natural source)和人为源(anthropogenic source)。自然源如火山喷发、闪电释放出酸性气体。人为源如化石燃料的燃烧、汽车尾气等人为活动加速了氮和硫化合物的排放。由此产生的二氧化硫(SO_2)、氮氧化物(NO_x)和氯化氢(HCl)等污染物被排放到大气中,经过光化学反应生成硫酸、硝酸等酸性物质,使降水 pH 降低,形成酸雨(图 7-9)。

3. 酸雨的形成机制

　　酸雨更精确的说法是"酸性沉降"(acid deposition)。带酸性的污染物有两种沉降方式:"湿沉降"(wet deposition)及"干沉降"(dry deposition)。湿沉降指那些酸性污染物,随着雨、雪、雾

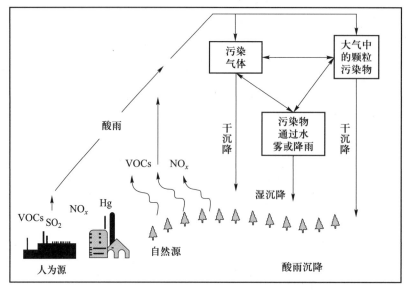

图 7-9 酸雨的来源及其形成过程示意图

(资料来源:李元,2009)

或雹等降水形态而落到地面,该过程中雨滴吸收了酸性物质,继而降下时再冲刷酸性物质,降到地面;干沉降则是指酸性污染物在没有水分参与的情况下,从空中飘落下来的一种方式。通常,大气中酸性物质可被植被吸附或重力沉降到地面。

酸雨主要是 SO_2、NO_x 在大气或水滴中转化为 H_2SO_4、HNO_3 所致,这两种酸占酸雨中总酸的 90% 以上,其机理归纳如下:

(1) 二氧化硫(SO_2)的氧化。SO_2 会在空气中被氧化成硫酸根(SO_4^{2-})。首先,SO_2 与 O_2 产生反应,生成 SO_3。其过程非常复杂,有时还会涉及碳氢化合物及 Mn、Cu、Fe 等重金属的离子。若有水蒸气存在时,SO_3 会溶在水蒸气中形成 H_2SO_4,在空气中凝结成水点,或者在空中被雨水溶解,成为雨水中的 SO_4^{2-}。

直接光化学反应:$SO_2 \xrightarrow[\text{H}_2\text{O}]{h\nu、\text{O}_2} H_2SO_4$

间接光化学反应:$SO_2 \xrightarrow[\text{过氧化物}]{\text{烟雾、O}_2、\text{H}_2\text{O}} H_2SO_4$

在液滴中空气氧化:$SO_2 \xrightarrow{\text{H}_2\text{O(1)}} H_2SO_3$

$$H_2SO_3 + NH_3 \xrightarrow{O_2} NH_4^+ + SO_4^{2-} + H^+$$

在液滴中多相催化氧化:$SO_2 \xrightarrow[\text{重金属离子}]{\text{O}_2、\text{H}_2\text{O(1)}} H_2SO_4$(重金属离子:Fe、Mn、V 等重金属的离子)

在干燥表面上催化氧化:$SO_2 \xrightarrow[\text{炭颗粒}]{\text{O}_2、\text{H}_2\text{O(g)}} H_2SO_4$

臭氧氧化:$SO_2 + O_3 \longrightarrow SO_3 + O_2$

SO_2 的氧化反应是大气中最主要的化学反应,由 SO_2 氧化成 SO_3,再由 SO_3 进一步形成

H_2SO_4 和 MSO_4 气溶胶。

$$SO_3 \xrightarrow{H_2O} H_2SO_4 （水合过程）$$

$$H_2SO_4 \xrightarrow{H_2O} (H_2SO_4)_m \cdot (H_2O)_n （气溶胶核形成过程）$$

$$H_2SO_4 \xrightarrow{NH_3、H_2O} (NH_4)_2SO_4 \cdot H_2O （气溶胶核形成过程）$$

（2）NO_x 催化氧化。燃烧煤时产生的高温会使 O_2 与 N_2 化合,形成酸性气体氮氧化物（NO_x）。空气中 O_2、氮化物及金属催化物发生化学反应,形成 NO_2、无机性的硝酸盐,或过氧乙酰硝酸酯（PAN）等物质。最后,这些物质被微粒表面吸收,转变为无机性硝酸盐或 HNO_3,HNO_3 再与 NH_3 产生反应,生成硝酸铵（NH_4NO_3）,于是硝酸根（NO_3^-）和铵离子（NH_4^+）便被制造出来。

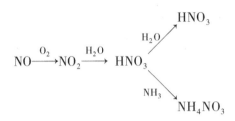

二、 酸雨的生物响应

1. 酸雨对植物的影响

资料显示,我国陆生植物中,落叶植物相比于常绿植物对酸雨更加敏感;农作物中蔬菜、果类相比于经济作物对酸雨更加敏感。

（1）酸雨对植物叶片形态的影响。作物与高酸度的降水接触,叶片在短时间内（24~72 h）出现可见伤害症状,其典型症状表现为微小点状的白色坏死斑点。主要分布在叶脉附近。若酸雨的 pH 很低,伤害症状呈黄白色的条子状,或使大部分叶片及全部的叶肉组织坏死。酸雨的作物可见伤害阈值,敏感类的小麦、大麦和菠菜等为 pH 3.0,中等抗性的大豆、菜豆和棉花等为 pH 2.5,抗性的水稻为 pH 2.0。

（2）酸雨对植物生理代谢的影响。酸雨会影响植物生理代谢,造成生理伤害。植物在较强的酸性降雨影响下,叶片的细胞环境发生酸化,叶绿体微结构及气孔改变,叶绿素含量显著下降,且叶绿素 a/b 比值发生变化（王丽红等,2017;Du 等,2017）。降低幅度随酸雨 pH 的下降而增大,且可影响叶绿素组成。除酸雨的酸度外,酸的化学组成也会影响叶片的光合作用（Dong 等,2017）,尤其近年来我国酸雨类型逐渐转变,NH_4^+、NO_3^- 在酸沉降中的比例增加（Du 等,2017;解淑艳等,2020）,影响植物的生长。

酸雨改变细胞液的 pH,导致一系列生理活动的变化。如细胞间过量的 H^+ 使活性氧物质过度积累,氧化应激致使细胞结构受损（Gill 等,2010;Ren 等,2018）。模拟酸雨 pH 低于 3.5 时,植物的光合作用和抗氧化酶系统受到抑制,碳代谢降低,氮代谢增加,引起植物的代谢紊乱,影响生长发育（Ren 等,2018;Zhang 等,2020）。但是植物在遭受非生物胁迫时,也会通过自身的生理调节,增加对酸雨的耐受性和适应性。酸雨 pH 为弱酸条件时,水稻会提高抗氧化酶、抗坏血酸氧化酶、质膜功能蛋白 H^+-ATPase 的活性(葛玉晴等,2013;Ren 等,2018),对维持自身稳态具有重要意义。

(3)酸雨对植物生长量的影响。酸雨对小麦生长量的影响是明显的。小麦幼苗在 pH 为3.0 的酸雨作用下,株高、叶面积和生物量表现出显著的变化。生长受到抑制,植株矮小,叶面积减少,生物量降低。但在拔节期后,这种差别就逐渐消失。酸雨对多数作物生物量的影响是明显的。酸雨对蔬菜的影响比对经济作物和粮食作物的影响大。各种作物对酸雨响应的敏感性不同。以 pH 4.1 为例,以作物生物量为指标,白菜最敏感,番茄、棉花、萝卜、玉米居中,水稻和小麦为不敏感。以生长量指标比对照降低 5% 作为阈值,酸雨对作物生长和产量的影响阈值如表7-3所示。

表 7-3　酸雨对作物生长和产量的影响阈值

作物	pH	作物	pH
菜豆	5.24	大豆	4.49
胡萝卜	5.04	棉花	4.37
油茶	5.01	小麦	4.59
白菜	5.01	大麦	4.44
番茄	4.36	玉米	4.1
花生	<2.8	水稻	<2.8

资料来源:冯宗炜等,1999。

(4)酸雨对植物产量和产量构成的影响。酸雨对蔬菜、经济作物和粮食作物的影响不同。酸雨对蔬菜作物的影响最大,其次是经济作物,粮食作物受到的影响最小。在 pH 为 4.6 时,蔬菜就开始减产 5%~12%。而经济作物大豆和棉花在 pH 为 4.1 时,才表现出减产。粮食作物小麦和大麦在 pH 为 3.0 时,才表现出减产。水稻对酸雨表现出很强的抗性,即使是 pH 为 2.8 时,产量也不受影响。酸雨对作物产量的直接影响阈值,蔬菜为 pH 4.36~5.25、经济作物大豆和棉花为 pH 4.49~4.37,粮食作物大麦和小麦分别为 pH 4.44 和 14.59。

酸雨可影响农作物产量的构成因子。在小麦产量构成的有效穗数、穗粒数和粒重这三个因子中,粒重受到的影响最为明显。

2. 酸雨对动物的影响

(1)酸雨对浮游动物和软体动物的影响。浮游动物,如甲壳纲和轮虫纲对水体酸化的反应非常明显。低 pH 对浮游动物毒性效应机理为:在低 pH 胁迫下,浮游动物的膜通透性增大,心肌肿胀,血红蛋白迅速凋谢,Na^+ 和 Cl^- 出现净流失,使其存活率、繁殖、离子调控、呼吸、心率、生长及食物都受到影响,种类和密度逐渐减小,生物简单化。

腹足纲、双壳纲等软体动物的消失是湖泊酸化的例证。这是因为:① 贝壳形成过程中需要大量 $CaCO_3$、$Ca_3(PO_4)_2$ 及 $MgCO_3$,湖泊酸化使 Ca^{2+}、Mg^{2+} 大量流失,导致其对 Ca 的同化作用受到影响。② 细菌活动减弱,有机物未经分解便沉于湖底,水质趋向贫营养化,致使贝壳变薄,$CaCO_3$ 构成粗糙,黏合松脆,易破坏。③ 产卵量的变化比螺壳大小和结构的变化更敏感,软体动物的耐受性、存活、生长及繁殖均受到影响。④ 低 pH 时藻类密度下降导致饵料不足也是影响软体动物发育的原因之一。

（2）酸雨对鱼类的影响。在酸性水体中，低 pH 毒性的靶器官之一是感觉器官，如味觉和嗅觉器官。与生物活动相关的化学信号可能在酸性水体中被掩饰或抵消，或这些器官的结构和生理功能直接受到破坏，干扰了与化学感受器相联系的逃亡反应，群体交流出现障碍，寻找食物的能力下降，使其生存能力减弱。鱼在低 pH 胁迫下肾间组织增生肥大，细胞核径增加，血浆甲状腺素和三碘甲状腺原氨酸的比率增大，血浆中的皮质醇（素）也增高，它刺激鳃上皮细胞增殖与分化。虽然皮质醇在机体抵抗酸性环境中起重要作用，但长期较高浓度的皮质醇对免疫系统有负面影响，这种生理压力和免疫能力的降低可能会导致鱼的高死亡率。低 pH 影响鱼的繁殖和生长。使鱼的产卵量下降，受精卵因离子调节机制发育尚不完全或被破坏而死亡，其孵化成功率也因低 pH 导致的孵化酶合成速率及活性的降低而降低。仔鱼的体长也与水体 pH 有明显的相关性，其原因是低 pH 抑制了胚胎的离子主动吸收，使新陈代谢变慢，卵黄转变为结构物质的比例减小，许多营养物质被用于克服低 pH 压力所需的能量上，胚胎活动减弱致使胚胎生长缓慢，不能有效破膜而出，且畸形率较高。

（3）酸雨对水禽的影响。淡水酸化对于河流和湖泊中生存的禽类具有负作用。在酸化水体中，昆虫较多，几乎没有鱼，这种环境适宜于雏鸟的生长，但对于大禽如秋沙鸭、潜鸟的成体来说，其食物是不够的。而且在酸性栖息地，水禽类的食物中重金属含量很高，而 Ca 含量较低，影响了卵壳的形成，Ca 和 P 的同化吸收和骨骼的矿物化，破坏了其繁殖过程，使其繁殖成功率远低于高 pH 栖息地。

3. 酸雨对微生物的影响

大部分微生物生活在中性或微偏酸、偏碱的环境中，pH 对微生物生命活动的影响主要有以下三方面：① 引起细胞膜电荷的变化，从而影响微生物对营养物质的吸收；② 影响微生物代谢过程中酶的活性；③ 改变水环境中营养物质的可利用性及有害物质的毒性。各种微生物的最适宜 pH 不同，水体酸化后的微生物区系以霉菌占优势，真菌在沉积物中数量增加，即酸化水体中，细菌通常被真菌所取代。

酸性的土壤环境可使土壤微生物组的数量和种类发生变化。重度酸雨可抑制土壤细菌群落生长和繁殖，中度酸雨对土壤真菌多样性和丰富度具有促进作用（王楠，2020）。在重酸雨区土壤中，蕈状芽孢杆菌（*Bacillus mycoides*）、巨大芽孢杆菌（*B. megaterium*）、蜡样芽孢杆菌（*B. cereus*）和枯草芽孢杆菌（*B. subtilis*）的数量与相对清洁区的土壤相比明显减少。受酸雨的影响，土壤中较喜酸性的青霉（*Penicillium*）和木霉（*Trichoderma*）两类真菌数量增加，但种类减少。土壤微生物群落结构及多样性发生改变，由此影响微生物在生态系统中发挥的功能。酸雨胁迫下，分解有机质及蛋白质的主要微生物类群（芽孢杆菌、枯草杆菌和有关真菌）数量降低，影响营养元素的良性循环。酸雨可降低土壤中氨化细菌和固氮细菌的数量，使土壤微生物的氨化作用和硝化作用能力下降。这是造成农业减产和植物生产力下降的原因之一。同时，在酸雨的影响下，湿地土壤中的硫酸盐还原菌（Sulfate reducing bacteria，SRB）活性增强，且抑制了湿地中的另外一类微生物产甲烷菌（methanogenus）的活动，从而使得土壤甲烷气体的排放降低，硫酸盐的还原能力增强。

根际与植物根系共生的微生物对土壤酸化非常敏感，强酸性的土壤可导致这些共生的细菌和真菌的数量和种类下降。这种土壤微生物多样性和数量的消长变化影响微生物-植物共生体系的养分吸收、元素转化,最终引起陆地生态系统中植物群落的动态变化。

4. 酸雨对生态系统的影响

（1）酸雨对陆地生态系统的影响。陆地生态系统中,森林植物拥有庞大的生物量,林冠在截获酸沉降和缓冲酸雨方面发挥了重要的作用,同时又是直接的受害者。酸雨对森林的影响可包括以下几个方面:叶器官直接受到伤害;破坏营养平衡,导致植物营养元素的亏损;增加细菌、真菌病原体的感染机会;加速叶面蜡质层的腐蚀;抑制根瘤固氮菌的活性;抑制松树末端花蕾的形成、增加松树的死亡率;阻碍正常繁殖和降低产量等。影响全球植被生态系统的生产力,直接导致植被生长量和生物量的下降。综上所述,酸雨对陆地生态系统影响过程可以总结如下（见图 7-10）。

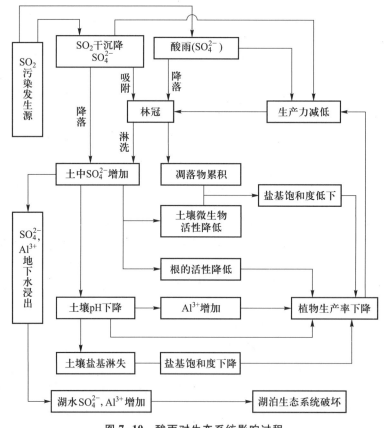

图 7-10　酸雨对生态系统影响过程

（资料来源:冯宗炜,2000）

（2）酸雨对水生生态系统的影响。酸雨对湖泊的危害主要是由于水体酸化,促使土壤中重金属溶入水中。在酸化的水体中,阴离子中 SO_4^{2-} 取代了 HCO_3^-;阳离子中 Ca^{2+} 浓度随着 H^+ 浓度增加而降低,Al、Ni、Cu、Zn、Pb、Cd 含量则相应增加。水域抗酸化能力的一个重要原因是基岩的地质学特征和集水区土壤性质和特征。花岗岩、片麻岩和石英岩等硅质基岩地区,湖泊抗酸化能力弱。湖泊中的软水湖泊对酸的缓冲能力主要取决于 HCO_3^-。随着降水和径流中水的 pH 降低,HCO$_3^-$相应减少,并由酸雨中的 CO$_3^{2-}$ 取代 HCO$_3^-$。当 HCO$_3^-$ 被取代完后,湖泊就失去了缓冲的能力。

1982 年斯德哥尔摩环境酸化国际会议把湖泊酸化分为三个阶段:① 碱性下降。在湖水 pH 下降到 6.5 以前,由于水体的中和作用,湖泊中的生物种组成成分没有明显变化。② HCO$_3^-$ 的缓冲能力下降,pH 急剧变化。当 HCO$_3^-$ 浓度低于 0.1 mol/L 时,大量流入的 H$^+$ 不能被中和,pH 开始下降。当 pH 小于 5 时,过强的酸性条件会对生物产生危害,鱼类大量死亡和繁殖停止,并从酸化的湖泊中逐渐消失。pH 降低引起鱼类死亡的原因包括 Al 中毒,离子调节机能发生紊乱,妨碍对 Na 的吸收;Pb 伤害鱼鳃,引起呼吸障碍;鱼卵不能孵化,或者鱼苗死亡。③ 当湖水 pH 降至 4.5 以下时,水中的腐殖质和金属对进一步酸化起缓冲作用。湖水的 pH 较稳定,湖水清洁透明,浮游生物减少,种类单一化。酸化的另一结果是抑制水体中微生物活动,影响水体中有机物分解,影响营养成分的释放和物质能量的循环。

水体酸化对水生生物种类的影响极为明显。如加拿大安大略的湖泊,由于 pH 的降低,绿藻门从 26 种减至 5 种;金藻门从 22 种减至 5 种;蓝藻门从 22 种减至 10 种。同时,甲壳类和腹足类浮游动物的种类也明显减少。当 pH 为 5 时,上述浮游动物在第二天全部死亡。浮游动物的减少,则影响以它们为食的高一营养级种类的生存,这就影响生态系统中能量沿食物链正常流通。酸性水体对水生生物的影响如表 7-4。

表 7-4　酸性水体对水生生物的影响

pH	变化情况
8.0~6.0	pH 在 8.0~6.0 的范围内,可以检测出 pH 降低 0.5~1.0 引起的生物群落组分的变化。生物竞争发生变化,有的物种会消失。
6.0~5.5	物种的数量会减少,生存下来的物种对外来影响的忍耐力会明显削弱。妨碍蝶蛹的繁殖。
5.5~5.0	减少物种数量,许多物种会消失。不耐酸的甲壳类浮游动物等物种会开始衰退,无脊椎动物将大为减少。相反,几种耐酸的脊椎动物会多起来。
5.0~4.5	严重地影响有机残骸的分解,原生和外来有机物残骸会迅速累积起来。大多数鱼类消失。
4.5 以下	在 pH 低于 4.5 时,上述的所有变化将会加速恶化。同时会缩小许多种藻类的生长范围。

资料来源:王焕校,2003。

第五节　生物对全球变化的适应与进化

虽然环境发生污染以来已有 300 多年的时间,人们从工业革命开始就有对污染方面的研究,但是很长时间以来,人们关注的都是环境污染的短期急性效应和直接的破坏作用,很少从生物的长期适应和进化的角度上思考这一问题。直到 Kettwell(1954)研究工业污染导致大量桦尺蛾等昆虫体表变黑(即工业黑化现象),才开辟了这一研究领域的先河。之后,布拉德肖领导的研究小组从 20 世纪 60 年代到 80 年代,持续对英国利物浦附近矿区开采迹地的植物分化进行了系统的研究。这些研究都把污染作为一般性的胁迫环境,并形成逆境生理生态学(stress physiological ecology）的一个重要研究内容。事实上，环境污染并不是一种一般意义上的环境胁迫，所以生物对污染的适应机制和进化格局与"自然"胁迫条件下的情形并不相同。把污染作为一种全新的环境变迁，并从较大时间尺度和空间范围内开展污染条件下生物的进化生态学效应研究，则是在 20 世纪 90 年代以后。

从进化和适应的角度上研究污染的长期生态学效应和生物的未来命运，是全球污染条件下保护生物多样性、管理生物圈的理论基础，也是污染条件下保持高产、优质、高效、安全的农业生产的科学依据，更是污染地区生态恢复和环境重建的技术创新基石，这直接关系到人类社会未来可持续发展的重大科学议题，自 20 世纪 90 年代以来已经成为环境生物学、污染生态学和进化生态学最受关注的热点研究领域。为了强调从进化和适应的角度研究长期生态效应，与经典的污染生态学或生态毒理学有所区别，现在已经初步形成了进化生态毒理学（evolutionary eco-toxicology）或进化污染生态学（evolutionary pollution ecology）等新兴交叉学科。

在长期污染条件下，生物的生态效应包括两个方面：其一，不能适应污染的生物，种群衰退，物种消亡，引起了生物多样性的丧失；其二，能够适应的生物，在强大的污染选择作用下，将产生快速分化并形成旨在提高污染适应性的进化取向。对于前一个问题，本书前面相关章节已进行过分析，本节主要讨论后一个问题。

一、生物对受损环境的长期适应

世界上所有的污染区，即使是很严重的污染区，都发现有一定的生物仍然能够生存下来，有的依然能够完成生长发育过程，特别是繁衍过程，这说明这些生物对污染环境具有适应性。认识生物对污染环境的适应性，是污染生态学一个新兴的重要研究热点内容。

（一）生物对环境污染适应的一般原理

1. 生物对污染适应的两重性

生物对污染的适应，实际上包括两个方面：第一是对污染引起"自然"环境改变（外环境的变化）的适应及对污染引起生物生理变化（内环境的变化）的适应；第二是生物对污染物自身的适应。前者是间接性的，后者是直接性的。任何一个生物要在污染条件下获得生存和发展，都必须应对来自这两个方面的挑战。

应该注意的是，生物对污染引起"自然"环境要素的改变及生理变化是容易适应的，而对污染物本身是很难适应的。其原因在于，"自然"环境因子在污染条件下的改变及生理上的变化只是一个量的问题，即温度、光照、湿度、水分、营养条件、生物关系等物理、化学、生物因素的变化和生物体内环境的变化，对任何生物而言都可能经历过，只是程度大小而已，在其生境中不存在某个生态因子有无问题，在其生理活动过程中内环境的变化也只是量的问题。一般生物比较容易通过自我生理调节而适应这类变化。即使这些变化达到生物生存的极端环境条件，生物也具有一定的应对能力，因为生物在系统发育过程中都不同程度地经历过这样或那样的类似性变化，而且固化在它们群体中的遗传多样性很容易适应这类"自然"环境因子的新组合。但是，对于污染物本身的适应则不然。尤其是当环境中的污染物是"自然界"没有、生物正常的生理活动从来也不需要的物质时更是如此。因为这不是一个一般性的生物外环境和内环境变化的"自然性"胁迫问题。绝大多数污染物对于绝大多数生物而言，是从来没有经受过的物质,这种物质环境与污染改变的"自然"环境具有本质的差别,前者是质的变化,后者是量的改变。对于发生质的变化的全新化学环境,生物一般没有特异性的组织器官对污染物进行解毒,往往也没有什么遗传背景可以作为生理变化调节的手段,生物对此的适应可能是一种"再创造"过程。

2. 全球性污染条件下生物应对的环境特点

目前环境污染,特别是有害化学品已经成为一种全新的地球化学环境。这类环境具有以下特点:

(1) 全新的"人造"环境。除极个别的地球环境(如火山口、含硫温泉对硫氧化物的释放、地球化学作用下的元素富集区)以外,有害化学品的全球扩散,对绝大多数的生物而言是其进化发展历史上从来没有接触过的人工化学环境。

(2) 化学物质种类多。多重污染物共同作用时生物适应受到很大的挑战。例如,作为除草剂、杀虫剂、化肥的各类有机化学物质等,已经有约 300 万种化合物投放到环境中,其中有近万种为大规模工业化生产使用,其中有相当一部分直接或间接地被投放到生态系统中,目前已经有数百种化学品在全球各不同区域中都有检出;每一种化学品对生物而言都是一种新的毒害因子。当很多的毒害因子共同作用于生物时,特别是生物对不同的化学品需要不同的解毒机制时,遗传决定的生理活动机制的有限性和生物内在资源的有限性,使生物同时对众多污染物进行有效适应的难度无疑是巨大的。

(3) 毒害大,选择作用强。目前在环境中广泛分布的有害化学品主要包括重金属及其衍生物、有机氟、有机氯及其他很多微量级、痕量级的化学品,它们具有很强的毒害作用,即使在很低剂量条件下也具有很大的选择效应。

(4) 成为重要的主导因子和限制因子。有毒污染物是人类单向地向生态系统输入且自然界没有或者无力进行分解和同化的物质,它们在生态系统中各生态界面之间不断转移,在食物链中富集、积累,这样在很大的时间和空间范围内,污染物就如同光、温、水、气等"自然"环境要素一样,形成了任何生物都必须面对的化学物质条件;加之生物要适应这类环境面临的挑战是巨大的,从而使污染既是一种主导因子,也是一种限制因子,在根本上制约了生物的生存和发展。

(二) 生物对污染的适应性反应

凡是在污染条件下能够存活的生物,必须快速地适应污染及污染环境。有的生物只能对轻度污染有一定的适应性,有的能够在较高的污染负荷中长期生存。生物对污染的适应性在很多情况下是具有种质特异性的。生物这些适应性,往往在形态结构、生理生化功能、遗传特性上都有直接或间接的表现。

1. 形态结构上的适应性反应

在污染条件下,很多生物在形态结构上出现了明显的变化,以适应污染的环境。如在重金属长期污染条件下,植物往往叶面积减小,地下生长优于地上生长,导致植物在形态上有向"旱生化"方向发展的趋势。

从植物的整体性状特征上来看,污染适应性水平越高的种质,在资源分配上有向生殖生长转化的趋势。马建明等(1998)分析了小麦(三个品种,分别来自污染和非污染地区的种质)对污染反应的特征,发现在污染区长期种植的小麦,具有较高的抗性水平。这些种质的株高和穗长增大,分蘖数也有所增大,穗粒数、千粒重、穗粒重都有增大的倾向性(表7-5)。

表7-5　不同适应性水平的小麦在重金属污染环境中的数量性状变化

种质来源	株高/cm	穗长/cm	分蘖数	穗粒数	千粒重/g	穗粒重/g
5118 污染区	72.9	8.5	3.30	40.3	37.89	1.57
5118 非污染区	46.7	7.5	2.66	36.3	34.90	1.23
1257 污染区	84.1	8.0	3.17	44.0	38.23	1.68
1257 非污染区	54.0	9.4	2.73	37.7	35.26	1.32
云麦 29 污染区	79.1	8.3	4.49	47.7	47.70	2.27
云麦 29 非污染区	60.8	6.7	3.24	36.7	36.70	1.48

资料来源:马建明等,1998。

　　动物在形态上的适应最典型的例子是桦尺蛾(*Biston betularia*)的工业黑化现象。工业革命以前,在英国的曼彻斯特,桦尺蛾主要的体色为浅色,很少有黑色个体。但到20世纪60年代,黑色型的频率大大上升,出现在所有的工业地区,而且这些地区黑色型都很常见,频率达到95%以上;而在没有受到工业污染的农业地区,则主要仍然是浅色型。杂交实验结果表明,黑色型由一显性基因控制。经深入研究后发现,蛾类的体色与环境是否一致对于蛾类的生存十分重要,只有体色与环境比较一致的情况下,才不容易被鸟类扑食。在未被污染的地区,桦尺蛾主要栖息在树干上,树干一般长满地衣,环境的颜色一般为浅灰色。浅色型的桦尺蛾落在树干上看起来极不显著,不容易被鸟类发现。而在污染地区,地衣不能生长,树皮呈黑色。浅色型看来很显著,而黑色型不显著,由于这个关系,黑色型在工业区得到广泛发展。工业黑化现象不仅在英国发现,而且在世界范围中都有报道。出现黑化的昆虫种类,目前已经有30余种。

　　两栖类动物由于特殊的生理特性,对不利环境适应性较差,对污染这类的胁迫环境极其敏感。往往一个区域两栖类动物种类和数量的变化程度,是该地区污染初期最灵敏的晴雨表。

　　不少生物由于先天性组织器官的结构形式和生理代谢特征,对干旱、高温、寒害等逆境环境具有一定的抵抗性能,而这些适应性对于适应污染具有一定的作用,我们把生物在没有接受污染以前具有的性状特征在污染环境中也是适应的这种现象,称为前适应(pre-adaptation)。前适应的原因是,污染引起生物外环境和内环境变化部分,因与自然条件下的胁迫有一定的类似性,污染发生后导致这类生物在相关组织和器官的功能更加强化。如夹竹桃,其叶片坚硬且上被蜡质,气孔下陷,这些对干旱高温的适应性状,也成为适应大气 SO_2、NO_x 污染的方式。

　　对于前适应,应该注意两个方面的问题:其一,在前适应中生物形态结构上的变化,很多情况下是污染引起生物外环境和内环境变化后产生的一种原有功能的强化现象,这些适应性与生物在没有经受污染以前需要适应"自然性"的胁迫环境有关,而不是污染作用后立即对生物性状进行塑造后的直接结果,目前还没有发现任何与生物适应污染特有的组织和器官。其二,生物的前适应只对污染引起的外环境和内环境改变具有一定的作用,但这可能不是污染毒害作用机制的主要部分,往往污染物本身对生物抗性提出的挑战性远大于污染物引起环境改变的部分。从而有前面所说的一般胁迫性适应机制不可能对污染物造成的整个胁迫条件产生一种稳定的适应性。

植物的前适应性不仅表现在形态上,有的还表现在生理生态特性上。前面我们已经知道,有的生物对污染物具有的解毒作用与生物正常的某些代谢途径,特别是与次生代谢产物的形成密切相关,这样解毒过程与正常代谢有一致性,从而是一种生理水平上的前适应。还比如,由于污染往往导致植物外环境的水分亏欠,内环境的水分供给减少,或生理性缺水等,植物出现生理性干旱,所以以往对污染适应性较强的植物,在形态上都有比较明显的"旱生化"特征。所以不难理解,很多关于污染引起的毒害机理往往与水胁迫有关,而在污染地区有较高适应性的生物往往也与抗旱性有关。如连续生长在污染地区时间长的玉米(*Zea mays* L.),地下地上重量比明显上升,叶片面积减小。

2. 生理上的适应性反应

污染引起的生物生理性适应反应包括两个方面,一个是消极方面的,一个是积极方面的。所谓消极的生理适应性反应是指有些生物在污染条件下,能够暂时减弱或停止部分生理代谢活动,在污染停止或降低时,再进行正常的生理活动,这是通过回避(avoidance)作用产生的适应性。如大豆等不少植物,在 SO_2 污染条件下,气孔关闭,光合作用停止,当污染停止后,气孔重新开放,光合作用又可正常进行甚至其强度高于正常情况。不仅仅光合作用,其他如呼吸作用、能量代谢等很多生理过程,在动物和植物中都有类似的适应性反应。应该注意的是,这种适应性一般是对偶然性的急性污染产生有效适应形式,如果是长期的污染作用,通过回避进行适应会极大地削弱生物生存资源的获取和同化能力,最终将导致生物由于生存资源亏欠而难以生存和发展。

与回避相反,不少生物在污染条件下通过继续保持较高的代谢活力,积极地适应污染。不少研究表明,对污染适应性较高的生物,即使在污染程度很高的情况下,仍能保持酶的活性。由于代谢活力依然保持,生物具有较高的资源供给水平,从而也提高了生物抵抗污染的水平。张太平等(1998)研究了在重金属污染区适应阶段不同的玉米种质对 Pb 污染的适应性水平,发现在重金属污染区生长时间越长的种质,在 Pb 污染条件下继续保持过氧化物酶活性水平的能力越高。

3. 遗传上的适应性反应

遗传上的适应性反应表现在两个方面:一是基因表达水平上的变化,二是遗传基因自身的变化。

(1) 基因表达水平上的变化。基因表达水平上的变化是生物面对污染时,在基因表达上发生各种各样的变化,如以前处于"休眠"状态的基因,在污染条件下被激活表达;由于基因的多效性,在污染条件下适应性较强的生物更倾向于在提高抗性水平的方向进行表达;其他很多基因在表达水平上更高,以形成更多的产物,减小污染引起的生理紊乱等。如段昌群、王焕校(1997)等人研究了在重金属污染条件下蚕豆(*Vicia faba* L.)乳酸脱氢酶(LDH3、LDH5)的基因表达,发现抗性水平较高的种质在重金属污染条件下 LDH3 和 LDH5 的表达明显加强。LHD5对于植物有效地利用资源,在同等的物质供给水平上获得更多的能量(ATP)是具有积极促进作用的。孟玲、王焕校(1998)等研究了重金属污染条件下小麦种子蛋白基因的表达,结果表明抗性水平较高的小麦在污染条件下种子中的醇溶蛋白、麦谷蛋白、水溶蛋白,以及球蛋白表达水平均高于抗性水平较低的种质,并且发现某些醇溶蛋白基因的表达与小麦对重金属的适应性具有较高的关联度。吕朝晖、王焕校等(1998)在研究 Pb、Cd 对小麦乙醇脱氢酶(ADH)基因表达的影响时也发现,小麦中 ADH 的表达水平越高,植物的适应性越强。

基因表达的前提是完成了基因的转录。关于适应性的高低与基因转录水平间的关系,目前尚少见直接的研究,但有一些间接资料报道。如段昌群、王焕校等(1995)研究发现,蚕豆中对重金属适应性较高的材料,在生长发育阶段,组织中 RNA 的含量水平高于同等条件下适应性较低的材料;在 Pb、Cd 的作用下,蚕豆适应性水平的高低与非程序性的 DNA 合成(UDS)呈正相关。

(2) 遗传基因自身的变化。遗传基因自身的变化是生物对污染在遗传上适应性的突出表现。抗性(resistance)是生物对污染物长期作用下产生的一种稳定而定向的适应性性状。大量的资料表明,污染物对植物产生巨大的影响,有很强的选择力;而相当多的植物具有对污染胁迫的适应性和产生新种群的潜力,这是抗性的本质属性。大量的研究发现,抗性是可以进行代间传递的,即具有可遗传性,并且这种遗传性具有加性效应。但迄今为止,在动植物中还没有克隆出任何一个污染抗性基因。

抗性的遗传学研究中,最经典的工作是通过抗性指数来进行分析的。所谓抗性指数(resistance index, RI)是污染前后生物性状变化的比值。20 世纪 80 年代以前,植物抗性指数大多都是通过根在模拟污染条件下伸长状态来表示,根伸长被抑制的程度越小,抗性指数越大。很多科学家对污染条件下植物的抗性遗传性进行了研究。如麦瓶草(*Silene conoidea* L.)对 Pb 的抗性(Broker, 1963)、羊茅(*Festuca ovina*)对 Cu 的抗性(Wilkins, 1960)、黄茅(*Heteropogon contortus*)和剪股颖(*Agrostis matsumurae*)对 Zn 的抗性(Gartside 和 Mcneilly, 1974)、玉米对 Al 的抗性(Magnavaca, 1987)等。关于植物对单一污染物的抗性问题,Antonovics(1971)和 Mcneilly 和 Bradshaw(1982)进行过精彩的综述。这些研究一般从污染区获取具有较高抗性的材料,放到一般植物不能存活的人工污染环境中进行筛选,将筛选后获得的抗性材料与敏感材料进行杂交,通过 F1 代对污染的反应,得到抗性的遗传表现形式。20 世纪 80 年代以前,利用这类方法得到的结果都表明,生物对单一污染物的抗性是显性性状,由一个大基因控制,符合孟德尔分离规律。

20 世纪 80 年代以后,当不采用上述的临界浓度筛选法,用生长和生殖特性来考察抗性的遗传特性时,发现抗性不是由单一的大基因所控制,而是由多基因控制;20 世纪 90 年代以来,人们日益认识到污染环境往往是多个污染物共存,当同时研究生物对多个污染物的抗性遗传特性时,也发现抗性的多基因控制现象。例如,从 1990 年到 1998 年,段昌群、王焕校等系统研究了蚕豆、小麦、玉米和曼陀罗(*Datura stramonium* L.)对 Pb、Cd、Zn 复合污染的抗性,发现抗性具有明显的数量遗传特性。同期国外的研究如 Peakwell(1994, 1996)、Macnair(1994, 1995, 1996)、Connell(1990, 1994, 1998)等也说明了污染抗性是多基因遗传控制的一种适应现象。

(3) 关于多基因控制污染抗性问题。有的学者认为是数个大基因控制,有的学者认为是微效多基因控制。Macnair(1992)从种群遗传学的角度,利用适应的时效原则,在理论上证明,凡是对急性的意外胁迫产生快速适应的进化,只有大基因控制的遗传方式才能实现。有一些实验研究证据表明与抗性表型相关的有关遗传机理是由主要基因控制的。如野生植物多斑沟酸浆(*Mimulus guttatus*)(Macnair, 1983)对 Cu 的抗性研究,麦瓶草对 Cu 的抗性研究(Schat & Ten Bookum, 1992)和绒毛草(*Holcus lanatus*)对 As 的抗性研究(Macnair, 1992)都说明抗性是由主要基因控制的。这些研究结果都论述到,抗性首先是由一到几个主要基因控制,然后还有其他的一些基因(可能为修饰子)加强或调节抗性。Collard 和 Mantagne(1990)选择了莱茵衣藻

（*Chlamydomonas reinhardtii*）克隆构件对 Cd 的抗性进行了研究,他们发现有两个独立的主要基因,每一个独立地控制抗性,但抗性活动是叠加的。

从目前的工作积累来看,抗性主要是一种数量性状,这些数量性状是几个大基因控制的,还是很多微效基因控制的,没有原则上的界限,只是程度不同而已。抗性是通过生物的生长反映出来的,而生长是很多基因共同控制的一个综合生理过程。抗性的识别方法决定了我们认识的所有抗性及与抗性有关的性状都是数量性状。

总之,抗性基因控制是一个复杂的遗传学问题。由于对抗性识别的方式不同,获得的抗性遗传特征也就大相径庭。随着研究的不断深入,人们对污染抗性的遗传基因基础将有更为清晰的认识。

应该强调的是,污染抗性不是正常生物所必备的性状特征,所以不可能生物的每一个个体都具有像控制生长、发育和繁殖等生命活动过程必需的抗性基因,所以抗性性状及抗性基因都可能是某些种群中少数个体具有的。这就是说,污染抗性的基因来源是种群水平上的个体行为,污染条件下生物的适应是基于种群过程上个体的遴选。正因为如此,20 世纪 90 年代以后,人们不再是大海捞针式地进行"押宝"探测抗性基因,而是深入研究污染后种群遗传结构的变化和种群对污染的适应过程。

虽然对污染条件下不同生物种类、同一物种的不同品种、同一物种的不同种群和基因型间的遗传变异有一定的研究,但关于污染如何对自然种群遗传变异产生影响,以及污染引起的选择性死亡是否降低种群遗传变异的数量和质量,还知之甚少。一般地,在污染条件下,生物的死亡率升高,遗传多样性就会降低,特别是对于种群很小的生物而言,更是如此。然而,等位基因多样性降低到怎样一种程度,就会制约抗性种群的进化发展,目前还是一无所知。而且,在一个区域中,污染达到怎样一个程度,就可以在整体上影响生物的生长活力和繁育状态,进而就可以影响种群的遗传结构,目前对于这一问题的研究还几乎是空白。

从 20 世纪 90 年代以来,一些研究者如 Mejnartowixz（1983）、Scholz（1985）、Bergmann（1986）、Muller-Starck（1990）、Geburek（1996）、段昌群（1997）和文传浩（1999）等利用等位酶技术或随机引物扩增的多态 DNA（random amplified polymorphic DNA,即 RAPD）或任意引物聚合酶链反应（AP-PCR）技术,调查分析了长期污染作用下种群遗传多样性格局的变化。在这些研究中,涉及的研究材料为苏格兰松树、挪威桦树、欧洲栎、曼陀罗、玉米、蚕豆等,研究思路要么是对比分析不同污染地带经过污染后的种群,要么是分析同一地带经过不同程度污染数年以后的种群,殊途同归获得的结论是:① 对照种群和污染后种群等位基因杂合度、多态位点百分率、每位点平均等位基因数目等显著不同;② 抗性种群遗传多样性水平高于敏感种群;③ 在某些等位酶位点上,如酸性磷酸酶（ACP）、6-磷酸葡萄糖脱氢酶（G6PDH）和谷氨酸脱氢酶（GDH）等,似乎与种群获得污染抗性具有较高的关联度;④ 杂合优势（heterozygote superiority）在抗性基因型中具有明显的高水平;⑤ 没有哪一个 RAPD 扩增位点是抗性种群特有的。

尽管近 20 年来在酶的多态性方面有很多详细的研究,且近 10 年来在限制性内切酶酶切片段长度多态性（restriction fregment length polymorphisms）、RAPD 等遗传标记方面对污染条件下种群的遗传结构进行了研究,但由于这是一个新的研究领域,工作经验还不丰富,在认识污染条件下自然种群条件如何维持基因位点多样性及等位基因变异方面,还是显得证据不足。很多研究试图建立一个污染选择因素和特定电泳图谱的关联模式及与污染适应性相关的 RAPD 位点图谱,都没有获得令人信服的成功。虽然某些酶对于污染或其他形式的胁迫具有功能上的一些意义,但这并不说明酶蛋白等位酶位点上显示出来的差异性就是适合度的差异性,也不能说明它就是适应性进化的结果。

同样地,目前实验资料很少,还不能对适应不同类型的污染所需要的遗传背景给予评价。在理论上,强大的定向选择压力和污染条件下适应上时效性的严格要求,必然出现遗传瓶颈效应,最终导致种群内遗传基因的流失。但是,遗传基因的流失和保存的程度还与种群内携带有抗性基因个体的数量、污染对敏感性个体的选择强度、经过原初的种群衰退后恢复的速度等因素密切相关。显然,如果在整个种群中只有为数不多的个体可以抵抗污染,新建立的种群都是以这几个个体为母体的话,种群遗传位点的变异性将大大降低。这种情况往往发生在废矿上重金属抗性的种群中和大规模农药、除草剂使用条件下生物的适应格局中。由于在一般的种群(非抗性的种群)中抗性个体的比例往往是很低的,在较低的污染水平下,选择效应往往并不突出,而且只有在大面积中才可能显示出来,这时较低的死亡率保存了种群内的绝大多数个体,遗传多样性可能因此保持较高的水平。

经过污染选择以后,重新建立起来的种群遗传多样性水平,有的升高,有的降低。例如,研究经过重金属污染后建立起来的玉米和曼陀罗种群发现,种群等位酶位点上的多样性水平,在总体上都有不断升高的趋势,但玉米由于人工选择,其遗传多样性持续升高,而曼陀罗由于种群重建过程中敏感个体的消失,使其在进入污染区开始阶段遗传多样性水平降低,以后再不断升高(见表7-6、表7-7)。在德国,Mueller-Starck 等(1996)发现经过污染选择后的残余种群中,种群每个位点的等位基因平均数目由原来的 3.0 降低到 2.69,配子多态位点的多样性程度降低了 25%;在挪威,Bergmann 等(1990)发现经过污染选择后,种群的遗传多样性水平提高。

表 7-6　经历不同污染后玉米等位酶位点多样性变化

玉米经历重金属 污染时间长度	酶位点平均等 位基因数	多态位点 百分率/%	平均杂合度 (直接计算结果)
0 年(对照)	1.9	82.6	0.332
3~4 年	1.9	82.4	0.384
11~12 年	2.2	87.0	0.348
21~22 年	2.1	91.3	0.478

资料来源:段昌群,1997。

表 7-7　经历不同污染后曼陀罗等位酶位点多样性变化

曼陀罗经历重金属 污染时间长度	酶位点平均等 位基因数	多态位点 百分率/%	平均杂合度 (直接计算结果)
0 年(对照)	2.1	73.9	0.187
2~3 年	2.0	69.6	0.216
9~10 年	2.0	74.2	0.173
15~16 年	2.3	91.3	0.269

资料来源:段昌群,1997。

二、受损环境中生物的分化与微进化

由于环境污染发生的速度快、强度大,范围广,构成生物系统发育过程中从未有过的全新环境形式。一方面,部分在进化过程中长期处于单一环境的生物,很难适应这种环境的变迁,有的分布区退缩到偏僻的地带,有的则会消失;另一方面,污染的选择力大于"自然"环境的选择力,大多的生物因此改变了适应及进化方向,以前主要是对"自然"环境的适应,现在转而对人类改变的污染环境的适应,生命的进化都要不同程度地被打上对污染适应的烙印。

习惯上,人们如果把种以上的进化称为大进化(macroevolution),那么种以下,即种内的分化就是微进化(microevolution)。众所周知,种群是物种存在的单位,也是进化和适应的单位,进化从生态遗传学的角度来看,就是种群的基因频率的变化。进化生态学认为,微进化主要发生在种群内,并且逐渐把个体在适合度的遗传差异性累计成为种群、地理宗(geographic races)以至于最后积累成为物种水平上的差异。生物在污染条件下,发生了形态、生理和遗传上的适应性变化,当这种变化是基于遗传变异基础上的,经过选择固定就是针对污染发生的定向分化。污染条件下生物的分化和进化问题,目前来看还只是一个微进化的问题。

对于一个种群,当受到污染后,种群必然立刻对污染的选择作用发生响应,响应的结果是种群内对污染适应程度不同的个体在种群中的比率发生调整,伴随抗性个体比例的升高,种群的遗传结构也发生了变化。这种遗传变化在代间的不断积累,将提高种群对污染的适应水平,种群也发生了针对污染适应的进化分化。

(一)污染选择下的种群响应

生物对污染选择的种群响应(population responses)取决于选择作用的强度和生物本身的特点。在一定范围内,选择强度越高,生物的选择响应就越突出;生物对污染物越敏感,选择响应就越激烈。例如,在烟囱、火电场、冶炼厂等附近,很高的选择强度常常导致很高的死亡率;这时种群中如果有合适的遗传变异,预期的选择响应就会很快地发生。然而,当大气污染发生的水平是区域性的,而且浓度很低,或者是阵发性的,选择响应的情形就大大不同。不过至今对污染影响适合度的程度知之甚少。但是,如果不是生长严重降低,不育性很高的情况下,可以想象这类选择响应是很低的,特别是对于那些长寿、异体繁殖、具有种子库的植物类型更是如此。

绝大多数生物抗污染性的遗传是数量遗传性的。对数量性状方向性选择的程度和速度受很多因素的影响,生物的内在因素不仅包括控制性状的基因数目、基因的平均效应(加性效应)、显性出现的程度、基因的上位效应和基因的多效性等,而且还与以下几个方面密切相关。

1. 种群遗传变异量大小

只有当种群遗传变异量足够大时,生物应对污染需要的各种形态、生理、行为上的反应才能有充分的遗传保证。有的珍稀濒危生物,由于遗传多样性水平很低,所以在污染条件下往往因缺乏足够的遗传变异,而难以逃脱灭亡的命运。同时,由于生物从来没有经历过污染,保存下来的遗传变异往往与适应污染没有直接的关系,有的生物即使整体上具有较高的遗传多样性水平,但也未必能够适应污染环境。因为这些遗传变异与污染适应没有相关性。正因为如此,污染条件下生物多样性的丧失是难以避免的一种生态现象。

2. 适合度成分之间遗传的相关性

生物对污染的适应是多方面的形态或生理反应的综合结果,其中每一种形态或生理反应都构成生物适应环境能力的一个有机组成部分,这些组成部分称为适合度成分。每一适合度成分都具有一定的遗传基础,当这些不同适合度成分的遗传基础彼此间相互抵触时,生物整体的适应性将受到影响。如果适合度成分之间呈负相关,生物即使有良好的遗传适应背景,也不能积极有效地提高生物整体的抵抗性。

除此之外,以下因素也十分重要:某位点上有利基因的出现与其他位点上在选择上呈负效应的等位基因在配子的比例上失衡;在选择过程中,加性遗传方差被耗尽;种群太小,遗传漂变的结果是抗性基因丧失;由于种群太小或生物的生殖生物学特性导致近交,从而引起遗传变异的丧失和近交衰败。

在具体的研究中,很难分辨上述这些因素哪一个更为重要,但选择过程之后的缓和阶段表现出来的表型响应有助于区分是遗传变异量的不足限制了进化发生,还是适合度不同成分之间的遗传负相关的原因。如果遗传变异不足限制了选择响应,那么就不会发生表型变化;如果有关的适合度成分之间在遗传上呈现负相关,那么表型就会出现变化。

应该说明的是,与抗性有关的性状在非污染条件下也可能是具有重要适应性意义的,例如,生长速率、气孔开放和关闭的方式、表皮的厚度等。我们可能把适合度因素与抗性进化联系起来。同样地,当植物种群同时接受几种不同类型的污染物时,需要抗性机制同时有效地发挥作用,以抵抗这些污染。在这个过程中,每一方面的抗性发生可能都涉及一组或好几组基因。这时,不同基因彼此作用如果是相互抵触的,则会制约选择响应。

在野外条件下,种群年龄级别的混杂,选择强度在时间和空间上的波动性,以及多种污染物同时作用,使选择响应要复杂得多。

(二)污染条件下生物适应性分化的种群过程

污染引起的种群分化过程包括以下几个方面:

(1)污染物作用下种群中敏感个体消失,种群规模减小;

(2)适应污染阈值最低要求的个体不断扩大在种群中的比例;

(3)抗性个体扩大在种群中的比率,并通过种群内的基因重组,不断提高抗性水平;同时外来基因的流入,提高种群的整体遗传多样性水平。

生物在不同的生活史阶段对污染物的敏感程度不同。凡是能够跨越对污染物最敏感阶段的个体,并能够成功地完成生育繁殖,就是污染选择条件下的适应者,它将在污染选择后的种群中获得进一步发展的机会。这个机会主要就是指抗性基因在种群中扩散的群体遗传学过程。

一般来说,抗性基因在正常种群中的频率是很小的,但在强大有力的污染选择条件下,抗性基因在种群中的传播是极其有利的。在污染条件下,选择系数经常达到50%以上,有的甚至达到99%,因此抗性基因很快在污染条件下得以扩展。在这里,污染发生的强度和持续性就具有重要的作用,它表现为:一是在选择作用较弱时,遗传变化的速度也慢。如果适合度降低的幅度少于5%~10%,抗性进化至少要经过很多代以后才能发生。二是对阵发性污染的急性毒害发生反应的生物,其适应性与对低浓度长时间作用的反应是没有什么关联的。短期的急性作用,生物的表型可塑性往往是抵抗这类毒害作用的主要力量,而表型可塑性往往与遗传关联度较低,这种选择作用的结果因没有发生到种群遗传结构的变化上,而没有进化效应。而且短促的急性作用不经过一个生命周期,也没有进化效应。因此,研究污染条件下的进化,必须是指生物对长期持续接触污染物产生的反应。因为在高浓度下的短期接触与在一定浓度长时间下的接触在进化上是完全不同的,所以过去的许多在污染方面的抗性研究仅仅只是涉及 1~2 个实验浓度水平的短期处理,也没有剂量效应关系的可比性资料,更没有代间效应的比较,很难说明所出现的变化就是一种适应性变化,也不能说明相关的变化就是生物对污染选择作用下的响应。

另外,以往研究工作的另一个特点是针对生活史较短的植物类型,与此相对应的是植物抗性的快速进化,具有很短生活史周期的植物,在强有力的选择作用下,种群很快发生的遗传变化可以快速地向下一代传递,并不断获得巩固,这一点是毫无疑问的。但在"自然"无人工管理的生态系统中,优势种常常是那些寿命长的木本植物和多年生植物,它们通过不定期的种子进行繁殖,而且常常面临的是相对较小的选择压力,这就限制了它们在污染物的作用下快速演变为抗性种群的速度。有的在抗性进化发生以前,污染物的作用就已经导致物种退化或物种替代现象的发生。

(三)影响植物污染抗性进化的生物因素

影响污染适应性进化在实质上取决于两个方面,一是自然选择的强度和类型,即外因;二是生物本身的生物学特性,特别是种群内遗传变异的数量和种类,即内因。对于外因,我们在前文多处已经做了论述,这里我们主要讨论生物学特征对抗性进化的影响。

能否产生适应性进化,以及进化发生的前途如何,往往受被选择的生物种群生物学特性所界定。这些特性就是物种生物学的方方面面。对于动植物而言,植物种群在生活史、种群表现和繁殖特征方面比动物复杂得多。对于动物,其种群生物学的基本构架可以建立在这样一个前提下:二倍体,纯粹的两性繁殖,在较大的有效种群中进行异体杂交繁殖,没有世代重叠的现象等。而这种假设在植物种群中几乎没有任何意义。植物的自体繁殖限制了它的遗传组合,基因流动有限,很小的有效种群数量,巨大的休眠种子库,克隆繁殖,很高的表型可塑性使植物种群中的选择后果难以具有很大的代表性。有的植物种群的有效种群数量很小,适合度变异的环境成因很高,这些特征降低了选择强度和遗传漂变作为一个重要种群遗传结构控制因素的作用。虽然随机过程不能阻止强度很高的选择,但在选择强度很低的情况下,它们具有重要的意义。这里从植物物种生物学主要特征阐述影响抗性进化的因素。

1. 生活史特征

植物生活史的差异很大,例如,植物的寿命从短命的一年生植物到数百年的树木,这对研究终生适合度,以及不同寿命的个体间比较带来了困难。植物的繁殖特性就更为复杂,有性繁殖和无性繁殖在某些植物的整个生活史中往往交替出现,并且在不同的环境条件下,植物种群内和种群间往往二者发生的频率还不同。这种性状本身具有很大的可塑性,虽然是植物适应污染的一个先天性的利器——前适应,但这对于研究种群的进化速度却产生了至关重要的影响。因为只有有性繁殖,才具有进化上的意义。不仅如此,植物进行无性繁殖时具有一系列的类型,如根茎、块茎、贮藏根、分蘖,以及具有无性繁殖能力的其他根、茎、叶等,这些不同的繁殖性状本身对污染的反应就具有很大的差异性。

Grime(1978)根据植物生活史的特点,把植物划分为三种类型:回避型(ruderals)、竞争型(competitors)及胁迫忍耐型(stress tolerators)。这对我们研究污染条件下的适应性进化问题,具有一定的借鉴作用。这三种典型的适应性,每一类适应类型都包含相同或相似的形态、生活史和生理特性。通过对这三类极端类型的了解,再进一步地了解众多的这三种极端状况下的中间类型,这有助于提高研究的效率。

污染下植物的抗性进化受植物的生活史特征和繁殖生物学特征的制约,这是由于种群的生态学和统计学特征在种群的遗传结构控制中具有特别重要的作用,而且交配系统还制约着植物遗传传递的格局和重组的水平。

2. 植物的种子库

种子库是很多植物的共同特征,特别是那些生存在极端环境,或者生活环境组高度不确定的植物。从进化的角度来看,种子库可以看成是从前代而来的迁移体。种子库的影响主要表现在以下几个方面:

(1) 种子库降低了等位基因达到平衡的速率,从而降低了进化的速率。等位基因频率变化的程度随着种子库中种子萌发的平均世代数增加而降低。

(2) 种子活力、萌发的可能性和种子生产的差异性导致进化速率的差异。种子库的平均世代数从 1 年增加到 2 年,将导致进化速率降低一半;种子库不影响等位基因频率的变化。在这种情况下,污染选择引起被选择基因的固定,这种固定速率随着种子库世代数的增加而降低。这里值得一提的是,污染抗性在很大程度是一个数量性状,而不是被单一的主基因所控制。在抗性的数量遗传条件下,进化速率常常要慢得多,而稳定的种子库又强化了这种效应。

种子库对前代的有效"记忆"增加了处于衰退时期的种群数量;相应地,处于增长时期的种群由于前代的种子数量与大批量当代新生的种子相比很少,这时则降低了种子库的"记忆"。在经历污染最初的时间里,由于敏感个体的消失,种群衰减,这时的种子库将会抑制种群衰减的速率和进化发生的速率。然而,如果种群进入第二个快速增长和扩大的阶段,特别是较敏感竞争者的消失,这时的种子库可能不再像前一时期那样,阻碍抗性的进化速率。

现在已经明确知道植物的个体大小与生殖产出的关系,在一年生的植物中相关系数为0.9。也就是说,个体越大,生产的种子数量就可能越多,对种子库的贡献就越大。如果植物对污染物具有较高的抗性,在生长上也就明显快,因此其种子的生产也高于敏感性的个体,种子库阻止抗性进化的趋势也会缓和下来。在短期污染条件下,抗性的和敏感的基因性出现营养生长受损、产量降低程度的差异,随着时间的推移,将会在个体的大小上明显地显示出来。这种情形和上述结果完全一样。对于多年生的植物而言,种子库对进化速率的影响要小,特别对于那些寿命很长的植物而言,尤其如此。多年生植物本身可能会像种子库一样,阻碍进化变化,这是由于两者都为上下代间的交配创造了条件。

3. 表型的可塑性

植物和动物的一个显著差异还在于植物具有表型可塑性。可塑性在植物对污染的响应中具有重要的作用。污染既可能在质量上,也可能在数量上引起植物体中的资源在组织和器官中配置。二氧化硫(SO_2)和臭氧(O_3)抑制根的生长甚于茎的生长,从而降低了根茎比;在 SO_2 污染条件下资源在叶中分配增加,茎中的分配降低。污染常常导致生殖投入降低,并因此引起了一系列的响应。很多的研究表明污染条件下植物发生可塑性的变化,其中有的还和遗传控制有关。

现在普遍认为,表型的可塑性、发育的自稳态机制,以及遗传多样性是生物应答环境不可知性和环境异质性的策略。可塑性和自稳态一直被认为是植物对短期的、不可预知的环境变化的一种适应性反应。虽然在短期范围内,可塑性反应可能是适合度的成分,但仅仅靠可塑性维持植物在长期污染条件下的生长和生殖也是不行的。因为表型可塑性的范围总是有一定限度的，同时可塑性具有较高的适应代价，它常常涉及通过营养组织的损伤弥补由于光合作用的降低而带来的资源不足。如果污染胁迫稳定存在，并且相当严峻，植物可能难以通过这种能力而维持自身，同时也会出现对害虫和疾病抵抗能力的降低；而且，虽然可塑性是可以被选择的，但在发育上和形态上会制约可塑性的进化。因此，较高的可塑性水平对于短期适应污染胁迫是有效的，但不可能在进化上提供一个抗性机制。

4. 植物的生殖特征

开花植物的有性生殖过程包括开花、授粉、受精、种子成熟和种子的散布。这个过程是一个连续过程，并且在一个相当集中而短促的时间中发生。在其中的任何一个阶段，污染会导致整个植物生殖潜力发挥受挫。虽然这个时期对于植物遗传变异的传递和种群的遗传结构具有特别重要的影响，但对污染条件如何影响植物生殖过程的研究还不多见。相对于研究营养生长而言，研究污染条件下植物生殖过程的主要难度在于这个过程本身的复杂性，以及在很短时间内发生，并且是一个相当敏感的过程。因此，很难准确地说明生殖过程中的哪一个时期在生殖潜力丧失中具有重要的作用，特别是在野外条件下开展研究工作，难度就更大。

如前文所述，污染胁迫条件下生殖响应的一个最普遍的方式是生殖生长中的资源配置水平降低、资源分配受阻。这种可塑性反应，往往以开花受抑，芽、花、果实和种子的减少或无效性增多表现出来。这种效应往往又和污染作用发生时间、持续的时间长度、发生的强度等密切联系。当污染的强度持续增加时，生长受到抑制，对生殖影响的最大可能性是开花水平的降低，对于多年生的植物尤其如此。虽然目前也有一些关于环境污染刺激开花的报道，但这种现象是死亡的先兆，因为胁迫已经导致了资源的短缺，开花又将耗尽它更为稀少的资源。当污染是阵发性发生时，而种群又处在生殖阶段，情况又复杂得多。这可能会出现对配子产生影响，导致花粉或雌蕊的不育性；也可能出现生殖功能受挫，如引起花粉的活力降低、花粉的萌发能力降低及果序和种子数量的降低。

5. 植物的传粉系统

具有亲和性的花粉在个体之间的有效传递是异型杂交植物生殖过程中最为重要的一个步骤。对于动物授粉者的植物而言，特别是那些需要特殊的传粉者才能完成授粉作用的植物，在严重的大气污染条件下，由于污染物对传粉者的毒害作用，减少了传粉动物的数量或降低了传粉动物的生活力，从而降低了对花的访问次数，阻碍了传粉的进行。这种情形对于一般的污染区并不严重，但在城市和有关工业区则相当突出。在热带森林类地带，大多数植物是异体杂交，因此也对大气污染特别敏感。传粉动物访问频率的降低，对于果序或种穗的影响可能也不突出，因为大多植物果序的生产和种穗的生产并不受传粉动物的制约。但是，污染条件下传粉动物采粉行为的变化、交配方式的变化，对授粉植物在数量和质量上的影响，最终也会影响基因流动格局。这种效应仅仅通过监测种子的生产是难以获得的，只有利用有些遗传学标记才能获得有关的资料。对于风媒植物而言，大气污染对传粉的影响可能并不突出。

花冠的方向性对某些类型的大气污染是比较敏感的，特别是那些可以溶于雨水中的污染类型。管状或碟状花冠，如果直立开口向上，就会接纳雨水。其他植物的一些生物学特征，例如花的形态、柱头接受花粉的时间、花粉的黏着性、主要生殖器官的形状、结构和朝向等，都可能不同程度地影响该类植物对污染的敏感性程度。在群落中，来自相邻植物的保护程度也会影响污染对植物生殖过程的效应。

三、　生物对污染适应的代价

生物的适应性构成包括在正常环境中的竞争能力和在不利环境及极端环境中的忍耐性。任何生物的生态适应都要同时具备在正常环境中保持较好生长势头,在恶劣环境中维持生命延续的两种基本能力。生物在其一生中,如何平衡这两种能力,就集中反映在生活史策略[即生活史格局(life history patterns)]上。生活史格局指的是生物在生活史中维持生存、生长和繁殖方式的组合。这种组合以资源的获取和配置为核心,以实现最大的繁殖成功为目的,是生物适应环境最集中的体现。

环境污染是绝大多数生物在系统发育过程中从未经历过的环境因子,应对人类引起的环境污染于生物而言是极大的挑战。为了适应污染环境,生物在生理、生化、遗传进化方面进行调整,提高了生物对污染的适应性,但可能降低和制约了生物在其他方面的适应性,这就是适应代价问题(adaptation cost)。已有文献中提到的抗性代价、耐性代价与这里的适应代价包含的意义类似,只是强调的侧面不同而已。适应代价的表现是多种多样的,我们在这里归纳为生态代价、生理代价、进化代价。

1. 生态代价

生态代价(ecological cost)是目前探讨最多的代价形式。它主要指对污染适应的生物,在进入正常环境中时,它的竞争力降低;同时,还可能伴随有对温度、水分、病虫害抵抗能力的下降。段昌群(1996)曾把有较长污染经历的和没有污染经历的同一品种小麦种植到没有污染的环境中,发现前者的有效分蘖(构建)水平低于后者。Bradshaw 等(1975)在剪股颖中的实验中发现,把抗性和非抗性种质同时种植到没有污染的环境中,竞争的结果以抗性种质失败而告终。王映雪、段昌群等(1999)研究发现,对 Cd 适应水平较高的曼陀罗对盐害的适应性大大降低。

2. 生理代价

生理代价(physiological cost)是指对污染适应的植物,在某些生理性能上低于正常的植物。例如,对 SO_2 污染适应时,气孔的关闭降低了光合作用(Ehleringer,1990);抗性植物通过降低代谢以减少对有害元素的吸收,同时也降低了对水肥的吸收(Tingey,1990);有污染经历的曼陀罗种子在正常环境下的发芽率较低(段昌群,1997)。

3. 进化代价

进化代价(evolutionary cost)反映的是对污染适应很好的植物在其他环境中进化发展的灵活度降低,以至于可能失去适应其他环境的可能性。原因可能是,长期的选择作用使与污染没有关系的种群遗传多样性丧失太多,对污染适应基因频率固定,在其他环境中因缺乏应变的遗传储备而失去了进化发展的机会。我们在玉米和曼陀罗的重金属抗性研究中发现,经历污染时间较长的玉米种群在正常环境下的性状变化,在很多数量特征上不及没有污染经历的种群,在以后的进化发展中,这样的种群明显具有劣势。

以上三种代价是从不同角度提出的,实际上它们是相互联系的。生理代价是生态代价个体背景或更深层次的原因;进化代价是生态代价和生理代价长期付出的可能结果。进化代价还可能与污染条件下生物的遗传多样性丧失太多有关。

适应代价的出现,不仅对植物的未来进化产生了不利影响,还对生态系统的生物生产、人类社会的经济生产出现不利影响。如果生物对污染的适应是以抵抗其他不利环境能力降低、整体生物生产力下降为代价的话,污染最终导致的生物整体效应则是适应能力下降,生物圈生产力降低,这样全球污染带来生物多样性的丧失,以及给生物进化带来的影响速度将大大增加,因为这不仅仅表现为已有的生物多样性丧失,而且幸存的生物也难以说明它已经逃脱了污染导致绝灭的劫数。所以准确地认识这一问题,在理论上可以深入认识植物的适应性及其起源,以及污染的进化效应和人工影响下的生物圈的演变;在实践上可以为人工影响下的生物圈管理、污染条件下种质优选与作物经济性状的提高对策提供理论依据。例如,如何培养一个良好的品种,能够兼顾对污染的抗性和对其他环境因子的适应性,从而达到抗污和高产的目的?

第六节 应对适应全球变化与地球管理

一、 对全球变化的应对与适应

人们常问全球气候变化到底会造成什么事件,确切地说这个问题没有答案。目前为止科学家们所做的是观察气候变化是否会改变某种事件发生的可能性,或者改变发生时的强烈程度,并对这些事件的发生提出一些对策。气候变化所带来的种种影响,不仅影响了我们的生活,而且影响了目前地球许多物种的生存。如果气候变化得太快,相当于我们在将许多物种赶出它们赖以生存的家园。近年来,种种极端气象事件的发生,也越发证明了这一点。虽然不能说每一件气象事件都是由气候变化引起,但是气候变化确实意味着极端温度、极端降水等事件发生的频率不断增加。

人类持续排放至大气层的CO_2,有近一半会被土地及海洋吸收,这个过程我们称之为碳封存(carbon sequestration)。现在我们所面临的种种气候变化的后果,仅仅只是碳封存50%的后果,因为自然系统在帮助我们纾困,但是我们不要因此而大意。我们目前面临着两个困境:第一,除非我们有大规模而且快速的行动,不然排放量会持续增加;第二,这些自然生态系统从大气中吸收CO_2并将之封存在各种自然环境的能力目前正受到危害,它们也因人类的行为而遭受非常严重的退化。我们不敢想象,如果还是一切照旧,这些自然生态系统是否还能帮助我们脱离困境。积极应对和适应全球变化至关重要。

1. 在工业能源方面对气候变化的应对与适应

作为"地球王国"中最重要的一员,我们不能坐以待毙,需要采取积极的措施来适应及应对全球变化。在2020年联合国大会中,国家主席习近平提出我国将在2060年前实现碳中和(carbon neutral)。这是全人类社会的一个巨大挑战,但也是我们需要面对的且迫在眉睫需要解决的困难。目前全球几乎25%的碳排放来源于发电与供热,虽然使用替代能源并非难事,但将产生温室气体的化石能源转移到低碳的可再生能源将会是一次极大的变革。

2. 在生态环境与农业方面对气候变化的应对与适应

森林及土壤在维持全球碳平衡上起到了重要的作用。树木和植物吸收 CO_2,用于自身叶、茎、根的生长,通过光合作用,它们吸收并储存了近 1/3 的 CO_2 排放量。全球变化的主要原因是温室气体的排放,而森林就像是作用于全球的气候调节器,保育森林是我们的出路之一。随着近些年我国对退耕还林、开荒造林的重视,大片的荒漠重新萌发出了充满生机的植被。

土壤通过固定碳,使自身变得松软、肥沃及具有较好的延展性。据不完全统计,大约有 300 万吨的碳存在土壤之中,那大约是我们目前释放到大气中的 315 倍。而且碳在土里的量比在植被及空气中的量还多两倍。这就意味着,土壤中储存的碳量只要有一点点改变,就会对当前的环境造成很大的影响。近些年,一种称之为气候智能型土壤管理规范进入人们的视野,它可以在一定程度上解决土壤退化及气候变迁这两个棘手的问题。这是一种管理土壤的智能方法,它可以最优化我们能在土壤中储存的碳量。比如,我们可以借着种植深根性的多年生植物,尽可能地复育森林,减少来自农发的耕作和其他干扰,其中包括最优化使用农药及放牧,甚至是尽可能地加碳到土壤中——也就是用回收资源的方法,比如堆肥甚至利用人类的排泄物。如果这项尝试能够完全达标,就能抵消掉全球近 1/3 的因石化燃料衍生的碳。即使这项尝试不能够完全达标,也能够得到更健康更肥沃的土壤,除了能够满足我们自身或者其他生物的需求外,也可以从大气吸存 CO_2 并帮助缓解气候变迁。

在农业方面,学者也在孜孜不倦地研究如何让作物去适应当前的气候变化。气候变暖正威胁着全球粮食安全,有学者发现高温、干旱和盐分胁迫等导致作物物候不断地缩短,这种变化会对谷物产生巨大的影响。随着气候变暖,几乎所有物候事件都发生得相较以前更早,并且全球各个地区和国家的物候都缩短了。那么由此植物吸收 CO_2 的时间更少了,最终导致产量下降。有人认为可以通过发展适应气候变化的谷物作物品种,增加谷物作物的生物多样性来减轻气候变暖的影响。同样,我们也可以选择使用适应气候变化的种植方式。例如,使用早熟和耗水较少的农作物品种,种植耐逆性农作物品种,改变播种日期,甚至实施定位技术等现代应用技术来提高相应的适应性。

二、人类世条件下的地球管理

人类世代表着整个地球的发展历史进入一个新的阶段,人类的活动和力量不再被限定在自然力量之内,而是与自然的力量一起,共同影响地球的发展进程。如何处理好人与自然的关系,成为人类世谋求可持续发展的重要内容。

1. 人类世视角下全球环境问题的特征

20 世纪中期以来,随着全球性环境问题的日益涌现,国际社会开始加强对人类世全球环境问题的关注,这些全球性的环境问题具有相互关联性、日益复杂性和不可逆转性等特征。

(1)累积性与临界性。环境问题的发展是一个缓慢聚集的过程,人们对全球环境问题的理解,是一个不断加深认知的过程。这些问题的发展也呈现出"渐进式"发展模式。例如,在全球气候变化问题上,国际社会已经意识到气温升高 2 ℃ 的阈值,即全球气温升高 2 ℃ 是地球生态系统能够维持正常的最大限度临界点。总体而言,尽管全球环境问题发生着变化,我们还生活在阈值的范围以内,但也可以逐渐改变行动,来应对和适应气温升高对人类社会的影响。从人类世时代的视角来审视这些环境问题,全球环境问题将更多地呈现出紧迫性,越来越趋近于生态系统的临界点(Timothy,2019)。

（2）相互关联性与级联效应。由于地球的不同系统之间具有相互关联和相互影响的特征，一旦在某个方面发生剧烈的改变，将会带来科学家所说的"级联效应"(cascade effect)，这种效应带来的影响是一种快速的连锁反应，产生的后果将无法估量、无法预测。例如，在全球气候变暖的影响下，北极地区的冰层逐渐融化，由于气候变化的负反馈效应，北极地区的海冰融化速度是其他地区的两倍。北极地区加速的冰融，会进一步放大气候变化对北极地区的环境、生态、社会、经济和基础设施的影响，也会改变北极地区的地缘政治经济环境。另外，由于全球洋流的一体性，北极地区的冰融也会进一步加速全球其他地区海水温度的升高，使海平面高度增加，进而导致一系列连锁反应。随着人类活动的增加，以及对煤炭、石油、天然气等化石燃料无节制的使用，大气中CO_2的含量剧增。海水虽然可以吸收CO_2，但海水吸收CO_2过多，就会造成海水的酸化，导致海洋生物的大批量死亡。

人类世时代全球环境问题的相互关联性，进一步提升了其在全球层面的相互依赖，使其在全球层面产生影响，这是人类世时代环境问题的主要特征。例如，目前面临的全球气候变化、臭氧层损耗，以及生物多样性减少和外来物种入侵等问题都具有全球性的特征。那些原来具有区域性或者本地性的环境问题，在人类世时代也将越来越具有跨越国境的影响，甚至对全球政治、经济产生负面的影响。例如，一个地区粮食产量的减少，直接影响全球的粮食供应，导致粮食价格的上涨甚至饥荒的产生。简而言之，相互关联性和相互依赖性是人类世时代全球环境问题的主要特征。在人类世时代将已有的相互依赖性，提升到更高的程度，使这些问题真正具有了全球性的规模。

（3）不可逆转性与高度复杂性。大规模生态环境破坏的"不可逆性"也是人类世时代全球环境问题的突出特征。在全新世时代人们所面临的很多问题，由于人类活动对自然界的影响还在生态环境所能够修复的"阈值"以内，人们及时采取一些环境保护措施，这些生态环境问题还是可以修复的。但是，步入人类世时代以后，人类社会将面临越来越多具有超强破坏力的全球环境问题，对地球的生态系统产生巨大的破坏，远远超越地球生态系统的自我修复能力，以及人类活动能力所能修复的限度，从而对地球生态环境造成不可逆转的破坏。例如，生物物种的灭绝，如果没有人类活动的影响，当前生物多样性减少的速度将会降低得多。1970年以来，世界上生物物种的数量减少了大约一半，但人口的数量在同一时期暴涨了一倍多。2019年发布的《全球生物多样性与生态系统服务评估报告》中指出，在所评估的野生动植物中约有25%的物种受到威胁，也就意味着大约有100万种物种濒临灭绝。人类对地球的损害甚至可能导致地球历史上第6次大规模的物种灭绝，成千上万的动植物将面临灭顶之灾，人类世甚至可能成为第一个由人类这一单一物种主宰的地质时期。

人类世时代的全球环境问题还具有超级复杂性，成为真正"棘手的难题"(Reiner,2016)。这些问题的"棘手性"主要体现在其出现的原因是复杂的，甚至通常具有高度的不确定性。尽管随着科学技术的发展，人类对自然界的认识也逐步提高，但是由于人类对自然社会认知的进展缓慢，人类总是处在"无知之幕"的限制中。人类世时代一系列全球性环境问题远远超越了人类对自然认知的限度，人们面临这些问题的时候，难以明确导致其出现的原因，这些问题领域的"科学不确定性"将是常态，其对地球生态系统将会带来何种影响，也难以精确估量。

2. 人类世时代全球环境治理的思路

　　面对全球环境问题及其带来的困境,人类社会需要在重新审视人与自然关系的基础上,改变我们在全新世时代认为"理所当然"的很多理念,甚至需要改变传统的以民族国家为单位、以立法为主要手段的治理模式,需要扩充治理的"工具库",需要重构国际和国内层面的治理机制,才可能实现有效的地球系统治理。

　　(1)从全球环境问题整体性的视角升级和加强国际环境治理机制。人类世全球环境问题的整体性、紧迫性等特征,从客观上要求有效的国际合作机制来推动国际社会应对这些问题的集体行动。环境治理机制需要与所应对的问题相匹配,人类世时代的全球环境机制需要具备能够预测变化的能力,采取措施避免跨越临界点的能力,以及快速适应不断变化的环境的能力。虽然自联合国成立以来尤其是1972年斯德哥尔摩人类环境会议以来,国际社会已经逐渐形成了以联合国环境规划署为代表的全球环境治理机制的架构,但是总体而言,目前所采用的渐进式方法已经不足以有效应对人类世时代面临的全球环境变化所带来的挑战,急切需要对全球环境治理结构进行改革和优化。例如,进一步扩大和升级联合国环境规划署的职能,使其在设定议程、建立规范、推动履约、科学评估和能力建设方面具有更多的话语权,进而推动更为深度的国际合作。另外,随着可持续发展理念的流行,1992年成立的联合国可持续发展委员会,当时是作为联合国经济与社会理事会的机构之一,如今应当成立联合国可持续发展理事会,并直接置于联合国大会的管理之下(Frank,2012)。此外,应当将可持续发展的理念内化到全球贸易、投资和金融机制中,在国际经济活动中高度重视投资和贸易对环境问题的影响。

　　(2)从全球环境问题原因和影响的"公共性"视角审视国家的行为。尽管非国家行为体在国际社会中发挥越来越重要的作用,但是主权国家仍然是国际社会最为重要的行为体,也是全球环境治理进程中的主要行动者。在人类世时代,全球环境问题具有真正的全球性规模。这些问题产生的原因及其影响,都并非限制在一个国家的范围之内,其跨界性特征决定了应对这些问题需要国际社会的集体行动。主权国家需要跨越狭隘的和短视国家利益的藩篱,基于全球环境问题"公共性"的视角来审视国家的行为。这主要体现在主权国家要切实履行保护好本国生态环境的义务,加强国内的环境治理体系和应对环境问题能力的建设。国家之间的贸易往来也应该将环境保护理念纳入其中,从而避免由于不合理的国际贸易机制而导致的对资源掠夺式的开发及对生态环境的破坏。与此同时,由于国家之间的相互关联,主权国家也应肩负共同维护跨境环境问题治理的责任。国家是国际机制的主体,国际机制的成功与否也取决于成员国在国内政治领域履行其义务的意愿和能力。国家需要积极参与全球环境问题治理的谈判和行动,减少阻碍国际环境合作的障碍,切实保障国际环境公约所规定的责任和义务的落实。

　　(3)进一步发挥多行为主体参与的多中心治理模式的作用。人类世时代全球环境问题的应对,是一种多中心的治理模式(Philipp等,2016)。除了国家行为体和国际组织行为体之外,还包括非政府组织、跨国公司、科学家联盟,都以各种不同的方式在全球环境治理进程中发挥作用。在全球环境治理领域活跃着大量的非政府组织,这些非政府组织不囿于国家私利的局限,而更具有全球性的视野和对环境问题的高度关切,往往更能够激发和倡导环境友好型的行为规范,甚至能够在一定程度上监督国家行为体的行为。而跨国公司等大企业拥有丰厚的资金和先进的技术,企业社会责任是一种强大的力量,可以依靠它来解决与人类世可持续发展有关的一系列问题。这些企业的活动大都遍及世界各地,这些大公司能够在全球环境治理进程中作为新的环境友好型技术的开发者和清洁能源使用的倡导者,在全球环境治理进程中发挥重要的作用。全球环境问题的高度复杂性,更加凸显了科学研究在理解和应对这些问题方面的重要意义。随着科学技术的发展,人类认识自然和改造自然的能力增强,在应对复杂性问题的时候也会有更为强大的系统工具,这需要国际社会科学家的通力合作。在全球环境问题领域中,来自不同国家的科学家往往比较容易针对问题的原因和解决方案形成共识,并建立起应对此类问题的"认知共同体"。政府的决策者往往更加信任来自本国科学家的建议,因此,由跨国科学家联盟所形成的"认知共同体",可以为决策者提供政策建议,进而推动政府间针对全球环境问题共识的形成及应对方案的达成和实施。中国国家主席习近平提出的人类命运共同体理念,将成为唤起全人类共同解决全球环境问题的重要抓手。

📄 小结

人类活动与太阳、地核一起,成为引发地球系统变化的三大驱动力,地球已经进入"人类全球王国时代"。全球变化已经成为一个国家和地区在考虑经济社会发展等问题时都不可忽视的宏观环境背景。全球变化包括两个相互联系、但各自互有侧重的方面:全球气候变化及其效应和全球污染扩散及其效应。

全球气候变化主要强调人类活动对气候的影响及其效应,集中体现在温室效应方面;臭氧层减薄、酸雨问题是另外两个与全球性污染密切相关的环境问题。认识这些问题的形成机理,可以剖析产生的环境后果,并揭示相关的生物影响。

在长期的污染条件下,不能适应的生物,物种消亡,生物多样性丧失;能够适应的生物则将产生快速分化并形成旨在提高污染适应性的进化取向。生物对污染的适应性,往往在形态结构、生理生化功能、遗传特性上都有直接或间接的表现。这些表现有的是可遗传的,并在污染条件下发生定向适应,就形成了进化。污染条件下生物的进化速率往往很快,超过人们过去的常规认知水平。当然,生物适应污染环境是要付出代价的,这种代价是多种多样的,一般可归纳为生态代价、生理代价、进化代价。从进化和适应的角度上研究污染的长期生态学效应和生物的未来命运,是环境生物学的最新前沿领域。全球所有的科学家都处在同一起跑线上,中国环境生物学家快速进入后有望取得世界前沿领域的一席之地。

我们这个星球进入一个新的地质时期——"人类世",全球变化及全球性的环境问题需要人类社会从各个方面进行积极应对和适应,尤其是在能源结构变革、生态环境保护与农业发展方面尽快形成对策和方案。直视全球性的环境问题具有相互关联性、日益复杂性和不可逆转性等特征,直面全球环境治理的主要矛盾,在全球层面、国家层面、社会管理层面进行制度和机制创新,才能破解人类社会面临的共同危机。

❓ 思考题

1. 概念和术语理解:人类世,全球变化,全球气候变化,温室效应,全球变暖,臭氧层减薄,酸雨,干沉降,湿沉降,适应,适应代价,种群响应,微进化,大进化,碳达峰,碳中和,级联效应。

2. 全球变化包括哪些方面?全球气候变暖的原因及影响有哪些?

3. 生物如何响应全球变暖?对农业生产产生的影响主要表现在哪些方面?

4. 请结合实际,思考当今世界出现的主要环境问题及其影响。

5. 大气臭氧层衰减及其引起的地表 UV-B 辐射增强对我国粮食生产会有什么影响?

6. 酸雨对陆地和水生生态系统产生怎样的影响?

7. 谈谈 SO_2 排放与酸雨之间的关系。酸雨对农业生产会有什么影响? 对人类健康有何影响?

8. 举例说明 UV-B 辐射与其他环境因子相互作用对生物的影响。

9. 为什么臭氧层是地球的保护伞?

10. 生物适应污染和适应自然胁迫环境的区别和联系是什么?

11. 生物如何适应污染环境? 生物对污染的适应性与哪些生物学因素有关?

12. 长期污染条件下生物的分化和进化有什么特点?

13. 从进化和适应的角度研究全球污染条件下的生态效应有何重要意义?

14. 人类世的开始时间有多种观点:有人认为人类出现时地球就进入人类世;有人认为地理大发现,世界连成一个整体时,开始进入人类世;有人认为 17 世纪工业革命拉开了人类世的序幕……你认为呢?

15. 请结合本章内容,以及结合当前国内国际形势和举措,讨论当前我们还可以采取哪些措施或举措来应对或者适应全球变化。

16. 请结合本章内容,并从中国国情出发,简述在人类世条件下对生态环境管理的促进措施。

📖 建议读物

1. 国家自然科学基金委员会.全球变化:中国面临的机遇与挑战[M].北京:高等教育出版社,1998.

2. 方精云.全球生态学——气候变化与生态响应[M].北京:高等教育出版社,2000.

3. 冯宗炜.酸沉降对生态环境的影响及其生态恢复[M].北京:中国环境科学出版社,1999.

4. 刘鸿雁.第四纪生态学与全球变化[M].北京:科学出版社,2002.

5. 张志强,孙成权.全球变化研究十年新进展[J].科学通报,1999,44(05):464-477.

6. 段昌群.生态约束与生态支撑[M].北京:科学出版社,2006.

7. 李元,岳明.紫外辐射生态学[M].北京:中国环境科学出版社,2000.

8. Luo Y Q. Terrestrial carbon-cycle feedback to climate warming[J]. Annual Review of Ecology, Evolution, and Systematics,2007, 38:683-712.

第四篇　应用环境生物学

　　环境生物学的应用领域十分广泛,本篇主要讨论生物监测、生物修复、生物多样性保护及环境管理中相关环境生物学的应用。

　　受损环境对生物的影响和生物产生的适应,往往反映了生态环境的退化和受损状况,运用生物的这种反应来指示和监测环境的变化,这就是生物监测。生物受害和适应的程度、方式往往与受损环境退化、破坏的程度、速度有着密切的联系,环境的变化往往具有很强的时滞效应,同时变化的因素很多,直接进行环境监测难度大、周期长,费时费力,而且往往是事后的描述和记录,难以达到预警监测的目的。而生物监测则可以有效地克服这一不足。如何发展各种各样的生物监测方法和生物标记,实现对环境变化的超前预警,是环境生物学的重要任务之一。

　　生物对环境的改良作用是生物主动适应环境的结果,充分应用生物及其构建的生态系统对受损环境进行修复和重建,是当今世界普遍关注的重大环境课题。针对退化的自然环境,主要围绕水土流失防治、退化土壤恢复、沙尘暴防治、湖泊生态恢复等重大生态问题,探讨生物修复的原理和方法;针对污染环境,主要研究如何利用生物改良污染环境、固定污染物减少毒害,以及利用生物提取污染物的机理,探索污染环境生态重建的方法;对生物多样性进行保护,是生物修复、生态恢复的关键。

　　生物监测和生物修复与治理是环境生物学在诊断、分析和解决具体环境问题中的主要应用领域。同时,从宏观角度解决环境问题时,环境生物学在环境区划、容量控制、环境评价与管理中也发挥积极作用,而且引领和指导未来产业发展,推进产业生态学和循环经济的思想理念全面植入经济活动全过程,驱动人类社会向着绿色发展,走向生态文明。

第八章
生物对受损环境的监测与预警

　　生物与环境是一个有机互动的整体,当环境发生变化时,生物也将进行调整使之与环境保持协调和一致,当环境受损时,生物自然也将在其生命活动中产生异常反应。在一定条件下,这种反应与受损环境的性质特征、产生强度,甚至作用时间都呈高度的相关性。这样,就可以利用生物的这些反应来指示环境的变化。生物对受损环境产生的响应,可以在生物系统的基因、细胞、组织、器官、个体、种群、群落、生态系统等各层次。利用这些不同层次的生物学属性的变化,就可以对各种不同类型的污染环境和退化环境进行监测和预警。

　　本章主要介绍生物监测的基本原理、作用特点,以及在环境监测和生态风险预警中的应用。通过学习,掌握不同生物层次与受损环境的响应与指示机制,了解生物对污染环境的常用监测方法及在监测预警方面的应用,理解监测生物的选择原则,熟悉生物监测与生态监测在生态风险预警评价中的作用和特点。

第一节　生物监测概述

　　人为或自然因素干扰使生物生存的环境及环境条件发生了变化,因此生物对环境变化的响应包含了一定的环境信息,人类由此可以通过观测生物反应获得有关环境变化的信息,这就产生了生物监测,因此本节从生物监测的概念与特点、监测生物的选择原则及生物预警和监测环境变化的机理三方面进行介绍。

一、生物监测的基本概念

　　生物监测(biological monitoring)指利用生物分子、细胞、组织、器官、个体、种群和群落及生态系统等层次上的变化对人为胁迫的生物学反应来指示环境状况。即用生物作指标对环境质量变化进行指示,从生物学的角度对环境质量变化进行监测,为环境质量的评价提供依据。目前在实际监测中已经应用的生物监测方法包括生物指数法、聚氨酯泡沫塑料块法、生物毒性实验、生物残毒测定、生态毒理学方法等,以水生生物为例,涵盖单细胞藻类、原生动物、底栖生物、鱼类和两栖类。

　　利用生物对环境进行监测和预警早在古代就已被人们所认识,历史上很早就有利用金丝雀、老鼠来监测地下矿区瓦斯含量的记载。但生物监测真正受到人们重视并被广泛用于环境监测领域,却是在 20 世纪初。工业革命以来,人类生活方式的改变和工农业生产的迅速发展,深刻地影响着环境的变化。人类活动所导致的环境污染及对自然资源的不合理利用所引发的生态破坏,已成为人类面临的严峻挑战。为此,人们迫切需要能够对环境质量状况及其变化的即时信息进行准确测量,为环境管理和环境建设提供依据的环境监测方法。生物监测技术正是在此背景下发展起来的,其监测机理及应用研究经历了从生物整体到细胞、基因、分子水平的逐步深化发展过程。

由于环境变化的效应从根本上是对以人为主体的生物系统的影响,生物监测在一定程度上反映了生态系统污染或退化的程度,因此,生物监测对环境质量的优劣更具有直接和指示作用。借助于各种先进检测仪器和分析手段的理化监测方法,虽然能精确测定环境污染物的瞬时浓度,但不能反映各种污染物混合作用于生物系统的长期影响。人为胁迫导致的受损环境中,各种污染物同时存在,并共同作用于生物系统。不同污染物之间或发生协同作用,或发生颉颃作用,不考虑污染物、环境因素与生物的综合作用,就不能真正反映环境质量的变化和生活在其中的生物状况,不能真正保护自然生态系统的健康运行。而利用生物指标对环境质量变化进行监测,由于生物接受的是各种环境因子与污染物的综合作用,因而反映的是各种影响因子对生物综合作用的结果,是对整个环境的生物学损伤后果的监测与评价。与理化监测方法相互补充,就能够帮助人们即时获取有关环境质量状况及其变化的综合信息,为环境控制管理提供依据。同时,生物监测具有敏感性、富集性、长期性和综合性等特点,因此,生物监测在环境监测领域的研究应用,受到人们极大关注。

二、 监测生物的选择原则

在生物监测的基本概念中,"监测生物"和"指示生物"是两个不同的概念。指示生物指对环境中的污染物能产生各种定性反应,指示环境污染物存在的周围环境(或部分环境)质量有关信息的某个生物或生物的某个组成部分,或一个生物群落。而监测生物不仅能够反映污染物的存在,而且能够反映污染物的量。监测生物必然是指示生物,但指示生物不一定符合监测生物的要求。我国环境科学家沈韫芬在 20 世纪 90 年代初指出,生物指示与生物监测的目的是希望在有害物质还未达到受纳系统之前,在工厂或现场就以最快的速度把它监测出来,以免破坏受纳系统的生态平衡;或是能侦察出潜在的毒性,以免酿成更大的公害。

生物的种类繁多,由于生物在长期进化过程中形成的胁迫适应机制的多样性及遗传差异,不同生物对人为胁迫作用下,受损环境影响的反应是不一样的。如唐菖蒲(*Gladiolus gandavensis*)的敏感品种白雪公主暴露在 10 nL/L 的氟化氢中 20 h 便出现明显的受害症状,而泡桐吸氟量高达 1.06×10^4 nL/L 却没有受害症状出现。并非任何一种生物都适用于对环境质量的监测。

通过生物指示物研究至少可以获得有关所处生态环境的简单综合和高度特定的两种不同信息,而后者所包含的信息非常详细和精确,具有较强针对性并且可以复制。为了要达到这些指示目的,第一,要选择好监测的类型,要求在一系列监测定位点上的数据能反映出种群、群落或生态系统的质量变化;第二,要确定连续监测、周期监测和临时监测的地点;第三,要确定测试的终点、参数或其他对保持环境优佳状况的关键因子,包括物理、化学、生物学的特征;第四,要建立一个专业性的协调委员会来统一适宜的监测方法,如选定测试终点,建立标准方法,进行合理的推理、判断和裁决;第五,要建立监测的优选权。监测生物的选择应遵循以下几个原则。

1. 选择对人为胁迫敏感并具有特异性反应的生物

监测生物的敏感性直接决定了生物监测方法的灵敏度。监测生物对人为胁迫的生物反应具有特异性,即对特定胁迫具有特殊的敏感性或抗性,而对其他胁迫反应不敏感。同时,这种生物反应能及时灵敏地通过各种测试手段如形态解剖技术、生理生化技术、生态技术等进行测定,以反映较低水平的环境受损,提供环境质量的现时信息。

2. 选择遗传稳定、对人为胁迫反应个体差异小、发育正常的健康生物

遗传稳定的监测生物,能够保证监测结果的重复性,是生物监测方法标准化必须具备的条件。同时,监测生物还必须生长发育良好、干扰症状少。如以植物监测大气污染时,所选择的监测植物个体应发育正常、健壮、叶片无斑痕,植株间较为均匀一致。如果植物体本身长势很弱,叶片有病斑或虫害痕迹,就很难评价大气污染的影响效果。

3. 选择易于繁殖和管理的常见生物

生物监测需要大量个体,因此监测生物应具备大量增殖后代的能力,种质保存和扩大繁殖应简便易行,并避免选用珍稀濒危物种。同时监测生物应易于管理,以降低监测成本,提高生物监测的实用价值。

4. 尽量选择既有监测功能又兼有其他功能的生物

监测生物应尽量选择既有监测功能又兼有经济价值或观赏价值的生物。如国内外常选择唐菖蒲、玉簪来监测氟化物;秋海棠、石竹监测 SO_2;贴梗海棠、牡丹监测 O_3;兰花、玫瑰监测乙烯;千日红、大波斯菊监测 Cl_2 污染等。这些生物既可观赏,又能报警,一举两得。

三、 生物预警和监测环境变化的机理

生物监测的理论基础是生态系统理论。生态系统是由包括生产者、消费者、分解者的生物部分和非生物环境部分所组成的综合体,包含生物分子→细胞器→细胞→组织→器官→个体→种群→群落→生态系统等从低级到高级不同的生物学层次。生物暴露于某种或多种元素或化学物质时,所产生的特定的或非特定的响应称为效应或响应指示生物/监测生物。这些响应包括水平变化,如形态上、组织或细胞结构、生物代谢过程、个体行为或种群结构等。然而,生物对污染物暴露的响应主要表现为生物体对污染物的累积,在累积系数较高的情况下,至少有一种效应指示生物/监测生能够达到检测水平,通常情况下只有在生物累积了足够的化学物质后,细胞间或细胞内的化学物质浓度才达到产生效应的水平,这种效应往往能够被监测到。因此,人们认为"累积指示生物"和"效应指示生物"在较广泛的意义上可以被称为"响应指示生物"(图 8-1)。

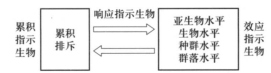

图 8-1 响应指示生物、累积指示生物及效应指示生物的关系

(资料来源:Markert 等,2003)

在生物指示研究中,首先需要获得特定、详细的生物系统信息,如污染物与生物(指示生

物)效应之间的关系。关于生物指示物/生物监测物里所指的"信息"通常指特定生物指示物/监测生物所观察到或监测到的由环境变化引起的生物不良反应。由于目标污染物与其他环境组分之间的关系极其复杂,生态系统组成成分具有多功能和多结构的特点,污染物与生物指示物之间的相互作用通常难以解释。在污染物胁迫下复杂生态系统中产生的能够通过生物指示及生物监测所反映的相互作用及其变化详见图 8-2。

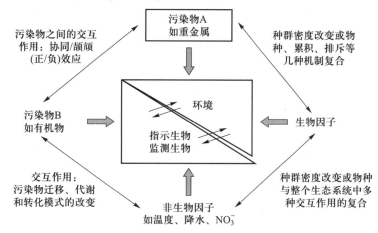

图 8-2　复杂生态系统中有关污染物的相互关系及对生物指示和生物监测的影响

(资料来源:Markert 等,2013)

因此,在人为胁迫条件下,生物系统会对受损环境发生一些在自然条件下没有或罕见的生物反应,这种反应可以发生在生物系统的基因、细胞、组织及器官、个体、种群、群落、生态系统等各个层次。而反应强度与环境受损程度存在的相关性,是利用生物对环境变化进行监测、预警的基础。

1. 个体水平的生物反应

个体是生物系统中最重要的组织层次,也是器官、细胞和基因的整合单位,还是环境变化的直接承受者。

(1)细胞及分子水平的生物反应。对多细胞生物而言,细胞是机体的结构组成单位,它不仅是机体的结构基础,而且是其重要的代谢场所。人为胁迫对细胞及分子的作用,必然会影响这一水平上正常的生物反应。如受损环境中存在的"致畸、致癌、致突变"的三致环境污染作用于生物遗传载体——染色体时,其行为形态、结构、数目和组合会发生相应改变。这时,染色体结构变异、数目变异及基因突变率和 DNA 损伤等与污染物的种类、浓度存在相关关系,即剂量-反应关系。利用生物的细胞遗传学反应可以监测和指示环境的受损程度。如受损环境中生物在外诱性诱变剂或物理诱变因素作用下,其生活细胞内的染色体被诱导发生断裂,影响纺锤丝和中心粒的正常功能,造成有些染色体及其断片在细胞分裂后期滞后,不能正常分配并整合到子细胞核上,形成微核。在一定污染浓度范围内,污染物与微核率存在剂量-效应关系,可以灵敏、快捷地监测环境质量的变化。

当一定浓度的环境污染物及其活性代谢产物进入生物机体后,通过对生命活动不可或缺的催化剂——酶的抑制,改变细胞膜的通透性,从而直接影响细胞的正常功能;与机体靶分子的作用,将导致靶分子的结构和功能受损,引发一系列的生理生化变化,导致生物在不表现出外观损伤之前,机体生理代谢就已发生了改变。其相应的生理生化指标变化,可以灵敏迅速地指示和反映受损环境对生物的影响。如鱼脑胆碱酯酶活性受水体中有机磷农药污染物的抑制,其抑制程度随污染物的浓度和致毒时间的增加而增强,鱼脑胆碱酯酶活性的变化可以反映水体受污染的质量变化情况;以鲫鱼脑组织总抗氧化能力为生物指示物,采取主动生物监测法(ASM)对太湖北部梅梁湖与贡湖湾污染区进行生物监测(计勇等,2010)。

(2)组织、器官水平的生物反应。生物对污染物的吸收,由于其特有的蓄积特性将使污染物在生物体内不断积累。当体内的蓄积量达到一定数量后,由于污染物对机体靶分子的毒害作用,其结构和功能将发生改变,从而引发一系列的生理生化变化,将导致组织、器官的结构和功能受损,生物出现相应的受害症状。如大气环境受污染后,植物叶片会出现各种伤斑,甚至叶组织局部坏死,不同污染物对植物的伤害反应症状不同。根据受害叶数、颜色深浅及伤斑大小与大气中污染物种类及浓度的相关性,将污染伤害植物的程度与已知的环境污染物浓度联系起来,就能凭借叶片的受害症状反映大气中相应污染物的浓度,从而对大气进行监测和预警。如紫花苜蓿、棉花等叶片的叶脉间出现不规则的白色、黄色斑点或块状坏死,反映 SO_2 的污染,而烟草叶片出现的红棕色斑点状坏死则指示大气中的 O_3 污染。以苔藓为指示生物,通过分析植物组织中的污染物浓度,可以直接监测大气污染,分析大气重金属沉降的时空分布、污染物迁移及其来源。自 20 世纪 70 年代开始,苔藓袋法已经被广泛应用于大气污染的监测。利用苔藓袋法研究了城市大气中 S、Cu、Pb、Zn 元素的时空分布(Cao 等,2009)。陈龙等利用苔藓植物结合大气净度指数法与金属(Mn、Fe、Cu、Cr 和 Pb)含量化学分析法评价了沈阳市的大气质量状况(陈龙等,2009)。

正常环境中,生物体内各种化学成分的含量大致在一定范围内变化,这是生物长期适应环境的结果。但在污染环境中,由于生物对污染物的吸收、蓄积特性,其体内污染物的蓄积量一般与环境的受损程度存在相关关系,能够忠实地"记录"污染过程。生物体内的污染物及其代谢产物含量能够反映环境污染物的种类及污染程度,因而不同历史时期采集的生物标本能够为某地区的污染监测历史提供客观的"自动记录"资料,对其进行成分分析,就能对污染物的污染历史进行推测和评价。如美国宾夕法尼亚州立大学的研究人员采用中子活化法分析树木年轮中重金属元素的含量变化。结果显示 20 世纪第一个十年的年轮含 Fe 量减少,20 世纪 50 年代后 Hg 含量增加,50 年代早期至 60 年代 Ag 含量增加,这与当地在同期内炼铁炉被淘汰,工业用汞量增加及在云中撒布碘化银人工降雨等人类活动导致的环境变化呈相关性。

2. 种群及群落的生物反应

种群是生物系统中一个重要的组织层次。大量研究表明,人为胁迫作用下的受损环境会对种群的生态学、遗传学和进化过程产生深刻影响。由于受损环境中生物个体反应的特殊性,由这些个体组成的种群具有与正常环境中不同的特点。

正常环境条件下,温度、含盐量等非生物因素和食物、捕食等生物因素对种群的影响是通过改变种群密度而起作用的,即密度制约。而在受损环境中,种群同时受到密度制约因素和污染物的共同影响。污染物将从两方面影响种群:一方面,在污染作用下,种群中敏感个体死亡,种群的死亡率上升,这已被大量的毒理学实验所证实;另一方面,大量的实验研究亦证明,污染胁迫会使躯体生长率下降,如污染物通过降低植物的光合作用或动物的合成代谢导致种群的躯体生长率下降。生物种群由于环境受损而发生适应性分化。

不同种群对环境受损的反应是不同的。在正常的非污染环境中具有竞争优势的敏感物种,当环境受到污染后其优势地位可能被削弱甚至消失,而原先处于竞争劣势地位的抗性物种则取代成为优势物种。种群组成的变化,必然导致群落结构与功能的改变。环境的受损将使正常环境条件下的群落物种组成与结构发生改变。如自然水体受到严重污染后,往往在很短时间内就能使群落的组成和结构发生显著改变。1974 年的英国班特里(Bantry)海湾溢油事故使 35 km 海滩受到污染。现场调查表明:齿缘墨角藻等藻类由于受害严重而大量死亡,而车叶藻、浒苔等藻类由于对石油污染的抗性较强而成为优势种。其他油轮事故的调查也发现污染导致了群落结构改变。此外,研究表明,土壤微生物能够通过分泌胞外酶来促进土壤有机质分解及含氮化合物的转化。因此,土壤酶活性反映了物质循环中微生物代谢过程的动态变化,并且能够作为敏感生物指示物来监测导致土壤质量退化的环境胁迫。重金属能够抑制包括酶促过程的土壤微生物活性,在土壤组分如有机碳或总氮含量不发生变化的情况下,土壤酶活性对重金属污染会产生较显著的响应。

描述生物种群或群落结构和功能变化的参数如生物指数、群落的多样性指数、种类数量、生物量、生活史、种群分布、种的目录、分布格局、密度、指示物种等可以指示受损环境对群落结构变化的影响程度。群落结构组成的改变将使群落的基本特征发生变化。多样性是群落的主要特征,正常环境条件下,生物的种类多且个体数相对稳定;而受损环境中,由于不同种生物对胁迫的敏感性和耐受能力不同,敏感物种在不利条件下死亡或消失,抗性物种在新的环境条件下大量发展,群落发生演替。底栖生物指数法评价水质在我国已有近 30 年的历史,底栖生物多样性指数如香农(Shannon)多样性指数及 BI 指数被广泛应用于湘江、长江等的生态监测。

3. 生态系统的响应

人为胁迫作用下,生态系统的结构和功能发生变化,这些变化可用来指示环境的变化及环境受损的程度。

(1)生态系统结构。污染物由于其毒害作用,引起敏感生物体的病态和死亡,生物种群由于环境受损而发生适应性分化。敏感物种的消失使系统内的物种数量显著降低,竞争、捕食、寄生及共生等种间关系的改变,使群落的物种组成与结构发生改变,生态系统的结构趋于简单化,食物链不完整,食物网简化。生态系统中生物群落的种类数量、生物量、生活史、种群分布,非生物物质的数量和分布、生存条件等结构参数发生改变。采用包括种的目录、多样性指数、分布格局、密度、指示种类等物种水平分析及对非生物物质的理化分析相结合的方法,可以反映受损环境对生态系统结构的影响。

(2)生态系统功能。初级生产量是生态系统能量的基本来源,对维持生态系统稳定具有关键作用。污染物的毒害作用使初级生产者受到伤害,并通过减少重要营养元素的生物可利用性、减少光合作用、增加呼吸作用等途径使初级生产量下降,从而使依托强大初级生产量才能建立的各级消费类群没有足够的物质和能量支持,食物链缩短,并通过对分解者的毒害作用使生态系统的营养循环受到影响,物质分解和信息传递受阻,生态系统的功能发生改变。其生物能量通过生态系统速率(即群落中种群的生产速率和呼吸速率),营养物质的循环速率(如受污染后物种恢复率),初级生产力,呼吸速率等功能参数的变化与环境受损程度存在的相关性,可以反映环境的受损程度。

反映生态系统功能变化的指标主要包括能量、物质循环和生态系统稳定性三方面指标:

① 能量指标,指生态系统生产量(P)和呼吸作用(R)可作为测定自然系统功能的指标,也可作为系统对环境胁迫的效应指标,P/R比值的变化可用于计算生态系统对扰动的响应;② 物质循环指标,指生态系统中初级生产者捕获的能量通常受到主要物质有效性的限制,包括大量营养元素 P、N 等和微量元素 Fe、Mo 等,营养物质流量和营养物质循环效率可作为生态系统风险分析的指标;③ 生态系统稳定性指标,即生态系统的抗性(resistance)和恢复力(resilience)指标。抗性与系统受到扰动后偏离正常范围的变化成反比,恢复力则反映了生态系统受到扰动后回到原先状态的速率。抗性与风险成反比,对某种扰动的抗性越小,风险越大。

第二节　生物对污染环境的监测与指示

生物监测根据划分依据的不同,可以有多种分类方法(图 8-3)。本节将主要依据生物层次的不同,对目前发展比较成熟的方法予以介绍。

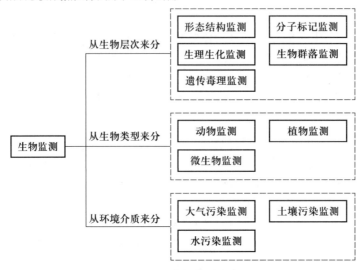

图 8-3　生物监测分类

一、形态结构监测

在此类监测方法中,发展最成熟、应用最广的就是利用生物对大气污染进行监测。大气是生物赖以生存的基本条件之一,大气一旦受到污染,生物马上会做出不同程度的反应,如某些动物生病、死亡或迁移;植物叶片出现病变,植株生病、死亡;微生物种类和数量的变化等。虽然早在很久以前就有利用昆虫和鸟类监测大气污染的例子,但到现在还没有一套系统完整的监测方法。植物监测由于方法简单易行,灵敏可靠,所以早在 20 世纪初就引起人们的注意,发展到现在,已经积累了很多经验,并且广泛应用于实践。

对植物最有害的大气污染物是 SO_2、O_3、过氧乙酰硝酸酯(PAN)、氟化氢(HF)和乙烯

（C_2H_4）等。许多植物对大气污染反应极为敏感，其敏感程度也因植物种类和污染物种类的不同而不同。比如对 HF 短期急性处理，敏感植物的受害阈值为 $3\ \mu g/L$，而 SO_2 则为 $400\ \mu g/L$；贴梗海棠在 $0.5\ mg/L$ 的 O_3 下暴露 30 min 即会受害；香石竹、番茄在 $0.1\sim0.5\ mg/L$ 浓度的 C_2H_4 处理几小时，花萼就会发生异常变异。同时植物受损症状也是变化和不同的，利用这些现象，人们对不同大气污染物的特异敏感植物和受害症状做出了总结。

1. 二氧化硫（SO_2）

植物受 SO_2 伤害后的典型症状为：叶面微微失水并起皱，出现失绿斑，失绿斑渐渐失水干枯，发展为明显的坏死斑，颜色可以从白色、灰白色、黄色到褐色、黑色不等。在低浓度时一般表现为细胞受损，不发生组织坏死。长期暴露在低浓度环境中的老叶有时表现为缺绿，不同植物间存在较大差异。禾本科植物在中肋两侧出现不规则坏死，从淡棕色到白色；针叶植物从针叶顶端发生坏死，呈带状，红棕色或褐色。

监测 SO_2 的植物有苔藓、地衣、紫花苜蓿、大麦（*Hordeum vulgare* L.）、荞麦（*Fagopyrum esculentum* Moench.）、美国白蜡树（*Fraxinus americana*）、垂枝桦（*Betula pendula*）、南瓜（*Cucurbita moschata*）、北美短叶松（*Pinus banksiana* Lamb）、芥菜（*Brassica juncea*）、堇菜等。

2. 臭氧（O_3）

植物受 O_3 伤害后出现的症状为：阔叶植物下表皮出现不规则的小点或小斑，部分下陷，小点变成红棕色，后褪成白色或黄褐色；禾本科植物最初的坏死区不连接，随后可以造成较大的坏死区；针叶树的针叶顶部发生棕色坏死，但棕色和绿色组织分布不规则。O_3 的监测植物及其典型症状见表 8-1。

表 8-1 O_3 的监测植物及其典型症状

监测植物	典型症状
美国白蜡	白色刻斑、紫铜色
菜豆	古铜色、褪绿
黄瓜	白色刻斑
葡萄	赤褐色至黑色刻斑
牵牛花	褐色斑点、褪绿
洋葱	白色斑点、尖部漂白
松树	烧尖、针叶呈杂色斑
马铃薯	灰色金属状斑点
菠菜	灰白色斑点
烟草	浅灰色斑点
西瓜	灰色金属状斑点

资料来源：曼宁等，1987。

3. 过氧乙酰硝酸酯（PAN）

PAN 诱发的早期症状是在叶背面出现水渍状或亮斑。随着伤害的加剧，气孔附近的海绵叶肉细胞崩溃并为气窝（air pocket）取代。叶片背面呈银灰色，两三天后变成褐色。这些症状出现在最幼嫩的叶尖上，随着叶片组织的逐渐生长和成熟，受害部分就表现为许多"伤带"

(banding),这是 PAN 诱发的一个最重要的受害症状。用于监测 PAN 的植物有:长叶莴苣(*Lactuca dolichophylla* Kitam.)、瑞士甜菜(*Swiss chard*)及一年生早熟禾(*Poa annua* L.)。

4. 氟化氢(HF)

HF 对阔叶植物的伤害症状,一般为叶缘或叶片顶部出现坏死区,坏死区有明显的有色边缘。坏死组织可能分离、脱落,而叶片并不脱落。针叶树首先从当年的针叶叶尖开始,然后逐渐向针叶基部蔓延。被伤害的部分逐渐由绿色变成黄色,再变成赤褐色。严重枯焦的针叶则发生脱落。新叶较老叶更易受到伤害。监测 HF 的植物有杏树(*Prunus armeniaca* L.)、北美黄杉(*Pseudotsuga menziesii*)、美国黄松(*Pinus ponderosa*)、唐菖蒲(*Gladiolus gandavensis*)、小苍兰(*Freesia hybrida* Klatt)以及地衣等。

5. 乙烯(C$_2$H$_4$)

C$_2$H$_4$ 一般影响植物的生长及花和果实的发育,并加速植物组织的老化。监测 C$_2$H$_4$ 的植物通常有卡特兰兰花(*Cattleya* spp.)、麝香石竹(*Dianthus caryophyllus*)、黄瓜(*Cucumis sativus* L.)、番茄(*Lycopersicon esculentum*)、万寿菊(*Tagetes erecta* L.)及皂荚(*Gleditsia sinensis*)等。

在应用中,典型受害症状往往也用来监测土壤污染。土壤中的污染物对植物的根、茎、叶都可能产生影响,出现一定的症状。如 Zn 污染引起洋葱主根肥大和曲褶;Cu 污染使大麦不能分蘖,长 4、5 片叶时就抽穗;B(硼)污染使驼绒藜变矮小或畸形;氰化物能使植株变矮,根系短而稀少,部分叶尖端有褐色斑纹;As 污染使小麦叶片变得窄而硬,呈青绿色;Cd 使大豆叶脉变成棕色,叶片褪绿,叶柄变成淡红棕色;一些无机农药污染使植物叶柄基部或叶片出现烧伤的斑点或条纹,使幼嫩组织发生褐色焦斑或破坏;有机农药污染严重使叶片相继变黄或脱落,花座少,延迟结果,果变小或籽粒不饱满等。受到污染的土壤使蚯蚓身体蜷曲、僵硬、缩短和肿大,体色变暗,体表受伤甚至死亡,表明土壤受到了 DDT 和有机氯化物的污染。

二、 生理生化监测

当外界环境受到污染时,生物的某些生理生化指标会随之发生变化,而且比可见症状反应更灵敏、精确。到目前为止,各国科学家做了很多实验,其中大气污染物对植物的影响研究结果见表 8-2。

表 8-2　大气污染物胁迫的生物化学和生理学指标变化

指标		污染物	变化
酶	过氧化物酶	F$_2$,HF,SO$_2$	增加
	多酚氧化酶	SO,NO$_2$,碳氢化合物	增加
	谷氨酸脱氢酶	SO$_2$,NO$_x$	增加
	RuBP 羧化酶	SO$_2$	减少
	硝酸还原酶	SO$_2$,NO$_x$	减少
	过氧化物歧化酶	酸雨,O$_3$	增加

续表

指标		污染物	变化
胁迫代谢物	抗坏血酸	非特异性	增加
	谷胱甘肽	SO_2	增加
	多胺	非特异性	增加
	乙烯	非特异性	增加
代谢	腺苷酸状态	非特异性	减少
	光合作用	非特异性	减少
	光反射	O_3,SO_2,酸雨	减少
	混浊度测试①	酸雨	增加

资料来源：Larcher,1997。

① 针叶松树的针叶热水洗提物的浑浊度。

动物方面的例子主要为利用鱼来监测水污染,鱼的常用生理代谢指标有:鳃盖运动频率、呼吸频率、呼吸代谢、侧线感观机能、渗透压调节、摄食量与能量转换率、抗病力等。生化方面的指标有:血液成分变化、血糖水平、酶活性变化、糖类及脂类代谢等。鱼的血液对一些污染物很敏感,如 Pb 中毒会加速红细胞的沉降,增加不成熟红细胞的数量,使一般红细胞溶解和退化而导致溶血性贫血。因此,不成熟红细胞的增加和溶血性贫血可以作为水体中 Pb 污染的监测指标。

利用微生物也可以很好地监测环境污染。例如,大肠杆菌(*Escherichia coli*)对光化学烟雾非常敏感,只要光化学烟雾浓度达到几个 ng/g 就可以导致大肠杆菌死亡。O_3 对大肠杆菌也有毒害作用,使细胞表面氧化,造成内含物渗出细胞而被毁。

发光细菌是测定污染物引起细胞学损伤的良好工具。明亮发光杆菌(*Photobacterium phosphoreum*)在正常生活状态下,体内荧光素在有氧参与时,经荧光素酶(Luciferase)的作用会产生荧光,光的峰值在 490 nm 左右。当细胞活性高时,细胞内 ATP 含量高,发光强;休眠细胞 ATP 含量明显下降,发光弱;当细胞死亡,ATP 立即消失,发光即停止。处于活性期的发光菌,当受到外界毒性物质(如重金属离子、氯代芳烃等有机毒物、农药、染料等化学物质)的影响,菌体就会受抑甚至死亡、体内 ATP 含量也随之降低甚至消失,发光减弱甚至到零,并呈线性相关。藻类也是人们广泛用于水质监测或物质毒性监测的微生物,常用于监测的藻类有硅藻、栅藻、小球藻等。由于藻类生长繁殖迅速,对水质变化敏感,可以通过测定其生物量、生长量、光合作用、细胞代谢物质的变化来反映环境中毒性物质的毒性大小。

多环芳烃是空气中普遍存在的污染物,它能刺激细菌产生畸变。例如,蜡样芽孢杆菌(*Bacilius Cereus*)和巨大芽孢杆菌(*Bacillus megaterium*)都可用来监测多环芳烃污染物。

近年来,人们在利用植物、动物及微生物来进行环境监测的时候,越来越多地使用生物标志物进行环境污染物毒性效应的早期预警。如鱼类脑、血液或其他组织中乙酰胆碱酯酶活性是有机磷和氨基甲酸酯类毒物暴露和毒性效应的生物标志物。生物体内的抗氧化系统、细胞色素 P450 酶也是评估水生态系统污染的良好生物标志物。另外,细胞色素 P450 酶相关蛋白和基因的表达也逐渐用于环境污染的检测,其中细胞色素 P4501A1(CYP1A1)基因的 mRNA 表达是最有前景的生物标志物之一。

三、 体内污染物及其代谢产物监测

生活在污染环境中的生物可以通过多种途径吸收大气、土壤和水中的污染物,因此,可以通过分析生物体内污染物的种类和含量来监测环境的污染状况。

地衣和苔藓植物对大气污染物极为敏感,它们不仅是非常好的监测和指示生物,而且由于没有真正意义上的根,其营养物质的获得主要通过空气中吸收或沉降物中吸收,因此,它们体内的污染物含量与环境中污染物浓度及其沉降率之间有着良好的相关关系。地衣和苔藓植物被广泛地用于监测大气中重金属、粉尘、SO_2 等污染。此外,高等植物叶片中的污染物含量也常常被用来监测大气污染。具体做法是在污染地区选择抗性好、吸污能力强、分布广泛的一种或几种监测植物,分析叶片中某种或多种污染物含量;或者人工实地栽培监测植物,也可以把盆栽监测植物放到监测点,经历一段时间后取叶片分析其中污染物含量,从而判断当地环境污染情况。植物树皮一年四季都能固定空气中的污染物,它具有不受季节限制的优点,所以可以把污染区植物树皮中污染物含量与生长在清洁区条件相类似的植物树皮污染物含量相比较,用来监测空气污染的年度变化。

对水生生物体内污染物进行分析,同样也可以了解水中污染物的种类、相对含量和危害程度。有的国家已经以此为依据制定了环境质量标准。除了水生生物本身以外,还可以分析生物体的某一部分、血液、排泄物等。在国外就有分析浮游生物和鱼虾贝体内污染物含量和种类来进行监测的例子,如双壳贝类具有移动力弱、地区性强和受环境污染影响明显等特点,可通过滤食方式摄食微塑料(microplastic),被认为是海洋微塑料污染监测的理想指示生物。

值得注意的是,污染物对人体健康的影响越来越引起世界的关注,人们不仅仅满足于了解污染物在动植物、微生物体内的情况,而且更急切地想知道污染物在人体内的分布和含量。因此,现在的生物监测中还包含了人体健康监测的内容。比如环境中 Pb 污染可以通过人体血液和头发中 Pb 含量来监测,也可以通过血中游离原卟啉浓度和尿中 δ-氨基乙酰丙酸浓度增加来监测;根据人尿中马尿酸浓度监测空气中甲苯浓度,根据人尿中有机溶剂的浓度来监测空气中有机溶剂的浓度;根据人尿中未代谢的多环芳烃和羟基多环芳烃(OH—PAHs)来评估空气中多环芳烃污染与人体内暴露负荷之间的关系等。

四、 遗传毒理监测

环境中许多污染物能够引起生物体的遗传物质发生基因结构变化,这些物质称为致突变物(mutagen)。生物体的遗传物质发生了基因结构的变化称为突变(mutation)。突变可分为基因突变(gene mutation)和染色体畸变(chromosome aberration)两大类。基因突变只涉及染色体的某一部分的改变,且不能用光学显微镜直接观察。染色体畸变则可能涉及染色体的数目或结构变化,可以用光学显微镜直接观察。从理论上来说,致突变作用产生有益后果的概率极小,而且无法鉴别和控制,对人体健康存在很大的潜在威胁。致突变试验用来监测环境中是否有对生物产生遗传毒性的污染物。下面就几种成熟的致突变试验体系进行介绍。

1. 体外基因突变试验(in vitro gene mutation test)

（1）细菌回复突变试验。以营养缺陷型的突变菌株为指示生物检测基因突变的体外试验，其目的是检测受试物对微生物（细菌）的基因突变作用，利用其来检测点突变，预测其遗传毒性和潜在的致癌作用。常用的菌株有组氨酸营养缺陷型鼠伤寒沙门氏菌和色氨酸营养缺陷型大肠杆菌。细菌回复突变试验包括鼠伤寒沙门氏菌细菌回复突变试验和大肠杆菌细菌回复突变试验。其原理是鼠伤寒沙门氏菌和大肠杆菌菌株的组氨酸缺陷突变型和色氨酸缺陷突变型，在无组氨酸或色氨酸的培养基上不能生长，在有组氨酸或色氨酸的培养基上才能正常生长，我国已颁布了国家标准《细菌回复突变试验》（GB 15193.4—2014）。致突变物存在时可以回复突变为原养型，在无组氨酸或色氨酸的培养基上也可以生长。故可根据菌落形成数量来衡量受试物是否为致突变物。

（2）哺乳动物体细胞株突变试验。

基因点突变试验除采用微生物外，还可利用哺乳动物突变细胞株发生回复突变，借助其生化方面的特殊改变，从而确定受试物是否具有致突变性。用于试验合适的细胞系（cell lines）包括小鼠淋巴瘤细胞（L5178Y），中国仓鼠细胞（CHO、AS52、V79），以及人类淋巴母细胞（TK6）。在这些细胞系中，最常用的点突变分析位点是胸苷激酶（TK）、次黄嘌呤-鸟嘌呤磷酸核糖转移酶（HGPRT）和黄嘌呤磷酸核糖转移酶（XPRT）位点。

2. 体内基因突变试验（in vivo gene mutation test）

（1）显性致死突变试验（dominant lethal mutation test）。本实验是检测外来化学物质对雄性小鼠或大鼠生殖细胞染色体致突变作用的试验。哺乳动物生殖细胞染色体发生畸变时，往往不能再与异性生殖细胞结合，或在结合后出现发育异常的胚胎，造成总着床数减少或早期胚胎死亡及畸胎等现象。根据异常现象出现率与对照组进行比较，以评定外来化学物质对生殖细胞是否有致突变性。一般的试验过程为先分组使雄鼠在一定期限内接触受试物，再与不接触受试物的雌鼠同笼交配，定时剖取孕鼠子宫，检查活胎数、早期和晚期死亡胚胎数，并计算总着床数和每只孕鼠平均着床数。过去以致突变指数（早期胚胎死亡数/总着床数×100%）表示化学致突变的强弱。现改为以平均早期胚胎死亡率（早期死亡胚胎数/受孕雌鼠数）表示。

（2）果蝇伴性隐性致死试验（sex-linked recessive lethal test in drosophila melanogaster, SLRS）。果蝇的性染色体和人类一样，雌蝇有一对 X 染色体，雄蝇则为 XY。伴性隐性致死突变试验的遗传学原理为致突变物可能在雄性果蝇配子 X 染色体上诱导隐性致死突变。将经过处理的雄性果蝇与未处理的雌蝇（X 染色体上常有易鉴别的表型标记，以区别父本或母本 X 染色体）交配，此时产生的子 1 代（F_1）雌蝇带有来自父本的具有致死突变的 X 染色体。但由于此种致死突变为隐性，所以 F_1 蝇仍然能正常生长、发育、生殖。若将此类雌蝇 F_1 与子 1 代雄蝇交配，则将有半数雄合子是含有经受试物处理雄蝇（P_1）的 X 染色体。此时 X 染色体上隐性致死基因得以表现，引起此雄蝇死亡。

3. 染色体畸变试验（chromosome aberration test）

染色体畸变试验指利用光学显微镜直接观察生物体细胞在受致突变物作用后，染色体发生数目和结构变化的情况。染色体结构的畸变包括染色体单体断裂、双着丝点染色体、染色体粉碎化和染色单体互换等。染色体畸变率越高，说明污染越严重。染色体畸变试验可以在体细胞进行，也可以在生殖细胞进行，可以在体外，也可以在体内进行。

体外染色体畸变试验多以中国仓鼠卵巢细胞（CHO 细胞）作为检测细胞。该细胞分裂速度快、数目适中、形态清晰,是国际上较通用的细胞株。其次,短期体外培养人类外周血,检测人类淋巴细胞也是一种简便可行的方法。体外试验培养时加入受试物,按规定时间制片镜检有无数量(多倍体等)或结构(断裂、缺失、置换、易位、环状及多处断裂等)的异常,并计算各种类型畸变的百分率。体内染色体畸变试验即是在给予受试物后,观察骨髓细胞及其他组织(胸腺、脾、精原细胞)内染色体畸变率的变化。一些经代谢激活后,对细菌有致突变性的化合物,多数也能在大鼠、小鼠、地鼠及人骨髓细胞中诱发染色体畸变。

4. 微核试验(micronucleus test)

在外源性诱变剂或物理诱变因素存在时,生物细胞内染色体受到诱变发生断裂,纺锤丝和中心粒受损,造成有些染色体及其断片在细胞分裂后期滞后,或者核膜受损后核物质向外突起延伸,形成一个或几个规则的圆形或椭圆形小体,其嗜染性与细胞核相似,比主核小,故称微核(micronucleus)。在一定污染物浓度范围内,污染物与微核率有很好的剂量-效应关系,而且灵敏度高、简便、可靠,近年来已成为一种常用的污染监测方法。

微核试验可以采用动物细胞和植物细胞。常用的动物试验有:骨髓嗜多染红细胞微核试验(micronucleus test of polychromatic erythrocyte in the bone marrow)和外周血淋巴细胞微核试验(micronucleus test of peripheral blood lymphocytes)。常用的植物微核试验有紫露草微核技术(tradescantia MCN test)(也称紫露草四分体微核监测法)和蚕豆根尖细胞微核技术(vicia faba MCN test)。此外,还有细胞培养微核试验(micronucleus test to cell culture),常用细胞是人淋巴细胞、中国仓鼠卵巢或肺成纤维细胞。其中植物微核监测技术已被证实为监测环境污染物最有效的技术之一,它具有成本低、效率高、快速、准确等优点,目前已经广泛应用于监测空气、水体和土壤的环境污染状况。

5. 姐妹染色单体交换试验(sister chromatide exchange test)

每条染色体由两个染色单体组成,一条染色体的两个染色单体之间 DNA 的相互交换,即同源位点复制产物间的 DNA 互换,称姐妹染色单体互换,它可能与 DNA 断裂和重联相关,但其形成的分子基础仍然不明。5-溴脱氧尿嘧啶核苷(Brdu)是胸腺嘧啶核苷(T)的类似物,在 DNA 复制过程中,Brbu 能替代胸腺嘧啶核苷的位置,掺入新复制的核苷酸链中。所以当细胞在含有 Brbu 的培养液中经过两个细胞周期之后,两条姐妹染色单体 DNA 双链的化学组成就有差别。即一条染色单体 DNA 双链之一含有 Brbu,而另一条染色单体的 DNA 双链都含有 Brbu。当用荧光染料染色时,可以看到两条链都含 Brbu 的姐妹染色单体染色浅,只有一条链有 Brbu 的单体染色深。用这种方法,可以清楚地看到姐妹染色单体互换情况。如果姐妹染色单体发生了互换,就会使深染色的染色单体上出现浅色片段,浅染色的染色单体上出现深色片段。很多化学致突变物或致癌物可以大幅度地增加姐妹染色单体互换频率,因此,目前这种方法广泛应用于致突变化学物质的监测中。

五、 分子标记监测

1. DNA 损伤试验

(1)非程序性的 DNA 修复试验(unscheduled DNA synthesis, UDS)。正常情况下,细胞内的 DNA 合成是一种程序性的复制,即在细胞分裂前期进行半保留复制。但是,当 DNA 受到损害时,细胞对 DNA 损伤具有修复能力,这时 DNA 合成就属于非程序性的复制。细胞与化学物质接触后,若能诱导 DNA 修复合成,即可据此推断该化学物质具有损伤 DNA 的潜力。化学物质可由各种途径进入机体后,与细胞 DNA 结合,引起 DNA 损伤;也可以将化学物质加入人体外培养的细胞体系中,损伤 DNA,诱导修复合成。测定 DNA 修复合成,可用羟基脲抑制细胞周期中 S 期的 DNA 半保留复制,用标记的脱氧胸腺嘧啶核苷(^{3}H-TdR)掺入法测定非 S 期 DNA 合成的^{3}H-TdR量。

(2)单细胞凝胶电泳(single-cell gel electrophoresis,SCGE)。正常条件下,细胞中的 DNA 与染色体数量是一致的,在电场中具有较为统一的行为和行迹。但 DNA 如果发生断裂,片段的数量和在电场中的行为就将发生显著的变化,通过这种变化来评价和分析污染物对 DNA 的损害能力。检测这种 DNA 断裂常用的方法为单细胞凝胶电泳,又称彗星试验。试验将分散悬浮的单个细胞与低熔点琼脂糖(LMP-agarose)液混合后制成琼脂板,细胞经过水解和碱化处理后,在较高 pH 的环境下进行电泳。在电泳过程中,当 DNA 有断裂损伤时,细胞核中带有阴性电荷的 DNA 片段就从阳极方向移动,形成一个很像"彗星"的图像,根据"彗星"的头部和尾部的大小和比率,从而确定细胞 DNA 损伤的程度。

2. DNA-加合物的测定

DNA-加合物是化学物质经过生物转化后的亲电活性产物与 DNA 链特异位点上的共价化合物,加合物的位点多在 N-7 鸟嘌呤,O-6 鸟嘌呤,N-1 腺嘌呤或 N-3 腺嘌呤。DNA-加合物的数量和质量是评价污染物影响 DNA 受损的重要手段。DNA-加合物测定方法除了色谱法外,主要有免疫法、荧光法和^{32}P-后标记法三类。

(1)免疫法。免疫法基本原理是抗原-抗体反应。具体又分为放射免疫(RIA)、酶联免疫(ELISA)及超敏酶放射免疫法(US-ERISA)。通常情况下,免疫法的灵敏度可以达到一个加合物/($10^7 \sim 10^8$)核苷酸水平,所需样品的 DNA 量为 25~50 μg。

(2)荧光法。荧光法的原理为利用某些化合物的 DNA-加合物具有荧光特性而进行定量。常用技术有低温激光法、同步荧光法和激光-发射荧光法。荧光法的优点是不破坏 DNA 链,并可区分出加合物的不同立体异构体及 DNA 链不同位点上的加合物。

(3)^{32}P-后标记法。^{32}P-后标记法(^{32}P-postlabeling assay)是现在较为常用的 DNA-加合物的半定量检测方法。其基本原理是先将分离出的 DNA 用一定的酶水解成正常的单核苷酸和形成了加合物的单核苷酸,并进一步将二者分离,再用^{32}P 标记的 ATP 将带有加合物的单核苷酸标记,然后用液闪计数、双向层析、放射自显影等方法定量。该方法最大的优点是检测能力强、应用范围广,可检测任何化学物质与 DNA 的连接,尤其是可用于环境中生物样品的加合物测定及判断化合物的毒性,包括纯品或混合物是否有潜在的致癌作用,同时具有极高的灵敏度,可以检测到 10^9 个碱基中的一个 DNA-加合物。

3. 蛋白加合物

蛋白质也可以作为大分子形成化学物质加合物,而且与特定化学物质的接触程度有定量关系。其中血红蛋白(Hb)在一定程度上可以代替 DNA 用于检测加合物,虽然化合物与 Hb 的加合并不具有致癌作用,但由于 Hb 也具有亲核中心,可与亲电物质反应形成稳定的 Hb-加合物,因而 Hb-加合物可间接反映连接于 DNA 的加合物。动物实验中已经发现有 50 多种化学物质可与 Hb 反应,致突变物及致癌物均可与 Hb 连接。测定 Hb-加合物最常用的方法为色谱-质谱

（GC-MS）法和免疫法,灵敏度因化学物质和选用方法的不同而异。Hb 的生存期在 120 d 左右,所以 Hb-加合物可以作为中长期污染暴露的指标。

六、 生物群落监测

生物群落监测通过研究在污染环境下,生物群落种类、组成和数量的变化来监测环境污染状况。环境污染的最终结果之一是敏感生物消亡,抗性生物旺盛生长,群落结构单一。

1. 附生植物群落监测法

早在 20 世纪初期,人们就开始了关于附生植物监测大气污染的研究,经过半个多世纪的努力,终于有了一套较为成熟的监测方法——地衣生长绘图法。本方法需要调查的项目有种的总数、每个种的覆盖度、每个种的分布频率、颜色变化、叶绿素含量、菌丝体受害程度、受精和生殖状况、生长发育及产量等特征。根据这些特征可以把调查地区分成五个区:Ⅰ区,正常条件下树上富含各种地衣种群,生长充裕茂盛;Ⅱ区,轻度污染区,生长茂盛但种的组成发生变化;Ⅲ区,中度污染区,嗜中性附生地衣占优势,地衣种类仍然丰富;Ⅳ区,重度污染区,地衣植被种类数目少且密度低,叶状地衣少,并在一些情况下畸形;Ⅴ区,在树上地衣生长几乎不存在,只有壳质地衣在墙壁上。然后把整个监测地区按照五个分区绘制成图,用这种方法使在一个特定地区较长时期的污染状况比较成为可能。

2. 微生物监测法

（1）大气污染的微生物监测。空气中微生物总量的测定是评价地区性环境质量的一个依据,测定方法有:沉降平皿法、吸收管法、撞击平皿法和滤膜法。评价空气微生物污染状况的指标可以用细菌总数和链球菌总数,一般当空气中细菌总数超过 500 个/m³ 时,认为空气发生了污染。表 8-3 中的指标可以作为一般室内空气卫生的标准,但是不适合室外或通风良好的室内空气的卫生评定。

表 8-3　住室卫生评价标准　　　　　　　　单位:个/m³

空气评价	夏季标准		冬季标准	
	细菌总数	绿色和溶血性链球菌总数	细菌总数	绿色和溶血性链球菌总数
清洁空气	<1 500	<16	<4 500	<24
污染空气	>2 500	>36	>700	>36

资料来源:中国环境科学学会环境质量评价专业委员会,1982。

（2）水污染的细菌学监测。带有致病菌的粪便随污水排入天然水体后,水源受到污染,可能会引起某些疾病的流行爆发。因此,水质的卫生细菌学检测对保护人群健康具有重要意义。大肠菌群在水中存在的数目与致病菌呈一定正相关,抵抗力较强,而且易于检查,所以常被用作水体受粪便污染的指标。同时,水中细菌总数也可以反映水体被细菌污染的状况。

我国现行饮用水卫生标准规定,每毫升自来水细菌总数不得超过 100 个;大肠菌群数每升水中不得超过 3 个。一般认为,1 毫升水中,如果细菌总数为 10~100 个为极清洁水;100~1 000个为清洁水;1 000~10 000 个为不太清洁水;10 000~100 000 个为不清洁水;多于 100 000 个为极不清洁水。

（3）PFU微型生物群落监测法。微型生物是生活在水中的微小生物,包括藻类、原生动物、轮虫、线虫、甲壳类等。微型生物群落是水生态系统内的重要组成部分,它的群落结构特征与高等生物群落特征类似,如果环境受到外界的严重干扰,群落的平衡被破坏,其结构特征也随之变化。常用的方法是聚氨酯泡沫塑料块法,又称为PFU法(polyurethane foam unit)。将一定体积的PFU块悬挂在水中,根据PFU中原生动物种类和群集速度来监测水质好坏。如果群集速度慢、种类少,则水质污染严重;反之,则水质良好。另外,还可以与PFU中微型生物群落的组成、结构、指示种和叶绿素含量等方面相结合,综合评价水体污染状况。我国于1991年颁布了《水质 微型生物群落监测PFU法》(GB/T 12990—1991)。

3. 动物监测法

底栖大型无脊椎动物是指栖息在水底或附着在水中植物和石块上肉眼可见的,大小不能通过孔眼为0.595 mm(淡水)或1.0 mm(海洋)的水生无脊椎动物,包括水生昆虫、大型甲壳类、软体动物、环节动物、圆形动物、扁形动物及其他水生无脊椎动物。一般情况下,水环境中的大型无脊椎动物的群落是多种多样的,并且种类的分布和数量是比较稳定的。但是当水体受到污染后,大型无脊椎动物的群落结构无论是种类,还是数量都会发生相应的变化。

常用的有两种方法:第一种是从污染地和邻近的未污染地采集大型无脊椎动物群落进行对比,比较两地情况是否有所区别。需要的基本资料是每一种的个体记数,用这些数据可以根据组成、密度、生物量、多样性或其他分析结果来描述群落的特征并作比较。第二种方法是把底栖大型无脊椎动物分成对污染敏感和耐性两大类,并规定在环境条件相似的河段,采集一定面积的底栖动物,进行种类鉴定。通常采用生物指数监测法。

生物指数(biological index,BI)是根据物种数量的多少运用公式计算出反映生物种群或群落结构变化的数值,常见的生物指数有贝克(Beck)生物指数法、贝克-津田(Beck-Tsuda)生物指数法和硅藻生物指数法。

（1）贝克(Beck)生物指数法。贝克(Beck)于1954年首次提出,根据采样点采集的底栖大型无脊椎动物分为两类,不耐有机物污染的敏感种和耐有机物污染的耐污种,按式(8-1)计算生物指数:

$$生物指数(BI) = 2A + B \qquad (8-1)$$

式中:A代表底栖动物敏感种类数;B代表底栖动物耐污种类数。

该生物指数值越大,水体越清洁,水质越好;反之,生物指数值越小,则水体污染越严重。贝克(Beck)生物指数与水质状况关系为:当BI>10时,为清洁水域;当1<BI<6时,为中度污染水域;当BI=0时,为严重污染水域。

（2）贝克-津田(Beck-Tsuda)生物指数法。1974年,津田松苗多次修改贝克生物指数,提出不限定采集面积,由4~5人在一个点上采集30 min,尽量把河段各种大型底栖动物采集完全,然后对所得生物种类进行鉴定、分类,计算方法与贝克生物指数法相同。贝克-津田生物指数与水质关系为:当BI≥20时,为清洁水域;当10<BI<20时,为轻度污染水域;当6<BI<10时,为中度污染水域;当0<BI≤6时,为严重污染水域。此外,此方法在采样前应该预先进行河系调查,每次采样面积相同,要选择有效地段采样,避开淤泥河床,选择砾石底河段,在水深约0.5 m处采样,河流表面流速在100~150 cm/s为宜。

此外,也可根据群落中生物多样性的特征,经对水生指示生物群落、种群调查和研究,提出生物种类多样性指数评价水质,主要包括简易多样性指数、威廉姆斯(Williams)多样性指数、马格利夫(Margalef)多样性指数、香农-威纳(Shannon-Wiener)多样性指数等。指数值越大,表示生物多样性越高,生态环境状况越好。

4. 微宇宙法

微宇宙(microcosm)法是研究污染物在生物种群、群落、生态系统和生物圈水平上的生物效应的一种方法,又被称为模型生态系统法(model ecosystem)。微宇宙包含了生物和非生物的组成及其过程,是自然生态系统的一部分,但又不完全等同于自然生态系统,因为它没有自然生态系统庞大和复杂,不能包含自然生态系统的所有组成,也不能囊括自然生态系统的所有过程。但这不会影响它用于研究自然生态系统的结构和功能,而且还可以用于研究污染生态系统中污染物对生物和非生物组成的影响、污染物在生物和非生物组成中的分布、污染物对生物-生物和生物-非生物之间相互关系的作用、生物和非生物组成及其过程对污染物生物效应的影响等。所研究的污染物包括有毒化学污染物如杀虫剂,营养元素如 N、P。

微宇宙可以是自然微宇宙,也可以是人工微宇宙(artificial microcosm)。自然微宇宙是直接来自自然生态系统的断面,例如土壤核心区,河流和湖泊底部土壤等。人工微宇宙是根据研究者所需研究生态系统的特征在实验室组建的人工生态系统。如果根据生态系统的类别来划分,微宇宙可以分为水生微宇宙和陆生微宇宙。水生微宇宙根据系统规模的大小又分为烧杯水生微宇宙、河流微宇宙和池塘微宇宙等。

(1)标准化水生微宇宙。标准化水生微宇宙(standardized aquatic microcosm,SAM)由弗里达·陶布(Frieda Taub)和他的同事发展和建立,用于在实验室测定有毒物质在多物种水平对淡水生态系统的影响。该试验时间为 64 d,试验设计的条件列于表 8-4。

表 8-4 标准化水生微宇宙的试验设计条件

	藻类(起始的每种藻浓度为 10^3 cell)	动物(在第 4 天加入,起始的数量在每种后括号内)
1. 每个微宇宙系统中生物的类型和数量	鱼腥藻(Anabaene)、纤维藻(Ankistrodesmus sp.)、莱哈衣藻(Chlamydomonas reinhardtii)、丝藻(Ulothrix sp.)、菱形藻(Nitzschia kutzigiana)、栅列藻(Scenedesmus obliquus)、羊角月牙藻(Selenastrum capricornutum)、毛枝藻(Stigeoclonium sp.)、小球藻(Chlorella vulgaris Lyngbya)	大型蚤(Daphnia magna,16 个/微宇宙)、美洲钩虾(Hyalella azteca,12 个/微宇宙)、无偶斗星介(Cypridopsis vidua)或高背介虫(Cyprinotus sp.,6 个/微宇宙)、戴维虫(Hypotrichs,0.1 个/mL)、旋轮虫(Philodina sp.,0.03 个/mL)
2. 试验设计	① 试验容器类型和大小:3~8 L 的玻璃广口瓶,直径为 16.0 cm,高为 25 cm,瓶口大小为 10.6 cm ② 培养液体积:500 mL/容器 ③ 重复组数:6 个 ④ 试验浓度组数:4 个 ⑤ 取样频率:每周 2 次直至试验结束 ⑥ 试验期:63 d ⑦ 试验毒物加入:在第 7 d,或者每次取样后加入	

3. 物理、化学参数	① 温度:20~25℃ ② 试验工作台:至少 2.6 m×0.85 m ③ 光质量:暖型日光 ④ 光强度:79.2 μEm^{2}S^{-1}PhAR ⑤ 光照周期:12 h 光照/12 h 黑暗 ⑥ 微宇宙培养液:T82 MV ⑦ 沉积物:200 g 二氧化硅砂和 0.5 g 土壤几丁质 ⑧ pH:调至 pH 为 7

资料来源:Landis,1995。

通过比较和分析不同待测试污染物与对照实验组在水生微宇宙中生物种类的数量变化、污染物在生物和微环境中的分布、污染条件下生物之间的相关关系等,揭示污染物对生态系统结构和功能的影响。

（2）土壤核心微宇宙。土壤核心微宇宙（soil core microcosm,SCM）是用于研究外源性化合物对农业生态系统及其生长的植物、土壤无脊椎动物和微生物影响的一种陆生微宇宙,其基本试验设计条件见表 8-5。

表 8-5　陆生土壤核心微宇宙试验设计条件

1. 试验生物	多样化,根据土壤核心采集场所不同而不同
2. 试验设计	① 微宇宙大小和类型:60 cm 深和 17 cm 直径的高密度塑料管,一端覆盖一层玻璃布,内部为土壤核心。 ② 土壤:20 cm 深的表层土壤 ③ 重复组数:6~8 个 ④ 浓度组数:3 个 ⑤ 淋洗:加入受试物质前,每周 1 次;加入受试物质后,每 2 周 1~2 次 ⑥ 试验期:12 周或更长
3. 物 理、化学参数	① 温度:根据试验季节进行同步温度控制 ② 光照:根据试验区域的季节控制光照 ③ 浇水:根据试验区域的历史资料,用实验室用水或过滤收集的雨水浇水
4. 测定终点	多种多样

资料来源:孔繁翔,2000。

土壤核心微宇宙是采自野外环境的土壤核心,将其设置在环境条件控制的实验室中,并且实验室必须建立在植物温室之中。

（3）模拟农田生态系统。模拟农田条件的生态系统,而没有陆生动物。应用最广泛的是纳什（Nash）等发展的农业生态系统,它是为同时测定农药在土壤、植物、水溶液和空气中的残留而设计的。该系统由容积为 0.75 m³ 的矩形玻璃室组成,内装厚为 15 cm 以上的土壤层。设有收集土壤沥滤液和地表水的小孔、水管口和空气出口,以及一些用喷水装置和测试探讨的小孔。

室内各种作物可以从生长到成熟。这类系统的主要特点是能打入足够数量的空气,通过玻璃室模拟微风并能收集挥发的农药。通入玻璃室的空气还能起冷却作用,防止水汽凝聚。此系统能用于测量下列变化:

① 单次或重复多次使用后,测定农药从植株上或土壤中的挥发性;

② 模拟下雨对农药迁移的影响;

③ 农药在土壤中的残留;

④ 农药被植株摄入和在植物体内的滞留。

但是,此系统也有缺点:缺少预定空气流速、温度和湿度的功能,而且代谢产物也没有从空气中回收。

第三节　生态监测

一、生态监测概述

生态监测(ecological monitoring)指对人类活动影响下自然环境变化的监测,通过不断监视自然和人工生态系统及生物圈其他组成部分(外部大气圈、地下水等)的状况,确定改变的方向和速度,并查明多种形式的人类活动在这种改变中所起的作用。用以评估人类活动对我们所研究的某一生态系统的影响和该系统的自然演变过程。为评价生态环境质量、保护生态环境、恢复重建生态、合理利用自然资源提供依据。

1. 生态监测的任务

随着环境科学的发展及社会生产、科学研究等领域的监测工作实践,生态监测的内容、指标体系和监测方法等都表现出了全面性、系统性和综合性的特点,既包括对环境本底、环境污染、环境破坏的监测,也包括对生命系统的监测(系统结构、生物污染、生态系统功能、生态系统物质循环等),还包括人为干扰和自然干扰造成生物与环境之间相互关系变化的监测。生态监测是一种综合技术,以地面网络式观测、试验为主,收集大范围内具有生命支持能力的数据,这些数据牵涉到人、动物、植物及地球本身,结合遥感、地理信息系统和数学模型等现代生态学研究等手段,对各主要类型的生态系统和环境状况进行长期、全面的监测和研究。生态监测的基本任务可以概括为以下方面:

(1) 对区域内珍贵的生态类型,包括珍稀物种在人类活动影响下生态问题的发生面积及数量变化进行动态监测。

(2) 对人类生产活动造成生态系统的组成、结构和功能变化进行监测。目前排入大气、水甚至食物中的化学污染物不断威胁着人类的健康。尽管食物和水中的污染物含量很低,但生物及生物链传递的蓄积特性使其对人类健康具有潜在危害。如日本在 20 世纪 60 年代到 70 年代初,排放在水俣湾中的化学污染物导致 Hg 在鱼类体内积累,从而使 798 人发生慢性 Hg 中毒和 2 800 多人发生可疑性 Hg 中毒,成为著名的公害事件。

（3）对人类影响下社会生态系统的恢复活动进行监测。世界上很多生态环境已受到人类活动的严重破坏，这些生境地的恢复同样也需要人类的介入。利用恢复生态学的原理可以使这些受害生态系统基本恢复或改善生态系统的状态，使其能被持续利用。对恢复进程的动态监测，有助于探索生态系统被扰动后，控制其发展过程的共性和个性，制定有效的恢复对策和管理技术。

（4）对监测数据进行处理分析，深入研究主要类型生态的结构、功能、动态和可持续利用的途径和方法，对生态环境质量的变化进行预测和预警，为地区和国家关于资源、环境方面的重大决策提供科学依据。自然界是由农田、森林、草地、湖泊和海洋等生态系统组成的，各种生态系统和生态过程是人类赖以生存和发展的物质基础。只有认识各种主要生态系统的结构、功能、动态和管理规律，才能揭示生态系统可持续发展的机制，为可持续发展提供理论基础和示范。

基于生态监测对生态系统现状（区域内珍贵的生态类型包括珍稀物种）及因人类活动所引起的重要生态问题发生面积及数量进行动态监测；对人类的资源开发和环境污染物引起的生态系统组成、结构和功能变化进行监测，从而寻求符合我国国情的资源开发治理模式及途径；对被破坏的生态系统在治理过程中的生态平衡恢复过程进行监测；通过监测数据的积累，研究各种生态问题的变化规律及发展趋势，建立数学模型，为预测预报和影响评价打下基础；为政府部门制定有关环境法规，进行有关决策提供科学依据。

2. 生态监测的分类

根据生态监测的监测对象和内容，生态监测可分为宏观生态监测和微观生态监测两个尺度。宏观生态监测的监测对象是区域内各种生态系统的组合方式、镶嵌特征、动态变化及空间分布格局在人为活动影响下的变化，注重对区域内具有特殊意义的生态系统分布及面积变化的动态监测，如热带雨林生态系统、荒原生态系统等脆弱性生态系统。这类生态系统抵御外界干扰力差，对人为活动影响较为敏感，且自然恢复能力较差。宏观生态监测技术以遥感技术和生态图为主。微观生态监测指对一个或几个生态系统内的环境因子采用理化手段进行监测，根据其监测内容主要分为干扰性监测、污染性监测和治理监测。

干扰性监测指对人类开发利用自然资源活动所引起的生态系统结构功能影响的监测；污染性监测指对污染物引起的生态系统变化及对其在食物链的传递和富集监测；治理监测指对人类影响下受损生态系统的修复活动进行监测。

任何一种生态监测都应从这两个尺度上进行，即宏观监测应以微观监测为基础，微观监测应以宏观监测为主导。生态监测的宏观、微观尺度不能相互替代，二者相互补充才能真正反映生态系统在人为影响下的生物学反应。

3. 生态监测的内容

（1）生态环境中的非生命成分。包括对各种生态因子的监控和测试，既监测自然环境条件（如气候水文、地质等），又监测物理、化学指标的异常（如大气污染物、水体污染物、土壤污染物、噪声、热污染、放射性等）。这不仅包括了环境监测的监测内容，还包括了对自然环境重要条件的监测。

（2）生态环境中的生命成分。包括对生命系统的个体、种群、群落的组成、数量、动态的统计和监测，污染物在生物体中量的测试。

（3）生物与环境构成的系统。包括对一定区域范围内生物与环境之间构成系统的组合方

269

式、镶嵌特征、动态变化和空间分布格局等的监测,相当于宏观生态监测。

（4）生物与环境相互作用及其发展规律。对生态系统的结构、功能进行研究,既包括监测自然条件下（如自然保护区内）的生态系统结构、功能特征,也包括生态系统在受到干扰、污染或恢复、重建治理后结构和功能的监测。

（5）社会经济系统。人类在生态监测这个领域扮演着复杂的角色,它既是生态监测的执行者,又是生态监测的主要对象,人所构成的社会经济系统是生态监测的内容之一。

参与国际上一些重要的生态研究及监测计划,如全球环境监测系统（global environmental monitoring system, GEMS）、人与生物圈计划（man and biosphere programme, MAB）、国际地圈生物圈计划（international geosphere-biosphere program, IGBP）等,并加入国际生态监测网。

二、 生态监测的特点

生态监测是以生态系统对受损环境的生物反应为基础的动态监测。由于生态系统的复杂性和综合性等特点,生态监测也具有与其他监测方法不尽相同的特点,这是由生态系统自身的特点所决定的,概况如下:

1. 综合性

环境问题是非常复杂的,某一生态效应的出现往往是几种因素综合作用的结果。例如,在受污染的水体中往往有各种各样的因子,污染物的成分也多种多样,理化监测只能测定出环境中污染物的种类和含量,但不能确切说明它们对生态系统的影响。因为各种污染物之间可能存在着相互作用,如协同作用、颉颃作用,生物受综合因素影响,而不是个别因子的作用。生态监测能反映环境中各因子,多成分综合作用的结果,能阐明整个环境的情况。例如,在污染水体中利用网箱养鱼进行的野外生态监测,鱼类样本的各项生物指标状况就是水体中各种污染物及其之间复杂关系综合作用的结果和反映。如鱼的生长速度变缓慢,既与某些污染物对鱼类的直接影响有关,同时也与有些污染物对生物饵料影响所起到的间接作用有关。

2. 累积性

环境中污染物的浓度并不是恒定的,这主要是工业污染物和生活垃圾的排放量不稳定所造成的。而且,环境中污染物的浓度也会随时间或其他环境条件的变化而发生改变。理化监测的方法可快速而精确地测得某空间内许多环境因素的瞬间变化值,但不能反映环境的这种变化对长期生活在这一空间中生命系统的影响,以及污染物对生物体造成毒害的长期效应。环境污染是连续的、变化的,不仅一年四季有变化,一天之中也有变化。而生活在该环境内的生物由于长期生活在该环境条件下,环境的变化都汇集在其体内,它能把采样前几年甚至几十年的情况都反映出来。例如,利用树木的年轮可以监测出一个地区几年或几十年前的污染情况。因此,有人把监测大气污染的植物称为"不下岗的监测哨",因为它们真实地记录着围绕危害的全过程和植物承受的累计量。事实证明,植物这种连续监测的结果远比非连续性的理化仪器监测结果更准确。自然界中生态过程的变化十分缓慢,而且生态系统具有自我调控功能,短期监测往往不能说明问题,长期监测可能会有一些重要的和意想不到的发现。

3. 长期性

生物生活在环境中,可以通过各种方式从环境中吸收所需要的各种营养元素。例如,植物主要通过根和气孔吸收,动物主要通过取食和呼吸吸收。除一些生命所必需的元素外,如果环境中存在污染物,生物也能吸收并在体内累积,使其体内污染物的浓度比环境中的高很多,甚至有些在环境中含量很低,用化学方法都无法测出的微量物质在生物体内可大量存在。以上过程用常规的物理、化学方法监测分析大气或水体是得不出结果的,只有通过生物监测对食物链上的各营养级进行分析,才能对大气、水体等进行全面的评价。生物的富集能力可以用来监测环境,也可用来处理废物,保护环境。

4. 灵敏性

有些生物对污染物的反应非常敏感,某些情况下甚至用精密仪器都不能测出的某些微量污染物对生物却有严重的危害,通过生态监测就可以清楚地反映出来。例如,唐菖蒲对 HF 非常敏感,在 HF 浓度为 $0.01×10^{-6}$ mol/L 时,20 h 就会使唐菖蒲出现受害症状。据记载,有的敏感植物能监测到十亿分之一浓度的氟化物污染,而现在许多仪器也未达到这样的灵敏度水平。另外,对于宏观系统的变化,生态监测更能真实和全面地反映外干扰的生态效应所引起的环境变化。但是,生态监测的精确性比理化监测差,不能像仪器那样能精确地监测出环境中某些污染物的含量,它通常反映的只是各监测点的相对污染或变化水平。

5. 受外界因子和生物状况的干扰

生态系统本身是一个庞大的复杂动态系统,生态监测中要区分自然因素（如洪水、干旱和水灾）和人为干扰（污染物质的排放、资源的开发利用等）,但这两种因素的作用有时很难区分,加之人类对生态过程的认识是逐步积累和深入的,这就使得生态监测不可能是一项简单的工作。生态监测的复杂性表现在三个方面:第一,外界各种因子容易影响生态监测结果,如 SO_2 对植物的危害受气象条件影响很大,而利用斑豆监测 O_3,其致伤率与光照强度密切相关;第二,生态监测在时间和空间上存在巨大变异性,通常要区分人类的干扰作用和自然变异及自然干扰作用十分困难;第三,生物生长发育、生理代谢状况等都会干扰生态监测的结果。此外,生态监测站点的选取往往相隔较远,监测网的分散性很大。同时由于生态过程的缓慢性,生态监测的时间跨度也很大,所以通常采取周期性的间断监测。由此也可见生物手段监测的局限性。

三、 生态监测参数

生态监测的内容既包括生态环境中生命成分的监测,非生命成分如各种生态因子的监控和测试,也包括对生物与环境之间构成的生态系统的组合方式、镶嵌特征、动态变化和空间分布格局、生物与环境相互作用及其发展规律的监测,其监测参数主要有:

1. 状态变量参数

表示系统内某一时刻的瞬时状况,如系统内整个生物量、种群量,土壤、大气、水和生物中物质含量。这些物质既包括生物性元素 C、H、O、N 等能量元素,Ca、Mg、Cu、Zn 等营养和微量营养元素,也包括 Hg、Cd、挥发酚等有毒有害物质。其选择原则是优先选择系统内优势因子和敏感性因子相关的参数,以及起主导作用的能量、营养物质及气候因子。此外,活性或毒性强的化学物质也应优先选择。

2. 驱动变量参数

表示系统边界上相互作用的各因子量,如气候因子的光能、温度、气流、水流等,生物因子进出系统的动物、植物、微生物影响等。人为因子如人类活动对系统功能、结构的作用和从系统内输出物质或向系统内输入物质的量等。选择驱动变量的原则是:变化大的、影响大的及不符合系统要求的参数优先选择。

3. 速率变量参数

指单位时间内状态变量变化的速率或相互之间转移能量或物质的量。如植物的生物量与正在取食的牲畜之间物质流量的值,植物从大气中固定碳的量,微生物分解腐殖质的量等。化学物质在一定条件下反应生成新物质的量,污染物浓度变化情况等。速率变量的选择可根据已选定的状态变量和驱动变量的因子进行确定。

以上参数的分类并不是绝对的,同一参数由于系统边界的变化,可从状态变量变为驱动变量,也可由速率变量变为状态变量或驱动变量。由于生态监测的参数众多,生态系统的类型多样,对系统中所有的参数全部开展监测是不现实的,也是没有必要的。只能根据系统的类型、功能、结构、形态、人类经济活动的影响方式和程度,以及监测的不同目的来选择生态监测参数。

四、 生态监测技术

生态监测是对大范围内生命支持能力数据的收集,这些数据牵涉到人、动物、植物及地球本身,因此许多传统的监测技术并不完全适应于大区域的生态监测。现代高新技术包括遥感技术(remote sensing,RS)、地理信息系统(geographic information system,GIS)、全球卫星导航系统(global navigation satellite system,GNSS)(统称 3S 技术)等,一体化的高新技术是今后生态监测技术的发展趋势。各生态监测站相同的监测指标应按统一的采样、分析和测定方法进行,以便各监测站间的数据具有可比性和可交流性。目前,生态监测的数据收集,主要采用以下技术:

1. 地面监测

系统的地面测量可以提供最详细的情况,采样线的走向一般总是顺着现存的地貌,如公路、小径、铁路线及家畜行走的小道。记录点放在这些地貌相对不受干扰一侧的生境点上。如在东非采用的系统地面测量,监测断面的位置间隔为 0.5 km、1.0 km。采样点收集的数据包括植物物候现象、高度、物种、物种密度、草地覆盖及生长阶段、密度和木本物种的覆盖,同时还包括大型哺乳动物的放牧和饲喂强度。为了检查食物的消耗方式,估计动物的健康、生长和繁殖状况,以及建立大多数种群的生长年龄关系资料,必要时需要屠宰动物,以获取样品。

地面监测技术目前仍是非常重要的,因为其结果可以提供详细情况。许多生态结构与功能的变化只能通过在野外进行监测,诸如降水量、土壤湿度及一些环境因素等只有从地面进行监测才能获得有效数据。地面监测能验证并提高遥感数据的精确性,有助于对数据的解释。尽管遥感技术能提供有关土地覆盖和土地利用情况变化及一些地表特征(如温度、化学组成)等的综合性信息,但这些信息需要通过更细致的地面监测来进行补充,如物种组成与性能及环境过程的监测,尤其是关于小型哺乳动物的数据通常必须从地面进行收集,即使对于大型哺乳动物,从地面上进行的兽群结构和组成的检查也是有用的。

随着技术的发展,更多的技术将被开发用于地面监测,筛查并识别区域特征污染物,及时发现和跟踪前沿问题,为环境治理提供支持与指引,包括建立自动、高效的环境友好型监测技术与方法体系,加强基于高分辨率质谱的非靶标化合物筛查技术和基于生物毒理学的监测技术研究,开发支撑特征污染指标和未知化合物识别技术及危险废物特征污染因子监测技术。

2. 航空监测

空中测量是当前三种监测技术中最经济有效的一种。航空监测首先用坐标图覆盖研究区域,典型的坐标是 10 km×10 km,飞行时,这个坐标用于记录位置,以及发送分析获得的数据。坐标画在比例为 1:250 000 的地图上或地球资源卫星的图像上。目前系统勘察飞行的费用较低,并能提供范围广泛的资料。航空监测内容有八个方面:① 估计主要饲养及野生食草动物的数量和密度;② 提供主要食草动物季节性移动图;③ 提供以植物特征或植物覆盖表示的植物图;④ 提供以土壤颜色类型表示的土壤图;⑤ 提供野生动物重要的活动区域轮廓,可用于确定保护区的位置;⑥ 显示人类居住区、牧场、农业、森林等的土地利用图;⑦ 也有可能划分出生产和非生产区的轮廓等;⑧ 提供对家畜显得重要的区域轮廓,可用于规划控制家畜的数量及牧场的开发。

3. 卫星监测

要填补资料贫乏地区的观测空隙,仅利用常规观测方法和系统是很难办到的。随着卫星和自动观测系统的迅速发展,在科学家、工程师和生态学家们的共同努力下,卫星监测技术在生态监测中发挥了越来越重要的作用。采用资源卫星进行生态监测的最大优点是资料极其丰富且时段间隔短,这意味着可以跟踪观察某些变化着的现象,获得具有潜在价值的资料。在探索大范围半干旱牧场的土壤测量及极大范围内的季节生产力评估方面,卫星资料是最有价值的,在监测生产力及预测干旱引起的生产力衰退方面,卫星监测具有巨大的应用潜力。

气象卫星是最早发展起来的环境卫星,是从外空对地球和大气进行气象观测的重要工具。气象卫星所得到的遥感信息在气象分析预报和气象研究及环境科学等方面都显示了强大的生命力。由气象卫星获得的遥感资料包括红外云图和可见光云图等图像资料。NOAA 气象卫星是面向世界的无偿信息源,我国拥有完善的接收处理设备,资源立足国内,成本低,该卫星安装改进型高分辨率辐射仪(the advanced very high resolution radiometer,AVHRR),各个光谱波的主要功能详见表 8-6,不仅能满足气象观测及云图识别的需要,而且在农作物及草场牧草长势与环境监测、产量预报、灾害监测等领域获得了广泛应用。根据卫星资料可以计算太阳辐射、云覆盖、气温、土壤湿度、叶面积指数、反射率变化、物候期、地表面温度、受灾面积,对全球变化研究具有不可替代的作用。

表 8-6 AVHRR 各个通道的主要功能

通道号	光谱波/μm	功能
1	0.58~0.68	云图、冰雪监测、气候
2	0.725~1.10	水陆边界定位、植被及农业估产、土地利用调查
3	3.55~3.03	陆地明显标志的提取、森林火灾监测、火山活动
4	10.5~11.5	海面温度、土壤温度
5	11.5~12.5	海面温度、土壤温度

陆地卫星原称地球资源技术卫星,是美国一种利用星载遥感器获取地球表面图像数据进行地球资源调查的卫星。陆地卫星上装载的多光谱扫描仪(multi spectral scanner,MSS)、反束光

导摄像仪(return beam vidicon,RBV)、专题制图仪(thematic mapper,TM)提供的数据主要用于地球资源调查及管理,是农作物和牧草估产、森林和草地管理、土地覆盖分类、自然灾害影响评价、能源和矿产资源探测及其他地球资源调查的主要太空遥感信息源。地球资源卫星以两种方式输出资料:数据本身及通过计算机对光谱数据积分后产生的照片和图像。每张照片覆盖的区域为 185 km×185 km。它们可用黑白负片和正片的两种方法产生,也可生产"人造色"图像,"人造色"图像中人工地使用了颜色,可检出图像中的不同特征。这些"人造色"与地面或空中测量获得数据之间的关系很有价值,一旦"人造色"等同于地面上的已知特征,卫星图像就能被用作可靠资料。从地球资源卫星获得的数据见表 8-7。

表 8-7 从地球资源卫星视觉数据可获得的结果

图像类型	结果
1∶1 000 000 彩色合成镶嵌图	生态区域的初步定界
1∶1 000 000 彩色合成透明软片(季节系列)	鉴别短暂的绿色区;鉴别有高生产力的区域;估计牧民、饲养家畜和野生动物的占有率
1∶500 000 和 1∶250 000 彩色合成正图和透明软片	土壤湿度(用地面研究给出相互关系);初步的地形、土壤或植被图

资料来源:李建龙,1998。

4. 智能化技术

人工智能、5G 通信、生物科技、纳米科技、超级计算、精密制造等新技术在环境监测领域将会得到更多的应用。更多的环境监测装备及数据分析将会更加集成化、自动化、智能化。

五、 生态监测方案

开展生态监测,基本步骤主要为规划方法,从低密度的测量飞行中实施初步分层,研究确定初步操作边界,从三种水平上(地面、空中、太空)收集数据,分析初步报告,审核所获得资料的深度及广度,准备提交监测报告。

国际上在联合国教科文组织的人与生物圈计划范围内和国际生物圈保护网的基础上已组织了全球性的监测工作。全球环境监测系统(GEMS)成立于 1975 年,是联合国环境规划署(UNEP)"地球观察"计划的核心组成部分,其任务就是监测全球环境并对环境组成要素的状况进行定期评价。全球监测网络主要是陆地生态系统监测网络和环境污染监测网络。GEMS 不仅需要收集环境数据,而且要对收集的数据进行分析处理,对环境状况进行定期评价,最终目标是研究并建立一个能够预测环境胁迫和环境灾害的预警系统。

在国家尺度上,美国长期生态研究网络(LETR)、加拿大生态监测分析网络(EMAN)等相继建立。我国已于 1988 年筹建中国生态系统研究网络(CERN),按统一的规程对中国主要的农田、森林、草原和水域生态系统的水、土壤、大气、生物等因子和物流、能流等重要的生态学过程,以及周围地区的土地覆盖和土地利用状况进行长期监测,监测指标见表 8-8 和表 8-9。

2020 年 6 月,生态环境部正式发布了《生态环境监测规划纲要(2020—2035 年)》。提出要全面深化我国生态环境监测改革创新,全面推进环境质量监测、污染源监测和生态状况监测,系统提升生态环境监测现代化能力。提出了三个阶段实施目标:到 2025 年,以环境质量监测为核心,统筹推进污染源监测与生态状况监测;到 2030 年,环境质量监测与污染源监督监测并重,生态状况监测得到加强;到 2035 年,环境质量、污染源与生态状况监测有机融合。

表 8-8 网络中水生生态系统监测指标的二维模型

指标系统		结构要素	能量	养分
大气、陆地		入流量、能流量、潮流	日照时数、总辐射量、气温、风向风速	入流养分、出流养分、降水酸度
界面		降水、蒸发	蒸发、光合有效辐射	
水体	水	物理性质:水温、水色、浊度、透明度、电导;化学性质:pH、溶解氧、总碱度、Na^+、K^+、Ca^{2+}、Mg^{2+}、SO_4^{2-}、Cl^-、NO_3^-、CO_3^{2-}	化学需氧量、生化需氧量	总 N、NH_4^+-N、NO_3^--N、NO_2^--N、总溶解 N、总 P、总溶解 P、$PO_4^{3-}-P$、总有机碳、SiO_2
	生物	主要植物、动物、异氧细菌的群落类型和群落结构动态,主要生物种群的密度、多度、优势度及空间结构	初级生产者中优势种的生物量;浮游植物、大型植物的生产力;浮游动物、底栖动物、游泳动物等主要消费者的生物量;异氧细菌的生物量	
	底层	粒度、氧化还原点位、有机质、全 N、全 P、生化需氧量		颗粒物沉降、底质中营养物质含量(N、P)及释放速度

表 8-9 网络中陆地生态系统监测指标的二维模型

指标系统	结构	功能		
		能量	元素(养分)	水
大气	表面边界层粗糙度、湍流强度、云量、云层高度	大气压力、风向、风速、定时温度、最高温度、最低温度、日照时数、总辐射、紫外辐射、净辐射、波辐射	干湿沉降的养分元素与重金属元素、降水酸度、降尘量、总悬浮颗粒	降水总量、降水强度、初终雪时间、深度与积雪压、初霜期、终霜期
界面		光合有效辐射(蒸发与蒸腾)	CO_2、O_3、CH_4、N_2O	截流、径流、蒸腾强度

续表

指标系统	结构	功能		
		能量	元素(养分)	水
生物	植物、动物、微生物的群落类型、群落结构与动态;主要生物种群的数量,多度、频度、优势度与格局、物候特征;病虫害发生状况	植物:冠层温度、叶面温度、群落总生物量、叶面积指数、第一性生产力;主要优势种中茎、叶、果(花)、根的生物量与能值,主要优势种及群落的光合与呼吸速率;动物:食草量、排泄量、生物能量及能值、呼吸速率微生物:生物量与耗氧量	植物:主要优势种中茎、叶、果(花)、根中元素(N、P、K、C、Ca、Mg、Fe、Na、Zn 等)的浓度动物:不同部位排泄物中元素(C、N、P、K、Ca、Mg、Fe、Na、Zn 等)的浓度	植物含水量,气孔阻力,蒸散系数,蒸发量,水分生理
界面		凋落物现存量及能值,当年凋落物量及能值	现存凋落物的元素浓度、当年凋落物的元素浓度、凋落物分解速率	渗流、凋落物含水量、灌溉
土壤	土壤机械组成、容重、比重	土壤热通量	本底值:全 N、P、K,有机质,土壤含量(Ca、Mg、Na、Fe、Al、Si),土壤微量元素(B、Mn、Mo、Zn、Fe、Co、Cu),化学特性(CEC、pH、盐分),重金属(Cd、Pb、Ni、Cr、Se、As、Ti)动态测试:速效 N、P、K,速效微量元素(Fe、Cu、Mo、B、Mn、Zn)有机质,淋溶(土壤)	土壤含水量,田间持水量、土水势、土壤凋萎系数、水田渗漏量、导水率、地表水径流、地下水位变化
界面		蒸发	地表水与地下水化学常规,向大气释放 N_2O	蒸发

资料来源:曹月华、赵士洞,1997。

第四节　生态环境预警与生态风险评价

认识环境能够承载人类影响和干扰的极限,根据某些特征指标的变化前瞻性地预测未来可能的变化,是环境预警的重要任务。由于环境承载力是多种因素相互作用的组合,其中的生物随环境变化具有很强的连续性、反应的综合性和敏感性,从而在环境预警中生物监测具有重要的作用。

一、环境预警的概念和意义

预警一般是指对危机与危险状态的一种预前信息警报或警告。即当危机、灾害来临前,事先发出警告或警报,以便采取预防或避免措施,减少灾害与损失的程度。环境预警建立在环境承载能力或环境容量基础上,通过一些重要的自然状态指标,对大气圈、水圈、岩石圈、生物圈的环境进行实时监测,并及时提供环境危险信号的警示报告。

生态环境预警(ecological and environmental warning)指就区域内的工程建设、资源开发、国土整治等人类活动对生态环境所造成的影响进行预测、分析与评价;确定区域生态环境质量和生态系统状态在人类活动影响下的变化趋势、速度,以及达到某一变化阈值的时间等,并按需要适时地提出恶化或危害变化的各种警戒信息及相应的对策措施。生态环境预警应集中研究生态系统和环境质量逆化变化(即退化、恶化)的过程和规律,作出及时的警告和对策。当代引起生态系统和环境质量逆化变化的动因,主要归咎于人类活动的影响。故其主题应明确为对人类活动引起的生态系统与环境质量逆向变化的预测、预告和警告。

人类赖以生存和发展的环境是一个具有强大的维持其稳态效应的巨大系统。它既为人类活动提供空间和载体,又为人类活动提供资源并容纳废物。对于人类活动来说,环境的价值体现在能对人类社会生存发展活动的需要提供支持,同时环境具有有限的自我调节能力量度,称为环境自净能力(environmental self-purification)。环境自净能力指的是自然环境可以通过大气、水流的扩散、氧化及微生物的分解作用,将污染物化为无害物的能力。环境自净能力是环境的一种特殊功能。受污染的环境,经过一些自然过程及生物的参与,都具有恢复原来状态的能力,这是环境的基本属性。当人类社会对环境的作用,不论在规模强度上,还是速度上超过这个限值以后,环境的结构和功能就将发生不利于人类生存发展的变化,环境对人类活动的支持能力是有一定限度的,即存在一定阈值,我们把这一阈值定义为环境承载力(environmental bearing capacity)。

环境承载力是指某一环境状态和结构在不发生对人类生存发展有害变化的前提下,所能承受的人类社会作用在规模、强度和速度上的限值。它与自然界的再生能力是相匹配的,在某种意义上环境承载力也是自然再生产能力的综合表示。如适度开采利用的地下水与补给情况大体平衡,这时地下水环境的结构与状态不会发生不良改变,若过度开采就会导致一系列环境问题的出现;向环境排放污染物,若排放的浓度、总量、速度适当,则在环境自净作用下,不会出现对人类生存发展有重大不利影响的环境变化。当人类对环境的作用强度超出了环境承载力范围,将导致环境质量的下降与环境结构异常改变,环境质量的变化与环境的破坏程度有关。在这种破坏没有达到一定阈值时,我们可能会忽视这种损害,因为这时环境质量的变化只是数量上的,这一点在 20 世纪上半叶表现尤其明显。"先破坏、再修复"及"先污染、后治理"的经济发展模式,更加剧了环境状况的恶化。当人们企图对受损环境修复时,则需要投入大量的人力、物力、财力和漫长的时间。据美国环境保护局统计,美国用于空气、水、土壤等破坏环境介质的污染控制总费用在 1972 年占同期国民生产总值(gross national product,GNP)的 1%,1987 年以后达到同期 GNP 的 2.8%,即使这样也没有达到预期的污染控制目标。治污成本高涨使美国经济受到影响,更别说处于发展中的广大不发达国家和地区。

随着环境问题的日益严重,各个国家或地区纷纷开展了环境预警工作。自 1975 年全球环境监测系统(global environmental monitoring system,GEMS)在联合国环境规划署诞生后,环境预警在全世界都受到普遍应用,能够利用当代高科技手段进行测定的日常性工作。目前全球性的预警重点主要集中于全球性的环境问题如平流层臭氧层破坏、全球性气候变暖、酸雨、有害废物的越境转移、海洋污染、热带雨林减少与荒漠化等方面。我国的环境预警监测网也已基本形成,该网络既具有收集、传输质量信息的功能,又具有组织管理功能,这为环境安全监测预警系统的建立提供了基础和保障。

二、 生态风险评价

1. 生态风险评价的概念和意义

生态风险(ecological risk, ER)指一个种群生态系统或整个景观的正常功能受外界胁迫,从而在目前和将来减小该系统内部某些要素或其本身的健康、生产力、遗传结构、经济价值和美学价值的可能性。20 年代 90 年代初,美国科学家约书亚·立普顿(Joshua Lipton)等人提出生态风险的最终受体不仅是人类自己,而且包括生命系统的各个组建水平(个体、种群、群落、生态系统乃至景观),并且考虑了生物之间的相互作用及不同组建水平生态风险之间的相互关系(即风险级联),这个更广泛的定义被普遍接受。美国环境保护局将其定义为:评价因暴露于一个或多个胁迫性刺激而发生不利生态效应的风险,其目的就是用于支持环境决策。

生态风险评价(ecological risk assessment, ERA)是一个以生态学、环境化学和环境毒理学为基础,应用物理学、数学和计算机等科学技术,预测环境污染物对生态系统或其中一部分产生有害影响的过程。随着新技术和新方法的应用,ERA 的研究领域迅速扩展。早期的生态风险评价主要是针对人类健康而言的,也就是人类健康风险评价。主要评价化学污染物进入水体后通过食物链的传递,最终可能对人类造成的影响。

2. 生态风险评价的基本方法

环境中对生态系统具有危害作用的风险源不仅是化学污染物,还包括各种物理作用(如噪声、辐射、光等)及生物作用(如各种生物技术的开发和应用,外来物种入侵等)。不仅包括各种人为活动(如化学品制造和使用,各种污染物的排放,基因工程,区域开发修建大坝、堤防、开采矿山等),还包括各种自然灾害(如洪水、地震、森林火灾、干旱等)。根据风险源的性质,划分为化学污染类风险源生态风险评价、生态事件(生物工程或生态入侵)类风险源生态风险评价、复合风险源(自然生态风险源、人类活动风险源)类生态风险评价。

(1) 化学污染类风险源生态风险评价方法。中国在污染物生态风险评价技术与方法方面取得了一些研究进展,随着现代工业、农业的发展,各种化学物质进入环境,成为生态风险的重要源头。化学污染类风险源生态风险评价方法主要分为商值法、综合污染指数法、暴露-反应法、回归过量分析法等多种化学污染类风险源生态风险评价方法。

① 商值法:依据已有文件或经验数据,设定需要受到保护的受体化学污染物浓度标准,再将污染物在受体中的实测浓度与标准浓度进行比较获得商值,由商值得出"有无风险"的结论。当风险表征结果为无风险时,并非表明没有污染发生,而是表示污染尚处于可以接受的程度。之后出现的改进商值法把污染物在受体中浓度的"有无风险"改进为"多个风险

等级"。

改进商值法有两类:第一类是根据研究对象的特点,设定多个风险等级,将实测浓度与浓度标准进行比较获得的商值,用"多个风险等级"表示风险表征判断结果;第二类是以商值法为基础发展而成的地质累积指数法和潜在生态风险指数法。

地质累积指数法在自然条件下或者人为活动影响下重金属在环境中的分布评价均可使用。地质累积指数法通过测量环境样本浓度和背景浓度计算地质累积指数值 I_{geo},以评价某种特定化学物质造成的环境风险程度。计算公式如式(8-2)所示:

$$I_{geo} = \log_2\left(\frac{c_n}{K \times BE_n}\right) \tag{8-2}$$

式中:I_{geo} 为地质累积指数;c_n 为样品中元素 n 的浓度;BE_n 为环境背景浓度;K 为修正指数,通常用来表征沉积特征及其他影响。

潜在生态风险指数法是一种计算水体中重金属等主要污染物的沉积学方法。通过计算潜在生态风险因子 E_r^i 与潜在生态风险指数 RI,可以对水体沉积物中的重金属污染程度进行评价。计算公式如式(8-3)所示:

$$c_i = \frac{c_D^i}{c_R^i}, c_D = \sum_{i=1}^m c_f^i, E_r^i = T_r^i \times c_f^i, RI = \sum_{i=1}^m E_r^i \tag{8-3}$$

式中:c_f^i 为重金属 i 的污染系数;c_D^i 为重金属 i 的实际浓度值;c_R^i 为工业化以前沉积物中第 i 种重金属的最高背景值;c_D 为重金属污染度;T_r^i 为重金属的生物毒性系数;E_r^i 为重金属 i 的潜在生态风险因子;RI 为重金属潜在生态风险指数。

② 综合污染指数法:综合污染指数法可广泛应用于水环境质量评价和水体的生态风险评价。评价项目选取 pH、溶解氧、高锰酸盐指数、生化需氧量、氨氮、挥发酚、汞、铅、石油类共计 9 项。综合污染指数企望用一种最简单的,可以进行统计的数值来评价水质污染状况。它在空间上可以对比不同河段水体的水质污染程度,便于分级分类;在时间上可以表示一个河段,一个地区水质污染总的变化趋势;弥补了用单项指标表征水质污染不够全面的欠缺;解决了用多项指标描述水质污染时不便于进行计算、对比和综合评价的困难;并且克服了用生物指标评价水污染时不易给出简明定量数值的缺点。

③ 暴露-反应法:暴露-反应法指利用受体在不同剂量化学污染物的暴露条件下产生的各种反应,建立暴露-反应曲线或模型,再根据暴露-反应曲线或模型估计受体处于某种暴露浓度下产生的效应(这些效应可能是物种的死亡率、产量的变化、再生潜力变化等的一种或数种)。主要程序是:第一,确定测量方式及剂量种类;第二,明确暴露的范围,对于任何具体的物质或者场地,都有个体实际接触暴露物质的范围;第三,量化暴露风险。量化暴露风险主要有以下三种方法:一是接触点测量法,即在发生暴露时在接触点测量暴露程度,测量内容包括暴露的浓度和接触的时间,进而将二者进行整合;二是情景分析法,即通过单独评估,保留浓度和接触时间,最后将两方面信息相融合以评估暴露程度;三是重建法,即在暴露发生后,可以通过剂量对暴露风险进行评估,主要通过内部指示物(如生物标记、体内积存量和排泄水平等)进行重建。建立暴露-反应曲线或模型,需要大量的污染物暴露与受体效应的数据,由于很难获得足够量的与实际情况更为接近的慢性毒理数据,因而研究者往往采用受控条件下的急性毒理数据。

（2）生态事件类风险源生态风险评价方法。生态事件类的风险评价可分为外源生物引入导致的生态风险和生物技术引起的生态风险。外源生物引入导致的灾难性事件往往发生于生态系统水平、景观水平及区域水平上，故其风险评价应是大范围的。生物技术引起的生态风险主要用分子生物学和生化技术进行评价，进行生态风险评价的影响应从物种水平、种群水平、生态系统水平上来分析。

① 物种入侵生态风险评价方法：由于人类、动物、植物及其他生物在不同地区之间主动或被动地频繁流动与接触，外来物种入侵也成为造成地区、国家生态风险的重要原因之一。在评价外来物种入侵导致的生态风险时，既要了解被侵入地的生态环境状况，也要把握入侵物种的生物学特性，由此判断风险或计算风险概率。物种入侵生态风险的定性评价先通过对一系列筛选性问题的回答，判断入侵是否具有明显的全面或局部的重大生态风险，当判断具有重大风险时，再对入侵物种自身的生物学、生态学特性和生存环境、影响因素进行进一步的评价。我国入侵物种生态风险的定性评价主要集中在指标体系的构建上。澳大利亚的杂草风险评价系统（weed risk assessment，WRA）是评价外来杂草入侵风险较为成功的生态风险评价应用体系。即在引进某一物种时，首先对 WRA 体系中设定的由初步定性评价到具体定性评价 3 个层次共 49 个问题进行回答，并针对每一个问题的回答给出一个得分，然后得到一个综合分值，由此确定对该物种是接受引进、拒绝引进还是进一步评价的结论。对需要进一步评价的物种再通过大田种植或实验种植确定其实际入侵潜力。

预测物种入侵潜力通常有两种定量方法：一是研究物种本身的特征，比如生活史；二是分析外部因素，即物种生存的环境。生态位模型法是根据考察物种生存的环境因素即生态位要求，依据该物种的已知分布，利用数学模型归纳或模拟其生态位需求，得到被入侵区域该物种的适生区分布，再根据可能的适生区分布结果对入侵风险进行评价的一种生态风险评价方法。生态位模型方法主要包括机理模型和关联模型两类。其中，机理模型研究方法主要有 CLIMEX 模型法；关联模型研究方法包括分类回归树法（CART）、生态位因子分析法（ENFA）等。此外还有基于遗传算法的规则集合（genetic algorithm for rules set production，GARP），也属于对外来物种入侵导致生态风险定量研究中的关联模型研究方法。

② 遗传修饰生物体生态风险的评价方法：遗传修饰生物体（genetically modified organism，GMO）释放的生态学风险往往要在相当长的时期内才能表现出来，因而必须对其进行长期监测。比如农药 DDT 在研制生产的初期，经过安全性试验证明对人类是无害的，但经过几十年后才发现 DDT 残留的危害，并且由于残留时间较长，很难在短期内解决。目前人类主要关心的问题是转基因的安全性问题，转基因食品一旦对人类健康造成伤害，恢复起来是非常困难的，因此有必要采取谨慎的态度。监测的方法和指标根据监测对象不同而不同。对 GMO 导致生态风险的评价，主要是实验方法，即通过个体水平实验、种群水平实验、生态系统水平实验等不同评价层次，获得相关信息，作为评价 GMO 已经或可能带来生态风险的依据。

（3）复合风险源类生态风险评价方法。随着风险受体向更高层次的人口、群落、生态系统和景观扩展，风险源也向化学、生物和物理领域（污染物、物种入侵、自然灾害、生境破坏和严重干扰生态系统的人类活动）的多种风险源扩展。因此，复合风险源的生态风险评价方法成为 20 世纪末的研究热点。当前应用最多的评价方法有生态损失度指数法、相对风险模型法、生态梯度风险评价方法等。

① 生态损失度指数法计算公式如式（8-4）所示：

$$R = P \times D \tag{8-4}$$

式中：R 为生态风险；P 为风险源发生的概率；D 为风险源可能造成的损失。

国内应用生态损失度指数法进行生态风险评价的研究较多地集中在湿地、湖区、流域、岛等生态风险的评价。

② 相对风险模型法（relative risk model，RRM）。相对风险模型是 1997 年提出的一种区域复合压力风险评价模型。该模型通过分级系统对评价区域内的风险源或压力因子及生境进行等级评定，基本程序是通过分析风险源、生境、风险受体之间的相互作用关系，最终实现风险定量化评价。利用该模型的风险评价结果是一种相对风险关系，可以用于区域内不同评价单元之间的风险程度比较。相对风险的计算公式为式（8-5）：

$$RS = \sum (S_j \times H_l \times X_{jkl} \times E_{lm}) \tag{8-5}$$

式中：RS 为各类相对风险得分；S_j 为风险源得分；H_l 为生境得分；X_{jkl} 为各风险源-压力作用-生境组合的暴露系数得分；E_{lm} 为各生境评价终点组合的危害系数得分；j 为风险源类型；k 为压力作用类型；l 为生境类型；m 为评价终点类型。

③ 生态梯度风险评价方法（procedure for ecological tiered assessment of risks，PETAR）。生态梯度风险评价方法主要分为三部分：第一步，在生态功能区域内，通过定性评价初步确定风险源、风险受体、风险源特点、风险源对风险受体可能造成的生态效应；第二步，在初步确定的风险源影响范围内，通过半定量评价，确定影响最大的风险源、面临风险最大的生境、最有可能遭受风险源影响的次级区域；第三步，在最有可能遭受风险源影响的次级区域，通过定量评价，验证定性评价确定的生态效应是否在特定次级区域及特定生境发生，并且将特定风险源与生态效应一一对应。

3. 生态风险评价的程序

美国环境保护局于 1998 年发布了《生态风险评价指南》，它不仅叙述了生态风险评价的一般原理、方法和程序，而且大大地扩展了生态风险评价的研究方向。包括气候变化、生物多样性丧失、多种化学品对生物影响的风险评价等。其主体部分将生态风险评价分为问题形成、分析、风险表征 3 个阶段，其评价过程如图 8-4 所示。

生态风险评价与环境预警是环境管理的必然趋势。2011 年，环境保护部印发《国家环境保护"十二五"科技发展规划》，将防范环境风险作为四大战略任务。2013 年发布的《化学品环境风险防控"十二五"规划》提出到 2015 年基本建立化学品环境风险管理制度体系，大幅提升化学品环境风险管理能力，显著提高重点防控行业、重点防控企业和重点防控化学品环境风险防控水平。2018 年修订发布了《建设项目环境风险评价技术导则》（HJ 169—2018），将建设项目环境风险评价纳入环境影响评价管理范畴，明确了环境风险预测、评价及管理。但总体来看，我国目前在环境风险评价与预警领域相关政策措施的制定、制度体系的构建及基础研究的开展还十分欠缺，其中利用环境生物学的理论和方法以超前预警生态风险，很多工作还尚未开展，环境预警的生物学研究任重道远。

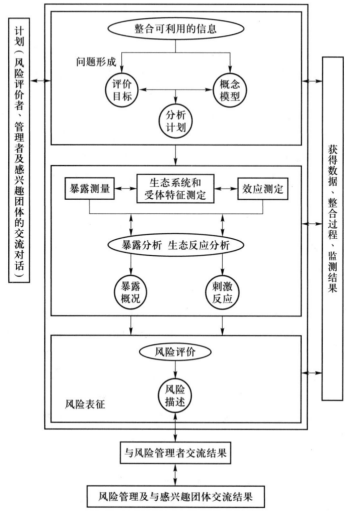

图 8-4　美国环境保护局生态风险评价程序

（资料来源：王德宝，2009）

📄 小结

　　生物与环境是一个有机互动的整体，当环境发生变化时，生物也将进行调整使之与环境保持协调和一致，当环境受损时，生物自然也将在其生命活动中产生异常反应。在一定条件下，这种反应与受损环境的性质特征、产生强度，甚至作用时间都呈高度的相关性，这样就可以利用生物的这些反应来指示环境的变化。生物对受损环境产生的响应，可以在生物系统的基因、细胞、组织、器官、个体、种群、群落、生态系统等各层次。利用这些不同层次的生物学属性的变化，就可以对各种不同类型的污染环境和退化环境进行监测和预警。

　　生物监测能反映各种污染物的综合影响，是理化监测的重要补充，对于评价环境质量状况有着不可替代的重要作用。根据监测反应的不同生物学层次和反应原理，生物监测的方法主要包括形态结构监测、生理生化监测、体内污染物及其代谢产物监测、遗传毒理监测、分子标记、生物群落监测等。

生态监测是生态系统层次的生物监测,是对生态系统的自然变化及人为变化所作反应的监测和评价。与其他生物层次的生物监测方法比较,生态监测的内容、指标体系和方法等都表现出了更高的全面性、系统性和综合性。生态监测不仅包括对环境本底、环境受损程度的监测,也包括对生态系统功能和结构、生态系统物质循环等生命系统的监测,还包括人为干扰和自然因素造成生物与环境之间相互关系变化的监测,是对生态系统中各因子的状态、各因子间的关系及系统与外界间关系的监测。

思考题

1. 概念与术语理解:生物监测,生态监测,生态风险,环境预警,监测生物,指示生物,生物标记,分子监测,遗传毒理监测。

2. 什么是生物监测? 生物监测与理化监测比较有何优势和不足? 如何处理两者间的关系?

3. 简述监测生物与指示生物的区别及监测生物的筛选原则。

4. 如何利用个体水平的生物反应对环境变化进行监测?

5. 如何利用种群及群落水平的生物反应对环境变化进行监测?

6. 如何利用生态系统水平的生物反应对环境变化进行监测?

7. 如何利用遥感技术对退化环境及植被进行监测?

8. 为什么要进行不同尺度的生物监测?

9. 什么是生态监测? 生态监测有何特点?

10. 生态风险评价的基本方法有哪些? 生态风险评价的程序是什么?

11. 在生态预警和风险评价中生态监测的意义和作用是什么?

建议读物

1. 周遗品.环境监测实践教程[M].武汉:华中科技大学出版社,2017.

2. 奥斯顿·艾肯格林.瑞典环境污染过程监测与控制技术[M].高思,刘东方,徐廷云,等译.北京:化学工业出版社,2018.

3. 奚旦立.环境监测[M].5版.北京:高等教育出版社,2019.

4. 吴邦灿,费龙.现代环境监测技术[M].北京:中国环境科学出版社,2005.

5. 王焕校,段昌群,王宏镔,等.污染生态学[M].3版.北京:高等教育出版社,2012.

6. 张永春.有害废物生态风险评价[M].北京:中国环境科学出版社,2002.

7. Odum E P. Trends expected in stressed ecosystems[J]. Bioscience, 1985,35:419−422.

8. 生态环境部综合司,中国环境监测总站.环境统计工作指南[M].北京:中国环境出版集团,2019.

9. 李光浩.环境监测[M].北京:化学工业出版社,2012.

第九章
退化环境的生态修复

　　生物不仅能够适应环境,而且还能改造环境。在生物的作用下,环境条件不断得到改善,为人类提供资源支持和环境服务的能力不断得到加强。应用生物改善环境的原理,可以对人类影响和破坏的环境进行修复和重建。

　　生物修复作为环境科学研究中一个富有挑战性的前沿领域,近年来已经形成了一个较为完善的科学体系。本章主要讨论分析生物在土壤质量修复、水土保持、荒漠化防治和退化内陆湖泊修复中的作用。

第一节　生态修复概述

一、生态修复定义与特点

　　生态修复指根据生态学原理,通过一定的生物与工程的技术和方法,人为地改变和削减导致生态系统退化的主导因子或过程,调整、配置和优化系统内部及其与外界的物质、能量和信息的流动过程与时空秩序,使生态系统的结构、功能和生态潜力尽快成功地恢复到一定的或原有的乃至更高的水平。根据生态修复的定义,我们可以看出,生态修复的目标就是通过修复生态系统功能并补充生物组分使受损的生态系统回到一个更自然的状态,使修复的生态系统具有正常的生态系统结构与功能。

　　生态修复的关键是系统功能的修复和合理结构的构建,这是所有退化或受损生态系统修复的技术目标。由生态学基本理论可知,生态系统包含不同范围、不同层次,只要是生物群体与其所处环境组成的统一体,都可以视为一个生态系统。因此,生态修复目标既适用于区域某一类型受损或退化系统,也适用于局部某一项具体的生态工程。生态修复有如下特点。

　　(1)具有充分的自然生态系统背景。

　　(2)在被破坏、干扰后的受损、退化生态系统的基础上进行修复,其方法及手段有预定的科学依据;目标可以是将现状修复到历史轨迹中的某一状态,并不一定将原有生态系统作为修复的终极目标。

　　(3)采取人为附加的生物工程措施,使受损或遭破坏的生态系统修复过程比自然过程的时间大大缩短。

　　(4)目的不仅仅是建立一个在一定时间、空间尺度上自我维持的生态系统,而且要使该生态系统具备提供生态服务的功能。

（5）与艺术、美学有一定的融合和交叉，体现出人类有意识营造景观的意愿及视觉审美需求。

因此，生态修复的目标就是通过人工设计和修复措施，在受干扰破坏的生态系统基础上，修复和重建一个具有自我恢复能力的健康生态系统（包括自然生态系统、人工生态系统和半自然半人工生态系统）；同时，重建和恢复的生态系统在合理的人为调控下，既能为自然服务，长期维持在良性状态，又能为人类社会、经济服务，长期提供资源的可持续利用，即服务于包括人在内的整个自然界和人类社会。

二、 生态修复的途径

生态修复的手段就是通过一定的生物与工程技术与方法，使退化生态系统恢复至某一程度，不同类型不同程度的退化生态系统，其修复方法亦不同。从生态系统的组成成分角度看，主要包括非生物和生物系统的修复。非生物系统的修复技术包括水体修复技术，如控制污染、去除富营养化、换水、积水、排涝和灌溉技术；土壤修复技术，如耕作制度和方式的改变、施肥、土壤改良、表土稳定、控制水土侵蚀、换土及分解污染物等；空气修复技术如烟尘吸附、生物和化学吸附等。生物系统的修复技术包括植被修复，如物种引入、品种改良、植物快速繁殖、植物搭配、植物种植、林分改造等；消费者与分解者重建技术，如捕食者的引进、病虫害的控制、微生物的引种及控制等技术。在生态修复实践中，同一项目可能会应用上述多种技术。总之，生态修复中最重要的还是综合考虑实际情况，充分利用各种技术，通过研究与实践，尽快地修复生态系统的结构，进而修复其功能，实现生态、经济、社会和美学效益的统一。

生态修复最好的办法是自然恢复，另一种办法是生态恢复，即通过人工的方法，参照自然规律，创造良好的环境，恢复天然的生态系统，主要是重新创造、引导或加速自然演化过程。以天然植被恢复为例，自然恢复就是指无须人工协助，只依靠自然演替来恢复退化的生态系统。自然恢复的典型方法是封山育林，其优点是可以缩短实现覆盖所需的时间，保护珍稀物种和增加森林的稳定性，投资小、效益高。一般而言，人工林要比封闭后自然恢复的森林逊色很多。人工恢复方式有很多，在天然植被恢复过程中常常需要进行常规种植。在退化生态系统的自然恢复初期，人工培育可以促进再生和恢复。特别是在植物种类单一的地方，可以适当地伐去一些树木，间种一些当地其他树种，人工处理一些树种，使树种间达到最大的收益。另外，最经济和有效的办法是采集当地野生种子。建立当地植物种源基地，为植被恢复提供多样性的植物种源。然后根据不同的土壤条件，直接接种或改善生境后再接种种子。

三、 生态修复基本过程

在生态修复实践中确定一些重要程序可以更好地指导生态修复和生态系统管理。目前认为修复中的重要程序包括：确定修复对象的时空范围；评价样点并鉴定导致生态系统退化的原因及过程（尤其是关键因子）；找出控制和减缓退化的方法；根据生态、社会、经济和文化条件决定修复与重建的生态系统结构、功能目标；制定易于测量的成功标准；发展在大尺度情况下完成有关目标的实践技术并推广；实践；与土地规划、管理策略部门交流有关理论和方法；监测修复中的关键变量与过程，并根据出现的新情况作适当的调整。

上述程序可列成如下操作过程：接受修复项目—明确被修复对象、确定系统边界（生态系统层次与级别、时空尺度与规模、结构与功能）—生态系统退化的诊断（退化原因、退化类型、退化过程、退化阶段、退化强度）—退化生态系统的健康评估（历史上原生类型与现状评估）—结合修复目标和原则进行决策（修复、重建或改建、可行性分析、生态经济风险评价、优化方案）—生态修复与重建的实地试验、示范与推广—生态修复与重建过程中的调整与改进—生态修复与重建的后续监测、预测与评价。

第二节　生物在土壤质量修复中的作用

土壤质量指土壤维持生态系统的生产力、保证动植物健康的能力，其核心是土壤生产力，基础是土壤肥力。土壤退化是指在各种自然（特别是人为）因素影响下所发生的土壤数量、质量及其可持续性下降。土壤质量的下降主要表现为土壤物理、化学及生物学性能的降低。目前，由人类活动所引起的土壤退化问题已严重威胁世界农业发展的可持续性。据统计，全球土壤退化面积达 1 965 万 km²，而土壤侵蚀是造成土壤退化的最主要原因之一。

土壤资源在数量上是没有再生能力的，但土壤质量是可以调节的。通过人为生物措施提高土壤肥力，保持"地力常新壮"，从而达到改善土壤质量的目的。

一、生物对土壤物理性质的影响

土壤在退化过程中，会使其土壤结构稳定性降低，通透性或持水性能下降，质地变差、土层变薄，最终导致其物理性质恶化。极度退化土壤的物理结构很难自然恢复，需要辅助的人工措施构建生物群落，才能使土壤物理结构伴随着生物群落的恢复演替而得到改良。

1. 生物对土壤质地的影响

植物的生长及植物群落的建立能降低土壤中石砾和粗砂粒的含量，增加黏粒含量。植物的生长和植物群落的构建将会极大地改变地表的覆盖状况。随着植物群落的构建和恢复演替，枯枝落叶层会增多增厚，地表覆盖度会大大增加，就会保护表层土壤免受或少受侵蚀，减少较细颗粒的土壤淋移损失。当植物群落演替到功能较为完善的顶级群落时，群落林下不但根系粗壮、深伸，固土体积大，而且树冠庞大，截留降水多，降水沿树干着地后，多为地表凋落物所吸收，土壤遭受侵蚀更轻微，较小粒级土壤颗粒的淋移损失则更低。因此，直径较小的土壤黏粒可以得到保存。彭少麟对不同植被条件下土壤机械组成的研究发现，随着群落由针叶林向常绿阔叶林演替，土壤表层石砾含量明显下降，由 8.9% 下降到 0.74%，而黏粒含量则有所增加，由 20% 增加到了 25%；同时在较深土层黏粒的增加更为明显，由 24.28% 增加到了 34.68%。由此可见，植物群落恢复演替降低了土壤侵蚀程度，从而也改善了土壤的颗粒组成及其分布。

2. 生物对土壤结构的影响

植物根系的生长对于增加土壤孔隙有明显效果。植物根系有向地下伸长的特性,因此在根系生长过程中,会对土体产生一种压力,促使土体形成裂隙。而且随着根系的生长,裂隙也会变大变多。菌类的菌丝体也具有类似的功能。此外,许多土壤动物在土体中的活动也对增加土壤孔隙有重要作用。土壤容重是土体在自然条件下的平均密度,可以比较好地表征土壤的孔隙状况。一般而言,土壤容重越大,说明土体越紧实,反之则说明土壤孔隙越多。徐晓勇等在研究中发现,退化次生裸地经过植被改良后,土壤容重由 1.75 g/cm³ 变成 1.403 g/cm³,下降了 21%。这意味着在生物的作用下,土壤孔隙增加,变得疏松。

土壤孔隙的增加将会有利于提高水分的渗透性能。植物根系伸长和土壤动物活动所造成的孔径大于 30 μm 的大孔隙对水分的下渗有重要意义。这些大孔隙是水分运行的良好通道,能使水分在重力作用下迅速进入土壤下层,同时这些孔隙也被认为是通气孔隙。这些沿着根系的裂隙是相互连接的,它们形成了一个连续的小通道系统,水分沿此通道下渗比通过孔径较小的毛管孔隙要迅速得多。毛管孔隙的多少对土壤水的有效性起着决定性的作用。水分进入土壤通气孔隙中时,水分由于受到重力的作用,将迅速向下运动,很难停留在土壤中;而当水分进入毛管孔隙中时,由于毛管作用,就可以使水分保留在土壤孔隙中供生物利用。如前所述,生物的生命活动能够增加土壤的孔隙度,尤其对毛管孔隙的增加十分明显。如张鼎华发现,在北方荒沙地上种植杨树和刺槐混交林 20 年后,土壤的毛管孔隙度增加了 6.93%,相应的土壤最大持水量增加了 7.52%。

水稳性团聚体对土壤的保肥、保水性能有着重要作用,是形成良好土壤结构不可或缺的重要成分。生物对促进土壤水稳性团聚体的形成有重要作用。首先,生物在新陈代谢过程中会增加土壤的有机质,而有机质是土壤中重要的胶结物质。土壤腐殖质可以和矿质土粒复合形成有机-矿质复合体,为水稳性团聚体的形成提供了大量的基本物质;其次,植物根系能通过切割造型作用形成土壤团聚体,在根系发达的表土中容易产生较好的团聚结构。另外,土壤动物在土壤结构形成中的作用在近年来才受到关注。在 30 年前团聚体形成的层次性模型首次概念化了土壤生物在团聚结构形成中的地位,而 10 年前出现的团聚体动态模型则进一步确定了大型土壤动物和土壤微生物在团聚结构形成中的地位。实际上,大型土壤动物(蚯蚓、白蚁等)的扰动作用有助于土壤结构形成,其作用机制包含以下方面:① 土壤动物的生物扰动直接创造土壤生物孔隙结构,并且不同个体大小的动物有利于形成孔隙大小协调的土壤结构;② 土壤动物的排泄物是典型的生物团聚体,其分泌物在土壤团聚结构形成中作用巨大;③ 土壤动物对根系生长、有机质分解及微生物群落结构和活性的影响将直接改变土壤结构形成过程。总的来说,生物活动可以有效地促进土壤结构疏松,增加土壤的孔隙,改善土壤的透水保水性能。

3. 生物对土壤厚度的影响

土壤厚度是衡量土地优劣的一个重要指标。土层过薄会使许多深根性植物无法很好地生存,同时也使土壤对水分和养分的供给能力大大降低,无法支撑建立一个良好的生态系统。生物群落,特别是植被,对土壤厚度有重要影响。植被可以通过树冠截留降水,根系固定土壤,避免土壤流失,从而达到保持和增加土壤厚度的目的。如我国南方亚热带丘陵地区裸地土层厚度仅 29 cm,而植被良好的常绿阔叶林下土壤厚度达到了 106 cm。

二、生物对土壤化学性质的影响

土壤养分亏缺和土壤酸碱性失衡是退化土壤化学性质恶化的表现。生物活动会对土壤化学性质产生重要影响,一般表现为随着生物活动的介入和生物群落的优化,土壤化学性质将会向着良性方向发展。

(一) 生物对土壤养分累积的影响

土壤养分亏缺是土壤退化的一个重要表现形式,同时也是制约土壤肥力恢复的主要因素之一。许多学者都认为一个退化生态系统能否恢复,依赖于两方面的条件,即物种的恢复和土壤质量恢复。而土壤质量恢复是以土壤肥力恢复为核心的,因此土壤肥力的改良和恢复是实现土壤质量恢复最为关键的一步。采取生物措施改善土壤肥力是一种行之有效的方法。一方面,生物的生长活动可以增加土壤中营养元素的含量和有效性;另一方面,在此过程中也可以促使生物构建和优化群落结构,使其向更高层次群落演替,改善生态系统的生物环境。

1. 生物对土壤的肥力效应

生物在退化土壤上的定居、活动及生物群落的构建和演替,会对土壤养分状况产生很大的影响。通常随着生物的生长及生物群落向着更高层次演替,土壤营养元素含量和土壤养分有效性都会得到很大程度的提升,各种养分间也更加平衡和协调。

种植人工林是广泛使用的改善土壤肥力的措施,这种方法能迅速、有效地改善土壤肥力状况。表9-1是广东、福建、云南等地退化土壤种植人工林后,土壤肥力的变化情况。各地在种植人工林后,土壤有机质、全N、速效N、速效P都有了显著的提高。

表9-1 不同植被措施对部分土壤营养元素含量的影响

地点	植被措施	有机质/($g \cdot kg^{-1}$)	全N/($g \cdot kg^{-1}$)	速效N/($mg \cdot kg^{-1}$)	速效P/($mg \cdot kg^{-1}$)
广东电白	裸地(0~20 cm)	4.5	0.28	—	—
	桉树林(0~20 cm)	10.6	0.5	—	—
	豆科混交林(0~20 cm)	18.2	0.99	—	—
福建长汀	次生裸地(0~10 cm)	2.7	0.15	20.2	0.9
	杨梅林(0~10 cm)	11.6	0.44	58.6	1.5
	混交林(0~10 cm)	11.5	0.39	50.6	2.1
云南牟定	退化地(0~10 cm)	8.1	0.33	72.4	9.39
	云南松林(0~10 cm)	15.4	0.56	127.6	15.62
	桉树林(0~10 cm)	12.3	0.52	101.7	14.73
	豆科混交林(0~10 cm)	12.8	0.84	127.1	12.89

在严重退化土壤上种植人工先锋树种,可以较大程度提高土壤养分含量。与此相似,随着生物物种丰富度的增加,物种组成的优化,群落向更高层次演替,也会对土壤肥力产生重要影

响。在这一过程中,群落物种组成、数量不断向着稳定的顶级群落方向演化,同时也逐步改良土壤的肥力状况,促使土壤肥力的供给能力不断提升。许多研究表明,随着生物群落的次生演替,退化土壤养分含量明显增高。如徐晓勇等在对滇中高原北亚热带山地生态恢复的研究中发现,随着次生裸地向针叶林、针阔混交林、半湿润常绿阔叶林的恢复演替,土壤肥力大为改善;在恢复演替后期的常绿阔叶林对土壤肥力的改良更为显著,其中有机质、全 N、速效 N、速效 P、速效 K 分别比退化次生裸地增加了 33%、50.2%、72.9%、85.7%、60%。吴彦等还发现部分土壤营养元素含量随着恢复演替中植物物种多样性的增加而增加。生物群落的恢复演替与土壤肥力的改良其实是一种相互促进的关系。在退化土壤,只要消除或减弱致使退化的干扰因子,一定的肥力积累就可能会导致生物群落的次生演替,在群落演替过程中又可使土壤肥力不断提升。这样一个过程,既使土壤肥力得到改善,又使退化土壤的生物环境得到恢复,是一种行之有效的方法。但是,由于群落恢复演替是一个十分漫长的过程,一般都需要几十甚至上百年,因此土壤肥力的恢复也需要较长的时间。

2. 生物对土壤肥力的作用方式

生物对土壤营养状况的改良主要是通过生物活动增加养分的输入,增加养分的可利用性及减少养分流失。

(1) 对土壤养分输入的增加。生态系统的构建和运转,必须依赖植物从土壤中获取营养物质,形成其他生物所需的有机质。但生命活动同时也增加了土壤营养元素的来源,主要表现在生命活动可以固定大气中的 N 元素和 C 元素,经过转化进入土壤中及生命过程中,产生的富含营养物质的生物遗体为土壤提供了一个养分来源库。

N 元素是植物生长所需的重要营养元素之一,土壤中 N 元素的多少常常是衡量土壤肥力状况的重要指标。在退化土壤中,N 元素通常是较为缺乏的,经常成为植物定居和群落演替的制约因子。因此提高土壤 N 元素含量是土壤肥力恢复的重要内容。

某些菌类和植物可以通过自身生命活动,把大气中的 N_2 转变为化合态的 N,这种作用被称为生物固氮(N)。被生物所固定的大部分 N 将进入土壤氮库中,增加土壤的 N 含量。生物固氮可分为非共生固氮(N)和共生固氮(N)两种。非共生固氮是指一些细菌和蓝绿藻具有固氮酶,能单独将大气中的 N_2 变为 NH_4^+。共生固氮则是指共生菌寄生在植物根部,形成根瘤,共同完成固定 N 元素的功能。这些共生和游离方式生活的细菌和藻类被认为是进行生物固氮的主要类型。根据目前的研究,生物固氮以共生方式居多。

非共生细菌和蓝绿藻分布广泛,对于一些陆地生态系统来说,它们是十分重要的,一些覆盖在荒漠生态系统表面的蓝绿藻壳被发现有极高的固氮速率。然而,在大多数情况下,来自非共生固氮的 N 输入量一般为 $10 \sim 25 \ kg \cdot hm^{-2} \cdot a^{-1}$,在亚热带地区较高,可达 $50 \sim 100 \ kg \cdot hm^{-2} a^{-1}$。

能进行共生固氮的主要是豆科植物。豆科植物是植物界中的第三大科,约有 600 个属,18 000 种。通常豆科植物被分为三个亚科,即云实亚科、含羞草亚科、蝶形花亚科。根据检验的种来估算,在含羞草亚科有 21 个属 149 种植物被检测过,其中 60% ~ 70% 具有根瘤,可以固氮;蝶形花亚科被检测过的 175 个属 1024 种中,具有根瘤且可以固氮的占 90% ~ 95%;云实亚科中 25% ~ 30% 的种类具有结瘤固氮特性。由于蝶形花亚科是豆科中最大的一个亚科,能固氮的种高达 90% 以上,所以可以认为,豆科中绝大多数植物都具有固氮功能。相比之下,非豆科植物具有结瘤固氮能力的种则要少得多,目前检测到的仅有 15 个属 170 多种。

　　生物固氮的能力是十分强大的。据估算,在全球范围内,每年大约有 1.4×10^8 t 的氮是由生物过程合成的,而全球每年工业固氮市场的氮肥仅为 4.0×10^7 t。生物固氮的数量是化学合成氮肥的 3 倍以上。由此可见,生物固氮是土壤中植物吸收 N 元素非常重要的来源,对于土壤氮肥含量的保持和提高具有十分重要的意义。

　　生物死亡之后会形成大量的遗体。生物遗体之中包含着大量营养物质,这将成为土壤养分的重要补充来源。对于土壤中的 N、P、Ca、Mg 等元素,植物凋落物是它们最重要的输入方式之一。据估计,全球陆地植物群落产生的地表凋落物中干物质总量是活植物总量的 60%,加上立枯现有量,全球陆地枯死植物总量占活植物量的 15%。研究发现,在相当广泛的种类中,植物衰老凋落前会将 50% 的 N 和 52% 的 P 转移,这也就是说凋落物保存了活体 50% 的 N 和 48% 的 P,相当于现有植物体 7.5% 的 N 和 P 储存在凋落物中,这也充分说明了生物遗体即凋落物是生态系统中的一个营养物质贮存库。由于凋落物中的营养物质经过分解、矿化后,最终都要进入土壤,生物遗体也成了土壤养分的重要补充来源。

　　尽管生物遗体中贮存着大量的营养元素,但这些营养元素并不能直接进入土壤,成为土壤的有效养分,生物遗体必须经过分解和矿化作用,形成小分子无机物质,才能进入土壤变成可利用养分。生物遗体的分解和矿化是在土壤动物和土壤微生物的直接参与下完成的。土壤动物和土壤微生物在生态系统中处于分解者的地位,它们利用生物有机残体获得能量,同时通过消化分解,把它们变成无机小分子物质。土壤动物对有机物分解和养分矿化的影响长久以来备受关注。尽管土壤动物的类型非常多,但其作用机制一般归于几个方面:① 物理破碎过程增加了有机物表面积,便于其他生物侵染。土壤动物产生的生物物理结构及代谢产物不仅为其他生物创造了生境,而且改善了土壤的环境和资源有效性;② 土壤动物对微生物活性的促进作用,土壤动物取食过程中分泌或排泄出微生物能够利用的养分和其他刺激物质,部分被取食的微生物经过肠道后仍保持活性,此外,土壤动物可以将微生物控制在数量相对较低但高活性水平;③ 土壤动物分泌的大量酶类和其他活性物质也直接促进了有机物分解和养分矿化的过程;④ 土壤动物的生物物理结构能够对养分分解和矿化过程起到双重调节作用。

　　(2) 生物对土壤养分有效性的影响。在土壤养分中并非所有形态的营养元素都能直接为植物所利用,其中可直接利用的养分被称为土壤有效养分。土壤有效养分对土壤肥力往往有着更为重要的意义,它反映了土壤肥力当前直接的供给能力。一般而言,土壤中的营养元素要分解为无机小分子形式才能被吸收和利用。

　　生物的活动会对土壤养分的有效性产生重要影响,首先,土壤微生物能直接参与这一过程;其次,植物根系、土壤动物和土壤微生物分泌产生的许多土壤酶是营养元素由有机小分子向无机小分子形态转变这一化学过程的催化物质。有许多研究都发现生物其实是促进无机态营养物质形成的一个重要因素,如有人报道灭菌后接种细菌和原生动物的土壤多了 75% 的无机 N 元素;另外还有人估计,如果除去土壤中的真菌和细菌,有机物的矿化会降低 25%。因此,可以说生物对于加速有效态养分的形成有着关键性的作用。

　　(3) 生物对土壤养分保持的影响。土壤对矿质营养元素的吸附和保持能力是衡量土壤质量优劣的重要指标之一。生物活动会对土壤养分保持的性能产生积极影响。这主要表现在两方面:其一,生物能降低土壤养分的流失量;其二,生物增加了土壤对营养元素的吸附能力。

　　生物的生长及生物群落的建立会使地表景观发生重要改变,会使地表建立多层次的立体覆盖层。首先,地表生物覆盖层的存在,会极大地增加生态系统的持水能力,在降水产生时,使尽可能多的降水停留在系统中。许多研究表明降水过程也是一个重要的营养物质输入过程。降水中携带有丰富的 N、S、K、Na 等元素,并且在降水过程中经过淋溶作用,溶解了植物表面的大量可溶性营养元素。对于 S、K、Na 这几种元素,降水和淋溶过程甚至是它们进入土壤最为重要的渠道。有了良好的生物群落,降水就能较好地停留在生态系统之中。同时,伴随着降水而来的营养物质也保留在生态系统中,进入土壤,避免了养分的流失。其次,由于降水会溶解植物及土壤表面的可溶性养分,如果产生了地表径流,即使没有土壤侵蚀,随着径流水分的输出,也会有大量的养分从土壤和生态系统中流失。如果产生地表径流时发生了表土的迁移、侵蚀,伴随这一过程,土壤养分的流失就更严重了。通常每侵蚀 1 kg 表土就会造成 0.74～6.39 g N、0.4～2.5 g P 的流失。如上一节所述,生物群落由于其独特的生态水文作用,能在很大程度上避免地表径流的产生和水土流失的发生,这将对土壤养分的保持产生积极的影响。生物的生长,尤其是植物根系、土壤动物和土壤微生物的生命活动,将会改良土壤质地结构,促进土壤团粒结构的产生。土壤团粒结构是一种优良的土壤结构形式,有利于养分被土壤吸附和保持。

　　总体来说,土壤生物一方面可以调控土壤可利用 C 及养分库的大小。土壤动物和微生物可以通过影响光合作用效率或凋落物输入量及其分解过程等调控土壤可利用 C 总量,进而影响土壤生物自身的群落大小及活力,最终影响生态系统总固 N 量和有效 P 总量等。另一方面,土壤生物可以影响可利用资源的"命运"。土壤微生物的快速生长可以迅速将 C 和养分固持于微生物生物量中,避免资源意外损失;然后,微生物在各种生物或非生物"干扰"(如蚯蚓或线虫的取食或干湿交替)的作用下,又可将原先固持的养分释放回土壤;这些养分或重新固持于微生物生物量中,或保存于各类团聚体中,或直接供植物吸收利用;最后,土壤食物网调控的"养分释放"与植物的"养分吸收"共同影响整个生态系统对养分的利用效率。如果可利用的 C、N、P 浓度升高太快,植物和微生物来不及或因为某些原因无法及时利用,则将造成资源的"闲置"或损失。而当生态系统中能量和养分供给充足,生物固氮适时适量,可利用的 C 和养分主要存在于某种缓冲库中,则如海绵里的水,适度活跃却不容易流失,而当植物或土壤生物需要时,可从海绵里"挤出"所需的资源。蚯蚓粪的特性类似于这样的资源缓冲库,而菌根真菌等则类似于植物"挤出"养分所凭借的"武器"。土壤生物在生态系统土壤肥力的调节作用详见概念图 9-1。

(二) 生物对土壤酸碱性的影响

　　土壤酸碱度失衡通常表现为土壤盐渍(碱)化和土壤酸化。

　　盐渍(碱)化土壤主要的问题是土壤含盐量过高及碱化使土壤理化性质恶化。对于盐渍(碱)化土壤的恢复改良,最为关键的是"去盐"和"降碱"。强碱性土壤的治理,必须施用化学改良剂,并配以多种措施;而对于中、轻度盐渍(碱)化土壤,通过种植耐盐碱植物改良土壤会取得较好的效果。

　　种植水稻改良盐渍(碱)化土壤是我国多年来成功的实践经验。水稻是一种需水较多的作物,整个生长期内都需要保持一定的水层,水能持续地淋洗土壤盐分,逐渐加深土壤脱盐层。盐渍(碱)化土壤种稻,除了淋洗盐分,还能改良土壤碱化程度,同时还能改变盐分的离子组成。此外,在盐渍(碱)化土壤上种植田菁、草木樨、紫花苜蓿等也是常用的改良方法,不但具有"去盐"和"降碱"的功能,还能在一定程度上增加土壤的肥力。总的来看,种树、种草对盐渍(碱)化

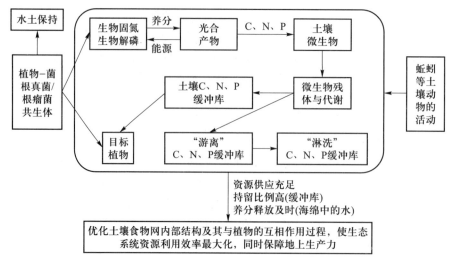

图 9-1 土壤生物在生态系统土壤肥力的调节作用概念图

（资料来源：傅声雷等，2019）

土壤的改良，其共同作用就是保护地面，减少蒸发，降低地下水位和阻碍土壤水和盐分向上迁移；另外，某些耐盐碱植物在其生长过程中能吸收不少盐分，有些盐分能排出体外，植物体内的盐分还可随植物的收获而去除，最终降低土壤的含盐量。

土壤酸化是我国南方经常出现的一种土壤退化形式，其特点主要是土壤中致酸离子（Al^{3+} 和 H^+）的含量过高。借助种植耐酸植物，降低土壤酸度是在酸化土壤治理中常用的方法。种植一些耐酸的绿肥植物常常较为有效。种植绿肥植物可以增加土壤中有机质的积累。有机质中的羟基、氨基等基团一方面可以吸附土壤溶液中 H^+；另一方面，一部分基团还可以与 Al^{3+} 发生反应，可有效降低土壤中的 Al^{3+} 含量。

三、 生物对土壤生物学性质的影响

土壤中生活着大量的细菌、真菌、放线菌，这些土壤微生物与土壤酶系统一起构成了土壤的生物特性。在陆地生态系统中，土壤微生物是分解者，参与森林凋落物的分解，是土壤物质循环的重要调节者，是控制生态系统 C、N 和其他养分流失的关键。有研究表明 90% 以上 C、N 的矿化和固定是由土壤微生物群落来完成的。此外，土壤微生物在长期的进化过程中与植物形成了相互依赖、相互促进的关系，它对植物的生长也有着密切的关系。所以，土壤微生物的数量、种类组成会对土壤的营养供给水平和植物的生长状况产生非常重大的影响。土壤酶是土壤中的一类生物活性物质，主要参与动植物残体的分解转化、腐殖质的合成与分解，以及某些无机物的氧化与还原。它对土壤有机质的形成及营养元素的矿化有着重要的作用。因此，以土壤微生物和土壤酶状况为主要内容的土壤生物性质是土壤性能的一个重要方面，它决定了土壤持续供给有效物质和能量的能力。

由于土壤的生物性质对土壤性能有重要影响，对退化土壤进行恢复改良时，土壤生物性质的改良也是主要目标之一。对于土壤生物性质的改良，最好的办法就是借助动植物的生长，为

土壤微生物的生长和土壤酶的产生创造一个良好的微环境。

1. 土壤微生物数量、组成及其影响因素

土壤微生物需要利用其他生物的残体获得物质和能量来构建自己的身体,有些土壤微生物甚至需要寄生在其他生物体内。因此其他生物的生存状况对土壤微生物的数量和组成产生重要影响。

植被的状况对土壤微生物数量有明显的影响。植被的存在和优化会极大地改变地表水热条件,使表层土壤局部微环境得到改善,有利于微生物生长;同时植物产生的大量凋落物也增加了微生物营养物质的来源。许多研究证明植被的存在为微生物快速增殖提供了良好的条件。徐晓勇等发现滇中高原次生裸地恢复到针阔混交林和常绿阔叶林时微生物数量分别提高了14.12倍和14.79倍。

植被对微生物种类组成和多样性也有着重要的影响。在不同植被状况下,细菌、真菌和放线菌三大微生物类群的构成比例有很大不同。通常随着退化生态系统中植被的恢复与演替,微生物的组成向细菌>真菌>放线菌的趋势发展,这与植被对局部微环境的改变有关。当系统退化较为严重时,土壤条件较为恶劣,耐干旱和贫瘠能力较强的真菌和放线菌更具竞争优势,数量较多。而随着植被条件的改良,土壤肥力状况和水热条件也相应得到改善,在这种情况下,细菌有更强的生存竞争力,所占比重也较大。

通常情况下退化土壤中的土壤微生物不仅数量少,而且种类单一、多样性低,这与动植物多样性低密切相关。生物群落建立后,动植物多样性的增加和枯枝落叶层的形成,会增加群落的空间层次性,从而创造多种有差异的微环境,使得更多种类的微生物都能找到适合生存的微环境。因此随着生物群落的建立和优化,微生物物种多样性会得到很大提高。

生物群落对微生物的活动强度也有一定影响,随着生物群落的建立和优化,微生物的活动强度会有所提高。土壤微生物的呼吸量和呼吸强度反映了土壤微生物的活动强度,有研究表明随着生物群落的建立和演替,土壤微生物的呼吸量和呼吸强度都有一定的提高。这表明群落的恢复,改善了土壤的水热条件,促进了微生物的新陈代谢,增加了其活动强度。

2. 土壤动物对土壤病虫害的生防作用

土壤病虫害给植物生产造成了巨大的损失。虽然人们较早认识到健康土壤中的生物多样性是抑制病虫害暴发的重要原因,但是土壤动物在其中的重要作用直到最近才被关注。复杂的土壤食物网结构包含更多的物种及营养级关系,从而包含更多的土壤动物捕食作用。土壤动物能够以病害微生物和食根害虫作为猎物。土壤动物对病虫害防控可能来源于多个方面的复合作用,例如:① 直接的捕食和竞争作用能够维持食物网内生物类群的平衡,防止病虫害的暴发;② 间接提高植物对病虫害的抗耐性,土壤动物不仅促进植物养分吸收从而增强植物的抗耐性,而且还能通过信号物质诱导植物抗耐性的提高。例如,环热带区广布种南美岸蚓具有抑制香蕉血病(banana blood disease)的潜力;南美岸蚓的存在还可明显降低对植物有害的大个体植食性线虫的种群大小;蚯蚓活动还可通过调节植物激素平衡而促进植物抵御病害。在农业土壤中,跳虫对微生物的取食过程也可以抑制一些农作物病原微生物。例如,梨火疫病菌(*Erwinia amylovory*)是枯萎病的病原体,对种子植物的破坏作用很大,而白符跳(*Folsomia candida*)能够取食该菌并减轻危害。

3. 生物对土壤酶系统的影响

土壤酶是由植物根系及土壤动物和微生物在生命活动过程中分泌到土壤中的具有生物活性的催化物质。生物多样性和生物活动的强度都会对土壤酶活性和多样性产生直接的影响。通常生物多样性的增加会促进土壤酶多样性的提高。由于各种土壤酶是由不同的生物通过不同的途径分泌产生的,则生物多样性的提高会增加土壤酶的合成途径,增加其多样性。生物生命活动强度的提高,可以有效提高土壤酶活性。在研究中发现表层土壤的土壤酶活性远远大于深层土壤,这是由于表层土壤分布着大量根系,土壤微生物数量也较高,而且由于水、肥、气、热等条件较好,根系和微生物生长较为活跃,因此产生了更多活性分泌物,增加了土壤酶活性。退化土壤天然酶活性和多样性都极低,但是随着生物群落的恢复,生态系统功能得到恢复,系统内部环境得到改善,土壤酶活性和多样性都会得到相应提高。

第三节 生物在水土流失防治中的作用

水土流失是土壤及其母质在降水和径流的作用下,发生破坏、迁移和沉积的过程,严重的水土流失会导致生态环境的退化,使得土地生产力大大降低甚至丧失,并且还会因泥沙的迁移、沉积淤积河道湖泊造成洪灾发生率的上升。对水土流失的防治广泛使用的有工程措施、农业技术措施和生物措施。其中利用生物手段控制水土流失是最为根本,也是最为有效的措施。水土流失的主要驱动力是水,一般由雨滴直接溅击土壤及地表径流的巨大冲刷力所引起。生物在水土流失防治中主要通过改变降水在生态系统中的分配,减小降水对地表的作用力,达到涵养水源的目的。在减少水土流失外界驱动力的同时改变土壤结构,加强土壤自身内在的抵抗侵蚀能力。

一、生物对水分的涵养与调节

生物群落对水分的调节作用主要分为地上植物群落对降水的分配过程及地下生物群落对土壤水分的调节作用。

(一)植物群落对降水的调节

地上植物群落对改变降水在生态系统中的分配有着重要的作用,主要表现为对生态系统的涵蓄水能力及对地表径流的调节能力有着巨大的影响。

1. 植物群落对生态系统涵蓄水功能的影响

在许多研究和实践中都发现,有着良好植物群落的生态系统,其涵蓄水能力远远大于植被较差的生态系统或荒地。通过生态系统地表植物群落破坏前后流域径流的变化,可以较好地了解植物群落对水源的涵养作用。在日本小田地区林地砍伐之后,第一年,径流量增加了11.6%;在砍伐后的三年中,径流年均增加了7.3%;在这块地重新造林后,径流量迅速减少到原有的水平,在美国的研究同样发现了这一规律。很明显这是由于植被遭到破坏后,生态系统涵蓄水能力下降,导致水分不能很好地保留在系统内,从而以地表径流的形式流出系统外。

2. 植物群落对水分涵养的作用原理

　　植物群落对水分涵养功能的实现主要是通过植物群落特有的生态水文作用对降水进行截流和再分配,促进水分下渗,同时建立一个较为稳定的土壤水库和生物水库。植物群落特别是森林植物群落,有着良好的群落空间层次,在降水来临时,可以对降水形成多层次的截留,减少和减缓直接作用到地表的降水量(见图9-2)。

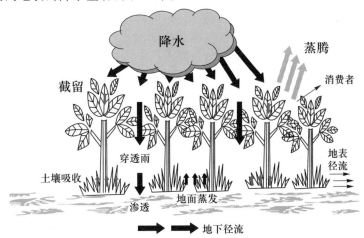

图9-2　植被对降水再分配过程

　　在降水过程中,降水首先要落到地表所覆盖的植被上。其中有一部分水分附着在植物表面上,用于湿润植物表面,形成水膜。这部分水分最后被蒸发,直接返回大气。不同植物表面对水分的附着能力是不同的,这与植物表面质地、叶型及叶片着生角度等有关。椴树单位面积叶片的平均附着水量约为 3.5 mg/cm^2,山毛榉为 2.9 mg/cm^2,松树为 3.6 mg/cm^2。

　　这种在降水过程中地表植物群落截留水分的现象被称为植被的降水截留作用。不同植物群落类型的降水截留能力是不一样的,它与群落结构、树种组成、郁闭度等密切相关;一般而言有着良好空间层次结构的成熟森林群落的降水截留能力是较强的。对于群落结构较为完善的森林群落来说,其群落结构在空间上明显可以分为乔木层、灌木层和草本层,所以在空间层次上可以对降水形成多层截留。一般在垂直方向上把森林植被的降水截留分为林冠层截留、灌木草本层截留和枯枝落叶层截留。

　　林冠层截留量的大小取决于森林类型、组成结构、树龄、郁闭度等林学特征,以及气候、降水特征等。降水强度较大时,降水截留率一般不超过 25%,而在降水强度较小时,截留率可高达70%~80%。一般而言,截留功能强的林种,应当是立木蓄积量大的壮龄林种,组成树种的叶细密,小枝呈锐角着生,单位叶面积大,小枝聚积成稠密的树冠。林冠层降水截留量一般能占到大气降水的 15%~35%,不同林种间有差异。针叶林截留率为 15.6%~38.6%,阔叶林为 15.0%~30.0%。

　　灌木草本层降水截留量的大小取决于自身的发育状况。灌木层和草本层的生长发育受上层植被影响较大,上层乔木郁闭度较低时,灌木层和草本层发育较好,盖度较高,其截留率也较大,能达到 10%~20%;而上层植被郁闭度较大时,灌木草本层生长就较为稀疏,其降水截留功能也较弱,截留率通常低于 10%。

　　林下的枯枝落叶层也能发挥重要的截留作用,一般森林植被下的枯枝落叶层,最大持水量可达到自身质量的 1.7~3.5 倍,其截留量也相当可观。据测定,六盘山主要森林类型枯枝落叶层的截留率占大气降水的 5.6%~13.0%。

在降水过程中,通过地表植物群落的作用,可以使得很大一部分水分被截留,从而在一定程度上避免或减少了地表径流的产生。与此同时,植物群落及其生态水文作用还促进了水分的下渗。首先,植物密布的根系和枯枝落叶层的腐殖质,会促进土壤团粒结构的形成,使得土壤变得疏松,孔隙增加,同时由于植物群落能有效地减少雨滴对土粒的溅击,保护了土壤孔隙的畅通,从而使得水分容易下渗;其次,由于群落植物对降水的阻挡和截留作用,减少了降水直接到达地面的机会,从而使降水更为分散和缓慢地到达地面,减少了形成地表径流的可能,增加了水分的下渗;另外,植被和枯枝落叶层使地表粗糙,能减慢地表径流的速度,增加水分的滞留时间,有利于水分下渗。

通过植物群落对降水的分配作用可以在很大程度上避免降水以地表径流的形式离开生态系统,促使水分被土壤和植被吸收,保留在系统内,建立一个生态系统内的天然水分缓冲库,达到对水分的涵养作用。这种由“生物水库”和“土壤水库”构成的天然水库的涵蓄水能力是十分巨大的。据测算,每公顷幼龄人工林,生态系统的蓄水量为 1 500 m³;中龄人工林为 4 500 m³;天然次生阔叶林则高达 8 400 m³。

3. 植物群落对地表径流的调节

植物群落对地表径流的流量和时间尺度上的分配有着重要的影响。良好的植物群落能减少地表径流的总流量,增加地下径流的流量和停留在土壤中的水量。例如我国海南岛尖峰岭热带山地雨林天然更新林中,地表径流仅占降水量的 0.9%,地下径流占了降水量的 41.21%;而在无植被或植被较差的情况下,地表径流往往比天然林区高 34.0%~68.5%。这说明了植物群落能够在很大程度上避免水分以地表径流急剧地脱离生态系统,使水分更多地储存在生态系统内,或以其他平缓的方式进行运动和循环。植物群落在增加枯水期径流量,降低洪峰径流量和对径流的时间分配上有着明显的作用。良好的生态系统尤其是森林生态系统在丰水期能像海绵一样大量吸取水分,建立一个水分“缓冲库”,在枯水季节将会补充地表径流,以维持径流的平衡。植被覆盖良好的生态系统地表径流常年较为稳定,洪枯比(最大流量与最小流量的比值)较低。反之,当植被破坏后,流域会出现丰水期洪峰径流增加,枯水期径流量减少甚至断流,地表径流洪枯比增大的现象。如我国岷江上游的森林经过 1950—1978 年的砍伐后,森林覆盖率下降了 15%,导致洪枯比增加了 1.4 倍。由此可见,有着良好生物群落的生态系统,通过自身某种机制,形成自身水源“缓冲库”,可以在一定程度上减少外界降水对系统水分平衡的影响。

(二)土壤生物的水分调节功能

土壤生物对土壤水分动态的调控作用很早就受到关注。由真菌和藻类参与形成的生物结皮对干旱区土壤的水分利用发挥着关键作用;菌根真菌也可以通过影响水分的吸收过程从而调控植物的抗旱能力。土壤动物的活动对水分动态的调节作用也是显而易见的。以蚯蚓为例,它们对地表覆盖物层及土壤结构影响剧烈,可明显影响土壤水分动态。表栖类(epigeic)蚯蚓的取食过程,可以显著改变地表覆盖物层的厚度,甚至是林下植被组成,进而改变生态系统的水分动态。深栖类(anecic)蚯蚓体形大,它们可以挖掘连接到地表的垂直洞穴从而有利于水分流通和气体扩散。深栖类蚯蚓的活动能增加水分入渗。直接的掘穴活动仅是蚯蚓影响水分动态的一个方面,甚至有些内栖类(endogeic)蚯蚓的活动也可能影响土壤的结构和透气透水状况。另外蚯蚓等土壤动物活动改变的土壤生物和非生物属性最终往往会影响植物生长,进而反过来影响土壤水分动态。

二、 生物对土壤的固定和保持

当有外部侵蚀力时,土壤的抗冲性能在很大程度上决定了是否发生土壤流失。土壤的抗冲性能与土壤类别、结构及地表覆盖物有着重要关系,其中地表植物的生长状况对其有着最为重要的意义。

植物固定和保持土壤的形式有两种,首先是利用根系固结土壤增加土壤的抗冲性;其次为土壤表面提供覆盖,降低侵蚀力。

(一) 植物根系的固土作用

植物根系密布于土壤剖面中,形成一个密集环绕的根系网,把岩石碎屑及土壤紧紧网住,增加了土壤与植物根系的结合力,从而大大增加了土壤的稳固性。

一般情况下,植物根系能够在土壤中,尤其是浅层土壤中形成一种相互重叠,彼此交错的密集网状结构。植物的根系相互串通,增加穿插带根系的密度。如果把根系网平行重叠,就会形成一个密集的网眼约为 1 mm 的纤维网。这种网状根系与土壤就形成了一种类似钢筋混凝土的结构。根系在此扮演着混凝土中钢筋的角色,使土块之间更好地相连,使土壤的连接保持成一个整体。

不同植物,因其根量及根系着生的深度不同,对土壤的固定能力和范围也有所差异。一般而言,高大乔木的根量大且伸得较深,某些树种的根比其透过的土壤物质还多,其固土效果也较为明显,云杉能固持 30~50 cm 的土层,山毛榉能达到 1.5~2 m。某些草本植物的根系能穿透很深的土层,如紫花苜蓿,但绝大多数草本植物的生根深度不超过 30 cm,但是在这一浅层土壤内水平方向密集分布着大量分枝根系。灌丛和灌木根系穿过土层一般比草本植物要深,其固土能力也较强。

根系和土体之间会形成很大的结合力。在根系穿过卵石和岩石碎屑的情况下,这种结合力十分巨大。黑杨(*Populus nigra*)的抗拉强度达到 4.8~11.8 MPa,而且它和紫花苜蓿根系的抗剪强度分别达到 9.9~10.3 MPa 和 24.9~65.2 MPa。树木根系的抗剪强度比草本植物大,但草本植物的抗拉强度更大。因此,在根系的作用下,土壤就能更加紧密和牢固地固着在根系所形成的根系网络上。另外,植物根系所分泌的胶黏性有机质及植物残体被分解所产生的有机质,与菌根真菌及细菌等微生物产生的物理网状结构、化学分泌物都能增加土壤颗粒之间的连接力,可以使土壤颗粒更好地黏接在一起。

植物根系对土壤的固定增加了土壤抗冲性能。土壤抗冲性能的强弱主要取决于植物根系的含量、分布及盘结状况。有研究表明,在坡度一定的条件下,土壤抗冲性能随剖面加深而减弱。土壤抗冲性能的这种变化与≤1mm 须根密度在剖面上的分布是一致的。植物根系对土壤抗冲性能的增强效能与根量,特别是与≤1mm 的须根密度在 $p<0.001$ 极显著的水平上呈幂函数相关关系。

土壤的抗崩能力可以通过浸水法加以量化,即将特定体积的土样浸入水中,测定其完全崩解所需时间,所需时间越长,其抗崩能力就越大。根据研究,土壤的崩解时间,因土壤类型和土层深度而变化,而且不同植被下土壤抗崩能力亦有较大差别。林地的崩解时间远远大于无林地。据研究,这与根系的分布和数量密切相关。一般来说,根量越多,土壤崩解所需的时间就越长,即意味着其抗崩能力就越强。

(二) 地被层对土壤抗蚀、抗冲性能的影响

由生物群落构建的多层次地面覆盖层对于固土、保土也有重要作用。这种作用主要是通过植物群落结构的水文生态功能来减弱降水对土壤的侵蚀力及提高土壤的抗冲性能而实现的。

1. 生物群落对降水动能的削减作用

降水具有的溅击力是导致水土流失发生的外界驱动力之一。生物群落可以有效地降低降水的动能,减少雨滴对土壤的溅击力。植物群落具有截留缓冲降水的功能,一个具有良好群落结构的森林植物群落可以截留65%以上的降水,大大减少了落到地表的降水量,这样就大大削弱了外界对土壤的作用力,从而达到了固土保土的作用。

通常认为乔木层削减降水动能由两部分组成,一是林冠截留作用削减降水侵蚀能量;二是林冠缓冲作用减弱降水侵蚀能量。被乔木层林冠所截留的降水,不落到地面,所带有的动能就被完全削弱,而沿着树干进入土壤的树干径流和穿透林冠的林内雨,由于树干的阻力和林冠的缓冲作用,其降水动能也被削弱。根据余新晓的研究,黄土高原森林植被的林冠截留量占大气降水量的15%~35%,树干径流量占2%~5%。因林冠截留作用和树干径流所削减的降水动能占降水总动能的17%~40%。灌木草本层对降水动能的影响也可分为两部分:一为截留降水所减少的降水动能,其数值为大气降水动能的2.0%~15%,平均为5.6%;二是通过该层滴向地表土壤的部分,由于灌木草本层距地面较近,穿过该层降水的降落高度大大降低,降水动能也显著被削减。枯枝落叶层可以截留7.5%~20.9%的大气降水,因截留水分而削减的降水动能,占大气降水动能的5.6%~13.0%,平均为9.1%。由于枯枝落叶层直接覆盖在地表,透过该层的水分已经失去了降水动能,所以枯枝落叶层能把乔木层、灌木草本层的降水动能全部削减。

2. 提高表土的抗冲性能

植物群落的枯枝落叶层对提高表土抗冲性能有良好的作用。现有的科学研究表明,在相同条件下,土壤冲失量随枯枝落叶层厚度增加而减少。无植被的农地土壤覆盖1 cm枯枝落叶层后,其冲失量减少80.8%,覆盖2 cm后,减少了92.8%;刺槐林地土壤有1 cm枯枝落叶层覆盖时,冲失量比无枯枝落叶层覆盖减少了47.1%,有2 cm和3 cm枯枝落叶层覆盖时,分别减少83.3%和94.1%,超过3 cm时则无冲失发生;沙棘林地土壤有1 cm枯枝落叶层覆盖时,土壤冲失量比无枯枝落叶层减少了56.9%,有2 cm枯枝落叶层覆盖时减少了96.7%,超过2 cm时则无冲失发生。由此可见,地表枯枝落叶层对于表土的保持和固定也有着重要影响。

第四节　生物与荒漠化的防治

一、荒漠化的环境及生物特征

荒漠化(desertification)是指由气候变化和人类活动各种因素造成的干旱、半干旱和干燥半

湿润地区的土地退化。

　　荒漠化地区水资源匮乏,植被覆盖度低,对外界环境变化响应敏感,生态环境脆弱,整体表现出干旱、半干旱的气候特征,水分温度激烈变化,植被退化,地表侵蚀裸露,土壤贫瘠,盐渍(碱)化严重。土壤、水文等环境变化表现为土地沙化、盐渍(碱)化、地表颗粒粗化、土壤容重增大、渗透性减小、地下水位下降等特征。

　　荒漠化地区常常伴有干旱、水热状况多变、盐渍(碱)化等胁迫环境,相适应地形成了以抗旱、耐盐碱等特征抗性物种和以速生物种为主的次生植被,其群落稀疏,受土壤侵蚀及土壤水分分配的影响常常汇集到低洼的区域形成"紧缩型植被",普遍具有较低的净初级生产力。

二、 生物对荒漠化的防治

　　我国干旱、半干旱地区的面积很大,土壤类型多,但主要是在黄土上发育的各种干旱、半干旱土壤和发育在戈壁上的荒漠土壤。针对以上情况,我国土壤工作者进行了长期的研究,对改善这些土壤采取了一些有效措施:采用植树种草来防风固沙;利用当地大量的"土粪"和秸秆,改善土壤的结构和物理性质;采用节水灌溉技术提高土壤含水量;保护并采用人工固沙等办法逐步扩大荒漠地区的绿洲等。

　　1. 生物对荒漠土壤风蚀的防治

　　荒漠土壤风蚀的主要特点是形成风沙流,植物对风沙流具有较好的固定作用。风沙流是气流及其搬运固体颗粒(沙粒)的混合流。根据野外观测,气流搬运的沙量绝大部分(90%以上)是在沙面以上 30 cm 的高度内通过的,尤其是集中在 0~10 cm 的高度(约占80%)。通过建立灌—草植物或者乔—灌—草植物组成人工生物屏障可以大幅度地降低由风引起的沙粒移动。随着人工栽植植物的滋生和发展,风沙土地面会生成结皮或生草层而使表层变紧,土壤表层覆盖度增大,风蚀减弱。表层形成较厚的结皮层,风沙土细土粒增加,理化性质有所改善,从而具备了一定的土壤肥力。如在宁夏中卫沙坡头利用草方格沙障固定流沙的移动,保护通过此地的铁路免受流沙掩埋而成为治沙的典范。

　　2. 植物对荒漠土壤水蚀的防治

　　水蚀荒漠化作为荒漠化的一种类型,降水侵蚀、冻融侵蚀等过程在很大程度上造成了区域水土流失、土地质量恶化的状况。植物措施作为世界公认的水土流失治理及土壤质量改善最为有效的方法,在荒漠化治理中起到了重要作用。然而,相对于常规的土壤水蚀治理,荒漠化区域的退化恢复及治理需要结合景观生态学、土壤侵蚀原理及土地利用优化配置理论等相关理论和知识进行深入探讨。一方面,荒漠化是气候类型与区域植被、地形地貌、土壤地质等因子的综合产物,具有生态、地理上的地带性特征;另一方面,人类活动的扩张及增强亦深刻影响了荒漠化的进程及方向。

　　植被主要从四个方面防治土壤水蚀:① 植被林冠层及枯枝落叶层对降水的直接拦截作用,减缓了雨滴击溅及减少了地表径流,减缓了土壤的搬运过程;② 植物生长促进土壤结构形成,提高土壤孔隙度及渗透性,增加土壤入渗,减少地表径流量及减缓流速;③ 植物层及其枯枝落叶层具有过滤拦截泥沙、分散水流、蓄存水分的作用,防止侵蚀面积的进一步扩大和侵蚀过程的加剧;④ 植物根系对土壤及有机物的固结,增加了土壤的抗侵蚀能力。具体内容见本章第三节。

3. 植物对盐渍(碱)化土壤的改良

盐生植被是改良盐渍(碱)化土壤最优良的改造者。我国现有的盐生维管植物共 423 种,分属 66 科,199 属,占世界盐生植物总数的 27%左右。主要分布于西北与华北干旱与半干旱区,黄河三角洲地区及华东与华南沿海地区。常见的盐生植物有:碱蓬属($Suaeda$)植物、滨藜属($Atriplex$)植物、盐穗木属($Halostachys$)植物、白花丹科的补血草属($Limonium$)植物、柽柳科的柽柳属($Tamarix$)植物、禾本科的獐毛属($Aeluropus$)植物、马鞭草科的海榄雌属($Avicennia$)植物等。

在盐渍(碱)化土壤上,种植大量有经济价值的盐生植物,可以增加地表植被覆盖度,由于盐渍(碱)化土壤的土壤蒸发被植物蒸腾取代,因而可以进一步防止土壤返盐,加上植被的枯枝落叶,增加土壤有机质,根系活动可以大大提高土壤肥力,达到改良土壤的目的。总的来说,盐生植物对盐碱地的改良作用体现在三个方面:回收盐渍(碱)化土壤中的盐分;减少土壤蒸发,阻止耕作层盐分积累;增加土壤有机质,改善土壤肥力。

4. 生物对荒漠化地区小气候的防控

营造防护林,一方面能增加林业生产,另一方面能改善水分循环,防治风沙,防旱防霜,防碱,改良农田,保障水利。因此,防护林的营造被认为是一个极其有效的综合防治措施。在植物覆被作用下,荒漠化地区风速降低,空气乱流交换减弱,蒸发减少,土壤和空气的湿润状况改善,防止土壤侵蚀,使土壤保持较多水分,对改善干旱地区土壤的水分状况等均有很大作用。

(1)防护林对光照的作用。光对植物的生长发育影响很大,接受一定量的光照是植物获得净生产量的必要条件,特别是光照强度,它直接影响植物光合作用的强弱;反过来,植物对其生存小气候的光照强度具有改良作用。太阳光能照射在防护林上,受到林带茎叶的层层削弱,有的被反射,有的被吸收,有的穿过第一层叶片,进入第二层叶片,经过多次反射及吸收透射后,只有少数光能直接到达地面,造成林下较荫蔽的小环境。也就是说,林间带对光具有截留、反射和吸收作用。

(2)防护林对温度的作用。一般来说,由于林带的遮阴作用和太阳辐射能被蒸腾作用大量消耗,防护林间与空旷地的温度差异较大。在辐射型天气条件下,林带对近地面温度的影响主要决定于乱流交换的程度和总蒸发量的大小。白天,靠近背风林缘处的温度常稍高于空旷地,而夜间的情况则与白天刚好相反,通常在靠近林缘处温度较低,在中部则温度稍高。

(3)防护林对湿度的作用。防护林对湿度的改善作用是明显的。虽然林带间的土壤蒸发比空旷地小,但植物的蒸腾量却比空旷地大,因此总的来说林带间的总蒸发量比空旷地大。但是由于风速和乱流交换作用在林带间有明显的减弱,被蒸发出来的水汽较容易得以保持,因而林带间的空气湿度通常高于空旷地。而对土壤湿度而言,由于植物根系吸收了大量的水分,林带内的水分在土壤表层湿度高,而在土壤深层却低于空旷地的含水量。

(4)林带对空气(风速)的作用。林带对小气候最显著的影响是使风速和乱流交换减弱。当风吹向林带时,气流受到林带的阻挡,一部分从林带间隙透过,另一部分则从林带上空越过。穿过林带的气流,因受树木的阻拦,分散成无数的小旋涡,改变了气流原来的结构,也降低了强度。翻越林带的气流,也因树冠的摩擦而减弱。当到达背风面一定距离时,这两股气流又互相混合,并在混合过程中相互作用,结果使林带的有风面风速降低,涡动减弱。随着离背风林缘距离的增加,风速又逐渐增大,一般在林高的 25~30 倍,恢复到原来的风速水平。

此外,防护林还具有水文效应。林带由于树冠对雨、雪、水有截留作用,对降水可以形成第一次的水分平衡和分配;林带还能延缓地表水径流速度,增加降水的渗透性,从而完成水分的第二次平衡和分配。我国在建造防护林方面取得了一定的成绩。中华人民共和国成立以来,我国先后实施了"三北"防护林工程、防沙治沙工程、水土流失综合治理工程等一系列重大生态建设工程。其中"三北"防护林工程是世界上最大的生态工程,40多年来,"三北"防护林工程累计完成造林保存面积3 014万 hm^2,工程区森林覆盖率由5.05%提高到13.57%,工程区生态状况明显改善,年森林生态系统服务功能价值达2.34万亿元,为维护国家生态安全、促进经济社会发展发挥了重要作用。

第五节　陆地水环境的生态修复

所谓陆地水环境,指的是河流、湖泊、湿地等这些在陆地大环境内部分区域形成的以水为地表主导因素的生态系统类型。河流及湖泊流域往往是人口密集、经济和文化发达的地带,承载着高负荷的人口和环境负担。在人为干扰和其他因素的影响下,全球大多数河流及湖泊生态系统处于不良状态,河流及湖泊水质污染、富营养化和生物多样性丧失等问题逐渐加重,生态系统的完整性受到损伤,生态功能(ecosystem function)降低,所提供的生态系统服务(ecosystem service)日益减少,甚至完全丧失。陆地水环境的生态功能退化成为普遍性的环境问题,开展陆地水环境生态功能的恢复重建研究是环境生物学面临的一项重要任务。

一、 内陆水生生态系统的特点

陆地水体中生物与生物之间及生物与环境之间的相互关系构成了内陆水生生态系统,也称淡水生态系统。内陆水体包括江河、湖泊、水库、池塘等,其总面积约占地球面积的0.5%。同时,陆地水体作为地球表面圈层的组成部分,对调节全球气候、维持自然环境的稳定性起着重要的作用。内陆水生生态系统可以分为流水生态系统和静水生态系统。河流是流水水体的主要类型,湖泊是静水水体的主要类型。

(一) 河流水环境的物理和化学特性

河流是陆地表面经常或间歇有水流动的水道,也是泥沙、盐类和化学元素等进入湖泊、海洋的通道。一条河流常常可以根据其地理-地质特征分为河源、上游、中游、下游和河口五段。每一条河流都从一定的陆地面积上获得补给,这部分陆地面积便是河流的流域。

1. 水情要素

河流的水情要素是反映河流水文情势及其变化的因子,主要包括水位、流速、流量、泥沙、水化学、水温和冰情等。随着气候条件的周期性变化,一年中河流补给状况、水位、流量等也相应发生变化。根据一年内河流水情的变化特征,可以将河流水情分为汛期、平水期、枯水期或冰冻期等水情特征时期。

水位高低主要反映河流流量的大小,流域内的降水、冰雪消融、地下水状况等径流补给是影响河流流量和水位变化的主要因素。河流水位变化是多种因素同时作用的结果,有年际变化和季节变化。

河水温度状况主要受到太阳辐射和河流补给特征的影响,河水温度的变化与气候、季节、水量和地理位置等有关。由冰川和积雪补给的河流水温低;从大湖流出的河流,春季水温低而秋季水温高;地下水补给丰富的河流,冬季水温较高。河水温度变化还与流程的远近有关系。源近流短的河流水温受补给水源温度的显著影响,而源远流长的河流水温则受气温的明显影响。

河流泥沙是指组成河床或随水流运动的固体颗粒,主要来源于流水对汇水陆地表面及河槽的侵蚀。泥沙运动对河流发育,河床演变及水位、流量等水文要素变化有很大影响。河流含沙量与河流的补给条件、流域内岩石性质、地形的切割程度、土壤性状、植被覆盖、人类活动等因素密切相关。不适当的人类活动导致严重的水土流失,会使河流泥沙含量增加。

河流水化学主要是指河水的化学组成、性质及其在时空上的变化,以及它们与环境之间的相互关系。河水的化学组成主要受补给来源、环境条件和人类活动等因素影响。河水中的主要离子成分有 HCO_3^-、SO_4^{2-}、CO_3^{2-}、Cl^-、Ca^{2+}、Mg^{2+}、Na^+、K^+ 等。矿化度是指溶解于水中各种离子、分子、化合物的总量。天然水通常可以分为淡水(<1 g/L)、弱矿化度水($1\sim3$ g/L)、咸水($3\sim10$ g/L)、盐水($10\sim50$ g/L)和卤水(>50 g/L)。中国河水矿化度从东南沿海向西北内陆逐渐增加,河水化学组成也相应改变。随着工农业生产的发展,人类活动影响加剧,河水污染越来越严重,河流水化学也发生很大变化,导致一些地区可利用水资源不断减少。

2. 河流的补给

河流水量补给是河流的重要特征之一,补给源主要有雨水、冰雪融水、湖泊、沼泽水和地下水。不同地区的河流从各种水源中得到的水量是不相同的,即使同一条河流,不同季节的补给形式也不一样。雨水是热带、亚热带和温带地区河流主要补给源,北温带和寒带地区河流主要靠冰雪融水补给。在岩溶地区的河流,地下水补给占有相当大的比重。

(二)湖泊水环境的物理和化学特性

湖泊是地表洼地积水形成的水面宽阔、流速缓慢的水体。陆地表面湖泊总面积约 270 万 km^2,约占全球大陆面积的 1.8%,其水量约为地表河流溪沟所蓄水量的 180 倍,是陆地表面仅次于冰川的第二大水体。绝大多数湖泊是直接受河流补给的,是水系的组成部分,它的水文状况与河流有着密切关系。

湖泊的水文特征主要包括以下几个要素。

(1)温度。太阳辐射热量是湖水的主要热量来源。太阳辐射主要增高湖水表层的温度,而下层湖水的温度变化主要是湖水对流和紊动混合造成的。湖水因温度不同可造成密度差异而产生对流循环,并使对流循环达到深度以上的水体水温趋于一致。风的扰动可使浅水湖泊在任何季节产生同温现象,而对于深水湖泊只能涉及湖水上层,因而在垂向上会产生上层、下层不同的温度分布。

(2)化学成分。湖水的化学类型反映了随湖水含盐量变化而引起的水质变化过程。在不同的自然条件下,湖泊补给水源带入湖泊的化学元素种类和含量有差别。降水量和蒸发量的不同,使湖水盐分增加或减少的量不同;湖水排泄状况良好与否,使盐分积累过程也发生迥然不同的区别。虽然在大多数情况下湖水主要化学成分是相似的,但各种化学元素的含量及其变化情况,却可以因时因地而有比较大的差异。湖水通常分为碳酸盐水、硫酸盐水和氯化物水等。湖水含盐量地区差异悬殊，也有季节变化。湖水中 N、K、Si、K、Zn、Fe 等生物营养元素和有机质的含量，对于湖中水生生物具有特别重要的意义。

（3）光学特性和透明度。湖水的辐射特性影响湖水的物理化学性质，而湖水中各种生物的繁殖、生长和发展也都与湖水辐射特性有关。湖水吸收太阳光和使太阳光散射的能力与水中各种悬浮质的数量和颗粒大小有关。湖水悬浮质越多、颗粒越大，其对光的吸收和散射能力越强。进入湖水的太阳光绝大部分为上层水所吸收。在通常情况下，入水的太阳光线只有 1% ~ 30% 达到 1 m 深处的水层，0 ~ 5% 能进入 5 m 深处，而进入 10 m 深处的不足 1%。太阳光线透入水中的深度与湖水的透明度密切相关。同时，湖水含沙量多少、泥沙颗粒大小、浮游生物的种类和数量多少也会影响湖水的颜色。通常含沙量小、泥沙颗粒小、浮游生物少的湖水呈浅蓝或青蓝色；反之则呈黄绿或黄褐色。

（4）湖水的运动。定振波是全部湖水围绕着某一个或几个重心而摆动的现象。急剧变化大气压力，如暴风雨、从山地来的下沉气流冲击湖面等，是导致定振波发生的原因。但是，定振波和暴风雨的关系最为密切。风力、水力梯度及造成水平或垂直密度梯度引起的力都可以引起湖水的流动，如由水流进出湖泊而引起水力效应。由风力引起的湖流最为普遍，风的作用可使湖水随湖面风向运动，如果风向稳定，水量将集中于向风岸，并在那里下沉，背风岸则发生水的上升运动，从而使湖水形成闭合的垂直环流。水温、含沙量或溶解质浓度变化造成湖水的垂直循环，也产生湖流。

（5）水交换速度和均匀度。不同类型湖泊水体的置换周期存在很大差异，周期越长，湖泊水交换速度越低。水交换速度为单位时间湖泊与外界水体或内部不同水域间交换水量的大小，与湖泊流域汇水面积、降水多少、地形构造、风力情况等条件有关。水交换速度过快或过慢都会导致沉水植物消退等不良生态后果。处于构造断裂带上的湖泊，多具有封闭或半封闭特点，流域汇水面积小、来水量少，导致湖泊水交换速度低、污染物易积累，这是造成这些湖泊容易富营养化的重要原因。

（6）水位变化和水量平衡。湖泊主要通过入湖河川径流、湖面降水和地下水而获得水量。湖水的水位变化是与水量平衡紧密联系的。当湖水收入超过支出，水量成正平衡，水位就上升；相反，若湖水支出超过收入，水量成负平衡，水位就下降。湖泊水位通常在雨季或稍后上升，蒸发旺季下降。融雪补给的湖，春季出现最高水位；冰川补给的湖，夏季出现最高水位；雨水补给的湖，雨季出现最高水位；地下水补给的湖泊，水位变动一般不大。此外，多年的气候变化、湖盆淤塞和湖岸升降都可以反映在湖的水位变化上。

（三）淡水生物群落

生活在淡水栖息地的各类生物，通常分布在不同的空间层次和占据着各自的生态位，彼此之间存在着复杂的相互关系。淡水生物依其在群落中所处的营养级可以分为：生产者，主要包括浮游植物、水生高等植物和着生藻类；消费者，主要有浮游动物、底栖动物和各种鱼类；分解者，主要指细菌和真菌。淡水生物依其生活方式或习性，可分为浮游生物、游泳动物、底栖生物、周丛生物和漂浮生物 5 个生态类群。

1. 流水生物群落

一般情况下，河流上游的水流速较快，下游的水流速较慢。流水生物群落可按所在河流的 2 类生境分为急流带群落和缓流带群落，其分布有明显的纵向成带现象。

（1）急流带群落。急流中的生产者大多是由藻类构成的附石植物群,消费者大多是具有特殊器官的昆虫和体型较小的鱼类。生活在这里的动物都具有特化的形态结构,明显地适应于流水环境。

（2）缓流带群落。缓流的含氧量较少,但营养物质比较丰富,因此缓流中的动植物种类也较多。缓流中的生产者主要是浮游植物及岸边的高等植物,如丝状藻类和一些沉水植物;消费者有穴居昆虫和各种鱼类,同时还有虾、蟹、贝类等底栖动物。但由于河床底质不均匀,缓流带底栖动物通常成团分布。

2. 静水生物群落

按照静水栖息地的 3 个生境类型,静水生物群落可分为沿岸带群落、敞水带群落和深水带群落,具有明显的水平分布现象。

（1）沿岸带群落。沿岸带是指接近湖岸的浅水区。沿岸带的生产者主要是水生高等植物和藻类,其次是漂浮植物。随着水深的变化,水生高等植物可以分为 3 个不同的植物带:① 挺水植物带,主要包括芦苇、水葱等;② 浮叶植物带,主要有荇菜、睡莲等;③ 沉水植物带,主要种类为眼子菜科植物,其次有苦草、黑藻等。藻类大部分为浮游性藻类,主要包括硅藻、绿藻和蓝藻。

沿岸带的消费者包含有 5 个生态类群的各级消费者。周丛生物主要有螺类、原生动物、水螅、轮虫、蠕虫等;底栖动物中以环节动物和软体动物占优势;浮游动物以大型枝角类、桡足类动物占优势;漂浮动物通常有鼓甲、鼋蝽等;游泳动物主要有两栖类、爬行类和各种鱼类,其中鱼类在沿岸带与敞水带之间活动,常在沿岸带觅食和繁殖。

（2）敞水带群落。敞水带的生产者包括浮游植物和浮游自养菌。浮游植物主要有甲藻、硅藻、绿藻和蓝藻。消费者主要包括浮游动物和各种鱼类。浮游动物主要有桡足类、枝角类和轮虫。敞水带的鱼类活动范围较大,分布于不同水层。

（3）深水带群落。深水带通常不存在生产者,消费者种类也较少,其食物供应主要依赖于沿岸带和敞水带。

二、 水生植被的恢复和重建

水生植被是水体生态系统中的重要组成部分,它不仅是水体重要的初级生产者,而且对维持陆地水体生态系统的结构和功能起着重要作用。大型水生植物特别是沉水植物犹如水下森林,能有效地抑制风浪和藻类,促进营养物质沉积,降低水体的营养物含量,提高湖泊的污染自净能力。因此,保护与恢复水生植被是淡水生态系统恢复、治理水体富营养化和提高陆地水体生态功能的重要措施之一。

（一）水生植被的生态学特点

水生植被（aquatic vegetation）指生长在水域中的所有植物群落的总和,包括非维管束植物（如大型藻类和苔藓类植物）、低级维管束植物（如蕨类等）和种子植物。本章所介绍的水生植被,主要指由种子植物组成的水生植物群落,这类植物通常称为大型水生植物。

水生植被是生态学范畴上的类群,是不同分类群植物通过长期适应水环境而形成的趋同性生态适应类型。水生植被按生活型（life form）一般分为:湿生植物（hygrophyte）、挺水植物

(emergent macrophyte)、浮叶植物(floating-leaved macrophyte)和沉水植物,其中浮叶植物又分为根生浮叶植物和自由漂浮植物,它们在解剖学上的共同特点是气道发达、木质和纤维缺乏。当然不同的生活型植物,为了适应特定的生境,在解剖学上的差异也非常明显,如自由漂浮植物根系漂浮退化或呈悬锤状,叶或茎海绵组织发达,而沉水植物的根、茎、叶由于完全适应水生而退化,为了提高吸收和呼吸的效率,裂叶或异叶现象经常出现。

水生植被具有各生活型带间连续的分布规律,深度是各生活型向内分布的限制因子,竞争是其向外分布的限制因子。在同一个湖泊水体中,从沿岸带至湖心方向各生活型的位置依次为:湿生植物—挺水植物—浮叶植物—沉水植物。湿生植物位于湖岸浅水处(水深通常小于0.5 m)及以上的滩地上,汛期淹没,枯水期裸露而成为湿地,其范围取决于高低水位之差,该区环境变化较大,植物以湿生类型为主,挺水类型也有分布,苔属(*Anastrophyllum*)和蓼属(*Polygonum*)植物通常成为优势种。挺水植物主要位于近岸浅水区,水深通常小于1.5 m,芦苇(*Phragmites australis* T.)、香蒲(*Typha*)及莎草科、泽泻科的一些种类最为常见。沉水植物位于湖泊广阔的敞水区,常见的种类有多种眼子菜(*Potamogeton*)、苦草(*Vallisneria*)、黑藻(*Hydrilla verticillata*)和金鱼藻(*Ceratophyllum demersum* L.)等。此外,水车前属植物,如海菜花(*Ottelia acuminata*)是我国稀有种类,仅见于云南;普生轮藻(*Chara vulgaris*)虽非属高等植物,但其生活习性和形态分化极似高等植物,通常也列入大型水生植物这一生态类群。由于水体对气候温变有巨大的缓冲作用,水生植被一般为隐域性植被,其地理分布与气候的关系没有陆生植物显著,水生植被的世界分布种较普遍,但也有一些是气候性种、地区种和特有种。

(二)水生植被在水生生态系统中的作用

水生植被在淡水生态系统中的作用主要体现在物质循环和能量流动环节上,同时为其他生物提供栖息环境。

1. 对水体具有净化作用,降低水体营养水平

水生植被在生长过程中可以吸收同化湖水和底泥中的 N、P 等矿质营养物质,同时其庞大的表面积能够抑制风浪,使悬浮物质附着在表面,从而能够降低湖水中营养物质的含量和再悬浮,控制富营养化的表现形式,使营养物质的循环速度减缓。而以浮游植物为主要初级生产者的水体,则营养水平很高,水体浑浊、发臭。

不同的水生植被对水体中营养物质的吸收能力是不一样的,其耐受污染的能力也有差别。在昆明滇池,研究 11 种水生植被的净化能力和耐污特性,被用来作为筛选恢复物种的依据(见表9-2)。

表9-2　水生植被对水体的净化能力和耐污特性比较

物种	耐污能力	净化能力	生态习性
芦苇	强	强	挺水,浅水域生活,喜富营养
水葫芦	十分强,耐污	强	漂浮,生长速度快,富、超富营养
篦齿眼子菜	强,耐污	强	沉水,生长季长,富营养
菹草	中等耐污	强	沉水,喜低温,春季生长,富营养
马来眼子菜	中等耐污	强	沉水,夏季生长,中、富营养

物种	耐污能力	净化能力	生态习性
狐尾藻	中等耐污	中、强	沉水,夏季生长,中、富营养
金鱼藻	耐污	强	沉水,夏季生长,中、富营养
轮叶黑藻	耐污	中	沉水,夏季喜高温,中、富营养
苦草	中等耐污	中	沉水,夏季生长,中富营养
伊乐藻	中等耐污	强	沉水,生长季长,中、富营养
轮藻	敏感种	中	沉水,清水种,夏季生长,中营养

2. 抑制藻类生长,提高水体透明度

水生高等植物和藻类是陆地水生生态系统的两大初级生产者,由于在光和营养方面的相同需要而必然存在竞争。在水生高等植物占优势的水体中,若无其他人为因素的干扰(如营养物质的过量输入、水草资源的破坏或过量放养草鱼等),水草的遮光效应和对营养物质的竞争可以抑制藻类生长,提高水体透明度,改善水体生态景观。戎克文等通过对武汉东湖的研究,得出1963—1990年东湖汤林湖区水草生物量(B_m)与浮游植物全年最高水柱日产量(P_{Ga})之间的关系如式(9-1)所示:

$$P_{Ga} = 4.277 - 0.012\,B_m \tag{9-1}$$

由式(9-1)可知,水草生物量与浮游植物两者呈显著负相关。对所研究湖区而言,水草生物量的减少是导致浮游藻类生产量上升的主要因素。

近年来有许多人研究了水生高等植物对藻类的化感作用(allelopathy)。用金鱼藻、苦草和马来眼子菜的种植水(经 0.45 μm 的微孔滤膜过滤除菌)配成全营养培养液,在适宜的光、温度条件下培养藻类。结果表明,在不存在水生高等植物的个体时,即在排除光和营养竞争的情况下,藻类的生长仍然受到水生高等植物种植水的影响,并且种植水浓度越高,藻类所能实现的增长就越小。因此,水生高等植物在其生长过程中,确实存在向周围水体分泌能干扰其竞争者(藻类)生长的他感物质的过程,而且这类物质能在水中存在相当长的时间并保持其活性。至于这类他感物质究竟是什么,不同的水生高等植物所分泌的他感物质在结构上是否有相似的地方,尚需进一步研究。

3. 水生植被能为其他生物提供栖息环境,有利于生物多样性和系统的稳定性

多种底栖性的螺类通常在水草上产卵和栖息,水草的多少直接关系到这些螺类的分布。而螺类的幼虫常为鱼类的饵料,成年螺类的牧食对提高水体透明度有利。水草也常成为鱼类隐蔽、觅食和产卵的场所,与草食性、杂食性和肉食性等许多种鱼类的生存和繁殖关系密切。湖北保安湖和东湖鱼类资源曾很丰富,后因草鱼放养过度,水生植被遭到很大破坏,浮游藻类逐渐占优势,不得不改放养花鲢和白鲢,水产品结构单一,生物多样性下降。

4. 水生植被对淡水生态系统演替的作用

水生植被的过量生长可以加快湖泊向沼泽的演替过程。水生植物较高的生产力向湖盆提供了较多的沉积物,而且可以加速泥沙沉积,逐渐抬高湖盆,许多浮叶植物和挺水植物开始克服水深限制逐渐从沿岸带向湖心发展,开始沼泽化进程。从湖泊的演替来说,这是一个必然和长期的趋势。因此,水生高等植物的适度利用,保持物流的相对平衡,是湖泊保护的重要方面。

（三）水生植被恢复的策略

1. 两种替代性稳定状态理论

有些学者认为富营养化浅水湖泊中存在两种替代性稳定状态,即水生植被占优势和浮游植物占优势的两种状态。两种状态各自具有缓冲机制来保持稳定,抵抗外部条件的变化。当出现任何一类植物的优势时,都能使生境条件向着有利于自身而不利于对方的方向发展。浅水湖泊具有的这种特性对其管理具有重要意义。在仍保留良好水生植被的浅水湖泊中,保护和合理利用水生植被资源可以强化它们的生态功能;在以浮游植物占优势的浅水湖泊中,当外污染源及其他干扰因素得到有效控制后,应采取措施恢复水生植被,保持水生植被的优势,从而达到生态恢复的目的。

2. 生物操纵

生物操纵(biomanipulation)或食物网操纵(food-web manipulation),主要是利用滤食效率较高的大型浮游动物(如枝角类)的滤食来控制藻类,减轻富营养化的影响。大型枝角类食性较广,可以减少藻类数量,提高水体透明度。减少以浮游动物为食的鱼类和以底栖动物为食的鱼类是生物操纵的主要方向,可在不同营养级上进行操作,如促进或重新引进凶猛性鱼类(或称鱼食性鱼类,piscivores),药杀或捕杀以浮游动物为食的鱼类等途径(邱东茹等,1997)。有人在研究小型浅水富营养湖泊的治理中,通过对过多的底栖性鱼类和植食性鱼类的高强度捕捞,促进了水生植被的恢复。

3. 人工促进水生植被的恢复

在湖泊的营养盐削减到一定水平的情况下,通过人工建设水生植被恢复工程,能够加速湖泊的生态修复过程,促进湖泊治理目标的实现。水生植被的恢复工程,通常要考虑以下环节。

（1）保护和修复湖岸带生态环境。湖岸带是景观意义上的水陆交错地带,人为活动比较频繁,易受到干扰。渔业、旅游等活动通常在这一地带进行。为了恢复湖岸带生境,要进行适当的规划管理,控制渔业活动的规模,有选择性地开展渔业和旅游活动。对基本保持自然状态下的湖岸带部分,要加强保护,减少人为干扰;在可能的情况下,还有必要退田还湖,拆除放浪堤。

（2）进行恢复物种的筛选和优化。恢复物种要以现存或历史上有分布的为主,另外,要根据水体的生态条件和污染情况,选择合适的物种。在恢复初期,通常选择耐污能力强的物种,如红线草、狐尾藻、马来眼子菜等。水生植物占优势的生态系统建立后,再适时引入其他物种,如黑藻、金鱼藻、苦草等。

（3）合理配置水生植物群落。群落配置是根据湖泊的形态结构、水文条件、污染治理进度和群落特性进行人为设计,进行合适的空间和时间上的安排,以最终达到恢复目标的方法。水葫芦群落耐污能力强,吸收营养快,但其漂浮的特性,往往会造成泛滥恶性生长,通常配置于纳污口净化区,并进行生长控制和调节;芦苇、水葱等挺水植物,通常布置在湖岸带生态恢复区或人工湿地净化区;沉水植物对水环境较为敏感,需要采取一定的辅助措施,提高水体的透明度,促进其恢复。

（4）水生植被的采收和利用。这是恢复工程必不可少的环节,通常也是恢复工程的难点。研究高效、资源化而又不影响生态景观的采收利用措施,是水生植被恢复工程的技术关键之一。

4. 水生植被的生态调控

水生植被的生态调控包括生态环境的改善和水生植被生长的控制两个环节,前者是为了创造条件,促进水生植被的恢复,后者是为了控制水体的二次污染和沼泽化,对水生植被的生长和分布进行合理的调节。

在重富营养化水体中重建水生植被,对生态环境实施有效的控制和改造是必不可少的。除了对污染源和人类活动的控制外,降低水位、挖除表层流体状淤泥、再造沿岸浅滩环境等措施均有助于创造适合水生植被生长的生态环境。国内在湖泊局部水域的水生植被恢复实践中,多采用"围隔"技术,控制人为干扰,阻挡外围的漂浮物进入目的区域内,降低风浪对水体的搅动,以改善水体的光照条件。"围隔"要考虑有足够的强度和合适的结构,以抵抗风浪的冲击、化学物质的腐蚀和日光的暴晒。在这样的控制条件下,通过种植浮叶植物和漂浮植物,有效地改善水体的水质,并稳定地控制透明度,以创造适合沉水植物生长的生态环境。

水生植被生长调节和结构优化的目的主要是控制水生植被生长、分布和种群结构,使其"合理化"。收获是国外常用的控制沉水植物"杂草"的方法,在植物生物量还处于低水平时,机械性收获造成的生理胁迫最为显著,而在生长季节的后期影响最小。对生长季节后期进行有性繁殖或无性繁殖的种进行收获可以影响其繁殖过程或带走大量的繁殖体(如菹草)。室内的研究表明收获以种子繁殖为主的种类,控制效果可能会更明显。牧食性鱼类的放养也是减少植物生物量的常用方法。但牧食是一个连续的过程,更重要的是牧食生物具有种类选择性,例如草鱼对沉水植物的选择系数相差甚远。实验表明,选择系数高的食物首先被利用,另外丰度也是一种选择因素。经过巧妙设计的圈养式草鱼放养,可能是对沉水植物控制的有效手段,饥饿能够减少草鱼的选择机会。

(四)湖泊沉水植物修复技术

湖泊中的沉水植物是湖泊生态系统的重要组成部分,是淡水生态系统生物多样性赖以维持的基础。相比其他水生植被,湖泊水动力条件等环境条件变化对沉水植物的影响也更加明显,因为沉水植物完全水生,不能像其他水生植被那样直接从水体表面吸收 O_2、CO_2 和阳光。

1. 沉水植物的生态服务功能

沉水植物是湖泊生态系统的重要组成部分,具有多种生态服务功能。

(1)初级生产者。沉水植物作为湖泊生态系统中的初级生产者,为众多水生动物提供饵料。

(2)生物多样性功能。沉水植物的良好发育可以为其他水生生物提供多样化的生境。

(3)水质净化功能。营养固定:沉水植物可直接从底泥和水体中吸收 C、N、P 等营养元素,并有效防止沉积物再悬浮过程。清洁水体:沉水植物通过物理、生物化学、协同与竞争等作用吸收营养盐、富集重金属、转化降解有机物等。

(4)抑制藻类。沉水植物可通过释放化感物质及竞争(营养、光照等)抑制藻类生长。

2. 沉水植物的修复技术

沉水植物的修复对控制富营养化和修复水生生态系统至关重要。目前主要有:原水位种植、生态沉床、联合固定化微生物技术等。

(1)原水位种植技术。沉水植物原水位种植具有操作简单、成本低廉等特点。主要分为直接种植、定植毯种植及网箱种植。该方式一般适用于浅水区及富营养化程度较轻、水体浊度较低的水体。

(2)生态沉床技术。该技术主要是为了解决以藻类为主的富营养化水体中,光照不足限制沉水植物生长这一主要问题而研发的。这些生态沉床技术是利用沉床载体和人工基质栽植沉水植物进行富营养化水体修复的技术,通过调节浮力实现沉床载体在水体中的深度,可以有效解决沉水植物生长中的光抑制问题。

（3）联合固定化微生物技术。利用沉水植物和特定微生物菌群(如固定化氮循环菌、固定化聚磷菌、固定化光合细菌等)的联合作用来修复富营养化水体。该技术对一些富营养化程度高、成分复杂的水体非常适合,可以弥补单一菌群只能去除某一类营养物质的缺陷。

三、 水生动物群落的恢复

水生动物是指适应于水体中生活的动物类群,它是生态学名词而不是分类学上的名词。水生动物的种类组成非常复杂,包括无脊椎动物的大部分门类和脊椎动物中的鱼类及有尾两栖类。水生动物是湖泊生态系统营养循环和能量流动的重要环节。湖泊生态功能的恢复应重视发挥水生动物的生态作用。

1. 水生动物对水体的净化作用

在湖泊生态系统的食物链结构中,水生动物承担着消费者的角色,能够将初级生产产物转化为次级生产产物,次级生产产物的一部分通过渔获物(鱼类、经济性软体动物及甲壳类等)转移到陆地上被人类利用,从而把水体中的营养物质移出水体,对水体起到净化作用;而另一部分次级生产产物通过菌类的分解进入水体中的营养物质循环。图 9-3 为水生生态系统食物链示意图。

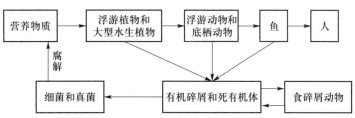

图 9-3　水生生态系统食物链示意图

水生动物的种类组成非常复杂,生态特性各异,它们对营养物质的转换途径及所起的作用也存在很大的差别。浮游动物中的很多类群能够食浮游藻类、其他微小的生物及有机碎屑,将超微生物转化成为较大个体,以利于高营养级的生物利用。轮虫能够摄食一些微小而不能被鱼类直接利用的细菌和碎屑,进而其本身又被鱼类消化利用。枝角类在食物链中的作用十分突出,它不仅是许多经济鱼类的优质食物,而且还可以调节控制轮虫、原生动物、藻类等生物发展,如 1980—1985 年间的东湖,历年在 2—5 月湖水清澈见底,被认为是枝角类——透明溞种群密度很高,滤食大量藻类的缘故。大型的底栖动物如螺类主食水草及附着的藻类或碎屑,一些蚌和蚬主要滤食浮游生物和碎屑,对水质的净化起到很大作用。有人做过这方面的实验,一个 50~60 mm 的贻贝每小时能过滤 3.5 L 水,一个河蚌每天能过滤 40 L 水。滤食性贝类就像一个生物"过滤器",在日夜不停地过滤、净化着水体。

处于最高营养级的鱼类,其食性类型复杂多样,对营养物质的利用途径也不同。草食性鱼类,即以植物为食物,包括食大型水生植物的种类如草鱼、团头鲂,以浮游植物为食的鱼类如鲢等;动物食性,以水中的动物为食物,包括以鱼类为食的种类如鳡,以底栖动物为食的种类如青鱼,以浮游动物为食的种类如鲢等;杂食性,兼食动物性和植物性食物,如鲤、鲫等;碎屑食性,以水中的有机碎屑和夹杂其中的微小生物为食,如罗非鱼等。

水生动物对湖泊水体净化能力的研究很少见到报道,但有人对水生动物在污水处理系统中的作用进行了研究。在污水处理系统中,活性污泥先在没有纤毛虫的条件下运行70 d,出水始终非常浑浊,取水样做细菌数量测定时,游离细菌数量平均达到100万~160万个/mL。而后接种了三种纤毛虫,结果出水非常清澈,水中游离细菌数量下降到1万~8万个/mL。说明纤毛虫捕食大量的游离细菌而使水变清,此外,纤毛虫能分泌一些吸附悬浮物和细菌的物质,加速絮状体的形成,增加絮状体的沉降性能。

水生动物通过生物累积(bioaccumulation)能够去除水体中的有害物质。重金属和农药等污染物有沿食物链积累和放大的现象,营养级高的水生动物积累污染物的含量高于低营养级的生物。重金属中,Hg、Cd、Zn、Cu、Pb、Ni 等沿食物链积累和放大现象比较明显。有机氯农药由于化学性质稳定,可在环境中长期残留,能从水和食物链途径积累,并沿食物链逐级放大。在20世纪70年代中期,天津蓟运河汉沽河段受到 Hg、DDT、六六六的严重污染,一些鲤、鲫鱼类肌肉中 DDT 含量最高达到 5.87 mg/kg(湿重),积累系数达 9 万倍以上,大大超过食用卫生标准(表9-3)。

表 9-3　不同营养级生物体内 Hg、DDT 和六六六的含量

营养等级	Hg/$(mg \cdot kg^{-1})$		DDT/$(mg \cdot kg^{-1})$		六六六/$(mg \cdot kg^{-1})$
	蓟运河	波韦尔湖	纽约长岛	蓟运河	蓟运河
水	0.000 5	0.001	0.000 05	0.000 06	0.001 8
浮游生物	0.35	0.32	0.04	1.63	0.56
无脊椎动物	0.48	0.19	0.16~0.42	1.56	0.83
草食性鱼类	0.90	0.99	—	1.07	0.74
杂食性鱼类	1.30	1.28	0.94~1.82	5.87	1.04
肉食性鱼类	1.70	2.57	2.07	4.22	0.44
水鸟	3.30	—	3.15~26.4	2.63	11.54

资料来源:黄玉瑶,2001。

一方面,利用水生动物的生物积累作用,可以净化湖泊水体中的有毒有害物质;另一方面,也要重视食品安全,防止有毒有害物质转移并积累在人体,从而影响人群健康。

2. 影响水生动物净化作用的主要因素

水生动物对湖泊水体中营养物质的转换作用受多种因素的制约,但主要表现在水生动物利用水体中营养物质的能力上。一般来讲,食物链越短,其利用营养物质的效率越高。如在富营养化的湖泊中,多放养食物链短的鱼类(鲢、鳙、草鱼),可以有效利用生产者生物所固定的能量,减少逐级传递中能量的损失。

水生动物的生物积累作用与污染物的性质、环境 pH、温度及其在生境中的位置有关。一般性质稳定、水溶性低、脂溶性大的化学物质易于生物积累。酸化重的湖水,能促进重金属离子

化,增加鱼体对重金属的积累。水温对鱼类吸收重金属也有明显影响。在 9~33℃ 范围内,每增加 1℃,蓝鳃太阳鱼(*Lepomis macrochirus*)摄入 Hg 增加 0.066 单位。在不同温度的 Hg 溶液中 30 d,食蚊鱼对 Hg 的浓缩系数随温度的上升而提高:10℃ 时为 2 500 倍,26℃ 时为 4 300 倍(仅从水中积累)。一般情况下,距离污染源近的生物,其积累量也较高。蓟运河河蚬(*Corbicula fluminea*)体内 Hg 含量:在排污口附近高达 1.696 mg/kg(湿重);在污染源上游 40 km 处为 0.009 mg/kg;在污染源下游 8.5 km 断面处为 <0.3 mg/kg,13 km 外的河口处为 <0.1 mg/kg。贝类体内重金属含量存在水层差异,由于受地表径流的影响,表层贝类体内重金属含量往往高于地层。

四、湿地的修复与管理

湿地与森林、海洋一起并列为全球三大生态系统。湿地在抵御洪水、调节径流、蓄洪抗旱、控制污染、保持生物多样性等方面具有其他系统所不能替代的作用,被称为"地球之肾"。由于土地开发,矿产开采,城市发展及其他人为因素的影响,湿地退化的问题日益引起人们的担忧。湿地的保护和恢复研究受到越来越高的重视。

1. 湿地的概况

湿地(wetland)有多种定义,但大体上可分为广义和狭义两种。狭义定义一般认为湿地是陆地与水域之间的过渡地带。广义定义则把地球上除海洋(水深 6 m 以上)外的所有水体都当作湿地。《关于特别是作为水禽栖息地的国际重要湿地公约》(以下简称《湿地公约》)对湿地的定义就是广义的定义,具体文字表述是:"湿地系指不问其为天然或人工、长久或暂时之沼泽地、泥炭地或水域地带,带有或静止或流动、或为淡水、半咸水或咸水水体者,包括低潮时水深不超过 6 m 的水域。"同时又规定:"可包括邻接湿地的河湖沿岸、沿海区域以及湿地范围的岛屿或低潮时水深超过 6 m 的水域。"美国的定义是:"湿地是有水覆盖着土壤的地方,或全年或一年中不同时期(包括生长期)在土壤表面或接近表面处存在着水。"目前我国尚未对湿地下定义,多数学者倾向采用《湿地公约》的定义。湿地一般具有三个方面的特征:第一,地表过湿或积水,有季节性、临时性或常年积水;第二,水多导致土壤潜育化或形成泥炭层;第三,受多水的影响,通常有湿生植物、沼生植物、水生植物或喜湿性盐生植物等生长。

全世界共有湿地 5.14 亿 hm²,约占陆地总面积的 6%。湿地在世界上的分布,北半球多于南半球,而且多分布在北半球的欧亚大陆和北美洲的亚北极带、寒带和温带地区。加拿大是湿地分布最多的国家,约 1.27 亿 hm²,占世界湿地面积的 24%,其他如美国、俄罗斯、中国和印度等国家的湿地面积也比较大。

我国湿地类型多,面积大、分布广。按照《湿地公约》对湿地类型的划分,31 类天然湿地和 9 类人工湿地在我国均有分布。我国湿地的主要类型包括沼泽湿地、湖泊湿地、河流湿地、河口湿地、海岸滩涂、浅海水域、水库、池塘、稻田等自然湿地和人工湿地。从温带到热带,从沿海到内陆,从平原到高原山区都有湿地的广泛分布,总面积约 6 594 万 hm²(其中还不包括江河、池塘等),占世界湿地面积的 10%,位居亚洲第一位,世界第四位,其中天然湿地约为 2 594 万 hm²,包括沼泽约 1 197 万 hm²,天然湖泊约 910 万 hm²,潮间带滩涂约 217 万 hm²,浅海水域约 270 万 hm²;人工湿地约 4 000 万 hm²,包括水库水面约 200 万 hm²,稻田约 3 800 万 hm²。

2. 湿地的退化

湿地的退化是指湿地结构的简化、生物多样性的下降和生态功能的丧失这一过程。湿地是世界上最受威胁的生态系统之一，土地利用方式变化和人类活动干扰是造成湿地退化的主要原因。在一些国家，90%的湿地已经被破坏或处于严重退化中，导致生物多样性和湿地特有功能的大规模丧失。IUCN估计，全球已有50%的湿地生态系统从地球表面消失。湿地丧失和功能退化的直接原因是排水和填埋造成湿地生境破坏，沿海开发导致天然湿地系统转为农田、工业、能源和居住地。其他湿地丧失的原因包括动植物资源的过度开发，空气和水质污染与气候变化。

由于开垦湿地或改变用途而引发的一系列生态恶果比比皆是（表9-4）。我国云南省的滇池，20世纪50年代开始了围湖造田活动，当时只是零星小片和蚕食一些湖湾、浅滩及与湖体有沟渠联系的鱼塘。20世纪70年代前后，则开始了大规模的围垦。目前滇池水面已减少了21.8 km²，水生生物栖息繁殖场所被破坏，与此同时，增加了滇池水体的污染负荷，水质恶化，成了全国闻名的严重污染湖。据统计，我国近40%具有全球意义的湿地（按《湿地公约》标准确定）受到中度或高度威胁。如果没有协调的和结构良好的方法对湿地进行保护和可持续利用，湿地及其许多经济价值和效益将会丧失。

表9-4 我国湿地生态特征变化类型、生态变化过程及例证

生态特征变化类型	生态变化过程	例证
湿地面积的变化	填埋湿地造耕地 湿地排水转化为农业用地 湿地作为废物处理区及垃圾填埋地 城市的扩展外延 工业开发、路基建设	三江平原:1949年沼泽湿地面积减少为 5.344×10^6 hm²，1995年仅剩 1.977×10^6 hm²，减少了近 3.367×10^6 hm²（佟风琴，刘兴土）。 鄱阳湖:1954—1984年，水域因围垦而缩小了 1 011.5 km²，占总面积（3 283.4 km²）的30.8%（朱海虹）。
湿地水文状况的改变（湿地流域水状况改变，湿地水状况变化）	筑坝 地下水、地表水过量抽取水的输入 荒地开发及低地化	三江平原挠力河上游龙头水库建设对下游取水的影响。 三江平原水田面积在进一步扩大，地表水已远远不能满足需要;地下水抽取在部分地区已经出现危机。
湿地水质的改变	石油化工 塑料及制药工业 农业化学品（杀虫剂、肥料等） 矿物开采 旅游垃圾	目前我国60%的湖泊受到不同程度的污染，其中30%受到严重污染;鄱阳湖每年有 1.04×10^9 t工业废水排入湖区，致使污水进入湖中 2~3 km 内无植物生长（国家林业局野生动物与森林地植物保护司）。 根据水质的平均综合污染指数（P），大辽河属严重污染河流（$P=2.69$），海河和滦河为重度污染（$P=1.41$），黄河属轻度污染（$P=0.69$），淮河为中度污染（$P=0.70$），珠江和松花江为较清洁水（$P=0.34$），长江为清洁水（$P=0.26$）。

生态特征变化类型	生态变化过程	例证
湿地产品的不可持续开发	沼泽被过度放牧 湖泊过度捕捞 不合理狩猎活动	20世纪50—60年代,三江平原湿地鱼类资源丰富,随着人口的增加,过度捕捞,加上水域环境污染,致使鱼类资源衰竭(刘兴土)。 若尔盖草原湿地,20世纪50年代,畜牧总量33.7万头,1992年达124.3万头,增长了2.69倍,现已严重超载,致使湿地面积减少,湿地退化。
外来物种的侵入	人为引进动植物种 动植物种的自然侵入	福建霞浦县东吾洋沿岸$1.0 \times 10^4 \ hm^2$滩涂,1983年引进大米草,7年后大米草繁盛,生物多样性减少(马学慧)。

资料来源:崔保山,1999。

3. 湿地恢复的基本方法

湿地恢复是指采取一系列整治措施使退化湿地基本上恢复到退化前的状态,使其发挥应有的作用。在通常情况下,湿地恢复项目首先必须考虑去除干扰因子,如排水、过量取水、富营养化、过度放牧、耕作、盐化、污染等,消除干扰因子的负效应,促进植被的恢复。采取有效的措施,防止新的干扰因素和事件的发生,在保证持续生态效应的前提下,合理利用湿地资源,为人类造福。

（1）水文过程的恢复。水文过程的改变是造成湿地退化的最常见因素。应通过历史资料和相关监测资料的分析,搞清湿地功能与水文过程之间的联系,水文变化对湿地结构和功能的影响。采取适当的措施,合理调整湿地水域或流域的水资源利用格局和土地利用方式,生态用水、生活用水和生产用水合理兼顾,特别是对大的水资源开发工程必须慎重评估,从经济、社会和环境三个方面进行综合分析,达到科学规划。

（2）富营养化处理。富营养化是水质污染最直接的表现,通常表现为藻类数量增加、水中溶解氧降低和生物多样性下降。造成富营养化的主要原因是湿地周围土地的高强度利用、不合理或高强度施用农药及化肥、未经处理直接将生活和工业污水排入湿地等。治理富营养化的措施通常有建设污染处理设施,处理生活和工业污水;对土地利用进行重新规划,合理安排不同土地利用方式的利用强度,保护现有林地、荒芜地和草地,并尽可能地重新造林;改进肥料使用方式,提高肥料利用率,减少养分的流失;在湿地外缘保留一定空间的缓冲带,进行植被恢复,利用沿湿地分布的地被植物滤除地表径流中的营养源。

湿地水体中内营养源的去除也是富营养化治理的重要方面。通过水文调节,增加水的流动,或通过排水置换高营养负荷的水而移出营养,或通过疏浚方式移出或隔离高营养沉积物,使用化学方法(如用铝)使磷失去活性,也可以通过植物收获方式移出营养,以进行营养平衡的重建。

（3）湿地植被的恢复。植被恢复最可靠、费用最省的方法是利用和发挥自然湿地过程的作用,通过排除干扰因素,加强管理,促进自然状态的植被重建过程。在湿地没有种源的情况下,通常才考虑采用育苗移植或从其他地方移植,并只限于本地种。任何湿地植被恢复方法都不应尝试引进不确定外来物种,也不应当成为新的干扰因子。

（4）湿地恢复过程的调控。合理调控湿地水文能够促进恢复目标的实现。湿地周期性干湿变化是影响生物生产和湿地植被定居的重要因素,水位深度的不同将决定植物群落的时间空间特征和湿地生物群落结构。通常在恢复初期,合理降低水位,有利于植物种子的萌发和繁殖体的扩增,也有利于吸引各种动物觅食。有选择地收获植株体,既可以将营养物质移出水体,也有利于调控植物的群落结构。湿地在恢复过程中的杂草控制,也是值得关注的。要控制杂草,首先要考虑的事情是控制成本。良好的管理可以预防和减少杂草的散布。清洗进过杂草地点机械车辆的轮胎可以减少杂草种子的携入。通过耕作、收割、砍伐、耕耙、火烧等机械物理方法能显著地达到控制杂草的目的。当然,杀草剂也是重要的控制措施,这取决于湿地管理的目的。当纯粹是为了自然保护的目的时,不要试图使用化学除草剂,因为杂草的存在对湿地质量的破坏可能比施用这些措施对湿地质量的破坏要小。

4. 湿地的生态管理

湿地的生态管理有别于传统的管理模式,它是指为了达到预定保护目标和保持合理的功能,根据湿地生态系统固有的生态规律与外部扰动的反应进行各种调控,从而达到系统总体最优的管理过程。对传统的农业生产而言,湿地管理就意味着如何合理地排水和开垦。对野生动物保护来说,湿地管理意味着维持湿地水文条件,以便为野生动物和鱼类提供最佳栖息地。有的将湿地作为污水和废物的处理场,把对抗水系污染当作主要管理目标。湿地的生态管理是建立在湿地具有多种功能和效益基础之上的。片面强调某一种功能,会忽略和降低其他功能的作用。成功的管理是建立在综合评估基础之上的综合管理,从而避免将较高的资源效益和环境成本用于低价值的产品生产。

湿地的生态管理主要是通过编制湿地规划来实现的。湿地规划应该成为现代国民经济和社会发展规划的有机组成部分,与工农业发展、资源开发利用和环境建设等各部分密切联系在一起。通过规划的编制,建立明确的管理目标,提出解决问题的措施,防止湿地的退化和功能的丧失,使湿地资源和环境持续发展,永续利用。

小结

应用生物改善环境,对人类影响和破坏的环境及其生态系统进行修复和重建,是环境生物学的重要研究内容,也是环境科学富有挑战和机遇的热点领域。退化环境的生物修复,也称为恢复生态学或生态工程学,近年来发展十分迅猛,逐渐形成一个较为完善的科学技术体系。本章主要讨论分析生物在土壤质量修复、水土保持、荒漠化防治和退化内陆水体修复中的作用。

土壤是介入生命系统和非生物系统之间的一种重要环境因素,既是生命活动的场所,也是生命活动的产物。生物对土壤的物理性质、化学性质、生物性质具有直接的作用,相应地通过强化生物的作用及其参与土壤形成和保持的过程,构成了土壤质量修复的核心和重点。以植被为代表的生物群体对气候,尤其是小气候的形成具有决定性的作用,构建防风林是减少风蚀的重要手段;生物对包括盐渍（碱）化土壤、风沙土在内的多种易于侵蚀的土壤具有重要的固定和改良作用,选择合适的生物类群充分发挥这种作用,是进行荒漠化防治的环境生物技术关键所在。

河流及湖泊流域往往是人口密集、经济和文化发达的地带,经常受到人为干扰和影响,目前已经成为环境问题最集中的自然区域之一,特别是水体的富营养化问题,成为包括中国在内的很多国家最严重的水环境问题。保护和修复水生植物和动物群落的结构,优化水域生态系统中生物的成分结构,恢复水体和湿地的自净能力,是当前水环境生态修复的重点。

思考题

1. 概念与术语理解:生态修复,生物治理,生物防治,自然修复,湿地,防护林。

2. 生物群落是如何改变水分在生态系统中的分配格局的?

3. 试述生物对水土流失防治有什么意义? 生物群落如何实现其固土效益?

4. 试述土壤肥力恢复对土地恢复的意义。生物对小气候的改良作用体现在哪些方面?

5. 谈谈你个人对于荒漠化、石漠化的近自然修复治理的看法和观点。

6. 如何理解水生植被在湖泊生态系统中的作用? 影响水生植被恢复的主要因素有哪些?

7. 引起湿地退化的主要因素是什么? 在湿地恢复中如何消除这些因素?

建议读物

1. 彭少麟. 恢复生态学[M]. 北京:气象出版社,2007.

2. 王礼先,朱金兆. 水土保持学[M]. 2 版. 北京:中国林业出版社,2005.

3. 李俊清. 森林生态学[M]. 北京:高等教育出版社,2006.

4. 孙保平. 荒漠化防治工程学[M]. 北京:中国林业出版社,2003.

5. 钦佩,安树青,颜京松. 生态工程学[M]. 南京:南京大学出版社,2002.

6. 刘建康. 高级水生生物学[M]. 北京:科学出版社,1999.

7. 黄玉瑶. 内陆水域污染生态学——原理与应用[M]. 北京:科学出版社,2001.

8. 国家林业局野生动植物保护司. 湿地管理与研究方法[M]. 北京:中国林业出版社,2001.

9. 金相灿. 湖泊和湿地水环境生态修复技术与管理指南[M]. 北京:科学出版社,2007.

10. Van Stan J T Ⅱ, Gutmann E, Friesen J. Precipitation partitioning by vegetation:a Global synthesis[M]. Cham:Springer,2020.

第十章
污染环境的生物修复

人们对环境质量越来越高的要求与随工业文明而来的环境污染和生态破坏之间的矛盾促使了环境修复学科的产生。污染预防工程、传统的环境工程(即"三废"治理工程)和环境修复工程分别属于污染物控制的产前、产中和产后三个环节,它们共同构成污染控制的全过程体系。随着科学技术的发展,环境修复的理论研究不断深入,工程技术手段也不断更新,形成了目前物理、化学、生物等多种修复手段和方法。物理修复主要包括物理分离修复、蒸汽浸提修复、固定稳定化修复、电动力学修复和热力学修复;化学修复主要包括化学淋洗修复、化学固定修复、化学氧化修复、化学还原修复和原位可渗透反应墙技术。生物修复手段由于具有安全、经济及大面积治污的特点,越来越成为广为认可的环保技术,并得到全球环保部门和工业界的关注,有人预计生物修复服务和产品平均每年增长15%。生物修复这一名词在相关专业刊物上的出现频率也越来越高,并且成为环境污染治理领域的流行名词。本章将阐述污染环境的生物修复特点、机理、原则,并对土壤、水体、大气的生物修复进行介绍。

第一节 概 论

生物修复(bioremediation)是指利用生物强化物质或有特异功能的生物(包括微生物、植物和某些动物)削减、净化环境中的污染物,减少污染物的浓度或使其完全无害化,从而使污染了的环境能够部分或完全地恢复到原始状态的过程。相同的概念有生物恢复(biorestoration)、生物清除(bioelimination)或生物再生(bioreclamation)。相近的概念有生物净化(biopurification),但生物净化是指自然生态系统中生物对外源污染物进行的自发清除过程,而生物修复则强调人为控制条件下生物技术的应用。

生物修复虽然是一个新的概念,但其原理及思想却在20世纪初期就已经形成并得到初步应用,20世纪90年代初形成了一个发展迅速的分支学科,并成为一种被广泛应用的环境保护技术。

一、生物修复的特点

与物理、化学方法相比,生物修复具有许多方面的优点,但也存在一定不足,具体见表10-1。

表 10-1 生物修复的优、缺点

优点	缺点
可在现场进行原位修复	
对位点的破坏最小	不是所有污染物都可以使用,有些污染物不能使用
减少运输费用、消除运输隐患	有些污染物的转化产物毒性和迁移性增强
可有效降低污染物浓度,二次污染小	地点特异性强
费用低	工程前期投入高
可和其他处理技术结合使用	需增加生物监测项目
可以实现低能耗甚至无能耗长期运转	微生物活性受温度和其他环境条件影响
可以保持修复地点的生产功能	不能将污染物全部去除
可以实现景观改良	

二、 生物修复的类型

生物修复的种类很多,可以根据不同的依据进行分类。

根据被修复的污染环境,可以分为土壤污染生物修复、水污染生物修复、大气污染生物修复、沉积物生物修复和海洋生物修复等。

根据生物修复的污染物种类,可以分为有机污染生物修复、重金属污染生物修复和放射性物质生物修复等。

根据生物修复利用的生物种类,可以分为微生物修复、植物修复和动物修复。植物修复就是利用植物去治理水体、土壤和底泥等介质中污染的技术,包括植物萃取、植物稳定、根际修复、植物转化、根际过滤、植物挥发等六种类型;动物修复指通过土壤动物群的直接(吸收、转化和分解)或间接作用(改善土壤理化性质,提高土壤肥力,促进植物和微生物的生长)而修复土壤污染的过程;微生物修复即利用微生物将环境中的污染物降解或转化为其他低害、无害物质的过程。事实上,在较早的概念中,生物修复仅指微生物的作用。不可否认,微生物在生物修复过程中的作用是至关重要的,但是,植物和某些动物对生物修复过程也有重要影响。因此,植物修复和动物修复也越来越受重视。

根据人工干预的情况,可以进行如下分类:

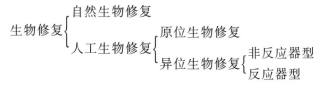

自然生物修复(intrinsic bioremediation)是不进行任何工程辅助措施或不调控生态系统,完全依赖自然的生物修复过程。因此,只有一些轻微污染的环境可以采用自然生物修复的措施。

在自然生物修复速率很低或修复不能够发生时,可以采用人工生物修复,通过补充营养盐、电子受体,引入外来生物等措施促进污染环境的生物修复。原位生物修复(in situ bioremediation)在污染的原地点进行,采用一定的工程措施,但不人为移动污染物,不挖出土壤或抽取地下水,利用生物通气、生物冲淋等一些方式进行,这就使得处理工程简化了许多,费用也相应降低,因此最能够体现生物修复方法的特点和优点,与传统的环境治理方法有本质的区别。但原位生物修复的过程较难控制,因为被污染的介质在原位上,很难辅以人工措施。异位生物修复(*ex situ* bioremediation)需要将被污染的介质转移至另一个场所进行处理,采用工程措施,挖掘土壤或抽取地下水进行,处理完后又将其返送回去,因此费用较高。修复过程可以控制,治理效率较高。

三、 生物修复的工作程序

一个完整的污染环境生物修复的工作程序如图 10-1 所示。

(1)场地信息收集。首先要收集有关场地的物理、化学和生物学特点,如土壤结构、pH、氧化还原电位、有机物、溶解氧、可利用的营养、生物分布特征等。其次要收集污染物的理化性质,如化学形态、溶解度、可生物降解性及迁移速率等。

(2)可行性论证。包括生物可行性和技术可行性分析。生物可行性分析是获得微生物群体数据、了解污染地发生的微生物降解、植物吸收作用及其促进条件等方面数据的必要手段,这些数据与场地信息一起构成生物修复工程的决策依据。技术可行性分析旨在通过实验室所进行的实验研究提供生物修复设计的重要参数,并用取得的数据预测污染物去除率,达到清除标准所需要的生物修复时间及经费。

(3)修复技术的设计与运行。根据可行性论证报告,选择具体的生物修复方法,设计具体的修复方案(包括工艺流程与工艺参数),然后在人为控制条件下运行。

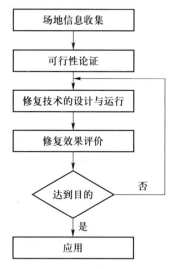

图 10-1 污染环境生物修复的工作程序

(资料来源:引自陈玉成,1999)

(4)修复效果评价。在修复方案运行终止时,要测定环境中的污染物残留量,计算原生污染物的去除率、次生污染物的增加率及污染物毒性下降率等,以便综合评定生物修复的效果。

其中：

原生污染物的去除率＝（原有浓度−现存浓度）/原有浓度×100%

次生污染物的增加率＝（现存浓度−原有浓度）/原有浓度×100%

污染物毒性下降率＝（原有毒性水平−现有毒性水平）/原有毒性水平×100%

四、 污染环境生物修复的一般原则

生物修复是自然过程的人工强化,在恢复受污染环境的结构和功能中的作用越来越突出,并因此而得到广泛应用。污染环境生物修复在设计和实施过程中应遵循以下原则。

1. 物种适宜性原则

物种适宜性是生物修复技术成败的关键,为此需要进行物种的遴选,并实现物种间的合理配置。

（1）物种遴选。不同的污染物需要由不同的生物来处理,筛选到高效的物种是生物修复的第一步。在物种遴选中除了考虑其修复能力外,还要注意其适应修复环境的能力,对引种修复来说,这一点尤为重要。建议尽量选用土著物种。

（2）物种配置。生物间的关系错综复杂,不同物种搭配在一起时可能有几种结果:相互颉颃、相互协同和互不干扰。为了发挥物种间的整体效益,需要物种间具有协同效应,避免出现颉颃现象。因此,合理的物种配置将有助于提高修复效果。

2. 环境安全性原则

生物修复过程中所添加的物质或生物必须是环境安全的,它们的引入不得对人体健康和当地的生物多样性产生损害,并防止带来二次污染。

（1）维护人体健康。用于修复污染环境的生物及其辅助物质本身不得威胁人体健康。因此,不能引入病原微生物及有毒有害物质。另外,在修复过程中污染物及其代谢产物不得进入食物链,因此不能将农作物等作为修复生物。

（2）保护生物多样性。引入外来高效物种是生物修复的手段之一。但在具体操作中,用于修复污染环境的生物不得威胁土著物种,造成生态入侵。因此应尽量选用土著物种。

（3）防止二次污染。为了防止二次污染,需要从两方面考虑:一方面,引入环境的物种和物质是无害的;另一方面,对修复生物进行妥善管理和后期处理。

3. 因地制宜性原则

生物修复技术有很强的地域选择性,不仅要注意生物的适应性,还要强调技术的适应性,在生物修复中没有各地都适用的所谓"通用技术",同一种技术在不同污染物、不同环境条件下会有不同的效果。因此必须强调因地制宜性原则。

4. 可行性原则

（1）技术可行性原则。生物修复技术要易于操作、有长期效果。

（2）经济可行性原则。建设及运行成本要低于物理、化学方法,坚持可操作原则。

5. 景观协调性原则

用于修复污染环境的生物应对景观有改良作用,特别是利用植物修复环境时,除了注重其修复效果外,还应考虑其景观效果。

第二节　土壤污染的生物修复

　　污染物通过人类的生产、生活活动或其他途径进入土壤,其数量和速度超过了土壤自净能力,导致土壤的组成、结构和功能发生变化,微生物活动受到抑制,有害物质或其分解产物在土壤中逐渐积累,引起土壤质量和使用价值明显降低。土壤是生物及人类最重要的生存环境,对污染土壤进行修复成为环境生物学的重要任务。

一、土壤污染生物修复机理

　　土壤污染的生物修复是指通过以生物为主体的环境污染治理方法,吸收、降解、转移和转化土壤中的污染物,使污染物浓度降低到可接受的范围,或将有毒有害的污染物转化为无害物质的过程。在污染土壤修复技术中,生物修复技术因其安全、无二次污染、修复成本低等特点,越来越受到人们的关注。因污染物修复主体的不同,污染土壤的生物修复可以分为植物修复、动物修复、微生物修复及其联合修复技术。

　　1. 植物修复

　　植物修复(phytoremediation)是指依据特定植物对某种污染物的吸收、超量积累、降解、固定、转移、挥发及促进根际微生物共存体系等特性,在污染区种植特定植物,实现部分或完全修复土壤污染的技术。根据其作用过程和机理,可分为植物提取(phytoextraction)、植物挥发(phytovolatilization)、植物降解(phytodegradation)和植物固定(phytostabilization)四种类型。

　　(1) 植物提取。植物提取是指利用超量积累植物通过根系从土壤中吸取重金属,并将其转移、贮存到植物茎叶等地上部分,然后收割地上部分,通过连续种植超量积累植物即可将土壤中的重金属降到可接受的水平。植物提取可分为两种策略:连续植物提取(continuous phytoextraction),以及用螯合剂辅助的植物提取(chelate assisted phytoextraction),或称为诱导性植物提取(induced phytoextraction)。

　　连续植物提取依赖一些特异性植物(主要指超量积累植物)在其整个生命周期能够吸收、转运和耐受高含量的重金属。植物提取是目前研究最多且最有发展潜力的一种植物修复技术。

　　(2) 植物挥发。植物挥发是指利用植物根系分泌的一些特殊物质或微生物将土壤中的一些挥发性污染物吸收到植物体内,然后将其转化为气态物质释放到大气中,从而对污染土壤起到治理作用。这方面的研究主要集中在易挥发的重金属方面。目前对有机污染物植物挥发的研究不多,还有发展前景。

　　然而,该方法只是改变了污染物存在的介质,释放到大气中的污染物将产生二次污染问题,仍会对人体造成伤害,故对环境安全存在一定风险。

　　(3) 植物降解。植物降解是指植物通过根系分泌生物酶到土壤中,将大分子有机物分解成小分子,并将这些小分子运输到植物体内进一步分解的过程(Pilon-Smits,2005)。当前已知的植物能够降解的大分子有机物主要有三氯乙烯(C_2HCl_3)和甲基叔丁基醚($CH_3OC_4H_9$),它们均为杀虫剂的主要成分。有些植物自身无法分解大分子有机物,而是通过根系吸引特定的微生物来降解大分子有机物再进行吸收利用。研究表明,海滨常见物种互花米草,其根系具有富集"吃油"微生物的能力(Yavari 等,2015),能够在石油污染物发生了一定的氧化降解之后在石油污染的海滨区域定植并形成群落(Bergen 等,2000),同时这些群落能够很好地防止滨海群落裸露土壤的流失,以及海滨植被的进一步退化,从而起到生物修复的效果。

(4)植物固定。植物固定是指通过耐性植物根系分泌物来积累和沉淀根际污染物,使其失去生物有效性,以减少污染物的毒害作用。但更重要的是利用耐性植物在污染土壤上的生长来减少污染土壤的风蚀和水蚀,防止污染物向下淋移而污染地下水或向四周扩散,进一步污染周围环境。能起到上述作用的植物通常称为固化植物,尽管这一类植物对污染物吸收积累量并不是很高,但它们可以在污染物含量很高的土壤上正常生长。这方面的研究也是偏重于重金属污染土壤的固定修复,如矿山废弃地的复垦工作,铅锌矿尾矿库的植被重建等。

但在固定过程中,土壤污染物的含量并没有减少,只是存在形态发生了改变,当环境条件发生变化时,土壤中污染物可能会重新获得生物有效性。因此,该方法不能彻底解决土壤的污染问题。

2. 动物修复

土壤动物是指经常或暂时栖息在土壤之中,对土壤的形成和发育有一定影响的动物群;土壤动物是陆地生态系统的重要组成部分,能直接影响土壤系统的物质分解和养分循环,对土壤功能维持和恢复具有重要作用(殷秀琴等,2010)。目前,由于越来越多的污染物进入土壤环境,关于污染土壤的动物修复研究也开始引起人们的重视。污染土壤动物修复就是在人工控制或自然条件下,利用土壤动物在污染土壤中生长、繁殖等活动过程中对污染物进行分解、消化和富集,从而使污染物减少或消除的一种生物修复技术。

蚯蚓和鼠类等土壤动物,通过摄食作用和扩散作用,能吸收土壤中的污染物,一定程度地降低污染土壤中的污染物含量。摄食作用指土壤污染物通过动物的吞食作用进入体内,并在内脏器官内完成吸收作用;扩散作用指污染物从土壤溶液经动物体表吸收进入体内。某些土壤动物对重金属有较强的富集作用,且随着土壤中重金属含量的增加,动物体内富集量增加,成较好的线性关系。

蚯蚓是生态系统中的一个重要组成部分。一方面,它作为陆生土壤动物,能改善土壤的通气性,增进土壤肥力;另一方面,在食物链中,蚯蚓是陆生生物与土壤生物传递的桥梁。当土壤被各类化学品污染后,利用蚯蚓指示土壤污染的状况,评价土壤质量,已被作为土壤污染生态毒理诊断的一项重要指标。近年来研究表明,在修复污染土壤方面,蚯蚓也具有重要作用,蚯蚓对 Se 和 Cu 的最高富集量分别可达 33 215 mg/kg 和 136 719 mg/kg,分别相当于体重的 0.03% 和 0.12% ,表明蚯蚓对重金属均有较强的富集能力(戈峰等,2002);蚯蚓粪可作为重金属污染土壤的修复剂;同时蚯蚓与微生物、植物具有协同作用,在重金属污染土壤及有机污染土壤(如PAHs、PCBs)的修复中可以大大强化修复效果,具有较大的应用潜力。

蚯蚓对污染土壤修复主要通过对土壤理化性质和生物学过程的调节来实现,但目前更多的研究是利用蚯蚓的生物指示作用来评价污染土壤的修复状况。同时,蚯蚓活动存在一定的环境风险,对流-弥散模型拟合研究表明,蚯蚓能够形成明显的优势流现象,增加了地下水污染的风险。

3. 微生物修复

土壤微生物包括与植物根部相关的自由微生物、共生根际促生细菌、菌根真菌,它们是根际生态区的完整组成部分。土壤微生物是土壤中的活性胶体,与动植物相比,具有个体微小、比表面积大、代谢能力强、种类多、分布广、适应性强、容易培养等优点。微生物在修复污染土壤方面发挥着独特的作用:微生物通过胞外络合作用、胞外沉淀作用及胞内富集来实现对污染物的固定作用;微生物通过各种代谢活动产生多种低分子有机酸,直接或间接溶解污染物来降低土壤污染物的毒性;微生物还可以改变根系微环境,从而提高植物对污染物的吸收、挥发或固定效率。

污染土壤的微生物修复方法主要有原位修复和异位修复两类。微生物原位修复技术指不需要将污染土壤搬离现场,直接向污染土壤投放 N、P 等营养物质和供氧,促进土壤中土著微生物或特异功能微生物的代谢活性来降解或转化污染物。微生物原位修复主要包括生物通风法 (bioventing)、生物强化法 (enhanced-bioremediation)、土地耕作法 (land farming) 和化学活性栅修复法 (chemical activated bar) 等几种。微生物异位修复是把污染土壤挖出,进行集中生物处理的修复方法。微生物异位修复主要包括预制床法 (prepared bed)、堆制法 (composting bioremediation) 及生物泥浆反应器法 (bioslurry reactor)。

微生物修复技术在土壤污染治理方面展示出了低成本、高效率、无二次污染等优势,有利于改善生态环境,且具有非常好的应用前景,成为生物修复技术领域中的研究特点之一。但在具体实践中,微生物修复也有一定的局限性,微生物修复易受各种环境因素的影响,每种微生物菌株对影响生长和代谢的水分、温度、氧气、pH 和生物因子等都有一定的耐受范围;此外,微生物修复土壤的能力有限,某些微生物只能降解特定类型污染物,只能修复小范围的污染土壤,并且在有些情况下不能将污染物全部去除,还可能带来次生土壤污染问题。

📖 资料框 10-1

微生物强化植物富集重金属的途径与机理

全国有 10% 以上的耕地受到重金属污染,严重威胁人类健康和生态系统安全。植物-微生物联合修复技术作为一种微生物强化植物修复技术,具有高效、低耗、安全等优点,修复重金属污染土壤具有极大的潜力,逐渐成为国内外研究热点。植物-微生物联合修复技术用来修复重金属污染的土壤,其中微生物强化植物富集重金属的机理主要表现在提高植物耐性和促进生长,以及强化植物富集重金属两方面。

提高植物耐性和促进生长表现在 5 个方面:① 根际促生菌协助植物获得充足的营养元素,保证植物正常生长;合成生长素等植物生长调节剂,促进植物生长;抑制乙烯的合成,利于植物成活;抑制病原微生物的生长,提高植物抗病能力等方面。② 根际促生菌通过产生抗生素、分泌铁载体等方式抑制病虫害对植物的不良影响,调节植物对重金属胁迫环境的适应。③ 在重金属污染土壤中,细菌体内通过荚膜/生物膜保护、细胞壁被动吸附、液泡隔离等形式来抵抗重金属胁迫环境。同时,重金属胁迫环境促进根际促生菌分泌胞外高聚体等物质,直接与重金属螯合发生沉淀或胞外络合而减少重金属的毒性。④ 根际促生菌具有解毒作用,在重金属胁迫下,某些根际细菌对较高浓度重金属具有一定的耐受性,同时,通过吸收作用、氧化还原作用、淋滤作用等改变重金属离子在环境中的存在形式,缓解重金属对植物的毒害,从而在重金属污染土壤上存活生长。⑤根际促生菌影响重金属的生物有效性。根际促生菌通过分泌有机酸、铁载体、生物表面活性剂、胞外聚合物活化金属元素,使固定态转化为植物可吸收态,也可分泌出有机物、质子、酶等增强土壤中重金属的可溶解性,从而大大促进植物对重金属的吸收和积累。

菌根真菌强化植物富集重金属的机理主要表现在4个方面:① 形成物理性防御体系。菌根真菌菌丝体外表面对重金属具有很强的吸附作用,限制重金属进入菌丝;菌根真菌细胞壁及原生质膜组分如黑色素、几丁质、纤维素及其衍生物均能与重金属结合,把重金属固定在根内或根外菌丝细胞壁和原生质膜中以减缓重金属的危害;真菌组织内的聚磷酸、有机酸和真菌细胞壁分泌的黏液等均能结合过量的重金属元素,起到解毒作用。② 调控植物的生理代谢活动。菌根真菌菌丝体相互交错形成庞大的菌丝网,扩大了根系对营养元素和水分的吸收范围;真菌侵染使根系细胞壁木质化、细胞层数增多,阻碍重金属进入根系;真菌影响宿主植物根际土壤的 pH、氧化还原电位(Eh)、根系分泌物、根际微生物群落结构等,影响重金属的生物有效性,增强宿主植物对重金属的吸收。③ 产生生化颉颃物质。菌根真菌的菌丝能够产生多胺、有机酸、球囊霉素等物质,与重金属发生络合反应。同时,菌根通过影响宿主植物体内酶的活性,启动抗氧化系统。④ 调控基因表达。在重金属胁迫条件下,菌根调节宿主植物体内重金属吸收相关基因的表达,影响宿主对重金属的耐性、吸收、运输、迁移或积累。

二、 生物修复技术应用

(一) 污染土壤生物修复的技术分类

污染土壤是人类活动形成的污染物通过不同途径进入土壤生态系统而造成的,且进入土壤的污染物数量和速度超过了土壤的自净化能力,导致土壤中污染物不断累积从而破坏了土壤自身正常的理化结构及功能。目前常见的污染土壤分无机污染和有机污染两大类,无机污染主要包括重金属、酸、碱、盐、放射性元素等;有机污染包括农药、化肥、石油及其产品、固体废物及其渗滤液等。针对不同污染类型,污染土壤的生物修复技术与方法也不同。按照污染土壤生物修复所采用的生物类群大致可分为植物修复法、动物修复法和微生物修复法。微生物修复法又可依据污染土壤是否移位分为原位修复法和异位修复法。

(二) 污染土壤植物修复技术及应用

从方式上可分为直接利用植物修复技术和人工诱导植物修复技术(Liu 等,2020)。直接利用植物修复技术即直接利用植物来消除土壤污染、恢复土壤功能的技术;该技术多应用于重金属污染土壤的生态恢复,根据机理的不同有植物提取、植物固定和植物挥发等类型。人工诱导植物修复技术则是通过人工的方法提高植物消除土壤污染的机能,从而有效地利用它们恢复土壤功能的技术;该技术主要利用基因工程促进植物修复和通过化学添加剂强化植物修复效率。

植物提取技术需要选择既能耐受重金属污染又能大量积累重金属的植物种类,因此研究不同植物对重金属离子的吸收特性,筛选出超量积累植物是研究和开发的关键。目前世界范围内已发现超过 450 种超量积累植物(Prasad 等,2010),重金属的超量积累植物应具有以下特征:① 植物体内某一重金属元素的浓度应达到一定的临界值。不同重金属元素由于在土壤和植物中的背景值差异较大,因此对不同重金属超量积累植物的临界值没有统一的标准,目前公认的是 Baker 等(1983)提出的临界浓度参考值,即:Cd 为 100 mg/kg(干重);Pb、Co、Cr、Cu 和 Ni 为 1 000 mg/kg(干重);Mn 和 Zn 为 10 000 mg/kg(干重)。② 植物地上部的重金属含量应高于根部。③ 植物在重金属污染的土壤上能良好地生长,一般不发生重金属中毒现象。

有关超量积累植物大量富集重金属的机理迄今为止仍是研究的热点。一般认为主要有以下几种机制促进重金属离子的吸收:① 植物根系能分泌苹果酸、柠檬酸或组氨酸等金属离子螯合剂,以螯合、溶解土中固定的重金属;② 植物根部细胞原生质膜分布有金属还原酶,可增加重金属的有效性;③ 植物的根系通过释放质子提高根际土壤的酸性,从而增加重金属的可移动性;④ 植物根系通过富集根际微生物促进对重金属离子的吸收;⑤ 某些超量积累植物能够通过区隔化作用(compartmentation)降低吸收入体内的重金属毒性,进而使根系可持续地吸收重金属元素(陈同斌等,2005;Danh 等,2014;Webb 等,2003)。

植物固定技术通过植物枝叶分解物、根系分泌物和腐殖质对重金属进行固定作用。该技术已有许多成功的应用实例,如 Cunningham(1996)研究了植物对土壤中 Pb 的固定,发现一些植物可降低 Pb 的生物可利用性,缓解 Pb 对环境中其他生物的毒害作用。然而植物固定并没有将环境中的重金属离子去除,只是暂时地固定。如果环境条件发生改变,重金属的生物可利用性可能又会发生改变,因此植物固定不是一个很理想的去除环境中重金属的方法。

植物挥发技术利用植物去除土壤中一些具有挥发性的污染物。过去,人们发现微生物能促使土壤中的 Se 挥发,研究表明,植物对 Se 的挥发有着同样的功能,如 Zayed 和 Terry(1998)研究发现印度芥菜能使土壤中的 Se 以甲基硒的形式挥发而去除。植物挥发技术只适用于挥发性的污染物(如 Se、Hg、Ag 等),应用范围很小,并且将污染转移到大气中,对人类和生物仍有一定的风险,因此该技术的应用仍受到较大的限制。

除上述技术外,其他技术如根系过滤技术及人工诱导植物修复技术等也广泛应用到污染环境的生物修复中。其中根系过滤(rhizofiltration)是指富营养或富含毒素的大量水体通过根系过滤后,其中的污染物含量显著降低的过程。这种方法往往是通过预先在温室中种植这些植物,并在需要的环境中临时移栽这些预先培育的植物来实现的(Rezania,2015)。该技术主要应用于污染沉积物和污染水体的植物修复。人工诱导植物修复主要利用基因工程和化学添加剂促进和强化植物对污染土壤的修复效能。

传统的植物修复技术往往受到植物的生物量、生长速度、适应性和对重金属的选择性等因素的制约,表现出一定的局限性。利用基因工程来培育出高产、高效和可富集多种重金属的超量积累植物,已经成为人工诱导植物修复技术的一个新思路。现在该方法已有诸多应用,例如,Grichko 等(2000)将细菌中的相关基因引入番茄后,番茄具有了对 Cd、Co、Cu、N、Pb 和 Zn 的耐性,并不同程度地提高了这些重金属在植物组织中的富集。

另外,植物修复技术的效能与重金属在土壤中的生物可利用性密切相关,而大部分重金属在土壤中的生物有效性较低,能够直接被植物吸收利用的部分很少。通过向土壤中施加化学物质,诱导土壤重金属的形态发生改变,提高重金属的植物可利用性,从而增强植物的吸收提取能力。使用最多的化学添加剂是螯合剂,此外,还有酸碱类物质、植物营养盐、共存离子、植物激素、腐殖酸、CO_2 及表面活性剂等。例如,Huang(1998)研究发现,当向铀(U)污染的土壤中加入一定量的柠檬酸后,印度芥菜地上部分对 U 的积累浓度比对照提高了 1 000 多倍。柠檬酸较易降解,不会造成残留毒性,其修复应用具有环境友好性。

(三)污染土壤动物修复技术及应用

污染土壤动物修复是在人为或自然条件下利用土壤动物及其肠道微生物,在污染土壤中生长、繁殖和间作等活动中破碎、分解、消化和富集污染物,从而使污染物降低或消除的修复技术(刘军等,2009)。

1. 土壤动物单独修复技术及应用

土壤动物直接用于污染修复主要针对生活有机垃圾和农牧业废物污染土壤,当污染物中含有大量重金属及农药残留时,用于土壤修复的动物则需要进行特别的处理。当土壤中的重金属或农药超出土壤动物的半致死浓度时,需要通过工程措施、农艺措施等降低其浓度后再进行动物修复。

蚯蚓是较为活跃且研究较多的土壤动物,蚯蚓的各类生命活动直接或间接地影响有机污染物在土壤中的迁移和转化,同时也会对土壤微生物的数量、结构、多样性产生影响(Brown 等,2000)。蚯蚓通过产生蚯蚓粪使微生物和底物充分混合,蚯蚓分泌的黏液和对土壤的松动作用,改善了微生物生存的物理化学环境,大大增加了微生物的活性及其对有机物的降解速率(Jacobo 等,2014)。此外,土壤中螨虫和甲虫等动物也具有富集土壤有机污染物的功能。

随着密集型农业的发展,特别是畜牧业的发展,大量的农业废物排入环境,严重污染土壤环境。目前全国有 500 多家公司利用蚯蚓处理畜禽粪便等有机污染物,中国农业大学已开发出大型的蚯蚓生物反应器,日处理有机废物可达 6 t(孙振钧,2005),同时可以产生 1 800 t 蚯蚓粪有机肥料;蚯蚓还对土壤中有机农药具有一定的富集作用。大量研究表明,蚯蚓能够修复 PAHs(苯并[a]芘、萘、菲、蒽、荧蒽等)、PCBs、农药(DDT、五氯酚、阿特拉津等)等多种有机污染物,具有广阔的应用前景。

2. 土壤动物联合修复技术

单一土壤动物修复技术在污染环境治理上的应用效果有限,实践中常与微生物修复技术、植物修复技术及工程技术相结合来运用。土壤动物不仅直接富集重金属,还和植物、微生物协同富集重金属,改变重金属的形态,使重金属钝化而失去毒性。特别是蚯蚓等动物的活动促进了微生物的转移,使得微生物在土壤修复的作用更加明显;同时土壤动物把土壤有机物分解转化为有机酸等,使重金属钝化而失去毒性。Lai 等(2021)研究表明,蚯蚓与小麦联合处理 Cd、Pb 污染土壤,使 0~20 cm 土层中 Cd、Pb 含量显著降低,大约有 32.8%~51.1% 的 Cd 和 0.35%~7.0% 的 Pb 从 0~20 cm 土层向下迁移到 20~50 cm 土层中。Lu 等(2015)分别研究了蚯蚓、高羊茅(*Festuca arundinacea*)、丛枝菌根真菌(*Glomus caledonium*)对 16 种 PAHs 污染土壤的修复效果,结果表明,培养 120 d 后,蚯蚓、高羊茅处理组的降解率分别为 37%、64%;高羊茅分别接种蚯蚓、丛枝菌根真菌处理组的降解率为 70%、85%;而高羊茅同时接种蚯蚓、丛枝菌根真菌处理组的降解率为 93.6%。相比之下,联用技术的修复效果优于单一的修复技术,这可能会成为土壤修复的研究热点。

（四）污染土壤微生物修复技术及应用

污染土壤微生物修复是利用土壤中天然的微生物资源、人为投加目的菌株或者人工构建的特异降解功能菌,使土壤中的污染物快速降解和转化成无害的物质,从而使污染的土壤部分或完全恢复到原始状态的技术。微生物修复技术主要有两种类型,即原位修复技术和异位修复技术。

1. 微生物原位修复技术

原位修复技术是在不破坏土壤基本结构的情况下,向污染区域施加 N、P 等营养元素,促使土壤微生物依靠有机污染物作为碳源进行生长繁殖,利用其代谢作用去除有机污染物的微生物修复技术,主要有投菌法、生物培养法和生物通气法等(张从等,2000)。

投菌法直接向受到污染的土壤中接入外源污染物降解菌,同时投加微生物生长所需的营养物质,通过微生物对污染物的降解和代谢达到去除污染物的目的。

生物培养法定期向土壤中投加过氧化氢和营养物。过氧化氢在代谢过程中作为电子受体,以满足土壤微生物代谢的需要,将污染物彻底分解为 CO_2 和 H_2O。

生物通气法是一种强化污染物生物降解的修复工艺。一般在受污染的土壤中至少打两口井,安装风机和真空泵,将新鲜空气强行排入土壤中,然后再将土壤中的空气抽出,土壤中的挥发性毒物也随之排出。在通入空气时,加入一定量的 N_2,可为土壤中的降解菌提供所需要的氮源,提高微生物的活性,增加去除效率;有时也可将营养物质与水经过滤通道分批供给,从而达到强化污染物降解的目的。

2. 微生物异位修复技术

异位修复技术需要对污染土壤进行大范围的扰动,主要技术包括预制床技术、生物反应器技术、厌氧处理技术和常规堆肥法等(邵涛等,2007;陶颖等,2002;张传涛等,2020)。

预制床技术指在平台上铺上沙子和石子,再铺上 15~30 cm 厚的污染土壤,加入营养液和水,必要时加入表面活性剂,定期翻动充氧,以满足土壤微生物对氧的需要,在处理过程中流出的渗滤液,及时回灌于土层,以彻底清除污染物。

生物反应器技术指把污染的土壤移到生物反应器上,加水混合成泥浆,调节适宜的 pH,同时加入一定量的营养物质和表面活性剂,底部鼓入空气充氧,满足微生物所需 O_2 的同时,使微生物与污染物充分接触,加速污染物的降解。降解完成后,过滤脱水。这种方法处理效果好、速度快,但仅仅适宜于小范围的污染土壤治理。针对石油等有机污染土壤修复的生物反应器已有一些专门的设备,陶颖等(2002)综述了有机污染土壤生物修复的生物反应器类型,包括土壤泥浆反应器、固定生物膜反应器、转鼓式反应器、生物流化床反应器、厌氧-好氧反应器、土壤淤泥序列间歇反应器等。

厌氧处理技术适于高浓度有机污染的土壤处理,但处理条件难以控制。该技术主要应用于高浓度有机污染水体的处理。

常规堆肥法是传统堆肥和生物治理技术的结合,向土壤中掺入枯枝落叶或粪肥,加入石灰调节 pH,人工充氧,依靠其自然存在的微生物使有机物向稳定的腐殖质转化,是一种有机物高温降解的固相过程。堆肥处理对象包括生活垃圾、作物秸秆、污水处理厂剩余污泥等。处理方法包括厌氧处理和好氧处理两大类。其中厌氧处理要求占地较大,但是因运转费用非常低廉,所以在土地较低廉的地区一直作为主流技术。由于我国土地越来越紧张,所以好氧堆肥处理技术现已成为重点发展的技术。目前好氧堆肥技术已发展出中温堆肥(15~35 ℃)和高温堆肥

(55~65 ℃)两大类。国外甚至已发展出反应温度超过 100 ℃ 的堆肥技术。温度越高,反应速度越快,效率越高,处理运行费越低,而且堆肥产物作肥料使用的安全性越高。

第三节　水污染的生物修复

污染物进入自然水体导致水生生态系统的退化,这就是水体污染,被污染的水体包括湖泊、河流、海洋和地下水。水体污染物主要包括毒性污染物、植物营养物、有机污染物、致病污染物、热污染物等。水体是元素生物地球化学循环的主要迁移载体之一,对其治理是很多国家和地区大量开展的环境保护重点工作之一。

污染水体十分复杂,治理方式十分复杂,涉及的生物修复和治理方式十分多样,这里就目前世界范围内存在广泛影响的重金属污染、富营养化、海洋石油污染及水体新污染物的生物修复一般方式予以介绍。

一、 重金属污染水体的生物修复

水体中重金属主要来源于废弃的矿山或地面尾矿中排出的酸性矿山废水、金属冶炼厂废水、生活污水等,这些富含重金属的废水排放到河流和湖泊中造成水体污染。目前,针对受污染水体的修复技术主要包括化学沉淀法和膜过滤过程,如微滤、超滤和反渗透。化学沉淀法是国内处理高浓度污水最普遍的修复技术,而对于低重金属浓度的水则使用吸附法和膜过滤。化学修复方法价格高昂,且容易产生二次污染,因此,生物修复重金属污染水体具有较好的应用前景。

常用的修复方法利用水生植物来修复重金属污染水体,水与水体中的泥沙流过修复植物时,利用植物对重金属的拦截与吸收减少水体中重金属含量,并使重金属浓度降低到对人类安全可用的水平,称为根滤修复(rhizofiltration remediation)。在实际应用中利用人工湿地去除水体重金属,香蒲、假马齿苋、美洲水葱、石菖蒲、水浮莲、浮萍、凤眼蓝、狐尾藻、水花生等水生植物都有较强的重金属富集和转运能力,常选作湿地修复植物。不同种类的人工湿地都包含四个阶段,第一个阶段控制水体流速,合适的流速能够使污染水体与后续处理过程中的植物充分接触,并保留一定的停留时间;第二阶段为挺水植物处理阶段,这个阶段目的是截留和隔离重金属;第三个阶段主要利用沉水植物去除水和泥沙中的重金属;第四个阶段通过漂浮植物吸收重金属。植物修复水体的主要方式有以下三个方面。

1. 植物主动吸收

植物可以通过改变膜的渗透性、金属与细胞壁的结合能力等来实现重金属的吸收。根系分泌小分子有机酸诱导抗氧化过程,从而降低金属毒害性,提高植物对重金属的抗性。

2. 金属螯合与络合

在重金属浓度较高的环境中,植物吸收过量重金属或者多金属联运造成植物重金属毒害,植物通过对重金属进行螯合与隔离来固定重金属,减弱毒性。螯合作用主要涉及植物螯合素

（phytochelatins，PCs）、金属硫蛋白、有机酸、无机酸。植物螯合素是谷胱甘肽的低聚物，由植物螯合素酶催化合成。金属硫蛋白是一种富半胱氨酸的蛋白质，其能与重金属结合降低重金属生物毒性。

3. 重金属的运输、排出与隔离

重金属的排泄过程涉及细胞质隔离、阳离子扩散、液泡隔离、ABC 转运蛋白。重金属从根到芽的运输过程主要通过韧皮部来完成，并将重金属离子从细胞质中转移出去。液泡隔离重金属达到解毒的目的。

植物与微生物联合修复近年来发展迅速，二者相结合可促进植物和微生物的重金属抗性和修复能力，包括促进植物生长，引发植物的防御免疫系统，通过螯合作用降低重金属毒性，或促生重金属对植物产生有利影响。水生植物接种丛枝菌根真菌（AMF）能够有效提高修复效率（表10-2）。重金属污染水体的生物修复，在原理和手段上类似于土壤重金属的生物修复。相关内容参见本章第二节的内容，在此不再赘述。

表 10-2　不同 Cd 浓度下接种 AMF 对芦苇和狼尾草体内 Cd 含量的影响

植物	接种 AMF	Cd 浓度 /(mg·L^{-1})	地上部 Cd 含量 /(mg·kg^{-1})	根系 Cd 含量 /(mg·kg^{-1})
芦苇 (P. australis)	对照	0	0.5±0.2	2.1±0.8
		5	48.4±5.4	144.5±12.6
		10	75.6±10.3	233.4±20.5
		20	124.4±32.1	393.2±36.4
	摩西斗管囊霉 (F. mosseae)	0	1.8±1.4	8.4±1.5
		5	65.4±21.6	208.2±24.7
		10	125.5±15.2	410.4±50.4
		20	182.4±26.4	663.3±46.2
	根内根孢囊霉 (R. intradices)	0	1.6±1.1	7.1±2.1
		5	61.6±5.4	191.5±35.0
		10	120.4±15.6	392.7±15.6
		20	176.2±25.4	623.7±25.9
狼尾草 (P. alopecuroides)	对照	0	0.4±0.1	1.2±0.6
		5	34.2±6.2	96.4±18.6
		10	53.8±9.0	158.5±20.7
		20	85.1±14.7	292.9±26.2
	摩西斗管囊霉 (F. mosseae)	0	2.0±1.2	6.3±3.2
		5	47.6±5.9	147.4±22.5
		10	76.4±12.0	254.5±18.2
		20	108.7±24.3	389.4±24.1
	根内根孢囊霉 (R. intradices)	0	1.9±0.4	5.8±1.5
		5	43.4±5.6	129.6±12.6
		10	60.6±2.3	192.6±22.3
		20	101.5±12.4	353.4±35.5

资料来源：宁楚涵等，2019。

二、 水体富营养化的生物修复

20世纪中期以来,水体富营养化成为普遍的水体污染方式。调查显示,亚洲的富营养化湖泊占比为54%,欧洲为53%,北美洲为48%,南美洲为41%,非洲为28%。

水体富营养化的污染来源分为点源污染(point sources)和面源污染(non-point sources)。点源污染是指从单一、可确定的水源进入水体的污染物。这类来源包括污水处理厂、工厂污水及城市排水沟。面源污染是由多个分散的污染源造成的污染,通常是由地表径流、降水造成的。农业地区富含营养元素的径流汇入湖泊、河流是水体富营养化的主要原因。控制水体富营养化的最好方法就是控制面源污染。

在已经受到污染的水体中,通常利用能够快速吸收和分解营养物质的微生物、水生植物和水生动物来加快污染物的生物地球化学循环。主要技术包括以下几种。

1. 植入植物技术

植入植物技术是指在污染水体中种植对污染物吸收能力强、耐受性好的水生植物,应用植物的吸收及根区植物-微生物的联合作用从污染环境中去除污染物或将污染物予以固定,从而达到修复水体的目的。常用于水体修复的水生植物有水葫芦(*Eichhornia crassipes*)、浮萍(*Lemna minor*)、芦苇(*Phragmites australis*)、香蒲(*Typha latifolia*)、喜旱莲子草(*Alternanthera philoxeroides*)、水芹(*Oenanthe javanica*)、菱(*Trapa bispinosa*)、菖蒲(*Acorus calamus*)等。利用水生植物修复污染水体时,需根据污染水体的深度选择不同的策略。对于浅水区,通常采用底泥中植入挺水植物、浮叶植物和沉水植物进行修复;对于深水区,通常采用水面上种植浮水植物或借助生态浮岛种植多种水生植物进行修复。据报道,浮水植物水葫芦生长速度快,可吸收转化水体中的N、P营养物、重金属、酚、甲萘胺、苯胺、木质素、洗涤剂、六六六及DDT等污染物,然而,水葫芦较差的生物可利用性限制了其大规模应用。相对而言,浮萍生物蛋白淀粉含量高,具有更高的资源化利用潜力,近年来备受关注(Zhao等,2014)。此外,生态浮岛技术的应用近年来较为广泛。生态浮岛,又称生态浮床、人工浮床等,以水生植物为主体,运用无土栽培技术原理,以高分子材料等为载体和基质,利用植物与植物根系、基质附生微生物的联合作用吸收降解水体污染物,实现水体的生态修复,并兼具造景功能。例如,科研人员研究了美人蕉、黄菖蒲及两种植物混合种植浮岛对城市景观水体中N、P的处理效果,发现黄菖蒲浮岛对总N的去除率最高,可达69.4%;美人蕉浮岛去除总P效果最好,最高去除率为70.5%;而两种植物混合浮岛则有最高的 COD_{Mn}(COD为化学需氧量)去除率,为30.3%。可见,依据当地污染情况有针对性地选择植物或植物搭配方式,是实际应用时需要考虑的问题。

2. 生物膜技术

生物膜技术通过模拟地表水自净过程中砂砾表面生物膜的作用原理,以天然材料(如卵石、砾石及天然河床等)或人工合成接触材料(如塑料、纤维等)为载体,使微生物群体呈膜状附着于载体表面,生物膜上的微生物通过与水体接触吸收和降解水体污染物,从而使污染水体得到修复。当前,应用于污染河流原位修复的生物膜技术主要有砾间接触氧化法、人工填料接触氧化法等。砾间接触氧化法是根据河床生物膜净化河水的原理设计而成,通过人工填充的砾石,使水与砾石表面生物膜的接触面积增大数十倍,甚至上百倍,以此加快污染物去除的一种人工强化技术。如日本野川建立的第一座砾间接触氧化净化场,该净化场设立在河滩地带,为地下构造式,自建成投入使用后大约 6 年的运行观测结果表明,净化场对生化需氧量(BOD)及悬浮物(SS)的去除率分别达到了 59.13% 和 63.3%。人工填料接触氧化法以人工合成材料(如碳素纤维、弹性填料、柔性填料和组合填料等)为填料,通过填料表面生物膜中微生物一系列的生化过程实现对污染水体的净化。近年来,该方法因投资少、净化效果好等特点,在河流的直接净化中应用较多,我国河海大学田伟君等利用仿生填料在太湖林庄港进行了 120 m 长的河道修复试验,稳定运行期间填料上附着的生物膜厚度可达 0.8~1.1 mm,对 COD_{Mn} 的去除率稳定在 10% 左右,对 NH_4^+-N 的去除率稳定在 40% 左右,对总 N 的去除率达到了 20%,而对总 P 的去除率也在 25% 左右,修复效果明显。

3. 生态工程技术

水环境修复工程遵循的原则不同于传统环境工程学。在传统环境工程领域,处理对象(如污水)浓度高、体量小,可建造成套的处理设施(如污水处理厂),在最短的时间内,以最快速度将污染物净化去除;而在水环境修复领域,修复的对象浓度低、体量大,若采用传统坏境工程技术,即使局部小系统的修复,其运行费用也是天文数字。因此,污染水体的异位修复很少选用传统环境工程技术,倾向于选用技术含量和运行成本较低的生态工程技术,如稳定塘和湿地处理系统。这些生态工程技术也常用于低浓度、低负荷污水(如村落污水、农业排水)的净化。

(1) 稳定塘。稳定塘(stabilization pond)是一种天然的或经一定人工构筑的水净化系统。其水体的净化过程与自然水体的自净过程类似,主要通过微生物(细菌、真菌、藻类、微型动物等)的代谢活动,以及相伴随的物理、化学及物理化学过程,使水中的有机污染物、营养素和其他污染物进行多级转换、降解和去除。稳定塘作为一种生态工程技术,具有基建投资和运转费用低、维护和维修简单、便于操作、无须污泥处理等优点,可同时有效去除 BOD、病原菌、重金属、有毒有害有机物和含 N、P 等营养物质,在村镇污水及分散污水的处理、面源污染控制、河流湖泊生态修复、进一步降低污水处理厂出水的低浓度污染物方面具有一定优势。然而,稳定塘系统依然存在占地面积大、水力停留时间较长、效率低下、散发臭味、处理效果受气候条件影响大等缺陷。稳定塘按塘内水体中的微生物优势群体和溶解氧状况可划分为好氧塘、兼性塘和厌氧塘三种类型。目前,全世界已有很多国家采用稳定塘处理污水。我国有关稳定塘的研究始于20 世纪 50 年代末,从 60 年代起陆续建成了一批污水塘库,80—90 年代开始迅速发展。目前已经建成并投入运行的稳定塘几乎遍布全国。

(2) 湿地处理系统。湿地处理系统(wetland treatment system)可用于污染河流的修复,也可用于湖泊等大型水体的治理及分散污水的处理,包括自然湿地系统(natural wetland system)和人工湿地系统(artificial wetland system)两类。其中,人工湿地系统用人工筑成水池或沟槽,底面铺设防渗漏隔水层,充填一定深度的基质层,种植水生植物,利用基质、植物、微生物的物理、化学、生物三重协同作用使污水得到净化。天然湿地系统和人工湿地系统有明确的界定:天然湿地系统以生态系统的保护为主,以维护生物多样性和野生生物良好生境为主,净化污水是辅助性的;人工湿地系统通过人为地控制条件,利用湿地复杂特殊的物理、化学和生物综合功能净化污水。人工湿地系统的主要组成部分有填料、植物、微生物(细菌、真菌等),所针对的污染物主要为 N、P、SS、有机物(BOD、COD)和重金属等。按照水体流动方式,人工湿地系统可分为表面流人工湿地(surface flow constructed wetlands)和潜流人工湿地(subsurface flow constructed

wetlands)两类。除此之外,还有很多以上述人工湿地为基础进行改良设计的人工湿地处理系统,如波式潜流人工湿地、潜流型厌氧处理湿地、推流床湿地、下行流湿地、上行流湿地、好氧塘和兼性塘的不同组合工艺等,去污效果各有利弊(张清,2011)。作为20世纪70年代发展起来的一种新型污水处理生态系统,人工湿地以其建设运营成本低、去污能力强、使用寿命长、工艺简单、组合多样化等优势,近年来在世界各地得到了广泛应用。我国在这些方面的研究起步较晚,人工湿地规模较小,在处理技术和管理上还相对落后,但随着对水环境保护的重视,人工湿地系统的应用发展迅速。典型应用如深圳白泥坑人工湿地处理系统和玉溪九溪人工湿地处理系统。深圳白泥坑人工湿地处理系统建于1990年7月,是我国第一个人工湿地污水处理工程,位于深圳市宝安县白泥坑村南500 m处,占地面积12.6 hm²,日处理量为3 100 m³,对BOD的去除年均达90%,COD年均可达80.47%;玉溪九溪人工湿地处理系统(如图10-2)建于2008年5月,是当时我国湖泊治理中规模最大的人工湿地系统,位于玉溪市江川县九溪镇,其工艺为氧化塘+水平潜流+垂直潜流,处理对象为富营养化水体(含大量蓝藻),处理能力为100 000 m³/d,占地面积为150 000 m²。设计的出水水质要求满足地表Ⅳ类水质标准,部分满足Ⅲ类水质标准,多年运行状况正常,出水达标。

图10-2　玉溪九溪人工湿地处理系统

三、 海洋石油污染的生物修复

随着人们对石油及其制品需求的日益增长,在海上开采、运输、装卸及利用石油的过程中溢油事故日益增多。因此,海洋石油污染治理成为环境保护领域的重要任务之一。

📖 **资料框 10-2**

生物修复石油污染的实例

　　对一面积为200 m²,深度为8 m的受石油烃类化合物污染的地区进行原位生物修复处理,采用的是地下水抽取和过滤系统。具体方法是从一个8 m深的中心井和10个分布在处理地区周围的井中抽取地下水,然后用泵以30 m³/h的流速输入一个50 m³/h的曝气反应器

中,反应一段时间后再输进颗粒滤槽中,经过滤后重新渗入地下。在此过程中,采用了注入表面活性剂和营养物质,以及曝气和接种优势微生物等强化措施以促进污染物的降解。经过15周处理,土样中石油烃类化合物的浓度从 123~136 mg/L 降低到 20~32 mg/L。测定注入地下的水和抽出的地下水中溶解氧的浓度,结果表明进水中的溶解氧为 8.4 mg/L,而出水中的溶解氧为 2.4 mg/L,说明在土壤中也在进行着较强的好氧生物修复过程。

1984 年美国密苏里州西部发生地下石油运输管道泄漏事件,为此实施土壤生物修复系统,这个系统由抽水井、油水分离器、曝气塔、营养物质添加装置、过氧化氢添加装置、注水井等组成,对受石油烃类化合物污染的地区进行原位生物修复处理。其中曝气塔可借助人工曝气以增加溶解氧,添加的 N、P 营养则有助于石油降解微生物的生长繁殖,以提高石油降解菌的浓度,加快石油降解的速率。结果经过 32 个月的运行,获得了良好的处理效果。该地的苯、甲苯和二甲苯总浓度从 20~30 mg/L 降低到 0.05~0.10 mg/L,整个运行期间汽油去除速率为每月 1.2~1.4 t,生物技术去除的汽油约占总去除量(38 t)的 88%。

中国科学院微生物研究所林力、杨惠芳等在某化工厂受石油污染土壤的生物修复研究中调查了该受污染土层的微生物生态分布特性,结果表明,该土层中土著微生物比较活跃。好氧异养菌达 8 亿~12 亿个/g,厌氧异养菌达 2 亿个/g,烃降解菌达 200 万个/g。从中分离出 159 株烃降解细菌和真菌。其中 17 株可不同程度地分别利用烷烃(nC9~nC18)和芳烃(酚、萘、苯、甲苯和二甲苯)作为唯一碳源生长。在最适氮源和磷源的条件下,假单胞菌 52 菌株可在 7 d 内利用石蜡作碳源,生物量连续增加,3 d 内可将初始浓度为 500 mg/L 的机油降解 99%。在投加经筛选的混合菌株治理土壤油污的模拟试验中,25 d 内,可将油污的矿化作用提高 1 倍。在投加解烃菌株、补充 N、P 营养,处理初始浓度为 1 500 mg/kg 的被原油污染的土壤时,8 d 内土壤中油污去除 98.8%,CO_2 产生量提高 2.8 倍。实验研究表明,该受污土层适于使用生物整治方法来去除油污。

生物修复是治理海洋石油污染的重要手段,生物修复的大规模应用也是以海洋溢油的治理为开端。海洋石油污染的生物修复强调自然过程的人工强化,而微生物是其中的工作主体。烃类是天然产物,所以海洋细菌一般都有降解石油的能力,最常见的降解菌有:无色杆菌属、黄杆菌属、不动杆菌属、弧菌属、芽孢杆菌属、节杆菌属、诺卡氏菌属、棒杆菌属和微球菌属。许多海洋酵母菌和霉菌可以依赖石油和烃类生长,最常见的酵母是假丝酵母属、红酵母属和短梗霉属,霉菌有青霉属和曲霉属。另外,藻类和原生动物对修复石油污染也有重要作用。

生物修复主要方法有以下几种。

1. 添加养分以促进石油降解菌的生长繁殖

海洋中存在大量能够降解石油的土著微生物,在海洋遭受石油污染后,石油降解菌便大量繁殖并降解石油。一般来说,未受石油污染的地区石油降解菌不到 0.1%,但在受污染的地区石油降解菌的比例和数量都明显上升。石油为这些微生物提供了充足的碳源,因此限制石油降解的因素主要是氧气和 N、P 等营养盐。因此,添加营养盐可以大幅度提高海洋石油生物修复的效果。常用的营养盐主要有三类:缓释肥料(营养盐依微生物需要缓慢释放出来）、亲油肥料（营养盐可溶解到油中）和水溶性肥料。现场实验结果表明，由于在油相中螯合的营养盐可以促进微生物在油膜表面生长，对石油污染的降解效果最好。在污染海滩加入 $0.4\sim0.8\ kg/m^2$ 的肥料时，石油烃类的生物降解速率提高了 $2\sim4$ 倍（沈德中，2002）。历史上有名的阿拉斯加威廉王子湾溢油事件中，埃克森美孚（Exxon）公司和美国环境保护局就是采用添加营养物质的形式处理溢油污染的海滩，处理后的 16 个月，有 60%～70% 的污染物已经被降解，取得了良好的效果。Venosa 等在美国特拉华州沙滩实验的研究结果也显示出添加营养物质后微生物对污染物的降解速率比不添加要快 50%（Venosa 等，1996）。

2. 使用分散剂以促进微生物对石油的利用

石油分散剂一般是表面活性剂，如加分散剂可以增加微生物对石油的利用性，从而促进微生物对海洋石油污染的修复作用。表面活性剂是一种由疏水基团和亲水基团组成的化合物，它的亲水基与疏水基同体结构可以降低油水液面间的表面张力，使油膜分散成小油滴，这样就大大地增加了油膜的表面积，增加了微生物及氧气与油滴的接触机会，进而促进微生物降解。目前，大部分研究者认为表面活性剂去除土壤中石油类污染物主要通过以下机理：卷缩（rollup）和增溶（solubilization）。不过，并不是所有的表面活性剂都具有促进作用；另外，现在市面上所使用的表面活性剂大多是化学合成或提取的表面活性剂，这类活性剂对环境有一定的污染作用，应用于石油污染环境处理时容易顾此失彼。因此，在实际操作中多使用微生物产生的表面活性剂作为石油分散剂来促进微生物降解。生物表面活性剂（biosurfactants）是表面活性剂家族中的后起之秀，它是由微生物产生的一类具有表面活性的生物大分子物质。生物表面活性剂与化学合成表面活性剂性能相似，但相比之下，还有其他优点：① 可生物降解，不会造成二次污染；② 无毒或低毒；③ 一般对生物的刺激性较低，可消化；④ 可以利用工业废物作为原料生产，并用于生物环境治理；⑤ 具有更好的环境相容性、更高的起泡性；⑥ 在极端温度、pH、盐浓度下具有更好的选择性和专一性；⑦ 结构多样，可适用于特殊的领域。

目前已得到研究的有鼠李糖脂（rhamnolipid）、单宁酸（tannic acid）、皂角苷（saponins）、卵磷脂（lecithin）、腐殖酸（humic acid）等。Harvey 等（1990）使用铜绿假单胞菌 SB30 产生的糖脂类表面活性剂在不同浓度下去除阿拉斯加砾石样品中石油的实验，结果表明温度在 30℃ 及以上时，这种微生物表面活性剂能够使细菌的利用能力提高 $2\sim3$ 倍。王海涛等选用 3 种阴离子表面活性剂（LAS、SDS 和 SAS）对污染的土壤进行解吸实验，研究了这 3 种阴离子表面活性剂和腐殖酸钠对黄土中柴油类污染物的协同增溶作用。实验结果表明，腐殖酸钠和 3 种阴离子表面活性剂对黄土中柴油的解吸均有显著增溶作用，使柴油的解吸量明显增加，柴油的去除率最高可达 63%。SDS 对柴油的解吸量随腐殖酸钠浓度的增大呈线性增加关系；但腐殖酸钠浓度增加对 LAS 和 SAS 的解吸曲线有突越点，超过此浓度后反而会抑制其解吸作用。（王海涛等，2004）

3. 接种石油降解菌提高降解效率

石油污染生物修复的微生物有三种：土著微生物、外来微生物和基因工程微生物。其中利用土著微生物最为方便，因为它在海滩上普遍存在，但往往存在生长缓慢、代谢活性不高等问题，在发生污染时，经常会受到抑制而导致数量及活性下降，因此需要添加高效的外来微生物或基因工程微生物来促进生物修复的进程。但是使用基因工程微生物需要格外小心，需要对基因工程微生物进行充分的论证才能使用，欧美等国家对基因工程菌的利用有严格的立法控制，迄今还未见到在油污染海滩应用基因工程菌的报道。因此，筛选、培育高效石油降解菌并将其接种到受污染海域被认为是一种有效的方法,但海洋中存在的土著微生物对此有颉颃作用。另外,在开放的环境中引入基因工程菌可能带来生态入侵等安全问题。

4. 提供电子受体

微生物将溢油污染转化成 CO_2 和 H_2O,需要外界提供充足的电子受体才能实现,因此电子受体是否充足也直接影响着溢油岸线生物修复的效果与速率。研究表明土壤和沉积物中含氧量的减少会使微生物降解石油烃的速率急剧下降。氧气是生物修复中最常用的电子受体,H_2O_2 也在生物修复中经常使用,另外一些有机物分解的中间产物和无机酸根也可作为电子受体。在石油污染的微生物修复中,为了避免因缺少电子受体而减缓修复速率,可采用的措施包括机械供氧或添加有机肥料等电子受体。

四、新污染物的生物修复

新污染物(emerging contaminants,ECs)是指在水环境中检测到的可能对生态或人类健康造成影响的污染物,而且它们没有收录在环境质量标准也不受现行环境法的管制。这些污染物的来源包括农业、城市径流和普通家庭生活用品及药品。目前已经有 200 多种化合物被列为新污染物。主要分为以下五类:

(1)药物制品,来源于人类药品消费与排泄,主要是药品、药妆、兽药、医疗过程产生的废料,包含激素、抗生素、脂质调节剂等。

(2)个人护理产品(personal care products,PCPs),包括化妆品、洗护用品、卫生用品等,其中含有大量芳香剂、防腐剂、消毒剂。

(3)内分泌干扰化学品(endocrine-disrupting chemicals,EDCs),包括杀虫剂、塑料工业的化合物,甚至一些自然产生的植物化学物质等,这些物质可能导致神经、激素和生殖系统紊乱,对生物造成影响。

(4)阻燃剂(flame-retardants),通常作为塑料和纺织品的添加物,例如氢氧化铝、有机卤代物、羧酸、三苯基磷酸盐等,能够影响生物激素水平和生殖功能,引起哮喘,有些还会致癌。

(5)其他新污染物,包括纳米材料、微塑料等。

由于环境质量相关标准中没有包含新污染物指标控制,因此目前并没有专门的修复方法。目前,去除新污染物最广泛的生物处理方法主要有以下两个技术方法。

1. 常规生物处理技术

生物转化和矿化是常规生物处理技术的主要过程,处理工艺包括活性污泥法、生物滤池、移动床生物膜反应器、硝化/反硝化、微藻/真菌处理、生物活性炭及其他好氧/厌氧/兼性微生物处理。

活性污泥法(activated sludge process)是目前世界上应用最广泛的新污染物处理工艺,其主要机理是利用曝气池中的微生物进行生物降解。活性污泥法对内分泌干扰化学品(75%～100%)、表面活性剂(95%～98%)和一些个人护理产品(78%～90%)的去除率非常高,对药物制品的去除率一般在 65%～100%,但其对某些悬浮颗粒的去除效率不高,仅仅进行吸附。

微藻/真菌处理工艺主要通过植物修复和降解机制有效去除新污染物,其对许多个人护理产品和内分泌干扰化学品的去除率较高(95%～100%),但是对杀虫剂的去除效果较差。

好氧/厌氧/兼性微生物工艺广泛应用于污水处理厂残留污泥的处理,新污染物一般吸附在悬浮颗粒表面。好氧/厌氧/兼性微生物对内分泌干扰化学品(60%~100%)和药物制品(65%~100%)的去除率良好,但对一些个人护理产品和β-受体阻滞剂的去除率不高。其中,好氧微生物的去除率最高,厌氧和兼性微生物次之。整体来说,它们的去除周期都较长,需要在污泥中停留很久。

生物活性炭具有同时生物降解和吸附新污染物的能力,其去除机理是微生物、颗粒活性炭、污染物和溶解氧相互作用。生物活性炭在去除农药、β-受体阻滞剂和一些药物制品中有很好的效果,但是对某些内分泌干扰化学品(例如雌三醇、丙二酚、辛基酚)、个人护理产品和药物制品的去除效果较差。

硝化/反硝化过程具有对某些新污染物的处理潜力,例如内分泌干扰化学品(雌酮、17β-雌二醇、17α-炔雌醇、雌三醇、丙二酚)、个人护理产品(水杨酸、加乐麝香、吐纳麝香、苯甲酮、苯酚)和一些药物制品(甲硝唑、布洛芬),但对其他新污染物的去除效率不高。

生物滤池对处理新污染物的研究还不多,其与活性污染法相比,去除率要低(<70%)。同样,移动床生物膜反应器作为一种新技术,对新污染物的处理工艺也需要进一步的研究。

2. 非常规生物处理技术

非常规生物处理技术包括生物吸附、膜生物反应器和人工湿地等工艺,其去除新污染物的主要机理为氧化、吸附和(或)生物降解。

生物吸附是一种以吸附和生物氧化(非降解)为主的生物处理过程,其主要促使污染物与特定的生物质和细胞结构结合来发挥微生物在吸附剂上的固定化作用。通常情况下,培养得到的鲜活真菌比腐生真菌的去除效率更高。生物吸附法可以有效地去除特定的新污染物,例如药物制品(吉非罗齐、萘普生和布洛芬)和其他一些污染物(丙二酚、三氯生、叔辛基苯酚、五氯苯酚、17β-雌二醇-17α-乙酸酯)。

膜生物反应器是在污水处理过程中广泛应用的污染物去除处理技术,其主要机理是通过物理截留和微生物在膜表面生物降解去除新污染物。由于吸附和生物降解的双重系统,膜生物反应器具有较为高效的去除能力,甚至对活性污泥法和人工湿地处理困难的污染物也具有去除效果。膜生物反应器对多种新污染物的去除效果明显,例如对内分泌干扰化学品的去除率为92%~99%,一些个人护理产品(对羟基苯甲酸丙酯和水杨酸)的去除率为100%,三氯生为99%,阿替洛尔为97%,β-受体阻滞剂的去除率为70%~80%,某些药物的去除率为75%~95%。但是,其对某些农药(五氯苯酚、2,4-D、涕丙酸、麦草畏和莠去津)和药物制品(兴奋剂和消炎药)的去除效果较差。

人工湿地是指在受控的环境条件下,利用生物降解、吸附和氧化等综合机理处理新污染物废水的工艺。其中,植物和微生物、多孔土壤基质、土壤化学物质分别负责生物降解、吸附和氧化过程。根据废水的流动状态,人工湿地可以分为水平流、垂直流和地下/地表流。其中,地下/地表流对杀虫剂的去除效果良好,水平流对个人护理产品的去除效果要优于其他两种状态。对药物制品而言,三者的去除效率依次为地下/地表流>水平流>垂直流;而抗生素则是水平流>地下/地表流>垂直流。然而,由于人工湿地所需要的空间较大,所以其一般承载的污水量是比较小的。

总的来说,常规和非常规生物处理技术能够有效地去除很多的新污染物,但是,大多数的工艺只针对特定的污染物具有较高的去除率。因此,为了提高新污染物的去除能力,这些生物处理技术之间可以结合使用,例如微藻/真菌处理工艺和生物活性炭结合提高农药的去除率,膜生物反应器和硝化/反硝化过程结合可以降低膜生物反应器应用过程中堵塞等工艺问题。

第四节 大气污染的生物治理

大气污染因高度的流动性、时空的随机性而使其污染治理与其他环境介质的治理不同,主要是对污染源的治理。但是,营造良好的生态环境,可以发挥生物在缓解和减少大气污染影响和效应方面,尤其是在城市环境治理中的积极作用。

一、污染大气的生物治理

按照国际标准化组织(ISO)的定义,大气污染指由于人类活动或自然过程引起某些物质进入大气中,呈现出足够的浓度,达到了足够的时间,并因此危害了人体的舒适、健康和福利或危害了生态环境。

大气污染物的种类很多,按其存在状态可概括为两大类:气溶胶状态污染物、气体状态污染物。气溶胶是指沉降速度可以忽略的小固体粒子、液体粒子或它们在气体介质中的悬浮体,可将其分为:粉尘、烟、飞灰、黑烟、雾;气体状态污染物是以分子状态存在的污染物,简称气态污染物,气态污染物种类很多,总体上可以分为五大类:以 SO_2 为主的含硫化合物、以 NO 和 NO_2 为主的含氮化合物、碳氧化合物、有机物及卤素化合物等。

1. 生物法净化挥发性有机废气

挥发性有机物(volatile organic compounds,VOCs),是指在常温下饱和蒸气压大于 70 Pa,常压下沸点小于 260 ℃ 的液体或固体有机物。

生物法净化 VOCs 废气是近年来发展起来的空气污染控制技术,利用微生物对污染物有较强、较快利用能力的特点,用污染物对微生物进行驯化,使微生物可以 VOCs 为碳源和能源,将其降解,转化为无害的、简单的物质,从而达到气体净化的目的。相比于传统的 VOCs 净化方法,生物法的优点是净化效果好,设备、工艺流程简单,操作稳定,无二次污染,能耗少,运行费用低,尤其在处理低浓度、大气量、生物降解性好的 VOCs 废气时更显其经济性。

VOCs 废气的生物净化是微生物通过代谢活动,将废气中的 VOCs 转化为简单的无机物(CO_2、水等)及细胞组成物质的过程。由于这一过程在气相中难以进行,所以在废气的生物净化中,污染物首先要经过由气相到液相的传质过程,然后在液相中被微生物吸附降解。处理工艺主要有生物洗涤法、生物过滤法和生物滴滤法三种。

2. 生物法防治大气污染

生物法防治是治理大气污染的一种有效持久方法。很多植物能够吸收空气中的有毒有害物质,并将这些物质在体内进行分解,转化为无毒物质。

如果空气中的有毒物质,如 SO_2 达到十万分之一时,人就不能长时间工作;当它的浓度达到万分之四时,人就会中毒死亡,而很多植物在污染环境中仍能正常生长。生态学家曾采集了多种抗污能力较强的植物进行分析,发现木槿叶片中的含氯量及黏附在叶片上的氯量很多,且它对 SO_2 也有很强的抗性,SO_2 对木槿的叶肉细胞危害极小,木槿有"天然解毒机"之称。又如榆树对空气中的尘埃有过滤作用,据测定,它的叶片滞尘量为 $12.27 \ g/m^2$,有"粉尘过滤器"之称。同时,榆树对大气中的 SO_2 等有毒气体也有一定的抗性。夹竹桃也是一种抗污能力很强的树种,夹竹桃的叶面有蜡质,既有很强的耐旱能力,又能在毒气和尘埃弥漫的恶劣环境中照常生长。据实验,在 SO_2 强污染环境中,一般植物均会花落叶枯,而夹竹桃仍枝繁叶茂,生长如常。它对粉尘、烟尘也有较强的吸附力,叶片能吸附的灰尘可达 $5 \ g/m^2$,因而被誉为"绿色吸尘器"。

为达到较好的大气污染治理效果,需要配置好有高效净化能力的植物群落,同时必须注意植物净化能力与抗性相结合,乔、灌、草相结合,因地制宜,合理配置。

二、 大气治理的生物技术

目前,生物修复技术的应用更多侧重于污染土壤和污染水体,在大气污染中的应用报道较少, 大多处于研究阶段。在已有的报道中,植物修复污染大气的研究相对较多,尽管微生物也具有降解转化大气污染物,尤其是挥发性有机污染物的能力,但由于大气中普遍缺乏微生物附着表面和微生物生长所需的营养元素,不适合微生物生长,使得微生物在大气污染修复(产后)中的应用受到极大限制,微生物技术较多用于大气污染物产生前的预防(产前)及排放前的治理(产中)阶段。因此,此处仅介绍植物修复技术在大气污染修复中的研究和应用情况。

大气污染的植物修复是一种以太阳能为动力,利用植物的同化或超同化功能净化污染大气的绿色植物技术。这种生物修复过程可以是直接的,也可以是间接的,或者两者同时存在。植物对大气污染的直接修复是植物通过其地上部分的叶片气孔及茎叶表面对大气污染物吸收与同化的过程,而间接修复则是指通过植物根系或其与根际微生物的协同作用清除干湿沉降进入土壤或水体中大气污染物的过程(骆永明等,2002)。利用植物修复技术治理大气污染尤其是近地表大气混合物污染,是近年来国际上正在加强研究和迅速发展的前沿性新课题。而我国在这方面的研究尚处于起步阶段,应用研究的报道极少。至于现有的在公路两旁种植植物,以及在化工厂附近种植特种植物,主要是用于美化环境和减轻空气污染,具有大气修复的雏形,但因缺乏系统的规划、设计计算和合理布局,其净化效果有限,还不是真正意义上的大气修复。

目前的研究多集中在通过实验筛选对大气污染有较强的抵抗能力,或对污染物有较强吸收净化能力的植物上。研究发现,植物可以吸收大气中的多种化学物质,包括 SO_2、NO_2、有机污染物等,但不同植物种类对污染气体的净化能力有很大差别。针对大气 SO_2 吸收的研究表明,绿化树种对大气 SO_2 污染具有很强的吸收修复能力,其中修复能力最强的树种是加拿大杨(*Populus×canadensis*)、旱柳(*Salix matsudana*)、花曲柳(*Fraxinus rhynchophylla*);中等修复能力的树种有榆树(*Ulmus pumila*)、京桃(*Prunus davidiana*)、皂荚(*Gleditsia Sinensis*)、刺槐(*Robinia pseudoacacia*)、桑树(*Morus alba*);修复能力较弱的是青杨(*Populus cathayana*)和丁香(*Syzygium aromaticum*)。针对大气 NO_2 吸收的研究表明,217 种天然植物对 NO_2 的同化能力差异达 600 倍。此外,也有研究发现,植物同化 NO_2 能力存在着科属差异,菊科(*Compositae*)、桃金娘科(*Myrtaceae*)、杨柳科(*Salicaceae*)、茄科(*Solanaceae*)、山茶科(*Theaceae*)、蔷薇科(*Rosaceae*)对

NO_2的同化能力较强,而禾本科(*Gramineae*)却不能同化 NO_2。就物种而言,烟草(*Nicotiana tabacum*)、矮牵牛花(*Petunia hybrida*)、灯笼果(*Physalis peruviana*)、蕃茄(*Lycopersicon esculentum*)、曼陀罗(*Datura stramonium*)、马铃薯(*Solanum tuberosum*)、常春藤(*Hedera nepalensis*)和爬山虎(*Parthenocissus tricuspidata*)对 NO_2 有较强吸收,是城市绿化和景观园林中很好的 NO_2 净化植物。针对大气有机污染物的研究表明,植物表面可以吸附亲脂性的有机污染物,其中包括多氯联苯(PCBs)和多环芳烃(PAHs),其吸附效率取决于污染物的辛醇-水分配系数。有报道认为大气中约44%的 PAHs 被植物吸收,从大气中去除,其中,春季和秋季吸收能力较强,主要吸收较高分子量的 PAHs,虽然植物不能完全降解被吸收的 PAHs,但植物的吸收有效地降低了空气中的 PAHs 浓度,加速了从环境中清除 PAHs 的过程。此外,也有研究人员发现植物可以有效地吸收空气中的苯、三氯乙烯和甲苯,不同植物对不同污染物的吸收能力有较大的差异。这一结果也说明选择合适的植物种类是取得植物修复成功的一个关键环节。

📑 小结

利用生物治理去除或清除环境中的污染物是环境科学与技术中的重要领域,也是全世界目前普遍发展以应对污染环境的关键技术手段,成为环境生物学最活跃的前沿之一。生物修复技术以安全、经济及大面积治理污染环境等特点成为一种可靠的环保技术,已经成为方兴未艾的新兴产业技术。

❓ 思考题

1. 概念与术语理解:生物修复,生物恢复,生物清除,生物再生,生物净化,原位修复,异位修复,植物提取,植物固定,植物挥发,植物降解。

2. 生物修复与其他方法修复具有怎样的特点?

3. 生物修复一般方法的工作程序是什么?

4. 举例说明生物修复污染环境的工作原理。

5. 如何针对大气、土壤、水体污染遴选不同的修复植物?

6. 针对重金属污染和有机污染,在修复策略和方法上有什么区别?

7. 对环境生物在污染环境的工程治理中应用实例进行剖析,分析环境生物工程的特点。

📖 建议读物

1. 王焕校. 污染生态学[M].北京:高等教育出版社,2000.

2. 马广大. 大气污染控制工程[M].北京:中国环境科学出版社,2003.

3. 周启星,宋玉芳. 污染土壤修复原理与方法[M].北京:科学出版社,2004.

4. 李法云. 污染土壤生物修复原理与技术[M].北京:化学工业出版社,2016.

5. 国家自然科学基金委员会,中国科学院. 中国学科发展战略——土壤生物学[M].科学出版社,2016.

第十一章
生物多样性的保护

　　生物多样性简单说是生命有机体及其借以存在的生态复合体的多样性和变异性（McNeely 等，1990）。人类生存与发展，归根结底依赖于自然界各种各样现实和潜在的生物资源，生物资源实质上就是生物多样性的物质体现。保护生物多样性对人类的文明进程和可持续发展具有极其重要的意义。

　　生物多样性的全球或区域格局具有明显的不均匀性，随纬度、海拔、环境异质性等发生变化，出现了一些生物多样性特丰的国家（megadiverse countries），在分类群的绝对数量和特有性上具有较高的比例。Myers 等（2000）提出全球 25 个生物多样性热点和优先保护的区域，这些地区占全球陆地面积的 1.4%，却孕育了全球 44% 的植物，34% 的陆生脊椎动物，同时这些地区 88% 的原生性植被遭到了破坏。因此，生物多样性保护是一个全球性的环境问题。

　　生物多样性保护是一个涉及科学、技术、经济、文化等多个层面的系统工程。本章主要就生物多样性保护的基本原则进行分析，阐述生物多样性保护中采用的迁地保护、就地保护、种质资源库的建设等方式方法。

第一节　生物多样性保护的一般原则

　　生物多样性保护涉及许多生态学原理，比较重要的是生物多样性的有效保护与生境面积、种群大小之间的关系原理。没有足够大的生境面积，就不可能容纳足够多的物种种类和足够大的种群；种群数量达不到一定的数目，种群无法长期生存。其中，遗传多样性最大保护和最小可存活种群保障是两个重要的原则。

一、生物多样性威胁因素的解除

　　生物多样性受到的威胁来自多个方面，最直接的原因包括生境丧失和破碎化、外来物种的入侵、生物资源的过度开发利用、环境污染、全球气候变化等。受以上因素影响，全球鸟类和兽类的灭绝速率快速提高，在 1600—1700 年大概平均每 10 年灭绝 1 种，而 1850—1950 年已经升至大概每年灭绝一种。鉴于生物多样性面临的严峻局面，目前世界各国及有关国际组织都在探讨如何解除生物多样性威胁因素。解除生物多样性威胁因素的重要措施包括：在保护的基础上确保生物资源的可持续利用、大力整治自然环境减少对生境的破坏和影响、规避环境污染等对生物的影响、提高对生物多样性保护的认识、加强立法与执法、加强对生物多样性的调查研究、加强生物技术在生物多样性保护中的应用七个方面。

二、 遗传多样性的最大保护

遗传多样性是生物多样性的核心和关键。一般认为,遗传多样性与物种的进化和未来适应潜力密切相关,所以在保护生物学实践中,不仅要最大限度地保护物种多样性,还要尽可能保护受威胁物种的种群遗传多样性。简而言之,能够保护的物种越多、保护目标物种的种群规模越大越好。它的理论基础是岛屿生物地理学理论,实践中采取的对策为"SLOSS"(single large or several small)争论中确定的原则。本章相关内容将对此进行详细论述。

三、 最小可存活种群保障

种群是物种生存的基本单元,小种群和衰退种群容易消亡,保持一定的种群大小和种群遗传多样性是物种得以长期生存的重要条件。一个个体数量足够大的种群相对稳定,能够自我调节和更新,种群系统具有一定的抵抗力和恢复力,同时不容易发生近交、远交现象,诸如随机遗传漂变(random genetic drift)的作用不会造成种群遗传多样性的大量丧失。然而,在生物多样性保护中,虽然能保护的个体越多越好,但有时能提供的场所及可配置的资源是有限的。那么至少保护多少个体能够维持种群?这就需要确定最小可存活种群(minimum viable population, MVP),MVP 是种群以一定概率存活一定时间的最小种群的大小,通过种群生存力分析法获得。

1. 有效种群大小概念

我们知道小种群更容易发生随机遗传漂变,致使种群遗传变异性丧失,进而导致进化灵活度的丧失,物种对环境的变化丧失适应能力,最终走向灭绝。实际案例研究也表明,种群小的物种的确有濒于灭绝的危险。例如,在对美国西南部沙漠中 120 头加拿大盘羊(*Ovis canadensis*)种群的研究中(Berger,1990),少于 50 个个体的种群在 50 年内 100%将会灭绝,而所有超过 100 个个体的种群,50 年后依然存活。

种群内的所有个体数并不一定表明进化意义上的种群大小,繁育种群的个体数与种群个体成员的总数往往是不同,并非种群内的所有个体都参与了繁殖。在任意时刻,繁殖个体只是种群的一小部分成员,而且即便参与了繁殖,每个个体产生的后代数也是有差异的,如一夫多妻的婚配形式。因此,我们采用有效种群大小(effective population size)的概念来说明繁育种群的大小。有效种群大小可以是一个理想值,即在一个大小为 N 的理想种群中所有个体都有相同的机会成为后代的亲本,换句话说,雌雄数目相等,配子在繁育个体中随机抽取,每个成体形成一个特定配子的概率都为 $1/N$。此外,种群大小还应该稳定,即平均家系大小为 2。有效种群大小是指上述理想种群的繁育种群大小,是对实际观察到繁育种群大小的抽象数,它的大小反映了种群受随机遗传漂变影响所造成杂合度丧失的程度,但在不同的突变、自然选择和基因流作用下,有效种群大小的规模是大、中还是小的判断标准是不同的。

通常情况下,实际种群不会满足理想种群的条件,不等性比、减数分裂比偏移、种群大小的波动、个体间的繁殖不等量、世代重叠等因素,都可以使种群的有效大小与实际大小很不相同,一般都偏小。

2. 最小可存活种群概念

广义的最小可存活种群包括两个方面（Ewens 等, 1987）: 一是遗传学概念, 主要考虑近亲繁殖和随机遗传漂变对种群遗传变异损失和适合度下降的影响, 即在一定的时间内保持一定遗传变异所需的最小种群大小; 二是种群统计学概念, 即以一定概率存活一定时间所需的最小种群大小。前者需要确定有效种群大小及什么样的有效种群大小不会出现遗传变异的大量丧失。后者指以 99% 的概率存活 1 000 年的最小隔离种群的大小（Shaffer, 1981）, 也有人用 95% 的概率存活几十到几百年的种群大小。通常把低于 100 年的存活时间称短期存活, 把 100 年或大于 100 年小于 1 000 年的存活时间定为中期存活, 而把 1 000 年或 1 000 年以上的存活时间称长期存活（Shaffer, 1987）。Franklin（1980）最初研究 MVP 时指出, 短期存活的种群其有效种群大小不得低于 50 个个体, 长期存活的种群有效种群大小应该是 500, 这两个数字后来被称为神秘的数字（Simberloff, 1988）, 这一数值范围被称为 50/500 法则。

现在的研究表明, 影响 MVP 的要素包含 3 个（Shaffer, 1987）: ① 作用于种群的各种随机干扰效应; ② 保护计划中的时间期限; ③ 种群存活的安全界限。第一个要素可以作出科学的解答, 随机干扰包括: 统计随机性, 环境随机性, 自然灾害和遗传随机性; 后两个与社会经济等关系密切。物种的种群基本特征、所处的生态环境和受威胁程度等因素影响着 MVP 的大小。因此, 不同国家和民族、不同社会和经济条件对同一物种制定的 MVP 标准也不同, 不存在对所有物种都适用的 MVP。只有通过实践仔细观察, 对实际资料深入研究, 才有可能确定不同保护物种合理的 MVP。

MVP 虽然没有一个统一的被所有生物保护学家承认的数字, 但对 MVP 的数量级认识却逐渐趋于一致, 大小为 10~100 的种群太小, 遗传变异将快速损失, 统计随机性将很快促使种群灭绝。Soule′ 和 Simberloff（1986）认为有效种群大小在几百至几千才能达到保护要求。Thomas（1990）通过种群动态研究, 提出种群大小为 1 000 能达到正常波动的种群中期和长期存活要求, 种群大小为 10 000 能保证种群波动极大的鸟兽中期和长期存活, 种群几何平均值至少为 5 500 才能符合一个完整栖息地中种群的保护目标。从这些研究可以看出, 种群的数量级在 1 000 以上能保证一般物种以较高概率中期和长期存活。

3. 种群生存力分析

种群生存力分析（population viability analysis, PVA）是用分析和模拟技术估计物种在一定时间内灭绝概率的过程。种群生存力分析是研究物种灭绝的有力工具, 同时可以针对小种群、衰退种群和集合种群展开研究, 主要从 3 个方面来研究种群灭绝过程: 分析模型、模拟模型和岛屿生物地理学分析。分析模型主要是一些数学模型, 一般考虑理想条件或特定条件下的灭绝过程。模拟模型用计算机模拟种群真实动态, 而岛屿生物地理学方法则是研究岛屿物种的分布和存活证实分析模型和模拟模型的正确性。

Gilpin 和 Soule（1986）提出了物种灭绝的旋涡模型（vortex model）, 他们认为任何环境变化都能导致生物和环境相互作用的正反馈, 这些反馈会进一步损害种群, 有可能导致种群灭绝, 这一系列事件称为灭绝旋涡。Evens（1987）的灾害统计学模型假设一个生死过程 t 时种群大小为 N, 在时间 $(t, t+\triangle t)$ 间出生一个个体的概率为 $\alpha(N)\triangle t$, 死亡一个个体的概率为 $\beta(N)\triangle t$, 发生灾害的概率为 $r(N)\triangle t$, 许多生物种群都可以假定 $\alpha(N)=\alpha N, \beta(N)=\beta N, r(N)=rN$, 当 $\alpha \leqslant \beta - r\ln p$ 时, 种群一定会灭绝, 其中 p 为种群灭绝时间小于 t 的概率。Shaffer（1987）进一步分析了统计、环境和灾害随机性对种群灭绝的影响(图 11-1),在统计随机性的作用下平均存活时间随种群大小增加呈几何级数增长,这说明统计随机性只对数量在几十至几百只的种群起作用。这种关系取决于种群增长率,增长率越低,平均存活时间随种群增加越慢。但超过中等种群大小或增长率后,平均存活时间就变得很长,环境随机性对种群平均存活时间的作用随种群大小增加呈线性增长,这种关系主要受种群增长率大小和增长率变化的影响;灾害随机性对种群平均存活时间的影响随种群大小的对数形式增加而增长,此时,种群平均存活时间不仅依赖于种群增长率而且依赖于灾害的严重程度和频率。

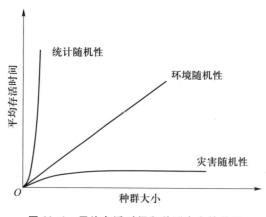

图 11-1　平均存活时间和种群大小的关系
(资料来源:仿自 Shaffer,1987)

4. 极小种群的保护

极小种群的保护在生物多样性保护中具有特殊的意义:① 极小种群极易灭绝,其灭绝风险高于衰退的种群。因此,快速把它们拯救出来是一项十分迫切的任务。② 极小种群不仅对人为干扰极为敏感,而且随机因素对种群存活有着重要影响。种群越小,随机因素对种群影响越大,包括遗传变异性随机丢失带来的遗传素质下降,以及种群随机波动和环境机会因素对种群灭绝的影响。种群数量小,其生态学和遗传学资料往往极其缺乏,这给小种群的保护带来了特殊的困难性。③ 优先保护极小种群是在有限人力、物力和财力投入下明智的做法,这样才能最大限度地保护生物多样性。因此,生物多样性保护一直将极小种群的保护放在中心位置。

四、 生物多样性及生态系统的整体性保护

生物多样性的保护按照保护主体的不同,可以划分为两类:一类是以物种保护为中心,强调对濒危物种本身进行保护的传统保护途径;另一类是以生态系统保护为中心,针对景观和自然栖息地的整体进行保护。近年来,随着认知的加深,生物多样性保护策略逐渐由前者向后者进行转变,强调生物多样性及生态系统的整体性保护。通过对景观和自然栖息地的整体性保护,不仅使濒危物种受到相应的保护,也使同区域分布的其他物种获得保护。同时,对生态系统的保护也为人类带来了相应的福祉。

生物多样性的保护实践表明,要保护好生物多样性,必须保护生物生存和发展依赖的环境,

就是要进行综合全面的保护。我国国家领导人对此有十分深刻的科学认识,党的十八大以来,习近平总书记从生态文明建设的整体性提出"山水林田湖草沙是生命共同体"的论断,强调"统筹山水林田湖草沙系统治理""全方位、全地域、全过程开展生态文明建设"。这不仅将对生物多样性的保护产生极其长远的指导作用,也为全面综合解决生态环境问题、提升生态环境质量提供了引领作用。从要素保护到"山水林田湖草沙是生命共同体"的系统保护治理,把科学规律贯穿到国家环境治理的实践中,为加快推进生态保护与修复工作提供了理论指导。

第二节　迁地保护

由自然气候变化、土地利用方式改变等引起的生境丧失或栖息地质量下降,导致许多珍稀濒危物种的生存空间和资源减少,在原有栖息地内受到极大的威胁,其残余种群已经小到不能维持长期生存的状况,随时有灭绝的危险,无法进行有效的就地保护,迁地保护就成为重要的保护方式。

一、迁地保护

1. 迁地保护的概念

在人类管理下的人工环境中维持个体的生存,这种保护策略就是迁地保护(*ex situ* conservation)。在联合国《生物多样性公约》中迁地保护的定义是指将生物多样性的组成部分移到它们的自然环境之外进行保护(马克平,1994),即通过在植物园、动物园、遗传资源中心、繁殖基地等对种群样本进行保护和管理或通过种质库和基因资源库的形式,为种子、花粉、精液、卵细胞、细胞建立生物种质基因库,在原有生境以外的地区对物种资源进行保护。迁地保护是珍稀濒危物种保护的重要组成部分,可以对受威胁和稀有动植物物种及其繁殖体进行长期保存、分析、试验和增殖。迁地保护同时也适用于对保护区之外有保护价值物种的保护。另外,它也是依赖人类养殖或种植而生存物种(如畜禽、农作物等)的保护方式。

2. 迁地保护的主要作用

迁地保护的主要作用有:① 保存、增殖珍稀濒危物种,使其免遭灭绝;② 为重新引种提供种质来源,同时也为驯化种的未来繁育计划提供一个主要的遗传材料库;③ 为基础生物学研究、生物资源开发与应用研究、就地保护提供试验素材与信息库;④ 为物种保护的公众教育提供场所。

3. 实施迁地保护的原则

就地保护可以为生态系统和物种提供长期的保护,并且有利于物种不断适应环境的变化。迁地保护是就地保护的补充和扩展。迁地保护实施的基本原则有:① 当物种原有生境破碎成斑块状或原有生境不复存在;② 当物种的数目下降到极低的水平,个体难以找到配偶时;③ 当物种的生存条件突然发生变化,导致该物种无法存活时(曹丽敏,2001)。

大型树种应该采取就地保护,因为它们的存活往往需要相当大的空间和一定大小的可存活种群。同时,就地保护也为一些与之相关的动植物提供了相应的保护。如果一个地区的植物区系还没有详细地调查清楚,在保护时应该采取就地保护措施。而当某个物种所存在的生态系统或环境面临崩溃导致其面临灭绝威胁时,则应实施迁地保护。

4. 迁地保护的局限性

迁地保护还存在着一定的局限性。主要表现在:① 经济上往往不能保证动物园、种子库或植物园保存超过一定限量的物种材料(个体、繁殖体、胚胎、DNA 等),实际存有量远远达不到常规育种计划的要求;② 迁地保护中,由于是人为控制的种群,往往无法适应环境的变迁;③ 迁地保护的种群,由于不可能大量收集其个体,因此不能代表广泛的基因型;④ 迁地保护计划的开展对政策与经济的依赖性较强。一旦不为国家的政策与经济允许,就很难实施。

二、 迁地保护的措施

迁地保护为珍稀濒危物种,以及那些对人类有特殊贡献的物种提供了一张极有价值的保险单。它是就地保护的重要补充,同时,它也要依靠就地保护来丰富遗传储备。它与就地保护是实现全方位有效保护的两个相对侧面。迁地保护措施主要包括植物园、动物园、水族馆、濒危物种繁殖中心、野化放归等方式。以下分别就植物园、动物园、濒危物种繁殖中心、野化放归予以介绍。

1. 植物园

植物园的主要功能并不总是相同的,其中有以研究为主的综合性植物园,有以观光旅游为主的园林,有以树木收集为特色并进行造林研究的树木园,还有供教学和实习的植物园等。但所有的植物园都要进行植物的引种驯化研究,收集和栽培多样化的植物。植物园收藏的活体和腊叶标本为植物的分布和生境需求提供了最佳的信息,因此对珍稀濒危物种的保护工作具有不可替代的贡献。

根据国际植物园协会(IABG)数据统计,迄今为止,全世界已建立了约 2 119 个植物园与树木园,生长着至少 105 634 种植物,约占全世界植物总种数的 30%,保护了超过 40% 的已知受威胁物种(Ross 等,2017)。世界上第一个植物园是 1545 年在意大利建立的帕多瓦(Padua)大学药用植物园。世界上最大的植物园是位于英格兰的英国皇家植物园(邱园),始建于 1759 年,估计栽培了 25 000 种植物,大约占全世界总种数的 10%,其中 2 700 种是濒危物种或受威胁物种。我国现有的植物园、树木园和药用植物园的总数接近 200 个,截至 2019 年末,对 2 620 种严重受威胁本土植物进行了有效保护,占我国受威胁植物总数的 42%,且其中 62 种植物已开始野外回归工作。

许多植物园越来越注重珍稀濒危物种的培育和研究。对从野外引种栽培的一些珍稀濒危植物进行栽培、繁育的相关试验和研究,如种子贮藏、发芽、立苗、营养繁殖,以及种子生理学、繁育系统、病理学研究等,我国现有的植物园和树木园引种保存了中国植物区系中约 22 000 种植物,其中第一批国家重点保护植物已有 85% 被引种保存。开展珍稀濒危植物的生态环境调查,观测记录生物学特性,研究诸如食草动物、共生关系及物种的生物生态学特性,为基础植物生物学、植物区系与植物分类学、保护生物学等方面的研究提供信息与材料来源。一些植物园还建立了一些重要分类群的专类区,如华南植物园的木兰科、姜科、苏铁科,昆明植物园的山茶科、杜鹃花科,华西植物园的杜鹃花科及报春花科,西双版纳热带植物园的龙脑香科、肉豆蔻科等。这些工作,帮助我们了解植物的分布与生境需求,可以为植物再引种与就地保护的规划及管理策略提供极有价值的建议。此外,植物园也重视野生经济植物的引种驯化和开发生产的研究,如杜鹃花、山茶花、兰花、百合、萝芙木、人参、天麻、猕猴桃等,它们中有一些已在当地的经济发展中起到了重要的作用,为植物多样性的持续利用奠定了基础。总之,植物园已经成为自然资源保护、科学研究和开发的自然资源中心。

植物的分布有显著的地带性,各地植物园主要保存本地的代表性植物。然而,由于各地社会、经济等因素的差异,植物园的分布并不合理。表现为在植物种类丰富的地区,植物园的数量反而少,如在一些热带国家,以及在中国喜马拉雅森林植物亚区、青藏高原植物亚区和马来亚植物亚区等。作为生物多样性的重要保护手段,这些地区应广泛开展合作,加强植物园的建设。

2. 动物园

19 世纪上半叶以来,世界各地开始发展对公众开放的动物园。随着社会的变革、生物科学的发展和野生动物资源的急剧减少,动物园的目的、任务和管理也不断地发展和变化。现代动物园已不仅仅是为了观光游览,虽然门票收入仍然是动物园主要的资金来源,但它已经成为对一些珍稀濒危动物实行迁地保护的重要场所,也是动物学的重要研究基地,同时,也是普及科学知识,公众接受动物保护教育的基地。

据不完全统计,目前世界上有 10 000 个以上的动物园。这些动物园与其他相关的大学、政府野生动物部门及保护组织,维持着代表哺乳类、鸟类、爬行类和两栖类的 3 000 个物种超过 7 000 000 个的个体(Groombridge,1992)。这其中有 274 种珍稀濒危物种,仅有 10% 的圈养种群具有足够的数量自我维持,以保持它们的遗传变异(Ralls 和 Ballou,1983;Groombridge,1992)。相比于过去被认为是单纯消耗野生动物,在当今的动物园里,动物的生产繁育已能大部分自给自足。许多重要的动物园当前的目标是建立珍稀濒危动物的圈养繁殖种群,以及探索在野外重建物种的新方法和新计划。例如,国际鹤类基金会建立的鹤类圈养繁殖种群计划,我国的扬子鳄自然繁育中心,成都大熊猫繁育研究基地等。一些动物园与圈养繁殖机构在部分珍稀濒危动物的饲养与繁殖方面取得了突出的成果,如阿拉伯大羚羊、旋角羚、欧洲野牛、金狮面绒、夏威夷鹅、关岛秧鸡、美洲鹤、麋鹿、大熊猫、东北虎、华南虎、扬子鳄、白唇鹿、丹顶鹤等都在动物园中得到了保存和繁殖。其中阿拉伯大羚羊、金狮面绒、麋鹿等物种甚至获得了再引种计划的成功,以后将逐步实现建立野外种群。

然而,受限于人类科技与经济的发展水平,某些物种的人工圈养繁殖计划并不成功。诸如对于大猩猩、大熊猫、黑猩猩等珍稀濒危的物种来说,新种群建立的成功率很低,最终实现这些物种野外种群的生存与繁衍还待继续探索。但是,凭借良好的资金支持,以及各动物园、国家、国际组织间的合作,动物园在生物多样性保护乃至世界自然保护运动中正发挥着越来越重要的作用。

3. 濒危物种繁殖中心

有部分野生物种由于生境遭受破坏等原因,在自然状况下繁育成活率低,存在濒临灭绝的风险,因此就需要将这些濒危物种迁移到适宜的环境中,通过采取适当的拯救繁育措施,确保其在人工繁育条件下不灭绝,并促进其扩大繁育,扩大种群数量,使种群复壮,为后续濒危物种的野化放归提供可能,最终实现回归自然,恢复和重建野生种群。濒危物种繁殖中心就为此应运而生。

全球濒危鸟类朱鹮,曾一度被认为已经在野外灭绝,直至 1981 年 5 月,在我国陕西洋县发现了仅存的 7 只野生朱鹮,是当时世界上唯一幸存的野生朱鹮种群,为了保护这一濒危物种,随后建立了迁地保护人工种群,用于开展朱鹮救护饲养和人工繁殖研究,先后解决了饲料配比、孵化技术、雏鸟成活率等环节的技术难题,实现了首次朱鹮人工繁殖,并成功掌握了人工繁育朱鹮技术,目前我国已基本建立起朱鹮野外保护的一套完整体系。得益于 30 多年的保护,截至 2020 年,全球朱鹮种群数量已发展到 5 000 余只。此外,对于麋鹿、大熊猫、扬子鳄、梅花鹿、丹顶鹤、黑叶猴、鳄蜥、黄腹角雉、绿尾虹雉、达氏鲟等濒危物种进行的保护和人工繁育也取得了良好的效果,为野化放归和野生种群的复壮提供了良好的种源基础。

4. 野化放归

野化放归是濒危物种真正摆脱濒危状态的一种重要途径。在人工种群建立的基础上,采取人工方法,在特定的野生动物历史分布区内,重新建立该物种种群,称为野化放归或物种重引入。IUCN 就放归及其相关术语作了严格定义:迁地(translocation)指将有机体从一个地区自由释放到另一个地区。迁地可划分为三类:放归(reintroduction)指将原物种个体释放到原来该物种生存过但现在已经灭绝了的栖息地;再引进(restocking)指将物种释放到其原来的栖息地以增加现存种群的数量;引进(introduction)指有意或偶然地在原产地以外地区建立新种群。而野化放归的概念包括了 IUCN 定义中的"放归"和"再引进"两个概念,即让一个物种回到其原来的栖息地以复壮该地野生种群或在当地重新建立野生种群。一般以保护和重建特定物种所处分布区的野外种群为目的。在物种和野化放归地选择的基础上,制定物种野化放归方案,开展野化放归的前期试验,通过逐步野化,重建新的种群,逐步野化,形成可持续发展的野化放归种群。尤其是大型兽类的圈养个体直接放归到野外的成功率极低,所以在放归前就要对其进行野化培训,不但能够增强它们的运动能力及适应野外环境的能力,也能在一定程度上提高放归成功的可能性(Kleiman,1996)。

国外对濒危物种的野化放归工作最早于 20 世纪 20 年代开始,主要是以欧洲野牛为主的物种再引入。野化放归工作使得阿拉伯大羚羊、旋角羚、赤狐、驯鹿等濒危物种重新建立了稳定种群,鸟类的野化放归成功案例也颇多。就我国而言,麋鹿、朱鹮等野生种群的扩大和复壮可以说是陆地生态系统濒危野生动物野化放归的典范。麋鹿是我国特有的世界珍稀鹿科动物,但在 1900 年左右,麋鹿种群在中国基本灭绝,后续经过重新引进,进行人工繁育。当前,我国已实现把圈养麋鹿放归野外,并成功恢复了可自我维持的自然种群,在种群数量增长的同时,繁殖率、成活率、年递增率等各项指标也都为世界首位,截至目前,仅江苏大丰麋鹿国家级自然保护区麋鹿种群数量就从 1986 年的 39 只发展至 5 681 只,其中野外麋鹿种群数量 1 820 只,该种群是世界上数量最多、基因库最为丰富的麋鹿种群,世界自然保护联盟(IUCN)发布的《物种引进指南》认为,中国麋鹿重引进项目是全世界 138 个物种重引进项目中最成功的 15 个之一,也为人类拯救濒危物种提供了成功范例。

现今,鱼类人工增殖放流已由传统渔业增殖发展成为特有珍稀鱼类种群恢复的主要技术手段,是鱼类保护最行之有效的方式。例如,为了保护和拯救濒危鱼类中华鲟,我国 1982 年便组建了救助中华鲟的专门机构——中华鲟研究所,进行中华鲟人工增殖放流方面研究工作,用以缓解葛洲坝建设对中华鲟自然繁殖产生的不利影响。长江水产研究所也陆续开展了 30 多年的中华鲟人工增殖放流工作,据农业部发布的《中华鲟拯救行动计划(2015—2030年)》数据显示,截至2015年,相关单位在长江中游、长江口、珠江和闽江等水域共放流各种不同规格的中华鲟600万尾以上,部分研究也显示人工放流的中华鲟稚鲟和幼鲟的生长、洄游及分布与自然种群没有明显差异(房敏,2014),可以说人工增殖流放对补充中华鲟自然资源起到了一定作用。胭脂鱼作为亚口鱼科分布于中国的唯一现存种,原分布于长江和闽江,然而由于人为因素的干扰,难以在闽江找到胭脂鱼,目前唯一的野生种群只分布于长江(汪松,1998),因其自身繁殖能力弱且发育时间长等原因,其野生种群数量也在逐渐减少,短时间内要依靠野生种群的自然增殖来恢复种群数量的可能性较小,以该物种目前所处的环境和资源量来看,采取人工增殖放流的手段增加其在长江中的自然种群数量,是避免其资源进一步减少进而使种群数量较快恢复的最佳方式和有效途径(Song,2008)。

有一些生活在淡水生态系统中的物种,分布范围很小,容易灭绝。譬如,滇池金线鲃为云南特有物种,仅见于云南滇池,早在300多万年前滇池形成时,它就存活其中。但是,随着生存环境受破坏,20世纪80年代,金线鲃已基本从湖体绝迹,这些现象引起了国内外的高度关注,对于滇池金线鲃的拯救保护行动也就此展开,相关部门开始逐步对滇池流域滇池金线鲃的数量、分布、栖息地、摄食生态和繁殖生态等进行研究,并在中国科学院昆明动物研究所珍稀鱼类繁育基地对野外引种得到的200尾金线鲃(杨君兴,2013),开展保护、种群恢复、繁殖和可持续利用等研究工作,基于人工繁育技术的突破,增殖放流活动得以持续进行。2010年以来,向滇池放流的金线鲃总计180多万尾,金线鲃的投放对抑制藻类暴发,助力水体健康起到了一定的效果。鱇浪白鱼仅分布于云南抚仙湖,因肉质鲜美常被当作主产经济鱼类,遭到过度捕捞等多种因素共同作用,呈现出濒危、特有和经济价值三重特点,一度成为《中国物种红色名录》易危物种。基于此,中国科学院昆明动物研究所一直积极推动鱇浪白鱼的保护与可持续利用的研究工作,2003年首次实现该物种的人工繁殖,使其种质资源能够得到保存,通过人工增殖放流促进了其野外种群恢复,也通过人工养殖推动了其在本土渔业的运用。

第三节 就地保护

世界上绝大多数的生物种类生活在自然界中,因此保护生物群落及其生境是生物多样性保护最有效的方法。这种保护策略被称为就地保护,也叫原地保护。就地保护可以用相对较少的人力、经费、设施真正实现对生物多样性三个层次(种群遗传多样性、物种多样性和生态系统多样性)的长期保护。

大多数的就地保护方式是建立合法的保护区。截至1993年,全世界共有保护区8 619个,总面积为7 992 660 km^2(WRI / UNEP / UNDP,1994)。所占面积是地球陆地面积的5.9%。根据人为影响的可容许程度,保护区被分成不同类型。世界自然保护联盟(IUCN)与国家公园委员会(CNPPA)1978年提出的自然保护区类型有10种,包括:① 科研保护区、严格的自然保护区;② 受管理的自然保护区、野生生物禁猎区;③ 生物圈保护区;④ 国家公园与省立公园;⑤ 自然纪念地、自然景物地;⑥ 保护性景观;⑦ 世界自然历史遗产保护地;⑧ 自然资源保护区;⑨ 人类学保护区;⑩ 多种经营管理区、资源经营管理区。1993 年 IUCN 提出的"保护区管理类型指南"中归并为 6 类。根据这一分类,只有 3.5% 的陆地面积属于科学的、严格的保护区和国家公园。虽然保护区仅占地球总面积的一小部分,但是它们重要的生物多样性保护作用是毋庸置疑的。这主要因为:① 在陆地上,物种常常集中在某些地区;② 保护区一般会尽量容纳一个地区尽可能多样的生境类型和物种。这使得选择合理的保护区可以包含一个地区所拥有的多数物种,可以有效地保护该地区的生物多样性。因此,保护区是生物多样性就地保护的重要基地。

我国的自然保护区是指国家为了保护自然环境和自然资源,促进国民经济的持续发展,将一定面积的陆地和水体划分出来,并经各级人民政府批准而进行特殊保护和管理的区域。分国家级、省(自治区、直辖市)级、市(自治州)级和县(自治县、旗、县级市)级 4 级管理,根据保护对象划分为 3 个类别 9 种类型(表 11-1)。根据性质和任务划分为:① 自然保护区,指保护或恢复自然综合体和自然资源整体为主的地区,在其范围内严禁生产经营性的活动,也称永久性保护区;② 国家公园/自然公园,属于保护或恢复自然综合体的一种保护区,同时又具有园林性的经营管理,可作为旅游场所,也可包括一定的自然古迹、名胜、风景等;③ 禁猎区,在一定时期内,保护和恢复某些特定的自然资源动植物群,一般不允许对保护对象采取任何形式的经营利用;④ 储备地,在有限期内的保护地,使重点的动植物资源获得恢复,可允许对保护对象进行局部的经营利用,一般起到储蓄资源,保护和恢复局部地区种源的作用,并且可以作为引种驯化基地;⑤ 原野地,一般指较偏僻的荒漠原野,很少有人为活动的影响,长远考虑,划为保护区。

表 11-1　我国根据保护对象划分的自然保护区类型

类别	类型	保护对象
自然生态系统类	森林生态系统类型	森林植被及其生境所形成的自然生态系统
	草原与草甸生态系统类型	草原植被及其生境所形成的自然生态系统
	荒漠生态系统类型	荒漠生物和非生物环境共同形成的自然生态系统
	内陆湿地和水域生态系统类型	水生和陆栖生物及其生境共同形成的湿地和水域生态系统
	海洋和海岸生态系统类型	海洋、海岸生物及其生境共同形成的海洋和海岸生态系统
野生生物类	野生动物类型	野生动物物种,特别是珍稀濒危动物和重要经济动物种群及其自然生境
	野生植物类型	野生植物物种,特别是珍稀濒危植物和重要经济植物种群及其自然生境
自然遗迹类	地质遗迹类型	特殊意义的地质遗迹和古生物遗迹等
	古生物遗迹类型	古人类、古生物化石产地和活动遗迹

一、自然保护地体系

自然保护地是由各级政府依法划定或确认,对重要的自然生态系统、自然遗迹、自然景观及其所承载的自然资源、生态功能和文化价值实施长期保护的陆域或海域。我国自然资源丰富,按照自然生态系统原真性、整体性、系统性及其内在规律,依据管理目标与效能并借鉴国际经验,将自然保护地按生态价值和保护强度高低依次分为国家公园、自然保护区及自然公园3类。

1. 国家公园

国家公园是指以保护具有国家代表性的自然生态系统为主要目的,实现自然资源科学保护和合理利用的特定陆域或海域,是我国自然生态系统中最重要、自然景观最独特、自然遗产最精华、生物多样性最富集的部分,保护范围大,生态过程完整,具有全球价值、国家象征,国民认同度高。

2. 自然保护区

自然保护区是指保护典型的自然生态系统、珍稀濒危野生动植物种的天然集中分布区、有特殊意义的自然遗迹区域。具有较大面积,确保主要保护对象安全,维持和恢复珍稀濒危野生动植物种群数量及赖以生存的栖息环境。

我国是世界自然资源和生物多样性最丰富的国家之一,自然保护区体系建设较为完善,1956年建立第一个自然保护区——鼎湖山国家级自然保护区以来,到2001年底已有各类自然保护区1 551个,面积达1.45亿 hm^2 ,占国土面积的14.44%,到2010年底,不同类型级别的自然保护区增加到2 588个,这些自然保护区保护着约2 000万 hm^2 的原始天然林、天然次生林和约1 200万 hm^2 的典型湿地及我国70%的陆地生态系统种类、80%的野生动物和60%的高等植物。自然保护区体系在珍稀濒危动植物保护、典型和重要生态系统保护等方面起到重要作用,并在国家自然保护法律法规、方针政策及自然保护科普知识宣传,提高公民自然保护意识等方面发挥了积极作用。

3. 自然公园

自然公园是指保护重要的自然生态系统、自然遗迹和自然景观,具有生态、观赏、文化和科学价值,可持续利用的区域。确保森林、海洋、湿地、水域、冰川、草原、生物等珍贵自然资源,以及所承载的景观、地质地貌和文化多样性得到有效保护,包括森林公园、地质公园、海洋公园、湿地公园等各类自然公园。

二、保护区的规划

(一)规划原则及功能定位

建立自然保护区的目的是守护自然生态,保育自然资源,保护生物多样性与地质地貌景观多样性,维护自然生态系统健康稳定,提高生态系统服务功能。要建立一个保护区,首先就要对保护区进行设计、规划。必须要明确的问题是:保护的对象是什么? 在哪里进行保护? 怎样进行保护? 由于资源和经费有限,能够切实保护的物种和群落也有限。虽然有些极端保护主义者倡导任何物种都不应该丧失,但实际上每天均有物种丧失(包含自然灭绝)。问题的关键是在现有的经费和人力条件下,怎样将人为的物种多样性损失降低到最低限度,这要求制定物种和群落保护的优先原则,可以依据以下三个要素:① 特殊性,具有许多稀有物种的生物群落比主要含有常见及广布物种的群落更具有优先保护权,分类上独特的物种(特有种、狭域种等)保护价值较高;② 濒危程度,存在灭绝危机的物种及受到破坏的生物群落应优先考虑;③ 实用性,对人类具有现实或潜在利用价值的物种,其保护价值高于没有实用价值的物种。例如,相比于野生禾草,小麦的野生近缘种对培育新品种有潜在的价值,因此有较高的优先度。根据上述要素,许多国家和国际衡量物种和群落乃至生态系统的优先保护体系已经建立(Johnson,1996)。目前,国际上流行的珍稀濒危物种等级划分的体系有 IUCN 的系统和美国大自然保护协会(The Nature Conservancy,TNC)建立的生物多样性保护元素(elements)的评估分级系统。

　　保护区地点的选择是保护区规划中很重要的一步,可通过差距分析法(GAP)快速地概览生物多样性要素(珍稀濒危物种、原生性植被等)集中分布的区域及其保护状况。由于人类社会对自然资源的需求,保护区的面积只能占地球总面积一个较小的比例——可能 7%~10%。因此,需考虑如何在有限的面积内有效地保护生物多样性。在保护区规划中,经常面临的主要问题是:保护物种所需要的保护区面积至少应是多少? 建立一个大型保护区还是多个小型自然保护区好? 保护区的形状最好是什么样? 一个濒危物种的多少个个体在保护区得到保护,才能使其免遭灭绝? 如果要建立多个自然保护区,应该互相靠近,还是互相远离? 它们应该互相隔离还是由通道互相连通? 根据已有的经验和研究,对于解决上述问题有以下一些基本原则。

　　1. 岛屿生物地理学理论

　　岛屿由于其特殊的自然地理条件,为自然选择、适应分化和物种形成及生物地理学和生态学诸领域的研究提供了一个重要的自然实验室。虽然岛屿生物地理学的研究对象是海洋岛和陆桥岛,但其理论被广泛应用到岛屿状生境的研究中,小到树叶、个体植株的"微岛",大到自然保护区和景观地理单元的"大岛"。

　　(1)岛屿种数-面积关系:岛屿中的物种数目与岛的面积有密切关系。许多研究证实,岛面积越大,种数越多。基于种-多度正态分布的假说,Preston 导出了著名的种数-面积方程,如式(11-1)所示:

$$S = cA^z \tag{11-1}$$

取对数,即式(11-2):

$$\lg S = \lg c + z \lg A \tag{11-2}$$

式中:S 为种数;A 为面积;z、c 为常数。

　　曲线斜率 z 的理论值为 0.263,通常范围为 0.18~0.35,岛屿上 z 大致等于 0.3(Preston,1962)。c 值的变化反映地理位置对种丰富度的影响。在实际研究中,c 和 z 值常采用统计回归方法获得。应用上式有两个重要的前提:① 所研究生境中物种迁入与灭绝过程之间达到生态平衡态;② 除了面积之外,所研究生境的其他环境因素都相似。根据这一关系式,可以看出:如果我们把保护区当作一个岛屿时,保护区的面积大小与所包含和保护的物种数呈正相关。当然,同时也要注意的是,在理论上,当保护区面积增加到一定程度后,即使面积再增加,其所含物种数目不会随之再大幅度增加。

　　(2)动态平衡理论:对岛屿种数-面积关系的解释,生态学家提出了不同的假说,如 Williams 的生境多样性假说(habitat diversity hypothesis)(1964)、Connor 和 McCoy 的被动取样假说(passive sampling hypothesis）（1979）、MacArthur 和 Wilson 的动态平衡理论（dynamic equilibrium theory）（1967）。其中被广泛接受的是动态平衡理论，岛屿种数−面积关系可用图11-2表示。

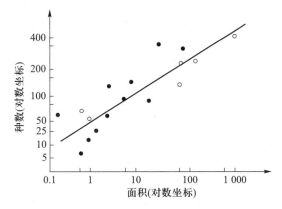

图 11-2　加拉帕戈斯群岛的陆地植物种数与岛屿面积的关系

（资料来源：仿自 Preston，1962）

MacArthur 和 Wilson 的动态平衡理论认为，岛屿物种丰富度取决于两个过程：物种迁入（immigration，I）和灭绝（extinction，E）。这一理论的数学模型（简称 M-W 模型），可以用一阶常微分方程表示为式（11-3）：

$$\frac{\mathrm{d}s(t)}{\mathrm{d}t} = I(s) - E(s) \qquad (11-3)$$

因为任何岛屿上的生态位和生境的定额有限，已定居的种数越多，新迁入的种能够成功定居的可能性就越小，而已定居种的灭绝概率则越大。对于某一岛屿而言，迁入率和灭绝率将随岛屿中物种丰富度的增加而分别呈下降和上升趋势，如图 11-3 所示。当迁入率和灭绝率相等时，岛屿物种丰富度达到动态平衡状态，即虽然物种的组成不断更新，但其丰富度数值保持相对不变。某个岛屿达到平衡态的物种丰富度（S_e）取决于单位种迁入率（I_0）和灭绝率（E_0）以及大陆物种库（S_p）的大小。可以用方程表示为式（11-4）：

$$S_e = \frac{I_0}{I_0 + E_0} S_p \qquad (11-4)$$

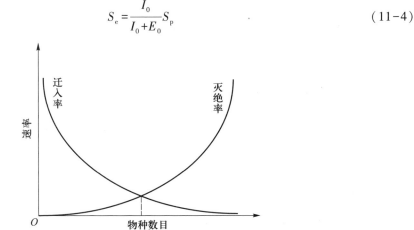

图 11-3　岛屿的物种数目与物种迁入率与灭绝率之间的关系

（资料来源：仿自 MacArthur 和 Wilson，1967）

由式(11-4)可以得出,单位种迁入率越大,灭绝率越小,平衡态时的物种丰富度就越高。

迁入率和灭绝率又与岛屿面积和隔离程度相关。Gilpin 和 Diamond(1976)经过反复实测,得出如式(11-5)和式(11-6)所示的参数表达式。

$$I(S,D,A) = \left(1 - \frac{S}{S_p}\right)^m \exp\frac{-D_y}{D_0 A^v} \tag{11-5}$$

$$E(S,A) = \frac{RS^n}{A} \tag{11-6}$$

式中:D 为大陆物种库和岛屿之间的距离(隔离程度);m,v,R,n 为经验常数;D_y/D_0 为相对距离。

由式(11-5)可以看出,随着岛屿与大陆物种库(物种迁入源)的距离增加,迁入率下降。这种由于不同种在传播能力方面的差异和岛屿隔离程度相互作用所引起的现象称为"距离效应"(distance effect)。式(11-6)说明,岛屿面积的减小,导致灭绝率的增大。这是因为岛屿面积越小,种群则越小,由随机因素引起的物种灭绝率将会增加,这种现象称为"面积效应"(area effect)。

MacArthur 和 Wilson 模型假定迁入率和灭绝率是相互独立的,但实际上并非完全如此。一方面,同种个体的不断迁入可能减小岛屿种群的灭绝率,该现象称为"援救效应"(rescuer effect)。因此,隔离程度不仅会影响迁入率还会影响灭绝率。另一方面,由于岛屿面积越大,其截获传播种的概率越大,因此,面积不仅影响灭绝率,同时还会影响迁入率,这一现象称为"目标效应"(target effect)。

综合平衡点物种丰富度与迁入率、灭绝率的关系,以及迁入率、灭绝率与岛屿面积大小和隔离程度的关系,可以得出结论:① 大岛比小岛能支持更多的物种生存;② 随着岛屿距大陆的距离由近到远,平衡点物种丰富度逐渐降低(见图 11-4)。

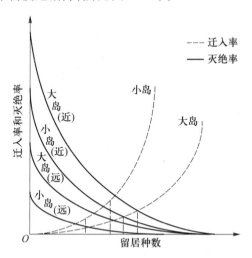

图 11-4　不同岛屿上物种迁入率和灭绝率(交点示平衡时的物种)

(资料来源:仿自 MacArthur 和 Wilson,1967)

2. "SLOSS"争论

在自然保护区规划中,有关保护区面积大小的选择是早期保护生物学中颇有争议的一个问题。一个大型保护区物种丰富度高,还是总面积与其相等的多个小型保护区总的物种丰富度高,这个争论被称为"SLOSS"(single large or several small)争论。

以岛屿生物地理学理论为依据,并且在诸多动植物调查中得到证实:与小型保护区相比,大型保护区的优点在于能容纳足够多的物种数,特别是分布区范围大、密度低的大型物种,使种群数量得以长期维持;同时,降低了边缘效应,可以容纳更多的物种及生境类型。这一观点对于设计自然保护区具有四个方面的指导意义:① 当新建一个保护区时,如果可能,其面积越大越好,需要注意的是当面积大到一定程度时,虽然再增加面积,物种数不会大幅度增加,这时可以距离现有保护区一定范围之外,另建一个大保护区;② 如果有建立较大的保护区和建立小保护区两种选择,二者包括的生境类型相同,应选择建立较大的保护区;③ 如果每一个小保护区内都是相同的一些种,那么建立大保护区能支持更多的种;④ 对密度低、增长率慢的大型动物,需建立较大的保护区以保护其遗传多样性。

然而,在某些情况下更适于建立几个小保护区,其优势在于:① 隔离的小保护区能更好地防止有些灾难性的影响,如外来物种影响、流行病的传播及火灾等;② 如果在一个生境类型相当多样的区域建立保护区,多个小保护区能提高空间的异质性,有利于保护物种多样性;③ 对于某些物种小保护区比大保护区保护得更好,比如在保护植物、无脊椎动物方面;④ 建在人口密集地区附近的小型保护区有利于公众保护意识教育。此外,对于某些国家、地区的实际情况而言,有时别无选择,只能选择建立小保护区,这时小保护区是具有其特殊价值的。

(二)保护区的面积和形状

1. 保护区的面积

根据岛屿生物地理学理论,可以得出保护区面积越大,能够保护的物种越多的结论。但实际中,自然保护区受到土地资源、经费等的限制,不可能无限大,需要确定能够有效保护对象的最小保护区面积。一般来说,保护区的面积因保护的目的种不同而变化。因此,在保护区设立时,要根据具体的保护物种来估计其最小可存活种群(MVP),再由种群密度和MVP来确定保护区面积。MVP的确定到目前还是不容易的,一个保护区内有成千上万种物种,要逐个找出各物种的MVP更是困难。目前MVP估计侧重研究对生态系统、遗传学及政治经济等有重大意义的物种,包括:① 其活动为其他几个种创造关键栖息地;② 其行为增加其他种的适合度;③ 调节其他种群的捕食者,而且它们的消失会导致物种多样性下降;④ 对人类有精神美学和经济价值的稀有种或濒危种。由于大型肉食动物在自然界中处于最高营养级,此类生物的存在,表示该地域的营养循环还属正常,各营养级的食物链没有中断,在一定程度上保持了物种的多样性。因此,在设立一个保护区时首先要顾及珍稀濒危物种、大型肉食动物和大型草食动物。保护区的面积至少要容纳地域内存在的这些物种长期生存的最小有效种群。每个生物个体都要占有一定的领域以维持其生存。因此,根据最小可存活种群和个体生存领域大小,可大致估计出自然保护区的设计面积。在设计保护区面积时也要考虑自然保护区的缓冲过程,可以运用岛屿生物地理学理论进行分析。

具体估计自然保护区最小面积可分三个步骤:① 鉴别目标种或关键种,它们的消失或灭绝会明显地降低保护区价值或物种多样性;② 确定保证这些物种以较高概率存活的最小种群数量(最小可存活种群);③ 用已知密度估计维持最小种群数量所需的面积大小,以此作为保护区的最小面积。

确定自然保护的面积是个复杂的问题,涉及自然和社会经济的诸多因素,长期存在争议。有关建立一个大的保护区,还是建立多个小保护区的问题,已在"SLOSS"争论中详细论述,这里不再重复。

自然保护区的面积有一些经验数字,《自然保护区工程项目建设标准》(建标 195-2018)提出我国自然保护区面积大小划分的标准,不同类型自然保护区间差异较大。例如,对于森林类型自然保护区,小型为 10 000 hm² 以下,中型为 10 000~50 000 hm²,大型为 50 000~150 000 hm²,超大型为 150 000 hm² 以上。有的研究提出未开发的高寒地区建立自然保护区至少需要 200 000 hm²,已开发的高寒地区应有 100 000 hm² 左右;而在未开发的南方山区要有50 000~200 000 hm²,已开发的南方山地尽量在 10 000~50 000 hm²,至少也要有 3 000 hm²。但是,所有这些面积都是经验数字,应用时需根据具体情况进行调整优化。

2. 保护区的形状

保护区应尽量保持较规整的形状,避免有过于突出的部分,其边界应具有生物学意义,例如,包括整个流域、生态过渡区或缓冲区。在条件许可时,保护区的形状最好是圆形,它的边缘与面积比最小,减少了边缘效应的不良影响。同时,圆形中心到边界的距离均比其他形状长,增加了保护区中心向周围部分的扩散率,防止局部生境消失,提高了保护区的有效面积。

此外,生境破碎化是一片连续的生境被分割成为较小片段的过程,包括形态上和生态功能上的破碎化。保护区内要尽量减小由于道路、围栏、砍伐、种植,以及其他形式的人为活动造成的破碎化影响。因为这些片段常常将一个大的种群分割成两个或更多的小种群。相比于大种群,小种群遭受灭绝的危险更大(Schonewald-Cox 等,1992)。同时,也为可能危害土著种的外来种入侵提供了入口并增加了边界影响。另外,片段造成的传播障碍可能会减少物种定居于新生境的机会,并会减小种群间的基因流动,一些需要季节性迁移的物种可能会因碎片间的隔离而无法正常迁移。实际中,保护区片段化的问题较为严峻,用跨境、跨区域的管理体系来管理保护区,可以抑制破碎化的不良影响。

(三)保护区的布局

1. 保护区的结构/功能区划

自然保护区具有一定的结构,或者说有不同的功能区。自然保护区功能区的划分主要是根据自然资源状况和保护对象的分布情况,按其存活的位置、范围及功能和目的进行区域划分,并分别制定不同的保护措施和管理目的。现行惯例一般将保护区划分为核心区、缓冲区和实验区(过渡区)等功能区域(图 11-5),并明确规定了各功能区的管理原则和方针。自然保护区的功能区划基本上确定了该保护区的发展方向和管理架构,对于保护区的有效管理和发展规划起着至关重要的作用,其意义十分重大。实际的保护区功能区划以自然保护区的综合科学考察为基础,还应考虑自然地理、周边社会经济状况,充分发挥保护区的三个基本功能:① 生物多样性保护功能;② 可持续发展示范功能;③ 科学研究与监测的后勤保障功能。

2. 生境走廊

在条件允许的情况下,应尽量避免使保护区处于完全孤立状态,同时应考虑保护区间的生境恢复。当有一系列自然保护区时,应该运用生境走廊(habitat corridors)把互相隔离的保护区连成一个大的体系。生境走廊是指保护区之间的带状保护区(simberloff 等,1992),也称为保护通道(conservation corridors)或生物廊道(biological corridors)。它为植物和动物在保护区之间的散布、繁殖体的传播、物种寻找合适的定居点提供了方便,增强了基因交流的概率。同时,生境走廊也有利于随季节变化而迁徙的动物,可以在不同生境间迁移,以寻找充足的食物。例如,在

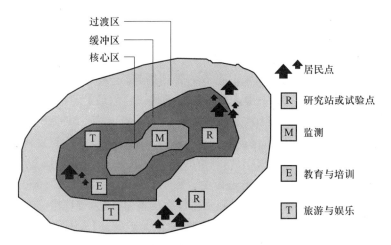

图 11-5　理想自然保护区的功能区划

季节性干旱的稀疏草原中,动物常常沿河流分布的树林迁移。而温带地区的许多鸟类和动物在一年中最热月份有规律地迁移到高海拔地区。利用这一原理,拉丁美洲的哥斯达黎加政府建立了一条面积 7 700 hm^2,宽数千米的通道,为两个大型自然保护区至少为 35 种鸟类提供了一条有海拔高度差异的迁徙通道(Wilcove 等,1986)。

然而,生境走廊也有其不利的一面。它可能同时成为瘟疫和病虫害传播的通道,其结果可能造成某些珍稀濒危物种的灭绝。另外,沿通道迁移的动物更易遭到捕杀和猎食,如候鸟迁徙的通道往往成为非法猎杀的场所。虽然,目前支持生境走廊的确凿证据还十分有限,但从总的生物多样性保护角度来看,尤其是面对很多保护区面积太小的现实,建立生境走廊是值得提倡的。

3. 景观生态学的应用

Forman 和 Godron(1986)将景观一词定义为"一组相互影响的生态位或生态系统,以相似的形式重复出现的一个特定区域,就是一个景观。"景观生态学就是研究景观单元的类型组成、空间配置及其与生态学过程相互作用的综合性学科。由于保护区的物种并非局限在单一的生境中,而是经常在不同生境之间迁移,或生活在两个生境的交界处,对这些物种来说,区域尺度上生境类型的组成和相互影响方式是十分重要的。不同的景观型可能对小气候(例如风、温度、湿度、光线等)、瘟疫的发生,以及动物活动的形式等有完全不同的影响。从景观生态学的角度来看,传统的以物种为中心的自然保护途径(自然保护的物种范式)缺乏考虑多重尺度上生物多样性的格局和过程及其相互关系,显然是片面的、不可行的。物种的保护必然要同时考虑它们所生存的生态系统和景观的多样性与完整性(自然保护的景观范式;邬建国,1990、1992;Wu,1992;Franklin,1993;Bissonette,1997)。近些年来,景观生态学原理和方法在自然保护的研究和实践中应用广泛,对自然保护中从"物种范式"向"景观范式"的转变起到了积极的推动作用。诸如岛屿生物地理学理论、集合种群(meta-population)理论已成为保护区建设和管理中重要的基础理论,而总结出的缀块、边缘、廊道和镶嵌体 4 个方面具体而明确的原理更是广泛应用于保护区的规划。这在前述问题的讨论中都有提及。因此,景观生态学为保护区的实践提供了新的理论基础,而保护区也为检验景观生态学理论和方法提供了场所,而且为其发展不断提出新的目标。

三、保护区的管理

保护区一旦合法建立,就必须立即采取有效的管理措施,这是一种技术性要求很高的任务和巨大的负担。以至于有些观念认为,只要人类不加以干扰,"自然最了解一切"。然而,在许多情况下,现存物种和群落确实需要人类的干涉才能生存下去(Blockhus 等,1992;Spellerberg,1994)。因为,一方面,自然本身的变迁可能违背保护的初衷。世界上有许多没有得到妥善管理的保护区,这些保护区正在逐渐地、甚至迅速地丧失物种,其中的生境质量也已退化。另一方面,没有进行有效管理的保护区,人们会无所忌惮地在其中进行生产活动。因此,多数情况下保护区必须积极地进行管理。事物总有两面,有时最好的管理措施就是什么也不做,因为管理措施有时是无效的,有时甚至是有害的(Chase,1986)。一个著名的例子就是为了保护鹿,消灭了作为顶端捕食者的狼,结果导致过多的草被吃掉,最终动物群落崩溃。以下这个成功的实例来自英国,在僧侣林和城堡山自然保护区(Usher,1975;Peterken,1994),为了维持野生花卉、蝴蝶及鸟类,谨慎地采取了不同的放牧方法(养羊或养牛,轻度或过度放牧),最终取得了良好的保护效果。在总结经验与教训的基础上,大家已形成这样一种共识,即管理自然保护区没有固定的方法,任何管理方法的适应性都与它的管理对象和特定的保护区位置有关,只有当管理对象确定之后,科学管理的研究结果才能推广应用。许多政府机构和保护组织都已经明确,最优先保护对象之一是稀有种和濒危种。这些优先保护的物种通常以文件形式公布,这使保护区管理人员的工作有章可循。我国就自然保护区的管理、珍稀濒危植物和野生动物的保护和管理都有相应的国家和地区的法规和条例。

1. 保护区的监测

保护区的监测是保护区成功管理的关键。监测所提供的信息与资料,是进行分析与提出管理决策的依据。保护区的监测分为生物监测与非生物监测。生物监测的目的是发展以生物对人为影响敏感性监测为基础的动态模型;研究自然界动植物种群的组成、数量及物种内部相互作用的复合效益。非生物监测包括气象和水文的观测与测量,以及对人类污染在所有介质中背景水平的观察和测量,例如 Hg、Pb、Cd、有机氯化物等在大气、降水、土壤、河流、动植物中的水平。保护区的监测有本底调查、专题调查、常规观察统计等研究方式,方法有建立观察样地、系统抽样等。遥感等一些新的监测手段也迅速发展起来。各国和世界都在致力于监测数据库的建设,以保证能够最大限度地长期收集和利用信息。

设于英国剑桥的世界保护监测中心(WCMC)是由 3 个合作伙伴共同组建的机构:世界自然保护联盟(IUCN)、联合国环境规划署(UNEP)和世界自然基金会(WWF)。WCMC 已建立了全球范围的数据库,这些数据库包括受威胁动植物种、相关栖息地保护、关键地点、世界保护区,以及野生生物种及其产品的利用和贸易几个方面,是一个由世界自然保护工作组成的具有数百种信息的信息库,其目的在于为全球的自然保护提供信息,并确保信息本身的正确性及方法和时间的准确性。联合国教科文组织(UNESCO)的人与生物圈计划(MAB),旨在建立全球生物圈保护区的管理、监测、数据共享平台,现已在 107 个国家建立了 553 个生物圈保护区,我国已加入网络的自然保护区有 26 个(2009)。美国大自然保护协会(TNC)在其本土 50 个州及加拿大、中美洲、亚洲建立了自然遗产数据中心(natural heritage data center),对物种和生物群落的监测提供了大量的信息。

2. 保护区的优化

保护区建成后,应依据保护区动态监测评估等过程,基于保护目标、保护区功能和定位、保护的策略和方案等进行优化,重点突出保护区体系的建设和管理。保护区管理的具体方法、措施众多,但可以总体归纳出以下几个特点:① 根据科学的和系统的监测数据,以及经验总结,分析某种现象产生的原因,发展趋势及可能的后果,在此基础上,提出合理、有效、可行的管理措施;② 分析和解决问题的知识都基于生态学和生物学,以及由它们所衍生出来的各种交叉学科与应用学科,诸如保护生物学、景观生态学、恢复生态学等;③ 涉及从基因、个体、种群、群落、生态系统到景观各个层次的管理,层次不同,处理问题的方法也不同;④ 生境管理工作至关重要,尤其是对生境有特殊要求的物种,需要提前预测生境变迁,提前采取措施;⑤ 保护区会面临自然环境灾害、外来物种入侵、人为干扰等多方威胁,因此,应对这些威胁是保护区管理工作的重点之一;⑥ 维持一个保护区管理的庞大经费开支,需要在不会威胁保护区的情况下,广开融资渠道,诸如建立生态旅游区、发展自然保护基金、开展社区共管等;⑦ 往往要做很多涉及行政、执法、旅游管理、公众教育等方面的工作;⑧ 通常与科研单位及相关组织、大学建立长期研究合作关系;⑨ 越来越注重信息共享与数据库的建立。

3. 保护区资源的合理利用

保护区在保证保护目标得以实现的前提下,应该利用自身资源优势,合理开发,适度经营,解决经费困难的问题,探索适应人口、资源、环境协调发展的途径。并不是所有保护区内的资源都可以开发利用。从保护区的功能分区来讲,核心区是保护对象的主要栖息、生存、繁殖、种群最集中及保存最好的区域。因此,这里的自然资源不可随意利用,除科学研究外一般不得随意进入。而缓冲区和过渡区是为了维持保护对象生存、繁衍、发展的需要开展科研、从事经营活动的区域。因此,它们的自然资源可以在一定程度上合理开发利用。总的来说,可利用的资源主要为缓冲区和过渡区内的土地、水、生物、气候等有限但可更新的资源及太阳、空气、海水等无限的资源;不可(禁止)利用的资源为矿产资源及核心区内几乎所有的自然资源。目前,保护区资源的合理利用模式主要有:① 旅游模式,即以优势资源开展森林、野生动植物、风景、滨海及潜水等多种旅游形式和第三产业获得经济收入的模式;② 生产模式,即以优势资源开展种植养殖业和副产品加工获得经济收入的模式;③ 综合模式,即利用各种资源所获得的经济效益不相上下或不明显,甚至没有经济效益的模式。此类模式的特点是,没有优势资源,虽然经济效益不明显但往往能产生良好的环境效益、社会效益。各种模式的利用要因地制宜,灵活多样。

第四节 生物种质资源库的建设

为了更加长久地、安全地保护和利用生物多样性,利用大型基础设施和仪器设备优化控制贮藏环境,长期保存具有重要生物学价值和开发利用前景的生物种质资源的区域,被称为种质资源库(germplasm bank)。鉴于种质资源库保护的主要目标是被保存物种特殊的种质基因,因此种质资源库也被称为种质基因库。

种质资源库的建设,主要是发掘和收集各种生物的繁殖体,尤其是农作物特殊品种的种子、重要经济动物的繁殖材料或组织器官材料,科学地加以贮藏,使它们在几十年、甚至数百年之后仍保留繁殖能力和遗传特性,对物种拯救、品种改良、培育高产、优质、抗逆性强的新品种和生物学、生态学的理论研究提供丰富的种质及研究材料具有重要意义。

一、 种质资源库建设的意义和历史过程

生物种质资源是我们所在这个星球上,不同生物在复杂多样的生境条件下经过千万年适应当时的自然环境,经过持续系统性的自然进化而形成的。每个物种及其不同的亚种、变种及人类繁育培育的品种,蕴藏着各种潜在可利用基因。这些基因有的控制着生物特殊的新陈代谢过程,有的调控生物适应特殊环境的能力,有的影响着生物特殊的产物数量和质量,而所有这些生物的性状可能是维持这些生物生存繁衍的遗传密码,保护好控制这些遗传信息的基因就可能保护或保存了这个物种。因此,种质资源库的建设是物种保护的重要辅助手段,可能成为我们这个星球物种的"诺亚方舟"。不仅如此,人类生存和发展依靠生物多样性提供各种各样的生物产品和生态服务,特别是部分生物所提供的产品和服务对人类生存发展至关重要、不可或缺,对这些重要生物及其种质资源通过资源库建设进行保护,就保护了人类繁衍生存和发展的物质基础。一个国家把这些资源收集起来保护,将为这个国家和民族未来发展保存不可替代的战略资源,成为国家和民族的宝贵财富。正如一些专家所言,在农业时代,一个国家拥有的耕地越多优势越大;在工业时代,拥有的石油、矿产等能源越多优势越大;而在生命时代,拥有更多的基因资源同时能对基因资源进行认知和利用,则意味着更大的优势。

事实上,在地球环境恶化一时难以修复的情况下,很多生物面临生存危机,全球处于第六次物种大灭绝的阶段,组织和动员国家甚至全球的力量把这些生物种质资源收集起来作为战略资源加以保存,以备子孙后代加以利用,对全球生物多样性的保护、人类的生存发展意义重大。

人类很早以前就认识到种质资源的重要性。我国先民最早就把种子晾晒干燥后放入带盖的小口缸或瓦罐里,加入适量的生石灰置于阴凉处封存。印度、埃及等国也采用过类似的方法。20世纪50年代以来,美国、苏联等相继建造了可以控温控湿的专用贮藏室长期保存种子。我国从1975年起筹建种质资源库,1984年中国农业科学院国家种质库建成。进入21世纪,很多国家采用超低温冷冻保存生物细胞和组织材料,以期达到长期贮藏种质的目的,而且还建立了基因库,保存生物种质的规模更大、水平更高、安全性更强。

不仅如此,当今世界种质资源库建设已经扩展到生物样本资源库,旨在保存特有遗传资源,如动物、植物、微生物、人类遗传资源等具有科研及产业价值的生物样本,保存的生物材料从基因到组织、器官、个体标本与活体乃至重要种群。建设超大规模、高通量、低成本、全自动的生物样本库,支撑民生、医疗健康及科研探索,推动生物创新技术成果落地,成为国家重大基础科学设施的重要内容,作为大国重器越来越受到高度重视。

二、 种质资源库的主要类型

1. 种子库

保存种子的种质基因库又叫种子库,其保存条件涉及种子生理代谢的各种条件,可保存的

时间长短依种类不同而异,一般保存在5℃或更低温度条件下,或保存含水量为5%~7%的种子于密闭容器中,或保存种子于相对湿度低于20%的条件下,亦可将种子保存在液态氮中(-196℃)。有生命活力的种子都要进行生理代谢,所以种子的保存时间还是有限的,需要定期进行检测,当种子的发芽率低于20%时,就需要更新种子。那些难以得到种子或种子不易保存的种类,一般以培养组织在低温(-2℃)的条件下进行长期保存。但长期继代培养的组织会产生染色体裂变而导致遗传基因的不稳定性,若将培养组织保存在液态氮(-196℃)中,则能保持其遗传稳定性。

2. 植物离体库和DNA库

离体保存是将生物的细胞、原生质体、愈伤组织、悬浮细胞、体细胞胚、试管苗等生物的组织及器官储存在使其抑制生长或无生长条件下,达到保存目的的方法。离体保存是组织学、离体培养技术水平达到一定程度后植物离体库建设的新方法。

以离体保存濒危、特有和重要经济植物资源为目标的种质资源库为植物离体库。植物离体库大多保存植物的组织、器官,尤其是保存花粉和一些重要的营养器官。

随着生物保存技术和手段的提高,现代种质基因库建设还可以从植物体中分离出DNA或DNA片段进行DNA的长期保存。种质基因库保存多集中在农作物方面,如中国国家作物种质库中就保存了54 411份水稻种质基因,35 635份小麦种质基因。

3. 微生物库

对微生物及其菌种资源进行研究、保藏、管理与共享的种质资源库,又称为菌种库。菌种库对于从事微生物研究的人员来说并不陌生,世界上从事微生物研究的科研机构都有自己的菌种库,但作为国家性的微生物库对菌种库的要求更高、覆盖面更广,承担的任务主要包括:围绕国家一定时期的重大需求和科学研究开展菌种资源的收集、整理、保藏工作;承接科技计划项目实施所形成的菌种资源汇交、整理和保藏任务;负责微生物菌种资源标准的制定和完善,规范和指导各领域微生物菌种资源的保护利用;建设和维护国家菌种资源在线服务系统,开展菌种实物和信息资源的社会共享;根据创新需求研发关键共性技术,创制新型资源,开展定制服务;面向社会开展科学普及;开展菌种资源国际交流合作,参加相关国际学术组织,维护国家利益与安全。

三、 种质资源库建设的基本内容

种质资源库的建设指在大量的生物学研究工作基础上获取被保存生物的重要信息,建构具有良好保存条件的基础设施,将符合条件的生物种质材料存入库中,在科技人员的精心管理和维护下确保入库材料的生命力和生活力,通过网络化、信息化管理使相关材料得到开发和利用。为此,种质资源库建设是一个复杂的系统工程,需要巨大投入和强大的管理运作体系,从而往往其建设和运管是一个国家行为,才能保证种质体系中涉及的政府组织、科研机构、高等院校和生产单位进行良好合作,才能正常运行和发挥作用。

美国建立起了全球最大、最为完备的种质资源库运维体系,特别是形成了美国国家植物种质系统(NPGS)。NPGS的目的是保护植物遗传多样性,同时致力于提高作物的品质和产量。世界的粮食主要依靠集约农业,而集约农业依靠一致的基因资源,这种一致性减弱了作物的抗虫性和抗逆性。科学家们急需获得遗传多样性的方法以帮助培育出抗虫、抗病和抗逆的新品种,这里以 NPGS 为例说明种质资源库的工作网络体系。

(1)获取作物种质资源。包括种质的引进、最初的繁殖和野外采集等。

(2)保存作物种质资源。包括种质的维护、保存检测和复壮等。

(3)评价作物种质资源。包括种质的性状测定、统计、描述和评价等。

(4)编制作物种质资源。包括种质的分类、编号和入库目录描述等。

(5)分发作物种质资源。包括种质的申请响应、发放和交换等。

在美国 NPGS 中,美国农业部农业研究服务局协调各个部门的工作。政府组织和研究机构主要负责种质资源收集、评价鉴定、编目分发和保存,科学家们进行各种研究活动,私营企业则负责选择项目,致力于把优异种质培育成优良杂交种或品种,或把有益基因转移到产品中,以产品方式卖给农民或使用者。

除了美国,很多国家都建设了自己的国家种质资源库,当前,大多国家种质资源库的保存对象是农作物及其近缘野生植物种质资源,这些资源以种子作为种质的载体,收集保存的种子可耐低温和耐干燥脱水。种质资源库在接纳种子后,需对种子进行清选、生活力检测、干燥脱水等入库保存前处理,然后密封包装存入 −18℃ 冷库。入库保存种子的初始发芽率一般要求高于90%,种子含水量干燥脱水至 5%~7%,大豆 8%。根据科学家估算,在上述贮藏条件下,一般作物种子可保存 50 年以上。

四、 全球种质资源库的建设

全球种质资源库的建设始于 20 世纪 80 年代,伴随人们对生物多样性价值认识的提高,很多国家纷纷把种质资源库的建设作为生物多样性保护的重要手段,建立起了各种各样的专业性、专一性种质资源。截至 2020 年底,全球建成的近 1 750 个种子库保存了超过 600 万份种质资源。

(一)美国国家种质资源实验室(NGRL)

美国曾是一个植物种质资源极度贫乏的国家,经过多年的收集、考察、引进和交换,现已成为拥有 43.5 万多份植物种质的世界第一资源大国。这些资源通过种质资源信息网络(GRIN)进行管理,为美国国家植物种质系统的建设和运行提供了条件,促进了美国种质信息事业的发展,该网络也是世界上最大的种质资源信息网络之一。

根据 GRIN 数据库管理部(DBMU)统计,GRIN 现已拥有 437 127 份种质,这些种质来自 184 个科,1 509 个属,10 182 个种,其中长期保存的种质约为 28 万份,所有这些种质分别贮藏在 26 个种质库(圃)中。DBMU 维护着一个大型的计算机网络——美国种质资源信息网络,该网络提供美国国家植物种质系统(NPGS)中所有种质的信息,同时也提供美国农业部农业研究服务局(USDA-ARS)的动、微生物等种质信息。据统计,NPGS 保存了 16 162 种约 60 万份农作物和野生植物的种子。

(二)挪威斯瓦尔巴全球种子库

斯瓦尔巴种子库是得到联合国粮食及农业组织的支持建设的,保存全世界农作物种子的全球性种子库。该库坐落于北极圈内距离极点 1 000 多 km 的山体中,是挪威政府在北冰洋的斯瓦尔巴群岛建造的,独特的地理位置使它相对远离"天灾人祸",被称为是全球农业的"诺亚方舟"。这座种子库于 2008 年 2 月投入使用后,接纳了来自全球多地国家性、地区性和国际性种子库的种子"备份",以防人类赖以生存的农作物因灾难而绝种。科学家对这座植物"诺亚方舟"将要应对的"灾难"的设定,包括自然灾害、疫病、战争,甚至"世界末日",是地球植物最后的"避难所"。

斯瓦尔巴种子库粮仓总长 120 m,洞穴高于海平面 130 m 左右,洞内面积约 1 000 m²,分为三座储藏室,每个储藏室能够存储 150 万个样本,而每个样本将保存约 500 粒种子。该库储存着来自全球各种规模基因银行超过 4 000 个植物物种的 86 万份种子备份,包括豆类、小麦、稻米等人类赖以生存的农作物种子。

2020 年 4 月该种子库举行了一次重要的种子储备活动,来自各大洲的 35 个基因库在本次活动中储备了种子,纳入储备库的有几百种植物的种子,其中包括常见的主要作物和大量不同种类的蔬菜、药草及其不常用的野生近缘种。2020 年 10 月,来自 8 个不同基因库的 15 000 份种子样本入库,入库的种子来自韩国、肯尼亚、赞比亚、科特迪瓦、尼日利亚、波兰及泰国的基因库。

(三) 英国皇家植物园(邱园)千年种子库

英国皇家植物园(邱园)千年种子库(millennium seed bank)位于伦敦西南部的泰晤士河段南岸,被联合国指定为世界文化遗产。邱园始建于 1759 年,经过 200 多年的发展,扩建成为有 120 hm² 的皇家植物园。1965 年在距离邱园 50 km 处开辟了 240 hm² 的韦园卫星植物园(wakehurst)。建有巨型棕榈温室、温带植物温室、高山植物温室、睡莲温室、植物进化馆、威尔士王妃温室、宝塔等,已在全球范围内收集了 39 681 种野生植物种子,是全球保存物种数量最多的野生植物种子库,并且牵头开展全球农作物野生近缘种的收集保存。此外,园内还有 1853 年建成的标本馆,馆藏了 700 万份植物标本,代表了地球上近 98% 的属,35 万份是模式标本;真菌标本馆建于 1879 年,收集了 80 万份真菌标本,3.5 万份是模式标本。

(四) 种子库联盟

澳大利亚的 12 个区域性种子库和机构建成种子库联盟(Australian seed bank partnership),包括植物园、植物标本馆、国家环境机构和非政府组织。通过种子、组织培养和超低温保存的方式,开展澳大利亚本土物种的收集,以弥补植物园活体保存量的不足。在种子库中收集和储存种子是对抗全球植物多样性下降的最有力方法之一。建立易地种子收集为澳大利亚的原生植物和森林提供了未来使用的资源和保险政策,澳大利亚已将近一半的植物区系纳入保护种子库,其中包括 67% 的全国受威胁植物物种。

(五) 中国国家作物种质库

中国高度重视种质资源库建设,从 20 世纪 80 年代开始启动建设国家作物种质库,简称国家种质库,是中国最大的、以保存作物种质为特点的种质库,该库是全国作物种质资源长期保存中心,也是全国作物种质资源保存研究中心。负责全国作物种质资源的长期保存,以及粮食作物种质资源的中期保存与分发。该库在美国洛克菲勒基金会和国际植物遗传资源委员会的部分资助下,于 1986 年 10 月在中国农业科学院落成。2019 年 2 月新国家作物种质库项目在中国农业科学院正式开工建设,种质库设计容量为 150 万份,是现有种质库容量的近 4 倍。过去 30 多年,已经有 43.5 万份种子在国家种质库安家,保存数量位居世界第二。

（六）中国国家基因库

2011 年国家发展和改革委员会、财政部、工业和信息化部、国家卫生和计划生育委员会联合批复建设深圳国家基因库,并由华大基因最终负责承建运营。2016 年 9 月中国首个国家基因库宣布正式对外运营。这是继美国国立生物技术信息中心(NCBI)、欧洲生物信息研究所(EMBL-EBI)、日本 DNA 数据库(DDBJ)这全球三大国家级基因库后的第四个国家级基因库,也是目前为止世界最大的基因库。

深圳国家基因库以生物资源为依托,形成资源-科研-产业的全贯穿、全覆盖模式,应用方向包括人类健康、新型农业、物种多样性及生态环境保护等。深圳国家基因库初步建成“三库两平台”的结构业务和功能,“三库”由生物资源样本库、生物信息数据库和生物活体库组成,“两平台”为数字化平台、合成与编辑平台。与其他三大国家数据库以保存数据为主要功能不同的是,深圳国家数据库不仅有数字化平台积累别人产生的数据,还可以保存样品,是一个综合的数据库。深圳国家基因库搭建起基因资源挖掘的基础性支撑及公共服务平台,以具备对海量生物资源的存、读、懂、写、用能力为基础,构建起检测、管理、认证、基础应用体系,促进基因组学在精准健康、精准农业、海洋开发、微生物应用等方面的前沿探索与产业转化,催生新技术、新产品和新模式。

（七）中国西南野生生物种质资源库

中国第一座国家级野生生物种质资源库,也是目前亚洲最大、世界第二大的野生植物种质库。中国西南野生生物种质资源库在中国昆明由中国科学院与云南大学联合建成,这里保存着来自国内外的大量野生植物种子,3 万多种植物及丰富的动物种质资源在这里得以“多世同堂”。云南拥有中国 50% 以上的生物种类,是誉满全球的植物王国和动物王国,从科学角度来看,保护好云南及周边地区和青藏高原的生物种质资源,对中国生物多样性的保护至关重要。资源库的建立不仅可以确保野生生物种质资源特别是中国的特有物种和极度濒危物种,以及具有重要经济价值和科学研究价值的物种安全性,而且可以使中国野生生物种质资源的研究和快速、高效、持续开发利用真正成为可能。同时这也是中国政府履行《生物多样性公约》,实施可持续发展战略的重要内容。

中国西南野生生物种质资源库从概念形成到竣工历时 8 年,项目总投资 1.48 亿元,建筑面积约 7 000 m^2,园区 80 亩(1 亩 ≈ 667 m^2)。建设项目包括种子库、植物离体库、微生物库、动物种质资源库、DNA 库和信息中心。目前,该库共收集和保存各种植物培养物 734 种 3 526 份,主要包括蕨类植物、苦苣苔科、百合科、多肉植物及其他观赏植物、经济植物和工程植物等;保存蕨类孢子 592 种。离体库建立了稳定的离体保存技术体系,研制植物离体培养与保存的规程 25 项;建立的植物组织培养文献数据库共包含 1 476 属 3 534 种植物的中英文文献 14 960 余篇;在社会服务方面共接待参观访问、技术咨询、文献查询 290 余次;共提供培养物 219 种或无性系 1 030 余份。在离体保存野生植物资源的基础上,离体库从单纯的植物资源离体保存,向资源植物保存和利用转变,特别是通过离体培养物的专类收集、重要经济植物微繁技术体系的建立,开展与企业共建研发中心等多种方式的合作,为资源植物产业化开发提供材料和技术支撑。

（八）中国国家菌种资源库

国家菌种资源库(以下简称“菌种库”)以原国家科学委员会指定相关部委设立的国家级专业菌种保藏中心为基础,2002 年开始组建,2011 年成为科技部、财政部首批认定的 23 家国家科技基础条件平台之一,2019 年 6 月国家微生物资源平台优化调整为国家菌种资源库(national microbial resource center,NMRC)。

NMRC 是国家科技资源共享服务平台的重要组成部分,作为基础支撑与条件保障类国家科技创新基地,负责国家微生物菌种资源的研究、保藏、管理与共享,保障微生物菌种资源的战略安全和可持续利用,为科技创新、产业发展和社会进步提供支撑。

菌种库以中国农业微生物菌种保藏管理中心、中国医学细菌保藏管理中心、中国药学微生物菌种保藏管理中心、中国工业微生物菌种保藏管理中心、中国兽医微生物菌种保藏管理中心、中国普通微生物菌种保藏管理中心、中国林业微生物菌种保藏管理中心、中国海洋微生物菌种保藏管理中心、中国典型培养物保藏管理中心 9 个国家级微生物菌种保藏中心为核心,整合了我国农业、林业、医学、药学、工业、兽医、海洋、基础研究、教学实验等九大领域的模式菌种和具有重要应用价值或潜在应用价值的菌种资源。截至 2018 年,平台库藏资源总量达 235 070 株,备份 320 余万份。其中可对外共享数量达 150 177 株,分属于 2 484 个属,13 373 个种,占国内可共享资源总量的 80% 左右,资源拥有量位居全球微生物资源保藏机构首位,涵盖了国内微生物肥料、微生物饲料、微生物农药、微生物环境治理、食用菌栽培、食品发酵、生物化工、产品质控、环境监测、疫苗生产、药物研发等各应用领域的优良微生物菌种资源,同时也保藏有丰富的开展生命科学基础研究用的各种标准和模式微生物菌种材料。菌种库近年来更加注重特殊生境来源的微生物资源收集,包括来源于世界三极(南极、北极和青藏高原)、深海大洋、沙漠、盐碱等环境中微生物资源的收集。目前保藏有约 6 700 株的极地微生物资源及 2.3 万余株的海洋微生物资源,海洋微生物菌种库藏量全球最大。

(九)其他

在欧盟第六框架计划的支持下,欧盟成员国的 29 个种子库联合成立欧洲本土种子保护网络(ensconet),收集保存欧盟地区的 11 515 种 63 582 份野生植物种质资源,包括该地区 75% 的农作物野生近缘种。

近年来,亚洲各国也加大了对野生生物种质资源收集保存的投入。韩国于 2018 年建成可储存 200 万份种子的白头大干种子库(Baekdudaegan global seed vault),其中近 5 000 种野生植物的种子存储在地下设施,被称为韩国"最安全的地点",可以抵御气候变化、自然灾害和战争。新加坡为加强东南亚地区的植物资源收集,于 2019 年建成该国的第一个种子库(Singapore botanic gardens seed bank),可保存多达 25 000 种植物。泰国的国立种子保存设施也在积极筹建中。

📄 小结

人类衣、食、住、行及物质文化生活的许多方面都与生物多样性的维持密切相关,生物多样性及其支撑的生态系统是人类生存和发展所需资源和环境的根本来源,地球生命系统的维持和人类社会的发展都有赖于生物多样性及其提供的服务。生物多样性保护是生态学理论和应用的重要领域,相应地也推动了生态学的理论发展。生物多样性保护中直接应用的生态学基础理论与方法,包括岛屿生物地理学理论和最小可存活种群的基本概念与种群存活分析法,迁地和就地保护是生物多样性保护的基本形式,生物种质基因库建设也是生物多样性保护的重要手段。自然保护区的建设和规划、管理和监测、可持续发展的模式等需要遵循生物多样性保护的基本原则。

思考题

1. 概念与名词理解:最小有效种群,极小种群,SLOSS,迁地保护,原位保护,种质资源库,种子库,国家公园,自然保护区,自然保护地。

2. 在自然保护区规划主要应用哪些生态学的基本理论?

3. 论述保护极小种群在生物多样性保护中的理论和实际意义。

4. 迁地保护和就地保护分别在生物多样性保护中发挥了什么作用? 二者有什么联系?

5. 如何建立和管理一个自然保护区?

6. 如何有效提高国家公园、动物园、植物园在生物多样性保护中的作用?

7. 论述种质资源库建设的基本内容及意义。

建议读物

1. Myers N, Mittermeier R A, Mittermeier C G, et al. Biodiversity hotspots for conservation priorities[J].Nature, 2000,403(6772):853-858.

2. Primack R,季维智.保护生物学基础[M].北京:中国林业出版社,2000.

3. Shafer C L. Nature reserve:Island theory and conservation practice[M].Washington, D.C.: Smithsonian Institution Press,1990.

4. MacArthur R H, Wilson E O. The theory of island biogeography[M]. Princeton:Princeton University Press, 1967.

5. 蒋志刚,马克平,韩兴国.保护生物学[M].杭州:浙江科学技术出版社,1997.

第十二章
环境生物学在环境管理中的应用

作为研究人类扰动下生物与环境关系的学科体系,环境生物学的理论和方法不仅在环境的生物监测、生物修复、自然保护等方面都得到了应用和发展,而且在指导人类采用合理的环境标准、制定科学的环境容量来管理环境,以及通过评价生态系统服务与健康,确定科学的生态功能区划及主体功能区划来保护和改善生态系统,进而促进自然与人类发展相协调方面也具有重要的作用。本章简要介绍环境生物学在利用环境基准、标准、容量开展环境质量管理,利用空间功能优化维持生态系统健康、保护生物多样性及生态安全方面的应用。

第一节　环境基准、标准、容量中的环境生物学问题

为了保护生物尤其是人类的健康,使生态环境能够良性地可持续发展,环境生物学应用于制定各类环境基准和环境标准,并基于社会发展实际对其进行不断的修正与完善,以指导和约束人类的生产活动。此外,还基于环境容量目标对人类生产生活活动进行管理和规划,这些措施直接关系和体现国家的环境管理水平和人民生活健康水准,对于保护生态环境和人类福祉具有重要的意义。

一、 环境基准、标准及其环境生物学问题

（一）环境基准

1. 环境基准的定义

环境基准(environmental quality criteria)是指环境因子(污染物或有害要素)对生态系统和人群健康不产生不良或有害效应的剂量或水平的最大限值。按照作用(或保护)对象的不同可分为健康基准——强调对人体健康的影响、生态基准——强调对生态系统中的各生物群及其使用功能的影响、物理基准——强调对气候、能见度等的影响及感官基准——防止不愉快的异味和颜色等。环境基准是环境标准制定、修订、环境质量评价和控制的重要科学依据和基础,是一个国家环境保护科研水平、国际地位和综合实力的象征,是国家整个环境保护和管理体系的基石。

2. 环境基准中的环境生物学问题

确定环境基准的核心是剂量-效应关系,即利用污染物在环境中的含量及分布水平和其对生态环境和人体健康的作用效应,在大量毒性数据的基础上利用风险评估的方法获得基准值。

如保护生态系统安全及使用功能的基准是通过开展毒性效应分析,在保护生态系统中95%以上的物种数量免受污染物毒害的基础上进行风险评估,从而获得基准值。因此,毒性数据的质量在很大程度上决定了环境基准值的可靠性,而获取适宜可靠的生物毒性数据的主要途径是开展生物测试实验及流行病学调查。值得注意的是,传统的毒理学研究对象主要针对生物个体,缺乏从种群、群落及生态系统等宏观尺度水平上对污染物生物效应机制的研究,因此从研究污染物对单物种的毒理效应,上升到污染物对种群、群落乃至整个生态系统的毒理效应,是环境基准发展的必然要求和未来研究的重点。

3. 环境基准体系

我国的国家环境基准体系是以环境介质为主线进行建立的,主要分为水环境基准、大气环境基准、土壤环境基准及其他基准。

（1）水环境基准。根据保护对象不同主要可分为保护水生生物及其使用功能基准和保护人体健康基准。保护水生生物基准方法均基于生态风险评估技术,我国学者分析了我国生物区系特征并提出水质基准推导的种选择和数据要求,结合我国环境特征推导了双酚 A、硝基苯、氯酚等多种污染物的水基准。此外,鉴于我国目前水体富营养化问题比较突出,营养物质（N、P 等）基准的研究对我国湖泊河流保护尤为重要。而由于营养物质对水生生物的毒理作用相对较小,营养物质基准主要基于生态学原理和方法来制定,而不依赖于生物毒理学方法。在具有相似气候、地形、土地利用等特征的同一生态区内,水体生产力和营养状况与总 P、总 N、叶绿素 a、透明度等指标具有较好的相关性,为营养物质基准的制定奠定了基础。

（2）大气环境基准。主要包括人体健康大气环境基准、生态系统安全大气环境基准和物理大气基准（对材料、能见度、气候等的影响）。人体健康基准主要依赖于流行病学和毒理学研究成果,在数据选择上,一般选择空气毒害物的动物毒性数据进行推导。生态系统安全环境基准制定中,通常选择需要保护的生物受体,根据实验室或野外的生态毒性学测试和生物学测试,选择相应的毒性终点,获得毒性数据作为生态系统安全环境基准制定的基点。

（3）土壤环境基准。主要包括人体健康土壤环境基准、生态受体土壤环境基准、农产品质量土壤环境基准和地下水土壤环境基准。采用基于风险方法制定的区域性和场地性土壤污染危害临界基准,是制定区域土壤污染筛选值和场地污染危害临界值的主要依据。由于土壤的异质性很大,不同地区土壤环境质量基准值存在很大差异,因而需要建立适用于我国各地区使用的土壤基准值。

由于环境中的化学污染物种类繁多,在确定环境基准值时,应当在借鉴别国环境基准研究成果的基础上结合我国的污染特征确定优控污染物清单,优先筛选出毒性强、难降解、残留时间长、在环境中分布广的特征污染物进行控制。在重点考虑高环境暴露的常规污染物的同时应关注一些新污染物,如内分泌干扰物、纳米污染物、抗生素与抗性基因等。中国环境基准目标物质风险筛查的总体思路是在风险评估和环境综合评估的基础上,筛查出风险相对较高的毒害物质作为环境介质中优先管理的目标。同时在研究制定环境基准时,应当将水、土、气等各个介质关联起来进行全面综合考虑。

（二）环境标准

1. 环境标准的定义和体系

环境标准是以环境基准为依据,为了对环境中有害成分含量及其排放源进行规范,在考虑自然条件和国家或地区的社会、经济、技术等因素的基础上,经过一定的综合分析后制定的,由国家有关管理部门颁布具有法律效力的限值。可见,环境基准是制定环境标准的基础科学依据。环境标准是国家环境保护法律法规的重要组成部分,其目的是保护人类自身健康、推动生态环境良性循环。

具体来说,环境标准主要有四方面的作用:① 是国家开展环境管理工作、制定环境保护各项规定和政策计划的重要基础和依据,也是环境保护所要达到的目标;② 是否符合环境标准规定是判断地区环境质量和地方政府环境保护工作成效的重要依据;③ 是环境保护执法的重要抓手和依据;④ 可以促进从事具体生产经营的企业对自身污染排放进行约束和管理,有利于企业改进工艺,更新设备,提高生产效率。总之,科学、协调、系统的环境标准体系对于支撑环境管理、提高环境管理效能具有重要意义。

我国已经建立了两级五类的环境标准体系。两级即环境标准在层次上分为国家环境标准和地方环境标准;五类环境标准则包括环境质量标准、污染物排放标准、环境监测规范(包括监测分析方法标准、环境标准样品、环境监测技术规范)、国家环境管理规范类标准和国家环境基础类标准(环境基础标准和标准制修订技术规范)。

在各级各类环境标准体系中,除了物理、化学方面的环境质量指标外,环境生物学方面的质量指标也是其中的重要板块,而且随着环境标准体系的完善,这方面的指标将越来越重要。

2. 功能区划与环境质量标准

环境功能区是指对社会经济的存在和发展起特定作用的地域或环境单元。环境功能区划是根据人类的生存发展需要和环境条件,对一个区域按不同生态系统服务功能划分为不同的功能区(环境功能单元),进而可开展有序的保护和利用的做法。环境功能区划的目的包括合理保护和利用环境功能单元,确定不同功能区的环境目标及目标的管理和执行。具体来说,环境功能区划是环境影响评价中项目定点、核定排污总量的依据,也是环境污染治理项目验收标准的选择依据,是环境规划和管理中的重要内容。

环境功能分区一般分为两个层次:一是综合环境功能分区,如自然保护区、水源涵养区、城市经济区、农业经济区、工业区等;二是专业环境功能分区,如大气环境功能分区、水环境功能分区、生态功能分区、声环境功能分区等。这些环境功能分区的具体实施和执行往往是通过环境标准、保护级别等制度性的刚性要求来实现的。这些制度性的要求除了考虑人类的需求外,主要的立足点是维护生物生存和社会发展的基本条件,维持生态系统的基本功能。

不同的环境功能要求采用不同的环境质量标准。我国根据水体、大气、土壤的不同功能要求,制定了相应的环境质量标准。例如,《地表水环境质量标准》(GB 3838—2002),依据地表水水环境功能和保护目标,按功能高低将水体划分为五类。Ⅰ类主要适用于源头水、国家自然保护区。Ⅱ类主要适用于集中式生活饮用水地表水源地一级保护区、珍稀水生生物栖息地、鱼虾类产卵场、仔幼鱼的索饵场等。Ⅲ类主要适用于集中式生活饮用水地表水源地二级保护区、鱼虾类越冬场、洄游通道、水产养殖区等渔业水域及游泳区。Ⅳ类主要适用于一般工业用水区及人体非直接接触的娱乐用水区。Ⅴ类主要适用于农业用水区及一般景观要求水域。生态环境功能质量要求越高,执行的环境标准就越高,而且强调其中的环境生物学指标越突出。

环境生物学的理论与实验结果为地表水环境质量标准的制定提供了重要的科学依据。为了更好地保护水生生物和生态系统,建设水生态文明,学者建议在现有标准中涉及污染物的基础上,按照有毒有害类污染物严格控制,避免对水生生物造成危害的原则,进一步筛选出我国地表水中检出率较高且对水生生物保护控制不足的污染物,结合我国水环境基准成果,提出满足我国水生生物保护的有毒有害污染物控制阈值。

二、环境容量及其环境生物学问题

1. 环境容量的定义

环境容量(environmental capacity)是指在确保人类生存、发展不受危害、自然生态平衡不受破坏的前提下,某一地区环境要素(如水、大气等)所能容纳污染物的最大负荷,也可以说是在污染物浓度不超过环境基准(或标准)的前提下,一定地区内的最大纳污量。环境容量具有客观性、相对性、指导性的特点,具体表现为:

(1)客观性。环境容量是环境所固有的一种特性,具有客观性。其存在的原因是生态系统中物理、化学、生物化学的联合作用会通过扩散、稀释、氧化还原、转化分解等途径将进入环境中的污染物净化消除。如污染物排入水体环境中,会通过物理的稀释、扩散、沉降等作用,化学的氧化还原、光降解等作用及微生物、藻类等的吸收、转化与分解作用而得以去除,污染物对水生生物个体、种群和群落的影响也逐步降低,最终水生生态系统在一定程度上恢复成为污染前的状态。

(2)相对性。环境容量的大小与环境空间的大小、环境要素的特性、污染物的性质等紧密相关,即环境容量具有相对性。在环境空间较大、污染物的性质不稳定、环境要素有利于污染物消除的情况下,环境容量则较大。环境要素本身的变化也会导致环境容量的变化。因此,在环境管理中,通常需要分析各种不利条件下的环境容量值,选取最小值作为管理目标值。但环境容量是有限的,当进入环境的污染物超过其自净能力时,环境便会被污染,生态遭到破坏。因此,根据环境容量对人类生产生活活动进行规范和约束,是维持生态环境质量、保障人类社会长期存在和发展的重要前提。

(3)指导性。环境容量作为环境质量达标的重要定量指标,是指导污染治理工程措施实施规模、方式等对污染负荷进行削减的重要依据。为了使某一环境体的质量要求达标,在对其主要污染物的负荷和来源进行解析的前提下,需要对其环境容量进行分析计算,在此基础上设计多种情景模式下的污染物削减方案并进行经济、技术的可行性分析与比较优化,才能建立更加合理有效的污染物治理工程对策。环境容量同时也是一个地区、一个城市进行经济结构和产业结构规划的重要参考依据,依据环境容量进行优化调整,避免无序发展,对于地区和城市的可持续发展十分关键。

2. 环境容量控制的相关环境生物学问题

通过环境容量维护环境质量,往往采用污染物排放标准、污染物排放总量进行双重控制。

我国环境污染物排放标准按体系可分为国家标准和地方标准,按主体性质可分为综合型标准与行业型标准。作为数字性的法规,污染物排放标准既是经济社会环境协调发展的内在要求在一定发展阶段的具体体现,也是一定阶段环境保护目标和战略在环境管理中的量化和落实,在促进经济增长方式转变、促进技术进步和产业升级、促进绿色产业发展、污染物总量减排、环境质量改善、环境风险防范等方面发挥着重要作用。污染物排放标准制定中,往往通过环境污染对生物的短期和长期效应的综合分析确定污染对生物的影响与效应,进而在确保生态环境质量和生态系统安全的基础上量化和倒逼污染物进入环境的限额。

污染物总量控制是在受控污染源已经实现达标排放后,为降低全社会的污染控制成本,在全面维护生态系统健康和环境安全的基础上和不提高排放标准的前提下,通过寻求减少特定时间段内区域污染物排放总量以提高区域环境质量和生态系统修复能力的污染控制政策。总量控制是与环境污染、区域环境质量相联系的,目的是改善环境质量、解决区域性环境问题。我国污染物排放总量控制工作采取逐层分解方式,由国家相关部门提出总体工作目标,将其分配至各个省(市、区)中,随后再细分至环境单元(如地级市、州),最后将任务落实到相关排污单位。污染物排放标准、环境质量标准是制定总量控制目标的核心和主要依据。该措施对削减污染物排放、遏制环境质量退化、建立政府环境保护目标责任制等起到了积极而有效的作用。

我国环境管理工作定位已由污染物排放控制为主向环境质量目标管理转变,过去涉及环境质量方面的考虑主要是环境要素、环境因子、人群健康影响等,以人为主体,现在人们认识到环境保护的目标应该是生态系统结构完整性、生态系统功能齐备性、生态系统服务价值增值,从而把自然界的生物、整个生态系统的要素、成分、结构、功能纳入环境质量的管理目标,这就需要环境生物学围绕该方面的需求进行深入研究,把对生物多样性的维护、生态系统健康的维持、人类生态福祉的增进放到污染的标准控制与总量控制的过程中。

第二节　环境生物学在环境评价中的应用

环境评价,也称环境影响评价,指的是对一个区域及其规划和建设项目实施后可能造成的环境影响进行分析、预测和评估,提出预防或者减轻不良环境影响的对策和措施。这项制度目前已经成为全球范围内较普及的、成熟的环境保护制度,很多国家针对本国环境保护要求都制定了相应的法规制度。环境保护的终极目标就是维护包括人类在内的生物生存条件和健康发展,生物因此成为环境评价中的主要目标和关键内容,环境类专业课程学习中需要关注环境生物学在环境评价中的应用。

一、 环境健康影响评价

(一)环境健康影响评价的意义

一般地,环境保护的最终目的是保护人类生存和繁衍的条件。人类社会经济活动所引起环境变化会对人类生活环境产生一定的影响,直接或间接地影响人群健康。环境健康影响评价(environmental health impact assessment, EHIA)用于预测和评价由发展政策和拟建项目可能产生的大气、水体、土壤等环境因素的质量变化而带来的人群健康影响及其安全性。环境健康风险评价以风险度作为评价指标,把环境污染与人体健康联系起来,定量描述污染对人体产生健康危害的风险。分析对象为:污染物—环境质量—人群健康。环境健康影响评价关注人类健康,考虑的多种问题与人类健康相关,对环境的关键压力、评估环境状况和评估环境变化的健康影响至关重要,是环境影响评价的重要内容,是更好了解复杂环境健康问题的重要工具。

世界卫生组织认为环境健康影响评价的内容必须包括恰当的评价发展政策、建设项目或产品对人群健康的影响和安全性。为了使环境健康影响评价成为一项全面而协调的工作,卫生专业人员必须参加到环境评价的工作组中去,加强合作。环境健康问题要有公共信息和公众的参与。

所有环境对健康的影响都存在不确定性,使环境健康影响评价量化预测十分困难,主要原因包括:① 知识的局限性,毒理学和流行病学方法的局限性制约了对污染物危害的认识,故对污染物毒性所产生的健康危害缺乏足够的证据,也对接触对象的免疫力和耐受性缺乏认识;② 健康效应的间接性、多样性、非特异性,如二氧化硫除了其本身的健康效应外还可形成酸雨危害健康;③ 生物学的差异,人群健康状况受多因素的综合影响,年龄、性别、免疫状态等的差异可导致不同人群对环境变化的适应性及敏感性的差别(高危人群);④ 污染物的时空变化和相互作用,环境污染物在外界可以相互作用,形成新的污染物,在进入人体后又可能产生联合作用;⑤ 数据获取困难,数据集和来源分散,不同地理范围的数据之间缺乏协调,以及数据质量和准确性问题。虽然存在以上困难,根据环境影响评价预测的环境质量,参考环境与健康关系的大量科学资料,仍有可能对拟建项目的健康影响做出一定评价。

环境健康影响评价以美国国家科学院和美国环境保护局的成果最为丰富,其中具有里程碑意义的文件是 1983 年美国国家科学院出版的红皮书《联邦政府的风险评价:管理程序》,提出评价"四步法":① 风险识别(hazard identification),对人体健康产生危害的物质识别;② 剂量-效应关系评价(dose-response assessment),暴露不同水平会产生多大程度的负面作用;③ 暴露评价(exposure assessment),有多少人会暴露在有害物质中,以及他们可能接受的剂量范围;④ 风险表征(risk characterization),阐述基于当前暴露水平和全面分析水平下可能对人类健康产生的负面作用。这成为环境健康影响评价的指导性文件。目前已被荷兰、法国、日本、中国等许多国家和国际组织所采用。环境健康影响评价包括四个子系统:自然的、人为的、生态的和人类的。人类系统是决定环境变化的最重要因素。由于人类健康发挥着核心作用,环境健康影响评价通过四类监测解决自然-生态-人类系统之间的相互联系:① 环境监测;② 生态监测;③ 生物监测;④ 健康监测。将环境监测和健康监测与决策联系起来增加了第五类信息:政策干预的治理。

环境健康影响评价一般用于大中型建设项目,主要评价内容为:① 拟建项目选址是否属于自然疫源地、地方病流行区、逆温天气多发区和其他环境性疾病高发区;② 拟建项目对人群健康影响的预评价。

(二) 环境健康影响评价的指标和方法

环境健康指标是环境危害、健康结果和管理过程的一种量度。依照清晰的系统结构,各指标之间是相互联系的,因此能够促使政策制定者之间进行有效的交流。欧洲国家环境健康指标的核心设定包括空气、噪声、水、居住环境、交通事故、卫生实施和健康、化学物质突发事件和辐射几个方面。《中国环境—健康区域综合评价》一文按照人-地关系的主线,遵循分层原则,建立评价指标体系所选择的 42 项评价指标,按其性质分为人寿状况、疾病状况、文化教育、自然环境、环境污染、经济水平和卫生资源 7 类,这 7 类指标又归纳为两项综合评价指标:① 健康(人寿状况、疾病状况和文化教育),表征人身体和文化素质;② 环境(自然环境、环境污染、经济水平和卫生资源),表征生存空间的质量。根据评价指标的层次关系,建立环境—健康评价的指标体系。

1. 自然疫源地的调查与评价

自然疫源地的调查内容主要包括动物的种群、数量(密度)、活动时间、带菌(虫)情况、滋生地类型、范围和强度、雨量、温度、日照等气象因子,地形、地貌、土质、植被等景观条件,兽类疾病类型和强度,社会经济状况及其演变速度和规模。需要明确的问题有:疾病性质及流行史,哪些动物是自然疫源地的宿主,在什么样的条件下将使自然疫源性疾病传给人类,应采取何种对策,当前或未来有无适合或诱发某些疾病、疫源地的复苏或建立,媒介动物生存、繁殖的生态条件等。

2. 生物地球化学性疾病的调查与评价

由于地理地质原因,地壳表面的元素分布不均衡,致使有的地区环境中某些元素含量过高或过低,导致该地区人群中发生某种特异性疾病,称为生物地球化学性疾病。对其评价方法主要有:① 总接触量评价法,估算人体的接触总量及污染物在体内的蓄积速度和程度,与毒理学测定的阈值进行比较,分析机体负荷情况;② 主要接触途径评价法,常见主要途径有空气—人、空气(或水、土)—农作物—人、水—鱼类—人等;③ "比标"评价法,采用超标倍数的概念,即 $D = C_i / C_{si}$(D:超标倍数,C_i:实测浓度,C_{si}:标准规定浓度)。

3. 环境污染对健康影响评价

健康状况评价指标主要有:① 发病率(incidence rate),一定人群在特定时间内发生的新病例数与同期暴露人群平均数之比,一般以每 10 万人口中的新发病数表示。它适用于急性或病程较短疾病的预防和病因探索,发病率升高常见于高危人群。② 现患率(prevalence rate),一定人群在某一时期新发和已发未愈的总病例数与同期暴露人数之比。通常以 10 万人口中的病例数表示。依观察时间长短又可分为期间现患率和时点现患率。前者指较长时间内发生的新病例及上一时期留下来的未愈病例总数的现患率;后者用于较短时间内(如 1 日、1 周)即在某一时点内存在新老病例的现患率。③ 病死率(case-fatality rate),死于某种疾病的人数与患某种疾病的人数之比,通常以百分率表示,常用于评价一定时期内急性疾病的危害水平。④ 死亡率(mortality rate),通常指特定人群在 1 年内总死亡人数与同年中期(6 月 30 日或 7 月 1 日)人口数之比,通常以每 1 000 人口中的死亡数表示。死亡率是研究人群健康状况、生活水平和医疗条件等的主要综合指标之一。为使不同地区的资料更具可比性,必须消除地区之间年龄、性别构成比例上的差别,即采用一个共同的内部构成比例标准对死亡率进行校正,使比较对象的年龄、性别构成一致,这种校正后的死亡率称为标准化死亡率(standardized mortality ratio, SMR)。⑤ 新生儿死亡率(neonatal mortality rate),某 1 年度内出生的每 1 000 名活产婴儿中寿命在 28 d 内的婴儿死亡数。⑥ 期望寿命值(expectation of life),按现在的死亡率趋势预计一个人可能存活的平均年数,是评价人群健康状况的综合指标。

为了比较不同接触剂量水平下的疾病危险性,分析疾病危险性与有害环境因素之间的关系,环境健康影响评价还需要用一些特殊的统计分析指标,目前主要有:① 相对危险度(relative risk),某地区在观察期间,接触污染物人群的发病率/死亡率与未接触污染物人群的发病率/死亡率之比;② 归因危险度(attributable risk),也称作特异危险度,指的是在接触污染物的人群中可归因于污染因素的发病率/死亡率。假如其他因素对接触人群与非接触人群的影响是相同的,归因危险度等于接触人群的发病率/死亡率减去非接触人群的发病率/死亡率,即率差(rate difference),它反映危险因素引起发病率/死亡率改变的具体幅度。

环境污染对人群健康影响评价的基本思路是:根据污染区与对照区的环境监测、评价数据和人群健康状况调查、检测结果,采用直接对比分析的方法将环境污染因子与健康评价指标联系起来,或应用生物统计学与模糊数学的方法,在控制混杂因素的影响之后,建立健康评价指标与环境污染物浓度之间的剂量-反应关系或模糊对应关系,预测环境污染对人群健康的影响。对人群健康状况的调查与检测,常用环境流行病学和环境毒理学的方法。为进行健康危害因素的筛选,消除混杂因素的影响,确定不同因素对健康影响的比重,目前采用多元 Logistic 回归模型和层次分析法。

(三)环境对健康影响的预测

环境对健康影响预测的任务是:根据自然疫源性、地方性和其他环境性疾病的发生、发展、演变规律,估计和判断未来这些疾病的发展趋势,提出相应的对策。

(1)专家预测法。也称专家会诊法或经验预测法,有关专家根据拟建项目对环境影响的程度,应用环境卫生学知识预测拟建项目对人群健康的影响。

(2)趋势外推法。按照事物之间的联系,假设过去的发展变化将以同样的速度和方向继续演变,将回顾性和现状调查研究结果延伸而对未来进行相应的预测。按照这种方法所获得的结果,可依其数量变化关系绘出不同时间、空间的发病率曲线或等级图形,直接用来预测某种疾病的发展趋势。亦可建立供预测使用的数学模型进行计算。

(3)类比法。根据事物的类似原理,将现实和历史事件进行比较。若其他地区需建立类似的项目,并在其后进行过环境流行病学调查,则获得该地人群某些健康指标与当地环境质量之间的相关分析结果可作为参考,用于推测拟建项目对周围人群健康的影响。因此,国内外累计的有关环境污染与人群健康关系的调查资料,对环境健康影响评价是有很大参考意义的。

二、 珍稀濒危生物的优先保护

规划和建设对项目区及其关联地带的生物影响是环境评价中不可回避的内容,对其中重要生物的影响必须纳入环境评价中予以重点考虑,对其中的珍稀濒危生物进行优先保护是必须采取的一个刚性要求。

(一)珍稀濒危程度的划分及其概念

珍稀濒危生物(rare and endangered species)是人们对物种在地球上生存和繁衍状况的一种描述,是指由于物种自身原因或受到人类活动或自然灾害影响而有灭绝危险的所有生物种类。其概念与划分的标准有关,是物种受威胁程度的相对描述,在不同的空间和时间尺度上,同一个物种可属于不同的濒危类型。但从根本上说,濒危物种是指在短时间内灭绝率较高的物种,种群数量已达到存活极限,其种群大小进一步减小将导致物种灭绝,即种群小、野外数量不增的类群。但真正确定一个生物是否处于濒危状态,还要靠相关领域的专家集体完成。科学地建立评价物种灭绝风险的指标体系是该领域需要长期努力的目标。

濒危物种是生物多样性的重要组成部分,加强濒危物种的保护对于促进生物多样性的保护具有重要意义。由于生物多样性对人类具有许多不可替代的价值,生物多样性的丧失无疑会对人类的生存构成威胁,因此理所应当成为人类共同关注的问题。而保护生物多样性,人们首先注意到的就是最易灭绝的物种即珍稀濒危物种的保护,并按个体数量、分布面积制定了濒危等级。

根据所受威胁程度和状况的不同,20世纪60年代以来,世界自然保护联盟(IUCN)在其出版的《世界濒危动物红皮书》和《濒危物种红色名录》中将这些物种分为:灭绝的种类(extinct species)、濒危的种类(endangered species)、渐危的种类(vulnerable species)、稀有的种类(rare species)、未定种(indeterminate species)。随着保护生物学工作的不断深入,迫切需要根据最新资料和研究成果制定一个更准确、客观和科学反映物种受威胁程度的分类系统,以适应物种保护工作日益增长的要求。历经多年的探讨,1994年IUCN公布了新的濒危物种等级标准。新的标准将濒危物种定义为8个等级:① 灭绝(extinct, EX),如果具有确定的证据证明一个分类单元的最后一个个体已经死亡,即认为该分类单元已经灭绝;② 野生灭绝(extinct in the wild, EW),如果已经知道一个分类单元只生活在栽培或圈养条件下,或者只作为自然化后的种群远离其过去的栖息地时,即认为该分类单元已经野生灭绝;③ 极危(critically endangered, CR),当一个分类单元的野生种群面临灭绝的概率非常高时,该分类单元被列为极危;④ 濒危(endangered, EN),当一个分类单元未达到极危标准,但在不久的将来其野生种群面临灭绝的概率很高时,该分类单元被列为濒危;⑤ 易危(vulnerable, VU),当一个分类单元未达到极危或濒危标准,但在不久的将来其野生种群面临灭绝的概率较高时,该分类单元被列为易危;⑥ 低危(lower risk, LR),通过评估被认为不符合极危、濒危或易危中的任何一个等级的分类单元,该单元又可分为三个亚等级,即依赖保护(conservation dependent, CD)、接近受危(near threatened, NT)和需予关注(least concern, LC);⑦ 数据缺乏(data deficient, DD),如果没有足够的资料直接或间接地根据一个分类单元的分布或种群状况来评估其绝灭的受威胁程度时,即认为该分类单元数据缺乏;⑧ 未评估(not evaluated, NE),如果一个分类单元未经应用本标准进行评估,即将该分类单元列为未评估。对于极危、濒危和易危三个等级,还规定了更细致的标准。

IUCN制定的濒危物种等级标准得到了国际的广泛承认,并在世界自然保护联盟和其他许多政府和非政府机构的出版物和名录中广泛应用,促进了濒危物种保护及其相应措施的制定。《濒危野生动植物种国际贸易公约》(CITES)附录的制定和历次的修订都在很大程度上依据《世界濒危动物红皮书》及《濒危物种红色名录》的濒危等级。《中国濒危动物红皮书》的濒危等级划分参照了1996年版IUCN《濒危物种红色名录》,根据中国的国情,使用了野生灭绝、绝迹、濒危、易危、稀有、未定等等级。1992年《中国植物红皮书》中参考IUCN标准,采用濒危、稀有、渐危三个等级:① 濒危,物种在其分布的全部或显著范围内有随时灭绝的危险。这类植物通常生长稀疏,个体数和种群数低,且分布高度狭域。由于栖息地丧失或破坏、过度开采等原因,其生存濒危。② 稀有,物种虽无灭绝的直接危险,但其分布范围很窄或很分散或属于不常见的单种属或寡种属。③ 渐危,物种的生存受到人类活动和自然原因的威胁,这类物种由于毁林、栖息地退化及过度开采的原因在不久的将来有可能被归入"濒危"等级。中国在生物多样性保护行动计划和物种保护优先项目的制定过程中,也认真参考了上述资料。

(二)珍稀濒危生物保护的优先性

从生物多样性保护的意义上,地球上所有生物物种都应该得到保护,而且要保护物种的完整性,即遗传基因及生态过程。从保护行动的可操作性和效率上考虑,保护行动应该有明确的目标或重点对象(地区或类群),即应该考虑哪些地区、系统或类群优先受到保护。下面几个概念有助于对保护优先性的理解。

(1) 关键地区或热点地区(hotspot)。热点地区是自然保护国际(conservation international)一直倡导的生物多样性保护途径,而且得到国际社会的重视。Myers(1988)在分析热带雨林受威胁程度的基础上,提出了热点地区的观念,并于两年后根据维管束植物的特征,将其扩大到全球,提出了包括 18 个热点地区的划分方案。在应用的基础上,后来又提出了 25 个热点地区的修订方案。热点地区的选择主要根据物种特有程度和受威胁程度,物种主要是维管束植物。此外,也参考除鱼类以外的脊椎动物。每个热点地区至少包括 1 500 种特有维管束植物(占世界总数的 0.5%),且原始植被丧失率大于 70%。25 个热点地区的总面积为 $210×10^4\,km^2$,仅占陆地面积的 1.4%,而其分布着全球 44% 的植物物种和 35% 的脊椎动物物种(鱼类除外),其原始植被有 88% 已经丧失。25 个热点地区中有 15 个热带雨林,5 个地中海型植被,9 个热点地区部分或全部由岛屿组成,16 个热点地区位于热带,这 16 个地区主要是发展中国家,面临的威胁严重(马克平,2001)。

(2) 生态区(global ecoregion)方案。该方案是世界自然基金会(WWF)提出的。在该方案中,全球有 200 个重要生态区应该得到优先保护。

(3) 关键种(keystone species)。物种在生态系统中的地位不同,一些珍稀、特有、庞大的对其他物种具有不成比例影响的物种,它们在维护生物多样性和生态系统稳定方面起着重要作用。如果它们消失或削弱,整个生态系统就可能发生根本性的变化,这样的物种称为关键种。

关键种的概念已经被广泛地应用到生物多样性保护中。有人提出将关键种的管理作为整个系统的群落管理中心,要围绕关键种形成生物保护的种种策略。还有人认为,从系统恢复工作的角度讲,关键种对于重建并维持生态系统的结构和稳定性是必不可少的。关键种对人类的干扰与环境的变化比较敏感,如原来连片的热带雨林破碎化(fragmentation),受影响最大的就是关键种。

(4) 濒危物种等级与保护的优先性。每个国家、部门和国际组织在开展濒危物种或者受威胁种的保护方面只具有有限的力量,令人为难的是如何最有效地利用这些力量。从保护项目执行角度上来讲,确定优先性比广泛的目标要有效得多。对保护优先性的确定常常很难得到一致的认可,而且在理论上优先性的确定还存在比较多的争论。因此,只要有一个决策框架就可以进行较合理的权衡和评价,从而确定出一系列优先项目。在进行这方面的工作时,常常考虑的因素包括:① 特有性,应当特别重视那些多样性较有特色的物种。保护一个多型种或广布种就没有保护一个单型种那么重要,也没有像保护某属某科或某目的唯一代表种那么重要。② 威胁,濒危程度越高,其受到的威胁程度越大,应受到优先的保护。也就是说,在濒危等级划分中,濒危等级与其关注的优先性是一致的。③ 利用,物种目前和将来的利用程度,也即如果其消失对人类产生最不利影响的物种,是首先应该关注的。如与栽培粮食有关的野生物种、家畜家禽的野生亲缘种或类型、药用物种等。

(三) 环境影响评价中对珍稀濒危生物保护的规定

在我国的建设项目环境管理中,十分重视项目建设对珍稀濒危生物的影响。但目前国内外尚缺少有关珍稀濒危生物保护的环境标准。开展珍稀濒危生物影响评价的主要依据是:评价区内有关珍稀濒危生物的资料和法规规定的有关珍稀濒危生物保护的条款,间接有关的标准如地表水水质标准、大气环境标准、食品卫生标准,当地土壤、生物中有害污染物"背景值"的资料,以及关于有害污染物生物耐受阈的研究成果等。

对于主要产生生态影响的自然资源开发项目,《环境影响评价技术导则 生态影响》(HJ 19—2022)规定,凡是有可能导致珍稀濒危物种消失(应该理解为在项目直接影响区消失)的项目,环境影响评价应执行一级评价的等级。在评价中,要对项目直接影响区和间接影响区珍稀濒危物种的种类、数量、分布、生理生态习性、历史演化情况及发展趋势进行现状调查,并明确这些物种的濒危等级、保护级别,涉及国际确认的有特殊意义的栖息地和珍稀濒危物种时要参考国际有关规定。对现有的影响因素、作用方式、强度进行评估。如果项目的执行对珍稀濒危物种和敏感地区等生态因子发生不可逆影响时,必须提出可靠的保护措施和方案。

第三节　生态系统服务与生态安全维护

生态系统服务维系与支持着地球生命系统和环境的动态平衡,为人类生存和社会发展提供基本保障,维持与保育生态系统服务,是实现区域可持续发展的基础。自然生态系统服务具有调节功能、生命支持功能、生产功能和审美启智功能等。然而长期以来,生态系统的服务功能并未受到应有的重视,并随之产生一系列的生态问题,尤其是近年来,随着我国城镇化进程的不断提速,高强度的人类活动极大地改变了自然生态系统的结构,降低了生态系统的服务功能,进而严重威胁区域生态安全与可持续发展。保护和维护好自然生态系统,才能使大自然持续不断地为人类提供生态系统服务——资源保障和环境支持,这是协调人类社会经济活动与自然过程、促进可持续发展的关键。

一、　生态系统服务

所谓生态系统服务(ecosystem services)是指人类从生态系统获得的所有惠益,包括供给服务(如提供食物和水)、调节服务(如控制洪水和疾病)、文化服务(如精神、娱乐和文化收益)及支持服务(如维持地球生命生存环境的养分循环)。人类生存与发展所需要的资源归根结底都来源于自然生态系统。它不仅为人类提供食物、医药和其他生产生活原料,还创造与维持了地球的生命支持系统,形成人类生存所必需的环境条件,同时还为人类生活提供了休闲、娱乐与美学享受。

人类社会的各种需求及其满足程度就构成了人类社会福祉。过去在研究人类社会福祉时更多地选取社会、经济和人文指标,如国内生产总值(GDP)、生活质量指数等。2001—2005 年,联合国及其相关组织发起了千年生态系统评估(millennium ecosystem assessment, MA)项目,把生态系统服务与人类社会福祉联系在一起,在一定程度上促进了人与自然关系的深度认知,并把生态系统服务功能的变化与人类社会福祉有机结合起来,也成为环境生物学领域贯通人与自然的重要历史节点。

生态系统服务功能的变化对人类社会福祉的影响可分为直接影响和间接影响。MA 的报告显示,越来越多的土地转换成了农田,现在地球表面的 1/4 被农耕生态系统覆盖,这将在根本上影响生态系统服务功能。

森林生态系统被称为"地球之肺",具有减少 CO_2、缓解气候变化、涵养水分等的潜力,此外森林生态系统还具有保存现有碳库、增加碳汇和替代矿物燃料的功能。森林生态系统为人类提供了供给、调节、文化和支持服务功能。然而,近年来随着人类活动范围的扩大,森林生态系统的一些服务功能在衰退。例如,火灾、开垦林地都直接或间接地影响了人类社会福祉。

草原生态系统对大自然保护有很大作用,是阻止沙漠蔓延的天然防线,起着生态屏障作用。另外,草原生态系统也是人类发展畜牧业的天然基地。例如,内蒙古草原生态系统服务为草原上的人们提供了最基本的生活保障(如食物、淡水、薪柴和纤维等),影响着人们的生活和经济的发展(如清洁空气、休闲娱乐、科研教育、初级生产力、土壤肥力和经济作物等),从而影响着内蒙古草原人们的福祉。草原生态系统服务属于非实物型生态服务,往往只间接影响人类的经济活动,而不能通过商业市场反映出来,难以定价,其价值常常被忽视,未能纳入国民经济体系中。这种忽视导致了人类对天然草原资源开发利用的短期行为,直接或间接地导致或加剧了沙尘暴、土地沙化、草原面积锐减和局部地区气候的变化等,这些行为最终都不同程度地改变了人们的福祉。

除了森林和草原生态系统服务功能的变化对人类社会福祉有影响外,海洋和湿地生态系统服务对人类社会福祉的影响也是巨大的。海洋生态系统供给服务包括海洋食品供给、海洋原料供给、基因资源供给。除此之外,海洋生态系统还对气体调节、气候调节、海洋生物控制、水质净化和干扰调节起着十分重要的作用。可见,海洋生态系统为人类的经济福祉、健康福祉、社会福祉和文化福祉均做出了重要的贡献。MA 的报告显示,人类过度捕捞导致渔业崩溃,例如,纽芬兰东海岸的大西洋鳕鱼储量在 1992 年崩溃,几百年来对鳕鱼的掠夺捕捞被迫结束。但即使严格限制或彻底停止捕捞,由于储量过于稀少,可能也要经过很多年方能恢复,或者根本无法恢复,这对人类社会福祉来说是一种巨大的损失。湿地生态系统作为世界上重要的生态系统之一,是 CO_2 的"源"与"汇",对全球碳循环和减缓地球变暖的速度具有重要作用。此外,湿地生态系统还能通过自然能(如太阳、风、雨)处理污水。但是,随着人口的增长和科技的进步,人类对湿地的开垦范围加大及大量富含农药的农田排水对湿地生态系统造成了不可恢复的破坏,这对人类社会福祉来说是一种巨大的损失。

二、 生态健康与生态安全

1. 生态健康

伴随着工业化的发展,工业国家的经济得到极大发展,与此同时,全球生态环境不断恶化,人们开始关注自身所处环境的健康程度和安全状态。

有关生态健康的探讨可追溯到 20 世纪 40 年代初,但是直到 1989 年拉波特(Rapport)才论述了生态健康的含义。Rapport 认为生态系统健康学是一门研究人类活动、社会组织、自然系统及人类健康的整合性学科。一个健康的生态系统应当没有生态系统功能的紊乱,在发展的时间和空间序列上是稳定的、可持续的,能够维持其自组织结构,对胁迫具有自我维持的弹性,在系统内经常发生自我更新的自然进化过程。从这个角度讲,生态系统健康包含满足人类社会合理要求的能力和生态系统本身自我维持与更新的能力两个方面的内涵。2008 年,我国《关注生态安全》报告指出,生态健康是一个"社会—经济—自然"复合生态系统尺度上的功能概念,涉及水、能、土、气、生、矿等自然过程,生产、消费、流通、还原、调控等经济过程和认知、体制、技术、文化等社会过程,旨在推进一种将人与环境视为相互关联的系统而不是孤立处理问题的系统方法,通过生态恢复、保育和保护维持人、生物和生态系统的健康。生态健康是人与环境关系的健康,不仅包括个体的生理和心理健康,还包括人居物理环境、生物环境和代谢环境的健康,以及产业、城市和区域生态系统的健康。

2. 生态安全

广义的生态安全是指人的生活、健康、安乐、基本权利、生活保障来源、必要资源、社会秩序和人类适应环境变化的能力等方面不受威胁的状态,包括自然生态安全、经济生态安全和社会生态安全,组成一个复合人工生态安全系统。狭义的生态安全是指自然和人工自然复合生态系统的安全,是对生态系统完整性和健康整体水平的反映。现在普遍认同的生态安全包含两重含义,一方面是生态系统自身的安全,即在外界因素作用下生态系统是否处于不受或少受损害或威胁的状态,并保持功能健康和结构完整;另一方面是生态系统对于人类的安全,即生态系统提供的服务是否满足人类生存和发展的需要。目前进行生态安全评价研究主要有两个出发点:一是基于维持生态系统本身的安全,尤其是分析人类活动对其施加的压力是否超过了生态承载力;二是从保障人类生存和可持续发展的角度出发,分析生态系统对其满足的程度。实际上,前者是后者的基础,只有生态系统本身处于安全状态,才能持续提供服务以满足人类社会的需求。

3. 生态健康与生态安全的相互关系

生态健康和生态安全的评价主体均为生态系统。生态系统是人类生存和发展的基础,生态健康程度和生态安全状态直接关系到生态系统能否正常地为人类提供各种服务功能。但是,生态健康和生态安全在评价对象的侧重点上有所不同。生态健康主要是对生态系统各要素的存在状态及要素间的联系状况进行评价,比如气候变化对社会发展的影响。生态安全除了要考虑生态健康方面的问题外,还要综合考虑生态环境对生态系统的不利影响即生态风险。相比于生态健康,生态安全评价的范围更广,考虑的对象更多。

生态健康和生态安全的评价方法存在差异。生态系统健康评价一般可从区域(宏观)和局域(微观)两个层次进行考虑。宏观上,运用景观生态学原理,采用遥感(RS)与地理信息系统(GIS)相结合的手段对所选择的指标,例如斑块密度、斑块丰富度、景观形状指数进行测算;微观上,运用分析化学、生态学方法对水质综合污染指数、土壤理化指标等进行测算。而生态安全评价由于评价对象包括了生态健康和生态风险,所以在评价方法的选择上更加复杂。要么综合生态健康和生态风险评价结果判断生态系统所处的生态安全状态;要么直接构建生态安全评价指标体系,但在选择指标时要综合考虑生态健康和生态风险。

三、 生态功能区划与主体功能区划

为了维持一定区域的生态健康,确保生态安全,就要对该区域的生态系统进行空间管控,为此制定生态功能区划、实施主体功能区划就十分必要和重要。

1. 生态功能区划

生态功能区划就是根据区域生态系统类型、生态环境敏感性和生态服务功能的空间分异规律,在生态区划的基础上,将区域划分成不同生态功能区的过程。

我国是世界上较为系统开展生态功能区划、管理生态系统的国家之一。2000 年国务院颁布的《全国生态环境保护纲要》明确指出"各地要抓紧编制生态功能区划,指导自然资源开发和产业合理布局,推动经济社会与生态环境保护协调、健康发展。"2001 年,国家环境保护总局组织中国科学院生态环境研究中心编制了《生态功能区划暂定规程》,对省域生态功能区划的一般原则、方法、程序、内容和要求做了规定,用于指导和规范各省开展生态功能区划。2008 年,环境保护部发布了《全国生态功能区划》,明确了不同区域生态系统的主导生态系统服务及生态保护目标,2015 年又对其进行了修订。新修订的《全国生态功能区划》按照生态系统的自然属性和所具有的主导服务功能类型,将生态系统服务功能分为生态调节、产品提供与人居保障 3 大类。又依据生态系统服务功能重要性划分 9 个生态功能类型:生态调节功能包括水源涵养、生物多样性保护、土壤保持、防风固沙、洪水调蓄 5 个类型;产品提供功能包括农产品和林产品提供 2 个类型;人居保障功能包括人口和经济密集的大都市群和重点城镇群 2 个类型。根据生态功能类型及其空间分布特征,以及生态系统类型的空间分异特征、地形差异、土地利用的组合,划分 242 个生态功能区,确定 63 个重要生态功能区,覆盖我国陆地国土面积的 49.4%。新修订的区划进一步强化生态系统服务功能保护的重要性,加强了与《全国主体功能区规划》的衔接,对构建科学合理的生产空间、生活空间和生态空间,保障国家和区域生态安全具有十分重要的意义。

2. 主体功能区划

主体功能区,指在特定时间和空间范围内,按照开发导向确定的在更大区域中主要承担特定功能的特定区域。所谓主体功能区划,就是在综合评价资源环境承载能力、现有开发密度和未来发展潜力的基础上,统筹考虑未来人口分布、经济布局、土地利用和城镇化格局,把国土空间划分为优化开发区域、重点开发区域、限制开发区域和禁止开发区域四类主体功能区的过程。主体功能区划是我国颁布实施的中长期国土开发总体规划,立足于构筑我国长远的、可持续的发展蓝图,涉及国家影响力和控制力的提升、人口和产业未来的集聚、生态和粮食安全格局的保障。

国家主体功能区划覆盖全部国土空间,并具有较强的约束力和较长的目标年限。全国主体功能区划突出尊重自然,开发必须以保护好自然生态为前提,发展必须以环境容量为基础,确保生态安全,不断改善环境质量,实现人与自然和谐相处。为改善生态安全,主体功能区划通过对各功能区人类生产、生活、建设等活动的规范调整并协调人-地关系,达到干预、修复和重建土地生态系统各项功能的目的。

国家主体功能区构建了"两屏三带"为主体的国家生态安全战略格局。"两屏三带"是指青藏高原生态屏障、黄土高原—川滇生态屏障和东北森林带、北方防沙带、南方丘陵山地带。这一战略把国家生态安全作为国土空间开发的重要战略任务和发展内涵,充分体现了尊重自然、顺应自然的开发理念,对于在现代化建设中保持必要的"生态基底",实现可持续发展具有十分重要的战略意义。

📄 小结

环境生物学在环境领域中的应用过去主要偏重环境生物技术和工程方面,事实上环境生物学在解决宏观环境问题方面的指导作用十分突出。

按照环境标准和功能要求确定一定区域和空间中的环境容量,并进行分解和分配,按照环境容量(而不是按照环境标准)进行管理并保护环境,是将环境保护工作从传统上的末端被动治理转向源头主动治理的关键。环境影响评价制度是我国环境保护的基本制度。环境影响评价涉及很多环境生物学的理论、方法、技术和手段。其中,人群健康和珍稀濒危生物的优先重点保护是核心内容。

根据区域经济社会发展和生态系统服务能力,确定各种层次的生态功能区划和主体功能区划,这在全国尺度上协调区域发展和保护中的作用十分重要,是在战略上、源头上化解环境问题的主要手段。在国家或区域层次上,可在空间上划分为优化开发区域、重点开发区域、限制开发区域和禁止开发区域四类主体功能区;根据保护目标的不同,确定不同的保护标准,并围绕不同的功能目标分层次、分级别进行重点保护和维护。

? 思考题

1. 概念与术语理解:环境基准,环境标准,环境容量,资源承载力,生态系统服务,生态产品,生态健康,生态安全,环境健康,生态功能区,主体功能区。

2. 环境污染对健康影响评价的指标有哪些?

3. 对于物种濒危和灭绝,我们应该采取怎样的措施?

4. 生态功能区划与主体功能区划有什么区别和联系?

5. 为什么要将污染物的目标总量控制和容量总量控制结合起来用于控制区域污染物排放总量?

6. 举例说明如何应用生物学指标指示环境质量、开展生态功能区划?

7. 进行环境功能分区的主要依据是什么? 有何意义?

📖 建议读物

1. 科学技术部社会发展科技司,中国 21 世纪议程管理中心.应对气候变化国家研究进展报告 2019 [M].北京:科学出版社,2019.

2. 谈珊. 断裂与弥合:环境与健康风险中的环境标准问题研究[M].武汉:华中科技大学出版社,2016.

参考文献

[1] 边得会,曹勇宏,何春光,等.生态健康、生态风险、生态安全概念辨析[J].环境保护科学,2016,42(5):71-75.

[2] 蔡佳亮,殷贺,黄艺.生态功能区划理论研究进展[J].生态学报,2010,30(11):3018-3027.

[3] 蔡文超,黄韧,李建军,等.生物标志物在海洋环境污染监测中的应用及特点[J].水生态学杂志,2012,33(2):137-146.

[4] 曹德菊,杨训,张千,等.重金属污染环境的微生物修复原理研究进展[J].安全与环境学报,2016,16(6):315-321.

[5] 曹洪法,沈英娃.生态风险评价研究概述[J].环境化学,1991,10(3):26-30.

[6] 陈辉,刘劲松,曹宇,等.生态风险评价研究进展[J].生态学报,2006,26(5):1558-1566.

[7] 陈龙,吴玉环,李微,等.苔藓植物对沈阳市大气质量的指示作用[J].生态学杂志,2009,28(12):2460-2465.

[8] 陈同斌,阎秀兰,廖晓勇,等.蜈蚣草中砷的亚细胞分布与区隔化作用[J].科学通报,2005,50(24):2739-2744.

[9] 国家发展改革委宏观经济研究院国土地区研究所课题组,高国力.我国主体功能区划分及其分类政策初步研究[J].宏观经济研究,2007,(4):3-10.

[10] 程家丽,任硕,刘婷婷,等.2001—2017年我国部分地区蔬菜中砷和重金属累积特征及膳食暴露风险[J].中国食品卫生杂志,2018,30(2):187-193.

[11] 褚润,陈年来,韩国君,等.UV-B辐射增强对芦苇生长及生理特性的影响[J].环境科学学报,2018,38(5):2074-2081.

[12] 崔保山,杨志峰.湿地生态系统健康的时空尺度特征[J].应用生态学报,2003,14(1):121-125.

[13] 代光烁,余宝花,娜日苏,等.内蒙古草原生态系统服务与人类福祉研究初探[J].中国生态农业学报,2012,20(5):656-662.

[14] 邓继福,王振中,张友梅,等.重金属污染对土壤动物群落生态影响的研究[J].环境科学,1996,17(2):1-5.

[15] 丁一汇,高素华.痕量气体对我国农业和生态系统影响研究[M].北京:中国科学技术出版社,1995.

[16] 杜红霞,Yasuo Igarashi,王定勇.汞在微生物中的跨膜运输机制研究进展[J].微生物学报,2014,54(10):1109-1115.

[17] 杜静,于明曦,宋广军,等.基于双壳贝类指示的海洋微塑料污染监测与毒理学研究进展[J].生态学杂志,2018,37(7):2205-2212.

[18] 杜森,张黎.砷在海洋食物链中的生物放大潜力及发生机制探讨[J].生态毒理学报,

2019,14(1)：54-66.

[19] 段昌群,何峰,刘嫦娥,等.基于生态系统健康视角下的云南高原湖泊水环境问题的诊断与解决理念[J].中国工程科学,2010,12(6)：60-64.

[20] 段昌群,付登高.滇池流域面源污染负荷综合削减与区域生态格局优化[M].北京:科学出版社,2020.

[21] 段昌群,和树庄.环境科学专业建设探索与实践——面向解决复合型环境问题的环境科学本科人才培养体系的构建[M].北京:科学出版社,2011.

[22] 段昌群,潘瑛.滇池流域面源污染系统调查与综合解析[M].北京:科学出版社,2020.

[23] 段昌群,盛连喜.资源生态学[M].北京:高等教育出版社,2017.

[24] 段昌群,苏文华.植物生态学[M].3版.北京:高等教育出版社,2020.

[25] 段昌群,王宏镔.全球化污染下的生物命运[J].创新科技,2007,7(6)：44-45.

[26] 段昌群,王焕校.重金属对蚕豆的细胞遗传学毒理作用和对蚕豆根尖微核技术的探讨[J].植物学报,1995,(1)：14-24.

[27] 段昌群,王焕校.重金属污染对蚕豆(*Vicia faba* L.)数量性状的影响研究[J].生态学报,1997,17(2)：133-144.

[28] 段昌群.植物对环境污染的适应与植物的微进化[J].生态学杂志,1995,(5)：43-50.

[29] 段昌群.环境生物学[M].北京:科学出版社,2010.

[30] 范灿鹏.生物监测方法在环境监测中的实践分析[J].环境与发展,2020,32(11)：142-143.

[31] 冯英,马璐瑶,王琼,等.我国土壤-蔬菜作物系统重金属污染及其安全生产综合农艺调控技术[J].农业环境科学学报,2018,37(11)：2359-2370.

[32] 冯宗炜.中国酸雨对陆地生态系统的影响和防治对策[J].中国工程科学,2000,2(9)：5-11.

[33] 傅伯杰,刘国华,陈利顶,等.中国生态区划方案[J].生态学报,2001,21(1)：1-6.

[34] 高国力.如何认识我国主体功能区划及其内涵特征[J].中国发展观察,2007,(3)：23-25.

[35] 葛玉晴,吕霞,梁婵娟.水稻叶片质膜 H^+-ATPase 对酸雨胁迫的适应机制[J].环境化学,2013,32(6)：964-967.

[36] 关伯仁.水污染指数的综合问题[J].环境污染与防治,1980,(2)：11-14.

[37] 何锋,段昌群,杜劲松,等.滇池北部重点水域蓝绿藻季节性变动下水体 N∶P 比值变化研究[J].中国工程科学,2010,12(6)：94-98.

[38] 何剪太,朱轩仪,巫放明,等.铅中毒和驱铅药物的研究进展[J].中国现代医学杂志,2017,27(14)：53-57.

[39] 何尧军,单胜道.循环经济理论与实践[M].北京:科学出版社,2009.

[40] 和文祥,韦革宏,武永军,等.汞对土壤酶活性的影响[J].中国环境科学,2001,21(3)：88-92.

[41] 侯学煜.中国自然生态区划与大农业发展战略[M].北京:科学出版社,1988.

[42] 胡鞍钢,周绍杰.绿色发展:功能界定、机制分析与发展战略[J].中国人口·资源与环境,2014,24(1)：14-20.

[43] 黄百粲,林雪,Skalny A V. 镉对生命活动的毒性作用机制[J]. 环境与职业医学,2018,35(5):460-470.

[44] 黄淑惠. 细菌固定金属的作用机制[J]. 微生物学通报,1992,19(3):171-173.

[45] 计勇,陆光华. 污染水体的总抗氧化能力生物标志物研究[J]. 中国环境科学,2010,30(3):395-399.

[46] 江行玉,赵可夫. 植物重金属伤害及其抗性机理[J]. 应用与环境生物学报,2001,7(1):92-99.

[47] 蒋心诚,李彩云,周旭东,等. 活体微藻对镉(Ⅱ)的富集机理[J]. 环境工程学报,2018,12(5):1382-1388.

[48] 解淑艳,王胜杰,于洋,等. 2003—2018年全国酸雨状况变化趋势研究[J]. 中国环境监测,2020,36(4):80-88.

[49] 金梦,李彦希,黎玉清,等. 多环芳烃污染与儿童内暴露负荷的关系[J]. 环境科学与技术,2020,43(1):212-216.

[50] 荆延德,何振立,杨肖娥. 汞污染对水稻土微生物和酶活性的影响[J]. 应用生态学报,2009,20(1):218-222.

[51] 鞠美庭,盛连喜. 产业生态学[M]. 北京:高等教育出版社,2008.

[52] 巨晓棠,张福锁. 中国北方土壤硝态氮的累积及其对环境的影响[J]. 生态环境,2003,12(1):24-28.

[53] 乐佩琦,陈宜瑜. 中国濒危动物红皮书[M]. 北京:科学出版社,1998.

[54] 雷冬梅,段昌群,王明. 云南不同矿区废弃地土壤肥力与重金属污染评价[J]. 农业环境科学学报,2007,26(2):612-616.

[55] 李飞鹏,徐苏云,毛凌晨. 环境生物修复工程[M]. 北京:化学工业出版社,2020.

[56] 李国旗,安树青,陈兴龙,等. 生态风险研究述评[J]. 生态学杂志,1999,18(4):57-64.

[57] 李连平,黄志勇,梁英,等. 小球藻类金属硫蛋白的结构表征研究[J]. 分析化学,2009,37(A03):208-208.

[58] 李雪梅,张庆华,甘一萍,等. 持久性有机污染物在食物链中积累与放大研究进展[J]. 应用与环境生物学报,2007,13(6):901-905.

[59] 李自珍,李维德,石洪华,等. 生态风险灰色评价模型及其在绿洲盐渍化农田生态系统中的应用[J]. 中国沙漠,2002,22(6):617-622.

[60] 梁小云,顾林妮,张秀兰,等. 国际健康影响评价的制度建设:从政策到法律[J]. 中国卫生政策研究,2019,12(9):31-35.

[61] 廖晓勇,陈同斌,谢华,等. 磷肥对砷污染土壤的植物修复效率的影响:田间实例研究[J]. 环境科学学报,2004,(3):455-462.

[62] 林晓燕,牟仁祥,曹赵云,等. 耐镉细菌菌株的分离及其吸附镉机理研究[J]. 农业环境科学学报,2015,34(9):1700-1706.

[63] 刘红梅,董双林,陆健健. 湿地生态系统评估体系的方法学探讨[J]. 生态经济(学术版),2007,(2):362-364.

[64] 刘宏静,杨丽彩,张芝益. 珍稀濒危生物的有效保护[J]. 环境与发展,2019,31(3):

165-166.

[65] 刘军,刘春生,纪洋,等.土壤动物修复技术作用的机理及展望[J].山东农业大学学报(自然科学版),2009,40(2):313-316.

[66] 刘栓振,王利.我国主体功能区划的研究现状与问题[J].资源开发与市场,2011,27(12):1114-1117.

[67] 罗怀良,朱波,刘德绍,等.重庆市生态功能区的划分[J].生态学报,2006,26(9):3144-3151.

[68] 罗璇,李军,张鹏,等.中国雨水化学组成及其来源的研究进展[J].地球与环境,2013,41(5):566-574.

[69] 司慧,罗学刚,望子龙,等.枯草芽孢杆菌对铀的富集及机理研究[J].中国农学通报,2017,33(8):31-38.

[70] 骆永明,查宏光,宋静,等.大气污染的植物修复[J].土壤,2002,(3):113-119.

[71] 吕红,张欣,周杨,等.细菌产黄素类化合物介导的电子传递及对环境污染物的厌氧生物转化研究进展[J].微生物学通报,2020,47(10):3419-3430.

[72] 马兰,殷正坤.转基因生物的社会风险分析[J].科技管理研究,2004,(1):144-145+158.

[73] 马燕,余晓斌.丝状真菌生物富集重金属废水的研究进展[J].生物技术通报,2017,33(10):59-63.

[74] 毛小苓,倪晋仁.生态风险评价研究述评[J].北京大学学报(自然科学版),2005,(4):646-654.

[75] 宁楚涵,李文彬,徐启凯,等.丛枝菌根真菌促进湿地植物对污染水体中镉的吸收[J].应用生态学报,2019,30(6):2063-2071.

[76] 欧阳志云.中国生态功能区划[J].中国勘察设计,2007,(3):70.

[77] 欧阳志云,王效科,苗鸿.中国生态环境敏感性及其区域差异规律研究[J].生态学报,2000,(1):10-13.

[78] 潘政,郝月崎,赵丽霞,等.蚯蚓在有机污染土壤生物修复中的作用机理与应用[J].生态学杂志,2020,39(9):3108-3117.

[79] 彭杨靖,樊简,邢韶华,等.中国大陆自然保护地概况及分类体系构想[J].生物多样性,2018,26(3):315-325.

[80] 桑楠,孟紫强,王爱英.SO$_2$衍生物对油菜毒性的研究[J].农业环境保护,2002,21(5):410-412.

[81] 桑义敏,艾贤军,王曙光,等.胁迫条件下极端微生物修复石油烃污染土壤研究进展[J].生态环境学报,2019,28(6):1272-1284.

[82] 邵涛,陈健,陈敏.预制床技术在油泥(砂)处理中的应用[J].环境工程学报,2007,1(10):132-135.

[83] 沈韫芬.微型生物监测新技术[M].北京:中国建筑工业出版社,1990.

[84] 石磊,陈伟强.中国产业生态学发展的回顾与展望[J].生态学报,2016,36(22):7158-7167.

[85] 孙福红,周启星.多溴二苯醚的环境暴露与生态毒理研究进展[J].应用生态学报,2005,

16(2)：379-384.

[86] 孙嘉龙,肖唐付,周连碧,等.微生物与重金属的相互作用机理研究进展[J].地球与环境,2007,35(4)：367-374.

[87] 孙丽.区域环境风险综合评价研究进展[J].环境与发展,2018,30(4)：43-45.

[88] 孙小丽,崔道石,韩玉玲,等.细菌排出泵、TolC 家族和生物薄膜的作用机制研究进展[J].中国兽药杂志,2005,39(7)：41-45.

[89] 孙振钧.两项蚯蚓研究新成果:蚯蚓抗菌肽的研究和蚯蚓生物反应器的研制[J].中国农业大学学报,2005,(5)：26.

[90] 陶颖,周集体,王竞,等.有机污染土壤生物修复的生物反应器技术研究进展[J].生态学杂志,2002,(4)：46-51.

[91] 田伟莉,柳丹,吴家森,等.动植物联合修复技术在重金属复合污染土壤修复中的应用[J].水土保持学报,2013,27(5)：188-192.

[92] 土春香,李媛媛,徐顺清.生物监测及其在环境监测中的应用[J].生态毒理学报,2010,5(5)：628-638.

[93] 王德宝,胡莹.生态风险评价程序概述[J].中国资源综合利用,2009,27(12)：33-35.

[94] 王焕校,段昌群,王宏镔,等.污染生态学[M].3 版.北京:高等教育出版社,2012.

[95] 王丽红,孙静雯,王雯,等.酸雨对植物光合作用影响的研究进展[J].安全与环境学报,2017,17(2)：775-780.

[96] 王楠,潘小承,白尚斌.模拟酸雨对我国亚热带毛竹林土壤呼吸及微生物多样性的影响[J].生态学报,2020,40(10)：3420-3430.

[97] 王庆仁,崔岩山,董艺婷.植物修复——重金属污染土壤整治有效途径[J].生态学报,2001,21(2)：326-331.

[98] 王雪莉,高宏.持久性有机污染物在陆生食物链中的生物积累放大模拟研究进展[J].生态与农村环境学报,2016,32(4)：531-538.

[99] 王泽煌,王蒙,蔡昆争,等.细菌对重金属吸附和解毒机制的研究进展[J].生物技术通报,2016,32(12)：13-18.

[100] 魏强.三江平原湿地生态系统服务与社会福祉关系研究[D].长春:中国科学院研究生院(东北地理与农业生态研究所),2015.

[101] 温达志,周国逸,孔国辉,等.南亚热带酸雨地区陆地生态系统植被、土壤与地表水现状的研究[J].生态学杂志,2000,19(5)：11-18.

[102] 文传浩,段昌群,常学秀,等.重金属污染下曼陀罗种群分化的 RAPD 分析[J].生态学报,2001,21(8)：1239-1245.

[103] 吴丰昌,冯承莲,张瑞卿,等.我国典型污染物水质基准研究[J].中国科学:地球科学,2012,42(5)：665-672.

[104] 吴远翔,陆明,金华,等.基于生态服务-生态健康综合评估的城市生态保护规划研究[J].中国园林,2020,36(9)：98-103.

[105] 奚旦立.环境监测[M].5 版.北京:高等教育出版社,2019.

[106] 谢文明,韩大永,孟凡贵,等.蚯蚓对土壤中有机氯农药的生物富集作用研究[J].吉林农

业大学学报,2005,27(4):420-423,428.

[107] 徐加宽,王志强,杨连新,等.土壤铬含量对水稻生长发育和产量形成的影响[J].扬州大学学报,2005,26(4):61-66.

[108] 徐擎擎,张哿,邹亚丹,等.微塑料与有机污染物的相互作用研究进展[J].生态毒理学报,2018,13(1):40-49.

[109] 徐仁扣,李九玉,周世伟,等.我国农田土壤酸化调控的科学问题与技术措施[J].中国科学院院刊,2018,33(2):160-167.

[110] 许开鹏,黄一凡,石磊.已有区划评析及对环境功能区划的启示[J].环境保护,2010,(14):17-20.

[111] 许志诚,罗微,洪义国,等.腐殖质在环境污染物生物降解中的作用研究进展[J].微生物学通报,2006,33(6):122-127.

[112] 阳文锐,王如松,黄锦楼,等.生态风险评价及研究进展[J].应用生态学报,2007,(8):1869-1876.

[113] 杨志新,刘树庆.重金属 Cd、Zn、Pb 复合污染对土壤酶活性的影响[J].环境科学学报,2001,21(1):60-63.

[114] 尹睿,林先贵,王曙光,等.农田土壤中酞酸酯污染对辣椒品质的影响[J].农业环境保护,2002,21(1):1-4.

[115] 尤南山,蒙吉军.基于生态敏感性和生态系统服务的黑河中游生态功能区划与生态系统管理[J].中国沙漠,2017,37(1):186-197.

[116] 袁承程,刘黎明,赵鑫,等.基于相对风险模型的长沙市城郊农业环境风险评价[J].生态与农村环境学报,2013,29(2):158-163.

[117] 张传涛,张璐,徐开慧,等.含油污泥石油烃在生物强化堆肥处理中降解特性研究[J].环境科学研究,2020,33(10):2378-2387.

[118] 张从,夏立江.污染土壤生物修复技术[M].北京:中国环境科学出版社,2000.

[119] 张福锁,王激清,张卫峰,等.中国主要粮食作物肥料利用率现状与提高途径[J].土壤学报,2008,45(5):915-924.

[120] 张广海,李雪.山东省主体功能区划分研究[J].地理与地理信息科学,2007,23(4):57-61.

[121] 张宏军,刘学,叶纪明.除草剂最低致死剂量(MLHD)使用新技术概述[J].农药科学与管理,2004,25(12):16-21.

[122] 张吉顺,张孝廉,王仁刚,等.环境胁迫影响植物开花的分子机制[J].浙江大学学报(农业与生命科学版),2016,42(3):289-305.

[123] 张敏,朱佳旭,王磊,等.逆境诱导植物开花的研究进展[J].生物工程学报,2016,32(10):1301-1308.

[124] 张明东,陆玉麒.我国主体功能区划的有关理论探讨[J].地域研究与开发,2009,28(3):7-11.

[125] 张清.人工湿地的构建与应用[J].湿地科学,2011,9(4):373-379.

[126] 张思锋,刘晗梦.生态风险评价方法述评[J].生态学报,2010,30(10):2735-2744.

［127］张秀丽,刘月英.贵、重金属的生物吸附［J］.应用与环境生物学报,2002,8(6)：668-671.

［128］张永春.有害废物生态风险评价［M］.北京：中国环境科学出版社,2002.

［129］赵士洞,张永民.生态系统与人类福祉——千年生态系统评估的成就、贡献和展望［J］.地球科学进展,2006,21(9)：895-902.

［130］赵晓丽,赵天慧,李会仙,等.中国环境基准研究重点方向探讨［J］.生态毒理学报,2015,10(1)：18-30.

［131］郑景明,李俊清,孙启祥,等.外来木本植物入侵的生态预测与风险评价综述［J］.生态学报,2008,28(11)：5549-5560.

［132］周凤霞.生物监测［M］.北京：化学工业出版社,2006.

［133］周国逸,小仓纪雄.酸雨对重庆几种土壤中元素释放的影响［J］.生态学报,1996,16(3)：251-257.

［134］周启星,孔繁翔,朱琳.生态毒理学［M］.北京：科学出版社,2004.

［135］朱永官,朱冬,许通,等.(微)塑料污染对土壤生态系统的影响：进展与思考［J］.农业环境科学学报,2019,38(1)：1-6.

［136］Amasino R. Seasonal and developmental timing of flowering［J］. The Plant Journal, 2010, 61(6)：1001-1013.

［137］Anderson T H, Domsch K H. Carbon assimilation and microbial activity in soil［J］. Journal of Plant Nutrition and Soil Science, 1986, 149(4)：457-468.

［138］Armitage A M, Gross P M. Copper-treated plug flats influence root growth and flowering of bedding plants［J］. HortScience, 1996, 31(6)：941-943.

［139］Azevedo L S, Pestana I A, Almeida M G, et al. Mercury biomagnification in an ichthyic food chain of an amazon floodplain lake (Puruzinho Lake)：Influence of seasonality and food chain modeling［J］. Ecotoxicology and Environmental Safety, 2021, 207:111249.

［140］Baker A J M, Brooks R R, Pease A J, et al. Studies on copper and cobalt tolerance in three closely related taxa within the genus *Silene* L. (Caryophyllaceae) from Zaire［J］. Plant and Soil, 1983, 73(3):377-385.

［141］Bedard D L, Van Dort H M. The role of microbial PCB dechlorination in natural restoration and bioremediation［M］//Sayler G S, Sanseverino J, Davis K L. Biotechnology in the sustainable environment. Berlin：Springer, 1997, 65-71.

［142］Bergen A, Alderson C, Bergfors R, et al. Restoration of a *Spartina alterniflora* salt marsh following a fuel oil spill, New York City, NY［J］. Wetlands Ecology and Management, 2000, 8(2-3):185-195.

［143］Biermann F, Abbott K, Andresen S, et al. Navigating the anthropocene：improving earth system governance［J］. Science, 2012, 335(6074):1306-1307.

［144］Borja J, Taleon D M, Auresenia J, et al. Polychlorinated biphenyls and their biodegradation［J］. Process Biochemistry, 2005, 40(6)：1999-2013.

［145］Brown G G, Barois I, Lavelle P. Regulation of soil organic matter dynamics and microbial activity in the drilosphere and the role of interactions with other edaphic functional domains［J］.

European Journal of Soil Biology, 2000, 36(3-4): 177-198.

[146] Brun L, Corff L, Maillet J. Effects of elevated soil copper on phenology, growth and reproduction of five ruderal plant species [J]. Environmental Pollution, 2003, 122(3): 361-368.

[147] Buse C G, Lai V, Cornish K, et al. Towards environmental health equity in health impact assessment: innovations and opportunities[J]. International Journal of Public Health, 2019, 64 (1): 15-26.

[148] Butt C M, Congleton J, Hoffman K, et al. Metabolites of organophosphate flame retardants and 2-ethylhexyl tetrabromobenzoate in urine from paired mothers and toddlers[J]. Environmental Science and Technology, 2014, 48(17): 10432-10438.

[149] Butt C M, Mabury S A, Kwan M, et al. Spatial trends of perfluoroalkyl compounds in ringed seals (*Phoca hispida*) from the Canadian Arctic [J]. Environmental Toxicology and Chemistry, 2008, 27(3): 542-553.

[150] Cao T, Wang M, An L, et al. Air quality for metals and sulfur in Shanghai, China, determined with moss bags[J]. Environmental Pollution, 2009, 157(4): 1270-1278.

[151] Capaldo A, Gay F, Scudiero R, et al. Histological changes, apoptosis and metallothionein levels in *Triturus carnifex* (Amphibia, Urodela) exposed to environmental cadmium concentrations [J]. Aquatic Toxicology, 2016, 173: 63-73.

[152] Carreras H A, Wannaz E D, Pignata M L. Assessment of human health risk related to metals by the use of biomonitors in the province of Córdoba, Argentina [J]. Environmental Pollution, 2009, 157(1): 117-122.

[153] Chaperon S, Sauvé S. Toxicity interaction of metals (Ag, Cu, Hg, Zn) to urease and dehydrogenase activities in soils[J]. Soil Biology and Biochemistry, 2007, 39(9): 2329-2338.

[154] Chen W W, Zhang X, Huang W J. Neural stem cells in lead toxicity [J]. European Review for Medical and Pharmacological Sciences, 2016, 20(24): 5174-5177.

[155] Chibowska K, Baranowska-Bosiacka I, Falkowska A, et al. Effect of lead (Pb) on inflammatory processes in the brain [J]. International Journal of Molecular Sciences, 2016, 17 (12): 2140.

[156] Chris B, Hebe C, Eduardo W, et al. Field surveys for potential ozone bioindicator plant species in Argentina [J]. Environmental Monitoring and Assessment, 2008, 138 (1-3): 305-312.

[157] Claude A T, Jean C A, Philip S, et al. Ecological biomarkers: indicators of ecotoxicological effects[M]. Boca Raton: CRC Press, 2012.

[158] Collard D. Research on well-being some advice from jeremy bentham[J]. Philosophy of the Social Sciences, 2006, 36 (3): 330-354.

[159] Contreras-Ramos S M, Alvarez-Bernal D, Dendooven L. Removal of polycyclic aromatic hydrocarbons from soil amended with biosolid or vermicompost in the presence of earthworms (*Eisenia fetida*)[J]. Soil Biology and Biochemistry, 2008, 40(7): 1954-1959.

[160] Cunningham S D, Anderson T A, Schwab A P, et al. Phytoremediation of soils contaminated

with organic pollutants[J]. Advances in Agronomy, 1996, 56(1): 55-114.

[161] D'Hollander W, Bruyn L D, Hagenaars A, et al. Characterisation of perfluorooctane sulfonate (PFOS) in a terrestrial ecosystem near a fluorochemical plant in Flanders, Belgium[J]. Environmental Science and Pollution Research, 2014, 21(20): 11856-11866.

[162] Dallinger A, Horn M A. Agricultural soil and drilosphere as reservoirs of new and unusual assimilators of 2, 4-dichlorophenol carbon[J]. Environmental Microbiology, 2014, 16(1): 84-100.

[163] Danh L T, Truong P, Mammucari R, et al. A critical review of the arsenic uptake mechanisms and phytoremediation potential of Pteris vittata[J]. International Journal of Phytoremediation, 2014, 16(5): 429-453.

[164] Diener E. Beyond money: toward an economy of well-being[J]. Psychological Science in the Public Interest, 2004, 5(1): 1-31.

[165] Ding S T, Lilburn M S. Characterization of changes in yolk sac and liver lipids during embryonic and early posthatch development of turkey poults[J]. Poultry Science, 1996, 75(4): 478-483.

[166] Djokic J, Ninkov M, Mirkov I, et al. Differential effects of cadmium administration on peripheral blood granulocytes in rats[J]. Environmental Toxicology and Pharmacology, 2014, 37(1): 210-219.

[167] Dodds S. Towards a "science of sustainability": improving the way ecological economics understands human well-being[J]. Ecological Economics, 1997, 23(2): 95-111.

[168] Dong D, Du E, Sun Z Z, et al. Non-linear direct effects of acid rain on leaf photosynthetic rate of terrestrial plants[J]. Environmental Pollution, 2017, 231:1442-1445.

[169] Dregne H E. Erosion and soil productivity in Africa[J]. Journal of Soil and Water Conservation, 1990, 45(4): 431-436.

[170] Drouillard K G, Norstrom R J. Quantifying maternal and dietary sources of 2, 2′, 4, 4′, 5, 5′-hexachlorobiphenyl deposited in eggs of the ring dove (Streptopelia risoria)[J]. Environmental Toxicology and Chemistry, 2001, 20(3): 561-567.

[171] Du E, Dong D, Zeng X T, et al. Direct effect of acid rain on leaf chlorophyll content of terrestrial plants in China[J]. Science of the Total Environment, 2017, 605: 764-769.

[172] Duan C Q, Hu B, Guo T, et al. Changes of reliability and efficiency of micronucleus bioassay in Vicia faba after exposure to metal contamination for several generations[J]. Experimental and Experimental Botany, 2000, 44(1): 83-92.

[173] Duan C Q, Hu B, Xiao H J, et al. Genotoxicity of the water samples of Dianchi Lake detected by Vicia faba micronucleus test[J]. Mutation Research, 1999, 426(2): 121-125.

[174] Eede N V D, Heffernan A L, Aylward L L, et al. Age as a determinant of phosphate flame retardant exposure of the Australian population and identification of novel urinary PFR metabolites[J]. Environment International, 2015, 74:1-8.

[175] Fang J K H, Au D W T, Wu R S S, et al. Concentrations of polycyclic aromatic hydrocarbons

and polychlorinated biphenyls in green-lipped mussel *Perna viridis* from Victoria Harbour, Hong Kong and possible human health risk[J]. Marine Pollution Bulletin, 2009, 58(4): 615-620.

[176] Fang J K H, Au D W T, Wu R S S, et al. The use of physiological indices in rabbitfish *Siganus oramin* for monitoring of coastal pollution [J]. Marine Pollution Bulletin, 2009, 58 (8): 1229.

[177] Fang J K H, Wu R S S, Zheng G J, et al. The use of muscle burden in rabbitfish *Siganus oramin* for monitoring poly-cyclic aromatic hydrocarbons and polychlorinated biphenyls in Victoria Harbour, Hong Kong and potential human health risk[J]. Science of the Total Environment, 2009, 407(14): 4327-4332.

[178] Feng C L, Wu F C, Zhao X L, et al. Water quality criteria research and progress[J]. Science China: Earth Sciences, 2012, 55(6): 882-891.

[179] Fu B J, Chen L D, Liu G H. The objectives, tasks and characteristics of China ecological regionalization[J]. Acta Ecologica Sinica, 1999, 19(5): 591-595.

[180] Fu D G, Wu X N, Duan C Q, et al. Different life-form plants exert different rhizosphere effects on phosphorus biogeochemistry in subtropical mountainous soils with low and high phosphoruscontent[J]. Soil and Tillage Research, 2020, 199: 104516.

[181] Fu D G, Wu X N, Duan C Q, et al. Response of soil phosphorus fractions and fluxes to different vegetation restoration types in a subtropical mountain ecosystem [J]. Catena, 2020, 193: 104663.

[182] Gill S S, Tuteja N. Reactive oxygen species and antioxidant machinery in abiotic stress tolerance in crop plants[J]. Plant Physiology and Biochemistry, 2010, 48(12): 909-930.

[183] Grichko V P, Filby B, Glick B R. Increased ability of transgenic plants expressing the bacterial enzyme ACC deaminase to accumulate Cd, Co, Cu, Ni, Pb, and Zn[J]. Journal of Biotechnology, 2000, 81(1): 45-53.

[184] Grundmann R. Climate change as a wicked social problem[J]. Nature Geoscience, 2016, 9 (8): 562-563.

[185] Hai-Ying L, Alena B, Mathilde P, et al. Approaches to integrated monitoring for environmental health impact assessment[J]. Environmental Health, 2012, 11:88.

[186] Harmanpreet S, George O, Andrew O, et al. Bioavailability of biosolids-borne ciprofloxacin and azithromycin to terrestrial organisms: Microbial toxicity and earthworm responses[J]. Science of the Total Environment, 2019, 650: 18-26.

[187] He C, Wang X Y, Tang S Y, et al. Concentrations of organophosphate esters and their specific metabolites in food in southeast queensland, Australia: is dietary exposure an important pathway of organophosphate esters and their metabolites? [J]. Environmental Science and Technology, 2018, 52(21): 12765-12773.

[188] Hiroko N, Nakatsuka K, Toshihiko O, et al. Soil faunal effect on plant litter decomposition in mineral soil examined by two in-situ approaches: Sequential density-size fractionation and mi-

cromorphology[J]. Geoderma, 2020, 357:113910.

[189] Hopper S D, Lynch A J, Drury W L, et al. A method for setting the size of plant conservation target areas[J]. Conservation Biology, 2001, 15 (3): 603-616.

[190] Houde M, Bujas T, Small J, et al. Biomagnification of perfluoroalkyl compounds in the bottlenose dolphin (*Tursiops truncatus*) food web [J]. Environmental Science and Technology, 2006, 40(13): 4138-4144.

[191] Huang J W, Blaylock M J, Kapulnik Y, et al. Phytoremediation of uranium-contaminated soils: Role of organic acids in triggering uranium hyperaccumulation in plants[J]. Environmental Science and Technology, 1998, 32(13):2004-2008.

[192] Jacobo R C, Luc D, Dioselina A B, et al. Potential of earthworms to accelerate removal of organic contaminants from soil: Areview[J]. Applied Soil Ecology, 2014, 79: 10-25.

[193] Kaczmarski M, Kolenda K, Rozenblut-Koscisty B, et al. Phalangeal bone anomalies in the European common toad *Bufo bufo* from pollutedenvironments[J]. Environmental Science and Pollution Research, 2016, 23(21): 21940-21946.

[194] Kalsi A, Celin S M, Bhanot P, et al. Microbial remediation approaches for explosive contaminated soil: critical assessment of available technologies, recent innovations and future prospects[J]. Environmental Technology and Innovation, 2020, 18:100721.

[195] Kandeler E, Tscherko D, Bruce K D, et al. Structure and function of the soil microbial community in microhabitats of a heavy metal polluted soil[J]. Biologyand Fertility Soils, 2000, 32(5): 390-400.

[196] Kantamaturapoj K, Piyajun G, Wibulpolprasert S. Stakeholder's opinion of public participation in Thai environmental and health impact assessment[J]. Impact Assessment and Project Appraisal, 2018, 36 (5): 429-441.

[197] Karri R, Natsuko K J, Agus S, et al. Asian Mussel Watch Program: contamination status of polybrominated diphenyl ethers and organochlorines in coastal waters of Asian countries[J]. Environmental Science and Technology, 2007, 41(13): 4580-4586.

[198] Kehrig H A, Baptista G, Paula A, et al. Biomagnificación de mercurio en la cadena trófica del Delfín Moteado del Atlántico(*Stenella frontalis*), usando el isótopo estable de nitrógeno como marcador ecológico[J]. Revista De Biología Marina Y Oceanografía, 2017, 52(2): 233-244.

[199] Klimešová J, Klimeš L. Clonal growth diversity and bud banks of plants in the czech flora: An evaluation using the clo-pla3 database[J]. Preslia, 2008, 80(3): 255-275.

[200] Knol A B, Slottje P, van der Sluijs J P, et al. The use of expert elicitation in environmental health impact assessment: a seven step procedure [J]. Environmental Health, 2010, 9 (1): 1-16.

[201] Korboulewsky N, Bonin G, Massiani C. Biological and ecophysiological reactions of white wall rocket (*Diplotaxis erucoides* L.) grown on sewage sludge compost [J]. Environmental Pollution, 2002, 117(2): 365-370.

［202］ Kuzyakov Y, Blagodatskaya E. Microbial hotspots and hot moments in soil: Concept and review［J］. Soil Biology and Biochemistry, 2015, 83: 184-199.

［203］ Lai C H, Li D Q, Qin J H, et al.The migration of cadmium and lead in soil columns and their bioaccumulation in a multi-species soil system［J］. Chemosphere, 2021, 262:127718.

［204］ Lefcort H, Meguire R A, Wilson L H, et al. Heavy metals alter the survival, growth, meta-morphosis, and antipredatory behavior of Columbia spotted frog (*Rana luteiventris*) tadpoles ［J］. Archives of Environmental Contamination and Toxicology, 1998, 35(3): 447-456.

［205］ Lenton T M, Rockström J, Gaffney O, et al. Climate tipping points — too risky to bet against ［J］. Nature, 2019, 575(7784): 592-595.

［206］ Letcher R J, Klasson-Wehler E, Bergman Å. Methyl sulfone and hydroxylated metabolites of polychlorinated biphenyls ［J］. The Handbook of Environmental Chemistry, 2000, 3: 315-359.

［207］ Liu C E, Duan C Q, Meng X H, et al. Cadmium pollution alters earthworm activity and thus leaf-litter decomposition and soilproperties［J］. Environmental Pollution, 2020, 267:115410.

［208］ Liu J, Duan C Q, Zhang X H, et al. Potential of *Leersia hexandra* Swartz for phytoextraction of Cr fromsoil［J］. Journal of Hazardous Materials, 2011, 188(1): 85-91.

［209］ Liu J, Duan C Q, Zhang X H, et al. Subcellular distribution of chromium in accumulating plant *Leersia hexandra* Swartz［J］. Plant Soil, 2009, 322(1):187-195.

［210］ Liu Z, Chen B, Wang L, et al. A review on phytoremediation of mercury contaminated soils ［J］. Journal of Hazardous Materials, 2020, 400:123138.

［211］ Lu Y F, Lu M. Remediation of PAH-contaminated soil by the combination of tall fescue, ar-buscular mycorrhizal fungus and epigeic earthworms［J］. Journal of Hazardous Materials, 2015, 285: 535-541.

［212］ Meeker J D, Cooper E M, Stapleton H M, et al. Urinary metabolites of organophosphate flame retardants: temporal variability and correlations with house dust concentrations［J］. Environ-mental Health Perspectives, 2013, 121(5): 580-585.

［213］ Mesa-Frias M, Chalabi Z, Vanni T, et al. Uncertainty in environmental health impact assess-ment: quantitative methods and perspectives ［J］. International Journal of Environmental Health Research, 2013, 23 (1): 16-30.

［214］ Metian M, Bustamante P, Hédouin L, et al. Accumulation of nine metals and one metalloid in the tropical scallop Comptopallium radula from coral reefs in New Caledonia ［J］. Environmental Pollution, 2008, 152(3): 543-552.

［215］ Michalke K, Wickenheiser E B, Mehring M, et al. Production of volatile derivatives of metal (loid)s by microflora involved in anaerobic digestion of sewage sludge［J］.Applied and Envi-ronmental Microbiology, 2000, 66(7):2791-2796.

［216］ Millennium E A. Ecosystems and human well-being: synthesis［M］. Washington, D C: Island Press, 2005.

［217］ Mohn W, Radziminski C, Fortin M C, et al. On site bioremediation of hydrocarbon-contaminated Arctic tundra soils in inoculatedbiopiles[J]. Applied Microbiology and Biotechnology, 2001, 57(1): 242-247.

[218] Monirith I, Ueno D, Takahashi S, et al. Asia-Pacific mussel watch: Monitoring contamination of persistent organo-chlorine compounds in coastal waters of Asian countries[J]. Marine Pollution Bulletin, 2003, 46(3): 281-300.

[219] Müller C E, De S A O, Small J, et al. Biomagnification of perfluorinated compounds in a remote terrestrial food chain: Lichen-Caribou-wolf[J]. Environmental Science and Technology, 2011, 45(20):8665-8673.

[220] Nakade U P, Garg S K, Sharma A, et al. Lead-induced adverse effects on the reproductive system of rats with particular reference to histopathological changes in uterus [J]. Indian Journal of Pharmacology, 2015, 47(1): 22.

[221] Newman M C. Fundamentals of ecotoxicology[M]. Boca Raton: CRC Press, 1998.

[222] Noble R C, Cocchi M. Lipid-metabolism and the neonatal chicken[J]. Progress in Lipid Research, 1990, 29(2): 107-140.

[223] Norstrom R J. Understanding bioaccumulation of POPs in food webs—Chemical, biological, ecological and environment considerations[J]. Environmental Science and Pollution Research, 2002, 9(5): 300-303.

[224] Novakova H, Vosahlikova M, Pazlarova J,et al. PCB metabolism by *Pseudomonas* sp P2[J]. International Biodeterioration and Biodegradation, 2002, 50: 47-54.

[225] Nurulnadia M Y, Koyama J, Uno S, et al. Biomagnification of endocrine disrupting chemicals (EDCs) by *Pleuronectes yokohamae*: Does *P. yokohamae* accumulate dietary EDCs? [J]. Chemosphere, 2016, 144: 185-192.

[226] Opara J A, Babagana M, Adamu A. Environmental health, desertification and sustainable development in north eastern Nigeria: a socio-economic impactassessment [J]. International Journal of Bioinformatics and Biological Science, 2017, 5 (2): 77-90.

[227] Papanikolaou N C, Hatzidaki E G, Belivanis S, et al. Lead toxicity update: A brief review [J]. Medical Science Monitor, 2005, 11(10): RA329.

[228] Patrick L. Lead toxicity: A review of the literature. Part 1: Exposure, evaluation, and treatment [J]. Alternative Medicine Review, 2006, 11(1): 22.

[229] Pattberg P, Zelli F B. Global environmental governance in the anthropocene: an introduction [M]// Pattberg P, Zelli FB. Environmental politics and governance in the anthropocene: institutions and legitimacy in a complex world[M]. New York: Routledge, 2016:15-26.

[230] Crutzen P J, Stoermer E F. The "Anthropocene"[J].Global Change Newsletter, 2000, 41 (5): 17-18.

[231] Petkovšek S A S, Batič F, Lasnik C R. Norway spruce needles as bioindicator of air pollution in the area of influence of the Šoštanj Thermal Power Plant, Slovenia[J]. Environmental Pollution, 2008, 151(2):287-291.

[232] Pilon-Smits E.Phytoremediation[J]. Annual Review of Plant Biology, 2005, 56: 15-39.

[233] Prasad MNV, Freitas H, Fraenzle S, et al. Knowledge explosion in phytotechnologies for environmental solutions[J]. Environmental Pollution, 2010, 158(1):18-23.

[234] Prokic M D, Borkovic-Mitic S S, Krizmanic I I, et al. Antioxidative responses of the tissues of two wild populations of *Pelophylax kl. esculentus* frogs to heavy metal pollution [J]. Ecotoxicology and Environmental Safety, 2016, 128: 21-29.

[235] Ranzi A. Health impact assessment: quantifying the health benefits and costs[M]//Guerriero C. Cost-benefit analysis of environmental health interventions. New York: Academic Press, 2020, 53-71.

[236] Rapport D J, Bohhm G, Buckingham D, et al. Ecosystem health: the concept, the ISEH, and the important tasks ahead[J]. Ecosystem Health, 1999, 5(2): 82-90.

[237] Rapport D J. Ecosystem health[M]. Oxford: Blackwell Science Inc, 1998.

[238] Ren X Q, Zhu J Z, Hongyue Liu, et al. Response of antioxidative system in rice (*Oryza sativa*) leaves to simulated acid rain stress[J]. Ecotoxicology and Environmental Safety, 2018, 148: 851-856.

[239] Rezania S, Taib S M, Din M F M, et al. Comprehensive review on phytotechnology: Heavy metals removal by diverse aquatic plants species from wastewater[J]. Journal of Hazardous Materials, 2016, 318(15): 587-599.

[240] Russell R W, Gobas F A P C, Haffner G D. Maternal transfer and in ovo exposure of organochlorines in oviparous organisms: A model and field verification[J]. Environmental Science and Technology, 1999, 33(3): 416-420.

[241] Saikkonen K, Koivunen S, Vuorisalo T, et al. Interactive effects of pollination and heavy metals on resource allocation in *Potentilla anserine* L[J]. Ecology, 1998, 79(5): 1620-1629.

[242] Saley A M, Smart A C, Bezerra M F, et al. Microplastic accumulation and biomagnification in a coastal marine reserve situated in a sparsely populated area[J]. Marine Pollution Bulletin, 2019, 146: 54-59.

[243] Schlamadinger B, Bird N, Johns T, et al. A synopsis of land use, land-use change and forestry (LULUCF) under the Kyoto Protocol and Marrakech Accords[J]. Environmental Science and Policy, 2007, 10(4): 271-282.

[244] Simon L, Mark L, Maslin A. Defining the anthropocene [J]. Nature, 2015, 519(3): 171-180.

[245] Stoorvogel J J, Smaling E M A, Jansen B J. Calculating soil nutrient balances in Africa at different scales [J]. Fertilizer Research, 1993, 35(3): 227-235.

[246] Stuart S N, Chanson J S, Cox N A, et al. Status and trends of amphibian declines and extinctions worldwide [J]. Science, 2004, 306(5702): 1783-1786.

[247] Sudaryanto A, Takahashi S, Monirith I, et al. Asia-Pacific mussel watch: Monitoring of butyltin contamination in coastal waters of Asian developing countries [J]. Environmental Toxicology and Chemistry, 2002, 21(10):2119-2130.

[248] Summers J K, Smith L M, Case J L, et al. A review of the elements of human well-being with

an emphasis on the contribution of ecosystem services[J]. AMBIO, 2012, 41(4): 327-340.

[249] Suter G W. Focus on exposure-response relationships, and complex forms will comenaturally [J]. Human and Experimental Toxicology, 2001, 20(10):527.

[250] Tao Y Q, Xue B, Lei G L, et al. Effects of climate change on bioaccumulation and biomagnification of polycyclic aromatic hydrocarbons in the planktonic food web of a subtropical shallow eutrophic lake in China[J]. Environmental Pollution, 2017, 223: 624-634.

[251] Tomy G T, Budakowski W, Halldorson T, et al. Fluorinated organic compounds in an eastern Arctic marine food web [J]. Environmental Science and Technology, 2004, 38(24): 6475-6481.

[252] Tomy G T, Pleskach K, Ferguson S H, et al. Trophodynamics of some PFCs and BFRs in a western Canadian Arctic marine food web[J]. Environmental Science and Technology, 2009, 43(11): 4076-4081.

[253] Vaccari A D, Strom F P, Alleman E J, et al. Environmental biology for engineers and scientists[M]. Hoboken: John Wiley and Sons INC, 2005.

[254] Wada K C, Kondo H, Takeno K. Obligatory short-day plant, *Perilla frutescens* L. var. *crispa* can flower in response to low-intensity light stress under long-day conditions[J]. Physiologia Plantarum, 2010, 138(3): 339-345.

[255] Wada K C, Takeno K. Stress-induced flowering [J]. Plant Signal Behavior, 2010, 5(8): 944-947.

[256] Wada K C, Yamada M, Shiraya T, et al. Salicylic acid and the flowering gene flowering locus T homolog are involved in poor-nutrition stress-induced flowering of *Pharbitis nil* L[J]. Journal of Plant Physiology, 2010, 167(6): 447-452.

[257] Wang J, Zhang Y, Zhang F, et al. Age- and gender-related accumulation of perfluoroalkyl substances in captive Chinese alligators (*Alligator sinensis*) [J]. Environmental Pollution, 2013, 179: 61-67.

[258] Webb S M, Gaillard J F, Ma L Q, et al. XAS speciation of arsenic in a hyper-accumulating fern[J]. Environmental Science and Technology, 2003, 37(4): 754-760.

[259] Yan K, Duan C Q, Fu D G, et al. Leaf nitrogen and phosphorus stoichiometry of plant communitiesin geochemically phosphorus-enriched soils in a subtropical mountainous region, SW China[J]. Environmental Earth Sciences, 2015, 74(5): 3867-3876.

[260] Yavari S, Malakahmad A, Sapari N B. A review on phytoremediation of crude oilspills[J]. Water, Air, & Soil Pollution, 2015, 226(8): 1-18.

[261] Zayed A, Terry L N. Accumulation and volatilization of different chemical species of selenium by plants[J]. Planta, 1998, 206(2): 284-292.

[262] Zdruli P, Cherlet M, Zucca C. Desertification: mapping constraints and challenges [M]. Third Edition. Encyclopedia of Soil Science, 2017:633-641.

[263] Zhang C Y, Yi X Q, Gao X Z, et al. Physiological and biochemical responses of tea seedlings (*Camellia sinensis*) to simulated acid rain conditions[J]. Ecotoxicology and Environmental

Safety, 2020, 192: 110315.

[264] Zhang J, Wang L H, Yang J C, et al. health risk to residents and stimulation to inherent bacteria of various heavy metals in soil [J]. Science of the Total Environment, 2015, 508: 29-36.

[265] Zhang W, Zhang L, Wang W X. Prey-specific determination of arsenic bioaccumulation and transformation in a marine benthic fish [J]. Science of the Total Environment, 2017, 586: 296-303.

[266] Zhao Y, Fang Y, Jin Y, et al. Potential of duckweed in the conversion of wastewater nutrients to valuable biomass: A pilot-scale comparison with water hyacinth [J]. Bioresource Technology, 2014, 163:82-91.

[267] Zocche J J, Damiani A P, Hainzenreder G, et al. Assessment of heavy metal content and DNA damage in *Hypsiboas faber* (anuran amphibian) in coal open-casting mine [J]. Environmental Toxicology and Pharmacology, 2013, 36(1): 194-201.